智能无人系统协同导航与控制

王常虹　李清华　刘　博　著

科学出版社

北　京

内 容 简 介

导航与控制是当前智能无人系统的研究热点与难点，尤其是针对多运动体无人系统，高精度的导航定位服务与优异的协同控制性能是高效执行复杂任务的前提。协同导航定位技术是保障多运动体无人系统长航时、高精度定位服务的有效手段，智能协同控制则可以进一步提升多运动体无人系统执行任务的效率。本书结合作者团队多年的科研成果，系统介绍智能无人系统协同导航与控制问题，主要内容包括无线电传感器测距测向、高穿透力低频磁场测距测向、多运动体协同定位、同时定位与地图协同构建，以及智能协同编队与路径规划等内容。

本书侧重基础理论与应用技术，可供理工科院校航空航天、自动化、机器人等相关专业的高年级本科生与研究生参考，也可作为从事相关研究的高校教师、工程技术人员的参考书。

图书在版编目（CIP）数据

智能无人系统协同导航与控制/王常虹，李清华，刘博著. —北京：科学出版社，2024.11

ISBN 978-7-03-078024-9

I.①智… II.①王… ②李… ③刘… III.①人工智能 IV.①TP18

中国国家版本馆 CIP 数据核字 (2024) 第 034789 号

责任编辑：姜 红 张培静 / 责任校对：邹慧卿

责任印制：徐晓晨 / 封面设计：无极书装

科学出版社 出版

北京东黄城根北街 16 号

邮政编码：100717

http://www.sciencep.com

三河市春园印刷有限公司印刷

科学出版社发行 各地新华书店经销

*

2024 年 11 月第 一 版 开本：720×1000 1/16

2024 年 11 月第一次印刷 印张：23

字数：464 000

定价：198.00 元

(如有印装质量问题，我社负责调换)

前　言

随着科学技术的日益进步，无人系统得到飞速发展，在生产、生活中发挥着重要的作用。然而，传统单运动体无人系统存在自身传感器种类少、信息处理能力有限、鲁棒性较差等问题，给无人系统自主完成特定任务带来了巨大的挑战，因此迫切需要探索多运动体无人系统的导航定位与控制技术，提高系统整体的定位精度，增强系统的稳定性和鲁棒性。

本书从智能无人系统实际应用出发，结合作者团队多年研究成果，重点针对无人系统测距测向、协同定位、同时定位与建图（SLAM）和编队控制等底层技术，研究分析了多运动体智能无人系统的导航定位和编队控制方法，实现了常规和复杂环境下的智能无人系统高精度导航与控制。本书是现有智能无人系统研究成果的有力补充，为智能无人系统的发展奠定了坚实的理论基础，拓宽了智能无人系统应用的领域，加快了智能无人系统在各个领域的实际应用进度。与同类书籍相比，本书更注重定位、导航和控制等算法的基础理论研究，将理论与应用紧密结合，为多运动体无人系统在各类复杂环境中安全、鲁棒地运行提供坚实的技术支持。

全书共 6 章。第 1 章简要概述无人系统的基本概念、基本架构、基本研究内容以及无人系统协同导航、定位与控制相关内容的研究现状、发展趋势。第 2 章介绍基于无线电的测距测向模型及方法，包括无线电损耗模型，基于飞行时间（TOF）伪距的无线电测距方法，基于超宽带多节点的有锚节点、无锚节点相互测距方法以及基于比幅法、干涉仪法、空间频谱法的无线电测向方法。第 3 章介绍针对地下复杂环境所采用的磁信标测距测向方法，主要包括磁传感器、磁信标磁场分布模型、基于特征向量的磁测距测向技术、低信噪比磁场信号辨识方法、磁测距测向误差分析，以及单磁信标、多磁信标、磁传感器阵列等高穿透力低频磁场测距测向方法。第 4 章介绍协同定位算法，包括主从式和并行式协同导航系统建模、基于滤波的协同定位算法、协同导航系统性能分析，以及基于胡贝尔（Huber）估计、噪声自适应、时延补偿等的鲁棒协同定位算法。第 5 章介绍同时定位与地图协同构建方法，包括视觉/惯性 SLAM、激光雷达/视觉/惯性 SLAM、协同 SLAM 中数据关联技术、多运动体协同视觉 SLAM 等内容。第 6 章介绍智能协同编队控制与路径规划方法，包括基于共情理论的编队队形选择方法、基于概率推理的编队运动规划方法、基于仿射变换的协同编队控制方法、基于强化学习的动态环境路径规划方法及多运动体协同路径规划方法。

感谢哈尔滨工业大学王振桓、沈峰、闻帆、安昊、屈桢深，北京理工大学梁俊宇，北京航空航天大学蔡庆中，航空工业西安飞行自动控制研究所章建成以及哈尔滨工业大学博士研究生赵新洋、李新年、王国庆、陈济泽、窦赫暄、陆一鸣为本书相关研究工作做出的卓越贡献；感谢团队成员火元亨、高影、王浩、夏子权、汪皓枫、裴穆雷澜、王冠、马德仁、周子健、张世瑜、王书磊、吕丹桐、于谦玺等在本书修改过程中的大力帮助。

多运动体协同导航与控制涉及多个学科的前沿技术，其理论与技术仍在快速发展，鉴于作者水平所限，本书中难免有不足之处，恳请读者不吝赐教。

作　者

2023 年 12 月

缩 略 语

缩写	英文全称	中文全称
AC	actor-critic	演员-评论家
ACO	ant colony optimization	蚁群优化
ADC	analog-to-digital converter	模数转换器
AEKF	adaptive extended Kalman filtering	自适应扩展卡尔曼滤波
AMRIP	ad hoc multicast routing information protocol	自组织组播路由信息协议
AOA	angle of arrival	到达角
AODV	ad hoc on-demand distance vector	自组织按需距离向量
BA	bundle adjustment	光束平差法
BFS	breadth-first search	广度优先搜索
CBBA	consensus based bundle algorithm	基于协商一致的束算法
CDMA	code division multiple access	码分多址
CHOMP	covariant Hamiltonian optimization for motion planning	协变哈密顿量优化运动规划
CKF	cubature Kalman filtering	容积卡尔曼滤波
CNN	convolutional neural network	卷积神经网络
CODE	collaborative operations in denied environments	拒止环境中协同作战
CRLB	Cramer-Rao lower bound	克拉默-拉奥下界
DARPA	Defense Advanced Research Projects Agency	美国国防部高级研究计划局
DDPG	deep deterministic policy gradient	深度确定性策略梯度
DFS	depth-first search	深度优先搜索
DHS	U. S. Department of Homeland Security	美国国土安全部
DNN	deep neural network	深度神经网络
DOA	direction of arrival	波达方向
DQN	deep Q-network	深度 Q 网络
DRMS	distance root mean square error	距离均方根误差
DSDV	destination sequenced distance vector routing	目标序列距离向量路由
DSP	digital signal processing	数字信号处理
DSR	dynamic source routing	动态源路由
DSSS	direct sequence spread spectrum	直接序列扩频

DS-TWR	double-sided two-way ranging	双侧双向测距
DTDMA-R	dynamic time division multiple access-range	动态时分多址-测距
DV	distance vector routing	距离向量路由
EKF	extended Kalman filtering	扩展卡尔曼滤波
EM	expectation maximization	最大期望
ESPRIT	estimating signal parameter via rotational invariance techniques	旋转不变技术估计信号参数
FHSS	frequency hopping spread spectrum	跳频扩频
FLA	fast lightweight autonomy	快速轻量自主
FMAEKF	fading memory adaptive extended Kalman filtering	渐消记忆自适应扩展卡尔曼滤波
FPFH	fast point feature histograms	快速点特征直方图
FPGA	field programmable gate array	现场可编程门阵列
GA	genetic algorithm	遗传算法
GICP	generalized iterative closest point	广义迭代最近点
GNSS	global navigation satellite system	全球导航卫星系统
GPU	graphics processing unit	图形处理器
GWO	grey wolf optimizer	灰狼优化
HMI	human machine interaction	人机交互
ICP	iterative closest point	迭代最近点
IF	information filtering	信息滤波
IMU	inertial measurement unit	惯性测量单元
IQ	in-phase quadrature	同相正交
JCBB	joint compatibility branch and bound	联合相容分支定界
JPL	Jet Propulsion Laboratory	喷气推进实验室
JPS	jump point search	跳点搜索
KF	Kalman filtering	卡尔曼滤波
LAMP	large-scale autonomous mapping and positioning	大规模自主建图与定位
LGT	location guided tree	位置引导树
LOS	line of sight	视距
LPF	low pass filter	低通滤波器
LS	least squares	最小二乘
LSH	locality sensitive hashing	局部敏感哈希
LSTM	long short term memory	长短期记忆
LTL	linear temporal logical	线性时序逻辑
MAC	media access control	介质访问控制
MANET	mobile ad hoc network	移动自组织网络

MAODV	multicast ad hoc on-demand distance vector	自组织按需组播距离向量
MAP	maximum a posteriori estimation	最大后验估计
MCU	microcontroller unit	微控制器单元
MDP	Markov decision process	马尔可夫决策过程
MEC	maximum error cut	最大误差切割
MEMS	microelectromechanical system	微机电系统
MHE	moving horizon estimation	滚动时域估计
MTM	map transformation matrix	地图变换矩阵
MUSIC	multiple signal classification	多信号分类
NASA	National Aeronautics and Space Administration	美国国家航空航天局
NDT	normal distributions transform	正态分布变换
NLOS	non-line-of-sight	非视距
ODMRP	on-demand multicast routing protocol	按需组播路由协议
OFDM	orthogonal frequency division multiplexing	正交频分复用
OFFSET	offensive swarm-enabled tactics	进攻性蜂群使能战术
OPT	optimal distributed solution	最优分布解
PA	power amplifier	功率放大器
PDF	probability density function	概率密度函数
PDOA	phase difference of arrival	到达相位差
PF	particle filtering	粒子滤波
PFH	point feature histograms	点特征直方图
PFM	probabilistic feature matching	概率特征匹配
POINTER	precision outdoor and indoor navigation and tracking for emergency responders	应急响应人员的精确室内外导航与跟踪
PPO	proximal policy optimization	近似策略优化
PRM	probabilistic road-map	概率路线图
PSO	particle swarm optimization	粒子群优化
RANSAC	random sample consensus	随机抽样一致性
RMSE	root mean square error	均方根误差
ROS	robot operating system	机器人操作系统
RRG	rapidly exploring random graph	随机探索图
RRT	rapidly-exploring random tree	快速扩展随机树
RSFC	rectangular safe flight corridor	矩形安全飞行走廊
RSSI	received signal strength indicator	接收信号强度指示
SA	simulated annealing	模拟退火
SIFT	scale-invariant feature transform	尺度不变特征变换
SLAM	simultaneous localization and mapping	同时定位与建图
SS	spread spectrum	扩频

SS-TWR	single-sided two-way ranging	单侧双向测距
STAP	simultaneous task allocation and planning	同时任务分配与规划
SURF	speeded up robust features	加速鲁棒特征
SVD	singular value decomposition	奇异值分解
TDMA	time division multiple access	时分多址
TDOA	time difference of arrival	到达时间差
TLS	total least squares	总体最小二乘
TOA	time of arrival	到达时间
TOF	time of flight	飞行时间
UKF	unscented Kalman filtering	无迹卡尔曼滤波
UML	unified modeling language	统一建模语言
UWB	ultra-wide-band	超宽带
VGICP	voxelized generalized iterative closest point	体素化的广义迭代最近点
VIN	value iteration network	价值迭代网络
VSLs	virtual support lines	虚拟支持线
WMN	wireless mesh network	无线网状网络
XML	extensible markup language	可扩展置标语言

目　录

第 1 章　绪　　论

1.1　智能无人系统概述

随着计算机技术、人工智能理论、传感器技术等不断发展，智能无人系统技术越来越成熟，完成的任务也日趋复杂。智能无人系统是指通过自身传感器信息，能够不完全依靠人控制自主完成指定任务的系统，如无人车、无人机和无人船等无人系统[1]，它们是由人工智能、电气、材料、控制等领域共同创造出来的具备感知、规划、决策、推理能力、自主控制能力的系统。

目前，智能无人系统已广泛应用在海、陆、空、天、地下等领域，用于替代人类完成军事、民用中各类复杂环境下的枯燥、危险任务。在民用领域，智能扫地机器人、智能物流系统、无人驾驶、管道检测无人机、智能分拣机器人日渐成熟，已逐步投入到日常生活中。在军事领域，智能无人机、无人战车广泛应用于侦察、监视、清障、自主打击危险目标等军事任务，极大地提升了执行效率，有效减少人员伤亡。尽管如此，由于自身动力、功能、性能和成本等的约束，单无人系统很难独立快速完成复杂任务，如复杂战场环境下作战、地震等灾害环境下的快速搜索和救援等。多运动体智能协同无人系统由于其集群协同特性，具备执行复杂多变、危险任务的能力，已成为当前研究的热点。

美国国防部在 2000 年发布了无人系统路线图——《2000~2025 财年无人系统综合路线图》，将无人系统自动能力划分为 10 个等级，提出了多平台协同作战和集群战场感知等发展方向。2013 年，该部门发布了第四版无人系统路线图——《2013~2038 财年无人系统综合路线图》，首次提出了跨域、多运动体智能无人系统作战需求，明确指出将着力发展海陆空无人系统的研发以提升作战的自主性。2018 年 8 月又发布了《2017~2042 财年无人系统综合路线图》[2]，从四个主题分析了智能协同无人系统面临的问题、挑战、机遇和需重点发展的 15 项关键支撑技术，如表 1.1 所示[3]。四个主题为互操作性、自主性、网络安全和人机协同，15 项关键支撑技术涵盖了模块化机器人技术、人工智能技术、自主感知技术、集群能力和系统自主性等方面，旨在进一步将无人系统应用于作战体系当中。同时，美国相应启动了快速轻量自主（FLA）、拒止环境中协同作战（CODE）、进攻性蜂群使能战术（OFFSET）等一系列相关项目。

表 1.1 美国无人系统 2017~2042 年四大发展主题、关键支撑技术及目标

<table>
<tr><th>四大主题</th><th>关键支撑技术</th><th>短期发展 (2017 年)</th><th>中期发展 (2029 年)</th><th>长期发展 (2042 年)</th></tr>
<tr><td rowspan="5">互操作性</td><td>通用/开放架构/人工智能框架</td><td>指挥控制和参考体系架构标准化</td><td colspan="2">无缝、敏捷、自主的人机、机间自主合作</td></tr>
<tr><td>模块化与部件互换</td><td>改进现有系统
模块化设计新系统</td><td colspan="2">快速升级、配置变更</td></tr>
<tr><td>合规性、测试、评估、验证和校核</td><td>新的试验、鉴定和验证方法
新的试验和验证技术</td><td colspan="2">开展高度复杂的自主系统试验、鉴定、验证和校核研究</td></tr>
<tr><td>数据传输一体化</td><td>通用数据库
一体化端对端传输</td><td colspan="2">抗干扰性、低截获率、低可探测率</td></tr>
<tr><td>数据权限</td><td>安全所需的数据权限
改进数据权限策略</td><td colspan="2">任务支持灵活性最大化</td></tr>
<tr><td rowspan="4">自主性</td><td>人工智能</td><td>与私营部门合作
研发云技术</td><td>增强现实
虚拟现实</td><td>持续感知
高度自主</td></tr>
<tr><td>效率与效能</td><td>提高安全和效率</td><td>无人任务与作战
引领、跟随</td><td>无人蜂群</td></tr>
<tr><td>信任</td><td colspan="3">代替人类做出任务导向、合法、符合伦理的决策</td></tr>
<tr><td>武器化</td><td>致命性自主武器评估
国防部战略共识</td><td colspan="2">武器僚机/编组</td></tr>
<tr><td rowspan="3">网络安全</td><td>网络作战</td><td>深度防御
漏洞评估</td><td colspan="2">构建网络攻击下的抗毁性
自主网络防御</td></tr>
<tr><td>信息保障</td><td>与私营部门合作</td><td colspan="2">信息爆炸决策、程序及技术的开发与升级
无人系统信息保障产品技术</td></tr>
<tr><td>电磁频谱/电子战</td><td colspan="3">为持久战发展高效、灵活、自适应和敏捷的频谱，坚实可靠的电子保护技术</td></tr>
<tr><td rowspan="3">人机协同</td><td>人机接口</td><td>多机控制
人机角色/提示</td><td>人机对话
设定场景处理
任务共享机制</td><td>推理人的意图
机器人深度学习</td></tr>
<tr><td>人机编队</td><td>减轻人类负担
减少人员飞行次数
特定维护任务</td><td colspan="2">与机器人协同，减轻作战人员负担</td></tr>
<tr><td>数据策略</td><td colspan="2">自动收集和处理数据，自主调整数据策略</td><td>深度神经网络
敏捷、响应、自适应性</td></tr>
</table>

相比于国外，国内智能无人系统研究较晚，但发展迅速。这主要得益于我国政府十分重视智能无人系统的研发与应用，国务院 2015 年发布的《国务院关于积极推进“互联网 +”行动的指导意见》和工业和信息化部 2017 年发布的《促进新一代人工智能产业发展三年行动计划（2018~2020 年）》均指出要加快智能无人系统核心技术研究，并要率先在智能传感器、神经网络芯片和开源开放平台

方面取得突破。2020 年 11 月，《中共中央关于制定国民经济和社会发展第十四个五年规划和二〇三五年远景目标的建议》中提出：“加快武器装备现代化，聚力国防科技自主创新、原始创新，加速战略性前沿性颠覆性技术发展，加速武器装备升级换代和智能化武器装备发展。”而多运动体智能无人系统则是当前智能化武器装备的重要发展方向。虽然我国多运动体智能无人系统发展迅速，已取得了较为突出的成绩，但是由于研究时间短、基础研究薄弱，在智能无人系统核心问题和关键技术等方面与国外仍有较大差距，多运动体智能无人系统的研究仍处于起步阶段。图 1.1 描述了构建多运动体智能协同无人系统所涉及的关键技术模块。接下来，将简要介绍各个模块的功能和核心问题。

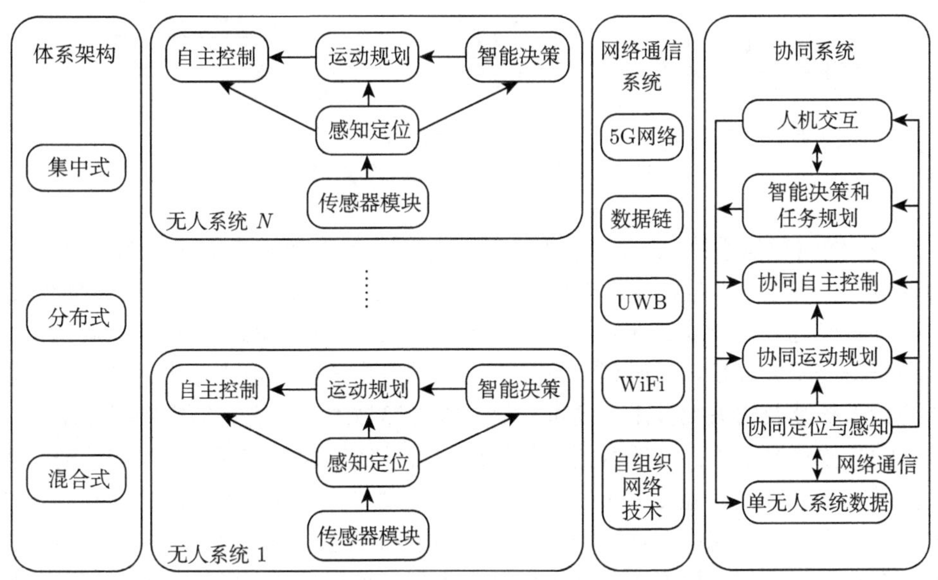

图 1.1 多运动体智能协同无人系统技术架构

(1) 体系架构：体系架构是无人系统的重要研究内容之一，主要研究无人系统内部和无人系统间软硬件组织方式、控制方式、关联性和交互模式。无人系统的体系架构决定了单无人系统的角色、单无人系统间的拓扑结构与功能划分和多无人系统的执行系统框架。体系架构通常可以分为单无人系统体系架构与多无人系统体系架构。单无人系统体系架构是多无人系统体系架构的基础，单无人系统体系架构的优劣直接影响了多无人系统体系架构的整体性能。在无人系统发展过程中，常用的体系架构有：“感知 → 规划 → 执行”开环的传统纵向架构 [4]，将有限状态机组合成反应控制器的包容式架构 [5]，基于行为分解、模块化的反应式体系架构 [6]，智能控制多级分层递阶体系架构 [7]，混合体系架构。

多运动体无人系统体系架构是整个系统架构的表现形式，表示单无人系统间的逻辑与硬件物理结构上的信息与控制关系，提供了单无人系统间的活动、交互框架。目前常见的多运动体无人系统体系架构按照系统的通信、控制、决策和计算形式，可以分为集中式、分布式和混合式，按照协同导航方法结构，可以分为主从式和并行式 [8]。其中主从式和并行式从架构形式上分别与集中式和分布式相似，统一用图 1.2表示。

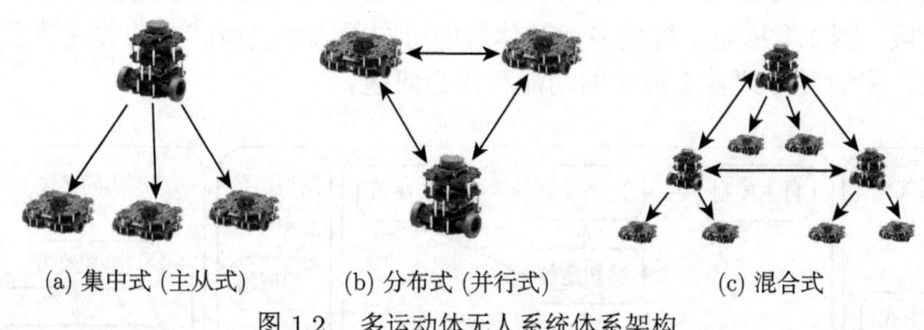

(a) 集中式 (主从式)　(b) 分布式 (并行式)　(c) 混合式

图 1.2　多运动体无人系统体系架构

（2）网络通信系统：网络通信是实现智能无人系统间信息交互、操作控制、执行任务的关键技术，是智能无人系统中任务协同的基础，是协同完成任务的保障。为保证智能无人系统能够在复杂环境和高动态条件下进行融合和协同，对网络通信系统提出了大容量、低时延、高可靠性和动态自适应的能力要求。基于此，网络通信系统涉及的关键技术为高可靠的无线传输技术、动态自组织网络技术。

（3）传感器模块：传感器是一种物理装置，能够探测和感受外界的信号、物理条件（如光、热、温度、湿度等）或化学组成，并将探知的信息传递给其他装置。在多运动体系统中，常用于感知周围环境和测量自身数据，以及用于解算无人系统自身状态和环境态势。常用传感器类型包括视觉（可见光相机、红外相机等）、惯性测量单元（IMU）、激光雷达、毫米波雷达、超声波等。然而单一传感器通常不能对环境信息进行完全采集，具有一定局限性，因此无人系统通常会携带多种不同传感器，为感知定位模块中的多传感器融合技术提供数据来源。在多传感器模块中，传感器的误差建模、时间同步和在线标定等都是待解决的重要问题。

（4）协同定位与感知：定位模块是无人系统通过传感器提供的传感器数据或其他无人系统提供的数据信息，采用先进的多传感器融合技术，确定自身位置与姿态或在多运动体无人系统中的相对位姿信息，是多运动体智能无人系统的协同感知、智能决策、任务规划、协同运动规划、协同控制的技术基础，是多运动体智能无人系统运行的核心与根本。多运动体定位可以通过每个运动体各自进行定位来实现，每个运动体的定位精度取决于自身的导航定位系统，与其他运动体无关。这种“各自为战”的定位方式相对简单，但是不能实现运动体间的导航资源共享，同时单一运动体受限于传感器种类、感知范围和信息处理能力，其定位精度有限，且对于环境中的扰动和自身的故障缺乏鲁棒性。如果运动体之间存在相对观测，通过网络进行一定的信息交换，实现运动体间定位资源的共享，从而获得比各运动体独自定位更优的性能，提高多运动体的整体定位性能，增强抗干扰能力和鲁棒性，这种定位方式称为“协同定位”。协同定位的研究始于 20 世纪末，研究对象包括无人车、无人机、水下航行器、卫星、导弹、无线传感网络等。近 20 年来，国外针对全领域、各运动体开展了一系列的协同定位基础理论研究，如误差分析、估计一致性分析、可观性分析、队形优化和协同定位算法等研究，并将协同定位技术成功应用到实际项目中，如陆上的“机器人僚车”项目、空中的“拒止环境中协同作战”项目和水下的“自主协同的分散侦察与探测系统”项目。随着机器人技术、无人机技术、体系化作战技术和航天器相关技术的飞速发展，我国对协同定位技术的研究也发展到了各个领域，基础研究方面也紧跟国际先进技术的步伐，但是在实际系统应用方面有待进一步加强。

另外，为了实现多运动体智能协同无人系统对所处环境的表征和理解，通过汇聚、处理不同传感器数据和不同无人系统单元的感知数据，提升整个系统对环境的认知，实现这项功能的途径之一是 SLAM 技术。SLAM 技术凭借其实时性、准确性与复杂环境的适应性，已经广泛应用于虚拟现实、增强现实、运动体、无人驾驶等新兴领域。协同 SLAM（collaborative SLAM / cooperative SLAM）算法是在此基础上由多个运动体借助数据交换和分布式计算合作完成的 SLAM 算法。协同 SLAM 算法可以在全球导航卫星系统（GNSS）拒止环境中为各运动体提供绝对和相对位姿，并实现对环境的感知。

（5）协同自主控制：自主控制系统对于无人系统运动是必不可少的，为实现优良的控制系统，需根据硬件的动态物理特性建立一个相对准确的数学模型，根据其模型设计多个层次控制器，如内环控制系统和外环控制器 [9]，内环为姿态环，外环是位置环和速度环。智能无人系统协同控制是指一组拥有一定自主能力的运动体利用信息交互、共享，通过设计合适的控制方法使智能无人系统协同行动，共同完成特定任务。作为无人系统协同能力最直接的体现，协同控制问题受到了国内外研究人员的广泛关注，根据控制方式可以将协同控制分为一致性控制、编队控制、包容控制、蜂拥控制等。一致性控制是指一组无人系统运动体通过信息交互和局部控制规则，使得所有运动体的状态随时间趋于一致。蜂拥控制与一致性控制相似，指大量运动体通过局部感知趋于一致，也可归为一致性控制范畴。编队控制是一致性控制的引申，指多个运动体组成的团队在向特定目标或方向运动的过程中，相互之间保持预定的几何队形，又要适应环境约束的控制问题，通常包括队形生成、队形保持、队形变换、编队避障、自适应编队等研究内容。包容控制可以看作带有领航者的一致性控制与编队控制的结合，其目的是所有跟随运动体的状态收敛到多个领航者状态张成的凸包中。目前国内外的无人系统协同控制越来越贴近实际应用场景，但是针对实际应用的同构、异构无人系统协同控制理论及验证仍有较多的研究工作需要开展。

（6）协同运动规划：运动规划是指在给定的环境中，根据一定的约束条件，设计出一个运动体从起始位置到目标位置的路径或轨迹的过程，通常可以分为路径规划和轨迹生成。路径规划本质是求解从起始位置到目标位置的可行路径，通常不涉及具体的时间、速度等因素；轨迹生成一般涉及无人系统自身动态约束、能耗和运动时间等的优化问题。多运动体协同规划问题主要包括障碍物参数化困难、动态环境、通信感知距离有限、不一致的定位引起的定位漂移等 [10]，其主要挑战可归纳为系统间拓扑规划与相互避障问题。

（7）智能决策和任务规划：智能无人系统的决策与任务规划是指在执行任务过程中，从宏观层面根据任务目标、任务环境、集群资源与状态等约束条件，规划出智能无人系统各运动体的执行策略。该问题是一个复杂的决策与组合优化问题，不同任务的作战目标、时序约束、应用环境、设备性能等多方面有显著差异，同时子任务间的耦合、信息的不完全与不确定性也给智能决策和任务规划带来了重大挑战。目前解决方法主要包括最优化方法、启发式算法、群体智能算法、合同网算法和机器学习算法等。

（8）人机交互：在许多复杂应用场景中，为了让无人系统更快做出最合理的决策，进一步提升先进的人工智能能力，通常会引入操作员在回路中与无人系统互动组成的人机交互（HMI）系统 [11]。在 HMI 模块中，需要将操作员的行为、知识和逻辑能力与无人系统的自主能力、实时感知能力和精确控制结合起来，人在回路辅助完成复杂的感知、决策任务，实现优势互补。然而，如何构建 HMI 系统模型、如何推断人机行为意图、如何进行协同计算等问题都尚未形成完整理论体系 [12]。

多运动体智能无人系统在复杂、动态环境中完成指定任务，感知定位是根本基础，规划、控制是执行保障。因此，本书将从卫星导航拒止/可用场景下的多运动体定位、多运动体间高精度测距测向方法、复杂未知环境下协同建图、集群编队控制四个方面展开对多运动体无人系统的定位、导航与控制的研究。

1.2 多运动体智能无人系统协同导航与控制研究现状

1.2.1 多运动体智能无人系统体系架构简介

多运动体智能无人系统体系架构是无人系统的抽象描述，按照通信、控制、决策和计算形式分类，可分为集中式、分布式、混合式三种 [13]。在协同导航定位中，又分为主从式和并行式 [8]。

在集中式体系架构中，所有单运动体节点服从中心节点调度和指令，中心节点可获取和存储所有单运动体信息，对接收到的任务进行分解、分配，控制所有无人系统协同合作，共同完成任务。该架构简单、实用、易于部署和管理，但也存在过分依赖中心节点、灵活性差、安全风险高等一系列问题。

分布式体系架构没有中心节点，是各无人系统关系对等、高度自治的系统架构。分布式体系架构可以减弱个体独立故障的影响，显著提高系统的自愈性和鲁棒性。相比于集中式架构，该架构安全性与可扩展性更强，容错性更高，但系统较为复杂，架构内成员过度以自我为中心，降低了任务效率，增加了通信链路的负荷。

混合式体系架构介于集中式和分布式之间，体系内成员按照功能、类型、权限等进行分组和分工，同层级则为分布式架构，该架构具有各层级分工明确、稳定性高和易于维护等特点，但设计复杂。

在主从式中，由携带高精度导航传感器和高性能计算单元的无人系统作为主节点（也称为“锚节点”），其他携带低成本低精度导航传感器的无人系统作为从节点。主从式结构包括单主、多主等结构。在协同定位过程中，锚节点和子节点通过网络进行信息共享，子节点利用锚节点高精度的导航信息对自身位置进行估计，提高了系统的整体定位精度 [14]。主从式结构简单，通信拓扑明确，系统成本低，但是对于锚节点的定位精度依赖较高，系统鲁棒性较差。

并行式结构的各节点配置的传感器精度相当，每个节点都相对独立又共同组成整体导航系统，各节点也可以通过相对测量对自身的位置进行估计。并行式结构没有主从之分，不依赖于某一个节点的定位精度，在部分节点发生故障或者通信失败时，仍可保证其余节点的准确定位，具备更好的鲁棒性。但系统整体缺乏参考基准，难以提升全局定位基准。如果要提高系统整体精度，往往需要在所有节点上换用更高精度的传感器，当无人系统中有较多设备时，这无疑增大了系统的材料与通信成本。因此，并行式的协同定位算法不能在根本上协调无人系统导航的低成本与高精度间的关系，也导致了并行式结构的泛用性与实际应用价值不如主从式。

1.2.2 网络通信系统简介

1.2.2.1 无线传输技术

无线传输系统是通过无线网络不同信道的传输能力构成一个大容量的传输系统，使得信息在智能无人系统中进行可靠传输[12]。常采用的无线传输技术有 5G 网络、数据链、超宽带（UWB）、WiFi 等几种。

5G 组网[15]中个体节点以搭载标准化通信模组的方式接入运营商的 5G 网络，由运营商网络向集群系统提供任务控制所需的控制链路与通信数据链路。5G 网络的部署主要分为无线接入网和核心网两个部分。无线接入网主要由基站组成，为用户提供无线接入功能，核心网主要为用户提供互联网接入服务和相应的管理功能。5G 网络具有高带宽、低时延、低差错率的优点，并可采用边缘计算、网络切片等技术拓宽使用环境，但是其安全性较低，容易被截获利用[16]。

数据链[17]是按照规定的消息格式和通信协议，利用调制解调、编解码、抗干扰、组网通信和信息融合等多种技术，以面向比特的方式实时传输格式化数字信息的地-空、空-空、地-地战术无线数据通信系统。数据链是军事作战需求和军事信息技术发展的产物。数据链的应用，使独立的作战平台相互“链接”，运动体间的关系由松耦合变为紧耦合，通过平台优势互补和资源共享，形成体系作战能力。数据链安装简单易用、通信距离远、安全性高，但是通信带宽相对较低，成本较高。

UWB 是一种短距离高速率无线通信技术。与窄带通信、常规扩频通信和正交频分复用技术等常规无线通信技术相比，UWB 具有传输速率高、隐蔽性强、便携等优点，但其通信距离短，仅适用于障碍物较少的简单场景[18]。

WiFi 是一种基于 IEEE 802.11 标准的无线局域网技术，其网络层间进行透明的数据传输，具有安装便捷、使用灵活、高带宽、较低延迟、易于扩展等多种优点，但是 WiFi 安全性非常低，非常容易被截获利用。

1.2.2.2 动态自组织网络技术

动态自组织网络是由运动体担当网络节点，根据明确目标或任务驱动，具有自治性网络拓扑的自动化自组织网络系统[19]，是集群无人系统高效信息交互、任务协同的基础。常用的动态自组织网络技术包括移动自组织网络（MANET）和无线网状网络（WMN）[20]。

MANET 是由一组带有无线收发装置的移动终端节点组成的具有多跳、自组织和无须外部基础设施的无中心网络。网络中的移动终端具备路由、寻址、安全、功率控制和带宽管理等网络功能，而且终端之间的连接均为临时、按需建立，在不可预知拓扑变化的移动网络结构中，具有鲁棒性和灵活性的优点。在该网络模型中没有固定的基础设施，每个节点都是移动的。所有节点在网络控制、路由选择和流量管理上是平等的，它们不仅可作为普通节点，同时又可作为路由器，能够以任意方式动态地与其他节点保持联系，实现发现和维持到其他节点路由的功能。源节点和目的节点之间一般存在多条路径，可以较好地实现负载均衡和选择最优路由。虽然节点的无线覆盖范围有限，但两个无法直接通信的节点可以借助其他节点实现通信。MANET 具有如下特点。

（1）移动性与网络拓扑动态性：MANET 节点可以自由任意移动，但是由于节点拓扑结构的不确定性、无线发射装置发射功率的变化、环境的影响和无线通道间的相互干扰等因素导致网络拓扑随机、动态变化。

（2）有限的带宽：无线信道的碰撞、信号衰减、噪声干扰及信道间干扰等因素使移动主机的实际带宽远远小于理论最大带宽。

（3）分布式控制网络：MANET 中各节点均兼有独立路由和主机功能，不需要网络中心控制点，各节点之间的地位是平等的，网络路由协议通常采用分布式控制方式，因此比集中式的网络更具鲁棒性。

（4）安全性差：MANET 的节点间通信采用无线信道、分布式控制技术，使得传输的信息容易遭受监听、重发、篡改、伪造等攻击。

WMN 是一种具有自组织、自修复、多跳级联和节点自我管理的新兴宽带无线网络。WMN 由网状路由器和网状客户端组成。前者仅有很小移动或为静止状态，因此可以看作是静止的，构成多跳无线骨干网，通过网关与其他网络互联，实现数据中继；客户端节点通过路由器接入 WMN，通过 WMN 最终实现客户端节点间、客户端节点与其他网络间的互联互通。WMN 具有如下特点。

（1）组网灵活：无线网状网络具有平面结构、分层结构和混合结构三种组网模式，自组织和易于管理等特性使其灵活组成各种拓扑结构，随时扩容。

（2）兼容性好：WMN 可以通过网关与互联网、WiFi 局域网、公共电话网等网络互联互通。

（3）支持非视距（NLOS）传输：WMN 能够为没有直接视距链路的用户提供 NLOS 连接。WMN 采用无线多跳方式，用户即便不在基站接入点的覆盖范围内，也可以通过其他节点以无线多跳方式接入网络。

（4）自动平衡负载：由于网状网络中的设备都可作为路由器和转发器，在用户密集的地区，当接入点负载过大时，系统会自动将部分通信连接转移到其他接入点，平衡负载。

1.2.3 高穿透力低频磁场及测距测向方法研究现状

科技的飞速发展在丰富人类生存活动空间的同时，对现有技术提出了更高的要求，地下、水下等复杂场景的高精度测距测向方法已经成为当前亟待解决的科学问题之一。复杂场景主要指火灾现场、地下管廊、洞穴、水下等特征缺失、光照多变、无线电信号不能远距离传播的高遮挡、恶劣未知场景。现有的无线电、光学和声学等测距技术由于物理局限性，在地下等复杂环境下无法实现高精度测距测向。具备高穿透能力的超低频磁场能够在地下等复杂场景以较小程度的信号失真进行传播，可以在复杂场景中为目标提供高精度的相对距离和方位，具有巨大的研究价值，并且逐渐成为该领域内重要的研究方向。

低频磁场与地磁场不同，是一种磁场特征明确且场源可控的信息源，对环境先验信息的依赖性较弱，且具备较强的穿透能力与抗干扰能力，适用于地下、水下等特殊场景的高精度测距测向。随着智能无人系统等新兴领域对复杂场景高精度测距测向方法需求的增加，低频磁场测距测向方法得到了快速发展。目前，国内外在低频旋转磁场高精度测距测向方面已经开展了大量的研究，并且在地下测距测向、军事行动、石油勘探和灾难救援等领域取得了一定的成果。面向实际应用需求，国内外学者对复杂场景下的磁信标磁场建模分析、单节点磁信标测距测向方法设计、基于磁信标的多源融合测距测向方法、基于空间几何约束的多节点磁信标测距测向方法等内容开展了深入的研究。

2019 年，美国国防部高级研究计划局（DARPA）Bickford 等 [21] 利用磁偶极子模型对旋转永磁体和通电螺线管两种低频磁源的磁场分布模型进行了对比分析，结果表明二者具有相似的磁场表达式，均会在测量点处生成椭圆旋转磁场，并且得出旋转永磁体不存在匹配网络中的电阻损耗问题，而且其磁场生成能力要强于通电螺线管。

2020 年，美国休斯敦大学 Garcia 等 [22] 建立了三轴发射线圈与三轴接收线圈之间的感应磁场强度与相对距离之间的比例模型，结合发射线圈的移动速度建立了距离和方位的估计模型，最后利用粒子滤波算法实现了对发射线圈距离和方位的估计。实验结果表明该方法能够实现对动态目标距离和方位的准确跟踪。

2021 年，英国诺森比亚大学 Wei 等 [23] 提出了一种 iMag+ 方法，如图 1.3 所示，这种方法将惯性导航和低频磁信标测距测向进行融合，同时给出了一种针对感应磁场的估计方法，提升了低频磁信标测距测向的精确性。经过实验验证：在 233.13m 的室外固定路径测试中，iMag+ 方法的最大测距误差为 0.752m；在室外的随机路径测试中，iMag+ 方法的最大测距误差为 1.9075m。

2021 年，美国国家航空航天局（NASA）Arumugam 等 [24] 针对火灾救援中无法准确获取消防员位置和无法引导消防员寻找安全逃生路径的问题，基于复镜像理论分析了低频磁场磁信标在室内等场景的磁场传播规律，并利用多节点磁信标构建的几何约束的磁信标测距测向系统实现了对消防员的距离和方位的估计。NASA 喷气推进实验室（JPL）和美国国土安全部（DHS）开发的应急响应人员的精确室内外导航与跟踪（POINTER）系统（图 1.4）利用多节点双轴低频人工磁信标磁场测距测向方法不仅可以跟踪团队成员在建筑物中的确切楼层，还能够判断他们当前是卧倒状态还是站立状态，目前实现了在平房 70m 范围内的高精度测距测向，基本满足消防的应用需求。

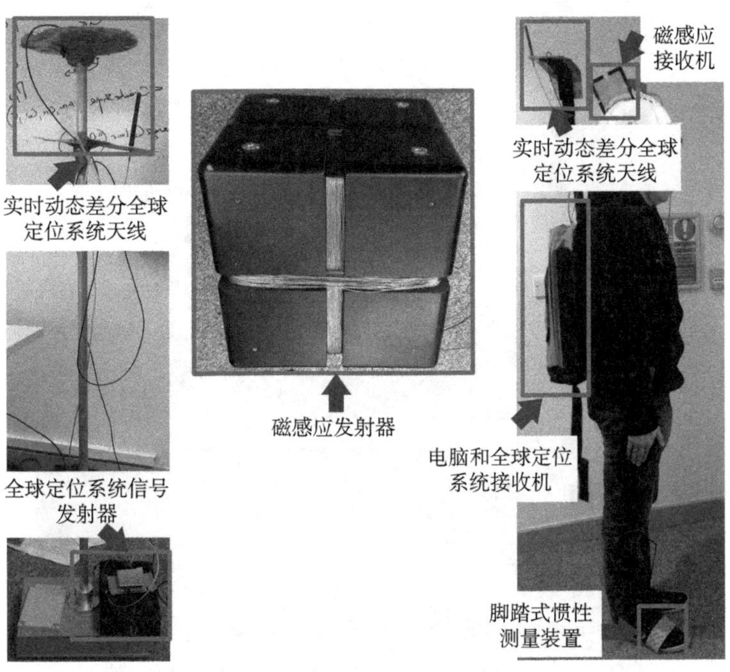

图 1.3 iMag+ 测距测向装置与测距测向结果

2015~2022 年，哈尔滨工业大学对低频磁场测距测向方法与原理样机开展了系统的研究，构建了多种围绕特征向量的低频磁场测距测向方法，研究内容包括低频磁信标磁场分布规律、基于特征向量的单节点磁信标测距测向、惯性磁感应融合测距测向方法、基于空间几何约束的多磁信标测距测向等，并根据磁偶极子模型构建了基于双轴螺线管的电子旋转低频磁源、基于旋转永磁体的机械旋转低频磁源，目前正在对基于低频磁场的协同测距测向方法、大磁矩磁源构建与微弱磁场感知等内容开展研究 [25-29]。

面向复杂场景的高穿透低频磁场测距测向方法尚处于起步阶段，在复杂场景下低频磁信标的传播模型机理分析、单节点磁信标测距测向方法、基于磁信标的多源融合测距测向方法、基于空间几何约束的多节点磁信标测距测向方法等方面仍存在许多科学问题有待研究。

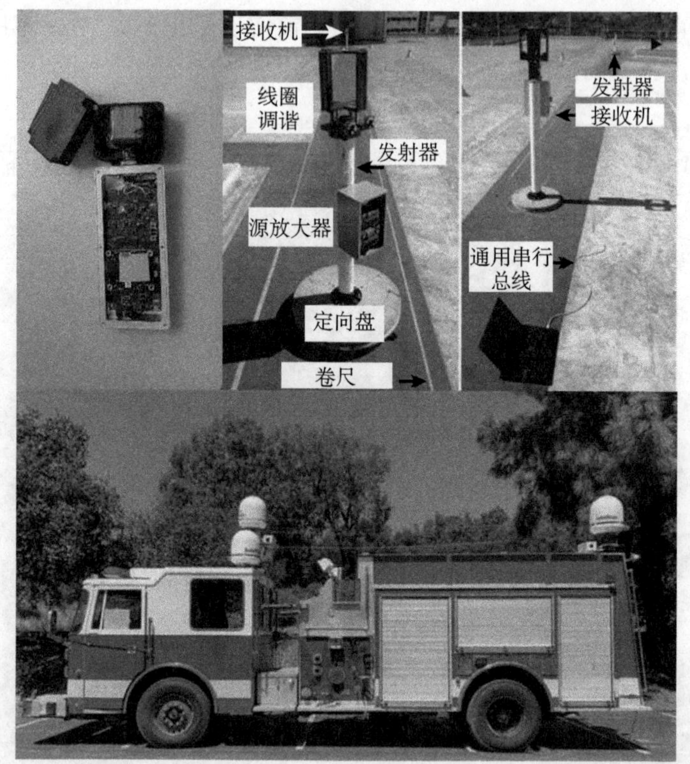

图 1.4 POINTER 原理样机在消防车上的应用 [24]

1.2.4 协同定位算法研究现状

协同定位算法需要解决如何准确估计系统下一时刻位姿状态的问题。针对这一需求，国内外学者对多运动体协同定位系统的状态估计问题开展了深入研究。协同定位算法依据其核心算法理论大致可以分为基于贝叶斯滤波框架的协同定位算法、基于优化理论的协同定位算法和基于图论的协同定位算法三类。本书将上述三种方法简称为：滤波算法、优化算法、图论算法。

1.2.4.1 滤波算法

滤波算法指“通过前一时刻的状态估计当前时刻的状态”，是目前协同定位研究领域中主流的研究方向。滤波算法主要包括：卡尔曼滤波（KF）、扩展卡尔曼滤波（EKF）、无迹卡尔曼滤波（UKF）、容积卡尔曼滤波（CKF）、粒子滤波（PF）、信息滤波（IF）和上述滤波算法的改进等。

KF 是协同定位中常见的融合算法之一，通过迭代预测和补偿逐步消除误差。KF 作为最原始的滤波方式，得到了众多研究者的关注。然而 KF 仅适用于线性高斯系统，在现实世界中，系统大多都是非线性的，通过线性近似可以简单处理非线性问题。文献 [30] 针对编队飞行中无人机群定位问题，选取每个无人机的位置和速度作为状态量，选取无人机间的相对位置和相对距离作为观测量，利用 EKF 进行滤波。为了减小数据融合的计算量，将最小二乘（LS）法用于预处理阶段得到粗略估计，然后使用 EKF 进一步减小预处理估计中的噪声，计算时间不超过 EKF 的 2.5%，且具有同等的精度。文献 [31] 利用 EKF 对非线性的无人机状态和协方差进行快速更新。由于所有 EKF 都估计随机变量且假设传感器噪声是零均值白噪声，如果噪声参数设置不够准确，会导致误差累积，致使滤波器发散。文献 [32] 提出了一种基于自主学习噪声协方差的 EKF，提高了导航性能。文献 [33] 提出了基于多无人机协同的自适应 UKF 来实现数据融合，自适应 UKF 由 2 个平行的 UKF 组成，通过主滤波器和从滤波器分别对无人机的状态和噪声协方差进行估计，对估计误差进行补偿，从而获得比传统 UKF 更好的鲁棒性和准确性。

PF [34] 适用于任何运动状态的空间模型，能够近似测量完整的非高斯概率分布，且多元积分通过蒙特卡罗采样近似 [35]，能够精确表达基于观测量和控制量的后验概率分布。文献 [36] 利用基于 PF 的协同目标跟踪器对目标进行位置和速度的估计，实时共享编队内所有运动体目标观测量，再利用 PF 滤除观测噪声，从而准确地获得位置和速度信息。

在协同定位领域，IF [37] 同样获得了众多研究者的关注，它可完成更简单的估计更新，容易解耦和分布式计算。卢虎等 [38] 提出了改进平方根容积信息滤波算法，通过完全分布式融合估计结构，集成平方根 CKF 和 IF 实现多无人机稳定、实时和准确的协同定位。

滤波融合算法多种多样，基础算法可以衍生出新的算法，但不存在完美的融合滤波方案，在计算量、误差累积和噪声观测的准确性等方面难以同时达到最优，存在很大的优化空间，仍具有极大的研究价值。表 1.2 是对各种滤波算法的对比分析和总结。

1.2.4.2 优化算法

优化算法是将协同导航系统中所有的状态视为变量，把运动方程和观测方程看作变量之间的约束来构造目标函数，通过优化求解目标函数极值实现状态估计。优化算法主要使用解决“最优化问题”的思路来进行状态的估计或预测。

优化算法主要包括极大似然估计、二次约束二次规划、非线性最小二乘、李代数均值和滚动时域等算法。协同导航中主要的优化算法对比分析如表 1.3 所示。

表 1.2 协同导航滤波算法对比分析表

名称	理论基础	使用条件	特点分析
KF	线性最小方差估计	线性高斯系统	只适用于线性系统
EKF	通过泰勒级数展开对非线性系统进行线性化	非线性高斯系统	(1) 能够对弱非线性系统进行求解；(2) 高阶截断带来固有误差；(3) 要进行雅可比微分计算
UKF	基于 UT 变换的点拟合	观测方程为线性高斯，状态方程属于非线性高斯	(1) 不必线性化，免雅可比矩阵求取；(2) 在高维系统中出现数值不稳定及精度降低，复杂度和计算量均大于 KF、EKF；(3) 非线性越强，和 EKF 相比优势越明显
CKF	容积准则选取点集，参数化概率分布均值方差	任何形式的非线性模型	(1) 无须对非线性模型进行线性化，算法相对独立；(2) 计算量大，在线实时计算困难
PF	非线性变换求取样本点，合成被估计状态的均值和方差	任何非线性非高斯系统	(1) 估计误差会收敛于零，条件是使用的粒子数趋于无穷；(2) 粒子滤波的运算量大、精度高；(3) 只有在非线性、非高斯条件下，在估计精度上的优势才能体现
IF	基于信息参数描述线性最小方差估计	状态方程和量测方程均为线性高斯分布	(1) 联合状态的信息矩阵是稀疏矩阵；(2) 信息参数物理意义不明确，需要进行状态恢复；(3) 滤波精度等同于 KF，可避免状态初值造成的均方误差溢出

表 1.3 协同定位主要优化算法对比分析表

名称	理论基础	使用条件	特点分析
极大似然估计	非随机参数估计方法	对系统模型无明确要求	不需要待估参数的先验知识，计算较简单，可忽略各运动体间相关性，但易造成过优估计
二次约束二次规划	拉格朗日松弛将其转化为凸优化问题求解	对系统模型无明确要求	不考虑运动体状态间的相关性及模型线性化，可以给出一致估计结果
非线性最小二乘	采取利文贝格-马夸特（Levenberg-Marquardt）最小化算法迭代求解	非线性系统	(1) 估计结果为最大后验估计；(2) 对运动体间计算同步要求严格；(3) 减少存储和步骤；(4) 降低计算量的同时保持较高精度
李代数均值法	把各运动体状态在特殊欧几里得群中表示，利用李代数定义李群的均值	非线性系统	(1) 对运动体的运动模型误差不敏感；(2) 需要测量各运动体间的相对姿态；(3) 对存储量的需求是一个与时间无关的有界常量，对时间同步的要求有待研究
滚动时域法	最小化性能指标函数估计	对系统模型无明确要求	(1) 实时性和动态性强；(2) 算法对于计算能力要求较高

极大似然估计 [39] 利用最大化似然函数估计运动体位姿。通过运动体之间的相对观测结果和本地测量数据构建似然函数 $P(z|x)$，求解似然函数的最大值作为运动体位姿的估计。该算法对系统模型无明确要求，方法泛用性较高，计算较为简单，但由于缺乏确定模型，在实际运用时容易出现过优估计的问题。

数学中的二次约束二次规划算法在工程领域有着许多应用。但该方法目前尚没有通用的全局收敛准则，这使得求解该问题的全局最优解面临极大挑战。文献 [40] 利用矩阵的初等变换将问题转化为等价双线性规划，基于等价问题的特征和线性化松弛构造松弛线性规划，通过求解一系列松弛规划问题的最优解逐步逼近原问题的全局最优解，证明了算法的全局收敛性。

非线性最小二乘法 [41] 把最速下降法和线性化方法（泰勒级数）综合，融合了高斯-牛顿算法和梯度下降法的优点。并对两者的不足做改善，提供非线性局部最小化的数值解。

李代数均值法是把各运动体状态在特殊欧几里得群中表示，利用李代数定义李群的均值来估计协同导航系统中的位置信息，该方法对运动体的运动模型误差不敏感，需要测量各运动体间的相对姿态，适合分散式协同导航系统，但是该算法对时间同步的要求仍有待进一步研究。

滚动时域法 [42] 也称滚动时域估计（MHE），近年来逐渐在许多领域开展应用，取得了良好的效果。MHE 是一种动态滚动式的最优估计算法，通过建立固定时间域长度的优化窗口，设置先入先出的状态滚动更新机制，引入多运动体系统状态约束条件，使用时间窗开始时刻多运动体的位姿数据组成系统状态向量、时间窗内各时刻的状态噪声序列和代价函数，构建性能指标函数，通过最小化性能指标函数，估计时间窗结束时刻的各运动体的位姿数据。

1.2.4.3 图论算法

图论算法以图为研究对象，其中的图是由若干给定的点及连接两点的线所构成的图形，这种图形通常用来描述某些事物之间的某种特定关系，用点代表事物，用连接两点的线表示相应两个事物间的关系。在协同导航领域，利用图论算法建立协同导航测量图模型，此时运动体历史时刻的导航状态与测量图的节点集合相对应，传感器的测量与测量图的边相对应，包含相同时刻不同运动体间的相对测量与同一运动体在相邻时刻的运动测量。

文献 [43] 采用图论思想，对线性方程组进行迭代求解，得到最优线性无偏估计。针对每个运动体建立测量子图，子图包含节点自身状态信息、节点连接信息和相邻状态信息。各运动体将相邻状态视为已知量，并利用它估计自身状态。迭代完成后，广播当前估计，并接收邻居状态的最新估计，然后进行下一次迭代。该算法的估计结果在没有先验知识的情况下等价于卡尔曼滤波估计，不管运动体间是异步迭代还是同步迭代 [44]，计算结果都渐近收敛于集中最优估计。对于动态系统，进行最优线性无偏估计时，存储量和计算量随时间增长而趋于极大，为了抑制计算量和存储量的增加，采用只近似估计近期状态的算法，在尽量不损失精度的情况下，保证算法的实时性和有效性。

文献 [45] 提出了一种基于因子图优化的无人机群协同导航算法。因子图方法主要结合无人机自身的导航信息和无人机之间的测距信息，将无人机群协同导航信息融合问题转换成因子图模型。该文献中还给出了基于消息迭代策略的因子迭代方法，为每架无人机建立局部因子图，实现了协同导航信息分布式处理和位置优化。

文献 [46] 应用基于图论的建模方法讨论了多无人机的定位问题，当知道 2 个无人机之间的距离和 2 个已知位置信息的地标与载体的夹角时，可以通过全局刚性结构理论，对多无人机进行相对定位。文献 [47] 提出了一种基于三视图几何约束的分布式视觉辅助协同定位新方法，所需要的传感器仅为视觉传感器和惯性测量单元，不需要任何先验信息，提高了编队系统的整体定位性能。

1.2.5 SLAM 研究现状

SLAM 指运动体利用搭载的环境感知传感器对环境进行观测，估计自身的位姿变化与运动轨迹，同时建立环境信息模型的方法。SLAM 的相关概念最早由 Smith 等 [48] 在 1986 年提出，将估计理论引入运动体同时建图与定位问题中，从而实现机器人的自主定位和导航 [49]。

目前 SLAM 技术研究主要包括两种，一是采用单线或多线激光雷达作为外部传感器，即激光雷达 SLAM，另一种是利用相机作为外部传感器，即视觉 SLAM[50]。目前，性能较好的激光雷达可以实现百米外厘米级的测距精度，支撑了一系列高精度 SLAM 应用场景。然而，激光雷达 SLAM 仍面临众多难题，例如在自运动较快时雷达数据会发生畸变，导致 SLAM 精度下降。直接采用激光雷达构建的点云地图在某种程度上无法展现较好的环境细节信息，以至于智能无人系统在环境复杂的场景中不能有效地进行环境信息感知和决策。在隧道、高速路等结构特征不明显的区域，雷达帧间数据难以配准，造成 SLAM 系统退化甚至失效。相较于激光雷达 SLAM 系统，视觉 SLAM 系统具有不主动发出信号的优点，利用视觉特征可以构建出更符合人类感知的稠密环境地图。然而，视觉传感器本质上是一种角度测量传感器，不能直接测量距离信息，因此需要从多视图中重构特征的距离。而且，复杂变化和特征匮乏的视觉环境也会导致视觉 SLAM 系统性能下降乃至失效。

激光雷达、相机和 IMU 三者之间具有较好的互补性。IMU 测量不受环境特征的影响，惯性导航系统仅基于载体运动产生的惯性信息就可以对速度、位置和姿态进行全参数估计。惯性导航估计的运动参数可用于校正雷达数据的畸变、补偿单目视觉缺失的尺度信息等，而激光雷达 SLAM 和视觉 SLAM 测量的载体运动则可以校正惯性导航系统的累积误差。近年来，视觉/惯性 SLAM、激光雷达/惯性 SLAM、视觉/激光雷达 SLAM 等基于多传感器融合的 SLAM 系统发展迅速，比基于单一传感器的系统展现出更高的性能和环境适应性 [51]。常用的 SLAM 方法对比如表 1.4 所示 [52]。

表 1.4 SLAM 算法对比表

方法类别	优点	缺点	应用场景	代表算法
2D 激光雷达法	准确度、可靠性高，技术成熟	难以应对动态环境	室内移动机器人	Gmapping[53]、Hector-SLAM[54]、Cartographer[55]
3D 激光雷达法	准确度高，可构建三维点云地图，方便与视觉等信息融合	传感器价格昂贵，数据处理量较大	无人驾驶汽车	LOAM[56]、VLOAM[57]、Cartographer
激光雷达/惯性法	准确度高，可以构建三维点云地图，稳定性强	需要提前标定传感器外参，难以应对退化场景	室内移动机器人、无人驾驶汽车	LIOM[58]、LINS[59]、LIO-SAM[60]、LiLi-OM[61]、FAST-LIO2[62]
视觉特征法	准确度、稳定性较高，便于进行回环检测	特征提取较耗时，前端计算量较大，仅可构建稀疏地图	室内移动机器人	PTAM[63]、ORB-SLAM[64]
视觉直接法	运算量小，可构建稠密地图	对光照变化及剧烈运动容忍性差	室内移动机器人	LSD SLAM[65]、RGB-D SLAM[66]、SVO[67]
视觉/惯性法	对剧烈运动跟踪精度高	IMU 数据与图像数据频率差异大，后端计算量较大	无人驾驶汽车、无人机	MSCKF[68]、OKVIS[69]、VINS-Fusion[70]

典型 SLAM 系统通常由环境感知器辅以位姿传感器作为系统输入，前端部分利用传感器信息进行帧间运动估计与局部路标描绘，后端部分利用前端结果进行最大后验估计（MAP）[71]，估计系统的状态及不确定性，输出位姿轨迹及全局地图。如表 1.4 所示，2D 激光雷达算法和部分早期基于视觉特征点法的 SLAM 后端多以滤波法为主，但滤波法仅使用临近帧数据，没有利用历史帧数据，这将容易产生累积误差。根据马尔可夫假设，当系统在发生回环时，当前帧与历史帧难以进行数据关联。此外，滤波存在线性化误差，且随着时间推移难以维护庞大的协方差矩阵。粒子滤波法在一些特定的 SLAM 算法中有着较好的效果，但其需

要用大量的样本才能很好地近似状态的概率密度，而大量的样本会造成算法复杂度的急剧增加。此外，对样本进行重采样的过程可能导致粒子退化从而影响估计结果。

典型的后端优化法将位姿与路标构成图的节点，如表 1.4 中视觉/惯性法的代表 VINS-Fusion，利用光束平差法（BA）[72] 进行局部优化。同时，采用固定收敛的路标对由关键帧位姿构成的位姿图进行全局优化。后端优化法能够利用所有时刻的数据进行全状态估计，将回环检测加入优化框架，并将局部估计与全局估计分离。优化法在保证准确性的同时兼顾了效率性，在长时间、大地图情景下优化效果明显优于其他方法，故优化法尤其是图优化法 [73] 逐渐成为 SLAM 的主流后端方法。

协同 SLAM [74] 还在不断研究拓展过程中，在 GNSS 拒止环境中，多个运动体系统利用环境感知传感器实现对环境的观测，建立个体间的信息关联，处理个体系统的信息数据，借助数据交换和分布式计算进行优化和融合，以完成整体地图建立和自身定位的任务。协同 SLAM 算法相对于单运动体 SLAM 算法有如下优势。

（1）协同 SLAM 算法由多个终端并行地对环境进行探索并收集信息，可以加快构建全局地图的速度，利用协同算法减小累积误差。

（2）协同 SLAM 算法利用终端间的共视关系，能够更快、更准确地完成局部地图的拼接与回环，减少回环检测中的假阳性与假阴性，提高了全局地图的一致性。

（3）协同 SLAM 算法的多终端结构能够避免单个运动体由于硬件故障、环境突变、算法发散等原因导致的算法失效，有效提高了整个 SLAM 算法的稳定性与鲁棒性。

1999 年，Jennings 等 [75] 提出了协同 SLAM 方案，让第一个运动体自主地发现环境里的路标，而第二个运动体与第一个运动体的图像帧进行相互比对，来建立对应关系，从而实现对自身的定位。2017 年，Li 等 [76] 提出了协同 SLAM 方法，将地图融合过程放在后台服务器运行，同时在无人机和后台服务器都设置了内存管理机制，使无人机和后台服务器间关键帧的转换更方便，选择一个局部地图作为全局地图，利用局部地图的关键帧和地图点，将其他局部地图合并到全局地图中。2018 年，Pei 等 [77] 提出了一种新型的多运动体机制，该机制使运动体可以在自身的 SLAM 过程中进行协作和相互定位。每个运动体都有两种可切换模式：独立模式和协作模式。每个运动体都可以响应其他运动体的请求，并在组织者的领导下参与目标运动体的链式定位。

2019 年，Rouček 等 [78] 提出了一种增强地下操作系统架构的大规模自主建图与定位（LAMP）算法，其中包括基于激光雷达的精确前端和可自动拒绝外围回路闭合的后端，并对基于激光雷达的多运动体 SLAM 系统进行测试，在大规模且具有挑战性的地下环境中进行了实验。结果表明，在长 85m、宽 72m 的地下矿井环境中，用 LAMP 算法测得的地图的端到端误差为 0.2m，远远小于不使用 LAMP 算法测得的地图的 2.8m 端到端误差，因此项目组获得 DARPA 地下挑战赛第二名的好成绩。

协同 SLAM 算法弥补了单机 SLAM 算法的一些短板，提高了 SLAM 算法的实用性，为无人系统集群的合作任务提供了技术保障，同时也可为 GNSS 拒止环境中的无人系统集群任务提供高精度定位服务。但是协同 SLAM 对系统通信带宽要求比较高，机间信息的时间同步和多传感器的信息匹配也极大影响了协同 SLAM 的效果。

1.2.6 智能规划与编队控制研究现状

1.2.6.1 智能规划方法

1. 单运动体智能规划方法

单运动体智能规划方法是在复杂环境中生成满足运动学约束的无人系统安全离散轨迹，主要包括传统智能规划方法与基于学习的智能规划方法，近些年已有大量的文献综述 [79-82] 针对该问题进行研究。

传统智能规划方法通常可以划分为带有碰撞检测的空间离散化方法、概率采样搜索方法、滚动时域约束优化方法 [83]。作为一种简单有效的运动规划方法，带有碰撞检测的空间离散化方法常用于低维空间和高速场景下的运动规划，代表性成果有状态栅格 [84] 和道路对齐基元（road-aligned primitives）[85] 两种，该方法在高速场景下依然适用。概率采样搜索方法是最为常用的规划方法。其中概率采样方法以概率路线图（PRM）、快速扩展随机树（RRT）为主要代表方法。此类方法可高效地获得一条可行的路径，但无法保证路径最优，因此不少研究人员提出了近似最优的概率采样方法——PRM*、RRT*、RRG 等。为了提高方法效率，在此基础上进一步提出了 Informed-RRT* 和 RRT*-smart 等方法。搜索方法以广度优先搜索（BFS）、深度优先搜索（DFS）和 A* 为代表性方法，为了提升搜索效率，研究人员提出了跳点搜索（JPS）[86] 算法与长期规划 A*（lifelong planning A*）算法以解决三维空间快速搜索问题和动态环境下的长期规划问题。

滚动时域约束优化方法受到算力限制早期主要用于路径跟踪 [87]，随着机载算力的提升，在原优化方法基础上加入硬约束、软约束用于生成无碰撞轨迹以避开其他运动体和障碍物。协变哈密顿量优化运动规划（CHOMP）[88] 是一种经典的软约束运动规划方法，该方法以离散航点作为优化变量，采用梯度下降法解得平滑且无碰撞的轨迹，然而在杂乱的环境中，该方法的成功率很低。另外，以模型预测控制器为优化方法的代表，Schwarting 等 [89] 提出了非线性模型预测控制器并将其用于安全导航，2021 年 Ji 等 [90] 将多面体飞行走廊与模型预测控制相结合，提出了一种高效、扰动自适应的滚动时域运动规划方法，可实时生成无碰撞、动态的可行轨迹。当构建轨迹规划问题为凸优化问题时，滚动时域约束优化方法可保证轨迹的平滑性和全局最优性，然而若构建问题是非凸的，则约束优化仅可收敛到局部最优轨迹。

近年来，随着机器学习的普及，基于学习的端对端运动规划方法在解决高维空间和复杂环境中的规划问题方面有显著的优势。本书中，将基于学习的端对端规划问题分为深度学习与强化学习两种，深度强化方法归为强化学习方法中。对于基于深度学习的端到端运动规划方法，2017 年，Pfeiffer 等 [91] 采用卷积神经网络（CNN）学习专家系统导航策略，通过激光信息与目标位置直接生成控制输出，但是该方法仅适用于低维、静态环境中。Kurutach 等 [92] 与 Ichter 等 [93] 采用生成对抗网络与传统采样方法，分别处理高维度场景、动态环境下运动规划问题。2020 年，Qureshi 等 [94] 采用深度神经网络（DNN）设计了分层运动规划网络，编码网络层将环境信息进行编码，规划网络层生成抵达目标点的无碰路径，实现了高维度在线运动规划。对于基于强化学习的运动规划方法，Tamar 等 [95] 提出了价值迭代网络（VIN），采用 CNN 学习马尔可夫决策过程参数，使得运动体通过感知信息直接规划出执行动作序列，但该方法在高维空间和稀疏奖励的场景下学习较慢甚至无法得到可行解。Khan 等 [96] 将 VIN 得到的局部最优解与全局稀疏奖励放入长短期记忆（LSTM）递归神经网络中，以此得到全局最优的规划结果。相较于上述基于值的强化学习方法，采用策略函数代替值函数的基于策略的强化学习算法更容易应用于高维空间与连续空间环境。Jurgenson 等 [97] 提出了采用近似策略优化（PPO）规划局部子目标轨迹的方法。Tsounis 等 [98] 提出了采用 PPO 的低频高级步态规划与高频步态控制相结合的混合规划结构，规划结果可直接应用于四足机器人。Wu 等 [99] 将深度确定性策略梯度（DDPG）与前馈网络相结合，提出了不依赖运动体动力学与运动学模型的在线轨迹规划策略。

2. 协同规划方法

协同规划方法包括协同运动规划与任务规划。任务规划有时也称为任务分配，大致分为最优化方法、启发式算法、群体智能算法、合同网算法和拍卖算法等几种。最优化方法是指在约束条件下，根据目标函数得到最优解。常见的最优化方法 [100] 包括枚举法、动态规划法、整数规划法等。枚举法是一种最简单的任务分配方法，其只能用于解决规模小、复杂程度低的问题。动态规划法是一种自下而上求解问题的方法，通过对子问题的求解解决总问题。整数规划法是对一系列求解整数规划问题方法的总称，其中包含匈牙利算法 [100]、分支定界法等。启发式算法是一种基于直观或经验构造的方法，目的是在有限的时间内找到复杂问题的可行解。常见的启发式算法包括遗传算法（GA）[101]、禁忌搜索算法、模拟退火（SA）算法 [102] 等。群体智能算法是根据自然界中的群体智能发展而来的，通过搜索场景中的所有可能解来解决任务分配问题，包括蚁群优化（ACO）[103]、粒子群优化（PSO）[104,105]、灰狼优化（GWO）等。合同网算法通过“招标-投标-中标”的机制实现任务与无人机间的平衡。作为目前最有效的分布式分配算法，拍卖算法 [106] 是模拟人类拍卖过程的一种任务分配方法，该算法使蜂群系统的收益最大化 [107]。

对于协同运动规划，除了单运动体运动规划需要考虑的约束外，还需考虑同一环境中存在竞争和碰撞约束的运动体，根据 1.1 节可知协同规划的主要挑战为系统间拓扑规划与相互避障问题。解决方法大致可以分为基于行为方法、数学优化方法、启发式人工智能方法等几种。基于行为的方法主要以人工势场法为代表，2007 年，Sugiura 等 [108] 通过设计势场斥力函数实现运动体间避碰规划。2014 年，Yang 等 [109] 采用人工势场法求解多运动体路径规划问题，并针对该方法易出现陷入局部最优的问题做出改进。启发式人工智能算法包括启发式算法和群体智能算法，以遗传算法、粒子群算法、蚁群算法为主要代表。2006 年，吴靓等 [110] 通过蚁群算法为多运动体系统规划出了集中协调式路径，避免了相互的碰撞。2012 年，Kala 等 [111] 考虑到各运动体起点和终点不同，利用遗传算法得出各运动体最优路径。2016 年，Das 等 [112] 对粒子群优化算法进行改进并将差分摄动速度算法融合到复杂环境的路径规划问题中，顾军华等 [113] 在蚁群算法中引入多步长搜索方式，成功求解了多运动体路径规划问题。然而上述两类算法均无法保证数学上的稳定与最优，因此近些年基于数学优化的方法逐步占据主导地位。2017 年，Li 等 [114] 提出了控制障碍函数法，用于解决多运动体无人系统协同规划问题，并针对死锁、冲突、局部最小点问题进行了解决。2021 年，Zhou 等 [10] 将多无人机规划问题表示为最优化问题进行求解，设计了分布式求解算法 EGO-Swarm，在此基础上，提出了一套完整的小型无人机在线规划系统，相关成果发表在 *Science Robotics* 期刊上 [115]。2022 年，Quan 等 [116] 将队形表征以软约束的形式引入优化问题中，实现了多无人机系统在复杂环境中的编队规划问题，然而在这两种算法中，均要求系统的图结构为完全图，这也限制了系统的扩展性能。

除了上述将协同运行规划和任务规划分离解决的方式，一些研究者将两个问题统一解决。麻省理工学院 [117] 设计了基于协商的协同任务规划算法——基于协商一致的束算法（CBBA），该算法利用基于市场的决策策略进行分散任务选择，将基于局部通信的协商一致作为冲突解决的任务分配机制，实现中标价值的一致。Ponda [118] 以 CBBA 为基础，提出了时变规划策略，在通信限制的情况下，设计了带有时延的 CBBA，解决通信限制问题，并针对不确定性的问题，提出了风险感知（risk-aware）CBBA，形成了一套“CBBA-规划-数据融合”的完整态势感知系统。宾夕法尼亚大学 GRASP 实验室[119,120] 和瑞典斯德哥尔摩皇家理工学院[121] 将任务分配与航迹规划结合，大幅度提升了多运动体协同规划的效果。Turpin 等[119] 首次将目标分配和运动规划问题结合，在无障碍物环境中设计了一套同构无人系统目标分配与规划策略。Turpin 等[120] 在文献 [119] 的基础上，考虑了局部通信的情况，利用一组类李雅普诺夫（Lyapunov-like）函数编码目标，完成决策分配，使得到达目的地的距离最短。类似地，瑞典斯德哥尔摩皇家理工学院的 Schillinger 等[121] 把同时任务分配与规划（STAP）问题描述成线性时序逻辑（LTL）问题，采用帕累托最优评价标准生成无人系统总消耗量最小的一组动作序列，使得多运动体系统在复杂化环境中完成相应任务。

随着人工智能技术的发展，多运动体深度学习与强化学习方法给解决多运动体协同规划问题提供了一种全新思路。施伟等[122] 提出了一种基于深度强化学习的多无人机协同空战决策流程框架以提高多无人机协同对抗场景下机间的协同程度，显著提高了无人机蜂群的作战成功率。黄亭飞等[123] 将深度 Q 网络（DQN）与进化算法结合，优化了传统任务分配算法的分配效果，并可以动态地更新分配结果，进行持续的结果优化。Zhang 等[124] 研究了基于网络的多无人系统强化学习问题，提出了两种具有函数逼近的分散的演员-评论家（AC）算法，分布式处理具有高耦合度的多运动体强化学习问题，并采用线性函数逼近的方法对算法的收敛性进行了理论分析。随后，Zhang 等[125] 对于完全分布式多运动体强化学习进行有限样本分析，在没有任何中央控制器的情况下，采用零和博弈方法，提出了完全分散式的多运动体强化学习算法，并量化了估计动作值函数的有限样本误差。

1.2.6.2 协同编队控制

智能协同编队控制方法主要包括：领航-跟随法、基于行为法、人工势场法、虚拟结构法和图论法等。智能无人系统协同编队控制作为一项关键技术和研究热点，国内外学者已开展了大量的研究工作，并且涌现了许多代表性研究成果。

最早的无人系统协同模型是 Reynolds[126] 于 1987 年提出的 Boids 模型，该模型用计算机来模拟群体行为，并给出了智能集群系统满足的三个规则。

（1）速度匹配：个体尽量与邻居速度和方向的平均值保持一致。

（2）聚集：尽量向邻居的平均位置运动。

（3）避免碰撞：相邻个体间避免发生碰撞。

在 Boids 模型的基础上，1995 年 Vicsek 等[127] 将其简化，提出了一种离散无人系统协同模型——Vicsek 模型，模拟了大量粒子涌现的现象，对 Boids 模型中的速度匹配进行了数学描述。Vicsek 模型刻画了多个粒子构成的自治系统的同步运动，在这个模型中粒子遵循如下三个规则。

（1）系统中运动的粒子具有常速率。

（2）粒子存在一个影响半径，即系统中的任意一对粒子，只有这对粒子之间的直线距离小于半径时，它们才存在相互的影响。

（3）粒子每一时刻的运动方向跟上一时刻它的影响半径范围内的其他所有粒子的平均运动方向相同。

同时，Vicsek 模型首次对无人系统协同进行数学化描述，并引入判断个体系统间是否同步的标准。协同编队研究均是以 Boids 模型、Vicsek 模型为蓝本进行研究。本书将从领航-跟随编队控制、基于行为的编队控制和基于图论的编队控制三个方面介绍协同编队控制研究现状。

1. 领航-跟随编队控制

Wang 等 [128,129] 于 1991 年提出了领航-跟随的编队控制方法，并且在 1996 年利用基于模型的控制方法完成了多运动体的队形保持、姿态控制等编队控制任务。Loria 等 [130] 将位置跟踪和角度跟踪进行分离后，基于领航-跟随法设计了全局渐近一致收敛的编队控制方法。2001 年，Desai 等 [131] 提出了编队控制概念，并将设计的编队控制算法应用于无人系统编队，提出了基于 l-ψ 和 l-l 控制的协同编队控制方法，实现了多运动体任意队形的切换。近些年，在 Kumar 的带领下，其团队将所涉及的智能无人系统协同编队控制技术逐步引入美国 DARPA 的诸多项目中，在 2017 年 DARPA 发布的 OFFSET 项目中，该团队参与设计了分布式系统集成，开发并测试了城市作战编队集群无人系统的蜂群战术，DARPA 的地下挑战赛中也有其设计的智能协同编队控制算法。Jin [132] 考虑跟踪误差和状态受限条件下，针对欠驱动的多运动体系统设计了一种基于领航-跟随的编队控制方法，实现了编队系统的有限时间收敛。领航-跟随编队控制方法实现简单，只需要知道领航者的行为或运动轨迹就可以对整个系统的行为进行控制，但是该种结构对领航者依赖较大，当领航者出问题，则会导致整个系统无法正常运行。

2. 基于行为的编队控制

基于行为的编队控制方法于 1998 年由 Balch 等 [133] 提出，该方法从自然界中生物的一些基本行为出发，通过设计运动体简单行为的局部控制规则，使运动体系统产生如编队保持、轨迹跟踪和避碰等所需的整体行为。该方法首先定义一个包含运动体简单行为的行为集，最终的行为输出则由每个基本行为的重要性和优先级加权计算确定。2002 年，Monteiro 等 [134] 提出了一种包含避障和编队导航两种行为的控制方法。2014 年，Xu 等 [135] 基于行为法提出了一种实现导航避障功能的编队控制方法。2018 年，Lee 等 [136] 提出了只用相邻运动体和障碍物的相对位置信息的编队控制方法。基于行为法的优点之一在于当运动体具有多个竞争性目标时，较容易确定控制方法，并且编队系统中的运动体易于合作。另一个优势是具有良好的扩展性，可动态适应新加入的运动体。但相较于传统多运动体系统编队控制，运动体不同行为的数学描述和设计实现更为复杂，并且由于不能明确地定义群体行为，该方法难以进行数学分析，无法严格保证编队的收敛性。

3. 基于图论的编队控制

基于图论的编队控制方法利用网络图的结构表示编队队形，基于图分析进行控制器的设计。采用代数图论描述一个多运动体系统时，图中节点 i 的邻居节点集合表示与运动体 i 存在拓扑关联的运动体集合。从图结构的拉普拉斯矩阵出发设计局部、分布式并且可扩展的多运动体编队控制方法，借助拉普拉斯矩阵的特征值证明编队控制方法的稳定性。代数图论是研究具有信息约束的大规模多运动体系统编队控制的一种强有力的数学工具。

在 Reynolds 提出的 Boids 模型 [126] 及 Vicsek 等提出的 Vicsek 模型 [127] 基础上，2001 年 Desai 等 [131] 将代数图论引入多运动体之中，利用图来描述整个系统和运动体之间的拓扑关系。2003 年，Jadbabaie 等 [137] 在无噪声的假设条件下对 Vicsek 模型进行了简化，用矩阵论和图论给出了 Vicsek 模型收敛性的理论证明，并指出，只要满足连通，粒子的运动方向就能达到一致。与 Vicsek 等的描述类似，Jadbabaie 等引入了图论，给出了无领航者和有虚拟领航者的模型。国内在基于图论方向也做出了突出贡献，Lin 等 [138,139] 先后提出了在无向图和有向图下编队控制稳定的条件，根据其稳定条件提出了相应图结构对应性质，并将结论引入重心坐标的编队控制方法中，实现局部坐标分布式编队控制。Zhao [140] 采用领航-跟随结构提出了一种基于仿射变换的队形控制方法，可在特定场景下针对障碍物进行队形变换集群避障，并取得了较好的效果。

1.3 多运动体智能无人系统关键问题

1.3.1 测距测向关键问题

目前传统的无线电测距测向方法在建模、基础算法方面均有了深入的研究，在较为空旷环境已实现广泛应用。然而在障碍环境定量分析、精确测距测向方法和多节点使用方面，仍有较多工作需要进行深入研究。在面向地下、水下和室内等特定场景下，传统无线电传感器不再适用。因此国内外针对低频磁场测距测向系统的关键技术进行分析与研究，典型研究成果包括 NASA 针对室内火灾救援场景需求研制的 POINTER 系统、休斯敦大学面向水下智能无人潜航器研制的多节点磁信标测距测向系统和牛津大学面向地下场景设计的互相增强式的惯性磁感应测距测向系统等。低频磁场信号的传播模型是低频磁场测距测向方法在不同场景下应用的理论基础，且该测距测向方法主要应用于地下矿洞、地铁等高遮挡的特殊场景执行搜索、救援任务的智能无人系统中。传统无线电和高穿透低频磁场测距测向方法有以下四个发展方向。

（1）复杂环境下，定量化建模及精确测距测向方法研究。

（2）传统无线电测距测向方法多节点时间同步问题及鲁棒相对定位方法研究。

（3）惯性等传感器与低频磁感应系统结合的多源融合测距测向方法。

（4）基于空间几何约束的高精度多节点磁信标测距测向方法，为复杂场景下协同作战的智能有人/无人系统提供高精度的测距测向服务。

1.3.2 协同定位与导航关键问题

协同定位与导航的核心问题是状态估计，已有基于滤波理论、优化理论和图论的众多状态估计方法，能够基本满足协同定位的需求。目前，协同定位方面有待开展的工作是根据无人系统自身和应用环境的特性，对现有的状态估计方法进行适应性研究，以满足实际应用需求。协同定位有以下三个发展方向值得深入探讨。

（1）无人系统应用环境广泛且复杂，需要实现系统噪声和量测噪声不准确或未知情况下的协同定位。

（2）无人系统中成员数目众多，通信资源有限，因此需要开展通信资源受限情况下的协同定位算法研究。

（3）无人系统中所有节点都进行相互量测是不必要的，需要进行合理高效的量测调度和异步量测下的协同定位。同时，进行存在时延情况下的协同导航算法研究也十分必要。

1.3.3 同时定位与地图协同构建关键问题

目前协同 SLAM 算法在短时、短距、特定场景中已经达到了较高的精度，为了在无人系统中进行更广泛的应用，协同 SLAM 主要有以下五个发展方向。

（1）基于深度学习的协同 SLAM：利用深度学习得到直观、物理意义明确的模型与定量的结果，将深度学习方法与传统 SLAM 方法进行有机结合。

（2）基于语义信息的协同 SLAM：将传统建图中对环境物体的静态-动态二元分类转变为墙壁、门窗、走廊、人、车等带有不同语义标签的多元分类，隶属于不同语义标签的环境物体具有不同的通过性、移动性等属性，将协同 SLAM 应用于动态场景。

（3）异构运动体协同的多种地图拼接：融合多种运动体的传感器数据和多种类型的地图，创建一致性的环境地图是多运动体协同 SLAM 未来要解决的关键问题。

（4）多样性环境下稳定且高效的通信技术：在多运动体协同 SLAM 中，容错性仍是一个关键问题，持续且良好的通信保障能够有效提高协同 SLAM 的容错性。如何在多样性的环境下保持良好的通信，在数据丢失的情况下建立高质量的地图对于多运动体协同 SLAM 是一项挑战。

（5）大范围动态复杂环境条件下的协同 SLAM 算法：当前，许多协同 SLAM 算法在创建全局一致性地图时通常是对已完成的局部地图进行融合，导致在特征类似或缺失的环境中算法表现较差。因此，将协同 SLAM 应用场景由小范围静态延伸至大范围动态复杂环境是多运动体协同 SLAM 的发展趋势，具有极大挑战性。

1.3.4 智能规划与编队控制关键问题

无人系统协同规划与编队控制是一个永无止境的探索话题，虽然近几年智能无人系统规划与编队控制方面取得了长足的进步，但是仍有一些关键问题有待解决。

（1）自适应拓展的鲁棒模型建立：无人系统节点的状态数量发生变化时，利用系统运动体特性构建鲁棒自适应编队模型。

（2）自适应协同规划与编队控制方法：面向实际任务，自主决策最优队形，完成队形变换，自主避障，形成一套完整的感知 → 规划 → 编队控制系统。

（3）复杂环境下队形自适应切换控制：在协同编队控制算法中，实际无人系统个体间存在异步通信、大时延、动态拓扑等，需根据环境与任务需求实现自适应的队形切换控制。

1.4 内容与章节安排

本书主要研究了多运动体协同导航与控制问题，具体内容主要分为三部分。

第一部分为第 1 章，对无人系统基本框架和发展现状进行描述。本章简要描述了无人系统的基本概念、基本架构及相关内容的研究现状、发展趋势。

第二部分为第 2~5 章，是本书的主体内容，结合前期的研究工作介绍了多无人系统中不同传感器下的测距测向、定位与导航技术。

第 2 章主要介绍了无线电的测距测向模型及方法。针对无线电测距问题，构建了自由空间传播模型、对数距离损耗模型、莫特利（Motley）模型，给出了基于 TOF 伪距的无线电测距方法，研究了基于超宽带多节点的有锚节点、无锚节点相互测距方法；针对无线电测向技术，分别给出了基于比幅法、基于干涉仪法、基于空间频谱法的无线电测向方法。

第 3 章从磁信标测距测向系统构成及传感器开始介绍，对磁信标磁场分布模型、基于特征向量的磁测距测向方法、低信噪比磁场信号的提取与辨识技术和磁测距测向误差分析与补偿、高穿透力低频磁场测距测向方法等内容进行介绍。其中基于特征向量的磁测距测向方法是第 3 章的重点内容，介绍了单磁信标、惯性磁感应融合、几何约束的多磁信标等低频磁场高精度测距测向技术。

第 4 章对主从式和并行式的协同导航系统进行建模，在此基础上，基于 EKF、UKF、CKF 等对协同定位算法进行了对比分析。通过对系统误差传播机理、可观测性和误差界估计方面的分析，提出了节点选取优化方法，为协同定位系统算法设计和协同定位系统构型等研究方向提供理论基础。为了提升协同定位算法的鲁棒性和自适应性，采用投影统计法研究了基于 Huber 估计的鲁棒协同定位算法，采用迈尔斯-塔普利（Myers-Tapley）自适应算法和渐消记忆统计自适应算法研究了基于噪声自适应的协同定位算法，并研究了基于时延补偿的协同定位算法。

第 5 章主要介绍了当前主流的 SLAM 算法，着重展示视觉/惯性、视觉/激光雷达/惯性框架和实物实验结果。在此基础上，开展了多运动体协同 SLAM 的关键技术研究，包括多运动体协同 SLAM 算法、协同 SLAM 中数据关联技术和多运动体视觉协同 SLAM 算法等。

第三部分为第 6 章，主要内容为在定位、导航基础上，实现无人系统在复杂任务场景的安全鲁棒协同运动。从基于共情理论的编队队形选择入手，研究了分布式编队队形决策问题，然后采用概率推理方法研究了协同编队规划问题。确定领航者轨迹后，实现了基于仿射变换的领航-跟随编队控制算法。除传统算法外，第 6 章还给出了基于强化学习的单运动体动态环境路径规划方法及多运动体协同路径规划方法。

第 2 章　无线电传感器及测距测向

随着无线电通信技术的不断改进与发展，一些新技术和新器件逐渐应用于无线电测距测向的研究，在减小设备的体积、重量和功耗的同时，极大提升了无线电测距测向设备的性能。

无线电测距是一种基于电磁波应用技术的测距方法，即利用无线电测量距离，按其工作原理可分为脉冲测距（也称时间测距）、相位测距和频率测距三种，按其工作方式可分为带独立定时器的测距和不带独立定时器的测距两种。近些年随着无线电测距技术的迅速发展，无线电测距的探测范围、精度和抗扰性等性能逐步提升。无线电测距技术已经不仅是军事上不可缺少的一部分，更被广泛地被应用在国民经济的各个领域中。

无线电测向是一种利用测向设备确定电磁波来向，从而确定无线电信号发射源方位的方法。一套完整的无线电测向系统是由测向机构和测向方法模块组成，测向机构通过宽带天线接收无线电信号，测向方法模块则利用后端的数字信号处理（DSP）和现场可编程门阵列（FPGA）等数字模块的数据完成测向的解算。该技术可以对无线电信号进行定位、跟踪，实时获取目标的方位信息，被广泛应用于军事和民用领域中。

2.1　无线电传感器

无线电又称无线电波、射频电波、电波或射频，是指在自由空间（包括空气和真空）传播的电磁波。无线电传感器可以分为信号强度类和信号传输类两种，包括蓝牙、WiFi、UWB 等几种常见无线电传感器。

2.1.1　信号强度类无线电传感器

信号强度类无线电传感器，即依靠无线电的信号强度来传递、感知信号的电子器件。一般而言，可以根据信号强度的衰减情况来测量出所需的信息，信号越强，测量出的信息越精确。常用的信号强度类无线电传感器有蓝牙、WiFi 等。

2.1.1.1　蓝牙

蓝牙技术是爱立信公司在 1994 年推出的一种无线电通信技术，能够在短距离内实现设备或者个人局域网之间的数据交换。蓝牙使用 2.4GHz 频段，一般传输范围为 10cm~10m。一个蓝牙系统主要由四部分组成：蓝牙天线单元、链路控制、链路管理和蓝牙软件。其中链路控制部分包含链路控制器、连接控制器、基带处理器和无线电收发器，链路管理部分包含链路管理协议、链路的建拆、安全、控制以及链路模式的协商。蓝牙技术及其产品主要有以下三个特点。

（1）使用方便：设备之间通信无须电缆。

（2）抗干扰能力强：蓝牙技术具有跳频功能，能有效避免 ISM（工业、科学、医疗）频段遇到干扰源。

（3）传输距离较短：现阶段蓝牙的标准工作距离为 10m，增加无线电功率后的可达 100m。

2.1.1.2 WiFi

如图 2.1 所示，WiFi 是实现无线局域网的一种技术。WiFi 主要基于 IEEE 802.11 系列协议标准进行通信，目前主要采用四种通信协议标准，分别是 802.11a、802.11b、802.11g 和 802.11n，根据协议标准的不同主要分为两个工作频段，分别为 2.4GHz 和 5.0GHz。

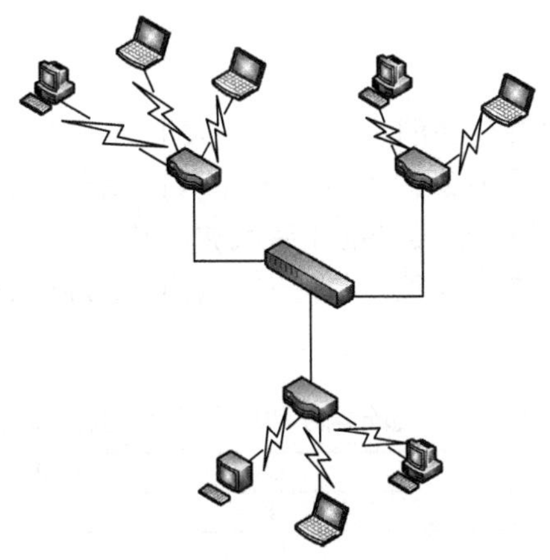

图 2.1 WiFi 的系统框架图

IEEE 802.11 系列标准主要采用了扩频（SS）技术和正交频分复用（OFDM）技术，其中扩频技术又分为跳频扩频（FHSS）和直接序列扩频（DSSS）。IEEE 802.11 系列通信协议标准主要制定了 WiFi 通信协议的物理层和数据链路层的协议标准。

2.1.2 信号传输类无线电传感器

信号传输类无线电传感器，即依靠无线电的本身或其载体性来传递信号的电子器件，具体来说，可以通过无线电信号的载体性质来传播信息、测量信号。目前常用的信号传输类无线电传感器有激光传感器、UWB 传感器等。

2.1.2.1　激光传感器

激光技术始于 20 世纪 60 年代，在国防军事、航空航天、医学卫生等领域有广泛应用。激光具有方向性强、亮度高、相干性好等特点，通常被应用在测距、定位、通信等领域当中。激光传感器是一种能够利用激光技术对信号进行采集、处理的传感器，主要包括激光光源、光电转换电路和信号放大电路，具体结构如图 2.2 所示。

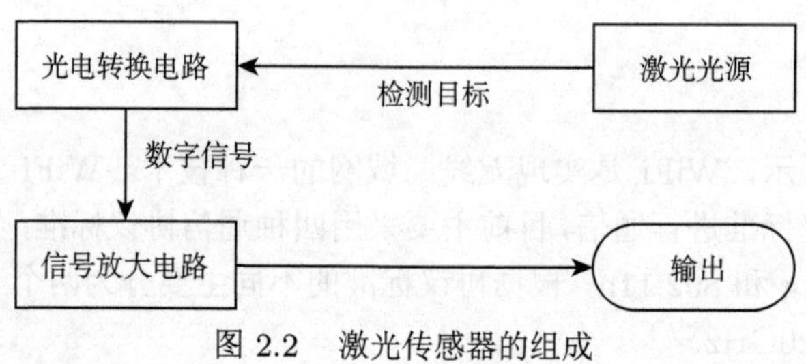

图 2.2　激光传感器的组成

2.1.2.2　UWB 传感器

按照美国联邦通信委员会的定义，带宽大于 500MHz 或者分数带宽（即带宽与中心频率之比）大于 0.2 的信号称为 UWB 信号。利用纳秒或微秒级以下的极窄脉冲传输数据，相比于传统的正弦载波，其所占的频谱范围很宽，覆盖了 3~5GHz、6~10GHz 共 7 个频段，单信道带宽超过 500MHz。表 2.1 是部分国家和地区可用频段分布。

表 2.1　部分国家和地区可用频段分布

国家与地区	可用工作频段/GHz
欧洲	6.0~10.6
美国	3.1~10.6
日本	7.25~10.25
韩国	7.2~10.2
新加坡	3.4~10.6
中国	6.0~9.0

相比于传统的无线电通信技术，UWB 具有以下三个优势。

（1）抗干扰能力强：UWB 信号具有很大的带宽，其本身不容易被噪声信号干扰。

（2）输出功率低：UWB 信号为纳秒或微秒级以下极窄脉冲，其发射功率非常小。

（3）时间分辨率高：UWB 信号一般在纳秒级完成传输，能够完成更高精度的测距。

2.2 无线电测距方法

无线电测距是无线电导航的基本任务之一，该方法通过测量信号强度的衰减模型以及信号的传输时间来解算节点间距离信息。然而不同类型的无线电采用的求解方法不同，解算距离的模型也不相同。

2.2.1 基于接收信号强度指示的无线电测距方法

基于接收信号强度指示（RSSI）的测距技术是利用无线电信号随距离增大而有规律地衰减的原理来测量节点间距离的方法。在预先设定的节点处检测接收无线电信号的强度值，通过对无线电信号传播的经验公式或者理论的模型，将其转换为对应的距离值。然而，距离测量精度极大程度依赖经验的可靠性和模型公式的准确性。在实际应用中，通常利用 RSSI 与距离之间的解算模型，将检测到的无线电信号的强度值转化为距离值。

基于 RSSI 的测距方法的主要原理是建立无线电信号的传播模型，分析接收信号强度与距离之间的关系，然后再根据所建立的模型，得到节点间的距离信息。无线信道制约着无线电信号的传播，其主要原因是无线电信号在传播的过程中会受到诸如地形、建筑物、多普勒效应等因素的影响，信号传输过程中存在折射、反射、叠加、抵消等情况，使得信号的传播能量和距离不只是简单线性或者指数关系，需要建立准确的信号传播模型。

近些年，随着对移动通信中无线信道特征和电磁波传播模型路径损耗的研究，信号传播模型在理论传播模型和实际传播模型两个方面均得到了长足发展。理论传播模型是一种理想状态下信号在自由空间中传播产生的模型。理论传播模型不考虑周围环境对信号强度的干扰，只考虑信号传播距离与信号强度之间的关系。而实际上，信号强度与距离之间的关系并不是一对一的映射，相邻位置处的信号依然存在着较大的波动，经常出现接收信号强度相同时对应的距离并不是唯一的情况。因此需要考虑不同环境对测距造成的影响，建立一种对特定场景有效描述且更准确的实际传播模型。目前典型的无线电信号传播模型主要包括自由空间传播模型、对数距离损耗模型和 Motley 模型。

2.2.1.1 自由空间传播模型

无线电信号在理想的自由空间进行传播时，接收信号的功率 $P_t(d)$ 与 d（接收信号设备与发射信号设备之间的距离）成比例减小：

$$P_t(d) = \left(\frac{\lambda}{4\pi d}\right)^2 P_t G_t G_r \tag{2.1}$$

式中，$P_t(d)$ 为距离信标 d 处的接收功率；P_t 为信标的发射功率；G_t 和 G_r 分别为发射节点和接收节点的天线增益值；λ 为无线电传感器发射的强度信号波长。

对于在自由空间中传播的固定频率信号，RSSI 主要与 P_t、G_t 和 G_r 有关，可以分析得出，RSSI 随距离的增大而减小，整体呈下降趋势。但路径损耗受不同因素的影响，接收节点的 RSSI 受信标节点的发射功率的影响较大，无线电信号发射功率越大，其传输距离越远；在相同的发射信号功率的情况下，接收节点的 RSSI 随天线增益的减小而降低。

2.2.1.2 对数距离损耗模型

在实际环境中，无线电信号在传输过程中受到多种因素影响，其中最主要的因素是多径效应。多径效应指的是一个信号在传播途中被周围障碍物反射或者吸收，接收节点收到不同路径传播的同一个信号的现象。对一个信号来说，沿直线传播是最理想的，也是最先被识别接收的，并且这个信号的传播应该是在视距的条件下进行的。由于多径效应，到达接收节点信号的频率值是由多种不同振幅、不同相位的干扰波与原来所发射的信号进行的重构的信号频率，从而造成了部分频率的信号衰减，即所测 RSSI 值的误差。其次影响 RSSI 的是阴影效应，即消除了上述影响后，RSSI 值在信号传播过程中遇到障碍物而产生的误差。

在实际环境中，无线电信号的传播存在一定的规律：随着接收节点与发射节点之间距离的增大，接收的信号强度呈对数函数的形式衰减。在考虑信号衰减效应的情况下，假设发射节点和接收节点的天线增益是相等的，此时，得到的对数距离损耗模型为

$$P_t(d) = P_t(d_0) - 10n\lg\left(\frac{d}{d_0}\right) + \varepsilon \tag{2.2}$$

式中，$P_t(d)$ 为距离信标 d 处的接收功率；d 为发射节点与接收节点之间的实际距离；d_0 为参考距离，需要根据不同的传播环境进行确定；$P_t(d_0)$ 为反射节点和接收节点间距 d_0 时的信号强度；ε 为服从 $(0,\varsigma^2)$ 的高斯分布随机噪声向量，ς 与具体的环境密切相关；n 为路径损耗指数，其值的大小与环境有关，属于经验值。

在实际应用过程中，可采用简化对数距离损耗模型：

$$\text{RSSI} = A - 10n\lg d \tag{2.3}$$

式中，$\text{RSSI} = P_t(d)$；$A = P_t(d_0)$，通常 $d_0 = 1\text{m}$。

此式表示 RSSI 值与距离 d 之间的函数关系。常数 A 和路径损耗指数 n 都是经验值，其取值与无线电传感器属性及环境有很大关系。

2.2.1.3 Motley 模型

Motley 模型是基于自由空间传播模型的室内信号传播模型，该模型考虑了信号传播过程中墙壁和地板等因素的衰减，在精度上有一定的提高。传播过程中信号的路径损耗如下：

$$\mathrm{PL}(d)=\mathrm{PL}_0+10n\lg\left(\frac{d}{d_0}\right)+\sum_{i=1}^{M}K_{f_i}L_{f_i}+\sum_{j=1}^{N}K_{W_j}L_{W_j} \tag{2.4}$$

式中，$\mathrm{PL}(d)$ 为信号参考点的路径损耗值，单位为 dB；PL_0 为距离节点 d_0 处的信号传播路径损耗，通常取值为 37dB；n 为信号传播期间的路径损耗指数，一般 n 取值为 2；d 为从信号发射节点到接收节点的距离；d_0 为参考距离；M 为信号发射节点到接收节点之间所隔的楼层数目；K_{f_i} 为无线电信号穿过的第 i 类楼层的数目；L_{f_i} 为第 i 类楼层的损耗因子；N 为无线电信号在传播过程中遇到的各种墙壁数目；K_{W_j} 为无线电信号穿过的第 j 类墙的数目；L_{W_j} 为第 j 类墙壁的损耗因子。

一般情况下，不同材质的墙壁和不同厚度的楼层衰减因子是不同的，各种类型结构产生的衰减因子参考值如表 2.2 所示。

表 2.2 不同结构衰减因子参考值

障碍物结构类型	材料组成	衰减因子
墙壁类型	砖块	2.5~2.6
	石膏板 (12cm)	1.3~2.9
	水泥墙壁 (15cm)	1.3~2.9
	玻璃墙壁	2.3
	加厚墙壁	15.61
楼层类型	高层写字楼	14.6
	中等楼层	23.62

2.2.2 基于 TOF 伪距的无线电测距方法

2.2.2.1 超宽带测距原理及模型

本节采用 DW1000 芯片进行超宽带测距原理研究，该芯片通过测量传输信号的 TOF 来测量节点间距离，具有单侧双向测距（SS-TWR）和双侧双向测距 [141,142]（DS-TWR）两种测距方式。

SS-TWR 通过测量单个消息的往返时间，计算节点间距离。整个过程涉及单个消息从一个节点到另一个节点的往返延迟的简单测量。DS-TWR 则是在 SS-TWR 基础上延伸的一种测距方法，通过标记两个往返的时间戳，计算得到 TOF，这种方法增加了响应时间，降低了测距误差。

对比上述两个方法在 UWB 中的应用，SS-TWR 要求的时间同步很难实现，且时间不同步会带来极大误差。而 DS-TWR 不要求时间同步，可忽略时间戳带来的误差。因此，考虑时间同步所需的成本和误差的影响，大部分场景采用 DS-TWR 方法。

2.2.2.2 基于信道模型的环境评估

无线电通信系统通常包含数字输入、信号编码与调制、无线信道传输和信号译码解调四个部分 [143]。其中，数字输入和信号编码调制部分属于无线电发射节点，信号译码解调属于无线电接收节点。在室外树林中，UWB 信号将会受到树木、人体等应用环境的影响，产生直射、反射、散射等现象。在本章应用环境下的 UWB 信道中，遮挡 NLOS 和多径现象严重，测距误差较大。研究无线电信道中各类信号的损耗、时延、色散等模型对评估信道质量、估计测距置信度、补偿测距等都具有指导价值。针对脉冲 UWB 及测距优化，UWB 的信道模型有 IEEE 802.15.3a UWB 信道模型和 IEEE 802.15.4a UWB 信道模型 [144-146]，主要包含路径损耗模型、信道冲激响应模型、多径时延模型等内容。

1. IEEE 802.15.3a UWB 信道模型

为了推动 UWB 测距的应用，IEEE 协会于 2005 年提出了 IEEE 802.15.3a UWB 信道模型，该模型将多径、NLOS、信道延迟、簇衰减因子和信号衰减因子等重要的变量作为信道建模参数，为 UWB 接收机设计、信号滤波和测距优化提供了理论基础 [147]。

IEEE 802.15.3a UWB 信道模型最初是基于泊松过程建立的，考虑到 UWB 信号极宽的带宽，后采用与频率有关的萨利赫-瓦伦祖埃拉（Saleh-Valenzuela）模型。IEEE 802.15.3a UWB 信道模型主要考虑室内信道，包括室内信道的阴影 [148]。其信道冲激响应为

$$
\begin{aligned}
h(t) &= X\sum_{n=0}^{N}\sum_{k=1}^{K(n)}\alpha_{n,k}\delta\left(t-T_n-\tau_{n,k}\right) \\
\alpha_{n,k} &= p_{n,k}\beta_{n,k}
\end{aligned}
\tag{2.5}
$$

式中，X 为信道增益；N 为信号簇的个数；$K(n)$ 为第 n 簇的多径信号的数量；T_n 为第 n 簇信号到达时间；$\tau_{n,k}$ 为第 n 簇信号中第 k 条路径的时间延迟；$p_{n,k}$ 为离散随机变量；$\beta_{n,k}$ 为第 n 簇信号中第 k 个路径的信道参数：

$$
\beta_{n,k} = 10^{\frac{x_{n,k}}{20}} \tag{2.6}
$$

其中，$x_{n,k}$ 为高斯随机变量，它的均值和标准差分别为 $\mu_{n,k}$ 和 $\sigma_{n,k}$。

将 $\beta_{n,k}$ 项包含的信号归一化，得到单位能量：

$$\sum_{n=1}^{N}\sum_{k=1}^{K(n)}|\beta_{n,k}|^2=1 \tag{2.7}$$

信道的增益 X 满足对数的正态随机分布，X 可表示为

$$X=10^{\frac{g}{20}} \tag{2.8}$$

式中，g 为均值为 g_0、方差为 σ_g^2 的高斯随机变量。g_0 受平均多径增益 G 的影响，均值 g_0 可以表示为

$$g_0=\frac{10\ln G}{\ln 10}-\frac{\sigma_g^2\ln 10}{20} \tag{2.9}$$

式中，σ_g 为信道的幅值增长标准差。式 (2.9) 中平均多径增益 G 可以表示为

$$G=\frac{G_0}{d^{\gamma}} \tag{2.10}$$

式中，G_0 为 $d=1\text{m}$ 时的功率的增益；γ 为功率的衰落指数。由以上公式可知，当确定 Λ、λ、γ、G_0、σ_g 等参数后，可以得到室内环境下信道冲激响应的信号模型。但是 IEEE 802.15.3a UWB 信道模型适用于 UWB 高速通信，用于面向短距离、信号传输速率快的室内通信环境，其模型参数不适用于通信距离较长、速率较慢的 UWB 测距系统。

2. IEEE 802.15.4a UWB 信道模型仿真验证

与 IEEE 802.15.3a UWB 信道模型相比，IEEE 802.15.4a UWB 信道模型 [149-151] 同样具有信号簇和信号的多径成分，并且还针对不同的应用环境建立了不同的信道模型，包括居住环境、室内办公环境、户外环境和工业环境。

窄带系统载波频率一般为固定的，而 UWB 频率并不固定，UWB 路径损耗与频率相关，UWB 信道的信号功率损耗定义为

$$\text{PL}(f,d)=\text{E}\left[\int_{f-\Delta f/2}^{f+\Delta f/2}|H(\tilde{f},d)|^2\text{d}\tilde{f}\right] \tag{2.11}$$

式中，$H(\tilde{f},d)$ 为收发天线间的传递函数，当频率切片足够小时，信道内各切片单元的衍射系数、介电常数可看作常数。在 UWB 带宽内，通过对频率积分可以得到总路径损耗。为便于在设备上求解，对式 (2.11) 进行离散，将其简写为距离函数和频率函数的乘积：

$$\text{PL}(f,d)=\text{PL}(f)\text{PL}(d) \tag{2.12}$$

损耗与频率的相关性如下：

$$\mathrm{PL}(f)=\frac{P_r(f)}{P_{\text{Tx-amp}}(f)}=\frac{1}{2}\mathrm{PL}_0\eta_{\text{Tx-ant}}(f)\eta_{\text{Rx-ant}}(f)\frac{(f/f_c)^{-2(x+1)}}{(d/d_0)^n} \tag{2.13}$$

式中，$P_r(f)$ 为接收功率；$P_{\text{Tx-amp}}(f)$ 为发射功率；$\eta_{\text{Tx-ant}}(f)$ 与 $\eta_{\text{Rx-ant}}(f)$ 为接收与发射节点的天线参数；d_0 设置为 1m；PL_0 为 d_0 处的路径损耗参考值，随环境而变化，在 IEEE 802.15.4a UWB 信道模型中，室内空旷环境下约 1.0~2.0，室内 NLOS 下约 3.0~7.0。

考虑阴影效应。损耗与距离的相关性如下：

$$\mathrm{PL}(d)=\mathrm{PL}_0+10n\lg\left(\frac{d}{d_0}\right)+S \tag{2.14}$$

式中，n 为路径损耗指数，随环境变化而不同；S 为小尺度衰落引发的阴影效应，服从均值为 0、方差为 ${\sigma_s}^2$ 的高斯分布。

为了贴合实际，IEEE 802.15.4a UWB 信道模型在 Salen-Valenzuela 信道模型基础上，将 UWB 的信道冲激响应定义为

$$h(t)=\sum_{l=1}^{L}\sum_{k=1}^{K}a_{k,l}\exp\left(\mathrm{j}\phi_{k,l}\right)\delta\left(t-T_l-\tau_{k,J}\right) \tag{2.15}$$

式中，L 为簇的总数量；K 为第 l 簇中多径的总数量；$a_{k,l}$ 为第 l 簇中第 k 径增益系数；$\phi_{k,l}$ 为相位，服从区间 $(0,2\pi)$ 上的均匀分布；T_l 与 $\tau_{k,J}$ 的定义与式 (2.5) 一致。簇到达时间 T_l 服从泊松分布：

$$P\left(T_l\mid T_{l-1}\right)=\varLambda_l\exp\left(-\varLambda_l\left(T_l-T_{l-1}\right)\right),\quad l>0 \tag{2.16}$$

与 IEEE 802.15.3a UWB 信道模型的不同在于，在这里，$\tau_{k,J}$ 被看作两个泊松过程的结合：

$$\begin{aligned}P\left(\tau_{k,J}\mid\tau_{(k-l),l}\right)=&\beta\lambda_1\exp\left(-\lambda_1\left(\tau_{k,1}-\tau_{(k-l)}\right)\right)\\&+(1-\beta)\lambda_2\exp\left(-\lambda_2\left(\tau_{k,l}-\tau_{(k-1),l}\right)\right),\quad k>0\end{aligned} \tag{2.17}$$

式中，β 为混合概率；λ_1、λ_2 为多径的到达速率。

式 (2.12) 为 UWB 信道的信号损耗建模，描述了信号在信道中功率衰减影响。式 (2.17) 完成了 UWB 的冲激响应建模，将其与传入信道中的信号做卷积，可以得出接收信号。因此，式 (2.17) 具有信道的所有信息，包括功率衰减、信号延迟和多径影响等。

由于环境建模具有不可重复的强随机性，IEEE 802.15.4a UWB 信道模型[152]给出了常规环境下的模型，并固定了模型的参数，以作为后续各类研究的参考。信道冲激响应仿真结果如图 2.3 所示。

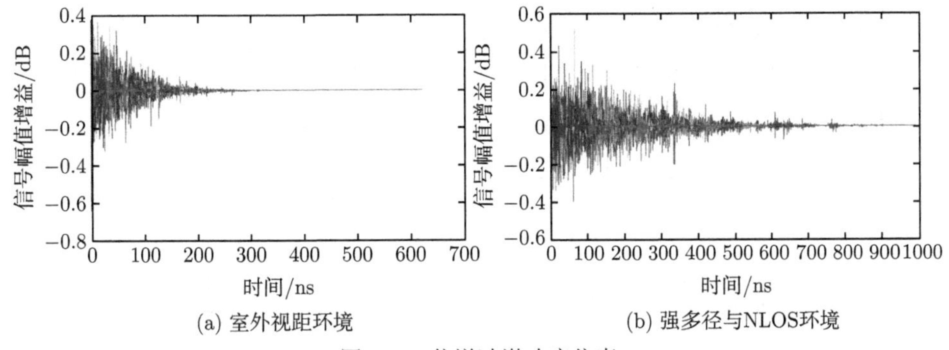

(a) 室外视距环境 (b) 强多径与NLOS环境

图 2.3 信道冲激响应仿真

由结果可以看出：在完全的视距情况下，第一路径的信号增益最大，随后逐渐衰减；在多径环境中，即使存在多个路径信号的叠加，信号的趋势与纯视距下的情况相同；当信道中存在 NLOS 成像因素影响，信号到达不再有序，在幅度增益上会杂乱地叠加，导致第一路径受信号穿透衰减影响，信号幅值低于多径叠加路径的信号幅值。根据以上信道模型，对信道环境进行评估，在时域上提供理论基础，为后续 NLOS 识别提供模型支持。同时，在 UWB 芯片的信道响应寄存器中可以获取上述冲激原始数据，提取第一路径时间戳，为后续研究奠定理论基础。

从上述仿真中可以看出，环境会导致信道冲激响应数据的变化。因此，系统拟在每次执行任务前进行一次信道冲激响应采集，然后求取采样数据的峭度，根据峭度评估环境复杂度。峭度是时域数据分析中常用的统计指标，反映随机变量分布特征的数值统计量，是归一化 4 阶中心矩。对于 UWB 信道冲激响应数据来说，其峭度 k 计算如下：

$$k=\frac{\mathrm{E}\left[\left(|h(t)|-\mu_{|h|}\right)^4\right]}{\mathrm{E}\left[\left(|h(t)|-\mu_{|h|}\right)^2\right]}=\frac{\mathrm{E}\left[\left(|h(t)|-\mu_{|h|}\right)^4\right]}{\sigma_{|h|}^4} \tag{2.18}$$

式中，$\mu_{|h|}$ 和 $\sigma_{|h|}$ 分别为 $h(t)$ 的均值与标准差。使用概率密度函数查看峭度的分布 $p(k)$：

$$p(k)=\frac{1}{k\sqrt{2\pi\sigma_k}}\exp\left(-\frac{(\ln k-\mu_k)^2}{2\sigma_k^2}\right) \tag{2.19}$$

环境复杂度定义为树林环境中 NLOS 与多径现象发生的程度。环境的复杂度越高，峭度分布越陡峭，意味着环境引起的信道突变因素增多，如图 2.4 中的点曲线。根据峭度的概率密度函数（PDF）可以判断出环境的复杂度。但是信道冲激响应取样会影响测距实现，不易在节点运动中获取，且在微控制器单元（MCU）中运行 PDF 计算量过大。因此，基于 IEEE 802.15.4a UWB 信道模型的环境评估用于事先判断环境的复杂度。下面以树林环境为例，建立 UWB 信道的功率损耗模型并对环境进行评估。

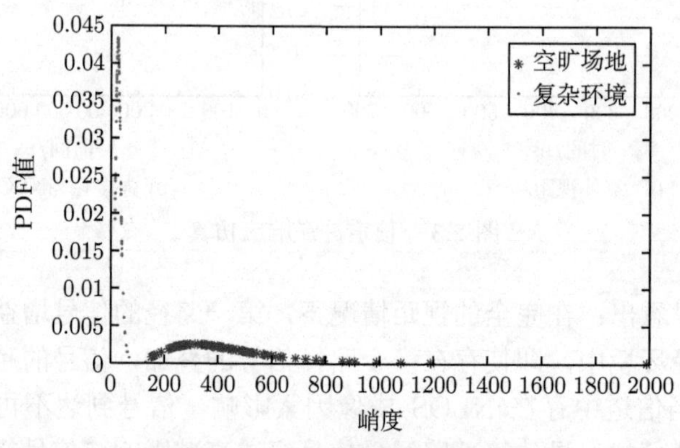

图 2.4　不同环境的峭度分布

1）树林环境分析

上面提到可以通过信道冲激响应评估环境复杂度，但是无法在线实时评估。考虑到 UWB 芯片能实时给出接收信号的平均强度和第一路径信号强度，拟针对室外树林环境，对功率损耗模型进行经验化改进，采用改进的功率损耗模型对环境进行复杂度评估。

在矿井巷道和地下隧道中，多径反射的 UWB 信号被当作直视信号采集处理，测距精度降低，需要采集环境参数对多径效应进行补偿。不同于上述两种环境，在室外树林环境中，大树、小树、树叶和灌木的组合使树林成为一个丰富的多径环境和 NLOS 环境[153]，而且 NLOS 的影响更为严重。室外树林的疏密往往也是不一致的，不同季节的树木含水量也不同，无线电信号的 NLOS 传输不仅受限于树林的种类、疏密、分布，还受空气中的尘埃颗粒、水分含量等因素干扰。因此，分析室外树林的特定任务环境有利于描述各类信号传播参数，用以改善树林环境下的 UWB 信道模型，从而为评估树林环境下测距数值的质量提供基础，使得 UWB 传输适应室外树林环境特征，降低测距误差。室外树林环境下不同遮挡的应用环境如图 2.5 所示。

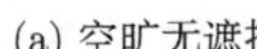
(a) 空旷无遮挡

(b) 较为开阔

(c) 一般遮挡

(d) 严重遮挡

图 2.5 不同遮挡的应用环境

按照疏密程度将室外树林环境大致分为如图 2.5 所示四类：空旷无遮挡、较为开阔、一般遮挡、严重遮挡。

（1）空旷无遮挡：UWB 收发天线间没有任何遮挡，也不包含人体遮挡。

（2）较为开阔：UWB 收发天线间只有直径约 20~40cm、间隔 2~4m 的高大稀疏树林，没有低矮的灌木遮挡。

（3）一般遮挡：UWB 收发天线间为低矮的乔木且有稀疏的树叶，树木直径小于 20cm，树木间隔约 1~3m。

（4）严重遮挡：UWB 收发天线完全被灌木杂草覆盖，存在各种大小的树木。

根据以往的环境因素分析研究经验，做出如下的总结和假设。

（1）测距期间的环境因素视为时不变。虽然不同的环境差异很大，但是在单次实验期间，各节点面对的环境参数大致上是一致的。因此，可以通过事先收集数据，对信道进行建模，建立特定环境下的信道经验模型。

（2）树木直径与信号电尺寸相当时，产生的测距影响严重。在环境中，树木种类也是多种多样的，低矮的灌木对信号的遮挡尤为严重，高直的乔木对信号的影响较小。

（3）天气情况存在影响，但实际应用时会将其忽略。雨水、雾气、雪花等天气因素都会让电磁传播介质产生变化，对于信号到达时间的估计也会存在影响，从而影响测距精度，本章并未展开研究天气影响。实验环境天气状况一致。

（4）人员遮挡影响严重。UWB 测距设备采用背负式或者手持式，人员配备该设备后，在执行任务的途中，导电的身体对 UWB 信号的遮挡最为严重，对电磁波产生很大的衰减作用，对信号产生较大的时间延迟，对测距精度影响很大。

（5）测距数据具有正偏性。测距数据在产生电磁现象后只会增加信号时延，因此误差体现在测距上是正偏的。正偏性的前提假设有助于在后续中探寻测距与环境复杂度之间的关系。

2）树林环境下的功率损耗模型

上节所述树林环境具有极强的随机性，对树木、树叶、地面产生的衰减和多径分量进行精确的数学建模是不可实现的。本章提出一个贴近室外树林环境的 UWB 信道经验模型来帮助研究树林环境下的 UWB 传播特性。基于式 (2.20) 的经验模型模拟树林环境下的无线传播，模拟窄带信号在树林中遇到的衰减损耗。

$$\mathrm{PL_{XS}} = \alpha f^{\beta} d_f^{y} \tag{2.20}$$

式中，$\mathrm{PL_{XS}}$ 为路径损耗；f 为载波频率；d_f 为收发天线距离；其余参数均与环境相关。但是，该模型只针对窄带信号，当应用于 UWB 系统时，该模型不能说明树林结构和密度性质对于损耗的影响 [154]。当接收到的大量信号由大量多径信号组成时，这种窄带假设存在很大的问题。综合考虑树叶、植被损失和距离的作用，对树林下的 UWB 信号进行建模，模型如下：

$$\mathrm{PL_{Forest}}(d) = 10A\lg d + B \times d + C \tag{2.21}$$

式中，$\mathrm{PL_{Forest}}(d)$ 为树林中的传播损耗；与对数距离损耗模型类似，A 为路径损耗指数；B 为信号穿过树林时遇到的特定衰减或传输损耗；C 为一个常数，与参考距离 d_0 处的路径损失成正比；d 为收发天线距离。式 (2.21) 的模型简单可靠，甚至比起很多学者提到的复杂经验模型效果还要好。因此本章将对此模型进行调参，用于复杂环境下的环境评估。

利用式 (2.21) 的经验模型，本章在如图 2.5 所示的环境下进行实验，并根据实验数据进行模型参数调整。在 5m、10m、15m、20m、25m、30m、35m、40m 的距离上，对每个环境均进行数据采集。

模型参数如表 2.3 所示，测试结果如图 2.6 所示。

表 2.3 模型参数

环境	A	B/dB	C
空旷无遮挡	2.20	0.011	−10.1
较为宽阔	2.47	0.039	−11.8
一般遮挡	2.62	0.018	−11.9
严重遮挡	3.80	0.053	−17.5

在图 2.6 中，点集为实测数据，实线为模型拟合曲线。根据图 2.6可得，路径损耗指数随着树林密度的增加而增加，树林密度与 A 的数值是正相关的。随着环境复杂度的增大，点集更宽，测距出现的误差增大，测距具有很多的跳变数值。随着环境复杂度的增大，实测数据部分更长更分散，功率测量值出现很多跳变值。

分析模型参数可得，A 值范围是 2~4，环境中的遮挡越严重，该数值越大。B 值范围是 0.01~0.06dB，但是该值与树林的密集度不是简单负相关的。一般遮挡中的数值与空旷无遮挡接近，原因分析为一般遮挡中适当的树干或分支所反映的强多径分量增加了接收机接收到的总信号强度。C 为便于模型匹配的无实际意义参数，与密集度负相关。

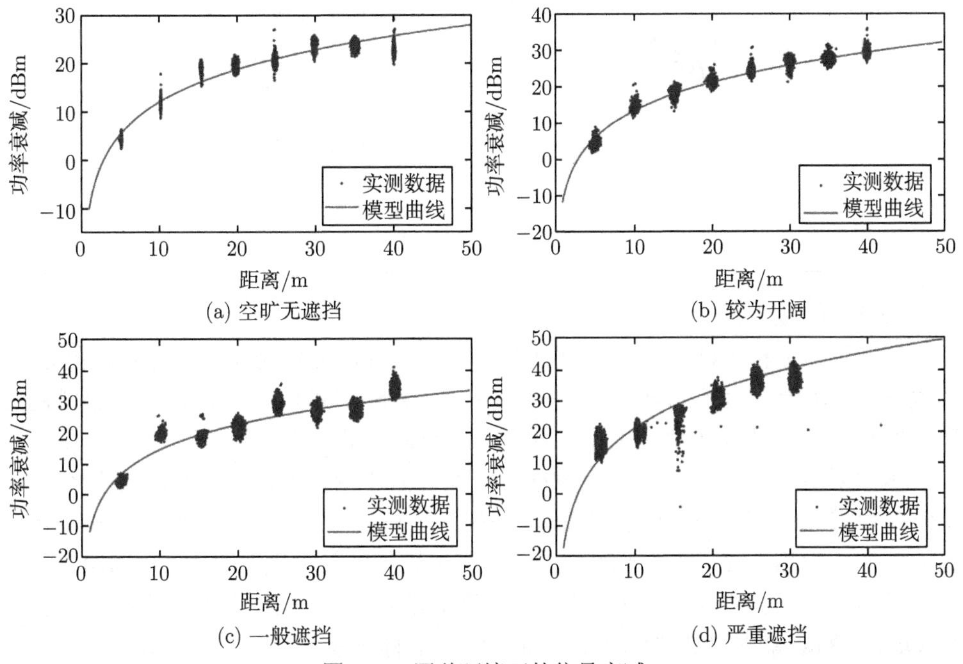

图 2.6 四种环境下的信号衰减

四种环境的模型曲线如图 2.7 所示。其中，接收功率线由芯片和功率放大器（PA）计算而得，表示接收机能处理信号的功率极限数值。接收功率线与模型的交点表示各环境下的测距极限数值，在 2.2.2.3 节将会与实际测试进行对比验证。利用功率模型可实现实时检测：在设备运行过程中，实时采集功率数值，然后计算实测数据与模型的差值，判断实测更靠近哪种环境。也可利用模型公式进行曲线拟合，根据拟合出来的 A、B、C 判断环境复杂度。

2.2.2.3 基于数值分析的测距评估

1. NLOS 识别算法

复杂环境导致测距数据出现较大误差，2.2.2.2 节建立了树林环境下的信道损耗模型，并给了参数 A、B、C 用以评估信道质量（环境复杂度）。测距数据具有正偏性，因此将环境复杂度作为因子，可补偿 NLOS 导致的测距误差。但是单独依赖功率模型进行环境复杂度评估并不稳定，利用数值方法进一步评估环境复杂度，结合上述方法，可以综合降低测距误差。

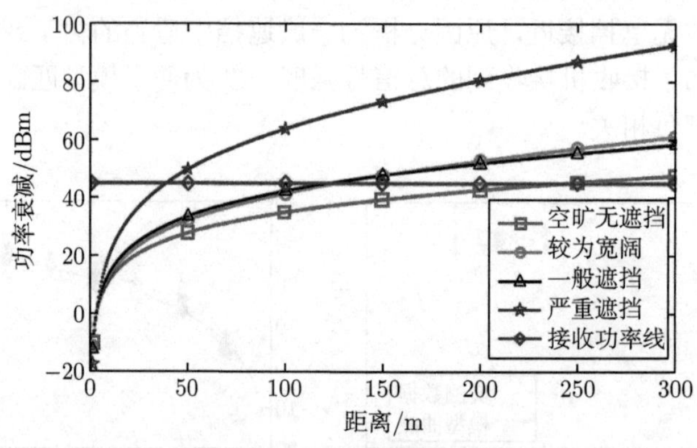

图 2.7 信号衰减模型汇总

1）Wylie 数值分析

很多数值分析方法可以用于评估数据的可靠性，特别是在人体这种数据连续环境下。相比于 NLOS 环境，视距（LOS）环境下 UWB 数据具备以下两个特征：数据刷新稳定，具有连续性；没有突变值，数据标准差小。

本章采用 KF 处理历史测距数据，实现对上述特征的识别，然后输出校准后的测距数据。KF 没有在过程中解出数据的一个稳定度或者特征，不利于与信道得出的信道质量相结合，且其预测效果在本应用场景的效果提升有限，反而给 MCU 带去了巨大的算力负荷。采用 Wylie 鉴别算法可以简单且有效地判断是否存在 NLOS。Wylie 鉴别算法首先计算实际环境下的标准差：

$$\hat{\sigma}_m = \sqrt{\frac{1}{K}\sum_{i=1}^{K}\left(s_m\left(t_i\right) - r_m\left(t_i\right)\right)^2}$$

$$s_m\left(t_i\right) = \sum_{n=0}^{N-1} \hat{a}_m(n) t_i^n \tag{2.22}$$

$$r_m\left(t_i\right) = \sum_{n=0}^{N-1} a_m(n) t_i^n$$

式中，$r_m\left(t_i\right)$ 为测距测量数值；$s_m\left(t_i\right)$ 为对 $r_m\left(t_i\right)$ 进行最小二乘法平滑处理后的测量值；$\hat{\sigma}_m$ 为该环境标准差。采用式 (2.23) 计算标准差差值：

$$H_2 = \hat{\sigma}_m - \sigma_m \tag{2.23}$$

式中，$\hat{\sigma}_m$ 为空旷下的测量数值；$H_2 \geqslant 0$ 为差值。H_2 越大，证明此时存在的 NLOS 现象越多。采用 Wylie 鉴别算法得到 H_2，在数据层面对环境复杂度进行评估。

2）测距误差补偿

在正偏性的假设上，对误差进行补偿。结合基于信道的环境复杂度 H_1、Wylie 鉴别算法评估复杂度 H_2，算法如下：

$$\begin{aligned} H_3 &= aH_1 + (1-a)H_2 \\ \bar{r}_m(t_i) &= r_m(t_i) - H_3 b \end{aligned} \tag{2.24}$$

式中，H_3 为最终环境复杂度评估量；a 为计算因子且 $0 \leqslant a \leqslant 0.5$；$b$ 为测距误差修正因子；$\bar{r}_m(t_i)$ 为最终修正后的测距值。

2. 人体遮挡分析

2.2.2.2 节笼统地考虑了自然环境的复杂度，且误差补偿效果是有限的。在本章场景中，设备将被人携带使用，导电体（人体）对信号传输的影响不可忽视，因此本节分析人体影响，给出设备搭载建议。现有研究成果表明，电磁信号借助于“人体爬行波”的作用才能到达接收节点（图 2.8），即无线电信号的传播会在人体表面形成衍射波，并且会由人体周围的物体引起反射波和散射波，最终到达接收节点[155,156]。

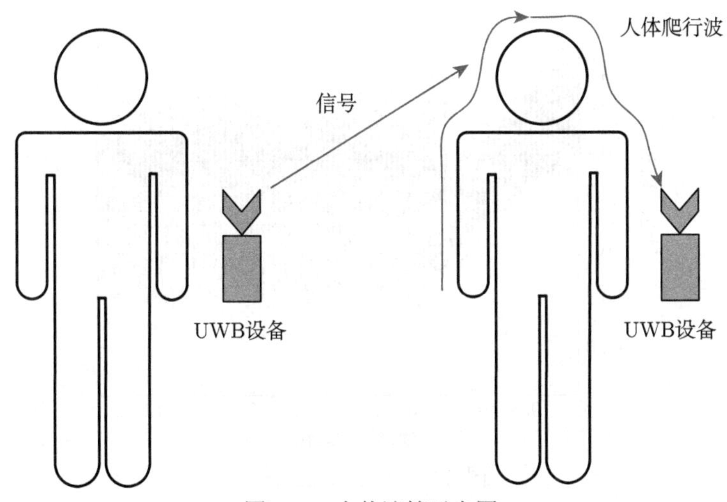

图 2.8 人体遮挡示意图

爬行波的存在会导致信号飞行时间估计错误。但是，传感器与人体距离 d_{RH} 存在一个临界值。当 d_{RH} 小于该临界值时，UWB 设备处于“体表内区域”，受到爬行波影响；当 d_{RH} 大于该临界值时，UWB 测距主要受“体表外区域”影响。UWB 设备与人体的距离也会导致信号接收的机制不同，在文献 [157] 中提到 0.5m 是一个分界线，根据实测数据进行了拟合：

$$
\begin{aligned}
\varepsilon_{\text{body}} &= \begin{cases} G\left(\mu_{\text{on-body}}, \sigma_{\text{on-body}}\right), & d_{\mathrm{RH}} \leqslant 0.5\mathrm{m} \\ G\left(0, \sigma_{\text{off-body}}\right), & d_{\mathrm{RH}} > 0.5\mathrm{m} \end{cases} \\
\mu_{\text{on-body}} &= -0.5371 d_{\mathrm{RH}} + 0.2241 \\
\sigma_{\text{on-body}} &= -0.0471 d_{\mathrm{RH}} + 0.0537 \\
\sigma_{\text{off-body}} &= 0.039 \times 2
\end{aligned} \tag{2.25}
$$

式中，$\sigma_{\text{on-body}}$ 为体表内数据标准差；$\mu_{\text{on-body}}$ 为数据均值；$\sigma_{\text{off-body}}$ 为体表外数据标准差；$G(\cdot)$ 为高斯分布函数。

传感器-人体距离与测距误差曲线如图 2.9 所示，体表区域内，体表爬行波误差影响占主导，随着传感器与人体的距离增大而减小，在 0.5m 时影响最小。体表区域外，测距数据较为稳定，与传感器-人体距离无太大关联，数据呈现正态分布。

对于人体来说，0.5m 的安装间隔不适用，同时人体遮挡比较随机，与环境 NLOS 同时存在，不易分离出来进行抑制。因此，建议将 UWB 天线伸出头顶，尽量消除人体遮挡影响；如果无法伸出头顶，安装在单兵背包外侧，尽量远离人体。

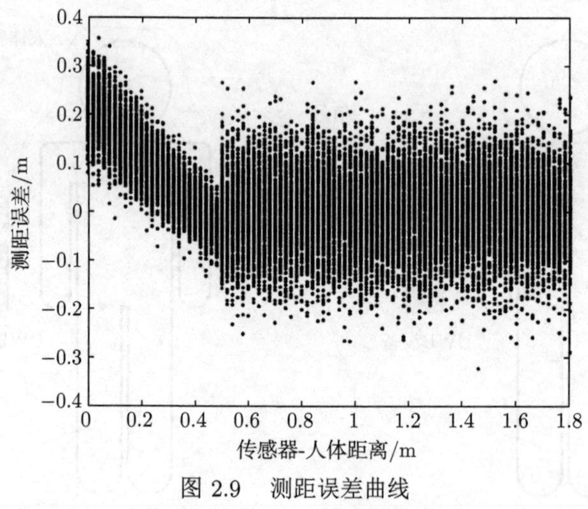

图 2.9 测距误差曲线

2.2.2.4 双边测距与数据滤波

综合考虑 IEEE 冲激响应模型、树林信号损耗模型和人体遮挡后，我们减小了设备使用环境对测距精度造成的影响。然而除了环境的影响，测距误差还来源于硬件层。在硬件层面，传统的误差模型往往只考虑时钟误差对测距的影响，在只考虑时钟误差的情况下，学者普遍使用双侧双向算法进行误差抑制。但实际上，硬件层面包含的误差项是节点的时钟误差和信息延迟误差。本节旨在更全面地建立误差模型，分析并验证已有方法对误差的抑制效果。

1. 测距方法

单侧单向测距方法的测距原理如图 2.10 所示。

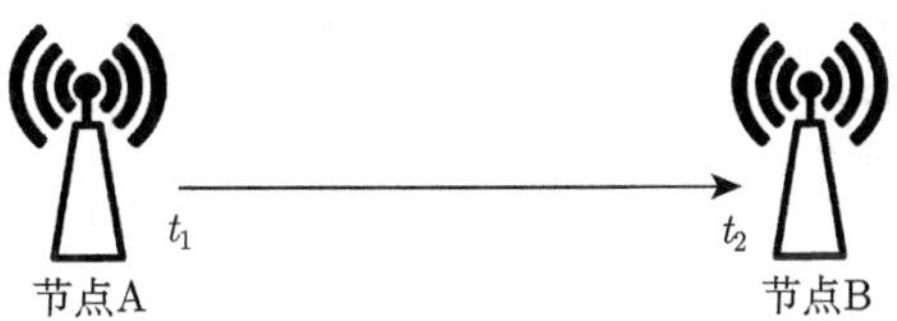

图 2.10 单侧单向测距

在 t_1 时刻节点 A 发送数据包，t_2 时刻节点 B 接收到数据包，则基于到达时间（TOA）测距为 $d = c \times (t_2 - t_1)$，此过程称为单侧单向测距，节点必须完全同步，节点时间同步的精度直接影响测距精度，不适用于各节点均在移动的场景。在时间不同步的情况下，采用单侧双向测距可以达到较高的测距精度。单侧双向测距方法测距原理如图 2.11 所示。

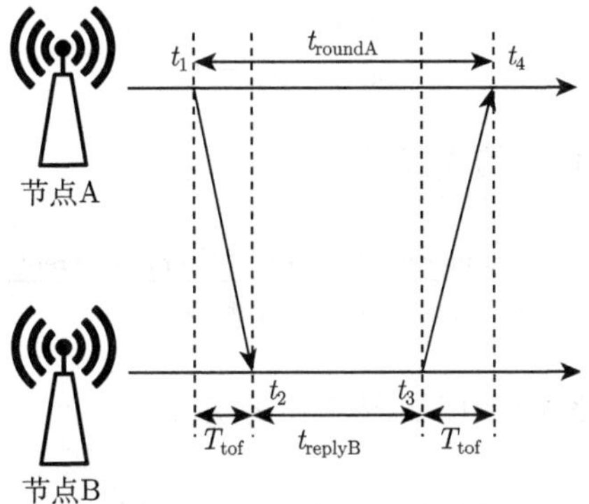

图 2.11 单侧双向测距

单侧双向测距方法不需要测距双方节点的时间同步。节点 A 在 t_1 时刻发送信息给节点 B，节点 B 在 t_2 时刻收到信息，并于 t_3 时刻回复信息给节点 A，节点 A 于 t_4 时刻收到回复消息。其中节点 A 上的时刻点 t_1、t_4，与节点 B 上的时刻点 t_2 和 t_3，没有数值上的联系。为方便后续误差分析，做如式 (2.26) 所示定义。

$$
\begin{aligned}
&t_{\text{roundA}} = t_4 - t_1 \\
&t_{\text{replyB}} = t_3 - t_2 \\
&d = c \times ((t_4 - t_1) - (t_3 - t_2))/2
\end{aligned}
\tag{2.26}
$$

双侧双向测距可分为对称双侧双向测距和非对称双侧双向测距，其中对称双侧双向测距的原理如图 2.12 所示。

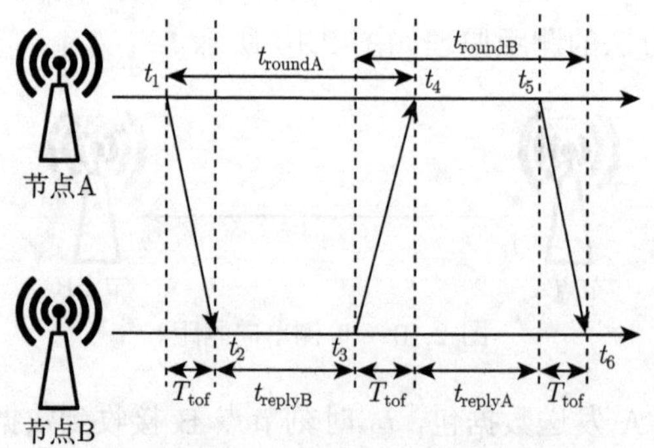

图 2.12 对称双侧双向测距

该方法比单侧双向测距方法增加了一条信息交互，在式 (2.26) 基础上补充如下定义：

$$\begin{aligned} t_{\mathrm{roundB}} &= t_6 - t_3 \\ t_{\mathrm{replyA}} &= t_5 - t_4 \end{aligned} \tag{2.27}$$

根据这四个时间差得到信号的飞行时间为

$$T_{\mathrm{tof}} = \frac{t_{\mathrm{roundA}} \cdot t_{\mathrm{roundB}} - t_{\mathrm{replyA}} \cdot t_{\mathrm{replyB}}}{t_{\mathrm{roundA}} + t_{\mathrm{roundB}} + t_{\mathrm{replyA}} + t_{\mathrm{replyB}}} \tag{2.28}$$

非对称双侧双向测距的原理如图 2.13 所示。

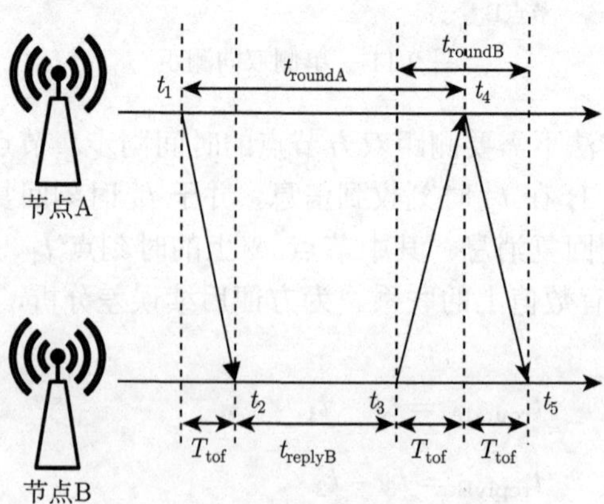

图 2.13 非对称双侧双向测距

该方法比对称双侧双向方法测距减少了 t_{replyA} 的时间，信号的飞行时间为

$$T_{\text{tof}} = \frac{1}{4}(t_{\text{roundA}} + t_{\text{roundB}} - t_{\text{replyB}}) \tag{2.29}$$

2. 硬件误差分析

在测距中可能遇到的硬件信息延迟误差种类如表 2.4 所示。

表 2.4 延迟误差种类

序号	延迟误差种类	解释	发生条件
1	PTD	信道引发的时延	产生 NLOS 或者多径
2	TTD	信息处理时间	由天线、PCB 和内部电子元件引入
3	RTD	接收报文所需的时间引起的时延	接收信息解调时间
4	PATD	检测前导序列并在信息帧中找到起始帧分隔符所需的时间	距离较近，反射信号到达时在第一路信号到达后的一个芯片周期内时

将上述的误差项简化为一个线性方程,UWB 信号总往返时间延迟可以表示为

$$\begin{aligned}\Delta_{\text{ABA}} &= \sum_{i=1}^{n}(\text{AB\_Delay}_i + \text{BA\_Delay}_i) \\ &\approx 2\sum_{i=1}^{n}\text{Delay}_i \\ &\approx 2(\text{TTD} + \text{PTD} + \text{PATD} + \text{RTD})\end{aligned} \tag{2.30}$$

由于节点安装在人体上，运动速度较慢，节点 A 到节点 B 和节点 B 到节点 A 产生的延迟是相同的。因此，总往返时间延迟在单次往返时间内的绝对误差和相对误差可以计算为

$$\varepsilon = \hat{t}_{\text{roundA}} - t_{\text{roundA}} \tag{2.31}$$

$$\xi = \frac{\varepsilon}{t_{\text{roundA}}} = \frac{\hat{t}_{\text{roundA}} - t_{\text{roundA}}}{t_{\text{roundA}}} = \frac{\Delta_{\text{ABA}}}{t_{\text{roundA}}} \tag{2.32}$$

对于双侧双向测距，用式 (2.32) 定义在节点 A 上的测量相对误差为 ξ_{ABA}，在节点 B 上的相对误差为 ξ_{BAB}。其余的时间段误差分析模型如下所示：

$$\hat{t}_{\text{roundA}} = (1 + e_{\text{A}} + \xi_{\text{ABA}})\, t_{\text{roundA}} \tag{2.33}$$

$$\hat{t}_{\text{replyA}} = (1 + e_{\text{A}})\, t_{\text{replyA}} \tag{2.34}$$

$$\hat{t}_{\text{roundB}} = (1 + e_{\text{B}} + \xi_{\text{BAB}})\, t_{\text{roundB}} \tag{2.35}$$

$$\hat{t}_{\mathrm{replyB}} = (1+e_{\mathrm{B}})\,t_{\mathrm{replyB}} \tag{2.36}$$

式中，e_{A} 和 e_{B} 为节点中晶振误差；ξ_{ABA}、ξ_{BAB} 与 e_{A}、e_{B} 不同，会受到晶体时钟振荡器的影响。

对于单侧双向来说，

$$\hat{T}_{\mathrm{tof}} = \frac{1}{2}\left(\hat{t}_{\mathrm{roundA}} - \hat{t}_{\mathrm{replyB}}\right) \tag{2.37}$$

式中，$\hat{T}_{\mathrm{tof}}$ 为信号飞行时间的估计值。飞行时间绝对误差表达式为

$$\hat{T}_{\mathrm{tof}} - T_{\mathrm{tof}} = \frac{\hat{t}_{\mathrm{roundA}} - \hat{t}_{\mathrm{replyB}}}{2} - \frac{t_{\mathrm{roundA}} - t_{\mathrm{replyB}}}{2} \tag{2.38}$$

应用式 (2.32) 和式 (2.36)，可以得到误差为

$$\begin{aligned}\hat{T}_{\mathrm{tof}} - T_{\mathrm{tof}} &= \frac{1}{2}\left((e_{\mathrm{A}}+\xi_{\mathrm{ABA}})\,t_{\mathrm{roundA}} - e_{\mathrm{B}}t_{\mathrm{replyB}}\right)\\ &= \frac{1}{2}\left(2T_{\mathrm{tof}}(e_{\mathrm{A}}+\xi_{\mathrm{ABA}}) + (e_{\mathrm{A}}-e_{\mathrm{B}}+\xi_{\mathrm{ABA}})\,t_{\mathrm{replyB}}\right)\\ &= T_{\mathrm{tof}}(e_{\mathrm{A}}+\xi_{\mathrm{ABA}}) + \frac{1}{2}(e_{\mathrm{A}}-e_{\mathrm{B}})\,t_{\mathrm{replyB}} + \frac{1}{2}\xi_{\mathrm{ABA}}t_{\mathrm{replyB}}\end{aligned} \tag{2.39}$$

对于双侧双向测距来说，其误差为

$$\hat{T}_{\mathrm{tof}} - T_{\mathrm{tof}} \approx \frac{C_1 t_{\mathrm{replyA}} t_{\mathrm{replyB}}}{C_2 t_{\mathrm{replyA}} + C_3 t_{\mathrm{replyB}}} \tag{2.40}$$

式中，$C_1 = \xi_{\mathrm{BAB}}(1+e_{\mathrm{A}}) + \xi_{\mathrm{ABA}}(1+e_{\mathrm{B}}) + \xi_{\mathrm{BAB}}\xi_{\mathrm{ABA}}$；$C_2 = 2+e_{\mathrm{A}}+e_{\mathrm{B}}+\xi_{\mathrm{BAB}}$；$C_3 = 2+e_{\mathrm{A}}+e_{\mathrm{B}}+\xi_{\mathrm{ABA}}$ [141]。对存在的误差进行数值仿真，假设节点 A 和节点 B 存在时钟误差，且假设时钟误差服从 ±20ppm（$1\mathrm{ppm} = 10^{-6}$）范围内的均匀分布。当节点回复时间 $t_{\mathrm{replyA}} = 400\mu\mathrm{s}$、$t_{\mathrm{replyB}} = 800\mu\mathrm{s}$ 时，仿真结果如图 2.14 所示。当节点回复时间 $t_{\mathrm{replyA}} = t_{\mathrm{replyB}} = 400\mu\mathrm{s}$ 时，仿真结果如图 2.15 所示。

由结果可知，考虑时钟误差和系统延迟误差后，双侧双向测距方法依旧是抑制硬件误差最佳的方法，且当待测距设备之间的回复时间差值为 400μs 时，产生的测距误差约为 20cm。而在回复时间无差时，对称与非对称双侧双向产生的误差一致，且都小于单侧单向。通过误差分析对测距系统提出如下两点建议。

（1）在软件设计过程中，应该使节点回复时间一致。

（2）组网通信时尽量保证节点之间的回复时间不受影响，并尽可能保持一致。

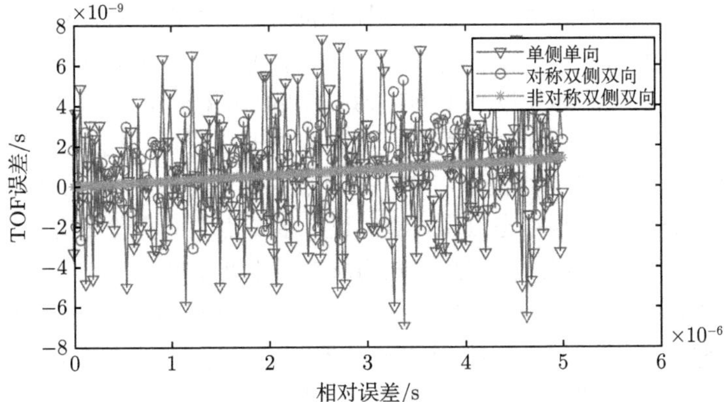

图 2.14 $t_{\text{replyA}} = 400\mu\text{s}$、$t_{\text{replyB}} = 800\mu\text{s}$ 时误差曲线

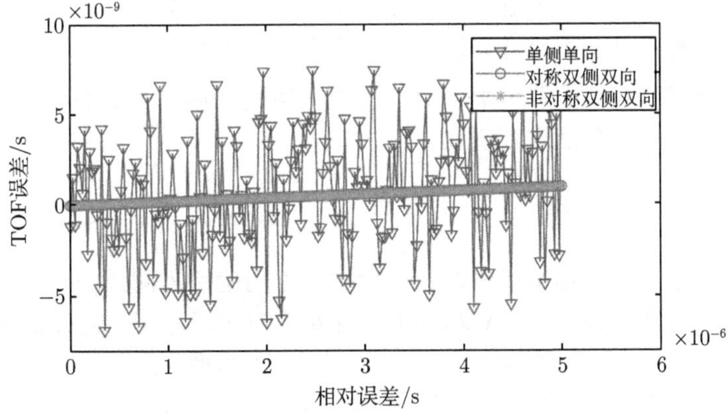

图 2.15 $t_{\text{replyA}} = t_{\text{replyB}} = 400\mu\text{s}$ 时误差曲线

经过误差分析，对多节点组网测距提出更高的要求：某一对正在测距的节点，它们之间的回复时间应保持一致。因此，组网部分不能简单采用单纯传递信息包的组网算法，即使它们具备低时延、拓扑维护组网的功能。

2.2.3 UWB 多节点自组织互测距方法

在实际的 UWB 多节点通信系统设计中，存在 UWB 天线设计、UWB 信号采集等难题。在可落地的 UWB 系统中，依旧是采用单一信道，不具备使用 OFDM 方法的能力。其中单一信道做到 500M 带宽，是目前应用最广泛的信道方案。对于码分多址（CDMA），目前的研究也只是停留在窄带系统内。由于上述原因，基于宽带通信的 MANET 和传感器网络大多采用时分多址（TDMA）的方法。

为了实现多节点有序测距，规划各节点的动作，防止 UWB 信号的碰撞，本章基于 TDMA 实现多节点协同测距任务。集中式和分布式的 TDMA 各有优劣，应用场景不同，实现难易程度也不同。为方便后续的研究，将其划分为有锚节点（集中式）和无锚节点（分布式）两类。针对有锚节点情况，提出有锚多节点动态 TDMA 测距协议，在锚节点的调度中，多节点快速实现测距任务；针对无锚节点情况，提出分布式多节点动态 TDMA 协议，多节点之间身份平等，分布式完成各节点间互测距。实现组网内部互测距需解决以下两个问题。

（1）明确哪些节点之间需要测距：在 TDMA 下，时隙数目会影响测距刷新率。在本章的实验场景内，一对节点完成测距交互需要大约 15ms，TDMA 安全间隙设为 5ms。如果对 12 个节点进行全部的互相测距，将耗时 $C_{12}^2\times(15+5)=1320$ms。因此，为保证至少 1Hz 的测距刷新率，不能采用“轮询”的方式将时隙固定分配给所有 12 个节点，而必须明确需测距节点。

（2）对齐各个节点的测距时隙：在网内，TDMA 将会根据需要测距的节点分配测距时隙。测距时隙需对齐，以保证测距交互鲁棒性。

场景中有锚节点或无锚节点，对以上两个问题的解决方法不同。下面对有锚节点和无锚节点两种算法进行研究。

2.2.3.1　有锚多节点动态 TDMA 方法研究

有锚节点存在时，锚节点将作为调度中心，明确所需测距的节点，下发测距指令引导测距对齐。在 TDMA 基础上，针对快速实现测距信息帧的交互以及测距数据共享的需求，进行协议改进，设计了在室外典型应用场景下的低功耗、低带宽的有锚多节点动态时分多址-测距（DTDMA-R）协议，降低了控制业务占用的带宽和执行该协议的系统功耗，从而实现更加轻量化的组网测距系统。

在本节中，DTDMA-R 中的节点数目为 12 个，其中 9 个节点作为一个执行任务的组网集合，另外 3 个节点为无人车节点。3 个无人车节点既作为 DTDMA-R 中的普通节点参与测距，同时还作为锚节点执行调度过程。无人车节点汇集数据并上传给指挥中心，用于上层绘制单兵协同导航地图。具体的系统框架如图 2.16 所示。DTDMA-R 包含三个内容：有锚时隙分配、时间同步方法、DIDMA-R 协议介质访问控制（MAC）层设计。

1. 有锚时隙分配

DTDMA-R 的基础调度机制是 TDMA，TDMA 旨在将 UWB 有限的信道在时间上分配给多个使用者，使整个系统的节点接入时延小、吞吐量大。本章将从硬件上关注时钟源的设计，从而保障长时间的时钟稳定，为系统基于 TDMA 实现各项调度测距任务提供基础。

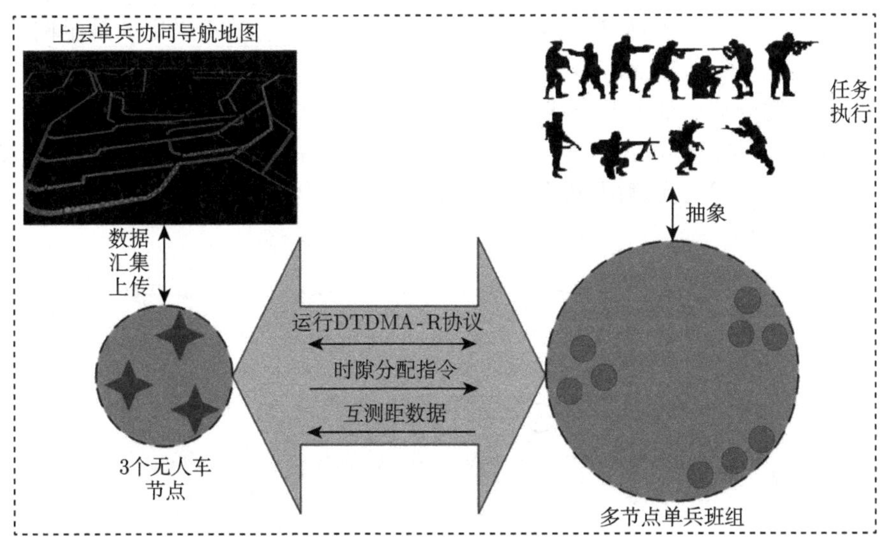

图 2.16 有锚多节点系统框架

TDMA 的核心是任务时隙分配。时隙分配可以分为面向节点的广播调度、面向链路的单播调度和混合调度三类 [142,158]。面向节点的广播调度着眼于节点本身，在某一时刻某一无线电范围内，只有一个节点处于发送状态，可以有多个节点处于接收状态。如图 2.17 所示，节点 B、C、D 在节点 A 的无线电范围内，节点 D、F 在节点 E 的无线电范围内。通过广播后，节点 A 占用某一时隙，此时节点 A 向外发送信息包。同一时刻，节点 E 通过广播占用时隙，节点 E 也向外发送信息包。节点 A 发送的信息包和节点 E 发送的信息包将会发生碰撞。

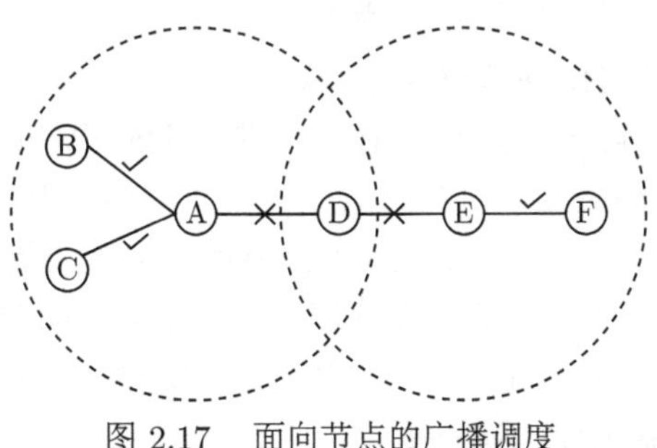

图 2.17 面向节点的广播调度

基于面向节点广播调度的分布式系统部署较容易，但是存在隐藏节点冲突的问题。

面向链路的时隙分配着眼于通信链路，将空闲的时隙分配给需要占用的链路。

该分配方式可以保证发送-接收链路是无冲突的。当发射节点采用的是全向天线，发送节点的单跳邻居节点应该只有接收节点处于接收状态，接收节点的单跳邻居节点也只有发送节点处于发送状态，因此面向链路分配的时隙都是单播时隙。如图 2.18 所示，某时刻，A-D 和 E-F 链路先后获得占用时隙的机会，则此时节点 A 和 E 将先后进入发送数据状态，节点 D、F 处于接收状态，节点 B、C 处于接收或者休眠状态。

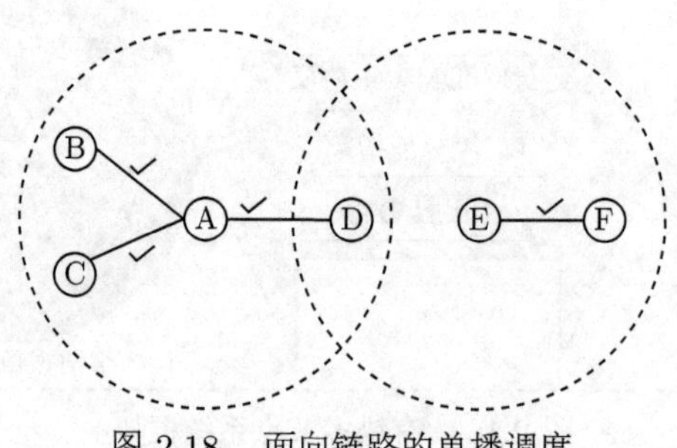

图 2.18 面向链路的单播调度

广播协议优劣分析如表 2.5 所示。

表 2.5 广播协议优劣分析

类别	面向节点的广播调度	面向链路的单播调度
优点	可以单播、广播数据	时隙预约快、控制业务开销小
缺点	为避免信息碰撞， 导致时隙预约烦琐、控制业务开销大	不可以传输广播信息
适用场景	周期性业务	突发业务较多

混合调度结合了广播调度和单播调度的优点，根据时隙分配任务的特点，灵活选择时隙调度方式，具备以下三个特点。

（1）时隙分配算法将由锚节点执行。

（2）分配的每个时隙里，只有一对节点进行 DS-TWR 测距信息交互。需要注意的是，DS-TWR 的交互不可被打断，没有“重传机制”。

（3）时隙分配完成后，时隙的对齐工作将由锚节点协调完成。

从特点（2）可以看出，要把时隙分配给一对节点，需要选用面向链路的时隙分配机制。从特点（3）可以看出，时隙对齐工作需要在执行测距任务前完成。在本书的场景中，锚节点执行此项任务。

2. 时间同步方法

DTDMA-R 协议运行的基础是时隙同步，只有在各节点时隙同步的基础上才能稳定运行时隙分配算法，TDMA 中的控制业务与数据业务才能有序进行。上一节划分的每个时隙都对应一次测距任务，其中包含三条信息帧的交互，大约需要花费 15ms，即每个时隙长 15ms。时隙保护间隔设计为 2ms。时间同步在本章的场景里并不直接用于测距，只是用作任务调度，并不要求时间同步的精度达到纳秒级别。由于整个时隙划分都是毫秒级别，同步精度只需要达到毫秒级别，即可实现稳定时隙划分。

在执行任务前，所有节点聚集到一起，由统一的锚节点作为时钟参考点，剩余的节点都向该参考时钟对齐。完成时钟初始化对齐后，各节点搭载的恒温晶振为自身提供时钟，节点将不再通过任何协议进行分布式或者集中式的时间同步，这样可以节约信道资源，将更多的带宽用于 DTDMA-R 协议，提高测距的刷新率。这样的方法可以保证各节点 1~2h 的时钟误差在 2ms 以内，满足低时延、高精度的需求。

时间同步初始化对齐采用洪泛的方式，如图 2.19 所示。任务开始前，各节点都在参考时钟节点的单跳无线电范围内，因此同步树的结构较为简单，只存在两层——根节点和子节点，不存在中间节点。

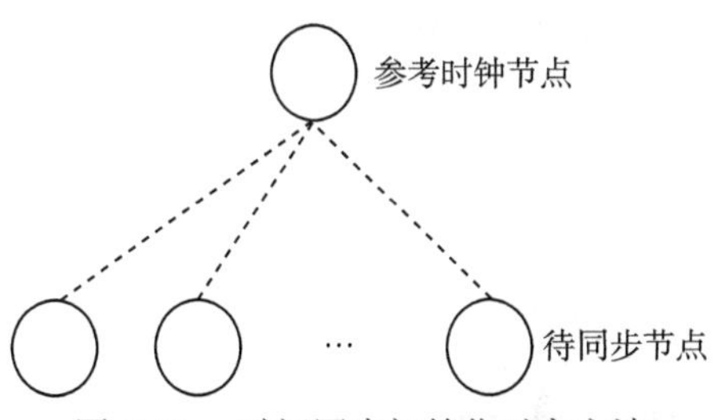

图 2.19 时间同步初始化对齐方法

参考时钟节点发出同步帧，待同步节点接收到参考节点同步帧信息后，将自己的时钟归零，并回复参考时钟。当所有的待同步节点均回复同步信号后，系统便完成了时钟初始化对齐 [159]。

3. DTDMA-R 协议 MAC 层设计

DTDMA-R 协议 MAC 层设计包括 MAC 层设计、测距时隙分配算法、信道共享算法。DTDMA-R 协议 MAC 层设计架构如图 2.20 所示，将任务划分为周期性的 5 个时间段：时隙分配、指令下达、时隙对齐、测距业务、数据回传。完成 5 个任务后又重复执行，如此往复。

1）时隙分配

在该时间段里，主节点将执行时隙分配算法，明确整个系统需要测距的节点 ID（身份识别码）。该时间段又被细分为 N 个时隙，分配给 3 个节点，但是锚节点 0 还有一个数据汇总时隙，故 $N = 3 + 1 = 4$。在每个时隙里，对应的锚节点将主动发出测距请求，然后等待其余的节点响应，具体过程如下。

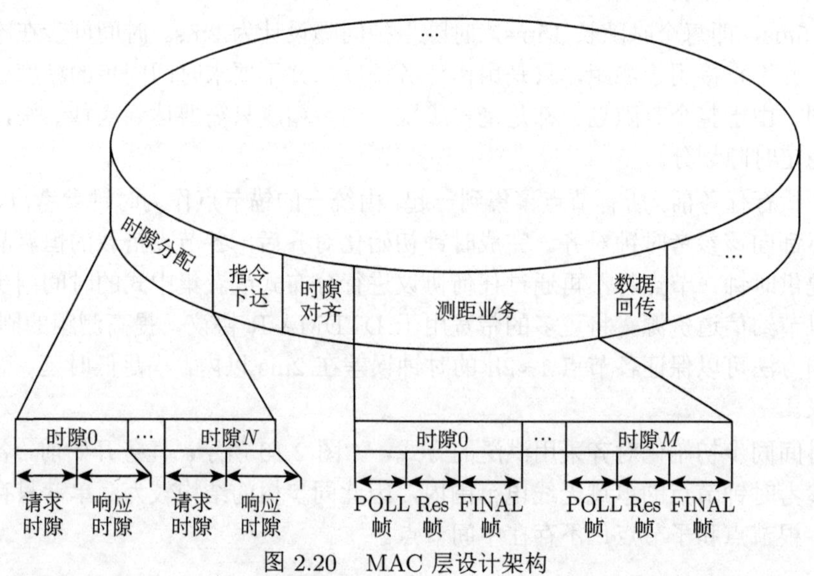

图 2.20　MAC 层设计架构

POLL 表示请求信号或测距发起信号；Res 表示响应信号；FINAL 表示最后的确认信号

将时隙 0 至时隙 2 分给三个锚节点，其中时隙 0 是最高权限时隙，剩余的节点在不属于自己的时隙里打开接收机。以图 2.21 所示的实验场景为例进行描述。

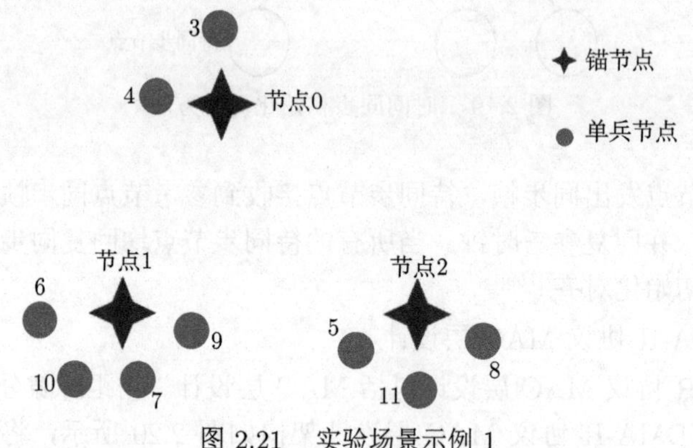

图 2.21　实验场景示例 1

在时隙 0 中，节点 0（锚节点）发送请求测距指令；单兵节点 3 和 4 处于无线电范围内，收到该请求，将会回复响应测距帧。

依此类推，最终节点 1 将会收到单兵节点 6、10、7、9 的响应回复帧，节点 2 将会收到单兵节点 5、11、8 的回复帧。

在时隙 3 中，节点 1 和节点 2 将收到的回应发送给节点 0，最终在节点 0 处将会形成如图 2.21的拓扑图，各节点的待测距节点表如表 2.6 所示。

表 2.6 待测距节点表

类别	测距节点对
节点 0 周围	0-3、0-4、3-4
节点 1 周围	1-6、1-7、1-9、1-10、6-7、6-9、6-10、7-9、7-10、9-10
节点 2 周围	2-5、2-8、2-11、5-8、5-11、8-11

在图 2.22 中，由于各节点无线电范围有限，自然地形成了三个簇群。这样的拓扑有利于锚节点决策需要测距的节点 ID。但是，很多时候，节点是交错分布的，簇群并不能明显地区别开，如图 2.22 所示，节点 5 和节点 9 不再清晰地划分给锚节点，而是同属于节点 1 和节点 2 的无线电范围内。

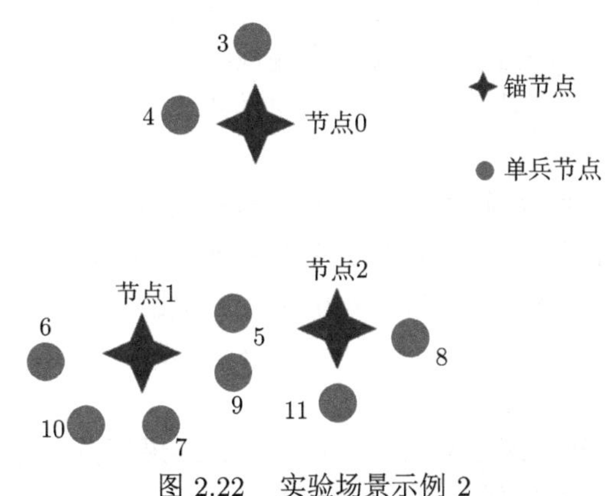

图 2.22 实验场景示例 2

在图 2.22 所示拓扑中，执行相同的过程，最终形成的测距节点表如表 2.7 所示。

表 2.7 测距节点表

类别	测距节点对
节点 0 周围	0-3、0-4、3-4
节点 1 周围	1-5、1-6、1-7、1-9、1-10、5-6、5-7、5-9、5-10、6-7、6-9、6-10、7-9、7-10、9-10
节点 2 周围	2-5、2-8、2-9、2-11、5-8、5-9、5-11、8-9、8-11、9-11

根据表 2.7，将重复的 5-9 测距行为赋予相对空闲的锚节点 2，解除 5-9 测距行为在锚节点 1 中的控制。

此外，除了节点交错分布问题以外，如果大部分节点都聚集在一起，导致每个簇内的测距对数超过了 36 对，则锚节点将会保留最有价值的 36 对测距。测距对数为 36 对时系统测距刷新率可以满足 1Hz。对协同导航来说，每个节点只需要知道相邻四个节点与自身之间的距离，即可满足分布式导航需求，因此锚节点可以抛弃多余的测距任务。假设现在对节点 1 来说，需要测距 1-2、1-3……1-9，则系统将抛弃多余测距，只保留 1-2、1-3、1-4、1-5 四组测距。

通过以上时隙分配策略，DTDMA-R 算法在时隙分配期间，在同一空间内划分出最多 36 对最具有价值的测距任务时隙。

2）指令下达

节点 0 明确待测距节点的 ID 后，将会把测距指令作为广播发送出去，广播对象是锚节点 1 和锚节点 2。接收到此消息的锚节点 1 和锚节点 2 再将数据转发出去，直到规定时间截止，停止指令下达。

3）时隙对齐

时隙对齐是为了保证所有节点在测距业务开始前，都有同一起始时刻，保证两两节点之间可以配合好信息帧交互。在完成指令下达后，各个簇的锚节点将会广播一个时间同步帧，以对齐簇内各节点的时钟。

4）测距业务

此时间段被细分为 M 个时隙，M 为自测距指令个数。所有节点将会自动解析测距指令，明确自己在哪个时隙以何种角色参与测距。本章将 DS-TWR 中主动发送 POLL 方设为“标签”，将应答方设为“基站”，每个节点需要对应的时隙内完成测距交互。

5）数据回传

在此时间段内，测得测距数值的节点将测距结果汇报给各自的锚节点。

4. DTDMA-R 算法实现

1）时隙分配帧

在 DTDMA-R 协议中，时隙分配业务分组格式由自身节点 ID 和周围侦听数据组成。其中自身节点 ID 是固化在每个 UWB 设备节点上的，周围侦听数据是节点从接收到的周围节点广播数据提取出的“周围节点号: 源节点”格式的数据。

在执行时隙分配业务时间段内，每个锚节点的任务就是在不断地发送数据、接收数据、整合接收数据，如图 2.23 所示。以 3 个节点为例，控制业务周期迭代情况如表 2.8 所示。

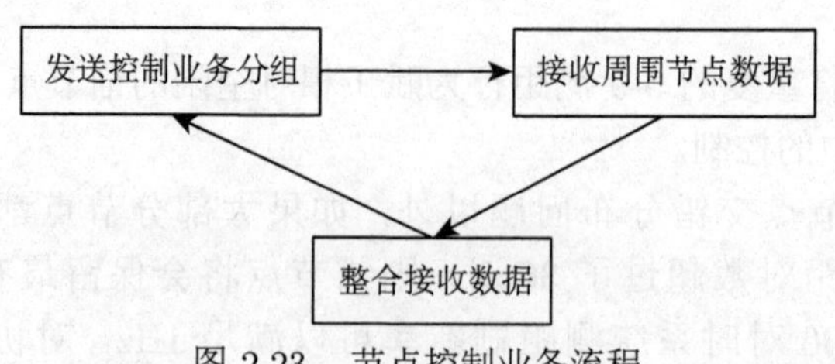

图 2.23　节点控制业务流程

由于节点可以接收到多组数据，实际上以上迭代过程耗时为 2ms 以内，经过以上迭代，每个节点将会形成一个全局的邻居节点拓扑图。锚节点在建立全局的邻居节点拓扑图后，将会统一下发测距业务协议帧。

表 2.8 控制业务周期迭代情况

节点	第 0 次迭代	第 1 次迭代	第 2 次迭代
节点 0	发送 0:0，接收 1:1	发送 0:0、1:0 接收 1:1、2:1	周围包含节点 0、1、2
节点 1	发送 1:1，接收 2:2	发送 1:1、2:1 接收 2:2、1:2	周围包含节点 0、1、2
节点 2	发送 0:0，接收 1:1	发送 2:2、1:2 接收 1:1、2:1	周围包含节点 0、1、2

2）测距业务协议帧

常规的 TDMA 系统在检测到数据错误后可以启动重传机制。但是在所有数据都是用来测距交互的本章应用场景中，小数据量的测距交互数据一旦丢失一帧，将会导致该任务周期的测距数据为空，致使整个测距任务失败。因此协议需要严格分配时隙给每对测距交互任务，保证测距交互数据的可靠传输。为实现以上目标，需要利用时间同步帧实现各节点位于同一时钟树下，然后进行各测距帧的交互定义。在测距业务期间，每个节点的测距业务流程如图 2.24 所示。

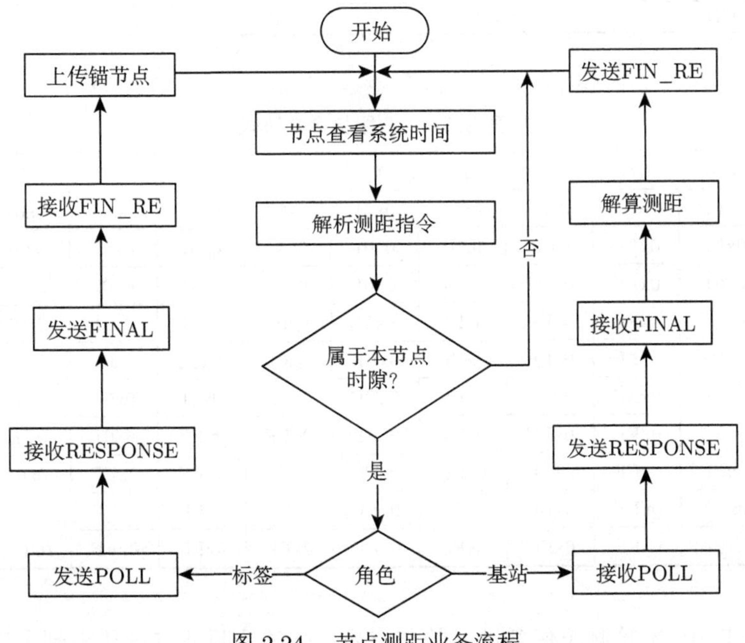

图 2.24 节点测距业务流程

POLL 表示轮询请求；RESPONSE 表示响应；FINAL 表示最终信号；FIN_RE 表示最终请求

3）时间同步协议帧

时间同步协议帧的意义是，通过串口获取上层的同步协议帧，模拟 UWB 节点被施加的同步脉冲，使得单兵班组里面的各个节点的时间同步，在进行 TDMA 的时候处于同一时钟树下，帧格式定义如表 2.9 所示。此外由于硬件上采用的有源温补晶振，模块具备很好的频率稳定性，可以满足长时间的时钟稳定。因此，时间同步协议帧的发送周期可以延长至半小时，基本上不占用通信带宽。

表 2.9 时间同步协议帧

头	内容	尾
1Byte	0xAB	1Byte

4）测距指令帧格式

锚节点作为发送节点，帧格式定义如表 2.10 所示。其中，测距节点数为一个字节有效数据，定义为本轮测距任务涉及的节点数目，数据范围为 0x00~0x09，因为在本章应用场景中，一轮任务周期需满足最多 10 个节点配置。测距指令矩阵固定为 10×10 的 100 字节方阵，如表 2.11 所示。

表 2.10 测距指令帧

头	测距节点数	测距指令矩阵	尾
0xCD	1Byte	100Byte	0xFF

表 2.11 测距指令矩阵表

	ID0	ID1	ID2	ID3	ID4	ID5	ID6	ID7	ID8	ID9
ID0	0xFF	0x01	0x01	0x01	0x01	0x01	0x01	0x01	0x01	0x01
ID1	0xFF	0xFF	0x01	0x01	0x01	0x01	0x01	0x01	0x01	0x01
ID2	0xFF	0xFF	0xFF	0x01	0x01	0x01	0x01	0x01	0x01	0x01
ID3	0xFF	0xFF	0xFF	0xFF	0x01	0x01	0x01	0x01	0x01	0x01
ID4	0xFF	0xFF	0xFF	0xFF	0xFF	0x01	0x01	0x01	0x01	0x01
ID5	0xFF	0xFF	0xFF	0xFF	0xFF	0xFF	0x01	0x01	0x01	0x01
ID6	0xFF	0xFF	0xFF	0xFF	0xFF	0xFF	0xFF	0x01	0x01	0x01
ID7	0xFF	0xFF	0xFF	0xFF	0xFF	0xFF	0xFF	0xFF	0x01	0x01
ID8	0xFF	0xFF	0xFF	0xFF	0xFF	0xFF	0xFF	0xFF	0xFF	0x01
ID9	0xFF	0xFF	0xFF	0xFF	0xFF	0xFF	0xFF	0xFF	0xFF	0xFF

ID0~ID9：本轮测距任务涉及的节点号，必须按照节点号从小到大依次填入，填不满可以空余。

在上述矩阵的 0x01 部分可填两类数据：0x00 表示该行该列对应的两个节点不需要进行测距；0x01 表示该行该列对应的两个节点需要进行测距。

5）测距结果回复帧

锚节点作为接收节点，UWB 节点作为发送节点。回复帧定义如表 2.12 所示。

表 2.12 回复帧定义

头	源节点	分隔符 1	目标节点	分隔符 2	测距数值	尾
0xAA	1Byte	1Byte	1Byte	1Byte	2Byte	1Byte

注：测距数值是两字节数据，单位是 cm。

2.2.3.2 无锚多节点互测距算法研究

上述讨论了无人车作为锚节点时的多节点互测距算法，其中无人车作为调度中心，协调班组成员进行测距。但是，在室外也需要考虑无锚节点的场景，需设计无锚多节点互测距算法，实现自组织互测距。

1. 系统方案

在无锚节点场景下，借鉴 MANET 理论辅助决策实现互测距任务，这与单纯解决通信相关问题的 MANET 理论有所不同。

在之前有锚节点的场景中，锚节点 0 具有全局拓扑结构，可以决策出需要测距的节点 ID，同时锚节点可以搭配更远距离的通信手段辅助组网。但是无锚多节点的应用场景中没有统一调度者，多节点身份平等，节点之间需要的是分布式决策过程。

针对分布式系统，特别是具备移动性的无锚多节点系统，通信界学者将其称为 MANET，即移动自组织网络。MANET 的出发点是：优化网络堵塞、提升路由效率。在一个分布式网络中，MANET 解决的问题是：节点 A 如何低时延并适应拓扑变化将数据传给节点 B。其中涉及分布式路由发现、分布式路由维护、分布式数据转发等过程。MANET 的研究内容可以简单概括为移动式自组网路由算法研究，目前算法成果如图 2.25 所示。

在本章中，节点需要发现周围单跳的邻居节点，并形成拓扑结构。考虑到路由算法最终也是形成通信链路信息及节点拓扑结构，因此，本章拟借鉴 MANET 路由算法实现拓扑维护。

假定某一时刻，任务场景中各个节点的拓扑图如图 2.26 所示。其中黑色线条表示通畅的通信链，即表明两个节点之间可以通信且处于各自的无线电范围内。该拓扑图中，因为无线电距离限制，自然形成了三个簇群。其中簇群之间的节点不会产生无线电干扰，而簇群之内的节点需要进行针对链路的时隙划分。值得注意的是，簇内每个节点都有机会参与到实际的测距任务中，因此，对于某个簇内的每个节点来说，都应该具有该簇群的拓扑图。这张拓扑图对于整个系统来说是局部的，但是对于簇内的节点来说是全局的。

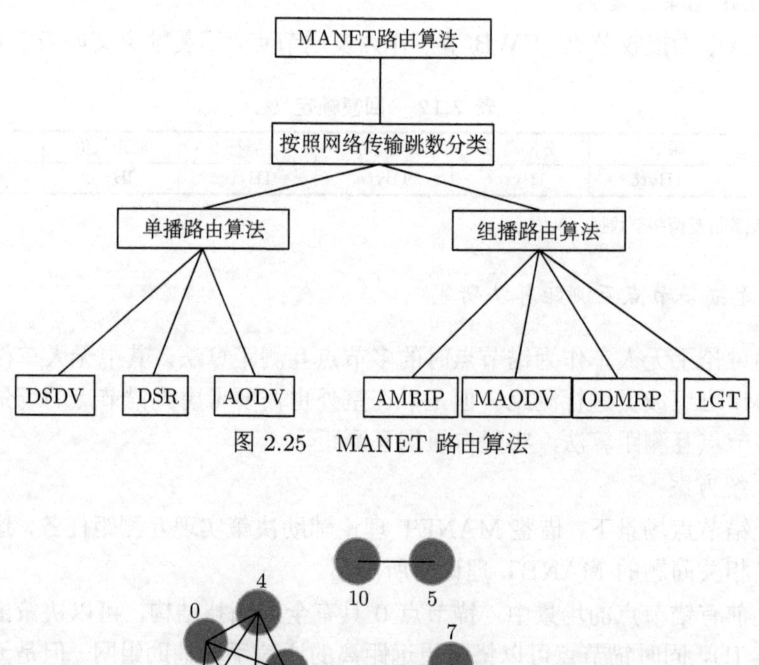

图 2.25 MANET 路由算法

图 2.26 分布式拓扑图

此外，没有固定 ID 的节点作为锚节点，无线电范围对于每个节点来说都是统一的，同时每个节点也不具备另外的通信手段。因此，簇内的节点完成测距后，受限于无线电范围，没有手段将测距数据上传给某一个“后台数据中心”。不过，簇内的测距数据在簇内流通，对于协同导航也是有利的，有助于簇内精确导航。

总的来说，系统采用 MANET 路由算法执行拓扑维护，按照通信链路的通断将系统划分为多个簇。然后在每个簇内选取节点号最小的节点作为该簇的临时锚节点，再由临时锚节点下发测距任务，之后各节点按照指令划分的时隙执行测距任务。完成测距任务后，测距信息将在簇内共享。

2. 基于表驱动的拓扑维护

无锚多节点互测距算法依旧以 TDMA 为基础，同前述一致，需进行任务时间段的划分。图 2.27 为无锚多节点互测距算法的 MAC 层架构。

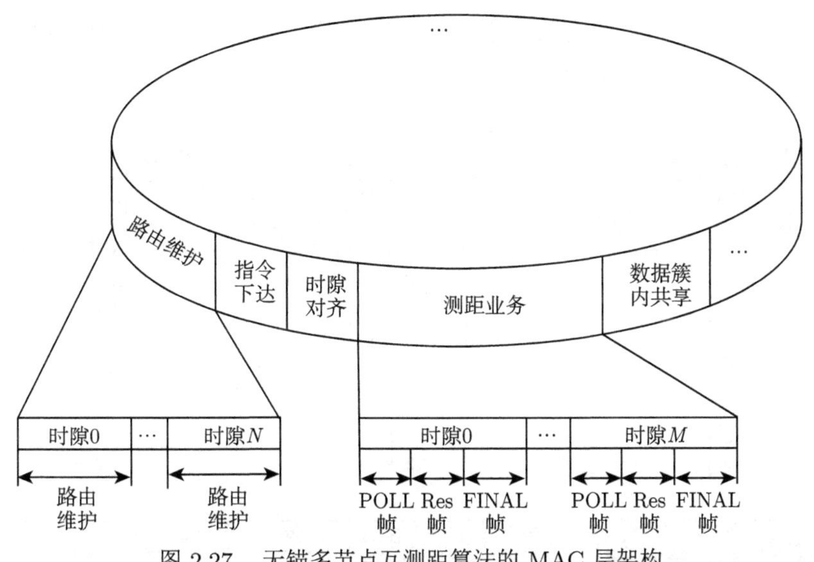

图 2.27 无锚多节点互测距算法的 MAC 层架构

拓扑和路由维护的本质都是寻找联通的无线电路径，为节点之间转发信息提供可达路径。组网的第一个问题是明确测距节点。在分布式系统中，需要首先明确节点连接情况，在节点数不多、拓扑已知的情况下，才可确定测距节点。其中单播 MANET 路由算法又分为按需路由算法和基于表驱动的路由算法。按需路由算法要求节点在需要发送数据时接入信道，典型算法有动态源路由（DSR）算法 [160]、无线自组织按需距离向量（AODV）路由算法 [161]；基于表驱动的路由算法需要定期维护路由信息，典型算法有距离向量路由（DV）、目标序列距离向量路由（DSDV）等算法。测距任务并不是“按需”进行的，因此，路由维护选用基于表驱动的路由算法。

DV 算法是阿帕网（ARPANET）上最早使用的路由算法，DV 算法如图 2.28 所示。但是当拓扑中形成环路或者有一些路由器连接断裂时，会产生无穷计算问题，导致路由信息无法到达远端的路由器。

DSDV 算法保持了 DV 算法的简单性，并确保无路由回路情况下，对于拓扑变化能快速反应的性能。DSDV 算法如图 2.29 所示，所有节点加入和退出均基于路由消息的广播，当节点退出时，将跳数设为无穷 [162, 163]。

本章将 DSDV 算法与应用需求相结合，结合后的框架如图 2.30 所示。系统将按照预设的时间间隙执行 DSDV 算法进行路由发现后，各个节点将会形成自己的路由表。从全局拓扑来看，系统将会被分成三个区域，区域 1 是由节点 10 和节点 5 组成的；区域 2 是由节点 6、7、8、9、11 组成，区域 3 由节点 0、1、2、3、4 组成。每个区域内部的节点共享一个拓扑，但是将测距决策权利赋予节点号较大的节点，该节点被选为某区域的临时锚节点。锚节点将会广播测距指令，各区域内的节点将会按照指令执行测距任务。

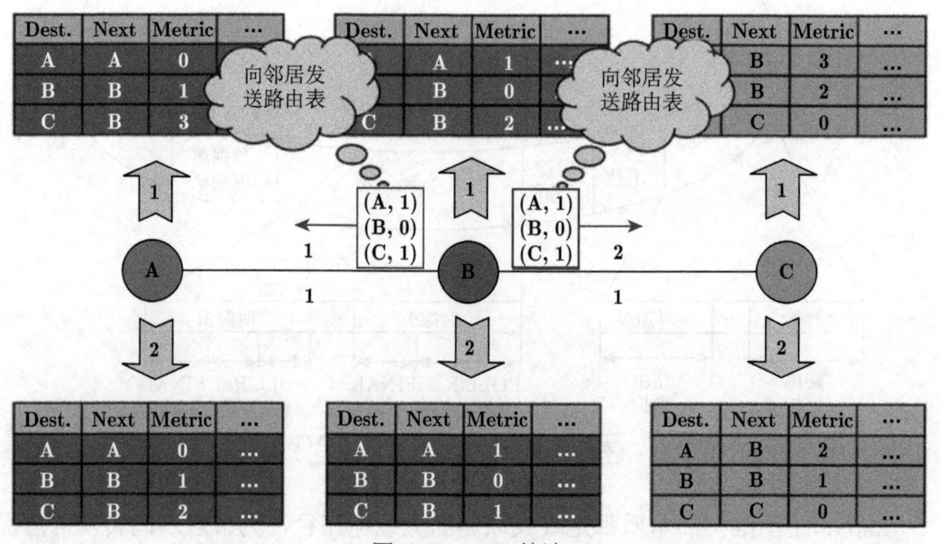

图 2.28　DV 算法

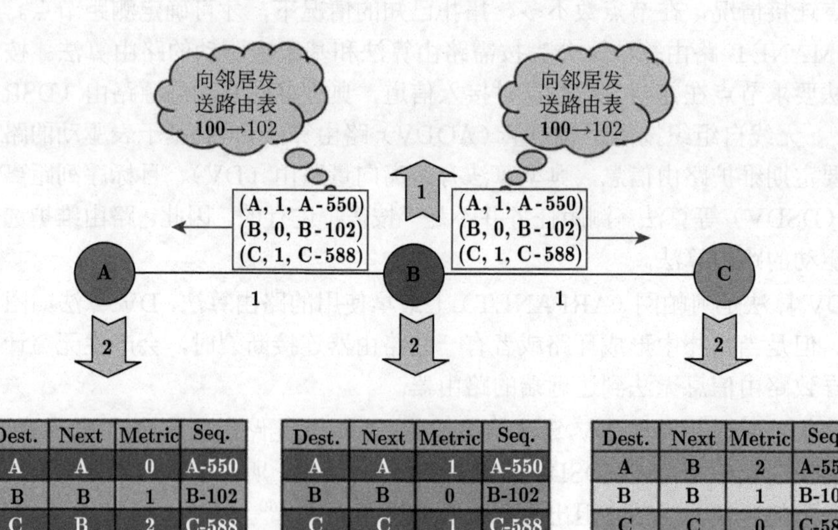

图 2.29　DSDV 算法

3. 簇内共享

在提到的双侧双向测距算法中，基站一方可求解测距值，而标签侧不具备求解测距值的能力。为了实现测距数据共享，在有锚场景中，基站测得数据后将汇报给锚节点。但是在无锚场景中，数据共享没有中心节点。对此，在双侧双向测距的三帧交互基础上加上了“fin_po”帧，在该帧中将基站测距数据反馈至标签。采用这种机制可以实现簇内测距信息共享。

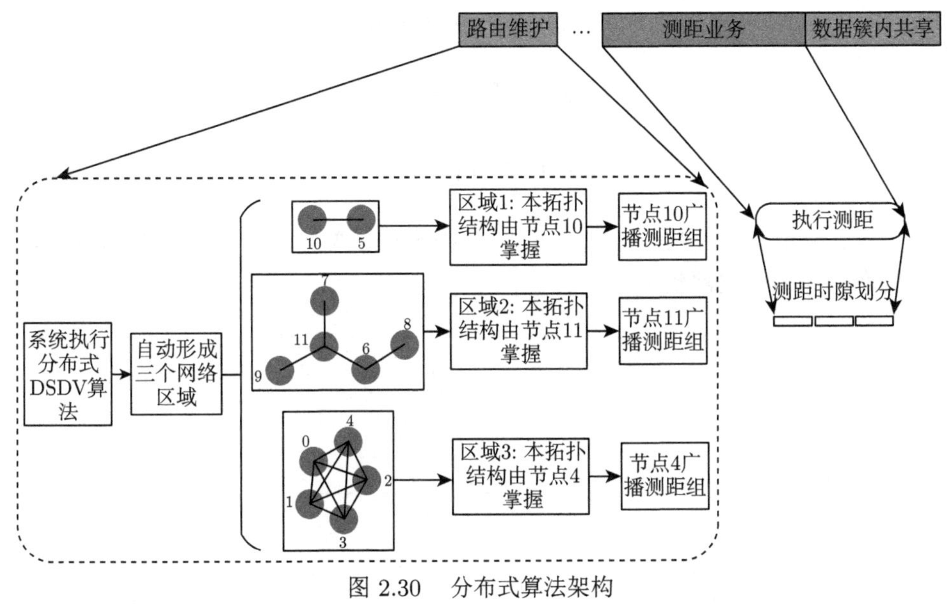

图 2.30　分布式算法架构

2.3　无线电测向方法

无线电信号在均匀介质中沿直线传播，使用定向天线来接收信号，根据天线上的感应电势、相邻天线间的相位差信息、信号的到达时间以及天线阵列判断来波方向，不同的测向方法应用了不同的测向原理，但各有特点。

2.3.1　基于比幅法的无线电测向方法

比幅测向技术的原理是利用测向天线阵列或测向天线的方向特性，根据不同来波方向接收信号幅度的不同，来确定入射信号的方向。比幅法直观明了，系统相对简单、体积小、重量轻、价格便宜，实际应用比较广泛。同时，比幅测向可以不依赖于测频，因此容易适应宽频带工作场景。即使没有测频接收机或测频精度很低，比幅测向都能正常工作。但大部分比幅测向系统由于受到天线极化、波束宽度等因素的影响，测向精度和灵敏度不高。

针对比幅测向的精度问题，学者提出了一些改进方法，如采用水平双波束比幅测向体制 [164] 及交叉波束 [165] 等。

电磁波在行进中，由于天线阵列的方向特性，不同来波方向的接收信号幅度不同，据此可以确定信号方位。

如图 2.31 所示，假设 U_0 为天线阵列中心参考电压，则

$$U_{\mathrm{NS}} = kU_0 \sin\theta \cos\phi \tag{2.41}$$

$$U_{\mathrm{EW}} = kU_0 \cos\theta \cos\phi \tag{2.42}$$

$$\theta = \arctan\left(\frac{U_{\mathrm{NS}}}{U_{\mathrm{EW}}}\right) \tag{2.43}$$

式中，U_{NS} 为南北天线感应电压；U_{EW} 为东西天线感应电压；θ 为来波方向角；ϕ 为俯仰角；k 为相位常数。

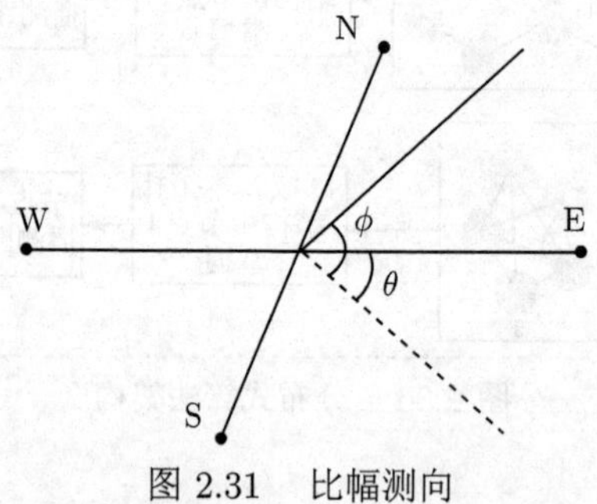

图 2.31　比幅测向

南北天线感应电压 U_{NS} 按正弦 $\sin\theta$ 变化，东西天线感应电压 U_{EW} 按余弦 $\cos\theta$ 变化，只要知道了对应天线组合的感应电压大小，将它们的值相比得到关于 θ 的正切值，就可以求解信号来波方向角 θ，俯仰角 ϕ 的值也很容易求解。

2.3.2　基于干涉仪法的无线电测向方法

干涉仪测向基本原理为：无线电在空间中沿直线传播，从不同方向入射到天线阵列，各阵元接收到的无线电信号的相位各不相同，通过比较任意两个阵元的相位差，可以得到信号的方位信息，即可确定来波方向。干涉仪测向的天线阵列体积更小，测向精度更高，但是其来波方向受多径影响，容易出现测向完全失效的情况 [166]。

将基于 TOA 的几何解算与干涉仪测向进行融合，利用几何解算式的抗多径弥补干涉仪测向易失效问题，同时利用干涉仪测向的精度来弥补几何解算的精度，本章提出了水平全向的 TOA 和信号到达相位差（PDOA）联合角度估计。在实际的测试中，该方法具备更好的抗多径效果，干涉仪测向系统原理图如图 2.32 所示。

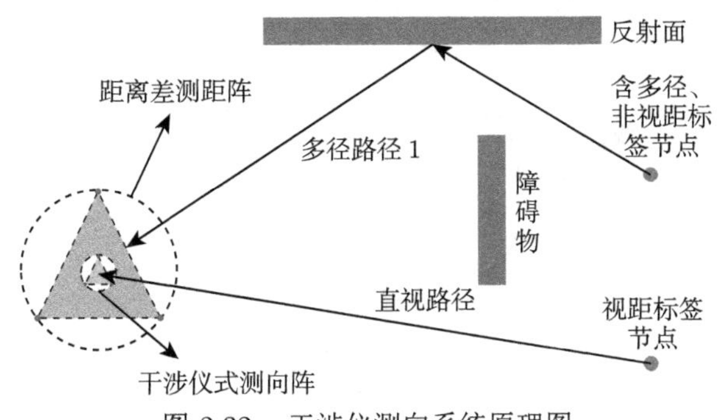

图 2.32 干涉仪测向系统原理图

基于干涉仪法的无线电测向方法受到多径干扰，测出的来波方向是电磁波在路径 1 上的方向，与真实的方位角相比具有巨大的测角误差。事实上，多径信号的路径不只是路径 1，还有许多类似的到达波，这将导致测向数值不可用。但是在距离较远时，多径信号的空中飞行时间依旧可以区分，利用到达时间差进行测向，可以提升干涉仪测向精度。对于直视节点来说，基于距离差的测向方法精度表现不佳，可采用干涉仪进行精度补偿。

2.3.2.1 双通道 PDOA 测角

多通道并行测向技术指多通道同时采集同一方向来波，相比于单通道 TDMA 方法，多通道并行测向可以保证阵元之间采集到的是同一来波，同时其实现成本更低。双通道 PDOA 测角工作流程为：首先对 PDOA 阵元进行相位校准，提取出单通道 UWB 信号的载波相位，然后基于双通道测向阵列算法实现测角。

1. 通道阵元相位校准

在干涉仪测向部分中天线距离较近会产生耦合，同时天线的制作差异和阵元天线的安装位置误差、电路的差异将会引起群延迟和相位延迟，使得阵元通道产生幅相不一致。对于阵元通道的一致性校准问题，目前普遍采用有源校准，将阵元位置误差、阵元间互耦、通道失配单独处理。在本章的场景中，由于无线电芯片及其内部信号处理已经固化，因此主要考虑阵元之间的相位差异和天线安装位置差异 [167]。上述差异均是固定不变的，因此采用数值查表法校准三个阵元的相位，校准方式如下。

阵元两两为一组进行阵元相位校准。在两阵元法线的位置上放置一个标签，此时的阵元相位差真值为 0，记录实测相位差，多次测量取平均，如图 2.33 所示。最后将相位差测量误差作为校准数记录在校准表中。如此往复，完成三个阵元的相位校准。

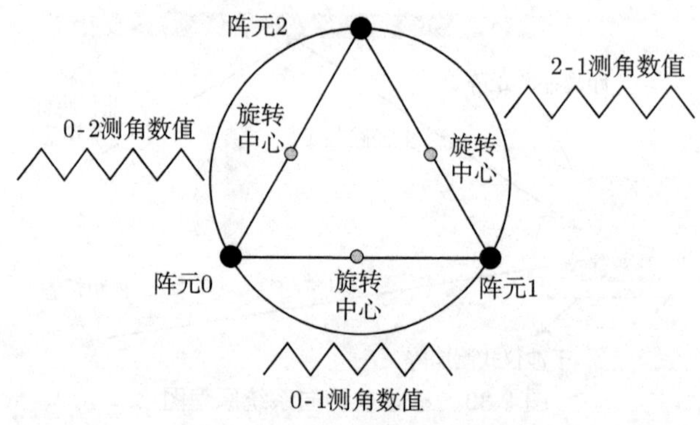

图 2.33 阵元相位校准检查

完成相位校准后，将阵列天线固定在转台上，以稳定的角速率旋转阵列。由于旋转的角速率是一定的，因此两两天线的测角数值应该是三角波。

通过实际测试，校准后 PDOA 阵元相位如图 2.34 所示。

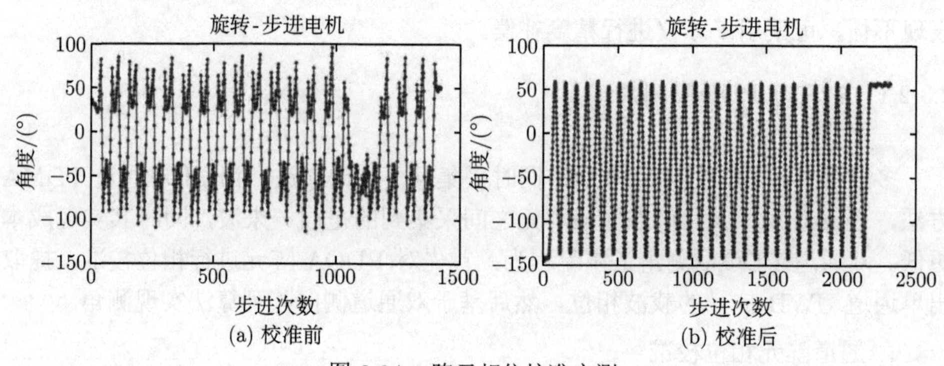

(a) 校准前 (b) 校准后

图 2.34 阵元相位校准实测

2. 单通道载波相位提取

UWB 调制的方式包含脉冲位置调制、双相位调制、脉冲幅度调制、开关键控或正交脉冲调制。UWB 芯片采用的是 TR-UWB 机制即短脉冲进行通信，将脉冲波形在时域上作为波形包络，使用二进制相移键控的双相位调制 [168,169]。发送信号的数学表达式为

$$s(t) = p(t)\sin w_c t \tag{2.44}$$

式中，$p(t)$ 为冲激信号的时域表达式；w_c 为发送载波频率。

设本地载波信号为 $\sin(w_L t + \delta)$，δ 为本地载波相对于输入信号载波的初始

相位信息，按照图 2.35 可以得到同相正交（IQ）两路信号输出为

$$\begin{cases} s_{\rm I}(t) = p(t)\cos\left((w_c - w_L)\,t - \delta\right) \\ s_{\rm Q}(t) = p(t)\sin\left((w_c - w_L)\,t - \delta\right) \end{cases} \tag{2.45}$$

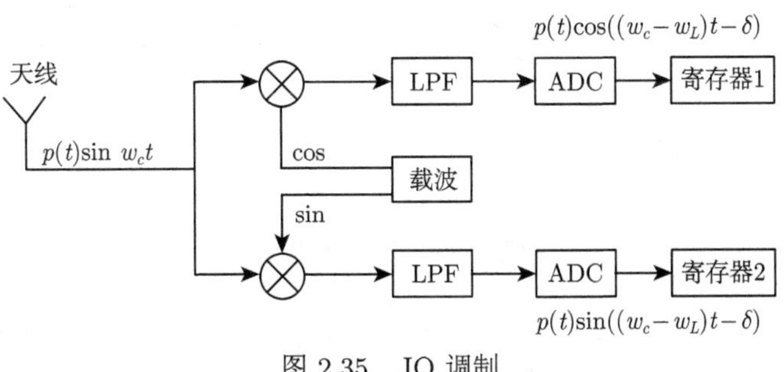

图 2.35 IQ 调制

利用 IQ 两路信号获得 $p(t)$ 的瞬时信息，得到

$$p\,(t) = \sqrt{(s_{\rm I}(t))^2 + (s_{\rm Q}(t))^2} \tag{2.46}$$

因此可以得到

$$\begin{cases} u_{\cos}(t) = \dfrac{s_{\rm I}(t)}{p(t)} = \cos\left((w_c - w_L)\,t - \delta\right) \\ u_{\sin}(t) = \dfrac{s_{\rm Q}(t)}{p(t)} = \sin\left((w_c - w_L)\,t - \delta\right) \end{cases} \tag{2.47}$$

利用 Q 路信号除以 I 路信号，得到

$$u_{\tan}\,(t) = \frac{s_{\rm Q}(t)}{s_{\rm I}(t)} = \tan\left((w_c - w_L)\,t - \delta\right) \tag{2.48}$$

对 $u_{\cos}\,(t)$、$u_{\sin}\,(t)$、$u_{\tan}\,(t)$ 做反三角函数运算，可获得 $\pm\pi$ 范围内的瞬时相位差。由于阵列上各个阵元的参考本振都是相同的，因此该瞬时相位差可以作为信号的瞬时绝对相位值。

3. 双阵元测向方法

如图 2.36 所示，一个无线电脉冲信号从一个遥远的发射机发送到两个天线，将其视为远场信号。d 为两个天线阵元的间距，θ 是需要求解的来波角。当信号从

远场发送过来时，可以将信号看成平行电磁波束，p 是电磁波到达两个阵元的波程差，由几何关系可知

$$p = d\sin\theta \tag{2.49}$$

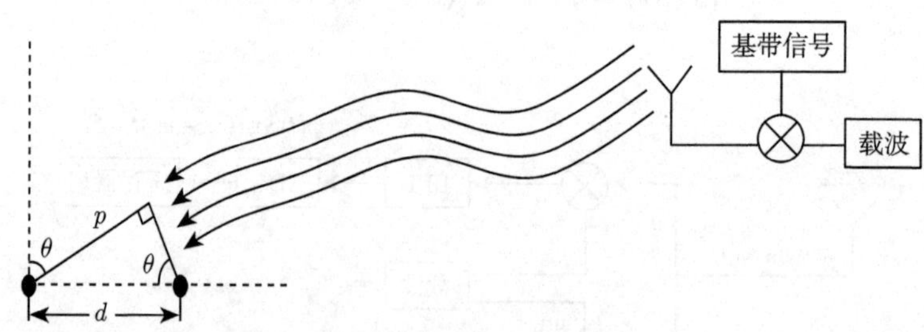

图 2.36 双阵元测向

信号波长 $\lambda = 2\pi c/f$，其中 f 为信号载波的频率，c 为电磁波在空中传播的速度，则同一电磁波在两个天线上的相位差 α 表示为

$$\alpha = \frac{2\pi}{\lambda}p = \frac{f}{c}p \tag{2.50}$$

联立上述两个式子，可以得到

$$\theta = \arcsin\left(\frac{\alpha\lambda}{2\pi d}\right) \tag{2.51}$$

如果阵列的两个天线阵元具有一致性，即具有相同的方向图和辐射特性，则在忽略天线阵元相互耦合的情况下，$\theta \in [-\pi/2,\pi/2]$。然而在小于半波长的天线距离下，阵元之间的相互耦合对于系统的影响很大，因此在设计到达角（AOA）估计天线阵列时必须减弱上述影响。此外，每个天线单元的信道不是线性相位信道，将引入群延迟和相位延迟。

阵元相位误差对测向误差的影响。在某一次交互后，阵元 1 上测得的瞬时相位为 $\alpha_1 = \alpha_{1,\mathrm{aim}} + \Delta\alpha_1$，阵元 2 上测得的瞬时相位为 $\alpha_2 = \alpha_{2,\mathrm{aim}} + \Delta\alpha_2$，其中 $\alpha_{1,\mathrm{aim}}$ 和 $\alpha_{2,\mathrm{aim}}$ 为理想中的相位真值，$\Delta\alpha_1$ 和 $\Delta\alpha_2$ 为相位测量数值与理想相位真值的偏差。则测得的相位差为 $\alpha_{\mathrm{get}} = (\alpha_{1,\mathrm{aim}} - \alpha_{2,\mathrm{aim}}) + (\Delta\alpha_1 - \Delta\alpha_2)$，代入求解测角的式子中，可以得到

$$\begin{aligned}\theta_{\mathrm{get}} &= \arcsin\left(\frac{\lambda\left((\alpha_{1,\mathrm{aim}} - \alpha_{2,\mathrm{aim}}) + (\Delta\alpha_1 - \Delta\alpha_2)\right)}{2\pi d}\right)\\ &= \arcsin\left(\frac{\lambda\left(\alpha_{1,\mathrm{aim}} - \alpha_{2,\mathrm{aim}}\right)}{2\pi d} + \frac{\lambda\left(\Delta\alpha_1 - \Delta\alpha_2\right)}{2\pi d}\right)\end{aligned} \tag{2.52}$$

真实角度为

$$\theta_{\text{true}} = \arcsin\left(\frac{\lambda\left(\alpha_{1,\text{aim}} - \alpha_{2,\text{aim}}\right)}{2\pi d}\right) \tag{2.53}$$

误差项为

$$\Delta\theta = \arcsin\left(\frac{\lambda\left(\alpha_{1,\text{aim}} - \alpha_{2,\text{aim}}\right)}{2\pi d}\right) - \arcsin\left(\frac{\lambda\left(\left(\alpha_{1,\text{aim}} - \alpha_{2,\text{aim}}\right) + \left(\Delta\alpha_1 - \Delta\alpha_2\right)\right)}{2\pi d}\right) \tag{2.54}$$

固定阵元相位误差，阵元间距与测向角度误差的关系如图 2.37 所示。

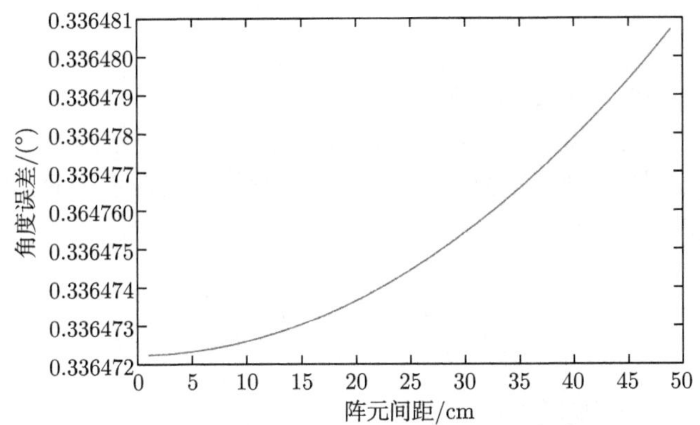

图 2.37 阵元间距与测向角度误差的关系

由图 2.37 可以看出，阵元间距越近，由阵元间距引起的测向误差越小。当阵元间距很小时，虽然阵元间距引起的误差很小，但是阵元耦合更加严重，相位差测量误差将引起更大的测向误差。当阵元间距很大时，尤其是当阵元间距超过半波长时，入射信号的相位差会超过 ±180°，在求解反三角函数时会存在奇异值，引起“相位模糊”。因此，最佳阵元间距为半波长。

2.3.2.2 TOA+PDOA 联合角度估计

1. 基于 TOA 的多通道测角

基于 TOA 的测向系统采用与上述几何分析类似的分析过程。其中 p 直接由两个天线接收单元的测距数值相减而得，因此本质上也可以称为到达时间差（TDOA）测向。而为了减小阵元耦合，d 在基于距离的测向系统中将比波长大很多。同样地，利用 $p = d\sin\theta$ 可解算波角度。

$$\theta_{\text{true}} = \arcsin\left(\frac{p}{d}\right) \tag{2.55}$$

$$\theta_{\text{get}} = \arcsin\left(\frac{p + \Delta p}{d}\right) \tag{2.56}$$

式中，Δp 为测距误差。测角误差项 $\Delta\theta = \theta_{\text{true}} - \theta_{\text{get}}$。在局部环境中，测距误差同时作用于两个阵元，因此 Δp 很小，若 $\Delta p = 10\text{cm}$，则 $\Delta\theta \approx 0.04°$。

在实际场景中，多径效应并不是规整单一的，所以干涉仪测向法的数据跳动非常大，除了空旷环境，数据基本上是失效的。由以上分析可知，当测距精度达到 $\pm 10\text{cm}$ 时，采用几何计算测距的方式更具备抗多径能力。当环境中不存在多径干扰时，干涉仪测角的精度更高。

两个天线阵元分别基于 TOA 进行角度计算，在水平方向上对应两个角度。对第三个阵元与第二个阵元重复上述操作，可以挑选出其中的真值，即完成 TOA 测角。

2. 基于 PDOA 的多通道测角

在前述中完成了双阵元的测向分析与阵元校准，但是双阵元不具备水平全向测向能力。故采用均匀面阵-等边三角阵，用于解算来波在水平面上的角度。天线阵列测向图如图 2.38 所示。

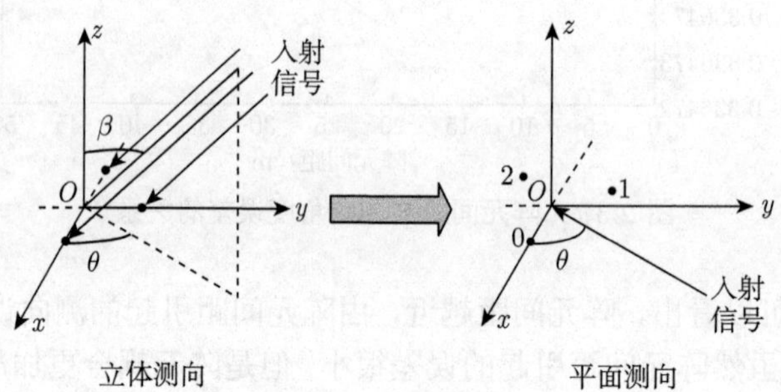

图 2.38 阵列测向图

阵列天线有 3 个阵元，编号为 m，取值为 0、1、2，其中阵元 0 位于 x 轴上，阵元到坐标系原点的距离记为 R。入射信号的水平面角记为 θ，垂直面角为 β。各阵元在空间中的位置坐标为 $P_m = (x_m, y_m, z_m)$，在立体测向中，入射信号到达阵元 m 与到达坐标系原点的 TOF 差为

$$\tau_m = -\frac{x_m \sin\beta\cos\theta + y_m \sin\beta\sin\theta + z_m\cos\beta}{c} \tag{2.57}$$

式中，c 为光速。空间相位差为

$$\phi(\beta,\theta) = -\frac{2\pi\left(x_m \sin\beta\cos\theta + y_m \sin\beta\sin\theta + z_m\cos\beta\right)}{\lambda} \tag{2.58}$$

由上式可知，满足空间定位需要至少 4 个阵元。当阵元数量大于 4 个时，求解如下：

$$\begin{bmatrix} \phi_0(\beta,\theta) \\ \phi_1(\beta,\theta) \\ \vdots \\ \phi_{m-1}(\beta,\theta) \end{bmatrix} = \begin{bmatrix} -\dfrac{2\pi\left(x_0\sin\beta\cos\theta+y_0\sin\beta\sin\theta+z_0\cos\beta\right)}{\lambda} \\ -\dfrac{2\pi\left(x_1\sin\beta\cos\theta+y_1\sin\beta\sin\theta+z_1\cos\beta\right)}{\lambda} \\ \vdots \\ -\dfrac{2\pi\left(x_{m-1}\sin\beta\cos\theta+y_{m-1}\sin\beta\sin\theta+z_{m-1}\cos\beta\right)}{\lambda} \end{bmatrix} \tag{2.59}$$

本章中，阵元数量小于 4 个，不解算立体来波角度，只解算 θ。取 $\beta=0$，且有

$$P_m=\left(R\cos\left(\frac{2\pi m}{3}\right),R\sin\left(\frac{2\pi m}{3}\right),0\right),\quad m\in[0,2] \tag{2.60}$$

则入射信号到达阵元 m 与到达坐标系原点的 TOF 差为

$$\tau_m=-\frac{1}{c}\cos\left(\frac{2\pi m}{3}\right)\cos\theta+R\sin\left(\frac{2\pi m}{3}\right)\sin\theta=-\frac{R}{c}\cos\left(\theta-\frac{2\pi m}{3}\right) \tag{2.61}$$

其空间相位差为

$$\phi_m(\theta)=-\frac{2\pi R}{\lambda}\cos\left(\theta-\frac{2\pi m}{3}\right) \tag{2.62}$$

式 (2.59) 中的相位差是坐标系原点与各阵元之间的。但是为了方便坐标系使用，本章未在坐标系原点设置接收阵元。阵元之间的相位差与上述相位差需要转换：

$$\Delta\phi_{mn}=\phi_n-\phi_m=\frac{2\pi R}{\lambda}\left(\cos\left(\theta-\frac{2\pi m}{3}\right)-\cos\left(\theta-\frac{2\pi n}{3}\right)\right) \tag{2.63}$$

和差化积可以得到

$$\Delta\phi_{mn}=\frac{4\pi R}{\lambda}\sin\frac{\pi(n-m)}{3}\sin\left(\theta-\frac{\pi(n+m)}{3}\right) \tag{2.64}$$

进一步可以化简为

$$\Delta\phi_{mn}=\frac{4\pi R}{\lambda}\sin\frac{\pi(n-m)}{3}\left(\sin\theta\cos\frac{\pi(n+m)}{3}-\cos\theta\sin\left(\frac{\pi(n+m)}{3}\right)\right) \tag{2.65}$$

$$d_{mn} = 2R\sin\frac{\pi(n+m)}{3} \tag{2.66}$$

式中，d_{mn} 为阵元间距。进一步可以得到

$$\Delta\phi_{mn} = \frac{2\pi d_{mn}}{\lambda} = \sin\theta\cos\left(\frac{\pi(n+m)}{3}\right) - \cos\theta\sin\frac{\pi(n+m)}{3} \tag{2.67}$$

根据测得的阵元之间的相位差，可以求解出波角度。但是，式 (2.67) 只考虑没有相位模糊的情况。要想均匀圆阵任意两个阵元之间的相位差不存在相位模糊，需要满足 $R \leqslant \lambda/4 = 21\text{mm}$ [169]，故取 R 为 20mm。

3. 阵列组合与融合

将两种机制的阵列进行组合。为了便于角度解算，两组阵元采用如图 2.39的构型，其中带 * 号的是 TOA 测向阵列阵元，序号相同的阵元与原点共线。

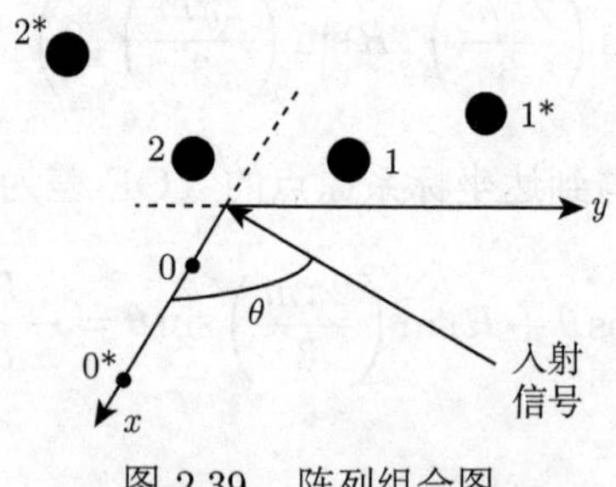

图 2.39　阵列组合图

采用上述组合阵列后，融合算法的机制为：两组阵列分开测量；计算两类阵列测角数据的重合程度，以均值的差值 e 作为判断；根据重合度赋予两类测角数据不同的权值。

如果 e 差异过大，则倾向于 TDOA 测角结果，因为环境可能存在多径；如果 e 差异不大，则倾向于干涉仪测角的结果，因为环境可能是理想的空旷场地，此时干涉仪测角的精度会比较高。其中，e 的阈值大小需要进行实验设定。事实上，经过多次实验验证，由于加权因子的存在，在空旷场景下，融合后的角度值包含了一部分 TDOA 测角数据，最终测角效果比干涉仪测角要差。但是，当环境中出现多径效应时，干涉仪测角数据将完全失效，此时加权融合后的测角数据可大幅度抑制测角数据的误差。

2.3.3　基于空间谱法的无线电测向方法

基于空间谱法的无线电测向方法的原理是利用天线阵列中不同位置的阵元所接收到的样本数据、天线位置参数和阵元特性参数，应用现代谱估计理论、矩阵理论和相应的数学运算对来波的空间谱进行估计，分析其能量分布状态，以确定

空间来波方向。空间谱估计测向技术可同时对多目标测向，并具有测向精度高和对天线阵元及阵列排布无特殊约束的特点，给阵元及天线的设计带来极大灵活性。只要能够表征出信号的空域特征，就能估计出信号的波达方向（DOA），因此空间谱估计也被称为 DOA 估计。理论上，该技术可以极大提高角度估计精度、角度分辨率及其他相关参数精度，因而在雷达、通信、声呐等众多领域有广阔的应用前景。

2.3.3.1 DOA 估计基本原理

DOA 估计是一种结合现代数字信号处理和多元阵列天线的测向技术，其基本原理是通过传感器阵列接收空间中的无线电信号，通过同步多通道接收机采集信号，最终估计出信号的波达方向角。DOA 估计系统结构为多元天线阵列系统、多通道接收机单元和数字信号处理系统 [170]，如图 2.40 所示。

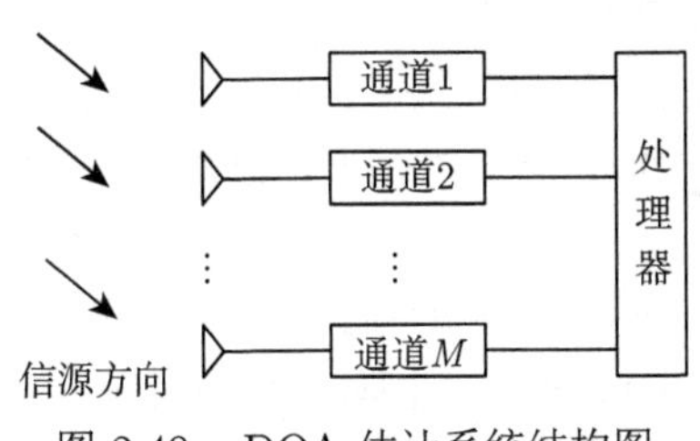

图 2.40 DOA 估计系统结构图

在复杂的实际环境下，外部环境、阵元位置误差、阵元幅相响应不一致等因素都会使接收信号参数模型变得复杂，不利于算法解算，因此做出以下理想情况假设。

（1）接收到的信号为平面波，且为远场、窄带信号（入射信号带宽远小于载波频率，信号源中心频率一致，各信号源之间不相关）。

（2）入射信号个数已知。

（3）阵元为全向天线，对各角度入射信号的幅相响应一致，各阵元之间不存在互耦和通道不一致。

（4）各阵元接收噪声为零均值平稳高斯白噪声，且噪声之间以及噪声与信号之间互相独立。

后文如无特殊说明，均在以上假设基础上进行研究。

2.3.3.2 DOA 估计数学模型

假设空间中有 K 个远场窄带信号入射到 M 个阵元组成的阵列天线上，同一个信号源到达不同阵元存在时延 τ，阵列接收到的第 i 个信号在不同时刻可用如下复包络形式表示：

$$\begin{cases} s_i(t) = u_i(t)\exp(\mathrm{j}(\omega_0 t + \phi(t))) \\ s_i(t-\tau) = u_i(t-\tau)\exp(\mathrm{j}(\omega_0(t-\tau) + \phi(t-\tau))) \end{cases} \tag{2.68}$$

式中，对阵列接收信号的描述包括幅度 $u_i(t)$、相位 $\phi(t)$ 和频率 ω_0。在远场窄带条件下忽略信源到达不同阵元的时延造成的幅度和相位差异，即

$$\begin{cases} u_i(t-\tau) \approx u_i(t) \\ \phi(t-\tau) \approx \phi(t) \end{cases} \tag{2.69}$$

联立式 (2.68) 与 (2.69) 可得

$$s_i(t-\tau) \approx s_i(t)\exp(-\mathrm{j}\omega_0\tau), \quad i = 1, 2, \cdots, K \tag{2.70}$$

则第 l 个阵元接收信号可表示为

$$x_l(t) = \sum_{i=1}^{N} g_{l,i} s_i(t - \tau_{l,i}) + n_l(t), \quad l = 1, 2, \cdots, M \tag{2.71}$$

式中，$g_{l,i}$ 为第 i 个信号在阵元 l 上的增益；$\tau_{l,i}$ 为第 i 个信号到达第 l 个阵元相对参考阵元的时延，本章中选择第一个阵元为参考阵元；$n_l(t)$ 为第 l 个阵元上的噪声。将 M 个阵元在 t 时刻接收的 K 个信号写成列向量形式，可得

$$\begin{bmatrix} x_1(t) \\ x_2(t) \\ \vdots \\ x_M(t) \end{bmatrix} = \boldsymbol{G} \odot \boldsymbol{E}(\tau) \begin{bmatrix} s_1(t) \\ s_2(t) \\ \vdots \\ s_N(t) \end{bmatrix} + \begin{bmatrix} n_1(t) \\ n_2(t) \\ \vdots \\ n_M(t) \end{bmatrix} \tag{2.72}$$

式中，$\boldsymbol{G} \odot \boldsymbol{E}(\tau)$ 为矩阵 $\boldsymbol{G}$ 与 $\boldsymbol{E}(\tau)$ 的阿达马（Hadamard）积，

$$\boldsymbol{G} = \begin{bmatrix} g_{1,1} & \cdots & g_{1,N} \\ g_{2,1} & \cdots & g_{2,N} \\ \vdots & & \vdots \\ g_{M,1} & \cdots & g_{M,N} \end{bmatrix}$$

$$\boldsymbol{E}(\tau) = \begin{bmatrix} \exp(-\mathrm{j}\omega_0\tau_{1,1}) & \exp(-\mathrm{j}\omega_0\tau_{1,2}) & \cdots & \exp(-\mathrm{j}\omega_0\tau_{1,N}) \\ \exp(-\mathrm{j}\omega_0\tau_{2,1}) & \exp(-\mathrm{j}\omega_0\tau_{2,2}) & \cdots & \exp(-\mathrm{j}\omega_0\tau_{2,N}) \\ \vdots & \vdots & & \vdots \\ \exp(-\mathrm{j}\omega_0\tau_{M,1}) & \exp(-\mathrm{j}\omega_0\tau_{M,2}) & \cdots & \exp(-\mathrm{j}\omega_0\tau_{M,N}) \end{bmatrix}$$

根据前述中给出的理想假设（3），可将增益归一化为 1，式 (2.72) 可简化为

$$\begin{bmatrix} x_1(t) \\ x_2(t) \\ \vdots \\ x_M(t) \end{bmatrix} = \boldsymbol{E}(\tau) \begin{bmatrix} s_1(t) \\ s_2(t) \\ \vdots \\ s_N(t) \end{bmatrix} + \begin{bmatrix} n_1(t) \\ n_2(t) \\ \vdots \\ n_M(t) \end{bmatrix} \tag{2.73}$$

将式 (2.73) 改写成向量形式可进一步简化为

$$\boldsymbol{X}(t) = \boldsymbol{A}\boldsymbol{S}(t) + \boldsymbol{N}(t) \tag{2.74}$$

式中，$\boldsymbol{X}(t)$、$\boldsymbol{A}$、$\boldsymbol{S}(t)$、$\boldsymbol{N}(t)$ 分别为 $M \times 1$ 维阵列接收信号向量、$M \times N$ 维阵列接收信号导向向量、$N \times 1$ 维阵列接收信号向量、$M \times 1$ 维阵列接收信号向量。其中阵列信号导向向量满足

$$\boldsymbol{A} = \begin{bmatrix} \boldsymbol{a}_1(\omega_0) & \boldsymbol{a}_2(\omega_0) & \cdots & \boldsymbol{a}_N(\omega_0) \end{bmatrix} \tag{2.75}$$

$$\boldsymbol{a}_i(\omega_0) = \begin{bmatrix} \exp(-\mathrm{j}\omega_0\tau_{1,i}) & \exp(-\mathrm{j}\omega_0\tau_{2,i}) & \cdots & \exp(-\mathrm{j}\omega_0\tau_{M,i}) \end{bmatrix}^{\mathrm{T}} \tag{2.76}$$

式中，$\omega_0 = 2\pi f = 2\pi c/\lambda$，$f$ 为窄带信号中心频率，c 为光速，λ 为窄带信号的波长。

根据以上分析可知，确定时延 τ 即可确定特定阵列的导向向量。下面推导空间中任意两点间的延迟表达式。以其中一个阵元作为参考阵元，并以这个阵元为坐标系原点建立直角坐标系，另一个阵元在坐标系中的坐标为 (x, y, z)，两个阵元在图中用“•”表示，两阵元间相对位置关系如图 2.41 所示。

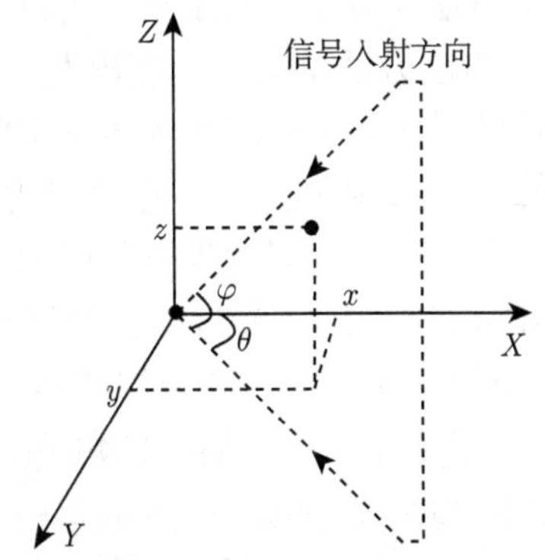

图 2.41 空域中任意两阵元的几何关系

根据几何关系可推导出信号入射到空间任意两点的波程差为

$$\tau=\frac{1}{c}\left(x\cos\theta\cos\varphi+y\sin\theta\cos\varphi+z\sin\varphi\right) \tag{2.77}$$

对于常见的均匀线阵，阵列结构如图 2.42 所示，以第一个阵元为参考阵元，设任意一个阵元的位置为 $x_k\,(k=1,2,\cdots,M)$，假设信号以方位角 $\theta_i\,(1,2,\cdots,K)$ 入射到阵列上，方位角表示入射信号与线阵法线方向夹角，则根据几何关系有

$$\tau_{k,i}=\frac{1}{c}\left(x_k\sin\theta_i\right) \tag{2.78}$$

由于是均匀线阵，因此 $x_k=kd$，d 为阵元间距，均匀线阵的阵元间距一般取半波长，将式 (2.78) 代入 (2.76)，信号入射角度为 θ 的导向向量表示为

$$\boldsymbol{a}(\theta)=\begin{bmatrix}1 & \exp(-\mathrm{j}\pi\sin\theta) & \ldots & \exp(-\mathrm{j}\pi(M-1)\sin\theta)\end{bmatrix}^{\mathrm{T}} \tag{2.79}$$

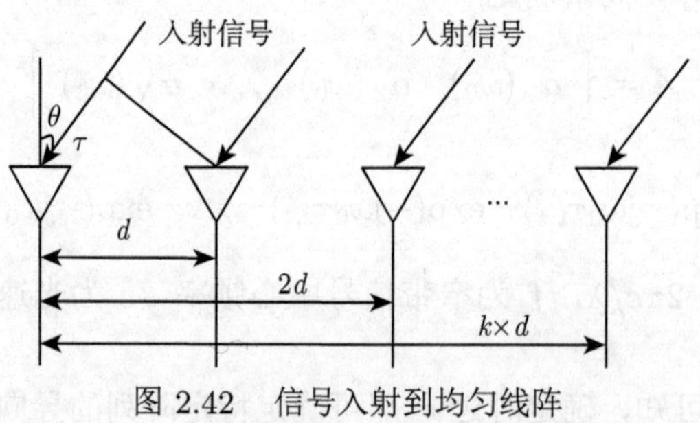

图 2.42　信号入射到均匀线阵

2.3.3.3　DOA 估计经典方法

1. 多信号分类方法原理及仿真

多信号分类（MUSIC）方法在众多 DOA 估计方法中是最为经典的，属于子空间分解类方法的一种。MUSIC 方法从数学角度出发，对阵列接收数据的协方差矩阵进行特征分解，分解后得到信号子空间和噪声子空间，利用二者的正交性构造空间谱，通过对空间谱峰进行搜索来估计信号的到达角信息。MUSIC 方法性能优异，实现了对角度估计的超分辨，因此吸引了广大研究人员的关注，继而涌现出了一系列改进方法。MUSIC 方法需要进行空间谱搜索因而运算量较大，但小于空间拟合类方法 [171]。下面介绍 MUSIC 方法的基本原理。

设空间 K 个独立远场窄带信号以不同的方位角 $\theta_1,\theta_2,\cdots,\theta_K$ 入射到 M 个阵元组成的均匀线阵上，各阵元噪声 $N_i(t)\ (i=1,2,\cdots,M)$ 互不相关，且为零均值平稳高斯白噪声，方差为 σ^2，噪声与信号互不相关。阵列输出信号的数学模型为

$$\boldsymbol{X}(t)=\boldsymbol{AS}(t)+\boldsymbol{N}(t) \tag{2.80}$$

式中，$\boldsymbol{X}(t)$ 为阵列输出向量；$\boldsymbol{S}(t)$ 为信号向量；$\boldsymbol{N}(t)$ 为噪声向量；$\boldsymbol{A}$ 为阵列方向矩阵。阵列输出信号协方差矩阵的特征分解为

$$\begin{aligned}\boldsymbol{R} &= \mathrm{E}\left[\boldsymbol{X}\boldsymbol{X}^{\mathrm{H}}\right] = \boldsymbol{A}\boldsymbol{R}_S\boldsymbol{A}^{\mathrm{H}} + \boldsymbol{R}_N \\ &= \boldsymbol{U}_S\boldsymbol{\Lambda}_S\boldsymbol{U}_S^{\mathrm{H}} + \boldsymbol{U}_N\boldsymbol{\Lambda}_N\boldsymbol{U}_N^{\mathrm{H}}\end{aligned} \tag{2.81}$$

式中，$\boldsymbol{R}_S$ 为信号协方差矩阵；$\boldsymbol{R}_N$ 为噪声协方差矩阵，由于噪声与信号互不相关，因此可以将两者分离；$\boldsymbol{U}_S$ 是与较大特征值 $\lambda_i\ (i=1,2,\cdots,K)$ 相对应的特征向量张成的目标信号子空间；$\boldsymbol{U}_N$ 是由较小特征值 $\lambda_i\ (i=K+1,K+2,\cdots,M)$ 相对应的特征向量张成的噪声子空间。

实际应用环境中，由于天线阵列的每个传感器阵元接收到的数据采样快拍数有限，所以选择采样协方差矩阵来代替数据协方差矩阵，即

$$\hat{\boldsymbol{R}} = \frac{1}{L}\sum_{i=1}^{L}[\boldsymbol{X}\boldsymbol{X}^{\mathrm{H}}]_i \tag{2.82}$$

式中，L 为数据采样快拍数；$[\boldsymbol{X}\boldsymbol{X}^{\mathrm{H}}]_i$ 为第 i 拍数据。

理想条件下空间中的信号子空间和噪声子空间是正交的，且信号子空间和天线阵列流型矩阵张成同一个空间，那么也就是说天线阵列流型矩阵所张成的空间同噪声子空间也是正交的 [172]。因此，天线阵列流型矩阵 $\boldsymbol{A}$ 中任意一个导向向量 $\boldsymbol{a}(\theta)$ 同噪声子空间也是正交的，即

$$\boldsymbol{a}^{\mathrm{H}}(\theta)\boldsymbol{U}_N = 0 \tag{2.83}$$

上式即 MUSIC 方法的核心，但由于实际中的天线阵列接收到的数据采样快拍数是有限长的，从而导向向量 $\boldsymbol{a}(\theta)$ 与噪声子空间 $\boldsymbol{U}_N$ 不是完全正交，但是上式结果非常接近 0，因此可以采用最小优化搜索来完成 DOA 估计，即

$$\theta_{\mathrm{MUSIC}} = \arg\min\left\{\boldsymbol{a}^{\mathrm{H}}(\theta)\hat{\boldsymbol{U}}_N\hat{\boldsymbol{U}}^{\mathrm{H}}\boldsymbol{a}(\theta)\right\} \tag{2.84}$$

从而得到 MUSIC 方法的空间谱估计：

$$P_{\mathrm{MUSIC}}(\theta) = \frac{1}{\boldsymbol{a}^{\mathrm{H}}(\theta)\hat{\boldsymbol{U}}_N\hat{\boldsymbol{U}}^{\mathrm{H}}\boldsymbol{a}(\theta)} \tag{2.85}$$

对空间的全部角度进行扫描，如果在某一角度上存在入射目标信号源，由于导向向量 $\boldsymbol{a}(\theta)$ 与噪声子空间的正交特性，会使公式分母为零，在空间谱函数曲线上就会表现出一个尖锐的谱峰（极大值），此尖锐的谱峰对应的角度 θ 即入射目标信号源来波方向角度的估计。

下面对 MUSIC 方法的步骤进行归纳总结。

（1）首先根据采样快拍数确定采样协方差矩阵并将其特征分解。

（2）将特征值按从大到小排序，K 个较大特征值对应的特征向量确定为信号子空间，余下 $M-K$ 个特征值对应的特征向量为噪声子空间。

（3）在 $[-90°, 90°]$ 空间角度范围内，选定某一搜索间距变化角度 θ，计算对应的空间谱函数值，其中极大值点对应的角度即信号入射角度。

下面通过仿真分析不同参数对 MUSIC 方法估计性能的影响。以均匀线阵为阵列模型，入射信号为不相干窄带平面波，信号与噪声不相关，各阵元噪声为独立高斯白噪声，分别分析阵元数、快拍数、信噪比、阵元间距、入射角度间距以及信号源个数对 MUSIC 方法估计性能的影响。MUSIC 方法的空间谱峰值如图 2.43 所示。

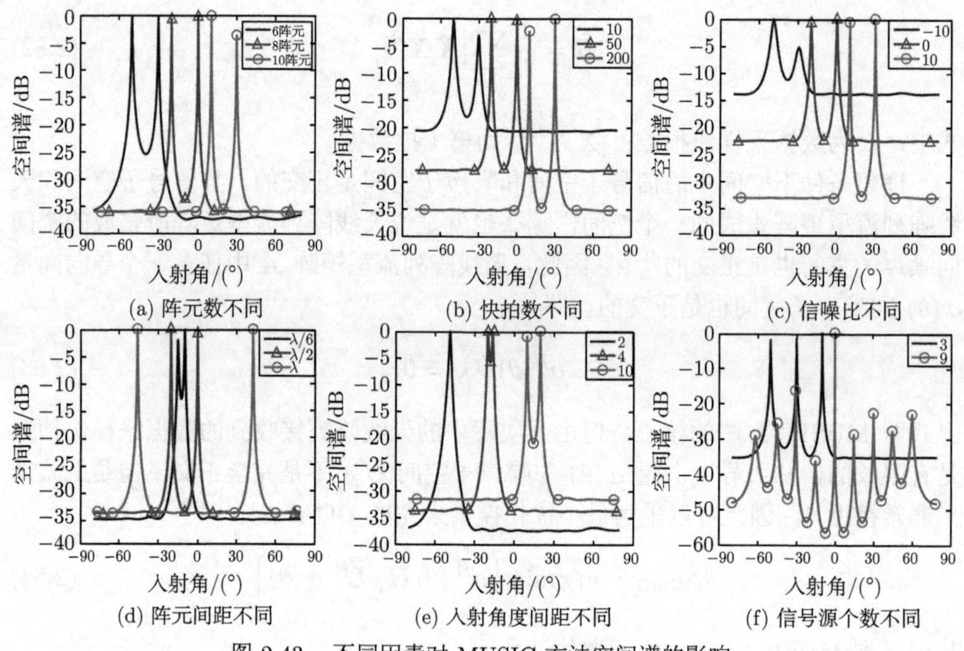

图 2.43 不同因素对 MUSIC 方法空间谱的影响

从图 2.43(a)~(c) 中可以看出，保证其他参数不变，增加阵元数、快拍数或者提高信噪比都会使空间谱谱峰变尖锐，改善测向性能。

从图 2.43(d) 中可以看出，阵元间距在半波长情况下估计性能最好。阵元间距过小，空间谱谱峰不够尖锐；阵元间距过大，会造成角度模糊，出现漏峰、错峰。

从图 2.43(e) 中可以看出，均匀线阵 MUSIC 算法无法分辨入射角度间距在 2° 以内的信号，提高角度估计分辨率是 DOA 估计的一个研究方向。

从图 2.43(f) 中可以看出，当信号源个数增多甚至接近阵元数时，空间谱谱峰变缓，算法效果变差。这是因为均匀线阵的估计自由度有限，M 个阵元的均匀线阵只能估计 $M-1$ 个信号源。

2. ESPRIT 方法原理及仿真

旋转不变技术估计信号参数（ESPRIT）方法也是一种子空间分解类方法，该方法将阵列分为两个子阵列，从子阵列入手，为 DOA 估计的研究提供了新思路。图 2.44 为采用 ESPRIT 方法进行阵列分解后的子阵图。ESPRIT 方法利用两个完全相同子阵列的移不变性产生子空间旋转不变性原理，通过最小二乘法或总体最小二乘法直接求解信号空间到达角。作为子空间分解类算法，ESPRIT 方法也需要对接收信号的协方差矩阵进行特征分解，与 MUSIC 方法相比，该方法无须谱峰搜索，因此计算量小，估计精度和分辨率较好。但 ESPRIT 方法有模型限制，只能应用在均匀线阵上，方法具有局限性，而且这两种子空间分解类方法在单快拍或者信号相干情况下都会失效。下面简述 ESPRIT 方法原理。

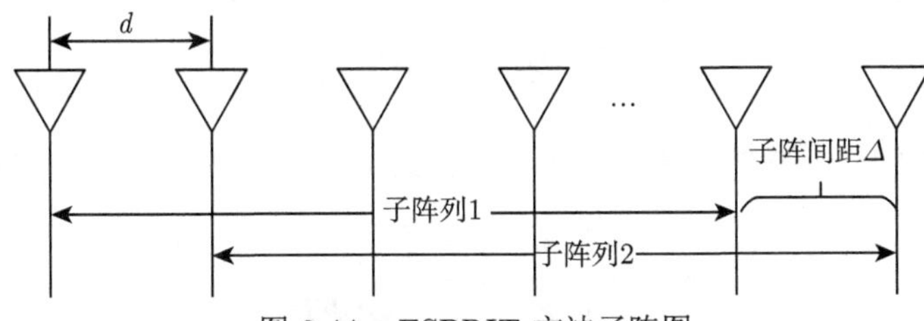

图 2.44 ESPRIT 方法子阵图

假设空间信号源参数和所采用的天线阵列模型与前述一致，将均匀线阵分为两个完全相同的子阵列，一般选取有最大重复度的子阵列。对于同一个入射信号，两个子阵列的输出相位差为 $\boldsymbol{\Phi}$。两个子阵列的接收信号数学模型分别为

$$\boldsymbol{X}_1(t)=\boldsymbol{A}\boldsymbol{S}(t)+\boldsymbol{N}_1(t) \tag{2.86}$$

$$\boldsymbol{X}_2(t)=\boldsymbol{A}\boldsymbol{\Phi}S(t)+\boldsymbol{N}_2(t) \tag{2.87}$$

式中，$\boldsymbol{A}$ 为方向矩阵；$\boldsymbol{S}(t)$ 为零均值信号矩阵；$\boldsymbol{N}_1(t)$、$\boldsymbol{N}_2(t)$ 分别为两个子阵列的噪声；相位差 $\boldsymbol{\Phi}$ 为 $K\times K$ 对角矩阵，对角元素表示 K 个信号到达两个子阵列的相位延迟，相位差 $\boldsymbol{\Phi}$ 将两个子阵列的输出联系起来，在 ESPRIT 方法中称作旋转算子，表示为

$$\boldsymbol{\Phi}=\operatorname{diag}\left[\exp(\mathrm{j}\mu_1) \quad \cdots \quad \exp(\mathrm{j}\mu_k)\right] \tag{2.88}$$

$$\mu_k=\omega_0\Delta\sin\theta_k/c \tag{2.89}$$

其中，Δ 为每对传感器之间相同的位移向量。将两个子阵列的输出合并表示为

$$\boldsymbol{X}(t)=\begin{bmatrix}\boldsymbol{X}_1(t)\\ \boldsymbol{X}_2(t)\end{bmatrix}=\bar{\boldsymbol{A}}(t)+\boldsymbol{N}_z(t) \tag{2.90}$$

$$\bar{\boldsymbol{A}}=\begin{bmatrix}\boldsymbol{A}\\ \boldsymbol{A\Phi}\end{bmatrix},\boldsymbol{N}_z(t)=\begin{bmatrix}\boldsymbol{N}_1(t)\\ \boldsymbol{N}_2(t)\end{bmatrix} \tag{2.91}$$

对式 (2.91) 得到的阵列输出信号求协方差矩阵，并对其进行特征值分解：

$$\boldsymbol{R}=\boldsymbol{E}_S\boldsymbol{\Lambda}_S\boldsymbol{E}_S^{\mathrm{H}}+\boldsymbol{E}_N\boldsymbol{\Lambda}_N\boldsymbol{E}_N^{\mathrm{H}} \tag{2.92}$$

式中，$\boldsymbol{E}_S$ 为 K 个较大特征值对应的特征向量张成的信号子空间；$\boldsymbol{E}_N$ 为较小特征值对应的特征向量张成的噪声子空间；$\boldsymbol{\Lambda}_S$、$\boldsymbol{\Lambda}_N$ 为对应的特征值矩阵。由于较大特征值对应的特征向量张成的信号子空间和导向向量张成的空间是同一个空间，存在唯一的 $K\times K$ 非奇异、满秩矩阵 $\boldsymbol{T}$ 使下式成立：

$$\boldsymbol{E}_S=\bar{\boldsymbol{A}}\boldsymbol{T} \tag{2.93}$$

根据阵列的移不变性，将信号子空间分为分别对应两个子阵列的两部分：

$$\boldsymbol{E}_S=\begin{bmatrix}\boldsymbol{E}_1\\ \boldsymbol{E}_2\end{bmatrix}=\begin{bmatrix}\boldsymbol{AT}\\ \boldsymbol{A\Phi T}\end{bmatrix} \tag{2.94}$$

由式 (2.94) 可推出

$$\boldsymbol{E}_2=\boldsymbol{E}_1\boldsymbol{T}^{-1}\boldsymbol{\Phi T}=\boldsymbol{E}_1\boldsymbol{\Psi} \tag{2.95}$$

$$\boldsymbol{\Psi}=\boldsymbol{T}^{-1}\boldsymbol{\Phi T} \tag{2.96}$$

通过式 (2.96) 可知，矩阵 $\boldsymbol{\Phi}$ 的对角元素为 $\boldsymbol{\Psi}$ 的特征值，这样求矩阵 $\boldsymbol{\Phi}$ 对角元素的问题就转化为求 $\boldsymbol{\Psi}$ 的特征值问题。由于实际接收数据为信号采样值，等式 (2.95) 不能完全成立，因此一般用最小二乘法或总体最小二乘法获得最优估计值。典型方法有 LS-ESPRIT 方法和 TLS-ESPRIT 方法。

LS-ESPRIT 方法采用了信号子空间拟合思想：

$$\min\left\|\begin{bmatrix}\boldsymbol{E}_1\\ \boldsymbol{E}_2\end{bmatrix}-\begin{bmatrix}\boldsymbol{AT}\\ \boldsymbol{A\Phi T}\end{bmatrix}\right\|_{\mathrm{F}}^2=\min\left\|\boldsymbol{E}_S-\bar{\boldsymbol{A}}\boldsymbol{T}\right\|^2 \tag{2.97}$$

解式 (2.97) 可以令 $\boldsymbol{E}_1=\boldsymbol{AT}$，使下式满足：

$$\min\left\|\boldsymbol{E}_2-\boldsymbol{A\Phi T}\right\|^2 \tag{2.98}$$

化简可得

$$\min \|\boldsymbol{E}_2 - \boldsymbol{A\Phi T}\|_{\mathrm{F}}^2 = \min \left\|\boldsymbol{E}_2 - \boldsymbol{E}_1\boldsymbol{T}^{-1}\boldsymbol{\Phi T}\right\|^2 = \min \|\boldsymbol{E}_2 - \boldsymbol{E}_1\boldsymbol{\Psi}\|^2 \tag{2.99}$$

上式的最小二乘解为

$$\boldsymbol{\Psi}_{\mathrm{LS}} = \boldsymbol{E}_1^+\boldsymbol{E}_2 = (\boldsymbol{E}_1^{\mathrm{H}}\boldsymbol{E}_1)^{-1}\boldsymbol{E}_1^{\mathrm{H}}\boldsymbol{E}_2 \tag{2.100}$$

式中，$\boldsymbol{E}_1^+$ 为 $\boldsymbol{E}_1$ 的伪逆，也可以令 $\boldsymbol{E}_2 = \boldsymbol{A\Phi T}$，得到

$$\min \|\boldsymbol{E}_1 - \boldsymbol{AT}\|_{\mathrm{F}}^2 = \min \left\|\boldsymbol{E}_1 - \boldsymbol{E}_2\boldsymbol{T}^{-1}\boldsymbol{\Phi}^{-1}\boldsymbol{T}\right\|^2 \tag{2.101}$$

其最小二乘解为

$${\boldsymbol{\Psi}_{\mathrm{LS}}}^{-1} = \boldsymbol{E}_2^+\boldsymbol{E}_1 \tag{2.102}$$

根据以上分析，LS-ESPRIT 方法估计信号空间到达角的步骤可总结如下。

（1）对两个子阵列的接收数据求协方差矩阵，并将其特征分解为信号子空间和噪声子空间。

（2）将信号子空间按照对应子阵列分割开，得到 $\boldsymbol{E}_1$ 和 $\boldsymbol{E}_2$ 两个部分。

（3）根据式 (2.100) 求出矩阵 $\boldsymbol{\Psi}_{\mathrm{LS}}$ 的值，将其特征分解得到 K 个特征值 λ_k。

（4）根据式 (2.89) 得到 $\hat{\theta}_k = \arcsin\left(c \cdot \mathrm{angle}(\lambda_k)/(\omega_0 \varDelta)\right)$，即可计算出空间到达角估计值。

TLS-ESPRIT 方法考虑到 $\boldsymbol{E}_1$、$\boldsymbol{E}_2$ 存在误差，不直接利用 $\boldsymbol{E}_1$、$\boldsymbol{E}_2$ 求 $\boldsymbol{\Psi}$，但其同样是通过求最小值问题获取 $\boldsymbol{\Psi}$ 的解。

对于信号子空间估计值 $\hat{\boldsymbol{E}}_1$、$\hat{\boldsymbol{E}}_2$，寻找一个矩阵：

$$\boldsymbol{F} = \begin{bmatrix} \boldsymbol{F}_0 & \boldsymbol{F}_1 \end{bmatrix}^{\mathrm{T}} \in \mathbb{C}^{2K \times K} \tag{2.103}$$

使下式最小：

$$\boldsymbol{V} = \left\|\begin{bmatrix} \hat{\boldsymbol{E}}_1 & \hat{\boldsymbol{E}}_2 \end{bmatrix} \boldsymbol{F}\right\|_{\mathrm{F}}^2 \tag{2.104}$$

且满足

$$\boldsymbol{F}^{\mathrm{H}}\boldsymbol{F} = \boldsymbol{I} \tag{2.105}$$

即寻找一个酉矩阵，使之与 $[\hat{\boldsymbol{E}}_1 \quad \hat{\boldsymbol{E}}_2]$ 正交。显然，矩阵 $\boldsymbol{F}$ 由 $[\hat{\boldsymbol{E}}_1 \quad \hat{\boldsymbol{E}}_2]$ 的 K 个最小奇异值的右奇异向量组成，即矩阵 $\boldsymbol{F}$ 由对应于 $[\hat{\boldsymbol{E}}_1 \quad \hat{\boldsymbol{E}}_2]^{\mathrm{H}}[\hat{\boldsymbol{E}}_1 \quad \hat{\boldsymbol{E}}_2]$ 的 K 个最小特征值的特征向量组成。矩阵 $\boldsymbol{\Psi}$ 由总体最小二乘法可表示为

$$\hat{\boldsymbol{\Psi}}_{\mathrm{TLS}} = -\boldsymbol{F}_0{\boldsymbol{F}_1}^{-1} \tag{2.106}$$

旋转算子 $\boldsymbol{\Phi}$ 的对角元素为 $\hat{\boldsymbol{\Psi}}_{\text{TLS}}$ 的特征值，特征分解矩阵 $\hat{\boldsymbol{\Psi}}_{\text{TLS}}$ 得到特征值 λ_k 后，根据 $\hat{\theta}_k = \arcsin\left(c \cdot \text{angle}(\lambda_k)/(\omega_0 \varDelta)\right)$，即可得到最终的 DOA 估计值。

根据以上分析，TLS-ESPRIT 方法估计信号空间到达角的步骤可总结如下。

（1）重复 LS-ESPRIT 方法的步骤。

（2）特征分解 $[\boldsymbol{E}_1 \quad \boldsymbol{E}_2]^{\text{H}}[\boldsymbol{E}_1 \quad \boldsymbol{E}_2] = \boldsymbol{E}\boldsymbol{\varLambda}\boldsymbol{E}^{\text{H}}$，分割矩阵 $\boldsymbol{E}$：

$$\boldsymbol{E} = \begin{bmatrix} \boldsymbol{E}_{11} & \boldsymbol{E}_{12} \\ \boldsymbol{E}_{21} & \boldsymbol{E}_{22} \end{bmatrix} \tag{2.107}$$

（3）根据 $\boldsymbol{\Psi} = -\boldsymbol{E}_{12}\boldsymbol{E}_{22}^{-1}$ 计算矩阵 $\hat{\boldsymbol{\Psi}}_{\text{TLS}}$，并利用特征分解求特征值 λ_k。

（4）根据公式 $\hat{\theta}_k = \arcsin\left(c \cdot \text{angle}(\lambda_k)/(\omega_0 \varDelta)\right)$ 可得到最终的 DOA 估计值。

2.4 本章小结

本章主要介绍了无线电测距和测向技术。从信号强度类和信号传输类两方面介绍了无线电测距技术，并着重研究了 UWB 测距及组网方法。从 UWB 测距原理出发，分析了 UWB 信号特性，建立了其不同环境下的信道模型。从信号层面提升测距精度的同时，对测距数据进行误差分析和滤波处理，完成了有锚节点和无锚节点下的组网测距方法研究。在无线电测向技术方面，分别对基于比幅法、干涉仪法和空间谱法的无线电测向方法的原理进行说明。在干涉仪法方面，介绍了双通道的 PDOA 测角和 TOA+PDOA 联合角度估计方法，干涉仪法在保证天线体积更小的情况下，测向精度更高。在空间谱法方面，对均匀阵列和稀疏阵列两种空间谱估计方法进行介绍，两种方法极大提高了系统测向的精度。本章完善了无线电测距测向的原理及方法，进一步扩展了无线电传感器的实际应用场景。

第 3 章　高穿透力低频磁场测距测向

地下、室内、水下等复杂场景的高精度测距测向技术是当今导航定位领域亟待解决的难点之一，传统的无线电信号在此类场景下无法实现远距离传播。低频磁场信号具有高穿透力、强抗干扰能力等特点，是解决该难题的主要方案之一。因此，基于低频磁场信号开发的磁信标测距测向系统具有测距性能好、定位精度高、不存在累积误差等优势。目前，国内外科研工作者在该方向的研究重点主要为磁信标磁场分布模型构建、单节点磁信标测距测向机理、基于几何约束的多节点磁信标测距测向技术、基于磁信标的组合导航技术、低信噪比弱磁场信号提取与辨识技术以及磁信标测距测向误差分析与补偿等，本章将围绕上述内容对基于高穿透磁场的磁信标测距测向技术进行介绍。

3.1　磁传感器简介与磁信标测距测向原理

3.1.1　磁传感器简介

磁传感器是通过把磁场、电流、应力应变、温度、光等外界因素引起的敏感元件磁性能变化转换成电信号来检测相应物理量的器件 [173]。通过感应磁场强度来测量电流、位置和方向等物理参数，磁通门传感器、感应式磁传感器和光泵磁力仪传感器等磁传感器得到了广泛应用。

3.1.1.1　磁通门传感器

磁通门传感器是一种以磁通门技术为基本原理，利用被测磁场中高磁导率铁芯在交变磁场的饱和激励下，其磁感应强度与磁场强度的非线性关系来测量弱磁场的磁传感器。这种物理现象对被测环境磁场来说好像是一道“门”，通过这道“门”，相应的磁通量即被调制，并产生感应电动势。磁通门具有分辨率高、测量弱磁场范围宽、可靠、能够直接测量磁场的分量和适用于高速运动系统等特点，其探测能力大致在 $10^{-2} \sim 10^{7}$nT 范围内，带宽为 0~10kHz，可测静态磁场，但比探测线圈更耗电，主要应用于地磁方位探测、环境磁场监测、机场安检和导航系统 [174]。

基于电磁感应的磁通门传感器主要包括高磁导率易饱和铁芯、激励线圈和感应线圈。磁通门传感器的测量原理为：激磁线圈在交变电流的作用下产生交变磁场，铁芯在激磁磁场和外界磁场的叠加磁场作用下产生交变磁通，感应线圈在变压器效应下产生感应电动势。当叠加磁场增加到一定值时，铁芯内部磁感应强度达到饱和状态，而由于磁滞现象的存在，当叠加磁场降低使铁芯内部磁感应强度退至未饱和状态时，磁芯的磁场强度沿 H_c 所在的磁化曲线下降。当激励磁场呈现周期性变化时，磁芯磁导率也在不断变化，叠加磁场使磁芯周期性过饱和时，磁导率变化率增大，则感应线圈的感应电动势中会产生与外部磁场呈比例关系的电动势，最终实现对外部磁场的测量，磁通门传感器示意图如图 3.1 所示。

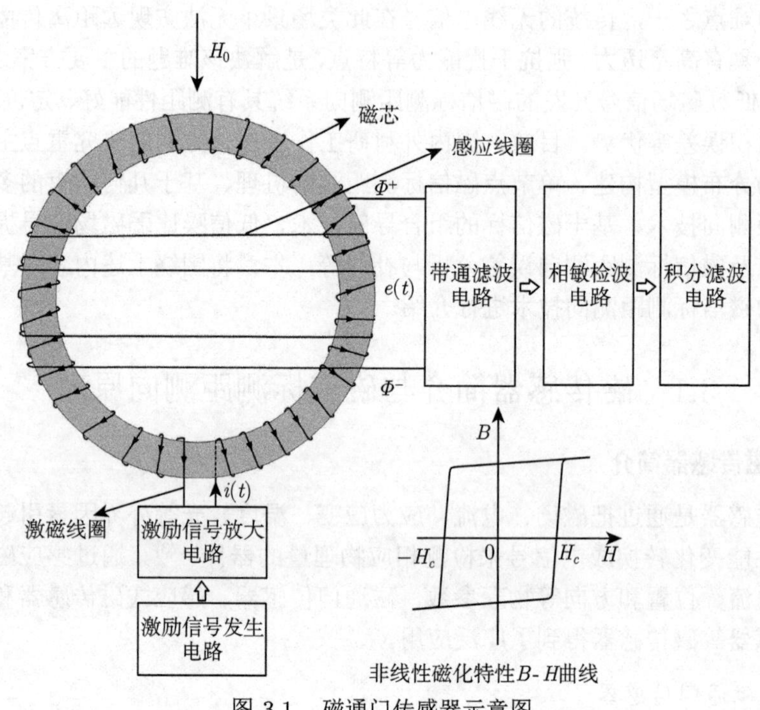

图 3.1　磁通门传感器示意图

3.1.1.2　感应式磁传感器

基于法拉第电磁感应定律的感应式磁传感器是一种直接响应外界交变磁场的弱磁测量传感器 [175]。感应式磁传感器是一种低成本、低复杂度的磁传感器，适用于对特定频段时变磁场信号的高精度测量，其探测能力和带宽受限于感应式磁传感器振荡电路、线圈体积和磁芯材质等因素，其实物图如图 3.2 所示。依据电磁感应定律，感应式磁传感器放置在时变磁场的工作区域时，空间中交变磁场信号的时刻变化同时引起穿过传感器密绕在磁芯上的感应线圈磁通量的变化，感应式磁传感器的感应线圈将这一系列时刻变化的物理量转换并生成对应关系的感应电动势，传递至前置放大电路中进行信号调制后输出。

图 3.2 感应式磁传感器实物图

感应式磁传感器主要由传感元件感应线圈和微弱信号前置放大电路组成，工作原理框图如图 3.3 所示，传感器处于被测的磁场中，受到穿过传感器的磁通量变化的影响，感应线圈可以将被测磁场中每一时刻变化的磁场信号转化成电压信号并传递给前置放大电路，将感应线圈两端的感应电动势放大，进一步地利用数据采集电路完成对微弱电信号的采集，最终利用感应式磁传感器实现对外部交变磁场的测量。

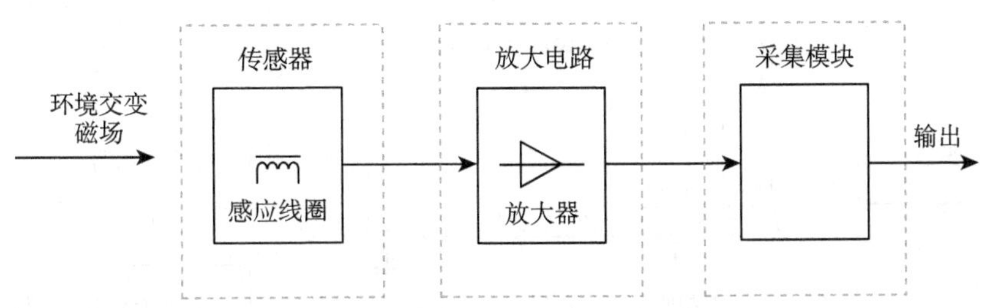

图 3.3 感应式磁传感器工作原理框图

当环境中存在场强为 B 的外部交变磁场时，感应线圈两端的感应电压可以表示为

$$U_0 = \frac{e}{1-\omega^2 L_p C + \mathrm{j}\omega R_L C} = \frac{\mathrm{j}\omega N S \mu_\alpha B}{1-\omega^2 L_p C + \mathrm{j}\omega R_L C} \tag{3.1}$$

式中，e 为感应线圈的感应电的势；L_p 为感应线圈的等效电感；C 为感应线圈的等效电容；N 为感应线圈匝数；S 为感应线圈的横截面积；μ_α 为磁芯的有效磁导率；ω 为外界交变磁场角频率；R_L 为感应线圈的等效电阻。

感应式磁传感器是一个高灵敏度低噪声的弱磁场测量传感器，前置放大电路是决定传感器分辨率的关键部分，因此在调制传感器线圈输出的感应电压的过程中，必须具备低噪声、高增益和稳定的特性。增益倍数一般设置为 30～100 倍。前置放大电路由两级组成，第一级放大电路采用差分放大输入形式，采用高精密、超低噪声的结型场效应管分立元器件来抑制共模输入噪声并且提高输入阻抗，第二级放大电路采用低噪声、低漂移、低偏置电压的集成运放器件来实现放大低噪声微弱感应信号 [176]。

3.1.1.3 光泵磁力仪传感器

光泵磁力仪传感器利用铯、铷、钾等碱金属元素气体的塞曼效应工作 [177]。以铯光泵磁力仪为例，以置于待测磁场的铯光泵磁力仪为例，铯光泵磁力仪中的铯吸收气室含有铯原子团，激光器照射铯原子使之发生光泵浦作用，使各粒子的塞曼子能级处于偏极化分布；磁力仪中的射频线圈为铯气室提供一个均匀射频磁场（$B_{\mathrm{rf}}\cos\omega t$），适当频率的射频磁场使偏极化的铯原子发生磁共振作用，各粒子会逐步去极化，当偏极化与去极化过程达到动态平衡时发生光磁共振效应。泵浦激光透过铯吸收气室之后以射频信号频率变化，并由光电探测器接收转换为电信号，即信号检测系统的待测信号。信号检测系统的任务就是检测光探测信号的幅值、相位和频率信息，然后通过反馈控制回路再驱动射频线圈，使射频信号频率最后锁定在磁共振点，共振频率与外磁场强度呈线性关系，测量此频率即可计算得到外磁场强度 [178]，铯光泵磁力仪原理示意图如图 3.4 所示。

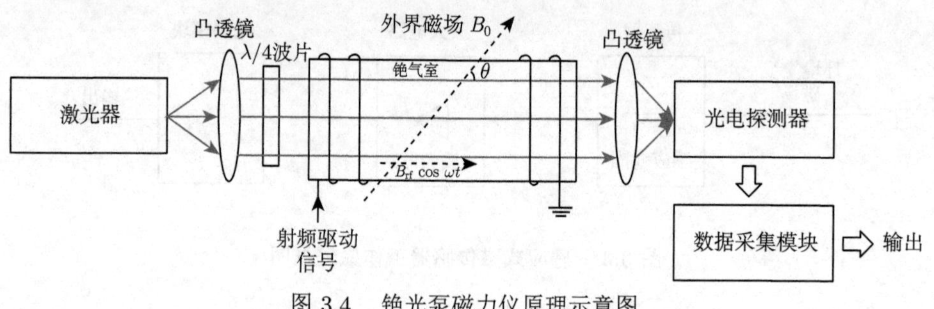

图 3.4 铯光泵磁力仪原理示意图

3.1.2 基于高穿透低频磁场的磁信标测距测向原理

3.1.2.1 磁信标测距测向系统构成

磁信标测距测向系统主要由磁信标（信号源）、磁传感器、信号处理模块与测距测向解算模块四部分构成。根据低频磁场信号的产生方式，磁信标测距测向系统可以分为如图 3.5 所示的基于旋转永磁体的磁信标测距测向系统与如图 3.6 所示的基于通电螺线管的磁信标测距测向系统。

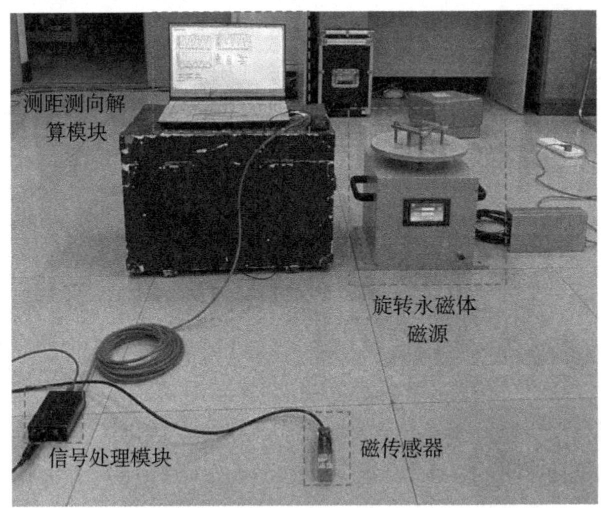

图 3.5 基于旋转永磁体的磁信标测距测向系统

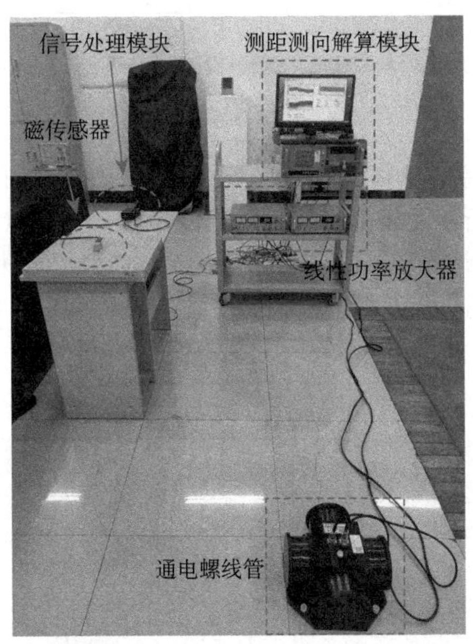

图 3.6 基于通电螺线管的磁信标测距测向系统

在基于旋转永磁体的磁信标测距测向系统中，转台控制永磁体的转动，在空间中产生旋转磁场；在基于通电螺线管的磁信标测距测向系统中，信号发生器产生两路相互正交的正弦信号，经过线性功率放大器处理后，将电流通入正交的螺线管，螺线管线圈通电而产生旋转磁场。选用信号采集模块即高精度磁传感器采集空间中目标点的旋转磁场信号，并通过数据采集卡以以太网通信的形式传递给测距测向数据解算模块。最后，解算模块会利用上位机对采集到的磁场数据进行处理并进行解算，计算出该目标点的距离和方位信息。

3.1.2.2 磁信标测距测向原理

磁信标测距测向是一种基于有源场传播机理的新型测距测向技术，依靠磁源产生的规律性高穿透低频磁场信号实现目标点与磁源之间相对距离和相对方位的计算。利用磁偶极子模型对双轴通电螺线管磁信标或旋转永磁体磁信标的磁场传播规律可分析出，在磁信标作用域中任意一点处磁场信号随时间呈椭圆形变化，该椭圆磁场存在一个不变特征向量，该特征向量与相对距离、方位具有明确的数值关系，即可通过磁场信号与该数值关系估计相对距离和相对方位。磁信标测距测向原理示意图如图 3.7 所示。

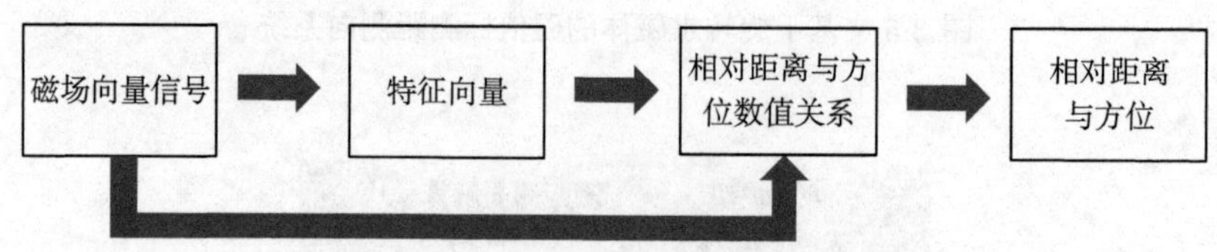

图 3.7 磁信标测距测向原理示意图

磁信标测距测向原理具体为：首先根据磁信标磁场分布规律（3.2 节中将详细介绍）与如图 3.8 所示的磁信标与目标点 P 处之间的相对距离和方位，分析出点 P 处的磁场向量表达式，图中，φ_0、φ_1、φ_2 分别为磁信标与目标点在 z 轴、x 轴、y 轴轴向的相对俯仰角；θ_0、θ_1、θ_2 分别为磁信标与目标点在 z 轴、x 轴、y 轴轴向的相对偏航角。

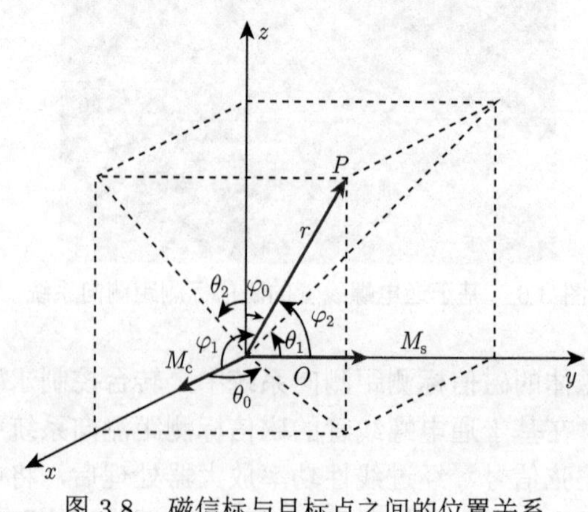

图 3.8 磁信标与目标点之间的位置关系

根据磁偶极子模型，磁信标在空间中任意一点 P 处的磁场向量表达式可以表示为

$$\boldsymbol{B}_{\mathrm{p}}=\boldsymbol{B}_{\mathrm{c}}+\boldsymbol{B}_{\mathrm{s}}=\frac{3\mu IR^2}{8r^3}\begin{bmatrix}\left(\dfrac{4}{3}+2\sin^2\varphi_0\right)\sin\omega t+\sin 2\varphi_1\sin\theta_1\cos\omega t\\ \sin 2\varphi_0\cos\theta_0\sin\omega t+\left(\dfrac{4}{3}+2\sin^2\varphi_1\right)\cos\omega t\\ \sin 2\varphi_0\sin\theta_0\sin\omega t+\sin 2\varphi_1\cos\theta_1\cos\omega t\end{bmatrix} \tag{3.2}$$

式中，$\boldsymbol{B}_{\mathrm{c}}$ 和 $\boldsymbol{B}_{\mathrm{s}}$ 分别为 x 轴螺线管和 y 轴螺线管在目标点 P 处产生的磁场向量；μ 为空间中介质的磁导率；I 为磁信标的激励电流幅值；R 为磁信标等效偶极子的半径；r 为磁信标几何中心与目标点 P 之间的相对距离。

进一步地，对磁场向量进行向量积计算以提取特征向量（3.3.1 节中将进行详细介绍）：

$$\boldsymbol{B}_{\mathrm{cs}}=\boldsymbol{B}_{\mathrm{c}}(t)\times\boldsymbol{B}_{\mathrm{s}}(t)=\frac{\mu^2M^2\sin\omega t\cos\omega t}{(4\pi r^3)^2}\begin{bmatrix}3\sin\varphi_0\cos\varphi_0\cos\theta_0\\ 3\sin\varphi_0\cos\varphi_0\sin\theta_0\\ 3\cos^2\varphi_0-2\end{bmatrix} \tag{3.3}$$

式中，M 为 x 轴螺线管与 y 轴螺线管的磁矩。

然后，根据特征向量与相对方位、距离之间的数值关系建立测距测向关系式：

$$\begin{cases}\varphi=\dfrac{1}{2}\left(\varphi_{\mathrm{cs}}-\arcsin\left(\dfrac{\tan\varphi_{\mathrm{cs}}}{3\sqrt{1+\tan^2\varphi_{\mathrm{cs}}}}\right)\right), & \varphi_{\mathrm{cs}}<90^\circ\\ \varphi=35.2644^\circ, & \varphi_{\mathrm{cs}}=90^\circ\\ \varphi=\dfrac{1}{2}\left(\varphi_{\mathrm{cs}}+\arcsin\left(\dfrac{\tan\varphi_{\mathrm{cs}}}{3\sqrt{1+\tan^2\varphi_{\mathrm{cs}}}}\right)\right), & \varphi_{\mathrm{cs}}>90^\circ\\ \theta=\arctan\left(\dfrac{B_{\mathrm{cs}y}}{B_{\mathrm{cs}x}}\right)\end{cases} \tag{3.4}$$

最终解算上述关系式，即可实现测量磁信标与目标点之间的相对距离和方位。

3.2 磁信标磁场分布模型及分析

人工低频磁场的产生方式主要有两种：一种是利用旋转永磁体的方式产生磁场，基于旋转永磁体的磁信标系统如图 3.9(a) 所示；另一种是利用正弦电流激励密绕螺线管产生磁场，基于通电螺线管的磁信标系统如图 3.9(b) 所示。前者易于调制，可以

直接通过控制电流的频率、幅值和相位调制磁场信号，但是磁场生成能力相对较弱、功耗高；后者体积较小、功耗低，但是生成的磁场信号存在偏差，磁场信号的强度与永磁体的材质相关，下面对这两种低频磁源及磁场分布规律进行介绍。

(a) 基于旋转永磁体的磁信标系统

(b) 基于通电螺线管的磁信标系统

图 3.9 磁信标系统

3.2.1 电磁信标磁场分布模型

3.2.1.1 基于单磁偶极子模型的电磁信标磁场分布模型

电磁信标测距测向的基础理论是毕奥-萨伐尔定律（Biot-Savart law）。根据电磁学理论，电流可激励产生磁场，电场与磁场是密切相关的 [179]。毕奥-萨伐尔定律公式为

$$\boldsymbol{B}=\oint \mathrm{d}\boldsymbol{B}=\frac{\mu_0}{4\pi}\oint \frac{I\mathrm{d}\boldsymbol{l}}{r^3}\times \boldsymbol{r} \tag{3.5}$$

根据式 (3.5) 可得到结论：磁感应强度 $\boldsymbol{B}$ 与导体电流 I 成正比，与相对距离 r 的三次方成反比。单个螺线管可近似看作磁偶极子（通常用通电线圈代替），如图 3.10 所示。

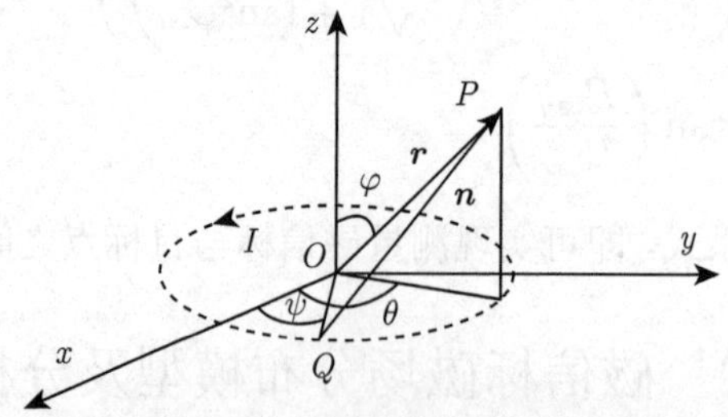

图 3.10 等效磁偶极子模型

磁偶极子位于 xOy 平面，圆环圆心与坐标系原点重合，则载流圆环上任一电流微元 Q 坐标为 $(R\cos\psi, R\sin\psi, 0)$，空间中任一点 P 在球坐标系下位置为

(r,φ,θ)。则由毕奥-萨伐尔定律，可得到载流圆环上任一电流微元 Q 在空间中点 P 产生的磁场为

$$\mathrm{d}\boldsymbol{B}=\frac{\mu}{4\pi}\frac{I\mathrm{d}\boldsymbol{l}\times\boldsymbol{n}}{n^3} \tag{3.6}$$

式中，μ 为空间中介质的磁导率；$\boldsymbol{n}$ 为电流微元指向空间点的方向向量，I 为等效磁偶极子通入的电流；$\mathrm{d}\boldsymbol{l}$ 为电流微元的方向。电流微元 Q 在点 P 处产生的磁场向量为

$$\mathrm{d}\boldsymbol{B}=\begin{bmatrix}\mathrm{d}B_x\\ \mathrm{d}B_y\\ \mathrm{d}B_z\end{bmatrix}=\frac{\mu IR}{4\pi n^3}\begin{bmatrix}r\cos\psi\cos\varphi\mathrm{d}\psi\\ r\sin\psi\cos\varphi\mathrm{d}\psi\\ R\mathrm{d}\psi-r\sin\varphi\cos(\psi-\theta)\mathrm{d}\psi\end{bmatrix} \tag{3.7}$$

对式 (3.7) 积分，可得磁偶极子在空间中点 P 处产生的磁场强度为

$$\boldsymbol{B}=\begin{bmatrix}B_x\\ B_y\\ B_z\end{bmatrix}=\begin{bmatrix}\dfrac{3\mu IR^2}{8}\dfrac{r^2\sin2\varphi\cos\theta}{(R^2+r^2)^{5/2}}\\ \dfrac{3\mu IR^2}{8}\dfrac{r^2\sin2\varphi\sin\theta}{(R^2+r^2)^{5/2}}\\ \dfrac{\mu IR^2}{2(R^2+r^2)^{3/2}}(1+\dfrac{3}{2}\dfrac{r^2\sin^2\varphi}{R^2+r^2})\end{bmatrix} \tag{3.8}$$

当点 P 磁偶极子距离较远时，有 $r\gg R$，则式 (3.5) 可写为

$$\boldsymbol{B}=\begin{bmatrix}\dfrac{3\mu IR^2}{8}\dfrac{\sin2\varphi\cos\theta}{r^3}\\ \dfrac{3\mu IR^2}{8}\dfrac{\sin2\varphi\sin\theta}{r^3}\\ \dfrac{\mu IR^2}{2r^3}(1+\dfrac{3}{2}\sin^2\varphi)\end{bmatrix} \tag{3.9}$$

实际电磁信标是由双轴磁信标构成，如图 3.11 所示。磁信标中心位置与全局坐标系的原点重合，磁信标的两个螺线管轴心分别与 x、y 轴重合，两根螺线管的材料、横截面积和匝数相同，分别通入频率相同、相位相差 90° 的正弦电流。

磁信标与目标点 P 之间位置关系如图 3.8 所示，目标点处的磁场强度可以表示为式 (3.2) 的形式。

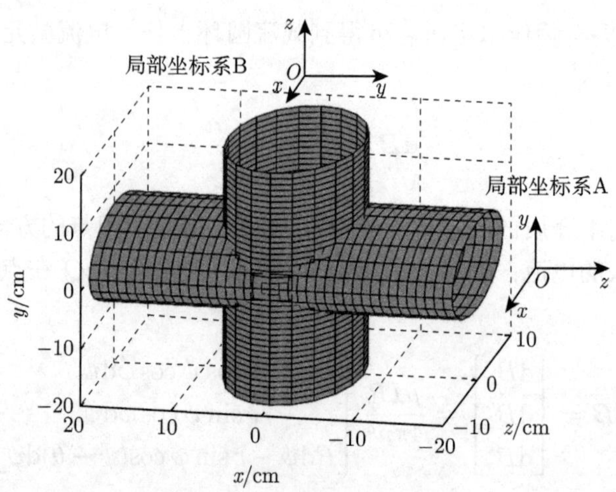

图 3.11 等效磁偶极子模型

3.2.1.2 基于磁偶极子阵列模型的电磁信标磁场分布

在实际中，利用通电螺线管模拟磁偶极子产生的磁场。根据螺线管尺寸，目标位置与磁偶极子阵列的距离可分为近场与远场。理想磁偶极子模型在近场条件下模型误差较大，可根据近场条件下实际测量感应磁场对磁偶极子模型进行辨识与补偿，得到更高精度的通电螺线管磁偶极子阵列模型 [180-182]。

磁偶极子阵列的结构模型如图 3.12 所示，存在以 O 为中心的螺线管等效磁偶极子阵列关于 xOy 平面对称。各磁偶极子阵列有等距排列的 k 层，各层的间隔为 d。每层有同心的 n 个磁偶极子，相邻磁偶极子的半径相差 d_r。

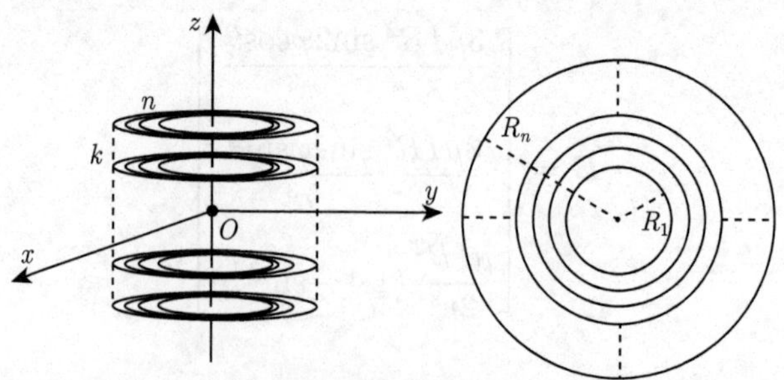

图 3.12 磁偶极子阵列的结构模型

当 d_{h}、d_{r}、阵列高度 h_0、基础半径 R_0 为定常值时，通过改变参数 k 与 n，即可得到不同结构的磁偶极子阵列模型。根据磁偶极子阵列结构参数 k 和 n 可计算在目标位置点 P 产生的磁感应强度 [28]，可表示为

$$\begin{cases} B_{\text{array}X} = \sum_{i=1}^{k}\sum_{j=1}^{n}\left(B_{x(i,j)} + B'_{x(i,j)}\right) = \sum_{i=1}^{k}\sum_{j=1}^{n}\dfrac{3\mu_0 I r^2 R_j^2 \sin 2\varphi \cos\theta}{4({R_j}^2 + r^2 + {h_i}^2)^{\frac{5}{2}}} \\ B_{\text{array}Y} = \sum_{i=1}^{k}\sum_{j=1}^{n}\left(B_{y(i,j)} + B'_{y(i,j)}\right) = \sum_{i=1}^{k}\sum_{j=1}^{n}\dfrac{3\mu_0 I r^2 R_j^2 \sin 2\varphi \sin\theta}{4(R_j^2 + r^2 + {h_i}^2)^{\frac{5}{2}}} \\ B_{\text{array}Z} = \sum_{i=1}^{k}\sum_{j=1}^{n}\left(B_{z(i,j)} + B'_{z(i,j)}\right) \\ \qquad = \sum_{i=1}^{k}\sum_{j=1}^{n}\dfrac{\mu_0 I R_j^2}{(R_j^2 + r^2 + h^2)^{\frac{3}{2}}}\left(1 - \dfrac{3r^2 \sin^2\varphi}{2(R^2 + r^2 + h^2)}\right) \end{cases} \tag{3.10}$$

式中，$B_{x(i,j)}$ 为坐标系上半空间内磁偶极子阵列的第 i 行、第 j 列磁偶极子在目标处 x 轴方向的感应磁场；$B'_{x(i,j)}$ 为坐标系下半空间内磁偶极子阵列的第 i 行、第 j 列磁偶极子目标处 x 轴方向的感应磁场，其他轴向分量定义类似；h_i 为磁偶极子阵列第 i 行磁偶极子相对于原点的高度，存在 $h_i = h_0 + (i-1)\,d_{\text{h}}$；$R_j$ 为磁偶极子阵列中第 j 列磁偶极子的半径，记为 $R_j = R_0 + (j-1)\,d_{\text{r}}$。

在实际应用过程中，可通过实际测量数据，利用模拟退火算法对磁偶极子阵列模型进行修正。通过简化，可将磁偶极子阵列模型等效为一个双磁偶极子模型，如图 3.13 所示。磁偶极子半径 R_j 和高度 h_i 远小于目标位置到原点的距离 r 时，磁偶极子阵列模型在三轴方向上产生的磁感应强度与 R_j^2 正相关，受 h_i 影响较小，可近似忽略。因此双磁偶极子模型中，磁偶极子的半径 R_{d} 为磁偶极子阵列模型中任意一行上 n 个磁偶极子半径的均方根值，高度 h_{d} 可以设为任意一列上的磁偶极子中心高度的平均值，即

$$\begin{cases} R_{\text{d}} = \sqrt{\dfrac{1}{n}\sum_{j=1}^{n} R_i^2} \\ h_{\text{d}} = \dfrac{1}{n}\sum_{i=1}^{k} h_i \end{cases} \tag{3.11}$$

若令等效匝数与磁偶极子阵列中的磁偶极子数相等，$N = k\cdot n$，会使简化模型精度下降，可通过模拟退火等智能搜索算法估计出使模型计算值最接近实际磁场测量值的等效线圈匝数 N_{d}，等效磁偶极子磁矩 M_{d} 可表示为

$$M_{\text{d}} = \pi R_{\text{d}}^2 N_{\text{d}} I \tag{3.12}$$

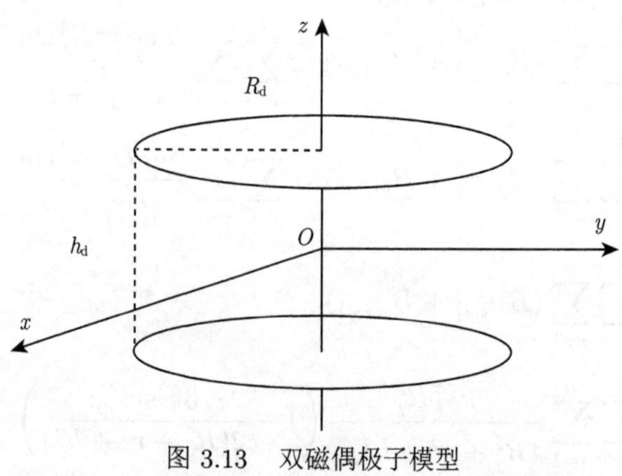

图 3.13　双磁偶极子模型

再将磁偶极子阵列模型简化，得到基于双磁偶极子的螺线管磁场分布模型：

$$
\begin{cases}
B_x = \dfrac{3\mu_0 M r^2 \sin 2\varphi \cos\theta}{4\pi(R_d^2 + r^2 + h_d^2)^{\frac{5}{2}}} \\
B_y = \dfrac{3\mu_0 M r^2 \sin 2\varphi \sin\theta}{4\pi(R_d^2 + r^2 + h_d^2)^{\frac{5}{2}}} \\
B_z = \dfrac{\mu_0 M}{2\pi(R_d^2 + r^2 + h_d^2)^{\frac{3}{2}}}\left[1 - \dfrac{3r^2 \sin^2\varphi}{2(R_d^2 + r^2 + h_d^2)}\right]
\end{cases} \tag{3.13}
$$

实际应用中，目标与磁信标之间的有效距离大于磁信标尺寸 2 倍、小于 10 倍时，可根据上述过程对磁信标模型进行标定。距离大于磁信标尺寸 10 倍时，可利用理想磁偶极子模型简化模型复杂度。距离小于磁信标尺寸 2 倍时，认为磁信标模型畸变严重，磁信标不能用作导航解算使用或需利用更复杂模型对磁信标模型标定后再使用。

3.2.1.3　磁偶极子模型分析与验证

磁偶极子模型的准确性直接影响磁信标导航系统的精度，因此为了验证几种磁偶极子模型的可靠性，分别对单磁偶极子模型、双磁偶极子模型与磁偶极子阵列模型进行验证。根据磁偶极子阵列模型，磁信标参数分别为 k=40，n=35，d_h=0.004m，d_r=0.004m，h_0=0.05m，d_0=0.05m。由式 (3.5) 与式 (3.10) 可得仿真计算平面 z=0.05m，$x, y \in [-1, 1]$ 区域内磁场强度分布，磁偶极子阵列磁场强度如图 3.14 所示，单磁偶极子、双磁偶极子相对磁偶极子阵列模型的误差如图 3.15 所示。

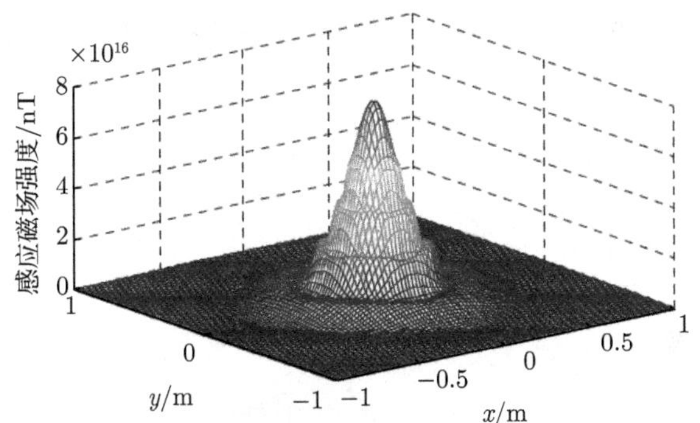

图 3.14 磁偶极子阵列磁场仿真分布图

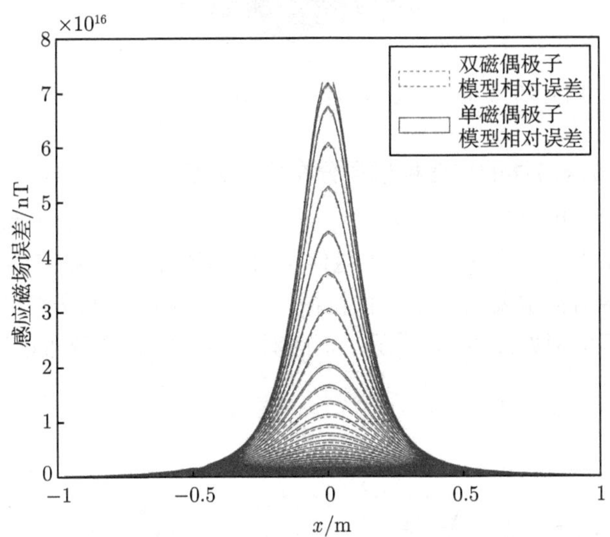

图 3.15 单磁偶极子、双磁偶极子相对磁偶极子阵列模型的误差

根据图 3.14 可发现，磁偶极子阵列模型产生的磁场与预期的平滑分布不同，存在阶梯状的分布。这是磁偶极子阵列模型中的参数 R_0 与 h_0 以及磁信标的本身尺寸造成的，磁偶极子并不是完全理想的。磁偶极子阵列模型是最接近磁信标真实模型的。调整 R_0 与 h_0 分别为 0 时，磁偶极子阵列的磁场分布如图 3.16 所示。相对于图 3.14 磁场分布情况，磁偶极子阵列的磁场强度分布更平滑，通过仿真对比可得出结论，磁偶极子阵列的尺寸越小，其产生的感应磁场强度分布更趋近于理想模型。

根据图 3.15 中的仿真结果，单磁偶极子、双磁偶极子模型与磁偶极子阵列模型的感应磁场误差随距离的增加快速减小，当近距离时存在较大的误差，当距离大于 0.6m 时，误差近似为 0，两个模型基本相等。在远场条件下，选择单磁偶极子模型与双磁偶极子模型，即可满足磁信标导航的模型精度要求。

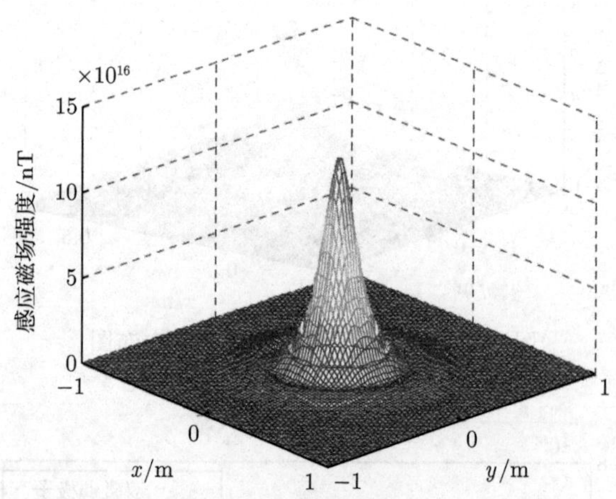

图 3.16　R_0 与 h_0 设为零时磁偶极子阵列磁场分布图

3.2.2　基于旋转永磁体的磁信标磁场分布模型分析

通过物理学分析可知，旋转永磁体能够产生与通电螺线管类似性质的低频磁场信号，且同等功率条件下，旋转永磁体比通电螺线管具有更高的磁场辐射效率。机械旋转式电磁信标主要依靠永磁体机械转动产生测距测向需要的低频旋转磁场向量，旋转磁荷模型如图 3.17 所示，下面对永磁体的磁场分布进行建模分析。

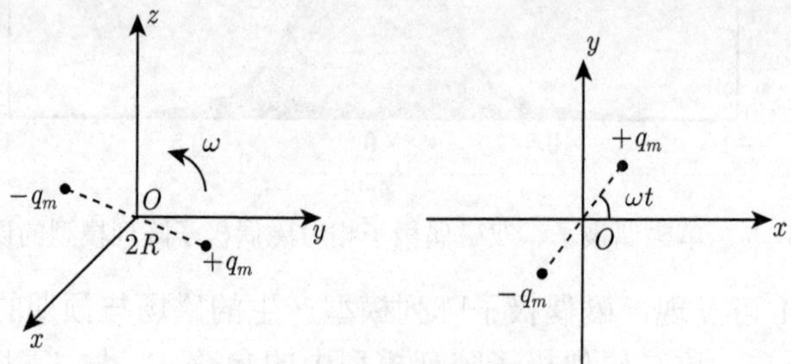

图 3.17　旋转磁荷模型示意图

由磁荷的磁场分布原理 [183] 可知，正磁荷 $+q_m$ 在点 P 处产生的磁场向量为

$$\boldsymbol{B}^{+}=\begin{bmatrix}B_x^{+}\\B_y^{+}\\B_z^{+}\end{bmatrix}=\begin{bmatrix}\dfrac{q_m}{4\pi}\dfrac{r\cos\varphi\cos\theta-R\cos\omega t}{r_{+}^{3}}\\\dfrac{q_m}{4\pi}\dfrac{r\cos\varphi\sin\theta-R\sin\omega t}{r_{+}^{3}}\\\dfrac{q_m}{4\pi}\dfrac{r\sin\varphi}{r_{+}^{3}}\end{bmatrix}\tag{3.14}$$

式中，r_+ 为正磁荷 $+q_m$ 与点 P 之间的距离，

$$\begin{aligned} r_+ &= ((r\cos\varphi\cos\theta - R\cos\omega t)^2 + (r\cos\varphi\sin\theta - R\sin\omega t)^2 + (r\sin\varphi)^2)^{\frac{1}{2}} \\ &= (r^2 + R^2 - 2Rr\cos\varphi\cos(\theta - \omega t))^{\frac{1}{2}} \end{aligned} \tag{3.15}$$

负磁荷 $-q_m$ 在点 P 处产生的磁场向量为

$$\boldsymbol{B}^- = \begin{bmatrix} B_x^- \\ B_y^- \\ B_z^- \end{bmatrix} = \begin{bmatrix} \dfrac{-q_m}{4\pi}\dfrac{r\cos\varphi\cos\theta + R\cos\omega t}{r_-^3} \\ \dfrac{-q_m}{4\pi}\dfrac{r\cos\varphi\sin\theta + R\sin\omega t}{r_-^3} \\ \dfrac{-q_m}{4\pi}\dfrac{r\sin\varphi}{r_-^3} \end{bmatrix} \tag{3.16}$$

式中，r_- 为负磁荷 $-q_m$ 与点 P 之间的距离，

$$\begin{aligned} r_- &= ((r\cos\varphi\cos\theta + R\cos\omega t)^2 + (r\cos\varphi\sin\theta + R\sin\omega t)^2 + (r\sin\varphi)^2)^{\frac{1}{2}} \\ &= (r^2 + R^2 + 2Rr\cos\varphi\cos(\theta - \omega t))^{\frac{1}{2}} \end{aligned} \tag{3.17}$$

由泰勒公式可进行化简得

$$\begin{aligned} r_+^{-3} &= \left(r^2 + R^2 - 2Rr\cos\varphi\cos(\theta - \omega t)\right)^{-\frac{3}{2}} \\ &= (r^2 + R^2)^{-\frac{3}{2}}\left(1 - \frac{2Rr\cos\varphi\cos(\theta - \omega t)}{r^2 + R^2}\right)^{-\frac{3}{2}} \\ &\approx (r^2 + R^2)^{-\frac{3}{2}}\left(1 + \frac{3Rr\cos\varphi\cos(\theta - \omega t)}{r^2 + R^2}\right) \end{aligned} \tag{3.18}$$

$$\begin{aligned} r_-^{-3} &= \left(r^2 + R^2 + 2Rr\cos\varphi\cos(\theta - \omega t)\right)^{-\frac{3}{2}} \\ &= (r^2 + R^2)^{-\frac{3}{2}}\left(1 + \frac{2Rr\cos\varphi\cos(\theta - \omega t)}{r^2 + R^2}\right)^{-\frac{3}{2}} \\ &\approx (r^2 + R^2)^{-\frac{3}{2}}\left(1 - \frac{3Rr\cos\varphi\cos(\theta - \omega t)}{r^2 + R^2}\right) \end{aligned} \tag{3.19}$$

将式 (3.14) 和式 (3.16) 代入式 (3.18) 和式 (3.19) 可得

$$\boldsymbol{B}^+ = \begin{bmatrix} B_x^+ \\ B_y^+ \\ B_z^+ \end{bmatrix}$$

$$
= \frac{q_m}{4\pi}\left(r^2+R^2\right)^{-\frac{3}{2}}\begin{bmatrix}\left(1+\dfrac{3Rr\cos\varphi\cos(\theta-\omega t)}{r^2+R^2}\right)(r\cos\varphi\cos\theta-R\cos\omega t)\\ \left(1+\dfrac{3Rr\cos\varphi\cos(\theta-\omega t)}{r^2+R^2}\right)(r\cos\varphi\sin\theta-R\sin\omega t)\\ \left(1+\dfrac{3Rr\cos\varphi\cos(\theta-\omega t)}{r^2+R^2}\right)r\sin\varphi\end{bmatrix} \tag{3.20}
$$

$$
\begin{aligned}
\boldsymbol{B}^- &= \begin{bmatrix}B_x^-\\ B_y^-\\ B_z^-\end{bmatrix}\\
&= \frac{-q_m}{4\pi}\left(r^2+R^2\right)^{-\frac{3}{2}}\begin{bmatrix}\left(1-\dfrac{3Rr\cos\varphi\cos(\theta-\omega t)}{r^2+R^2}\right)(r\cos\varphi\cos\theta+R\cos\omega t)\\ \left(1-\dfrac{3Rr\cos\varphi\cos(\theta-\omega t)}{r^2+R^2}\right)(r\cos\varphi\sin\theta+R\sin\omega t)\\ \left(1-\dfrac{3Rr\cos\varphi\cos(\theta-\omega t)}{r^2+R^2}\right)r\sin\varphi\end{bmatrix}
\end{aligned} \tag{3.21}
$$

则空间中点 P 处的磁场向量为

$$
\boldsymbol{B}=\boldsymbol{B}^+ + \boldsymbol{B}^- = \frac{q_m}{4\pi}(r^2+R^2)^{-\frac{3}{2}}\begin{bmatrix}\dfrac{6Rr^2\cos^2\varphi\cos\theta\cos(\theta-\omega t)}{r^2+R^2}-2R\cos\omega t\\ \dfrac{6Rr^2\cos^2\varphi\sin\theta\cos(\theta-\omega t)}{r^2+R^2}-2R\sin\omega t\\ \dfrac{6Rr^2\cos\varphi\sin\varphi\cos(\theta-\omega t)}{r^2+R^2}\end{bmatrix} \tag{3.22}
$$

当点 P 距原点较远时，有 $r\gg R$，则式 (3.22) 可化简为

$$
\begin{aligned}
\boldsymbol{B} &= \frac{q_m}{4\pi r^3}\begin{bmatrix}6R\cos^2\varphi\cos\theta\cos(\theta-\omega t)-2R\cos\omega t\\ 6R\cos^2\varphi\sin\theta\cos(\theta-\omega t)-2R\sin\omega t\\ 6R\cos\varphi\sin\varphi\cos(\theta-\omega t)\end{bmatrix}\\
&= \frac{q_m}{4\pi r^3}\begin{bmatrix}(6R\cos^2\varphi\cos^2\theta-2R)\cos\omega t+6R\cos^2\varphi\cos\theta\sin\theta\sin\omega t\\ 6R\cos^2\varphi\cos\theta\sin\theta\cos\omega t+(6R\cos^2\varphi\sin^2\theta-2R)\sin\omega t\\ 6R\cos\varphi\sin\varphi\cos\theta\cos\omega t+6R\cos\varphi\sin\varphi\sin\theta\sin\omega t\end{bmatrix}
\end{aligned} \tag{3.23}
$$

即旋转永磁体式磁信标在空间中的磁场分布表达式。对比式 (3.7) 和式 (3.23) 可以发现，两种磁信标的数学表达式形式相似，在应用中可以相互替代。

3.3 磁信标测距测向方法

磁信标测距测向方法是一种基于“场”信号的新型测距测向技术，按照实现方式磁信标测距测向主要可以分为单磁信标测距测向方法、多磁信标测距测向方法和磁传感器阵列测距测向方法。单磁信标测距测向方法具有结构简单、功耗相对较低等优点，但存在作用范围受限、易受环境噪声干扰等问题；多磁信标测距测向是一种利用磁信标与传感器之间空间几何约束的测距测向技术，抗干扰能力和作用范围要优于单磁信标测距测向技术，但存在复杂度高、磁信标布设难度大等问题；磁传感器阵列测距测向技术是一种根据传感器之间的几何关系测量相对距离和方位的技术，测距测向精度低于上述两种技术。接下来将围绕上述三种技术进行介绍。

3.3.1 单磁信标测距测向方法

3.3.1.1 基于特征向量的单磁信标测距测向方法

根据 3.2 节中提出的磁信标模型，假设 $\boldsymbol{i}$、$\boldsymbol{j}$、$\boldsymbol{k}$ 为笛卡儿坐标系中三轴方向单位向量，磁信标与目标姿态一致，理想情况下，当 $r^2 \gg R_{\mathrm{d}}^2+h_{\mathrm{d}}^2$，目标 $P(r,\varphi,\theta)$ 处的感应磁场根据式 (3.7) 可表示为 [27]

$$\begin{cases} \boldsymbol{B}_{\mathrm{c}}(t)=\dfrac{\mu_0 M\cos\omega t}{4\pi r^3}((3u^2-1)\boldsymbol{i}+3uv\boldsymbol{j}+3ue\boldsymbol{k}) \\ \boldsymbol{B}_{\mathrm{s}}(t)=\dfrac{\mu_0 M\sin\omega t}{4\pi r^3}(3uv\boldsymbol{i}+(3v^2-1)\boldsymbol{j}+3ve\boldsymbol{k}) \end{cases} \tag{3.24}$$

式中，$\boldsymbol{B}_{\mathrm{c}}(t)$ 和 $\boldsymbol{B}_{\mathrm{s}}(t)$ 为两个正交螺线管在目标位置分别以正弦信号与余弦信号激励产生感应磁场强度：

$$\begin{cases} u=\sin\varphi\cos\theta \\ v=\sin\varphi\sin\theta \\ e=\cos\varphi \end{cases} \tag{3.25}$$

同一信号周期内，磁信标中激励电流可表示为

$$\begin{cases} I_{\mathrm{c}}=A\cos\omega t \\ I_{\mathrm{s}}=B\sin\omega t \end{cases} \tag{3.26}$$

激励电流为同频率电流，理想情况下两个正交螺线管激励电流大小相同，幅值满足 $A = B$，在目标处产生功率相同的激励磁场。由于磁信标中的两个螺线管是正交的，磁信标的合成驱动电流可近似认为是在 xOy 平面以 z 轴为角速度方向旋转的，因此目标位置处激励磁场也随之同频旋转，如图 3.18 所示。

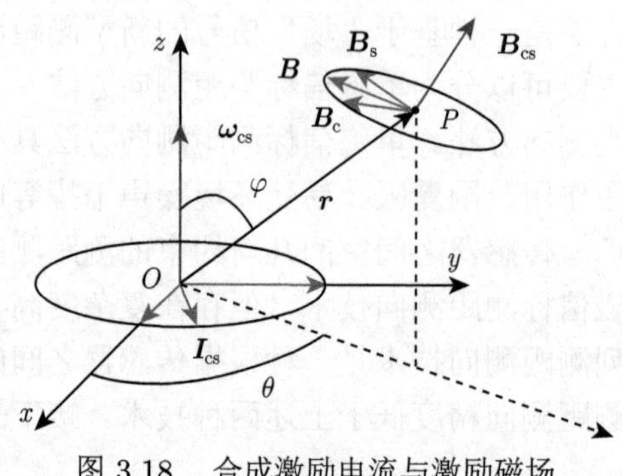

图 3.18 合成激励电流与激励磁场

理想情况下，激励磁场始终在同一平面内旋转，满足

$$\boldsymbol{B}_{\mathrm{cs}} = \boldsymbol{B}_{\mathrm{c}}(t) \times \boldsymbol{B}_{\mathrm{s}}(t) = \frac{\mu_0^2 M^2 \sin\omega t \cos\omega t}{\left(4\pi r^3\right)^2} \begin{bmatrix} 3\sin\varphi_0\cos\varphi_0\cos\theta_0 \\ 3\sin\varphi_0\cos\varphi_0\sin\theta_0 \\ 3\cos^2\varphi_0 - 2 \end{bmatrix} \tag{3.27}$$

根据 $\boldsymbol{B}_{\mathrm{cs}}$ 即可解算相对方位角 θ 与俯仰角 φ，定义 $\boldsymbol{B}_{\mathrm{cs}}$ 与 z 轴夹角为 φ_{cs}，于是

$$\tan\varphi_{\mathrm{cs}} = \frac{\sqrt{B_{\mathrm{cs}x}^2 + B_{\mathrm{cs}y}^2}}{B_{\mathrm{cs}z}} = \frac{3\sin 2\varphi}{3\cos 2\varphi - 1} \tag{3.28}$$

再根据 φ_{cs} 即可解算得到目标相对于磁信标方位角 θ 与俯仰角 φ：

$$\begin{cases} \varphi = \dfrac{1}{2}\left(\varphi_{\mathrm{cs}} - \arcsin\left(\dfrac{\tan\varphi_{\mathrm{cs}}}{3\sqrt{1+\tan^2\varphi_{\mathrm{cs}}}}\right)\right), & \varphi_{\mathrm{cs}} < 90^\circ \\ \varphi = 35.2644^\circ, & \varphi_{\mathrm{cs}} = 90^\circ \\ \varphi = \dfrac{1}{2}\left(\varphi_{\mathrm{cs}} + \arcsin\left(\dfrac{\tan\varphi_{\mathrm{cs}}}{3\sqrt{1+\tan^2\varphi_{\mathrm{cs}}}}\right)\right), & \varphi_{\mathrm{cs}} > 90^\circ \\ \theta = \arctan\left(\dfrac{B_{\mathrm{cs}y}}{B_{\mathrm{cs}x}}\right) \end{cases} \tag{3.29}$$

目标处合成感应磁场可表示为

$$\boldsymbol{B}=\boldsymbol{B}_{\mathrm{c}}+\boldsymbol{B}_{\mathrm{s}}=\begin{bmatrix}B_x\\B_y\\B_z\end{bmatrix}=\frac{\mu_0 M}{4\pi r^3}\begin{bmatrix}(3u^2-1)\cos\omega t+3uv\sin\omega t\\3uv\cos\omega t+(3v^2-1)\sin\omega t\\3ue\cos\omega t+3ve\sin\omega t\end{bmatrix}\tag{3.30}$$

实际系统中，磁信标产生的激励磁场特征向量如图 3.19 中 $\boldsymbol{B}_{\mathrm{cs}}$ 所示，由于组成磁信标的两个螺线管存在非正交误差以及激励电流大小、频率误差等因素影响，与理想激励磁场的特征向量 $\boldsymbol{B}_{\mathrm{cs}}^0$ 相比，$\boldsymbol{B}_{\mathrm{cs}}$ 是非严格共线的，其激励磁场的旋转轨迹为椭圆且非严格共面。

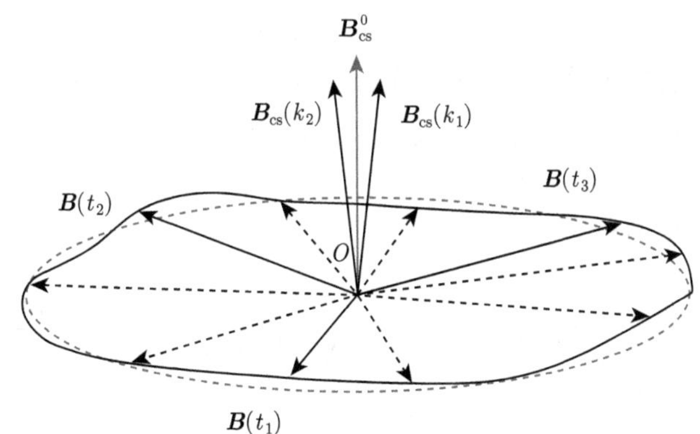

图 3.19 实际合成感应磁场模型

同时，根据式 (3.27)，$\boldsymbol{B}_{\mathrm{cs}}$ 的计算需要已知 $\boldsymbol{B}_{\mathrm{c}}$ 与 $\boldsymbol{B}_{\mathrm{s}}$。但由于两个螺线管产生的磁场为同频磁场，很难实现分离。因此可取同一激励周期 $T=2\pi/\omega$ 内的任意两时刻 t_1 与 t_2 根据快速傅里叶变换提取磁场向量进行向量积计算，可表示为

$$\boldsymbol{B}_{\mathrm{cs}}(k_1)=\boldsymbol{B}(t_2)\times\boldsymbol{B}(t_1)\tag{3.31}$$

同理：

$$\boldsymbol{B}_{\mathrm{cs}}(k_2)=\boldsymbol{B}(t_3)\times\boldsymbol{B}(t_2)\tag{3.32}$$

理想情况下，合成感应磁场的旋转轨迹为圆，因此

$$\boldsymbol{B}_{\mathrm{cs}}(k_1)=\boldsymbol{B}_{\mathrm{cs}}(k_2)=\boldsymbol{B}_{\mathrm{cs}}^0\tag{3.33}$$

式中，$\boldsymbol{B}_{\mathrm{cs}}^0$ 为理想情况下感应磁场旋转面法向量，但由于误差等因素影响合成磁场旋转轨迹并不严格共面，因此需要估计 $\boldsymbol{B}_{\mathrm{cs}}$ 的真实结果。

为保证 $\boldsymbol{B}_{\mathrm{cs}}$ 估计结果具有较小误差，假设任意一周期内测量磁场方向向量 $\boldsymbol{B}(t_1)$ 与 $\boldsymbol{B}(t_2)$ 满足 $t_2 - t_1 = 0.25T$，根据式 (3.31) 与式 (3.32) 可确定 N 个 $\boldsymbol{B}_{\mathrm{cs}}(k)$，其中 $k = 1, 2, \cdots, N$，通过最小二乘估计即可得到 $\boldsymbol{B}_{\mathrm{cs}}$ 的估计结果：

$$J = \min \sum_{k=1}^{N} \left(\left\| \boldsymbol{B}_{\mathrm{cs}}(k) - \hat{\boldsymbol{B}}_{\mathrm{cs}} \right\| \right)^2 \tag{3.34}$$

根据式 (3.29) 计算得到目标相对于磁信标的方位角 θ_0 与俯仰角 φ_0。磁偶极子模型表示如下：

$$\boldsymbol{B} = \frac{\mu_0}{4\pi} \frac{3\left(\dfrac{\boldsymbol{r}}{|\boldsymbol{r}|} \cdot \boldsymbol{m}\right)\dfrac{\boldsymbol{r}}{|\boldsymbol{r}|} - \boldsymbol{m}}{|\boldsymbol{r}|^3} \tag{3.35}$$

式中，$\boldsymbol{r}$ 为由磁信标指向目标的距离向量；$\boldsymbol{m}$ 为磁信标的等效磁矩向量，$\boldsymbol{m} = \boldsymbol{m}_{\mathrm{c}} + \boldsymbol{m}_{\mathrm{s}}$ 。理想情况下，由于两个螺线管的磁矩 $\boldsymbol{m}_{\mathrm{c}}$ 与 $\boldsymbol{m}_{\mathrm{s}}$ 恒定，因此合成磁矩 $|\boldsymbol{m}|$ 认为是常量。

对式 (3.35) 取对数有

$$\ln \boldsymbol{B} = -3\ln|\boldsymbol{r}| + \ln\left(\frac{\mu_0|\boldsymbol{m}|}{4\pi}\right) + \ln\left(\left|3\left(\frac{\boldsymbol{r}}{|\boldsymbol{r}|}\frac{\boldsymbol{m}}{|\boldsymbol{m}|}\right)\frac{\boldsymbol{r}}{|\boldsymbol{r}|} - \frac{\boldsymbol{m}}{|\boldsymbol{m}|}\right|\right) \tag{3.36}$$

由于

$$\left|\ln\left(\frac{\mu_0|\boldsymbol{m}|}{4\pi}\right)\right| \gg \ln 4 \geqslant \ln\left(\left|3\frac{\boldsymbol{r}}{|\boldsymbol{r}|}\frac{\boldsymbol{m}}{|\boldsymbol{m}|}\right)\frac{\boldsymbol{r}}{|\boldsymbol{r}|} - \frac{\boldsymbol{m}}{|\boldsymbol{m}|}\right|\right) \tag{3.37}$$

则磁信标在目标处的感应磁场强度可近似认为在对数域满足线性关系

$$L_B = kL_r + b \tag{3.38}$$

式中

$$\begin{aligned} &L_B = \ln|\boldsymbol{B}|, L_r = \ln|\boldsymbol{r}| = \ln r, k = -3 \\ &b = \ln\left(\frac{\mu_0}{4\pi}\right) + \ln\left(\left|3\left(\frac{\boldsymbol{r}}{|\boldsymbol{r}|}\frac{\boldsymbol{m}}{|\boldsymbol{m}|}\right)\frac{\boldsymbol{r}}{|\boldsymbol{r}|} - \frac{\boldsymbol{m}}{|\boldsymbol{m}|}\right|\right) \end{aligned} \tag{3.39}$$

可通过实际测量磁场拟合计算得到 b。通过在应用环境中拟合计算得到磁信标的接收信号强度指示衰减曲线如式 (3.39) 所示，即可计算得到目标与磁信标之间距离 r 。再根据式 (3.29)，即可解算得到目标的位置向量为

$$\boldsymbol{P} = [r\cos\theta\sin\varphi \quad r\sin\theta\sin\varphi \quad r\cos\varphi]^{\mathrm{T}} \tag{3.40}$$

3.3.1.2 基于区域异步向量积的特征向量提取算法

通过对特征向量 $\boldsymbol{B}_{\text{cs}}$ 的计算，能够实现单磁信标测距测向。$\boldsymbol{B}_{\text{cs}}$ 由磁信标上两根正交螺线管各自产生的磁场 $\boldsymbol{B}_{\text{c}}$ 和 $\boldsymbol{B}_{\text{s}}$ 向量积得到，然而由于螺线管产生的磁信号频率相等，在实际测距测向场景中，磁通门传感器只能测量到正交螺线管产生的合成磁场，而难以对其分别提取。一个信号周期内，磁信标产生的合成磁场如图 3.20 所示。

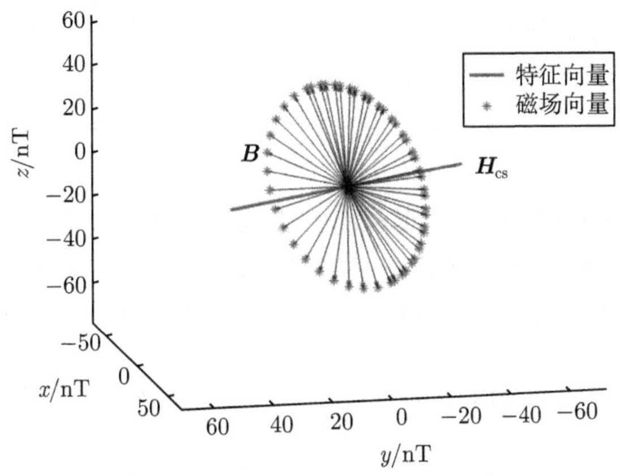

图 3.20 正交螺线管合成磁场示意图

由图 3.20 可知，磁信标上正交螺线管产生的合成磁场 $\boldsymbol{B}$ 随着励磁信号的正弦变化，周期旋转形成一个椭圆旋转面。由式 (3.28) 和式 (3.29) 可知，相对俯仰角 φ 和相对偏航角 θ 的求解与特征向量 $\boldsymbol{B}_{\text{cs}}$ 的方向有关，而与 $\boldsymbol{B}_{\text{cs}}$ 的大小无关，因此可以直接利用不同时刻的合成磁场 $\boldsymbol{B}$，对特征向量 $\boldsymbol{B}_{\text{cs}}$ 进行求解。

设 t 时刻合成磁场为 $\boldsymbol{B}(t)$，t_1 时刻合成磁场为 $\boldsymbol{B}(t_1)$，二者相位角相差 γ，可得

$$\boldsymbol{B}(t_1)=\frac{3\mu IR^2}{8r^3}\begin{bmatrix}\left(\dfrac{4}{3}-2\sin^2\varphi_0\right)\sin(\omega t+\gamma)+\sin 2\varphi_1\sin\theta_1\cos(\omega t+\gamma)\\ \sin 2\varphi_0\cos\theta_0\sin(\omega t+\gamma)+\left(\dfrac{4}{3}-2\sin^2\varphi_1\right)\cos(\omega t+\gamma)\\ \sin 2\varphi_0\sin\theta_0\sin(\omega t+\gamma)+\sin 2\varphi_1\cos\theta_1\cos(\omega t+\gamma)\end{bmatrix} \tag{3.41}$$

计算 $\boldsymbol{B}(t)$ 和 $\boldsymbol{B}(t_1)$ 的向量积，结果如式 (3.42) 所示：

$$\boldsymbol{B}'_{\text{cs}}=\boldsymbol{B}(t)\times\boldsymbol{B}(t_1)=\frac{\mu_0^2I^2R^2\sin\gamma}{16r^6}\begin{bmatrix}3\sin\varphi\cos\varphi\cos\theta\\ 3\sin\varphi\cos\varphi\sin\theta\\ (3\cos^2\varphi-2)\end{bmatrix} \tag{3.42}$$

对比式 (3.42) 与式 (3.27) 可以看出，计算异步向量积所得的特征向量 $\boldsymbol{B}'_{\mathrm{cs}}$ 与时间无关，因此不仅具有方向不变性，还具备大小不变性，可得距离为

$$r = \left(\frac{\mu_0^2 I^2 R^4 \sin\gamma}{16\left|B'_{\mathrm{cs}}\right|} \sqrt{4 - 3\cos^2\varphi} \right)^{\frac{1}{6}} \tag{3.43}$$

因此在同一目标点，计算异步向量积所得的特征向量 $\boldsymbol{B}'_{\mathrm{cs}}$ 只与两个时刻的相位差有关。在理想情况下，若计算向量积的两个磁场的时间间隔固定，$\boldsymbol{B}'_{\mathrm{cs}}$ 应该是一个定值。然而实际应用中，由于磁场噪声的存在，得到的 $\boldsymbol{B}'_{\mathrm{cs}}$ 会具有一定偏差，偏差值会直接影响到测距测向的稳定性和精度，因此需要进一步抑制噪声对 $\boldsymbol{B}'_{\mathrm{cs}}$ 的影响。

将一个时间区间内传感器采集到的合成磁场数据分为四个子区间，每个区间存在数量相等的若干测量数据。由于测量噪声和环境干扰的影响，提取的信号 $\boldsymbol{B}'(t)$ 与磁信标产生的真实信号 $\boldsymbol{B}_{\mathrm{real}}\ (t)$ 还存在微小的误差，其关系满足

$$\boldsymbol{B}'(t) = \boldsymbol{B}_{\mathrm{real}}\ (t) + \varsigma(t) + \eta(t) \tag{3.44}$$

式中，$\varsigma(t)$ 为零均值噪声；$\eta(t)$ 为零偏。对该时间段内的合成磁场进行处理，原理如图 3.21 所示。

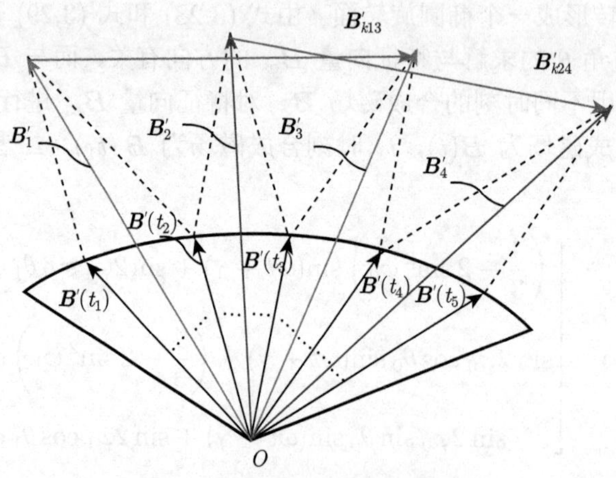

图 3.21　区域异步向量积法原理图

首先，分别对该时间段的四个子区间中所包含的磁场测量数据进行叠加，得到四个区间叠加磁场 $\left\{\boldsymbol{B}'(t_i) \mid i = 1, 2, \cdots, 4\right\}$，如式 (3.45) 所示。经过此操作，$\boldsymbol{B}'_i$ 中的零均值噪声 $\varsigma(t)$ 将被抑制，而零偏 $\eta(t)$ 会进行累加。

$$\begin{aligned} \boldsymbol{B}_1' &= \sum_{t=t_1}^{t_2} \boldsymbol{B}(t_i), \quad \boldsymbol{B}_2' = \sum_{t=t_2}^{t_3} \boldsymbol{B}(t_i) \\ \boldsymbol{B}_3' &= \sum_{t=t_3}^{t_4} \boldsymbol{B}(t_i), \quad \boldsymbol{B}_4' = \sum_{t=t_4}^{t_5} \boldsymbol{B}(t_i) \end{aligned} \tag{3.45}$$

然后，对 $\boldsymbol{B}_i'$ 做向量相减，如式 (3.46) 所示。由于数据采集的时间较短，因此认为在该时间段内零偏 $\eta(t)$ 不发生变化。经过此操作，测量数据中的零偏 $\eta(t)$ 将被抑制。

$$\begin{aligned} \boldsymbol{B}_{k13}' &= \boldsymbol{B}_3' - \boldsymbol{B}_1' \\ \boldsymbol{B}_{k24}' &= \boldsymbol{B}_4' - \boldsymbol{B}_2' \end{aligned} \tag{3.46}$$

最后，计算 $\boldsymbol{B}_{k13}'$ 与 $\boldsymbol{B}_{k24}'$ 的向量积，即可获得特征向量，进行测距测向。

在实际应用中，需要综合考虑测距测向实时性、磁传感器采样频率等因素，对时间区间的长度进行设计。仿真与实验证明，相比简单异步向量积法，区域异步向量积法的提取结果波动更小，在消除噪声、抑制特征向量 $\boldsymbol{B}_{\mathrm{cs}}$ 波动的方面拥有更好的效果。

3.3.1.3 惯性/磁信标测距测向方法

基于特征向量的磁信标测距测向是一种基于磁场向量进行测量的技术，上述方法都是默认传感器姿态已知的情况下分析的，为了降低磁传感器姿态对测距测向精度的影响，往往采用惯性器件辅助磁信标进行测距测向。本节将介绍一种基于特征向量的惯性/磁感应测距测向方法。由磁信标、磁传感器和 IMU 组成的系统可以建模为线性状态转移方程和非线性系统观测方程，动态系统方程具有如式 (3.47) 的形式：

$$\begin{cases} \boldsymbol{X}_k = \boldsymbol{H}_k \boldsymbol{X}_{k-1} + \boldsymbol{v}_{k-1} \\ \boldsymbol{Z}_k = \boldsymbol{\Omega}(\boldsymbol{X}_k, \boldsymbol{w}_k) \end{cases} \tag{3.47}$$

式中，$\boldsymbol{X}_k$ 为 k 时刻的系统状态量；$\boldsymbol{H}_k$ 为 k 时刻的系统状态转移矩阵；$\boldsymbol{v}_k$ 为系统噪声；$\boldsymbol{Z}_k$ 为 k 时刻的状态观测值；$\boldsymbol{\Omega}(\cdot)$ 为系统观测方程；$\boldsymbol{w}_k$ 为观测噪声。根据 IMU 的参数，可以假设式 (3.47) 线性状态转移方程的状态量为

$$\boldsymbol{X}_k = \begin{bmatrix} \boldsymbol{r}_k & \boldsymbol{v}_k & \boldsymbol{a}_k & \boldsymbol{\varphi}_k & \boldsymbol{\omega}_k \end{bmatrix}^{\mathrm{T}} \tag{3.48}$$

$\boldsymbol{X}_k$ 共有 15 个状态量，其中，$\boldsymbol{r}_k$ 为位置向量，$\boldsymbol{v}_k$ 为速度向量，$\boldsymbol{a}_k$ 为加速度向量，$\boldsymbol{\varphi}_k$ 为姿态向量，$\boldsymbol{\omega}_k$ 为角速度向量。

对应的状态转移矩阵 $\boldsymbol{H}_k$ 为

$$\begin{bmatrix} \boldsymbol{I}_{3\times3} & T_s\boldsymbol{C}_b^n & \dfrac{T_s^2\boldsymbol{C}_b^n}{2} & \boldsymbol{O}_{3\times3} & \boldsymbol{O}_{3\times3} \\ \boldsymbol{O}_{3\times3} & \boldsymbol{I}_{3\times3} & T_s\boldsymbol{C}_b^n & \boldsymbol{O}_{3\times3} & \boldsymbol{O}_{3\times3} \\ \boldsymbol{O}_{3\times3} & \boldsymbol{O}_{3\times3} & \boldsymbol{I}_{3\times3} & \boldsymbol{O}_{3\times3} & \boldsymbol{O}_{3\times3} \\ \boldsymbol{O}_{3\times3} & \boldsymbol{O}_{3\times3} & \boldsymbol{O}_{3\times3} & \boldsymbol{I}_{3\times3} & T_s\boldsymbol{C}_b^n \\ \boldsymbol{O}_{3\times3} & \boldsymbol{O}_{3\times3} & \boldsymbol{O}_{3\times3} & \boldsymbol{O}_{3\times3} & \boldsymbol{I}_{3\times3} \end{bmatrix} \tag{3.49}$$

式中，T_s 为 IMU 的采样时间；$\boldsymbol{C}_b^n$ 为从传感器坐标系到磁信标坐标系的方向余弦阵。

式 (3.47) 中的系统观测方程 $\boldsymbol{\Omega}(\cdot)$ 通过磁传感器接收的磁场信号进行构造。观察式 (3.24) 和式 (3.30)，当向通电螺线管式磁信标两个轴分别通入角频率为 ω_1 和 ω_2 的电流时，可以得到两根螺线管产生的磁场强度向量的范数为

$$\|\boldsymbol{B}_{\mathrm{c}}\|_2 = \frac{|\mu_0 I R^2 \sin\omega_1 t|}{4r^3}\sqrt{3\cos^2\varphi_1 + 1} \tag{3.50}$$

$$\|\boldsymbol{B}_{\mathrm{s}}\|_2 = \frac{|\mu_0 I R^2 \cos\omega_2 t|}{4r^3}\sqrt{3\cos^2\varphi_2 + 1} \tag{3.51}$$

对两根螺线管各自产生的磁场向量进行向量积计算，有

$$\boldsymbol{B}_{\mathrm{cs}} = \boldsymbol{B}_{\mathrm{c}} \times \boldsymbol{B}_{\mathrm{s}} = \frac{\mu_0^2 I^2 R^4 \sin\omega_1 t\cos\omega_2 t}{(4r^3)^2}\begin{bmatrix} 3\sin\varphi_0\cos\varphi_0\cos\theta_0 \\ 3\sin\varphi_0\cos\varphi_0\sin\theta_0 \\ 3\cos^2\varphi_0 - 2 \end{bmatrix} \tag{3.52}$$

则向量积 $\boldsymbol{B}_{\mathrm{cs}}$ 的范数为

$$\|\boldsymbol{B}_{\mathrm{cs}}\|_2 = \frac{|\mu_0^2 I^2 R^4 \sin\omega_1 t\cos\omega_2 t|}{16r^6}\sqrt{4 - 3\cos^2\varphi_0} \tag{3.53}$$

将式 (3.50)、式 (3.51) 和式 (3.53) 从球坐标系下转换到直角坐标系下，可得

$$\|\boldsymbol{B}_{\mathrm{c}}\|_2 = \frac{|\mu_0 I R^2 \sin\omega_1 t|\sqrt{4x^2 + y^2 + z^2}}{4(x^2 + y^2 + z^2)^2} \tag{3.54}$$

$$\|\boldsymbol{B}_{\mathrm{s}}\|_2 = \frac{|\mu_0 I R^2 \cos\omega_2 t|\sqrt{x^2 + 4y^2 + z^2}}{4(x^2 + y^2 + z^2)^2} \tag{3.55}$$

$$\|\boldsymbol{B}_{\mathrm{cs}}\|_2 = \frac{|\mu_0^2 I^2 R^4 \sin\omega_1 t\cos\omega_2 t|\sqrt{4x^2 + 4y^2 + z^2}}{16(x^2 + y^2 + z^2)^{\frac{7}{2}}} \tag{3.56}$$

则系统观测方程 $\boldsymbol{\Omega}(\cdot)$ 表达形式为

$$\boldsymbol{\Omega}(x,y,z)=\begin{cases}\dfrac{\sqrt{4x^2+y^2+z^2}}{(x^2+y^2+z^2)^2}-\dfrac{4\left\|\boldsymbol{B}_{\mathrm{c}}\right\|_2}{|\mu_0 IR^2\sin\omega_1 t|}\\ \dfrac{\sqrt{x^2+4y^2+z^2}}{(x^2+y^2+z^2)^2}-\dfrac{4\left\|\boldsymbol{B}_{\mathrm{s}}\right\|_2}{|\mu_0 IR^2\cos\omega_2 t|}\\ \dfrac{\sqrt{4x^2+4y^2+z^2}}{(x^2+y^2+z^2)^{\frac{7}{2}}}-\dfrac{16\left\|\boldsymbol{B}_{\mathrm{cs}}\right\|_2}{|\mu_0^2 I^2R^4\sin\omega_1 t\cos\omega_2 t|}\end{cases}\tag{3.57}$$

如式 (3.57) 所示的惯性/磁感应测距测向模型是一种典型的非线性动态模型。EKF、UKF、迭代优化算法及智能优化 (群智能) 算法是解决非线性动态系统问题的主流方法，本节将结合粒子滤波 [184] 这一智能优化算法对惯性/磁感应测距测向模型进行仿真验证。仿真实验中，设置一个通电螺线管式磁信标，螺线管的半径均为 7.5cm、匝数为 3000。向两个螺线管通入幅值为 4A、频率分别为 10Hz 和 20Hz 的激励电流，使其产生频率相异的磁场；加速度计的零偏不稳定性为 0.019mg，陀螺仪的零偏不稳定性为 8°/h。磁信标布设于坐标 (0, 0, 0) 处，磁强计、加速度计和陀螺仪的输出频率均为 1000Hz。

在仿真实验过程中，目标载体在高度为 $z = 16.00$m 的平面运动，起始点和终点均为 (16.00, 32.00, 16.00)m，整个过程历时 72s，可以通过仿真得到对应的加速度数据、角速度数据和磁场数据。再使用基于粒子滤波的惯性和磁信标组合测距测向方法对目标载体进行跟踪，算法中用于跟踪目标载体而播撒的粒子数量 $N = 50$。仿真实验的结果如图 3.22和图 3.23 所示，其中图 3.22 为三维定位结果，图 3.23 为在 xOy 平面的二维定位结果。

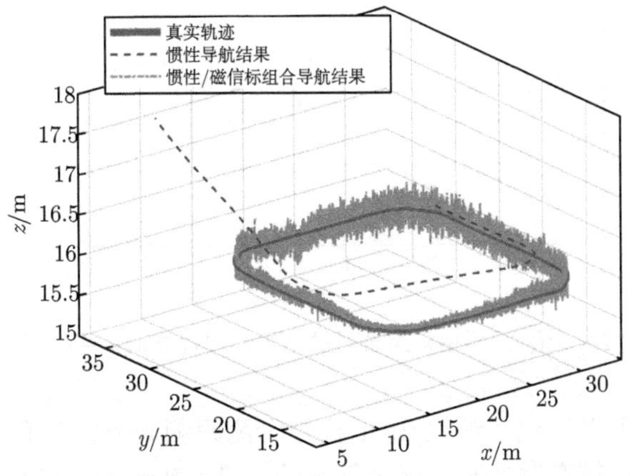

图 3.22 真实轨迹、惯性导航结果和惯性/磁信标组合导航结果对比图（三维）

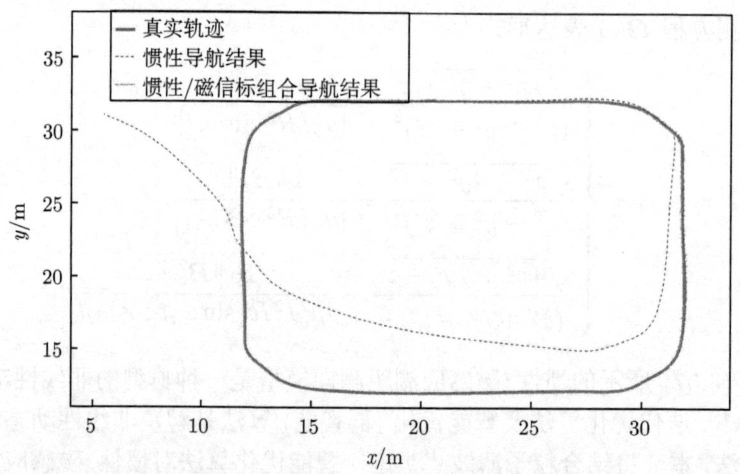

图 3.23　真实轨迹、惯性导航结果和惯性/磁信标组合导航结果对比图（xOy 平面）

如图 3.24 所示，惯性/磁信标组合测距测向的最大误差为 0.43m，平均误差为 0.09m，具有较好的精度和对目标载体的跟踪性能；在目标点距磁信标较远时，磁场的强度较弱，可能会导致组合导航方法产生定位误差。

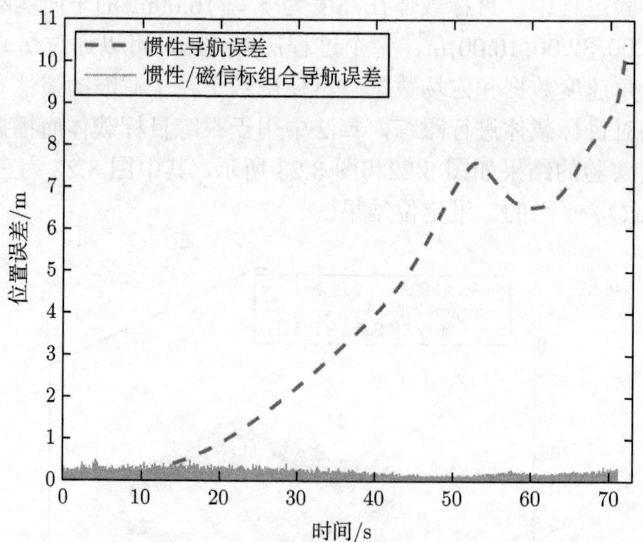

图 3.24　惯性/磁信标组合导航结果和惯性导航结果位置误差

由仿真结果可以发现，惯性/磁信标组合测距测向方法具有较好的跟踪精度，可以以较高的工作频率对动态目标进行跟踪，且对磁传感器的姿态没有要求，相比于仅依靠惯性导航具有更高定位精度，通过磁场信息可以很好地对惯性导航的累积误差进行校正。

3.3.2 多磁信标测距测向方法

3.3.2.1 基于特征向量的多磁信标测距测向方法

磁信标产生的磁场在环境中均匀衰减时，目标的位置可根据多个磁信标的磁场强度计算得到,但实际环境中由于衰减性介质以及其他干扰磁场等因素影响,这种磁场衰减并不是均匀的，导致由磁场强度计算出的位置不准确，因此鲁棒性较差。针对这些问题，Zheng 等 [185] 提出了一种基于磁场方向向量的多磁信标测距测向模型。根据三点定位原理和多个磁信标在目标处磁场方向向量，实现磁场目标的相对于磁信标的位置与姿态解算。相对基于磁场强度的磁信标测距测向方法,基于磁场方向向量算法适应性与鲁棒性更强。

根据式 (3.40)，可得到各个磁信标的目标单位方向向量 $\boldsymbol{i}$，当导航坐标系 c_m 与载体坐标系 c_r 存在姿态转换矩阵 $\boldsymbol{C}_m^r$ 时，$\boldsymbol{i}^{(r)}$ 与 $\boldsymbol{i}$ 满足

$$\boldsymbol{i}^{(r)} = \boldsymbol{C}_m^r \boldsymbol{i} \tag{3.58}$$

假设存在三个磁信标 e、f、q，磁信标之间目标单位方向向量 $\boldsymbol{i}$ 之间夹角满足

$$\cos\alpha_{ef} = \frac{\boldsymbol{i}_e^{\mathrm{T}} \cdot \boldsymbol{i}_f}{|\boldsymbol{i}_e| \cdot |\boldsymbol{i}_f|} = \boldsymbol{i}_e^{\mathrm{T}} \cdot \boldsymbol{i}_f \tag{3.59}$$

根据正交矩阵性质,若存在可逆矩阵 $\boldsymbol{A}$ 为正交矩阵,则满足 $\boldsymbol{A}\boldsymbol{A}^{\mathrm{T}} = \boldsymbol{I}$,且存在 $\boldsymbol{A}^{\mathrm{T}} = \boldsymbol{A}^{-1}$ 。由于姿态转换矩阵 $\boldsymbol{C}_m^r$ 为正交矩阵且可逆,因此存在 $(\boldsymbol{C}_m^r)^{\mathrm{T}}\boldsymbol{C}_m^r = \boldsymbol{I}$。根据式 (3.58) 与式 (3.59) 可得

$$\begin{aligned}\cos\alpha_{ef}^{(r)} &= \frac{\left(\boldsymbol{i}_e^{(r)}\right)^{\mathrm{T}} \cdot \boldsymbol{i}_f^{(r)}}{\left|\boldsymbol{i}_e^{\mathrm{T}}\right| \cdot \left|\boldsymbol{i}_f^{(r)}\right|} = \frac{(\boldsymbol{C}_m^r\boldsymbol{i}_e)^{\mathrm{T}}\boldsymbol{C}_m^r\boldsymbol{i}_f}{\left|(\boldsymbol{C}_m^r\boldsymbol{i}_e)^{\mathrm{T}}\right| \cdot |\boldsymbol{C}_m^r\boldsymbol{i}_f|} \\ &= \frac{\boldsymbol{i}_e^{\mathrm{T}}(\boldsymbol{C}_m^r)^{\mathrm{T}}\boldsymbol{C}_m^r\boldsymbol{i}_f}{\left|(\boldsymbol{C}_m^r\boldsymbol{i}_e)^{\mathrm{T}}\right| \cdot |\boldsymbol{C}_m^r\boldsymbol{i}_f|} = \boldsymbol{i}_e^{\mathrm{T}}\boldsymbol{i}_f = \cos\alpha_{ef}\end{aligned} \tag{3.60}$$

由于 $\alpha_{ef} \in [0,\pi]$，因此 $\alpha_{ef}^{(r)} = \alpha_{ef}$，即 c_m 与 c_r 不一致时，并不影响目标方向向量之间夹角 α_{ef} 。根据这一结论，如图 3.25 所示，理想情况下，空间中三条直线交于一点，目标位置 $\boldsymbol{P}$ 可根据 α_{ef} 计算得到。假设三个磁信标的位置已知，分别为 $\boldsymbol{M}_e$ 、$\boldsymbol{M}_f$、$\boldsymbol{M}_q$，则三个磁信标之间的距离可表示为

$$\begin{cases} d_{ef} = \|\boldsymbol{M}_e - \boldsymbol{M}_f\| \\ d_{eq} = \|\boldsymbol{M}_e - \boldsymbol{M}_q\| \\ d_{fq} = \|\boldsymbol{M}_f - \boldsymbol{M}_q\| \end{cases} \tag{3.61}$$

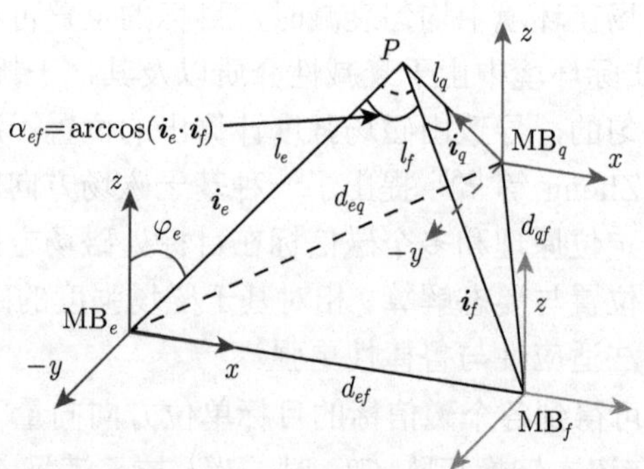

图 3.25 基于磁场方向向量的多磁信标导航算法

根据余弦定理，目标与三个磁信标之间的距离 l_e 、l_f 、l_q 与磁信标之间的距离 d_{ef} 、d_{fq}、d_{eq} 以及 α_{ef}、α_{fq}、α_{eq} 满足

$$\begin{cases} d_{ef}^2 = l_e^2 + l_f^2 - 2l_e l_f \cos\alpha_{ef} \\ d_{fq}^2 = l_f^2 + l_q^2 - 2l_f l_q \cos\alpha_{fq} \\ d_{eq}^2 = l_e^2 + l_q^2 - 2l_e l_q \cos\alpha_{eq} \end{cases} \tag{3.62}$$

假设磁信标数量为 L，目标位置 $\boldsymbol{P}$ 可通过求下面目标函数最小化得到：

$$\min\left[J = \sum_{e,f=1,e\neq f}^{e,f=L} (|\boldsymbol{M}_e - \boldsymbol{M}_f|^2 - |\boldsymbol{P} - \boldsymbol{M}_e|^2 \right.$$
$$\left. - |\boldsymbol{P} - \boldsymbol{M}_f|^2 + 2|\boldsymbol{P} - \boldsymbol{M}_e||\boldsymbol{P} - \boldsymbol{M}_f|\cos\alpha_{ef})^2\right] \tag{3.63}$$

式中，α_{ef} 可根据式 (3.59) 与测量信息计算得到。目标位置 $\boldsymbol{P}$ 确定后可解算导航坐标系 c_m 与载体坐标系 c_r 的姿态转换矩阵 $\boldsymbol{C}_m^r$，并计算目标的姿态信息角。

3.3.2.2 基于置信评估的多磁信标选择方法及应用

考虑平衡测距测向精度与系统资源占用之间的关系，本节介绍一种基于置信评估的多磁信标选择方法，该方法能有效选择最少数量的磁信标最优组合，既减少系统资源的消耗，提高系统快速性，又能保证多磁信标导航测距测向的精度 [186]。

结合式 (3.39)，对式 (3.38) 求偏导，可得

$$\frac{1}{|\boldsymbol{B}|}\frac{\partial|\boldsymbol{B}|}{\partial t}=-\frac{3}{|\boldsymbol{r}|}\frac{\partial|\boldsymbol{r}|}{\partial t} \tag{3.64}$$

假设统计测量得到目标关于磁信标 e 的测量磁场强度方差为 σ^2，则在目标处产生的测距方差可表示为

$$\sigma_e^2=9\sigma^2 \tag{3.65}$$

假设目标处可对环境中 N 个磁信标实现稳定测量，且目标的位置可由这 N 个磁信标较为准确地估计得到，即目标位置 $\hat{\boldsymbol{P}}$ 已知，则可建立磁信标的伪概率密度分布模型：

$$p_{e,k}=\frac{1}{\sqrt{2\pi}\sigma_e}\exp\left(-\frac{\||\boldsymbol{r}_{e,k}|-|\hat{\boldsymbol{P}}-\boldsymbol{M}_e\ |\ \|^2}{2\sigma_e^2}\right) \tag{3.66}$$

式中，$p_{e,k}$ 为磁信标 e 在第 k 次测量时计算得到的后验概率；$|\boldsymbol{r}_{e,k}|$ 为在第 k 次测量得到的磁信标 e 与目标的距离。

由于在目标处所测量到的各个磁信标磁场信息可能混合环境中的噪声干扰，因此根据测量磁场估计得到的磁信标 e 与目标之间的距离也存在误差 Δl_e，设 Δl_e 误差满足均值为 0 的高斯分布。

于是以目标估计位置 $\hat{\boldsymbol{P}}$ 周围生成数量为 Z 的粒子群，粒子记为 $\{x_{p,j},\omega_j\}_{j=1}^{Z}$，其中，$\omega_j$ 为包含目标位置信息的系统状态粒子 $x_{p,j}$ 的权重，设各个粒子权重具有相同的初值，即 $\omega_j(0)=1, j=1,2,\cdots,Z$ 。

根据式 (3.66) 可计算粒子 j 关于磁信标 e 的第 k 次测量后验概率，记为 $p_{e,j}(k)$，于是目标的位置估计结果可表示为

$$\hat{\boldsymbol{x}}(k)=\sum_{j=1}^{Z}\omega_j(k)\boldsymbol{x}_{p,j}(k) \tag{3.67}$$

式中，第 k 次粒子的权重可由式 (3.68) 计算：

$$\omega_j(k)\propto\frac{\sum\limits_{e=1}^{N}p_{e,j}(k)}{\sum\limits_{j=1}^{Z}\sum\limits_{e=1}^{N}p_{e,j}(k)} \tag{3.68}$$

而磁信标 e 的置信评估结果根据后验概率 $p_{e,j}(k)$ 计算得到，归一化后表示为

$$\gamma_e(k) = \frac{\sum_{j=1}^{N} p_{e,j}(k)}{\sum_{j=1}^{Z}\sum_{e=1}^{N} p_{e,j}(k)} \tag{3.69}$$

将 $\gamma_e(k)$ 作为观测量，进行平滑窗滤波，窗口宽度为 T，则 k 时刻磁信标 e 的估计结果可表示为

$$\hat{\gamma}_e(k) = \frac{1}{T}\sum_{i=k-T}^{k} \gamma_e(i) \tag{3.70}$$

最后，根据置信评估结果 $\hat{\gamma}_e(k)$ 的大小排列顺序，即可选择出系统 k 时刻在约束条件下的观测方程，设参与解算的最优磁信标组合数量不多于 m，此问题可表示为

$$\begin{aligned} &\max \quad \sum_{e=1}^{N} s_e \gamma_e(k) \\ &\text{s.t} \quad \boldsymbol{s}^{\mathrm{T}}\boldsymbol{1}_N \leqslant m \end{aligned} \tag{3.71}$$

式中，$s_e \in \{0,1\}$；$\boldsymbol{s} = [s_1 \quad \cdots \quad s_N]^{\mathrm{T}}$；$\boldsymbol{1}_N$ 为元素均为 1 的 N 阶列向量。磁信标选择过程如图 3.26 所示。

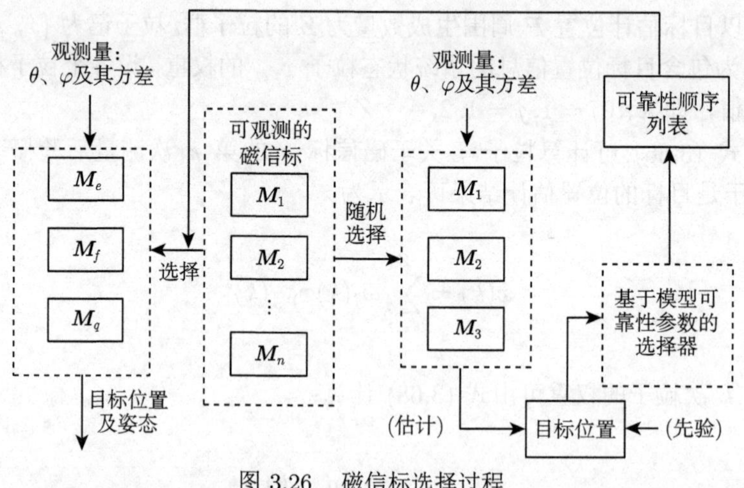

图 3.26 磁信标选择过程

3.3.3 磁传感器阵列测距测向方法

实验过程中磁通门得到的磁场数据的相对方位角和实际位置的相对方位角存在一定误差，并且传感器和磁信标的距离只和 B_0 的值相关，由于 B_0 中还涉及

磁矩等先验信息，在不同的传播介质中先验信息存在误差，单个传感器难以确定唯一的位置估计，为了提高测距测向精度，测距测向过程中依靠稳定的相对俯仰角的值来进行测距测向解算，需要至少三个具有固定空间关系的传感器共同参与对目标的测距测向解算，其中传感器的位置部署如图 3.27 所示。

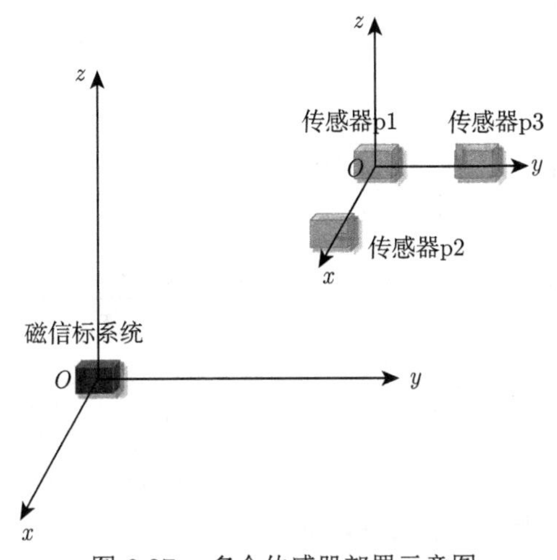

图 3.27 多个传感器部署示意图

磁信标的位置被设置为全局坐标系的原点，各个传感器的空间关系可以表示为

$$p_1=(x,y,z),\quad p_2=(x+\Delta,y,z),\quad p_3=(x,y+\Delta,z) \tag{3.72}$$

式中，x、y、z 为传感器 p1 在全局坐标系下的位置；Δ 为传感器阵列中相邻传感器的位置偏移量。

由于相对方位角信息存在误差的影响，根据式 (3.29) 可知磁场强度的幅值和相对方位角无关，可以得到 B_0 的表达式，然后将两种表达式得到的 B_0 取其均值为

$$A_z=B_0^i\sin\varphi\cos\varphi,\quad \sqrt{A_x^2+A_y^2}=B_0^i\sqrt{\tan\psi_\delta+1},\quad i=1,2,3 \tag{3.73}$$

为了方便计算，将目标点转化为球坐标系下的坐标：

$$x=r\sin\varphi\cos\theta,\quad y=r\sin\varphi\sin\theta,\quad z=r\cos\varphi \tag{3.74}$$

则传感器阵列的位置约束存在下列关系，其中，(r_1,φ_1,θ_1) 是要求的目标传感器的位置。

$$\begin{aligned}r_2^2&=r_1^2+2\Delta r_1\sin\varphi_1\cos\theta_1+\Delta^2\\r_3^2&=r_1^2+2\Delta r_1\sin\varphi_1\sin\theta_1+\Delta^2\end{aligned} \tag{3.75}$$

根据每个传感器的磁场数据得到相对距离以及传感器之间的位置关系，可以进一步得到相对距离的比值关系为

$$\begin{cases} \dfrac{r_2^3}{r_1^3}=\dfrac{B_0^1}{B_0^2}, \dfrac{r_3^3}{r_1^3}=\dfrac{B_0^1}{B_0^3}, \dfrac{r_3^3}{r_2^3}=\dfrac{B_0^2}{B_0^3} \\ \dfrac{r_2^2}{r_1^2}-\dfrac{r_3^2}{r_1^2}=\dfrac{2\varDelta\sin\varphi_1(\cos\theta_1-\sin\theta_1)}{r_1} \\ \dfrac{r_3^2}{r_2^2}-\dfrac{r_1^2}{r_2^2}=\dfrac{2\varDelta r_1\sin\varphi_1\sin\theta_1+\varDelta^2}{r_1^2+2\varDelta r_1\sin\varphi_1\cos\theta_1+\varDelta^2} \end{cases} \tag{3.76}$$

$$\begin{aligned} \frac{r_2^2}{r_1^2}-\frac{r_3^2}{r_1^2}=\left(\frac{B_0^2}{B_0^1}\right)^{2/3}-\left(\frac{B_0^3}{B_0^1}\right)^{2/3}=\frac{2\varDelta\sin\varphi_1(\cos\theta_1-\sin\theta_1)}{r_1} \\ \frac{r_3^2}{r_2^2}-\frac{r_1^2}{r_2^2}=\left(\frac{B_0^3}{B_0^2}\right)^{2/3}-\left(\frac{B_0^1}{B_0^2}\right)^{2/3}=\frac{2\varDelta r_1\sin\varphi_1\sin\theta_1+\varDelta^2}{r_1^2+2\varDelta r_1\sin\varphi_1\cos\theta_1+\varDelta^2} \end{aligned} \tag{3.77}$$

式中，相对俯仰角 φ_1 是已知的，根据每个传感器得到的 B_0 和传感器之间的位置关系，得到距离 r_1 和相对方位角 θ_1 的非线性方程式，解算方程式即能求出目标点的相对方位和相对距离。

3.4　磁测距测向信号辨识方法

从磁信标磁场分布模型可知，磁信标在空间中产生的磁场大小随距离的增加呈三次方衰减。当目标点与磁信标之间距离较近时，空间中的同频噪声不会对测距测向能力造成太大的影响；而目标点与磁信标之间距离较远时，空间中的同频噪声就会对测距测向能力产生较大影响，如图 3.28 所示。

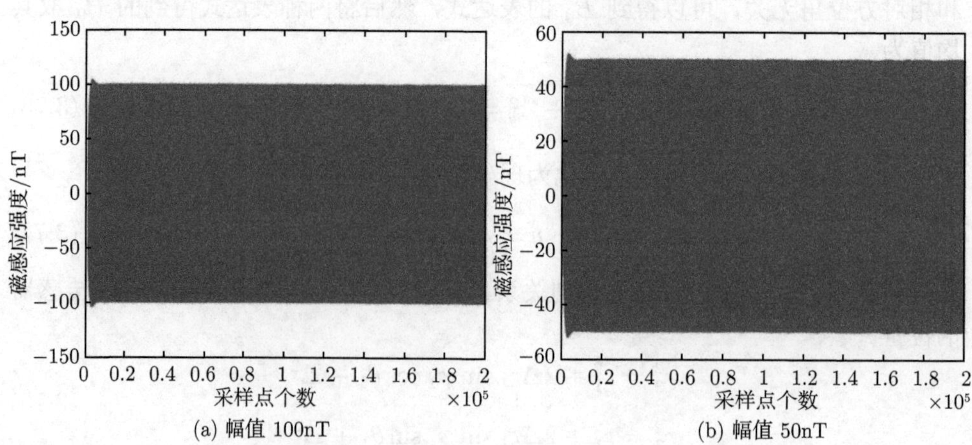

(a) 幅值 100nT　　(b) 幅值 50nT

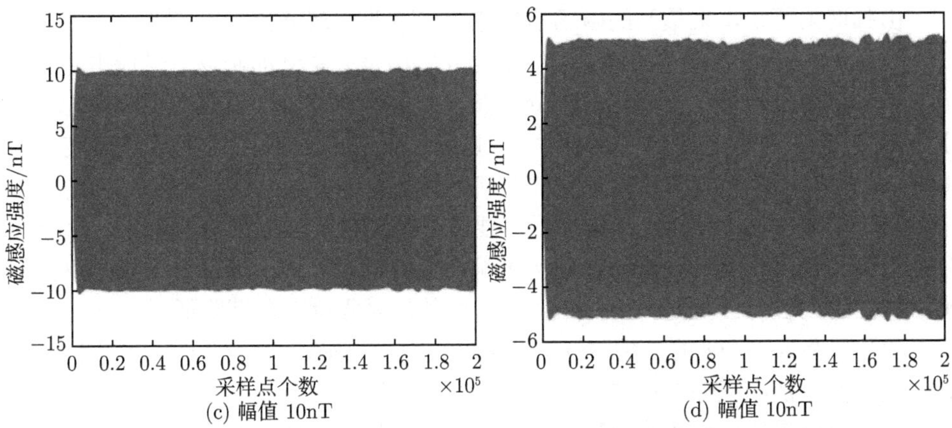

(c) 幅值 10nT　(d) 幅值 10nT

图 3.28　磁场信号频率 20Hz 时巴特沃思滤波器的滤波结果

由图 3.28 可知，对于目标点与磁信标之间距离较远的情况，巴特沃思滤波器难以满足磁场滤波的需求。如果采取提高磁源辐射效率的方法，对于通电螺线管式磁信标，提高电流大小或螺线管匝数都会对功率放大器的性能与体积有较大要求；而对于旋转永磁体式磁信标，又难以获得体积较大、性能较好的永磁体，故很难从磁源角度进行磁信标系统的性能提升。综上所述，磁信标系统的性能提升需要从微弱磁场信号检测入手，对有效磁信号进行提取。

3.4.1　磁场信号噪声分析

在磁信标产生 20Hz 磁场信号时进行采集。对采集的原始信号进行频谱分析，分析结果如图 3.29 所示。

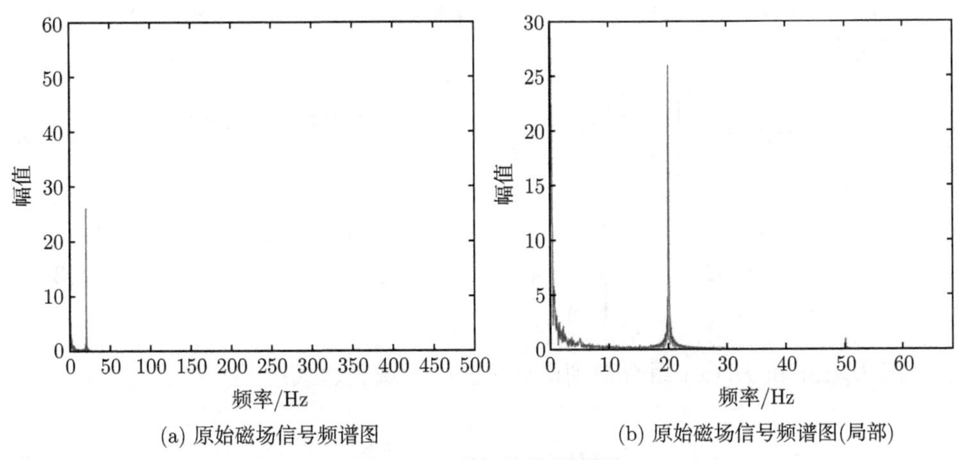

(a) 原始磁场信号频谱图　(b) 原始磁场信号频谱图(局部)

图 3.29　磁场信号频谱图

由频谱图可知，采集到的磁场信号包含以下四个部分。

（1）分布在 0Hz 附近的地磁场。这部分磁场是采集到的磁场信号最主要的构成部分，也是噪声最主要的构成部分。在不同的地理位置，地磁场的强度一般处于 $25000 \sim 65000$nT；在同一位置处，地磁场强度在长时间内会呈现缓慢变化的情况，但短时间内可视作稳定不变的直流分量。

（2）频率为 20Hz 的低频磁场。主要成分为磁信标发射的低频磁场，次要成分为周围的金属物质受到磁信标磁场影响产生的同频噪声。这部分磁场是磁信标测距测向的关键，但是随着工作距离的增加其信号强度会逐渐降低。

（3）频率为 50Hz 的工频磁场。这部分噪声由 220V、50Hz 的家庭用电产生，其强度较低但是广泛分布在空间中。

（4）分布在各个频率的白噪声信号。这部分噪声虽然强度较低，但是频谱分布广泛，在远距离测距测向时会产生一定影响。这部分噪声的来源广泛，如电磁设备工作时产生的磁信号、设备振动产生的磁信号以及传感器噪声，均可能是其产生的原因。

由上述对采集信号的分析可知，当磁信标系统工作距离较远时，信号强度会大大降低，噪声将会成为接收信号的主要部分。故需要考虑相关的信号处理方法，增强信号的信噪比，实现微弱磁信号的检测。

3.4.2 基于谐波小波和自适应谱线增强的信号辨识方法

小波变换是一种强大的信号处理方法，具有广泛的应用，特别适用于非平稳信号的分析。谐波小波变换是离散小波变换中的一种，和其他小波函数相比，谐波小波具有以下优点：其在频域具有明确的表达式，盒形谱结构并且算法简单，在进行信号处理时有利于对早期磁场信号的特征进行提取 [187]。

谐波小波可以简单地表达出来，设有实偶函数 $h_{\mathrm{e}}(t)$ 和实奇函数 $h_{\mathrm{o}}(t)$，其傅里叶变换为

$$H_{\mathrm{e}}(\omega)=\begin{cases} 1/(4\pi), & -4\pi \leqslant \omega < -2\pi, 2\pi \leqslant \omega < 4\pi \\ 0, & \text{其他} \end{cases} \tag{3.78}$$

$$H_{\mathrm{o}}(\omega)=\begin{cases} \mathrm{j}/(4\pi), & -4\pi \leqslant \omega < -2\pi \\ -\mathrm{j}/(4\pi), & 2\pi \leqslant \omega < 4\pi \\ 0, & \text{其他} \end{cases} \tag{3.79}$$

把 $H_{\mathrm{e}}(\omega)$ 和 $H_{\mathrm{o}}(\omega)$ 组合得到谐波小波的频域表达式：

$$H(\omega)=H_{\mathrm{e}}(\omega)+\mathrm{j}H_{\mathrm{o}}(\omega)=\begin{cases} 1/(2\pi), & 2\pi \leqslant \omega < 4\pi \\ 0, & \text{其他} \end{cases} \tag{3.80}$$

其频谱图如图 3.30 所示，可以看出谐波小波在频域中具有良好的盒形谱特性，并且紧凑地支撑。

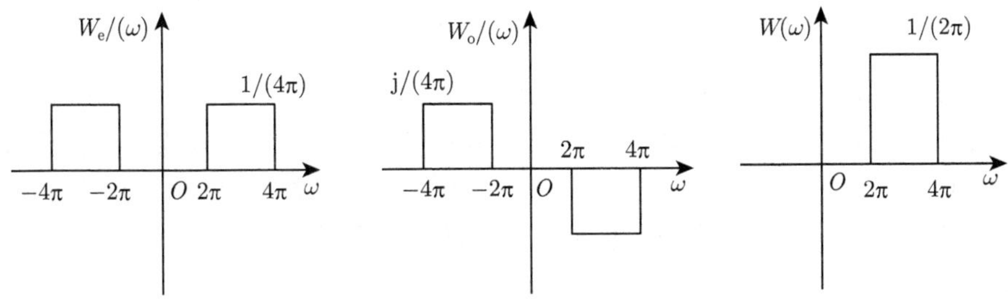

图 3.30 谐波小波函数频域图

对 $H(\omega)$ 做傅里叶逆变换，可得到谐波小波。

因此，谐波小波函数定义为

$$h(x)=\int_{-\infty}^{+\infty}H(\omega)\exp(\mathrm{j}\omega t)\mathrm{d}\omega=\frac{\exp(\mathrm{j}4\pi x)-\exp(\mathrm{j}2\pi x)}{\mathrm{j}2\pi x} \tag{3.81}$$

由图 3.31 可以看出，谐波小波变换能够在低频下提供较差的时间分辨率和良好的频率分辨率，而有效磁场信号正好具有长时间的低频分量和短时间的高频分量，因此此方法更具有优势。

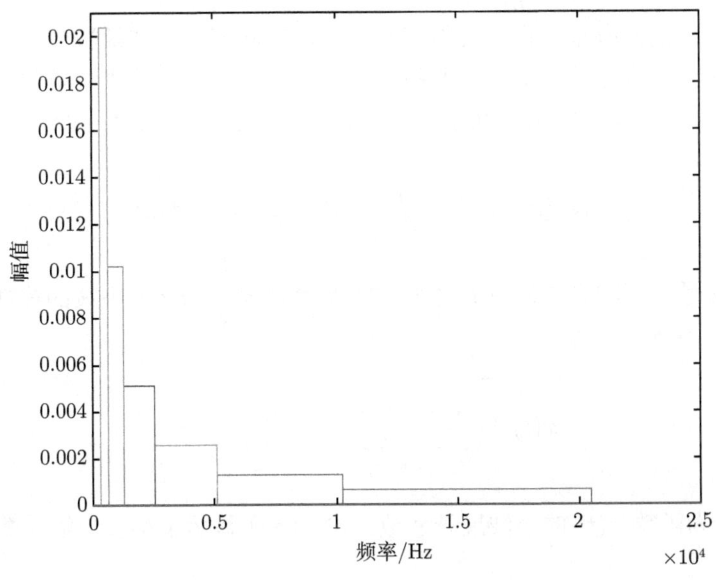

图 3.31 不同层次谐波小波的频谱

通过用变量 $\left(2^jx-k\right)(j,k\in\mathbb{Z})$ 来替换上式的 x，得到谐波小波函数族：

$$h(x)=\frac{\exp(\mathrm{j}4\pi\left(2^jx-k\right))-\exp(\mathrm{j}2\pi\left(2^jx-k\right))}{\mathrm{j}2\pi\left(2^jx-k\right)} \tag{3.82}$$

从式中可以看到，虽然小波的形态无明显变化，但是在水平方向上却被压缩了 2^j 并且被平移了 k 个单位，形式上就与二进小波相一致。式 (3.82) 表明谐波小波的形状没有改变，但它在比例方向上压缩为 $1/2^j$，并且其在新比例中的位置被平移了 k 个单元。j 的值确定小波的层或比例。随着 j 的增加，小波的光谱带宽将以二元形式逐渐增加。

令 $m=2^j$，$n=2^{j+1}$，此时谐波函数变为

$$h_{m,n}(t)=\frac{\exp(\mathrm{j}4\pi t)-\exp(\mathrm{j}2\pi t)}{\mathrm{j}2\pi(n-m)t},\quad t=\frac{x-k}{n-m} \tag{3.83}$$

其相应的频域形式为

$$\psi_{m,n}(\omega)=\begin{cases}\dfrac{1}{2\pi(n-m)}, & \omega\in[2\pi m,2\pi n]\\ 0, & \text{其他}\end{cases} \tag{3.84}$$

中心频率为 $x=\dfrac{k}{n-m}$，带宽为 $2\pi(n-m)$ 。随着基本函数的谐波小波可在独立空间上既没有重叠也不会将信号转换，因此谐波小波函数 $w_{m,n}(t)$ 可以在 $L^2(\mathbb{R})$ 空间上构成标准正交基。各种信号表示为谐波小波的线性求和，该过程称为谐波小波的分解，则 $x(t)$ 相对于尺度 j 的谐波小波 $\psi_{m,n}(t)$ 的小波变换为

$$W_x(m,n,\tau)=\int_{-\infty}^{+\infty}x(\tau)\psi_{m,n}(\tau-t)\mathrm{d}\tau \tag{3.85}$$

任何信号只要满足条件 $x(t)\in L^2(\mathbb{R})$ 都可以表示为谐波小波的线性组合，即信号的谐波小波展开为

$$x(t)=\sum_{j=-\infty}^{+\infty}\sum_{k=-\infty}^{+\infty}a_{j,k}\omega\left(2^jt-k\right) \tag{3.86}$$

式中，$a_{j,k}$ 为函数 $x(t)$ 的小波展开系数。式 (3.87) 显示了小波分解系数求解的解析形式：

$$a_{j,k}=\left\langle x(t),\omega\left(2^j-k\right)\right\rangle,\quad j,k\in\mathbb{Z} \tag{3.87}$$

由于谐波小波滤波后得到的信号是有效磁场信号和小频段内的噪声信号，噪声信号的相关性远远小于有效信号，但是由于磁信标产生的磁场信号是非平稳信号，选择用自适应谱线增强算法来进行滤波提取有效磁场定位信号。自适应谱线增强算法计算量小、易实现、稳定性好，可以通过不断地自我调整其参数，使系统保持在最佳运行状态，并且不需要独立的参考信号，可以很好地针对谐波小波滤波的结果得到有效磁场定位信号。

自适应谱线增强的核心原理是去相关，流程示意图如图 3.32 所示，输入信号为有效磁场信号和小频段内的噪声信号的混合信号：

$$x(n) = s(n) + \text{noise}(n) \tag{3.88}$$

式中，noise (n) 为频段内噪声信号。自适应滤波器的输出为

$$y(n) = \sum_{i=1}^{L} w_i(n)x(n - \Delta - i) \tag{3.89}$$

式中，$w_i(n)$ 为 L 阶自适应滤波器的权系数；$y(n)$ 为自适应滤波器的输出；i 为滤波器阶数；L 为滤波器长度；Δ 为参考输入相对于主输入的一个比较大的时延。

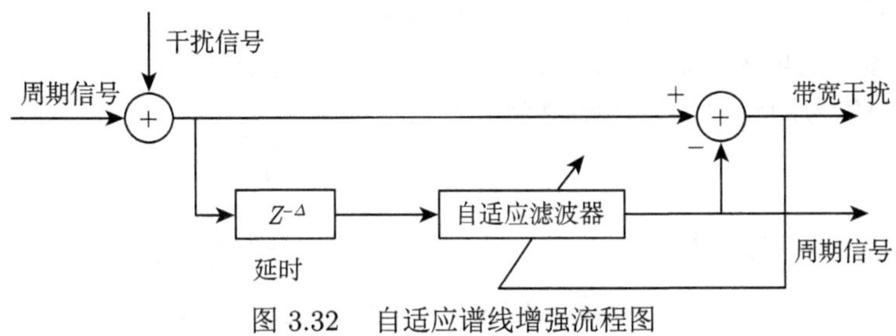

图 3.32 自适应谱线增强流程图

自适应谱线增强算法的性能取决于权重调整算法，采用最小二乘法算法将均方误差用平方误差代替[188]，其核心公式为

$$\begin{aligned} \vartheta(n) &\approx \hat{\vartheta}(n) = \frac{\partial e^2}{\partial w} = -2e(n)x(n) \\ w(n+1) &= w(n) - \mu\hat{\vartheta}(n) = w(n) + 2\mu e(n)x(n) \end{aligned} \tag{3.90}$$

式中，步长 μ 选择过大会发散，步长需要满足 $0 < \mu < 1/\lambda_{\max}$，$\lambda_{\max}$ 为矩阵 $\boldsymbol{R}$ 的最大特征值。在自适应谱线增强算法中，在满足信号的稳态误差的前提下，为了进一步提高滤波算法的速度，采用变步长自适应谱线增强算法，在前期使用较

大的步长保持较快的收敛速度，后期当稳态误差降低后采用较小的步长使得稳态误差降低，获得高精度的有效信号，步长因子表达式为

$$\mu(n) = a\mu(n-1) + be^2(n) \tag{3.91}$$

式中，$0 < a < 1$；$b > 0$。并且满足式 (3.92) 的条件：

$$\mu(n) = \begin{cases} \mu_{\max}, & \mu(n) > \mu_{\max} \\ \mu_{\min}, & \mu(n) < \mu_{\min} \\ \mu(n), & \text{其他} \end{cases} \tag{3.92}$$

收敛速度和稳态误差是设计过程中需要考虑的关键问题，为了保持滤波算法的整体收敛速度，初始步长一般比较大，以加快收敛速度，但不能超过 $\mu_{\max}$；当误差比较小时，采用较小的步长，以获取较小的均方误差，从而提高整个算法的性能。这样使得自适应滤波算法在前期有较快收敛速度，达到收敛后又不失精度。为了进一步提高弱磁信号提取的准确性，将处理信号进行分段处理，利用短数据中信号是强相关的，而噪声是不相关的，对分段处理后的短数据进行时域相干累积处理，在分段数据相干累积后再采用自适应谱线增强算法来提取有效信号。

然后针对提取的信号进行正弦辨识，虽然磁信标的频率是预先设定的，但是磁场信号的频率由于硬件系统的参数变化会与设定值有一定的误差，而如果只考虑设定频率值进行正弦辨识，对整个系统的测距测向精度有很大的影响，为了解决这个问题，这里采用四参数正弦辨识算法来对有效磁场信号的频率进行估计。设实际采样信号的频率为 ω，则拟合信号为

$$y_i = A_0 \sin \omega i + B_0 \sin \omega i + D_0 \tag{3.93}$$

式中，A_0、B_0、D_0 为待定系数。于是，采样信号与拟合信号的残差为

$$y - y_i = y - A_0 \sin \omega i - B_0 \sin \omega i - D_0 \tag{3.94}$$

取 100 次采样周期的信号，对拟合信号进行估计，采样信号与拟合信号的残差平方和为

$$\varepsilon = \sum_{i=1}^{100} \left(y - A_0 \sin \omega i - B_0 \sin \omega i - D_0\right)^2 \tag{3.95}$$

根据 A_0、B_0、D_0, 构建矩阵：

$$\boldsymbol{\psi} = \begin{bmatrix} \cos\omega & \sin\omega & 1 \\ \cos 2\omega & \sin 2\omega & 1 \\ \vdots & \vdots & \vdots \\ \cos n\omega & \sin n\omega & 1 \end{bmatrix} \tag{3.96}$$

$$\boldsymbol{y}=\begin{bmatrix} y_1 \\ y_2 \\ \vdots \\ y_n \end{bmatrix};\quad \boldsymbol{x}_0=\begin{bmatrix} A_0 \\ B_0 \\ D_0 \end{bmatrix} \tag{3.97}$$

则得到

$$\varepsilon=\varepsilon(\omega)=(\boldsymbol{y}-\boldsymbol{\psi}\boldsymbol{x}_0)^{\mathrm{T}}(\boldsymbol{y}-\boldsymbol{\psi}\boldsymbol{x}_0) \tag{3.98}$$

因此

$$\hat{\boldsymbol{x}}_0=\left(\boldsymbol{\psi}^{\mathrm{T}}\boldsymbol{\psi}\right)^{-1}\left(\boldsymbol{\psi}^{\mathrm{T}}\boldsymbol{y}\right) \tag{3.99}$$

当改变 ω 的值时，每次的角频率 ω_i 会对应产生一组参数向量 x_i 与残差平方和 ε_i，而通过在预先设定的角频率范围内以二分法对 ω 进行搜索，取 ε_i 最小时对应的 ω_i 即对应最优角频率，与之相对应的 x_i 为拟合信号的幅值及常值分量。其具体过程如图 3.33 所示。

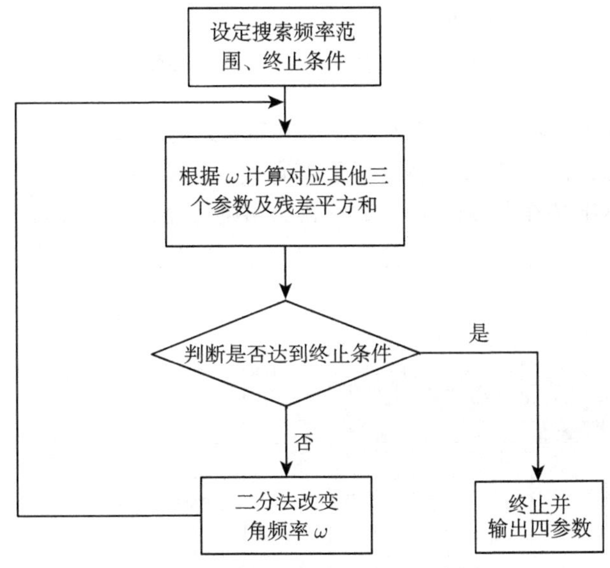

图 3.33 四参数辨识流程示意图

3.4.3 低信噪比正弦信号辨识实验

根据前面提到的信号处理算法，信号处理包括信号预处理、谐波小波发生器、自适应谱线增强和四参数正弦辨识四个模块。下面进行实验验证，为了获取低信噪比信号，将传感器放置在距离磁信标较远的位置，采集相对位置坐标为

$(3.09, 3.44, 0.695)$m 的磁场强度，由于该点的 z 轴分量较小，本节实验验证 z 轴方向的数据，x、y 轴的信号处理方法一样。

由于信号直流分量过大，影响信号的分析，首先对信号进行零均值处理，得到信号的时域图和频谱图如图 3.34 所示，可以看到有效信号较弱以及环境的干扰，采集数据存在振荡，且变化较明显，使得磁场信号的零线产生了明显偏移。

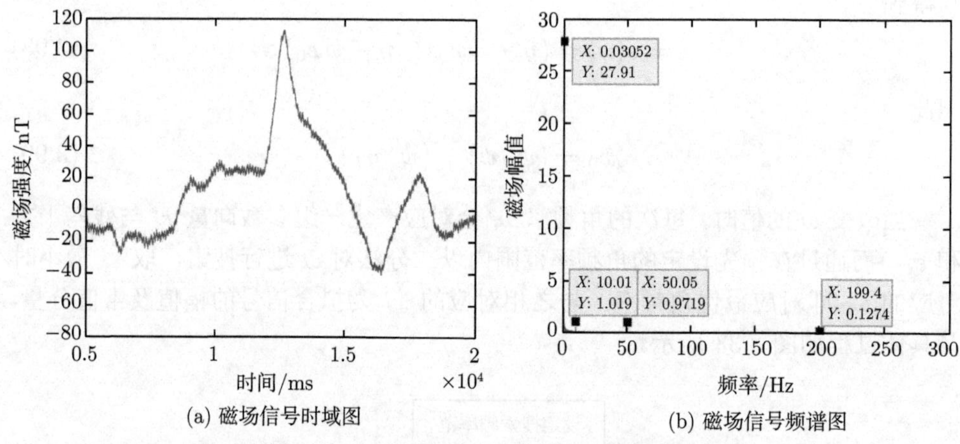

(a) 磁场信号时域图　　(b) 磁场信号频谱图

图 3.34　采集磁场信号的时域图和频谱图

首先对信号做趋势项消除的处理。其中多项式的阶数 m 设置为 3，处理后的信号时域图和频谱图如图 3.35 所示，能够有效地去除磁场数据中的趋势项，磁场信号的基线基本维持在零线附近，比图 3.34 中明显稳定了很多。

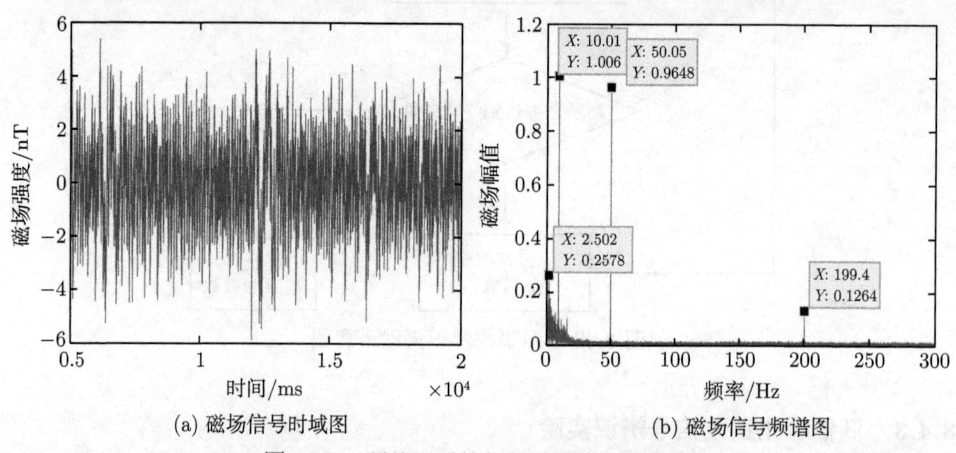

(a) 磁场信号时域图　　(b) 磁场信号频谱图

图 3.35　预处理后的信号时域图和频谱图

然后对磁场信号进行谐波小波分解，保留含特定频率的频带的谐波系数，将其他频段的谐波系数置零，然后对其重构，得到包含该频段的磁场信号如图 3.35 所示。由于磁信标设置频率为 10Hz，设置分解层数为 6 层，得到的频带为 7.8~15Hz，其他频带的干扰信号能够有效被滤除。且与不经过预处理直接进行谐波滤波得到的信号相比，其有效信号被完整地保留下来，在进行信号处理时有利于对早期磁场信号的特征进行提取。

接下来利用自适应谱线增强算法对前面处理过的信号进行进一步滤波，得到提取的有效信号时频图和频谱图如图 3.36 所示，其频率为 10.01Hz，和采集磁场信号的频谱图中有效信号的幅值相比，误差为 1%，可以忽略。

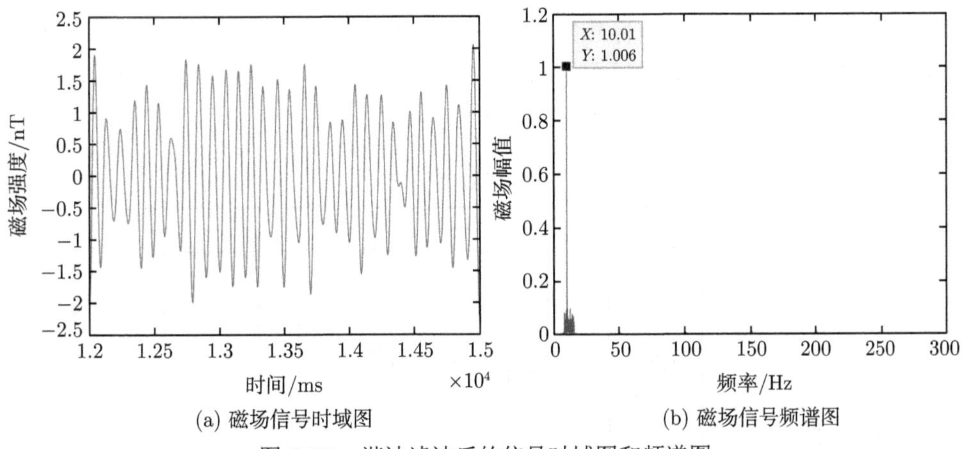

(a) 磁场信号时域图　　(b) 磁场信号频谱图

图 3.36　谐波滤波后的信号时域图和频谱图

最后经过正弦辨识得到的信号能够满足定位要求，使得定位系统能够高效且稳定地工作。因此本节实验证明谐波小波自适应滤波具有良好的滤波器特性，可以精确提取弱磁信号，并且这种过滤方法简单且快速。提取到的弱磁信号如图 3.37 所示。

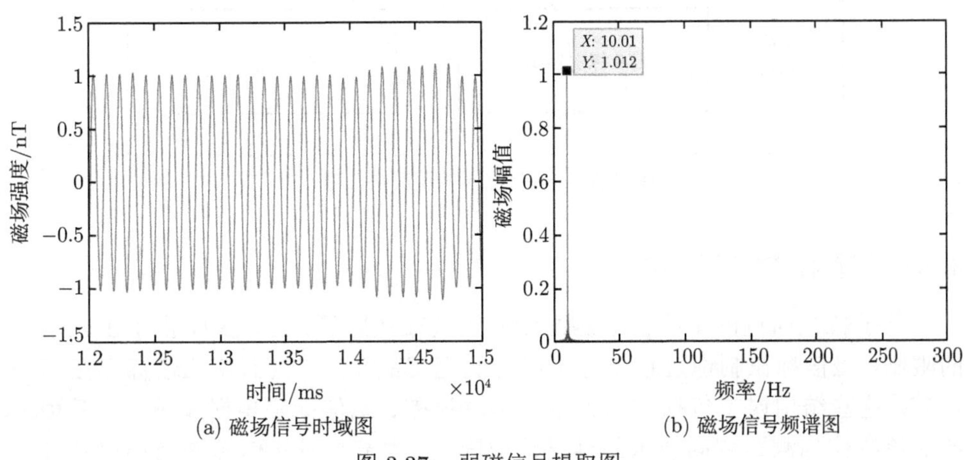

(a) 磁场信号时域图　　(b) 磁场信号频谱图

图 3.37　弱磁信号提取图

3.5　磁测距测向误差分析

基于特征向量的单磁信标测距测向技术相关理论是在理想状态下进行推导的，实际测距测向过程中，制作工艺、环境以及坐标未对齐等因素均会造成测距测向精度的下降。因此，本节主要对基于特征向量磁信标测距测向法的误差进行分析，探讨消除或减小误差的相关措施与方法。本节主要研究内容如图 3.38 所示，首先从工艺问题造成的磁信标结构误差进行分析，磁信标结构误差主要包括磁信标中心偏移误差、磁信标磁矩误差角，这种误差可以采用标定补偿的方式消除，最后对磁强计与全局坐标系未对齐和对磁矩及传播介质误差进行分析，并通过优化测距测向方法的方式削弱误差的影响。

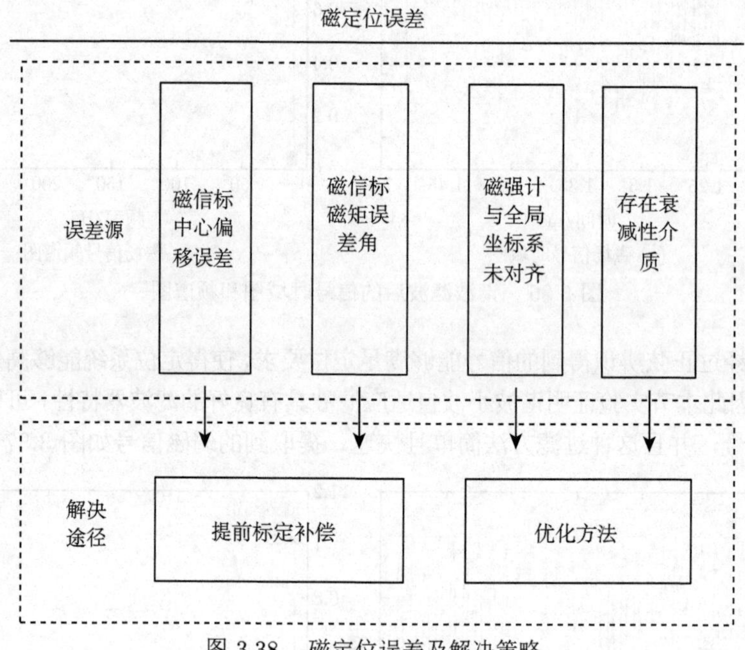

图 3.38　磁定位误差及解决策略

3.5.1　磁信标结构误差分析

基于特征向量的单磁信标测距测向系统在实际设计过程中，由于工艺水平的限制，磁信标在制造过程中并不能达到理想的精度，进而使磁信标存在结构误差，这些结构误差包括磁信标中心偏移误差、磁信标磁矩误差角，这两种都会对单磁信标测距测向技术的精度造成影响，本节将对磁信标的结构误差进行分析。

3.5.1.1 磁信标中心发生偏移

理想情况下，单磁信标测距测向系统中双轴螺线管等效为单磁偶极子后中心应该汇聚在一点即全局坐标系的原点，但是由于工艺等原因，磁信标的中心发生偏移，如图 3.39 所示，会导致单磁信标测距测向系统精度下降。设磁信标中心偏移误差为 $\boldsymbol{\Delta}_{\varepsilon}=[\Delta x \quad \Delta y \quad \Delta z]^{\mathrm{T}}$，采用标定补偿的思路补偿结构误差 [26]。

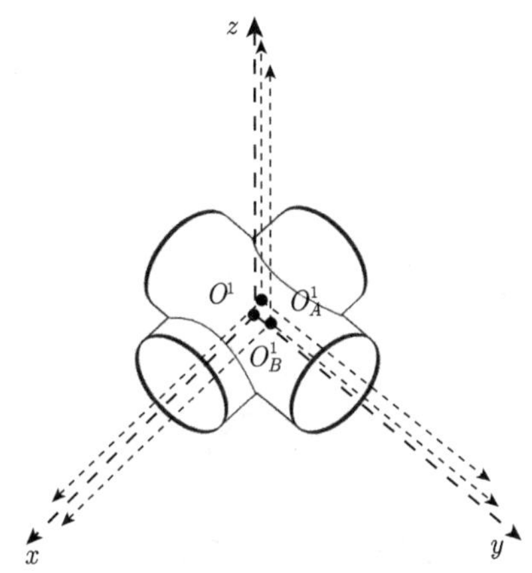

图 3.39 磁信标中心发生偏移示意图

设目标点真实坐标为 $P_r(x_r,y_r,z_r)$，目标点解算位置坐标为 $P_v(x_v,y_v,z_v)$，即

$$\begin{cases}x_r=x_v+\Delta x\\ y_r=y_v+\Delta y\\ z_r=z_v+\Delta z\end{cases} \tag{3.100}$$

根据式 (3.100)，通过标定的方式获得偏移误差值，为提高测量精度可以采取测多组数据取均值的思路进行补偿。

3.5.1.2 磁信标磁矩存在误差角

理想情况下，磁信标磁矩方向应该与全局坐标系的轴向重合，由于工艺的问题，磁信标磁矩会发生小角度的偏转，影响单磁信标测距测向系统的精度，因此本节展开对磁信标磁矩存在误差角时相关内容进行分析，磁信标磁矩存在误差角时示意图如图 3.40 所示。

图中，x、y、z 为全局坐标系轴，x_1、y_1、z_1 为磁矩实际方向，β_1、β_2、β_3、β_4 分别是磁矩误差角，可以得到磁信标的真实磁矩为

$$\begin{cases} M'_x = M_x \cos\beta_2 \cos\beta_1 + M_y \sin\beta_4 \\ M'_y = M_x \cos\beta_2 \sin\beta_1 + M_y \cos\beta_4 \cos\beta_3 \\ M'_z = M_x \sin\beta_2 + M_y \cos\beta_4 \sin\beta_3 \end{cases} \tag{3.101}$$

式中，M_x、M_y、M_z 为理想磁矩；M'_x、M'_y、M'_z 为实际磁矩。则磁矩误差表达式为

$$\begin{cases} M'_{\varepsilon x} = M_x (\cos\beta_2 \cos\beta_1 - 1) + M_y \sin\beta_4 \\ M'_{\varepsilon y} = M_x \cos\beta_2 \sin\beta_1 + M_y (\cos\beta_4 \cos\beta_3 - 1) \\ M'_{\varepsilon z} = M_x \sin\beta_2 + M_y \cos\beta_4 \sin\beta_3 \end{cases} \tag{3.102}$$

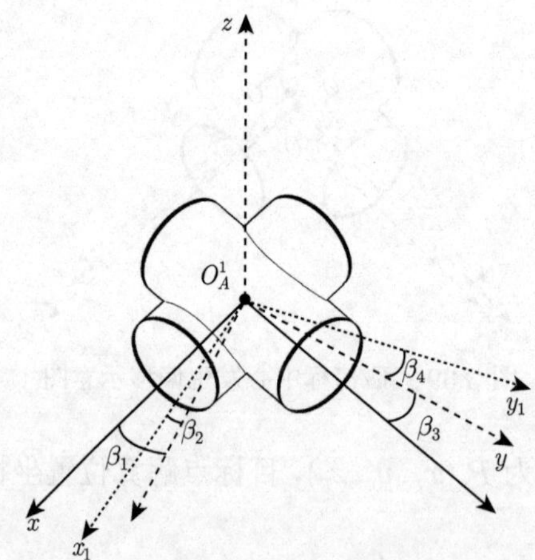

图 3.40 磁信标中心发生角度偏转示意图

由式 (3.101) 与式 (3.102) 可得，β_1、β_2、β_3、β_4 非常小时，三轴误差磁场强度为

$$\begin{cases} \Delta B_x = \dfrac{3M_y\beta_4}{8\pi r^3} \sin 2\varphi_1 \cos\theta_1 + \dfrac{M_x\beta_1}{2\pi r^3} \left(1 - \dfrac{3}{2}\sin^2\varphi_2\right) \\ \qquad + \dfrac{3(M_x\beta_2 + M_y\beta_3)}{8\pi r^3} \sin 2\varphi_3 \sin\theta_3 \\ \Delta B_y = \dfrac{3M_y\beta_4}{8\pi r^3} \sin 2\varphi_1 \sin\theta_1 + \dfrac{3M_x\beta_1}{8\pi r^3} \sin 2\varphi_2 \cos\theta_2 \\ \qquad + \dfrac{M_x\beta_2 + M_y\beta_3}{2\pi r^3} \left(1 - \dfrac{3}{2}\sin^2\varphi_3\right) \\ \Delta B_z = \dfrac{M_y\beta_4}{2\pi r^3} \left(1 - \dfrac{3}{2}\sin^2\varphi_1\right) + \dfrac{3M_x\beta_1}{8\pi r^3} \sin 2\varphi_2 \sin\theta_2 \\ \qquad + \dfrac{3(M_x\beta_2 + M_y\beta_3)}{8\pi r^3} \sin 2\varphi_3 \cos\theta_3 \end{cases} \tag{3.103}$$

三轴误差磁场强度可以表示为

$$\Delta \boldsymbol{B} = G\left(\boldsymbol{X}'\right) - G\left(\boldsymbol{X}\right) \tag{3.104}$$

式中，$\boldsymbol{X}$ 为目标点实际位置；$\boldsymbol{X}'$ 为计算得到的目标位置；$G(\cdot)$ 为磁信标模型函数。因此磁矩误差角可以通过标定的方式获得，并进行补偿。

3.5.2　磁强计与全局坐标系未对齐误差分析

本章中基于特征向量的单磁信标定位技术的推导假设磁强计与全局坐标系完全对齐，或惯性测量单元能够准确测量磁强计的姿态，实际应用过程中，磁强计坐标系与全局坐标系会存在一定的角度差，磁强计测得的三轴磁场强度与目标点真实三轴磁场强度有一定偏差，因此直接采用测量的磁场数据会影响定位效果。本节将对磁强计与全局坐标系的误差角对定位精度的影响进行分析，由于磁强计绕 x 轴或 z 轴旋转一定角度时，对定位精度的影响比较小，因此本节只考虑磁强计绕 z 轴旋转 α 角度时对定位精度的影响。磁强计绕 z 轴旋转 α 角度如图 3.41 所示。

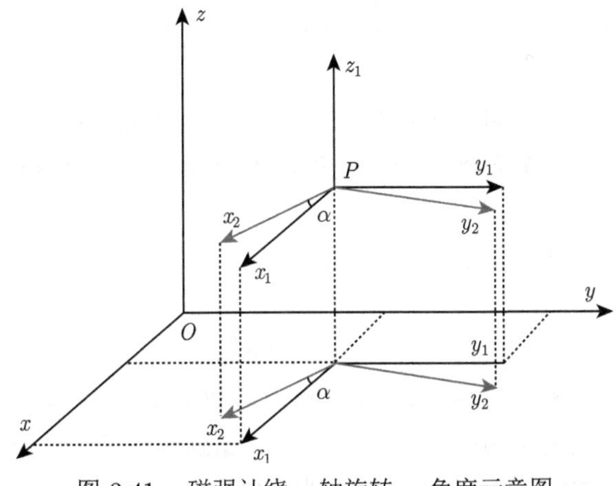

图 3.41　磁强计绕 z 轴旋转 α 角度示意图

目标点 P 处测量到的磁场强度为

$$\begin{cases} B'_{x_1} = B_{x_2}\cos\alpha + B_{y_2}\sin\alpha \\ B'_{y_1} = B_{y_2}\cos\alpha - B_{x_2}\sin\alpha \\ B'_{z_1} = B_{z_2} \end{cases} \tag{3.105}$$

利用特征向量法解算结果为

$$\begin{aligned}\tan\varphi_0' &= \frac{\sqrt{\left(B_{x_1}'\right)^2+\left(B_{y_1}'\right)^2}}{B_{z_1}'}\\ &= \frac{\sqrt{\left(B_{x_2}\cos\alpha+B_{y_2}\sin\alpha\right)^2+\left(B_{y_2}\cos\alpha-B_{x_2}\sin\alpha\right)^2}}{B_{z_1}'}\\ &= \tan\varphi_0\end{aligned} \tag{3.106}$$

$$\tan\theta_0' = \frac{B_{y_2}\cos\alpha-B_{x_2}\sin\alpha}{B_{x_2}\cos\alpha+B_{y_2}\sin\alpha} = \tan(\theta_0-\alpha) \tag{3.107}$$

由式 (3.106) 和式 (3.107) 可以得到如下结论：磁通门传感器与磁信标所在的全局坐标系存在偏差角 α 时，相对俯仰角 φ 不会受到偏差角 α 影响。

3.5.3 磁矩及传播介质误差分析

基于特征向量的单磁信标定位方法是在理想磁矩、均匀已知介质条件下进行推导的，实际定位过程中由于激励电流大小误差和通电螺线管半径误差等原因，造成通电螺线管的磁矩大小与理论值不符，导致目标点 P 定位精度下降，同时磁场传播介质的改变也会在一定程度上影响定位精度，本节将对这两种因素进行误差分析。

由于工艺原因，磁信标中的螺线管并不是如图 3.42 所示一层一层密绕而成，且通入螺线管中的电流幅值实际值与理论值也会存在一定的偏差，因此磁信标的实际磁矩与理论值存在一定的偏差，由 $\boldsymbol{M}=\boldsymbol{InS}$（$I$ 为通入螺线管电流幅值，n 为螺线管匝数，S 为通电螺线管载流回路面积）分析可得，实际磁矩与理论磁矩的偏差为比例偏差，即

$$\boldsymbol{M}_{\text{real}} = \lambda_1\boldsymbol{M} \tag{3.108}$$

式中，$\boldsymbol{M}_{\text{real}}$ 为真实磁矩；$\boldsymbol{M}$ 为理论磁矩；λ_1 为磁矩误差系数。

磁信标与目标所处环境一般较为复杂，因此磁场传播中穿透磁导率未知或与真空相差很大的介质时，磁场强度会受到较大影响。此时根据磁场强度进行定位定向，则会令测量结果与真实位置存在较大误差。

因此，环境中实际的磁导率 μ 与真空磁导率 μ_0 存在误差，设磁导率误差系数为 λ_0，则 μ_0 与 μ 之间满足

$$\mu = \lambda_0\mu_0 \tag{3.109}$$

将磁矩误差和磁导率误差合并，设误差系数为 λ，则有

$$\mu\boldsymbol{M}_{\text{real}} = \lambda_0\lambda_1\mu_0\boldsymbol{M} = \lambda\mu_0\boldsymbol{M} \tag{3.110}$$

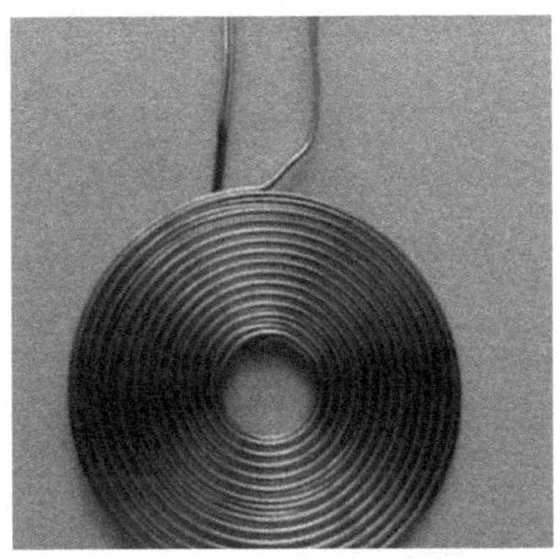

图 3.42 标准螺线管截面图

在磁矩误差和磁导率误差影响下，磁信标的正交螺线管在目标位置产生的磁感应强度为

$$
\begin{aligned}
\boldsymbol{B}_{\mathrm{c}\lambda}(t,r)&=\frac{3\lambda\mu_0\boldsymbol{M}\sin\omega t}{8\pi r^3}\left(-\left(\frac{4}{3}-2\sin^2\varphi_1\right)\boldsymbol{i}+\sin 2\varphi_0\sin\theta_0\boldsymbol{j}+\sin 2\varphi_0\cos\theta_0\boldsymbol{k}\right)\\
\boldsymbol{B}_{\mathrm{s}\lambda}(t,r)&=\frac{3\lambda\mu_0\boldsymbol{M}\cos\omega t}{8\pi r^3}\left(-\sin 2\varphi_1\sin\theta_1\boldsymbol{i}+\left(\frac{4}{3}-2\sin^2\varphi_1\right)\boldsymbol{j}-\sin 2\varphi_1\cos\theta_1\boldsymbol{k}\right)
\end{aligned}
\tag{3.111}
$$

在磁矩误差和传播介质误差影响下，误差系数对单磁信标定位算法中相对距离的误差为

$$
\varepsilon_r=r_\lambda-r=(\lambda^{\frac{1}{3}}-1)r \tag{3.112}
$$

3.5.4 基于磁场方向向量的磁信标标定方法

磁信标实际磁场坐标系姿态角与中心位置的标定过程可参考基于磁场方向向量的多磁信标导航算法。将磁信标置于固定位置，假设在磁信标的周围布置三个磁强计 i、j、k 分别位于位置 $\boldsymbol{P}_i$、$\boldsymbol{P}_j$、$\boldsymbol{P}_k$，磁信标的标定过程可由以下步骤实现 [189]。

步骤 1 如图 3.43 所示，目标方向向量 $\boldsymbol{i}_i$、$\boldsymbol{i}_j$、$\boldsymbol{i}_k$ 之间的夹角 α_{ij}、α_{ik}、α_{jk} 可根据如下关系计算得到：

$$
\begin{cases}
\cos\alpha_{ij}=(\boldsymbol{i}_i)^{\mathrm{T}}\cdot\boldsymbol{i}_j\\
\cos\alpha_{ik}=(\boldsymbol{i}_i)^{\mathrm{T}}\cdot\boldsymbol{i}_k\\
\cos\alpha_{jk}=(\boldsymbol{i}_j)^{\mathrm{T}}\cdot\boldsymbol{i}_k
\end{cases}
\tag{3.113}
$$

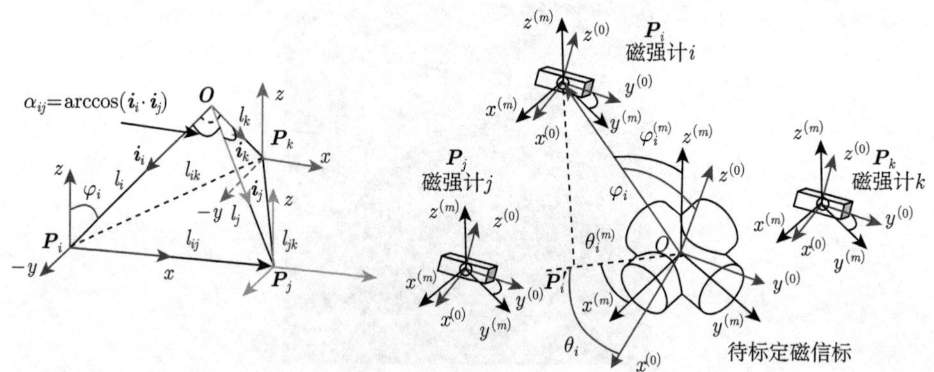

图 3.43　磁信标中心位置与坐标系姿态角标定原理

步骤 2　根据磁强计位置向量 $\boldsymbol{P}_i$、$\boldsymbol{P}_j$、$\boldsymbol{P}_k$，计算磁强计之间的距离 l_{ij}、l_{ik}、l_{jk}：

$$\begin{cases} l_{ij} = |\boldsymbol{P}_i - \boldsymbol{P}_j| \\ l_{ik} = |\boldsymbol{P}_i - \boldsymbol{P}_k| \\ l_{jk} = |\boldsymbol{P}_j - \boldsymbol{P}_k| \end{cases} \tag{3.114}$$

步骤 3　根据余弦定理，α_{ij}、α_{ik}、α_{jk} 与 l_{ij}、l_{ik}、l_{jk} 以及磁信标与磁强计之间的距离 l_i、l_j、l_k 满足如下关系：

$$\begin{cases} l_{ij}^2 = l_i^2 + l_j^2 - 2l_il_j\cos\alpha_{ij} \\ l_{ik}^2 = l_i^2 + l_k^2 - 2l_il_k\cos\alpha_{ik} \\ l_{jk}^2 = l_j^2 + l_k^2 - 2l_jl_k\cos\alpha_{jk} \end{cases} \tag{3.115}$$

于是可计算得到磁信标实际磁场中心 $\boldsymbol{O}$ 与磁信标位置向量 $\boldsymbol{P}_i$、$\boldsymbol{P}_j$、$\boldsymbol{P}_k$ 之间的距离 l_i、l_j、l_k。因此，假设磁信标周围布置磁强计数量为 L 时，磁信标实际磁场中心位置可通过求下面目标函数最小值获得：

$$\min\left[J = \sum_{i=1}^{L}\left(\|\boldsymbol{P}_i - \boldsymbol{O}\| - l_i\right)^2\right] \tag{3.116}$$

步骤 4　假设磁信标理想磁场坐标系 $c^{(0)}$ 与实际磁场坐标系 $c^{(m)}$ 之间可通过旋转矩阵 $\boldsymbol{C}_0^m$ 旋转得到，如图 3.44 所示，根据式 (3.113)，伪目标单位方向向量 $\boldsymbol{i}_i^{(m)}$、$\boldsymbol{i}_j^{(m)}$、$\boldsymbol{i}_k^{(m)}$ 与实际目标单位方向向量 $\boldsymbol{i}_i^{(0)}$、$\boldsymbol{i}_j^{(0)}$、$\boldsymbol{i}_k^{(0)}$ 满足

$$\begin{cases}\cos\alpha_{ij}^{(m)}=\left(\boldsymbol{i}_i^{(m)}\right)^{\mathrm{T}}\cdot\boldsymbol{i}_j^{(m)}=\left(\boldsymbol{C}_0^m\boldsymbol{i}_i^{(0)}\right)^{\mathrm{T}}\cdot\boldsymbol{C}_0^m\boldsymbol{i}_j^{(0)}\\ \cos\alpha_{ik}^{(m)}=\left(\boldsymbol{i}_i^{(m)}\right)^{\mathrm{T}}\cdot\boldsymbol{i}_k^{(m)}=\left(\boldsymbol{C}_0^m\boldsymbol{i}_i^{(0)}\right)^{\mathrm{T}}\cdot\boldsymbol{C}_0^m\boldsymbol{i}_k^{(0)}\\ \cos\alpha_{jk}^{(m)}=\left(\boldsymbol{i}_j^{(m)}\right)^{\mathrm{T}}\cdot\boldsymbol{i}_k^{(m)}=\left(\boldsymbol{C}_0^m\boldsymbol{i}_j^{(0)}\right)^{\mathrm{T}}\cdot\boldsymbol{C}_0^m\boldsymbol{i}_k^{(0)}\end{cases}\tag{3.117}$$

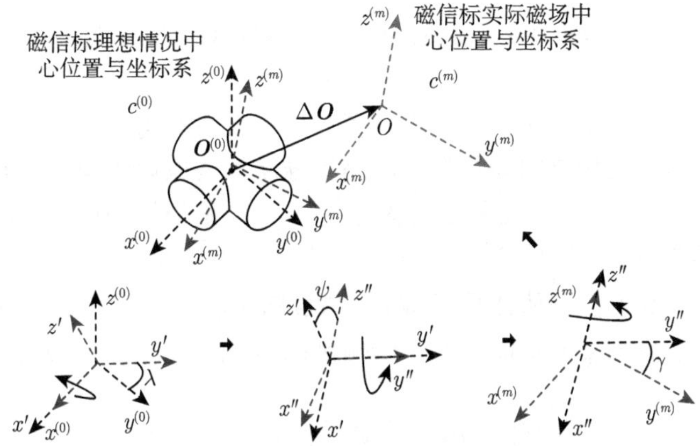

图 3.44 磁信标理想坐标系与实际磁场坐标系旋转关系

根据式 (3.116) 中对磁信标实际中心估计结果，目标单位方向向量为

$$\begin{cases}\boldsymbol{i}_i=\dfrac{\boldsymbol{P}_i-\boldsymbol{O}}{\|\boldsymbol{P}_i-\boldsymbol{O}\|}\\ \boldsymbol{i}_j=\dfrac{\boldsymbol{P}_j-\boldsymbol{O}}{\|\boldsymbol{P}_j-\boldsymbol{O}\|}\\ \boldsymbol{i}_k=\dfrac{\boldsymbol{P}_k-\boldsymbol{O}}{\|\boldsymbol{P}_k-\boldsymbol{O}\|}\end{cases}\tag{3.118}$$

步骤 5 磁强计数量为 L 时，伪目标单位方向向量 $\boldsymbol{i}_n^{(m)}(n=1,2,\cdots,L)$ 与单位目标方向向量 $\boldsymbol{i}_n(n=1,2,\cdots,L)$ 满足

$$\boldsymbol{C}_0^m=\boldsymbol{T}^{(m)}\boldsymbol{T}^{\mathrm{T}}\left(\boldsymbol{T}\boldsymbol{T}^{\mathrm{T}}\right)^{-1}\tag{3.119}$$

式中，

$$\begin{cases}\boldsymbol{T}^{(m)}=\left[\boldsymbol{i}_1^{(m)}\quad\cdots\quad\boldsymbol{i}_L^{(m)}\right]\\ \boldsymbol{T}=[\boldsymbol{i}_1\quad\cdots\quad\boldsymbol{i}_L]\end{cases},\quad L\geqslant 3\tag{3.120}$$

姿态角 λ、ψ、γ 可根据姿态角转换矩阵计算得到：

$$\begin{cases}\lambda=\arctan\left(\dfrac{\boldsymbol{C}_0^m\left(3,2\right)}{\boldsymbol{C}_0^m\left(3,3\right)}\right)\\ \psi=\arcsin\left(-\boldsymbol{C}_0^m\left(3,1\right)\right)\\ \gamma=\arctan\left(\dfrac{\boldsymbol{C}_0^m\left(2,1\right)}{\boldsymbol{C}_0^m\left(1,1\right)}\right)\end{cases}\tag{3.121}$$

综上所述，根据步骤 1~步骤 5，即可实现磁信标实际磁场中心位置与坐标系姿态角的标定过程。

磁信标标定过程中，磁信标中心位置与坐标系姿态角是通过测量磁场反向求解获得的。与基于磁场方向向量的多磁信标导航算法原理相同，因此两者具有相同的误差分析过程。磁信标坐标系姿态角 λ、ψ、γ 是根据磁信标实际磁场中心的估计结果计算得到的，因此 λ、ψ、γ 的标定精度与 $\boldsymbol{O}$ 的标定误差是相关的。

假设磁信标等效位置估计是无偏的，伪目标单位方向向量 $\boldsymbol{i}_i^{(m)}$、$\boldsymbol{i}_j^{(m)}$、$\boldsymbol{i}_k^{(m)}$ 的测量误差服从均值为零的高斯分布，则测量误差 $\delta\boldsymbol{i}_i^{(m)}$、$\delta\boldsymbol{i}_j^{(m)}$、$\delta\boldsymbol{i}_k^{(m)}$ 满足

$$\left\{\delta\boldsymbol{i}_i^{(m)},\delta\boldsymbol{i}_j^{(m)},\delta\boldsymbol{i}_k^{(m)}\right\}\sim N\left(0,\sigma^2\right)\tag{3.122}$$

因此根据式 (3.119)，误差矩阵 $\Delta\boldsymbol{T}^{(m)}$ 满足

$$\hat{\boldsymbol{C}}_0^m=\left(\boldsymbol{T}^{(m)}+\Delta\boldsymbol{T}^{(m)}\right)\boldsymbol{T}^{\mathrm{T}}\left(\boldsymbol{T}\boldsymbol{T}^{\mathrm{T}}\right)^{-1}\tag{3.123}$$

式中，$\hat{\boldsymbol{C}}_0^m$ 为存在误差时姿态转换矩阵；

$$\Delta\boldsymbol{T}=\left[\delta\boldsymbol{i}_i\quad\delta\boldsymbol{i}_j\quad\delta\boldsymbol{i}_k\right]\tag{3.124}$$

期望满足

$$\begin{aligned}\mathrm{E}\left[\hat{\boldsymbol{C}}_0^m\right]&=\mathrm{E}\left[\left(\boldsymbol{T}^{(m)}+\Delta\boldsymbol{T}^{(m)}\right)\boldsymbol{T}^{\mathrm{T}}\left(\boldsymbol{T}\boldsymbol{T}^{\mathrm{T}}\right)^{-1}\right]\\&=\mathrm{E}\left[\boldsymbol{T}^{(m)}\boldsymbol{T}^{\mathrm{T}}\left(\boldsymbol{T}\boldsymbol{T}^{\mathrm{T}}\right)^{-1}\right]+\mathrm{E}\left[\Delta\boldsymbol{T}^{(m)}\boldsymbol{T}^{\mathrm{T}}\left(\boldsymbol{T}\boldsymbol{T}^{\mathrm{T}}\right)^{-1}\right]\end{aligned}\tag{3.125}$$

由于 $\boldsymbol{T}$ 与 $\Delta\boldsymbol{T}^{(m)}$ 无关，因此将 $\boldsymbol{T}$ 当作常量，存在

$$\mathrm{E}\left[\Delta\boldsymbol{T}^{(m)}\boldsymbol{T}^{\mathrm{T}}\left(\boldsymbol{T}\boldsymbol{T}^{\mathrm{T}}\right)^{-1}\right]=\boldsymbol{0}\tag{3.126}$$

式 (3.125) 可表示为

$$\mathrm{E}\left[\hat{\boldsymbol{C}}_0^m\right]=\mathrm{E}\left[\boldsymbol{T}^{(m)}\boldsymbol{T}^{\mathrm{T}}\left(\boldsymbol{T}\boldsymbol{T}^{\mathrm{T}}\right)^{-1}\right]\tag{3.127}$$

即姿态矩阵 $\boldsymbol{C}_0^m$ 的估计 $\hat{\boldsymbol{C}}_0^m$ 也是无偏的，即 λ、ψ、γ 的估计是无偏的。因此假设姿态角 λ、ψ、γ 的估计误差 $\Delta\lambda$、$\Delta\psi$、$\Delta\gamma$ 为小角，存在近似关系：

$$\begin{cases}\sin\Delta\lambda \approx \Delta\lambda, \cos\Delta\lambda \approx 1\\ \sin\Delta\psi \approx \Delta\psi, \cos\Delta\psi \approx 1\\ \sin\Delta\gamma \approx \Delta\gamma, \cos\Delta\gamma \approx 1\end{cases} \tag{3.128}$$

以 ψ 为例，设 $\hat{\psi} = \psi + \Delta\psi$，存在

$$\mathrm{E}\left[\left(\sin\psi - \sin\hat{\psi}\right)\left(\sin\psi - \sin\hat{\psi}\right)\right] = \sigma_\psi^2 \cos^2\psi \tag{3.129}$$

式中，

$$\mathrm{E}\left[\left(\sin\psi - \sin\hat{\psi}\right)\left(\sin\psi - \sin\hat{\psi}\right)\right] = \mathrm{E}\left[\boldsymbol{C}_0^m(3,1)\,\boldsymbol{C}_0^m(3,1)\right] = \sigma_{C_0^m,\psi}^2 \tag{3.130}$$

其中，$\sigma_{C_0^m,\psi}^2$ 为矩阵 $\boldsymbol{C}_0^m(3,1)$ 的方差，根据 $\boldsymbol{C}_0^m$ 计算得到，因此假设其为已知量，于是 ψ 的估计方差可表示为

$$\sigma_\psi^2 = \frac{\sigma_{C_0^m,\psi}^2}{\cos^2\psi} \tag{3.131}$$

设 $\cos^2\psi \neq 0$，同理，可得 λ、γ 的估计方差：

$$\begin{cases}\sigma_\lambda^2 = \cos^2\lambda\sigma_{C_0^m,\lambda}^2\\ \sigma_\gamma^2 = \cos^2\gamma\sigma_{C_0^m,\gamma}^2\end{cases} \tag{3.132}$$

式中，$\sigma_{C_0^m,\lambda}^2$ 与 $\sigma_{C_0^m,\gamma}^2$ 分别为根据 $\boldsymbol{C}_0^m$ 求得的对应位置的方差。

综上可知，本方法中提出的磁信标实际磁场中心位置与坐标系姿态角的标定算法是无偏的。其中，实际磁场中心位置 $\boldsymbol{O}$ 的估计结果稳定性与磁强计的测量精度及数量相关，实际磁场坐标系姿态角 λ、ψ、γ 的估计结果稳定性与 $\boldsymbol{C}_0^m$ 的估计协方差相关，同时还与 λ、ψ、γ 的真值相关，在标定过程中根据式 (3.131) 与式 (3.132) 可知，应尽量满足 $\cos^2\psi \approx 1$、$\cos^2\lambda \approx 0$、$\cos^2\gamma \approx 0$ 以提高标定结果的稳定性。

假设磁信标的磁矩 $M = 221.2\mathrm{A}\cdot\mathrm{m}^2$，磁导率近似为真空中的磁导率，磁信标实际磁场中心位置坐标 $O = (0,0,0)\mathrm{m}$，磁信标坐标系相对于磁强计坐标系姿态角 $\lambda = 88°$、$\psi = 0°$、$\gamma = 88°$，首先利用三个坐标系姿态一致的磁强计实现标定过程，三个磁强计位置坐标分别为 $P_1 = (2,2,0.5)\mathrm{m}$、$P_2 = (-2,2,0.5)\mathrm{m}$、$P_3 = (2,-2,0.5)\mathrm{m}$；再利用四个坐标系一致的磁强计实现标定过程，在前三个磁

强计位置基础上，在坐标 $P_4 = (-2, -2, 0.5)\,\mathrm{m}$ 处增加第四个磁强计。两次仿真实验中，测量磁场的信噪比均为 100dB。根据步骤 1～步骤 5，估计磁信标等效位置与姿态角，重复上述过程 1000 次，得到位姿误差累积分布曲线，对比结果如图 3.45 所示。在利用三个磁强计标定的结果中，磁信标等效位置误差期望约 0.011m，姿态角平均误差期望约 0.17°；利用四个磁强计标定结果中，位置误差期望约 0.009m，姿态角平均误差期望约 0.13°，根据实验结果可发现，增加标定实验中磁强计的数量可提高对磁信标的标定精度。

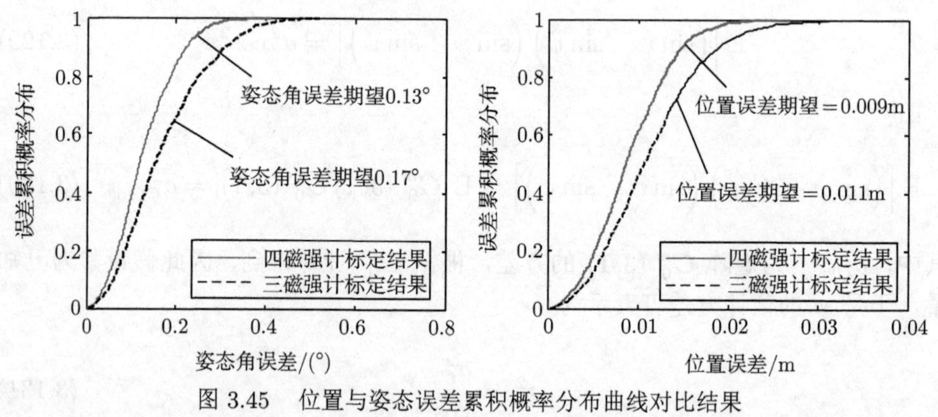

图 3.45　位置与姿态误差累积概率分布曲线对比结果

3.6　本 章 小 结

本章系统性介绍了基于低频磁场的测距测向系统，主要包括常见的磁传感器、磁信标的磁场分布模型、磁信标测距测向技术、弱磁信号提取、磁信标测距测向系统误差分析及补偿技术五个部分。研究表明，高穿透力低频磁场测距测向系统具有强穿透性、强鲁棒性、高稳定性以及强抗干扰性，适合在地下等复杂环境进行工程应用，具有丰富的研究价值和广阔的应用前景。

第 4 章　多运动体协同定位

本章将对多运动体协同定位进行原理分析和模型建立，采用滤波算法对协同定位算法进行研究，对协同定位系统性能进行分析，提出节点选取优化算法以进一步提升协同定位算法的性能，研究鲁棒、自适应以及时延补偿协同定位算法，为协同定位系统精度的提升提供理论基础。

4.1　多运动体协同定位建模

本节介绍单运动体三维空间、单运动体二维平面和多运动体二维平面的运动学模型以及基于相对距离和相对方位的量测模型，在此基础上，对协同定位原理及其结构进行分析，给出各种结构下的协同定位模型。

4.1.1　单运动体和多运动体运动学模型

4.1.1.1　单运动体三维空间运动学模型

设单运动体在导航坐标系中的三维位置状态为 (x, y, z)，分别表示以导航原点为参考点的运动体的水平位置和高度/深度。此外，导航坐标系中与运动体位置相关的两个姿态角为 φ 和 θ，分别表示运动体的偏航角和俯仰角。定义 t_k 时刻运动体的运动状态为 $\boldsymbol{X}_k = [x_k \quad y_k \quad z_k \quad \varphi_k]^{\mathrm{T}}$，则可建立如下采样周期为 T 的空间离散运动学方程：

$$\begin{cases} x_{k+1} = x_k + v_k \cdot T \cdot \cos\varphi_k \cdot \cos\theta_k \\ y_{k+1} = y_k + v_k \cdot T \cdot \sin\varphi_k \cdot \cos\theta_k \\ z_{k+1} = z_k + v_k \cdot T \cdot \sin\theta_k \\ \varphi_{k+1} = \varphi_k + T \cdot \omega_k \end{cases} \tag{4.1}$$

记传感器输入 $\boldsymbol{u}_k = [v_k \quad z_k \quad \omega_k \quad \theta_k]^{\mathrm{T}}$，分别为运动体的前进速度、高度/深度、偏航角速度和俯仰角，则式 (4.1) 可表示为

$$\boldsymbol{X}_{k+1} = f(\boldsymbol{X}_k, \boldsymbol{u}_k) \tag{4.2}$$

以上为理想情况下的运动体运动学模型，实际情况下，输入测量值 $\boldsymbol{u}$ 是受噪声干扰的。假设其中干扰为高斯白噪声序列 $\overline{\boldsymbol{w}}_k$，则真实输入可表示为 $\boldsymbol{u}_k =$

$\boldsymbol{u}_{m_k}+\overline{\boldsymbol{w}}_k$，其中，$\boldsymbol{u}_{m_k}$ 为带误差的传感器测量值，$\boldsymbol{u}_k$ 为真值，$\overline{\boldsymbol{w}}_k$ 为高斯白噪声干扰，噪声协方差矩阵为 $\boldsymbol{Q}_k$，可分别表示为

$$\boldsymbol{u}_{m_k}=\begin{bmatrix} v_{m_k} \\ z_{m_k} \\ \omega_{m_k} \\ \theta_{m_k} \end{bmatrix}, \boldsymbol{u}_k=\begin{bmatrix} v_k \\ z_k \\ \omega_k \\ \theta_k \end{bmatrix}, \overline{\boldsymbol{w}}_k=\begin{bmatrix} \overline{w}_{v_k} \\ \overline{w}_{z_k} \\ \overline{w}_{\omega_k} \\ \overline{w}_{\theta_k} \end{bmatrix}$$
$$\boldsymbol{Q}_k=\mathrm{E}\left[\overline{\boldsymbol{w}}_k\overline{\boldsymbol{w}}_k{}^{\mathrm{T}}\right]=\begin{bmatrix} \sigma_{v_k}^2 & 0 & 0 & 0 \\ 0 & \sigma_{z_k}^2 & 0 & 0 \\ 0 & 0 & \sigma_{\omega_k}^2 & 0 \\ 0 & 0 & 0 & \sigma_{\theta_k}^2 \end{bmatrix} \tag{4.3}$$

式中，$\boldsymbol{Q}_k$ 的对角元素分别为速度、高度、角速度、航向角的方差。

根据式 (4.2) 和式 (4.3) 可得实际的运动体三维运动方程为

$$\boldsymbol{X}_{k+1}=f(\boldsymbol{X}_k,\boldsymbol{u}_{m_k},\overline{\boldsymbol{w}}_k) \tag{4.4}$$

4.1.1.2 单运动体二维平面运动学模型

由于运动体 z 轴方向的信息可由气压高度计/压力深度计直接测得，无须代入运动学模型中进行解算。为简化运动学模型，减小递推状态的维数，可不考虑高度项，但在进行运动体间的相对距离解算时，需将高度/深度信息代入。此外，由于空中和水下运动体在稳态运动时的俯仰角 θ 较小，地面运动体在水平面运动时也是如此，可近似认为 $\cos\theta\approx 1$。因此可将三维运动模型简化为二维运动模型。定义运动体平面运动位置表示为 $(x_{i,k},y_{i,k},\varphi_{i,k})$，元素分别表示为运动体在导航坐标系中的位置坐标和偏航角，则采样周期为 T 的二维离散运动学模型为

$$\begin{cases} x_{k+1}=x_k+v_k\cdot T\cdot\cos\varphi_k \\ y_{k+1}=y_k+v_k\cdot T\cdot\sin\varphi_k \\ \varphi_{k+1}=\varphi_k+T\cdot\omega_k \end{cases} \tag{4.5}$$

式中，v_k 和 ω_k 分别为运动体的前进速度和偏航角速度。与三维运动学模型类似，此方程为理想情况下的运动体运动学模型。假设实际模型中的传感器量测输入均遭受高斯白噪声的干扰，则量测输入、真实输入、传感器噪声分别为

$$\boldsymbol{u}_{m_k}=\begin{bmatrix} v_{m_k} \\ \omega_{m_k} \end{bmatrix}, \boldsymbol{u}_k=\begin{bmatrix} v_k \\ \omega_k \end{bmatrix}, \overline{\boldsymbol{w}}_k=\begin{bmatrix} \overline{w}_{v_k} \\ \overline{w}_{\omega_k} \end{bmatrix} \tag{4.6}$$

且满足 $\boldsymbol{u}_k = \boldsymbol{u}_{m_k} + \overline{\boldsymbol{w}}_k$，噪声协方差矩阵为

$$\boldsymbol{Q}_k = \mathrm{E}\left[\overline{\boldsymbol{w}}_k \overline{\boldsymbol{w}}_k{}^{\mathrm{T}}\right] = \begin{bmatrix} \sigma_{v_k}^2 & 0 \\ 0 & \sigma_{\omega_k}^2 \end{bmatrix} \tag{4.7}$$

运动体的二维运动学方程可简写为

$$\begin{aligned} \boldsymbol{X}_{k+1} &= f(\boldsymbol{X}_k, \boldsymbol{u}_{m_k}, \overline{\boldsymbol{w}}_k) \\ &= \boldsymbol{X}_k + \boldsymbol{\psi}_k(\boldsymbol{u}_{m_k} + \overline{\boldsymbol{w}}_k) \end{aligned} \tag{4.8}$$

式中，

$$\boldsymbol{\psi}_k = \begin{bmatrix} T \cdot \cos\varphi_k & 0 \\ T \cdot \sin\varphi_k & 0 \\ 0 & T \end{bmatrix} \tag{4.9}$$

4.1.1.3 多运动体二维平面运动学模型

本节研究多运动体的运动学模型，由上节的分析可知，运动体的三维运动可通过已知的高度/深度信息投影至二维平面进行计算，因此无特别说明，本书中的协同定位算法主要以运动体的二维运动学模型为研究对象。对于一个由 N 个运动体组成的系统，设 t_k 时刻运动体 i 的状态为 $\boldsymbol{X}_{i,k} = [x_{i,k} \quad y_{i,k} \quad \varphi_{i,k}]^{\mathrm{T}}$，则由式 (4.8) 所示的单运动体组成的集群式多运动体运动方程为

$$\boldsymbol{X}_{k+1} = f^c(\boldsymbol{X}_k, \boldsymbol{u}_{m_k}, \overline{\boldsymbol{w}}_k) = \boldsymbol{\Psi}_k(\boldsymbol{u}_{m_k} + \overline{\boldsymbol{w}}_k) + \boldsymbol{X}_k \tag{4.10}$$

式中，

$$\begin{aligned} \boldsymbol{X}_{k+1} &= [\boldsymbol{X}_{1,k+1}^{\mathrm{T}} \quad \cdots \quad \boldsymbol{X}_{N,k+1}^{\mathrm{T}}]^{\mathrm{T}} \\ \boldsymbol{u}_{m_k} &= [\boldsymbol{u}_{1,m_k}^{\mathrm{T}} \quad \cdots \quad \boldsymbol{u}_{N,m_k}^{\mathrm{T}}]^{\mathrm{T}} \\ \overline{\boldsymbol{w}}_k &= [\overline{\boldsymbol{w}}_{1,k} \quad \cdots \quad \overline{\boldsymbol{w}}_{N,k}]^{\mathrm{T}} \\ \boldsymbol{X}_k &= [\boldsymbol{X}_{1,k}^{\mathrm{T}} \quad \cdots \quad \boldsymbol{X}_{N,k}^{\mathrm{T}}]^{\mathrm{T}} \end{aligned} \tag{4.11}$$

$$\boldsymbol{\Psi}_k = \begin{bmatrix} \boldsymbol{\psi}_{1,k} & 0 & \cdots & 0 \\ 0 & \boldsymbol{\psi}_{2,k} & \cdots & 0 \\ \vdots & \vdots & & \vdots \\ 0 & 0 & \cdots & \boldsymbol{\psi}_{N,k} \end{bmatrix} = \mathrm{diag}[\boldsymbol{\psi}_{1,k} \quad \cdots \quad \boldsymbol{\psi}_{N,k}] \tag{4.12}$$

此时的输入噪声协方差为

$$\boldsymbol{Q}_k = \mathrm{E}\left[\overline{\boldsymbol{w}}_k \overline{\boldsymbol{w}}_k^{\mathrm{T}}\right] = \mathrm{diag}[\ \boldsymbol{Q}_{1,k} \quad \cdots \quad \boldsymbol{Q}_{N,k}\ ] \tag{4.13}$$

4.1.2 相对距离和相对方位量测模型

多运动体系统中各运动体可通过装备激光测距仪、UWB、磁传感器、相机、雷达等传感器进行相互观测。相互观测量可分为相对距离和相对方位两种，接下来分别建立相对距离、相对方位下的量测模型。

4.1.2.1 相对距离量测模型

假设测得 t_k 时刻运动体 i 与运动体 j 之间的相对距离为 $Z_{ij,k}^{\rho}$，如图 4.1 所示，则距离量测方程为

$$\begin{aligned} Z_{ij,k}^{\rho} &= \|\boldsymbol{X}_{i,k} - \boldsymbol{X}_{j,k}\| + v_{\rho_k} \\ &= \sqrt{(x_{i,k} - x_{j,k})^2 + (y_{i,k} - y_{j,k})^2} + v_{\rho_k} \end{aligned} \tag{4.14}$$

式中，量测噪声 v_{ρ_k} 服从方差为 $R_k = \sigma_\rho^2$ 的高斯白噪声分布。

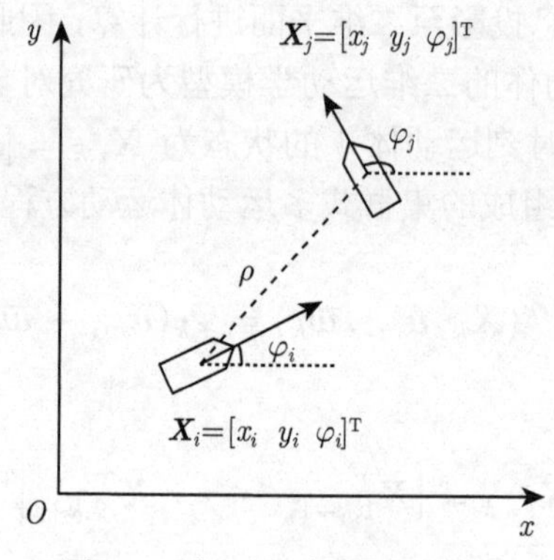

图 4.1　相对距离量测示意图

4.1.2.2 相对方位量测模型

假设测得 t_k 时刻运动体 i 与运动体 j 之间的相对方位为 $Z_{ij,k}^{\beta}$，如图 4.2 所示，则方位量测方程为

$$Z_{ij,k}^{\beta} = \arctan\left(\frac{y_{i,k} - y_{j,k}}{x_{i,k} - x_{j,k}}\right) + v_{\beta_k} \tag{4.15}$$

式中，量测噪声 v_{β_k} 服从方差为 $R_k = \sigma_\beta^2$ 的高斯白噪声分布。

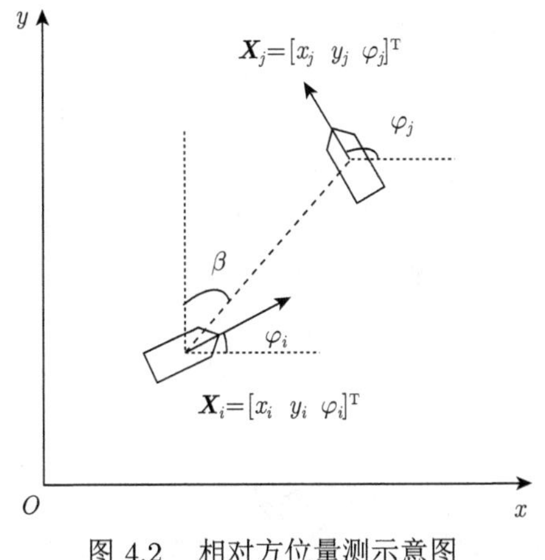

图 4.2 相对方位量测示意图

4.1.3 多运动体协同定位原理与模型

4.1.3.1 多运动体协同定位原理

对于多运动体协同系统来说，受制于体积、能耗、成本等因素的考量，多数运动体通常配备低精度的导航装置进行自主导航。以典型的航位推算系统为例，受传感器量测误差及安装偏差等因素的影响，航位推算误差不断增大，为了抑制航位推算误差的不断累积，保证系统整体的导航性能，采用额外参考信息进行误差校正，协同定位即基于这一现实目的提出的。为实现协同定位，多运动体协同系统通常配备一个或几个主节点运动体，主节点运动体以高精度的导航设备实现自身高精度的导航定位，系统运行过程中，通过主从运动体相互协作，利用主节点运动体高精度的导航信息辅助从运动体对自身定位误差进行协同校正，进而改善系统整体的导航性能。

实现运动体间的协同定位，首先需要构建可靠的通信网络，保证相互有效的信息传递。根据前文内容可知，可通过 5G 网络、数据链、UWB、WiFi 等构建协同网络。对于水下协同定位，由于水介质的特殊性，水声通信是实现水下运动体协同定位的重要通信手段。接下来以相互测距为例介绍协同定位原理。在系统运行过程中，当配备低精度导航装置的从节点运动体利用通信设备获取高精度主节点运动体的位置信息以及二者间相对距离参考信息后，即可利用该参考信息实现自身位置误差的协同校正，实现运动体间的协同定位。基于距离观测的主从式运动体协同定位原理如图 4.3 所示。

图 4.3 中的椭圆表示运动体的位置误差协方差矩阵椭圆，椭圆面积越大表示位置误差的不确定度越大。主节点运动体由于配备高精度的导航设备，自身定位精度较高，位置误差不确定度较小，而从节点运动体航位推算误差的累积导致校

正前的误差不确定度较大。圆环部分表示根据主从运动体间距离观测信息推断可能的从节点运动体位置状态分布，其中圆环的宽窄表示距离量测噪声的大小。圆环越窄代表量测距离精度越高。当从节点运动体成功对主节点运动体进行距离观测后，通过信息融合技术实现对自身位置误差的协同校正。如图 4.3 所示，从节点运动体经过具有高精度位置信息的主节点运动体协同校正后位置误差不确定度大大减小，尤其在观测距离方位上效果明显。

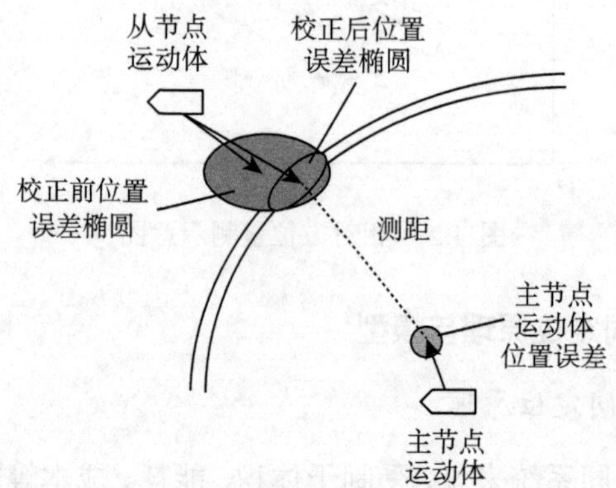

图 4.3　基于距离观测的主从式运动体协同定位原理

4.1.3.2　多运动体协同定位结构

协同定位系统按照协同配置方案的不同可以分为主从式和并行式两种。主从式协同定位系统中，运动体有主次之分，部分运动体配置高精度的导航设备，可称为主节点，为节约成本，其余运动体配置低精度的导航设备，可称为从节点。主从式协同定位系统如图 4.4 所示。

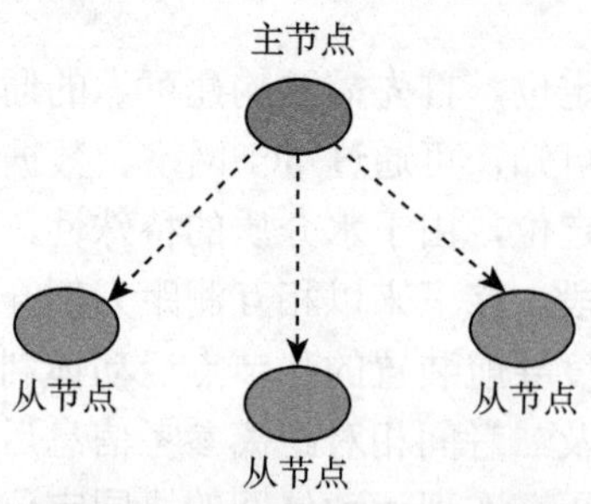

图 4.4　主从式协同定位系统

在主从式协同定位系统中，从节点通过主节点提供的导航信息以及从节点和主节点间的相对观测信息进行协同定位，从而减小从节点的定位误差，进而在成本较少的情况下提升整个系统的导航定位性能。主从式的协同方案根据主节点数量的多少分为单主节点和多主节点两种。单主节点方案中只有一个主节点，结构简单、操作方便以及成本较低，但是整个系统的导航定位性能取决于主节点的性能，当主节点性能较低或出现故障时，整个系统的导航定位性能会下降甚至失效。同时，单主节点方案的系统可观测性较差，需要主节点进行相应的机动来提高系统的可观测性，以提高系统的定位精度。多领航方案中有多个主节点，系统成本有所增加，但是从节点不必过度依赖某一个主节点，系统的鲁棒性得到极大的提升，同时系统的可观测性也得到提升，不需要主节点进行额外的机动。

并行式协同定位系统中，运动体没有主次之分，所有运动体配置精度相当或相同的导航设备（图 4.5）。在并行式协同定位系统中，每个运动体通过自身配备的导航系统进行导航定位，通过与其他运动体的通信以及相互观测，进行导航信息的传输与共享。相对于主从式协同定位系统，并行式协同定位系统结构灵活、鲁棒性强、可靠性高，但是并行式协同定位系统的定位性能取决于每一个运动体的定位性能，只有提高所有运动体的定位性能，才能提高整体的定位性能，但是整个系统的成本会大幅增加。同时，每个运动体间都可能需要进行相互通信，通信量较大，通信带宽的限制会对系统的导航性能产生明显的影响，导航定位系统中的运动体数量越多，影响越大。

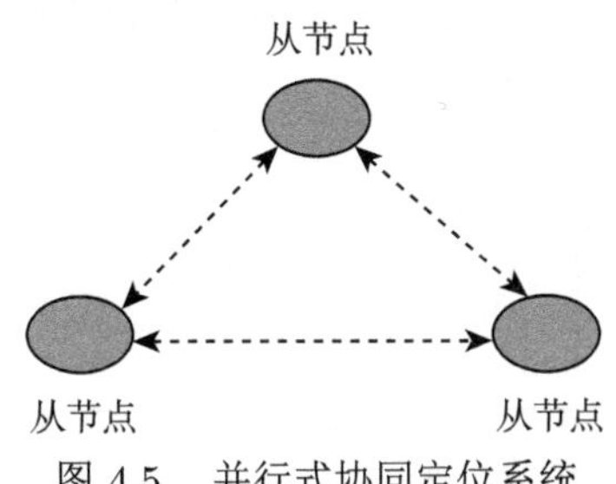

图 4.5 并行式协同定位系统

4.1.3.3 多运动体协同定位模型

本节根据协同定位结构，结合运动体运动学模型和量测模型，建立基于单主节点的协同定位模型、基于多主节点的协同定位模型和基于平行节点的协同定位模型。

1. 基于单主节点的协同定位模型

假设 t_k 时刻主节点运动体 M 和从节点运动体 S 的位置分别为 $(x_{M,k}, y_{M,k}, z_{M,k})$、$(x_{S,k}, y_{S,k}, z_{S,k})$，由于运动体可以通过传感器直接测量得到高度方向的信息，因此在协同定位系统建模过程中不考虑高度项。根据单运动体二维平面运动学模型，可得系统的状态方程为

$$\boldsymbol{X}_{S,k+1} = f(\boldsymbol{X}_{S,k}, \boldsymbol{u}_{m_k}, \overline{\boldsymbol{w}}_k) \tag{4.16}$$

若单主节点的协同定位系统选取主从节点之间的相对距离作为观测量，根据相对距离量测模型，可得系统距离量测模型为

$$
\begin{aligned}
Z_k &= \|\boldsymbol{X}_{M,k} - \boldsymbol{X}_{S,k}\| + v_{\rho_k} \\
&= \sqrt{(x_{M,k} - x_{S,k})^2 + (y_{M,k} - y_{S,k})^2} + v_{\rho_k}
\end{aligned} \tag{4.17}
$$

若单主节点的协同定位系统选取主从节点之间的相对方位作为观测量，根据相对方位量测模型，可得系统方位量测模型为

$$
Z_k = \arctan\left(\frac{y_{M,k} - y_{S,k}}{x_{M,k} - x_{S,k}}\right) + v_{\beta_k} \tag{4.18}
$$

以上即基于单主节点的协同定位模型。

2. 基于多主节点的协同定位模型

多主节点协同定位与单主节点协同定位主要区别在于主节点的数量，本书以双主节点为例介绍多主节点协同定位模型。双主节点协同定位系统中共有两个主节点向从节点提供位置及观测信息，系统状态方程仍然采用前文给出的单运动体二维平面运动学模型，设两个主节点的位置分别为 $(x_{M1,k}, y_{M1,k})$、$(x_{M2,k}, y_{M2,k})$。

若双主节点的协同定位系统选取主从节点之间的相对距离作为观测量，S 到 $M1$ 和 $M2$ 之间的水平距离分别为 $r_{1,k}$、$r_{2,k}$，根据相对距离量测模型，可得系统距离量测模型为

$$
\begin{aligned}
\boldsymbol{Z}_k &= \begin{bmatrix} r_{1,k} \\ r_{2,k} \end{bmatrix} + \boldsymbol{v}_{\rho_k} \\
&= \begin{bmatrix} \sqrt{(x_{M1,k} - x_{S,k})^2 + (y_{M1,k} - y_{S,k})^2} \\ \sqrt{(x_{M2,k} - x_{S,k})^2 + (y_{M2,k} - y_{S,k})^2} \end{bmatrix} + \boldsymbol{v}_{\rho_k}
\end{aligned} \tag{4.19}
$$

式中，$\boldsymbol{v}_{\rho_k}$ 为距离量测噪声，并且是零均值高斯白噪声。$\boldsymbol{R}_{\rho_k}$ 为对应的方差阵，则有

$$
\boldsymbol{R}_{\rho_k} = \mathrm{E}[\boldsymbol{v}_{\rho_k} \boldsymbol{v}_{\rho_k}^{\mathrm{T}}] = \begin{bmatrix} \sigma_{r1}^2 & 0 \\ 0 & \sigma_{r2}^2 \end{bmatrix} \tag{4.20}
$$

若双主节点的协同定位系统选取主从节点之间的相对方位作为观测量，S 到 $M1$ 和 $M2$ 之间的相对方位分别为 $\beta_{1,k}$、$\beta_{2,k}$，根据相对方位量测模型，可得系统方位量测模型为

$$
\boldsymbol{Z}_k = \begin{bmatrix} \beta_{1,k} \\ \beta_{2,k} \end{bmatrix} + \boldsymbol{v}_{\beta_k}
$$

$$= \begin{bmatrix} \arctan\left(\dfrac{y_{M1,k} - y_{S,k}}{x_{M1,k} - x_{S,k}}\right) \\ \arctan\left(\dfrac{y_{M2,k} - y_{S,k}}{x_{M2,k} - x_{S,k}}\right) \end{bmatrix} + \boldsymbol{v}_{\beta_k} \tag{4.21}$$

式中，$\boldsymbol{v}_{\beta_k}$ 为方位量测噪声，并且是零均值高斯白噪声。$\boldsymbol{R}_{\beta_k}$ 为对应的方差阵，则有

$$\boldsymbol{R}_{\beta_k} = \mathrm{E}[\boldsymbol{v}_{\beta_k}\boldsymbol{v}_{\beta_k}^{\mathrm{T}}] = \begin{bmatrix} \sigma_{\beta 1}^2 & 0 \\ 0 & \sigma_{\beta 2}^2 \end{bmatrix} \tag{4.22}$$

以上即基于双主节点的协同定位模型，量测模型可根据主节点的数量进行相应修改。

3. 基于平行节点的协同定位模型

基于平行节点的协同定位也就是并行式协同结构，该结构的协同定位系统中的各个节点性能相当，没有高性能的主节点，每一个节点都具有独立定位能力和互相通信能力 [190]。本节以三个节点组成的协同定位系统对基于平行节点的协同定位模型进行研究。

记 t_k 时刻节点 1、节点 2、节点 3 的状态分别为 $\boldsymbol{X}_{1,k} = [x_{1,k} \quad y_{1,k} \quad \varphi_{1,k}]^{\mathrm{T}}$、$\boldsymbol{X}_{2,k} = [x_{2,k} \quad y_{2,k} \quad \varphi_{2,k}]^{\mathrm{T}}$、$\boldsymbol{X}_{3,k} = [x_{3,k} \quad y_{3,k} \quad \varphi_{3,k}]^{\mathrm{T}}$，其中 $x_{i,k}$、$y_{i,k}$ 分别表示节点 i 在 x 轴、y 轴方向的位置，$\varphi_{i,k}$ 表示航向角。根据多运动体二维平面运动学模型，由三个平行节点运动组合而成的集群式多节点运动方程为

$$\boldsymbol{X}_{k+1} = f(\boldsymbol{X}_k, \boldsymbol{u}_k, \boldsymbol{w}_k) = \boldsymbol{X}_k + \Gamma(\boldsymbol{u}_k + \boldsymbol{w}_k) \tag{4.23}$$

式中，$\Gamma(\boldsymbol{u}_k + \boldsymbol{w}_k)$ 为式 (4.10) 中 $\boldsymbol{\Psi}_k(\boldsymbol{u}_{m_k} + \overline{\boldsymbol{w}}_k)$ 的抽象表述；

$$\boldsymbol{X}_{k+1} = [\,\boldsymbol{X}_{1,k+1}^{\mathrm{T}} \quad \boldsymbol{X}_{2,k+1}^{\mathrm{T}} \quad \boldsymbol{X}_{3,k+1}^{\mathrm{T}}\,]^{\mathrm{T}} \tag{4.24}$$

$$\boldsymbol{u}_k = [\,\boldsymbol{u}_{1,k}^{\mathrm{T}} \quad \boldsymbol{u}_{2,k}^{\mathrm{T}} \quad \boldsymbol{u}_{3,k}^{\mathrm{T}}\,]^{\mathrm{T}} \tag{4.25}$$

$$\boldsymbol{w}_k = [\,\boldsymbol{w}_{1,k}^{\mathrm{T}} \quad \boldsymbol{w}_{2,k}^{\mathrm{T}} \quad \boldsymbol{w}_{3,k}^{\mathrm{T}}\,]^{\mathrm{T}} \tag{4.26}$$

过程噪声 $\boldsymbol{w}_k$ 的协方差矩阵为

$$\boldsymbol{Q}_k = \mathrm{E}[\boldsymbol{w}_k\boldsymbol{w}_k^{\mathrm{T}}] = \begin{bmatrix} \boldsymbol{Q}_{1,k} & 0 & 0 \\ 0 & \boldsymbol{Q}_{2,k} & 0 \\ 0 & 0 & \boldsymbol{Q}_{3,k} \end{bmatrix} \tag{4.27}$$

式中，

$$\boldsymbol{Q}_{i,k} = \mathrm{E}\left[\boldsymbol{w}_{i,k}\boldsymbol{w}_{i,k}^{\mathrm{T}}\right] = \begin{bmatrix} \sigma_{v_{i,k}}^2 & 0 \\ 0 & \sigma_{\omega_{i,k}}^2 \end{bmatrix} \tag{4.28}$$

若选取各节点之间的相对距离作为观测量，根据相对距离量测模型，可得系统量测模型为

$$\boldsymbol{Z}_k = h(x_{1,k}, y_{1,k}, x_{2,k}, y_{2,k}, x_{3,k}, y_{3,k}) + \boldsymbol{v}_k = \begin{bmatrix} r_{12,k} \\ r_{23,k} \\ r_{13,k} \end{bmatrix} + \boldsymbol{v}_k \tag{4.29}$$

式中，$r_{12,k}$、$r_{23,k}$、$r_{13,k}$ 分别为节点 1、2，节点 2、3，节点 1、3 之间的水平距离；$\boldsymbol{v}_k$ 为量测噪声，并且是零均值高斯白噪声。$\boldsymbol{R}_k$ 为对应的方差阵，则有

$$r_{12,k} = \sqrt{(x_{2,k} - x_{1,k})^2 + (y_{2,k} - y_{1,k})^2} \tag{4.30}$$

$$r_{23,k} = \sqrt{(x_{2,k} - x_{3,k})^2 + (y_{2,k} - y_{3,k})^2} \tag{4.31}$$

$$r_{13,k} = \sqrt{(x_{1,k} - x_{3,k})^2 + (y_{1,k} - y_{3,k})^2} \tag{4.32}$$

$$\boldsymbol{R}_k = \mathrm{E}[\boldsymbol{v}_k \boldsymbol{v}_k^{\mathrm{T}}] = \begin{bmatrix} \sigma_{r12}^2 & & \\ & \sigma_{r23}^2 & \\ & & \sigma_{r13}^2 \end{bmatrix} \tag{4.33}$$

若选取各节点之间的相对方位作为观测量，根据相对方位量测模型，可得系统量测模型为

$$\boldsymbol{Z}_k = h(x_{1,k}, y_{1,k}, x_{2,k}, y_{2,k}, x_{3,k}, y_{3,k}) + \boldsymbol{v}_k = \begin{bmatrix} \beta_{12,k} \\ \beta_{23,k} \\ \beta_{13,k} \end{bmatrix} + \boldsymbol{v}_k \tag{4.34}$$

式中，$\beta_{12,k}$、$\beta_{23,k}$、$\beta_{13,k}$ 分别为节点 1、2，节点 2、3，节点 1、3 之间的相对方位；$\boldsymbol{v}_k$ 是量测噪声，并且是零均值高斯白噪声。$\boldsymbol{R}_k$ 为对应的方差阵，则有

$$\beta_{12,k} = \arctan\left(\frac{y_{1,k} - y_{2,k}}{x_{1,k} - x_{2,k}}\right) \tag{4.35}$$

$$\beta_{23,k} = \arctan\left(\frac{y_{2,k} - y_{3,k}}{x_{2,k} - x_{3,k}}\right) \tag{4.36}$$

$$\beta_{13,k}=\arctan\left(\frac{y_{1,k}-y_{3,k}}{x_{1,k}-x_{3,k}}\right) \tag{4.37}$$

$$\boldsymbol{R}_k=\mathrm{E}[\boldsymbol{v}_k\boldsymbol{v}_k^{\mathrm{T}}]=\begin{bmatrix}\sigma_{\beta12}^2 & & \\ & \sigma_{\beta23}^2 & \\ & & \sigma_{\beta13}^2\end{bmatrix} \tag{4.38}$$

以上即基于平行节点的协同定位模型，量测模型可根据节点的数量进行相应修改。

4.2 基于滤波的协同定位算法

基于上节对多运动体协同定位系统的建模和分析，本节利用 EKF、UKF、CKF 等对协同定位算法进行研究，给出了各种算法的仿真结果，并对各种算法的性能进行了对比分析。

4.2.1 基于 EKF 的协同定位算法

根据多主节点协同定位系统模型可知，节点的状态方程可以描述为

$$\boldsymbol{X}_{k+1}=f(\boldsymbol{X}_k,\boldsymbol{u}_k,\boldsymbol{w}_k)=\boldsymbol{X}_k+\varGamma(\boldsymbol{u}_k+\boldsymbol{w}_k) \tag{4.39}$$

由式 (4.39) 可知，节点的状态方程是非线性的，EKF 是针对非线性系统的有效的滤波算法，本节应用 EKF 研究协同定位算法。

若将测距信息作为 EKF 的量测信息，则量测方程表示为

$$\begin{aligned}\boldsymbol{Z}_k=h(\boldsymbol{x}_k,\boldsymbol{y}_k)+\boldsymbol{v}_k&=\begin{bmatrix}\rho_{1,k}\\ \vdots \\ \rho_{n,k}\end{bmatrix}+\boldsymbol{v}_k\\ &=\begin{bmatrix}\sqrt{(x_k-x_{1,k})^2+(y_k-y_{1,k})^2}\\ \vdots \\ \sqrt{(x_k-x_{n,k})^2+(y_k-y_{n,k})^2}\end{bmatrix}+\boldsymbol{v}_k\end{aligned} \tag{4.40}$$

式中，$\boldsymbol{v}_k$ 为量测噪声。$\sigma_{\rho_i}^2$ 为第 i 个量测噪声的方差，假设为相互独立不相关的零均值高斯白噪声，其方差阵为

$$\boldsymbol{R}_k=\mathrm{E}[\boldsymbol{v}_k\boldsymbol{v}_k^{\mathrm{T}}]=\begin{bmatrix}\sigma_{\rho_1}^2 & 0 & 0\\ 0 & \ddots & 0\\ 0 & 0 & \sigma_{\rho_n}^2\end{bmatrix} \tag{4.41}$$

量测矩阵 $\boldsymbol{H}_{k+1}$ 为

$$\boldsymbol{H}_{k+1}=\frac{\partial h}{\partial \boldsymbol{X}_{k+1|k}}=\begin{bmatrix} \dfrac{x_k-x_{1,k}}{\rho_{1,k+1}} & \dfrac{y_k-y_{1,k}}{\rho_{1,k+1}} & 0 \\ \vdots & \vdots & \vdots \\ \dfrac{x_k-x_{n,k}}{\rho_{n,k+1}} & \dfrac{y_k-y_{n,k}}{\rho_{n,k+1}} & 0 \end{bmatrix} \tag{4.42}$$

由 EKF 可得系统状态预测为

$$\hat{\boldsymbol{X}}_{k+1|k}=f(\hat{\boldsymbol{X}}_k,\boldsymbol{u}_k,0)=\hat{\boldsymbol{X}}_k+\varGamma(\boldsymbol{u}_k) \tag{4.43}$$

一步预测协方差矩阵为

$$\boldsymbol{P}_{k+1|k}=\boldsymbol{F}_x\boldsymbol{P}\boldsymbol{F}_x^{\mathrm{T}}+\boldsymbol{F}_u\boldsymbol{Q}_k\boldsymbol{F}_u^{\mathrm{T}} \tag{4.44}$$

$$\boldsymbol{F}_x=\frac{\partial f}{\partial \boldsymbol{X}_k}=\begin{bmatrix} 1 & 0 & -TV_k\sin\varphi_k \\ 0 & 1 & TV_k\cos\varphi_k \\ 0 & 0 & 1 \end{bmatrix} \tag{4.45}$$

$$\boldsymbol{F}_u=\frac{\partial f}{\partial \boldsymbol{u}_k}=\begin{bmatrix} T\cos\varphi_k & 0 \\ T\sin\varphi_k & 0 \\ 0 & T \end{bmatrix} \tag{4.46}$$

式中，$\boldsymbol{F}_x$ 为 f 关于 $\boldsymbol{X}_k$ 的雅可比矩阵；$\boldsymbol{F}_u$ 为 f 关于 $\boldsymbol{u}_k$ 的雅可比矩阵；T 为采样间隔；V_k 为运动体速度大小。

卡尔曼滤波的状态更新要求量测方程中必须包含带估计状态的信息。在多节点协同定位中，节点间的相对位置关系可以被观测。依据 EKF 计算公式 [191] 得到误差协方差矩阵和状态一步预测误差协方差矩阵分别为

$$\begin{aligned} \boldsymbol{P}_{k+1}&=(\boldsymbol{I}-\boldsymbol{K}_{k+1}\boldsymbol{H}_{k+1})\boldsymbol{P}_{k+1|k} \\ \boldsymbol{P}_{k+1|k}&=\boldsymbol{F}_x\boldsymbol{P}\boldsymbol{F}_x^{\mathrm{T}}+\boldsymbol{F}_u\boldsymbol{Q}_k\boldsymbol{F}_u^{\mathrm{T}} \end{aligned} \tag{4.47}$$

滤波增益 $\boldsymbol{K}_{k+1}$ 为

$$\boldsymbol{K}_{k+1}=\boldsymbol{P}_{k+1|k}\boldsymbol{H}_{k+1}^{\mathrm{T}}(\boldsymbol{H}_{k+1}\boldsymbol{P}_{k+1}\boldsymbol{H}_{k+1}^{\mathrm{T}}+\boldsymbol{R}_k)^{-1} \tag{4.48}$$

系统状态更新为

$$\hat{\boldsymbol{X}}_{k+1}=\hat{\boldsymbol{X}}_{k+1|k}+\boldsymbol{K}_{k+1}[\boldsymbol{Z}_{k+1}-h(\hat{\boldsymbol{X}}_{k+1|k})] \tag{4.49}$$

在获得量测更新后，依据 EKF，节点的位置状态得到更新，即得到多移动节点协同定位的位置更新。

4.2.2 基于 UKF 的协同定位算法

假设离散非线性系统可表示为

$$\begin{cases} \boldsymbol{X}_{k+1} = F(\boldsymbol{X}_k, \boldsymbol{w}_k) \\ \boldsymbol{Z}_k = H(\boldsymbol{X}_k, \boldsymbol{v}_k) \end{cases} \tag{4.50}$$

式中，$\boldsymbol{X}_k$ 为系统状态向量；$\boldsymbol{Z}_k$ 为量测向量；$\boldsymbol{w}_k$、$\boldsymbol{v}_k$ 分别为高斯零均值过程噪声和量测噪声，两者独立且不相关：

$$\forall i,j, \quad \mathrm{E}[\boldsymbol{w}_i\boldsymbol{w}_j^{\mathrm{T}}] = \delta_{ij}\boldsymbol{Q}, \quad \mathrm{E}[\boldsymbol{v}_i\boldsymbol{v}_j^{\mathrm{T}}] = \delta_{ij}\boldsymbol{R}, \quad \mathrm{E}[\boldsymbol{w}_i\boldsymbol{v}_j^{\mathrm{T}}] = 0 \tag{4.51}$$

其中，δ_{ij} 表示克罗内克 δ 符号。

UKF 的计算过程如下 [192]。

（1）$k=1$，滤波初始化，将系统状态和过程噪声、量测噪声组成增广状态向量 $\boldsymbol{X}^a$、维数为 L、方差为 $\boldsymbol{P}^a$，则有

$$\begin{aligned}
\boldsymbol{X}^a &= \begin{bmatrix} \boldsymbol{X}^{\mathrm{T}} & \boldsymbol{w}^{\mathrm{T}} & \boldsymbol{v}^{\mathrm{T}} \end{bmatrix}^{\mathrm{T}} \\
\hat{\boldsymbol{X}}_0 &= \mathrm{E}\left[\boldsymbol{X}_0\right] \\
\boldsymbol{P}_0 &= \mathrm{E}\left[\left(\boldsymbol{X}_0 - \hat{\boldsymbol{X}}_0\right)\left(\boldsymbol{X}_0 - \hat{\boldsymbol{X}}_0\right)^{\mathrm{T}}\right] \\
\hat{\boldsymbol{X}}_0^a &= \begin{bmatrix} \hat{\boldsymbol{X}}_0^{\mathrm{T}} & \boldsymbol{0} & \boldsymbol{0} \end{bmatrix}^{\mathrm{T}} \\
\boldsymbol{P}_0^a &= \begin{bmatrix} \boldsymbol{P}_0 & \boldsymbol{0} & \boldsymbol{0} \\ \boldsymbol{0} & \boldsymbol{Q} & \boldsymbol{0} \\ \boldsymbol{0} & \boldsymbol{0} & \boldsymbol{R} \end{bmatrix}
\end{aligned} \tag{4.52}$$

（2）选择采样策略，计算采样 σ 点集：

$$\boldsymbol{\chi}_{k-1}^a = \left[\hat{\boldsymbol{X}}_{k-1}^a \quad \hat{\boldsymbol{X}}_{k-1}^a \pm \sqrt{(L+\lambda)\boldsymbol{P}_{k-1}^a}\right] \tag{4.53}$$

式中，$\boldsymbol{\chi}^a = [(\boldsymbol{\chi}^*)^{\mathrm{T}} \quad (\boldsymbol{\chi}^w)^{\mathrm{T}} \quad (\boldsymbol{\chi}^v)^{\mathrm{T}}]^{\mathrm{T}}$；$\lambda = \alpha^2(L+\kappa) - L$；$\alpha$ 为调节均值周围采样点的紧密度参数；$\kappa \geqslant 0$ 用于保证协方差矩阵的半正定性。

（3）时间更新。计算采样点的非线性一步预测：

$$\boldsymbol{\chi}_{k|k-1}^x = F(\boldsymbol{\chi}_{k-1}^x, \boldsymbol{\chi}_{k-1}^w) \tag{4.54}$$

计算采样点加权一步预测：

$$\begin{aligned}
\hat{\boldsymbol{X}}_{k|k-1} &= \sum_{i=0}^{2L} W_i^{(m)} \boldsymbol{\chi}_{i,k|k-1}^{x} \\
W_0^{(m)} &= \frac{\lambda}{L+\lambda} \\
W_i^{(m)} &= \frac{1}{2(L+\lambda)}, \quad i=1,2,\cdots,2L
\end{aligned} \tag{4.55}$$

计算预测协方差矩阵：

$$\begin{aligned}
&\boldsymbol{P}_{k|k-1} = \sum_{i=0}^{2L} W_i^{(c)} \left(\boldsymbol{\chi}_{i,k|k-1} - \hat{\boldsymbol{X}}_{k|k-1}\right) \left(\boldsymbol{\chi}_{i,k|k-1} - \hat{\boldsymbol{X}}_{k|k-1}\right)^{\mathrm{T}} \\
&W_0^{(c)} = \frac{\lambda}{L+\lambda} + 1 - \alpha^2 + \beta \\
&W_i^{(c)} = W_i^{(m)}, \quad i=1,2,\cdots,2L
\end{aligned} \tag{4.56}$$

$\beta \geqslant 0$ 取值与状态量的分布有关。

计算采样点的一步预测量测：

$$\boldsymbol{\gamma}_{k|k-1} = H(\boldsymbol{\chi}_{k|k-1}^{x}, \boldsymbol{\chi}_{k-1}^{n}) \tag{4.57}$$

计算加权采样点的一步预测量测：

$$\hat{\boldsymbol{Z}}_{k|k-1} = \sum_{i=0}^{2L} W_i^{(m)} \boldsymbol{\gamma}_{i,k|k-1} \tag{4.58}$$

（4）量测更新。

$$\begin{aligned}
\boldsymbol{P}_{\hat{z}_k \hat{z}_k} &= \sum_{i=0}^{2L} W_i^{(c)} \left(\boldsymbol{\gamma}_{i,k|k-1} - \hat{\boldsymbol{Z}}_{k|k-1}\right) \left(\boldsymbol{\gamma}_{i,k|k-1} - \hat{\boldsymbol{Z}}_{k|k-1}\right)^{\mathrm{T}} \\
\boldsymbol{P}_{\hat{x}_k \hat{z}_k} &= \sum_{i=0}^{2L} W_i^{(c)} \left(\boldsymbol{\chi}_{i,k|k-1} - \hat{\boldsymbol{X}}_{k|k-1}\right) \left(\boldsymbol{\chi}_{i,k|k-1} - \hat{\boldsymbol{Z}}_{k|k-1}\right)^{\mathrm{T}}
\end{aligned} \tag{4.59}$$

计算滤波增益：

$$\boldsymbol{K} = \boldsymbol{P}_{\hat{x}_k \hat{z}_k} \boldsymbol{P}_{\hat{x}_k \hat{z}_k}^{-1} \tag{4.60}$$

计算状态估计：

$$\hat{\boldsymbol{X}}_k = \hat{\boldsymbol{X}}_{k|k-1} + \boldsymbol{K}(\hat{\boldsymbol{Z}}_k - \hat{\boldsymbol{Z}}_{k|k-1}) \tag{4.61}$$

计算状态协方差矩阵估计：

$$\boldsymbol{P}_k = \boldsymbol{P}_{k|k-1} - \boldsymbol{K}\boldsymbol{P}_{\hat{z}_k\hat{z}_k}\boldsymbol{K}^{\mathrm{T}} \tag{4.62}$$

（5）$k = k + 1$，进入循环计算。

经过以上 5 个步骤，即完成 UKF，将协同定位系统的模型代入 UKF 的系统模型式 (4.50) 中即可得到基于 UKF 的协同定位算法。

4.2.3 基于 CKF 的协同定位算法

CKF 基于三阶球面径向容积准则，并使用一组容积点来逼近具有附加高斯噪声的非线性系统的状态均值和协方差矩阵，是当前最接近贝叶斯滤波的近似算法，是解决非线性系统状态估计的强有力方法 [193]。

与经典卡尔曼滤波相似，CKF 的整个过程也分为预测和修正两个部分。同样，对于非线性系统：

$$\boldsymbol{X}_{k+1} = f(\boldsymbol{X}_k, \boldsymbol{u}_k, \boldsymbol{w}_k) = \boldsymbol{X}_k + \Gamma(\boldsymbol{u}_k + \boldsymbol{w}_k) \tag{4.63}$$

$$\begin{aligned}\boldsymbol{Z}_k = h(\boldsymbol{x}_k, \boldsymbol{y}_k) + \boldsymbol{v}_k &= \begin{bmatrix} \rho_{1,k} \\ \vdots \\ \rho_{n,k} \end{bmatrix} + \boldsymbol{v}_k \\ &= \begin{bmatrix} \sqrt{(x_k - x_{1,k})^2 + (y_k - y_{1,k})^2} \\ \vdots \\ \sqrt{(x_k - x_{n,k})^2 + (y_k - y_{n,k})^2} \end{bmatrix} + \boldsymbol{v}_k\end{aligned} \tag{4.64}$$

CKF 的计算过程如下 [194]。

（1）初始化。

初始化状态量 $\hat{\boldsymbol{X}}_k$、误差协方差矩阵 $\boldsymbol{P}_k$、过程噪声 $\boldsymbol{Q}$ 和测量噪声 $\boldsymbol{R}$。

（2）计算容积点。

$$\begin{aligned}&\boldsymbol{P}_k = \boldsymbol{S}_k\boldsymbol{S}_k^{\mathrm{T}} \\ &\boldsymbol{X}_k^i = \boldsymbol{S}_k\boldsymbol{\xi}_i + \hat{\boldsymbol{X}}_k, \quad i = 1, 2, \cdots, 2n\end{aligned} \tag{4.65}$$

式中，n 为状态量的维数；$\boldsymbol{\xi}_i$ 为容积点集，

$$\boldsymbol{\xi}_i = \begin{cases} \sqrt{n}\boldsymbol{I}_i, & i = 1, 2, \cdots, n \\ -\sqrt{n}\boldsymbol{I}_i, & i = n+1, n+2, \cdots, 2n \end{cases} \tag{4.66}$$

其中，$\boldsymbol{I}$ 为单位矩阵。

（3）传播容积点。

$$\boldsymbol{X}_{k+1|k}^{i}=f(\boldsymbol{X}_{k}^{i},\boldsymbol{u}_{k}) \tag{4.67}$$

（4）计算状态量预测值及误差协方差矩阵预测值。

$$\begin{aligned}\hat{\boldsymbol{X}}_{k+1|k}&=\frac{1}{2n}\sum_{i=1}^{2n}\boldsymbol{X}_{k+1|k}^{i}\\\boldsymbol{P}_{k+1|k}&=\frac{1}{2n}\sum_{i=1}^{2n}\boldsymbol{X}_{k+1|k}^{i}(\boldsymbol{X}_{k+1|k}^{i})^{\mathrm{T}}-\hat{\boldsymbol{X}}_{k+1|k}(\hat{\boldsymbol{X}}_{k+1|k})^{\mathrm{T}}+\boldsymbol{Q}\end{aligned} \tag{4.68}$$

（5）计算容积点。

$$\begin{aligned}\boldsymbol{P}_{k+1|k}&=\boldsymbol{S}_{k+1|k}\boldsymbol{S}_{k+1|k}^{\mathrm{T}}\\\boldsymbol{X}_{k+1|k}^{i}&=\boldsymbol{S}_{k+1|k}\boldsymbol{\xi}_{i}+\hat{\boldsymbol{X}}_{k+1|k}\end{aligned} \tag{4.69}$$

（6）传播容积点。

$$\boldsymbol{Z}_{k+1}^{i}=g(\boldsymbol{X}_{k+1|k}^{i},\boldsymbol{u}_{k+1}) \tag{4.70}$$

（7）计算测量预测值。

$$\hat{\boldsymbol{Z}}_{k+1}=\frac{1}{2n}\sum_{i=1}^{2n}\hat{\boldsymbol{Z}}_{k+1}^{i} \tag{4.71}$$

（8）计算测量误差协方差矩阵和互协方差矩阵。

$$\begin{aligned}\boldsymbol{P}_{k+1}^{z}&=\frac{1}{2n}\sum_{i=1}^{2n}\boldsymbol{Z}_{k+1}^{i}(\boldsymbol{Z}_{k+1}^{i})^{\mathrm{T}}-\hat{\boldsymbol{Z}}_{k+1}(\hat{\boldsymbol{Z}}_{k+1})^{\mathrm{T}}+\boldsymbol{R}\\\boldsymbol{P}_{k+1}^{xz}&=\frac{1}{2n}\sum_{i=1}^{2n}\boldsymbol{X}_{k+1}^{i}(\boldsymbol{Z}_{k+1}^{i})^{\mathrm{T}}-\hat{\boldsymbol{X}}_{k+1|k}(\hat{\boldsymbol{Z}}_{k+1})^{\mathrm{T}}\end{aligned} \tag{4.72}$$

（9）计算卡尔曼增益，更新状态量以及对应的误差协方差矩阵。

$$\begin{aligned}\boldsymbol{K}_{k+1}&=\boldsymbol{P}_{k+1}^{xz}(\boldsymbol{P}_{k+1}^{z})^{-1}\\\hat{\boldsymbol{X}}_{k+1}&=\hat{\boldsymbol{X}}_{k+1|k}+\boldsymbol{K}_{k+1}(\boldsymbol{Z}_{k+1}-\hat{\boldsymbol{Z}}_{k+1})\\\boldsymbol{P}_{k+1}&=\boldsymbol{P}_{k+1|k}-\boldsymbol{K}_{k+1}\boldsymbol{P}_{k+1}^{z}\boldsymbol{K}_{k+1}^{\mathrm{T}}\end{aligned} \tag{4.73}$$

同理，将协同定位系统的模型代入 CKF 的系统模型中即可得到基于 CKF 的协同定位算法。

4.2.4 仿真验证

4.2.4.1 主从式协同算法对比

在仿真实验中，主节点 1 与主节点 2 沿直线运动，从节点 3 也沿直线运动，从节点 4 做回旋运动，所有节点速度大小均为 0.2m/s，状态更新频率为 1Hz。仿真中引入测距传感器的测量噪声，方差为 $\sigma_R^2=(0.8\text{m})^2$。分别采用基于 EKF、UKF 和 CKF 的协同定位算法进行仿真。假设定位节点在利用主节点进行协同定位的同时，也采用传统的航位推算算法进行定位，其中加速度传感器的测量噪声取为 $\sigma_a^2=(1\text{mm/s}^2)^2$ 的零均值高斯白噪声，加速度与航向角噪声独立不相关。回旋运动子节点和直线运动子节点的定位误差分别如图 4.6 和图 4.7 所示。

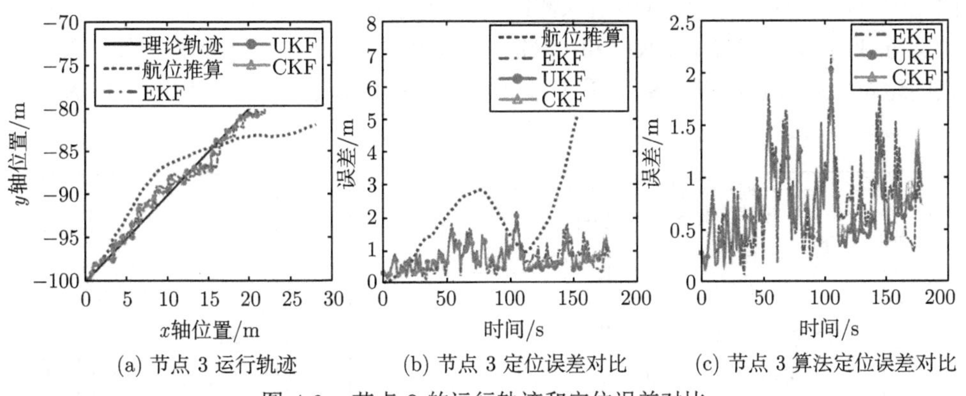

图 4.6 节点 3 的运行轨迹和定位误差对比

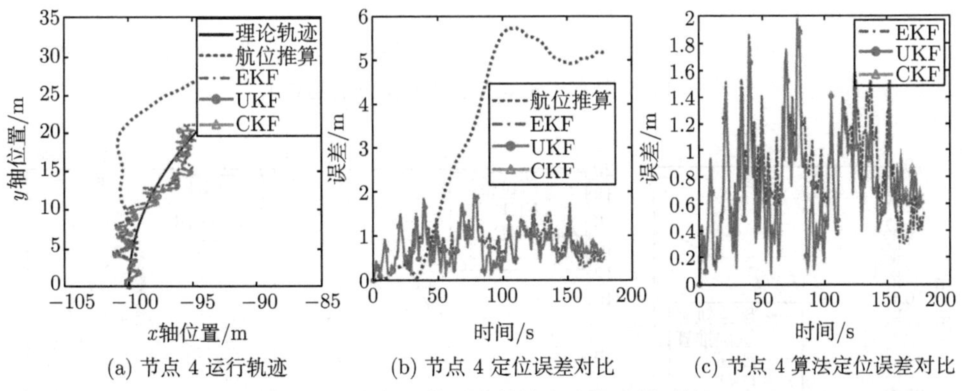

图 4.7 节点 4 的运行轨迹和定位误差对比

由图 4.6 和图 4.7 可知，当节点只依赖内部传感器进行航位推算定位，其定位误差不断增大；当使用主节点信息进行协同定位后，定位精度得到明显提高。三种滤波协同定位算法的定位精度接近，基于 UKF 和 CKF 的协同定位算法的定位精度略优于基于 EKF 的协同定位算法。仿真结果表明，三种滤波协同定位算法能有效减小节点定位误差。

4.2.4.2　分布式节点仿真算法对比

与以上主从式节点仿真环境相同，节点 1 做圆周运动，节点 2 做 y 轴方向直线运动，节点 3 做斜直线运动，节点 4 做圆周运动，所有节点速度大小均为 0.2m/s。状态更新频率为 1Hz。

假设所有定位节点进行协同定位的同时，也采用传统的航位推算算法进行定位，所有节点的加速度传感器的测量噪声取为 $\sigma_a^2=(1\text{mm/s}^2)^2$ 的零均值高斯白噪声，航向角的测量噪声取为 $\sigma_\phi^2=(0.1\text{rad/s})^2$ 的零均值高斯白噪声，加速度与航向角噪声独立不相关。仿真中引入测距传感器的测量噪声，方差为 $\sigma_R^2=(0.8\text{m})^2$。

分别对基于 EKF、UKF 和 CKF 的协同定位算法分别进行了仿真，四个节点的定位误差分别如图 4.8 ~ 图 4.11 所示。根据仿真结果可知，四个节点的航位

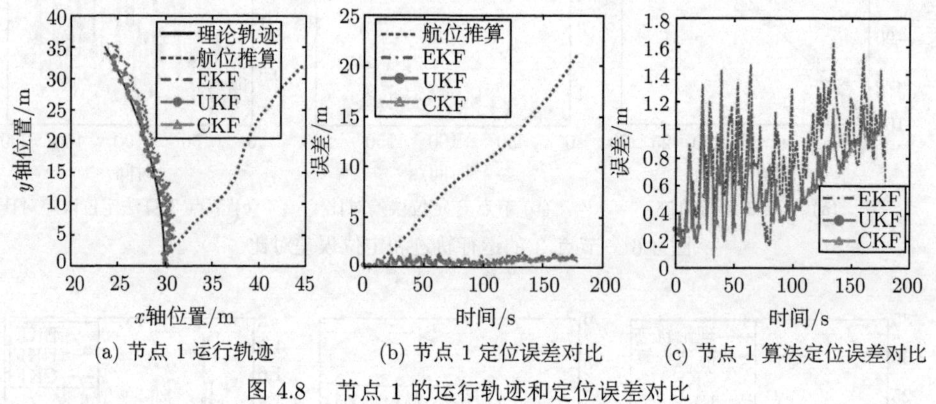

(a) 节点 1 运行轨迹　(b) 节点 1 定位误差对比　(c) 节点 1 算法定位误差对比

图 4.8　节点 1 的运行轨迹和定位误差对比

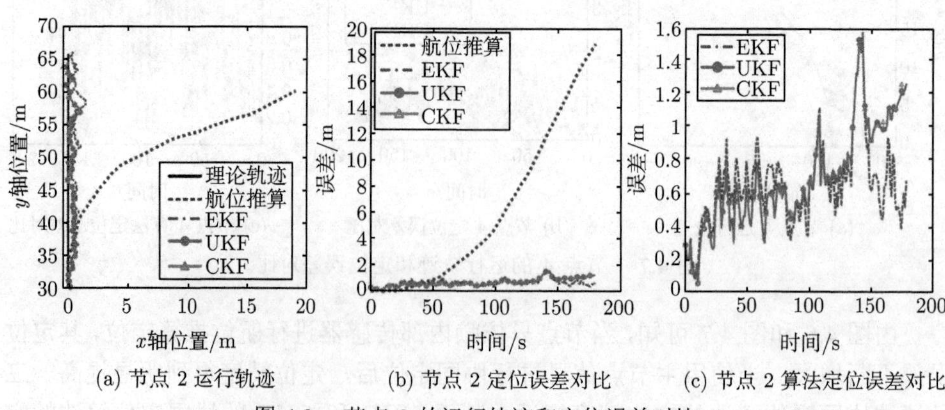

(a) 节点 2 运行轨迹　(b) 节点 2 定位误差对比　(c) 节点 2 算法定位误差对比

图 4.9　节点 2 的运行轨迹和定位误差对比

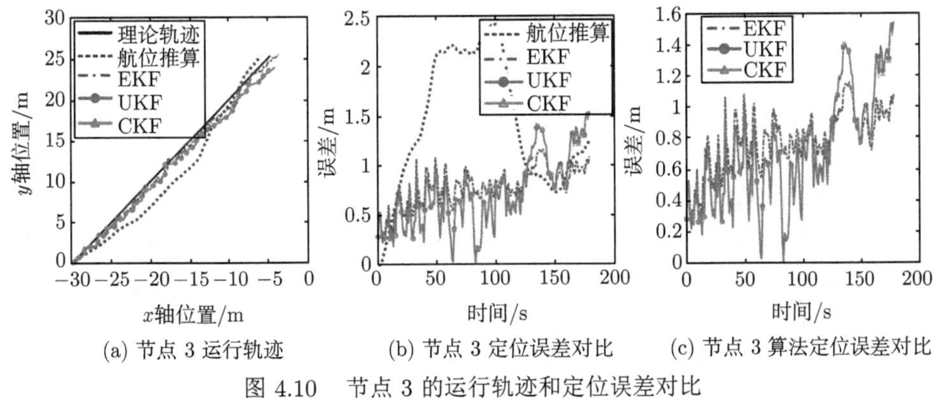

(a) 节点 3 运行轨迹　(b) 节点 3 定位误差对比　(c) 节点 3 算法定位误差对比

图 4.10 节点 3 的运行轨迹和定位误差对比

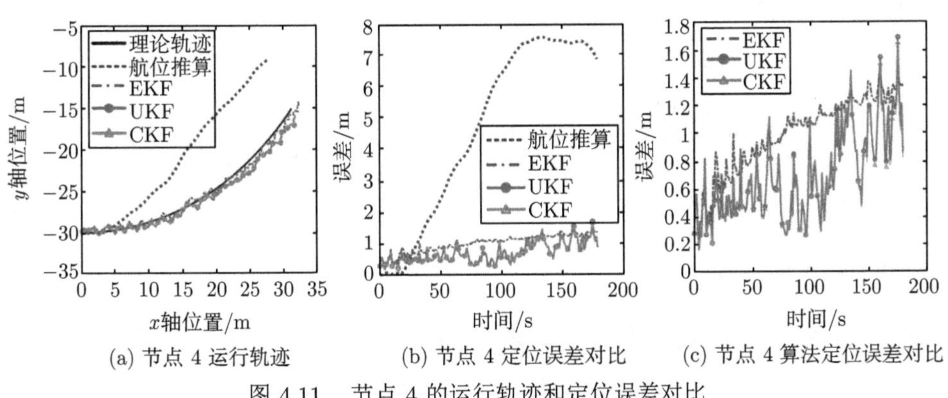

(a) 节点 4 运行轨迹　(b) 节点 4 定位误差对比　(c) 节点 4 算法定位误差对比

图 4.11 节点 4 的运行轨迹和定位误差对比

推算算法的位置曲线均出现了明显的偏差，三种滤波协同定位算法由于应用了节点与其他三个节点之间的测距信息进行协同定位，位置曲线比较吻合；当节点只依赖内部传感器进行航位推算定位，其定位误差不断增大；当使用与其他三个节点之间的测距信息进行协同定位后，定位精度得到明显提高；三种滤波协同定位算法的定位精度接近，基于 UKF 和 CKF 的协同定位算法的定位精度略优于基于 EKF 的协同定位算法。仿真结果表明，三种滤波协同定位算法能有效减小分布式节点系统的定位误差。

4.3 协同定位系统性能分析及节点选取方法

为了进一步研究协同定位系统的性能，本节从系统误差传播机理、可观测性以及系统误差界估计方面进行分析，最后对协同定位系统节点选取方法进行研究，为协同定位系统算法设计提供理论基础。

4.3.1 协同定位系统误差传播机理分析

本节根据协同定位模型，结合卡尔曼滤波算法，定量推导出了累积误差、惯导误差和相对位置量测误差对协同定位精度的影响，得到了协同定位系统误差传递特性。

卡尔曼滤波基本方程不能直接用来解决非线性系统的滤波问题，但如果系统的非线性较弱，则可以对系统方程和量测方程中的非线性函数做泰勒级数展开并仅保留线性项，近似得到线性模型，卡尔曼滤波模型就完全适用。EKF 利用泰勒展开取一次项的方法来将非线性的动态方程和量测方程进行局部线性化，从而利用卡尔曼滤波基本方程进行递推求解。非线性系统方程和量测方程的展开点分别是上一时刻的状态滤波值和本时刻的一步预测值。

状态一步预测为

$$\begin{aligned}\hat{\boldsymbol{X}}_{k+1|k} &= \boldsymbol{\Phi}_k\hat{\boldsymbol{X}}_k + \boldsymbol{U}_k \\ &= \left.\frac{\partial f(\boldsymbol{X}_k)}{\partial \boldsymbol{X}_k^{\mathrm{T}}}\right|_{\boldsymbol{X}_k=\hat{\boldsymbol{X}}_k}\hat{\boldsymbol{X}}_k + f(\hat{\boldsymbol{X}}_k) - \left.\frac{\partial f(\boldsymbol{X}_k)}{\partial \boldsymbol{X}_k^{\mathrm{T}}}\right|_{\boldsymbol{X}_k=\hat{\boldsymbol{X}}_k}\hat{\boldsymbol{X}}_k \\ &= f(\hat{\boldsymbol{X}}_k)\end{aligned} \tag{4.74}$$

状态一步修正为

$$\begin{aligned}\boldsymbol{X}_{k+1} &= \hat{\boldsymbol{X}}_{k+1|k} + \boldsymbol{K}_{k+1}\left(\boldsymbol{Z}_{k+1} - \hat{\boldsymbol{Z}}_{k+1|k}\right) \\ &= \hat{\boldsymbol{X}}_{k+1|k} + \boldsymbol{K}_{k+1}\left(\boldsymbol{Z}_{k+1} - \boldsymbol{H}_{k+1}\hat{\boldsymbol{X}}_{k+1|k} - h(\hat{\boldsymbol{X}}_{k+1|k}) + \boldsymbol{H}_{k+1}\hat{\boldsymbol{X}}_{k+1|k}\right) \\ &= \hat{\boldsymbol{X}}_{k+1|k} + \boldsymbol{K}_{k+1}\left(\boldsymbol{Z}_{k+1} - h(\hat{\boldsymbol{X}}_{k+1|k})\right)\end{aligned} \tag{4.75}$$

其中，滤波增益为

$$\boldsymbol{K}_{k+1} = \boldsymbol{P}_{k+1|k}\boldsymbol{H}_{k+1}^{\mathrm{T}}(\boldsymbol{H}_{k+1}\boldsymbol{P}_{k+1|k}\boldsymbol{H}_{k+1}^{\mathrm{T}} + \boldsymbol{R}_{k+1})^{-1} \tag{4.76}$$

卡尔曼滤波在状态一步修正中用到了量测，量测误差在对状态进行修正时传递到了目标的定位信息中，量测对协同定位的影响程度可以通过求偏导数来获得：

$$\frac{\partial \boldsymbol{X}_{k+1}}{\partial \boldsymbol{Z}_k} = \boldsymbol{K}_{k+1} = \boldsymbol{P}_{k+1|k}\boldsymbol{H}_{k+1}^{\mathrm{T}}(\boldsymbol{H}_{k+1}\boldsymbol{P}_{k+1|k}\boldsymbol{H}_{k+1}^{\mathrm{T}} + \boldsymbol{R}_{k+1})^{-1} \tag{4.77}$$

可以发现滤波增益 $\boldsymbol{K}_{k+1}$ 可以用于描述量测变化对滤波结果的影响，$\boldsymbol{R}_k$ 代表量测的协方差矩阵，一般来说，$\boldsymbol{R}_k$ 越大，滤波增益 $\boldsymbol{K}_{k+1}$ 越小，意味着当前时刻的量测越不可信。如果将最终的滤波结果看作模型和量测的加权和，传感器误差越大，量测所占的权重越小，对滤波结果的影响也就会被降低，即降低不准确的量测对滤波结果的影响。

在状态估计过程中，协同定位的误差可分为两部分，分别是上一时刻状态修正产生的误差和当前时刻由于速度以及运动方向角量测误差而造成的预测误差。其中，上一时刻状态修正产生的误差及累积误差不引入绝对状态修正量是无法进行补偿，速度和方向角误差导致的误差是新引入的误差，这部分误差可以通过协同平台之间的相对量测进行修正 [195]。状态修正的效果和平台运动方向角的量测误差、平台间相对距离的量测误差以及平台间相对方位量测误差相关。其中，平台运动方向角的量测误差是平台对自身的量测，它也会导致状态估计的误差。平台间相对距离的量测误差和平台间相对方位的量测误差是协同平台间的相对量测。当这些量测误差都满足高斯白噪声假设时，使用卡尔曼滤波可以使协同定位达到最优效果。

上面的内容只是简单定性地分析了卡尔曼滤波中量测误差对滤波结果的影响。如图 4.12 所示，协同定位中每进行一次滤波，产生的估计误差包括三部分，分别是状态估计的累积误差、当前时刻状态预测引入的误差和当前时刻状态修正后的误差。

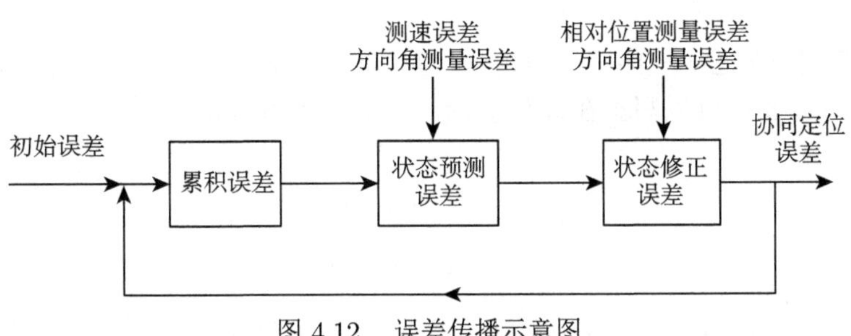

图 4.12 误差传播示意图

要分析协同定位中误差的传播情况，需要先对协同定位问题建模，然后对测速测向误差和协同平台之间的相对位置测量误差、协同过程中的累积误差、状态估计误差和状态修正误差进行数学推导，再对误差在卡尔曼滤波的预测和修正这两个阶段的传播进行定量分析，从而完成对协同定位误差传播方法的研究。

4.3.1.1 协同定位运动学建模

在对多平台协同定位问题进行误差分析的工作中，首先要对协同平台进行运动学建模，得到其离散时间运动学方程，然后将各平台对自身的速度以及运动方向的量测信息用于状态预测。根据协同平台之间的相对位置关系，得到在局部坐标系 $x_iO_iy_i$ 下协同平台之间的相对量测和其局部坐标的关系，然后利用全局坐标

系 xOy 和局部坐标系之间的几何关系得到量测方程，将协同平台之间的量测信息用于状态修正。

假设 N 个运动体组成的系统在进行平面运动，设 (x_i, y_i)、ϕ_i 和 v_i 分别表示运动体 i 在全局坐标系 xOy 下的位置、运动方向角以及速度大小，T 表示传感器采样周期，则运动体 i 的离散时间运动学方程为

$$\begin{bmatrix} x_{i,k+1} \\ y_{i,k+1} \end{bmatrix} = \begin{bmatrix} x_{i,k} \\ y_{i,k} \end{bmatrix} + \begin{bmatrix} v_{i,k}\cos\phi_{i,k} \\ v_{i,k}\sin\phi_{i,k} \end{bmatrix} T \tag{4.78}$$

假设运动体之间可以相互进行距离和方位量测，由几何关系可得

$$\begin{aligned} r_{ij} &= \|\boldsymbol{X}_i - \boldsymbol{X}_j\| \\ \cos(\theta_{ij} + \phi_i) &= \frac{x_j - x_i}{r_{ij}} \\ \sin(\theta_{ij} + \phi_i) &= \frac{y_j - y_i}{r_{ij}} \end{aligned} \tag{4.79}$$

式中，$\boldsymbol{X}_i = [x_i \quad y_i]^{\mathrm{T}}$。

以运动体 i 在全局坐标系下的位置为原点，其速度方向为 x 轴正方向建立局部坐标系 $x_iO_iy_i$，可以写出在局部坐标系下的量测方程：

$$\boldsymbol{Z}_{ij,O_i} = \begin{bmatrix} r_{ij}\cos\theta_{ij} \\ r_{ij}\sin\theta_{ij} \end{bmatrix} \tag{4.80}$$

利用全局坐标系和局部坐标系之间的相对几何关系，全局坐标系下量测方程进一步写为

$$\boldsymbol{Z}_{ij} = \begin{bmatrix} \cos\phi_i & -\sin\phi_i \\ \sin\phi_i & \cos\phi_i \end{bmatrix} \begin{bmatrix} r_{ij}\cos\theta_{ij} \\ r_{ij}\sin\theta_{ij} \end{bmatrix} = \boldsymbol{C}_i \boldsymbol{Z}_{ij,O_i} \tag{4.81}$$

式中，$\boldsymbol{C}_i = \begin{bmatrix} \cos\phi_i & -\sin\phi_i \\ \sin\phi_i & \cos\phi_i \end{bmatrix}$。局部坐标系和全局坐标系的关系如图 4.13 所示。

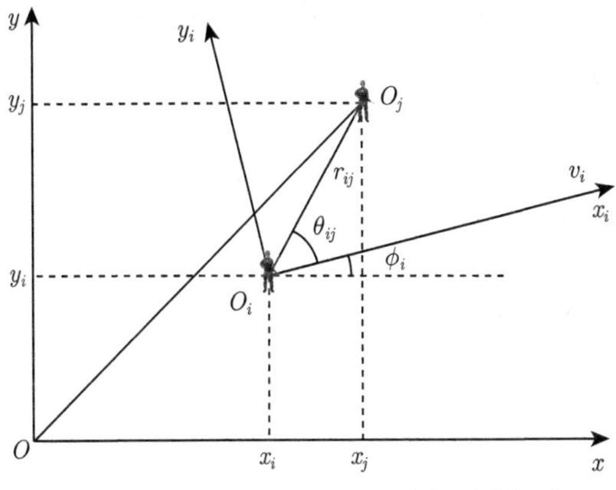

图 4.13 局部坐标系和全局坐标系的关系

4.3.1.2 状态预测的误差传播

根据之前得到的运动体运动学方程，可以列出相应的卡尔曼滤波的预测阶段方程：

$$\begin{bmatrix} \hat{x}_{i,k+1|k} \\ \hat{y}_{i,k+1|k} \end{bmatrix} = \begin{bmatrix} \hat{x}_{i,k|k} \\ \hat{y}_{i,k|k} \end{bmatrix} + \begin{bmatrix} \hat{v}_{i,k}\cos\hat{\phi}_{i,k} \\ \hat{v}_{i,k}\sin\hat{\phi}_{i,k} \end{bmatrix} T \tag{4.82}$$

式中，$\hat{v}_{i,k}$、$\hat{\phi}_{i,k}$ 分别是运动体 i 在第 k 次采样时的速度和方向角估计，一般可以通过每个运动体上装有的惯性器件获得。

将离散时间运动学方程和卡尔曼滤波的预测方程做差后可以得到运动体 i 的状态估计误差传播方程：

$$\begin{aligned} \begin{bmatrix} \tilde{x}_{i,k+1|k} \\ \tilde{y}_{i,k+1|k} \end{bmatrix} &= \begin{bmatrix} x_{i,k+1} - \hat{x}_{i,k+1|k} \\ y_{i,k+1} - \hat{y}_{i,k+1|k} \end{bmatrix} \\ &= \begin{bmatrix} x_{i,k} - \hat{x}_{i,k|k} \\ y_{i,k} - \hat{y}_{i,k|k} \end{bmatrix} + \begin{bmatrix} v_{i,k}\cos\phi_{i,k} - \hat{v}_{i,k}\cos\hat{\phi}_{i,k} \\ v_{i,k}\sin\phi_{i,k} - \hat{v}_{i,k}\sin\hat{\phi}_{i,k} \end{bmatrix} T \\ &= \begin{bmatrix} \tilde{x}_{i,k|k} \\ \tilde{y}_{i,k|k} \end{bmatrix} + \begin{bmatrix} v_{i,k}\cos\phi_{i,k} - \hat{v}_{i,k}\cos\hat{\phi}_{i,k} \\ v_{i,k}\sin\phi_{i,k} - \hat{v}_{i,k}\sin\hat{\phi}_{i,k} \end{bmatrix} T \end{aligned} \tag{4.83}$$

设速度估计误差 $\tilde{v} = v - \hat{v}$，方向角估计误差 $\tilde{\phi} = \phi - \hat{\phi}$。在惯性导航设备正常工作的条件下，速度估计误差和方向角估计误差都为小量，将上式中后半部分中的真值展开为估计值和误差之和，忽略高阶项后可得

$$\begin{bmatrix} \tilde{x}_{i,k+1|k} \\ \tilde{y}_{i,k+1|k} \end{bmatrix} = \begin{bmatrix} \tilde{x}_{i,k|k} \\ \tilde{y}_{i,k|k} \end{bmatrix} + \begin{bmatrix} \cos\hat{\phi}_{i,k} & -\hat{v}_{i,k}\sin\hat{\phi}_{i,k} \\ \sin\hat{\phi}_{i,k} & \hat{v}_{i,k}\cos\hat{\phi}_{i,k} \end{bmatrix} \begin{bmatrix} \tilde{v}_{i,k} \\ \tilde{\phi}_{i,k} \end{bmatrix} T \tag{4.84}$$

由式 (4.84) 可知，运动体 i 在状态预测阶段的误差包括两部分，分别是上一时刻状态修正产生的误差和当前时刻由于速度以及方向角估计误差而造成的预测误差。

为了方便后续推导和分析，采用下列符号表示运动体 i 的状态估计、状态估计误差、惯导误差和惯导误差转移矩阵：

$$\begin{aligned} \hat{\boldsymbol{X}}_i &= [\ \hat{x}_i \quad \hat{y}_i\ ]^{\mathrm{T}}, \qquad \tilde{\boldsymbol{X}}_i = [\ \tilde{x}_i \quad \tilde{y}_i\ ]^{\mathrm{T}} \\ \boldsymbol{W}_i &= [\ \tilde{v}_i \quad \tilde{\phi}_i\ ]^{\mathrm{T}}, \qquad \boldsymbol{G}_i = T\begin{bmatrix} \cos\hat{\phi}_i & -\hat{v}_{i,k}\sin\hat{\phi}_i \\ \sin\hat{\phi}_i & \hat{v}_{i,k}\cos\hat{\phi}_i \end{bmatrix} \end{aligned} \tag{4.85}$$

根据上述定义，将运动体 i 在状态预测阶段的误差传播方程重写为

$$\tilde{\boldsymbol{X}}_{i,k+1|k} = \tilde{\boldsymbol{X}}_{i,k|k} + \boldsymbol{G}_{i,k}\boldsymbol{W}_{i,k} \tag{4.86}$$

假设 $\tilde{v}$、$\tilde{\phi}$ 为不相关的零均值高斯白噪声，方差分别为 σ_v^2、σ_ϕ^2，那么由于惯导对速度和方向角估计误差造成的运动体 i 的系统噪声方差矩阵为

$$\boldsymbol{Q}_{i,k} = \mathrm{E}\left[\boldsymbol{G}_{i,k}\boldsymbol{W}_{i,k}\boldsymbol{W}_{i,k}^{\mathrm{T}}\boldsymbol{G}_{i,k}^{\mathrm{T}}\right] = T^2\boldsymbol{C}_{i,k}\begin{bmatrix} \sigma_v^2 & 0 \\ 0 & \hat{v}_{i,k}^2\sigma_\phi^2 \end{bmatrix}\boldsymbol{C}_{i,k}^{\mathrm{T}} \tag{4.87}$$

式中，$\boldsymbol{C}_{i,k} = \begin{bmatrix} \cos\phi_{i,k} & -\sin\phi_{i,k} \\ \sin\phi_{i,k} & \cos\phi_{i,k} \end{bmatrix}$。

上面的推导为单个运动体在协同定位中状态预测阶段的误差传播公式，利用式 (4.86) 和式 (4.87)，在每个运动体的运动相互独立的条件下，可以得到由 N 个运动体组成的协同定位系统的整体误差传播方程：

$$\tilde{\boldsymbol{X}}_{k+1|k} = \tilde{\boldsymbol{X}}_{k|k} + \boldsymbol{G}_k\boldsymbol{W}_k \tag{4.88}$$

协同定位系统整体的状态向量、状态估计向量以及状态估计误差向量为

$$\begin{aligned} \boldsymbol{X}_k &= [\boldsymbol{X}_{1,k}^{\mathrm{T}} \quad \cdots \quad \boldsymbol{X}_{N,k}^{\mathrm{T}}]^{\mathrm{T}} \\ \hat{\boldsymbol{X}}_k &= [\hat{\boldsymbol{X}}_{1,k}^{\mathrm{T}} \quad \cdots \quad \hat{\boldsymbol{X}}_{N,k}^{\mathrm{T}}]^{\mathrm{T}} \\ \tilde{\boldsymbol{X}}_k &= [\tilde{\boldsymbol{X}}_{1,k}^{\mathrm{T}} \quad \cdots \quad \tilde{\boldsymbol{X}}_{N,k}^{\mathrm{T}}]^{\mathrm{T}} \end{aligned} \tag{4.89}$$

协同定位系统整体的惯导误差向量以及惯导误差转移矩阵分别为

$$\begin{aligned} \boldsymbol{W}_k &= [\boldsymbol{W}_{1,k}^{\mathrm{T}} \quad \cdots \quad \boldsymbol{W}_{N,k}^{\mathrm{T}}]^{\mathrm{T}} \\ \boldsymbol{G}_k &= \mathrm{diag}[\boldsymbol{G}_{1,k} \quad \cdots \quad \boldsymbol{G}_{N,k}] \end{aligned} \tag{4.90}$$

系统噪声方差矩阵为

$$\boldsymbol{Q}_k = \mathrm{E}[\boldsymbol{G}_k \boldsymbol{W}_k \boldsymbol{W}_k^{\mathrm{T}} \boldsymbol{G}_k^{\mathrm{T}}] = \mathrm{diag}[\,\boldsymbol{Q}_{1,k} \quad \cdots \quad \boldsymbol{Q}_{N,k}\,] \tag{4.91}$$

综上所述，协同定位系统在状态估计阶段的误差传播方程为

$$\begin{aligned}
\boldsymbol{P}_{k+1|k} &= \mathrm{E}\left[\tilde{\boldsymbol{X}}_{k+1|k} \tilde{\boldsymbol{X}}_{k+1|k}^{\mathrm{T}}\right] \\
&= \mathrm{E}\left[\tilde{\boldsymbol{X}}_{k|k} \tilde{\boldsymbol{X}}_{k|k}^{\mathrm{T}}\right] + \mathrm{E}\left[\boldsymbol{G}_k \boldsymbol{W}_k \boldsymbol{W}_k^{\mathrm{T}} \boldsymbol{G}_k^{\mathrm{T}}\right] \\
&= \boldsymbol{P}_{k|k} + \boldsymbol{Q}_k
\end{aligned} \tag{4.92}$$

4.3.1.3 状态修正的误差传播

运动体 i、j 之间量测为

$$\boldsymbol{Z}_{ij} = \begin{bmatrix} \cos\phi_i & -\sin\phi_i \\ \sin\phi_i & \cos\phi_i \end{bmatrix} \begin{bmatrix} r_{ij}\cos\theta_{ij} \\ r_{ij}\sin\theta_{ij} \end{bmatrix} = \boldsymbol{C}_i \boldsymbol{Z}_{ij,O_i} \tag{4.93}$$

式 (4.93) 是理想状态下的全局量测方程，然而由于量测噪声的存在，实际的量测是通过运动体 i 上的惯导设备获得的方向角 ϕ_i，以及相对位置量测传感器获得的相对距离和方位角得到的，即

$$\hat{\boldsymbol{Z}}_{ij} = \hat{\boldsymbol{C}}_i \hat{\boldsymbol{X}}_{j,O_i} \tag{4.94}$$

将真实量测和估计的量测做差可得到量测误差方程：

$$\begin{aligned}
\tilde{\boldsymbol{Z}}_{ij} &= \boldsymbol{Z}_{ij} - \hat{\boldsymbol{Z}}_{ij} \\
&= \boldsymbol{C}_i \boldsymbol{X}_{j,O_i} - \hat{\boldsymbol{C}}_i \hat{\boldsymbol{X}}_{j,O_i} \\
&= \boldsymbol{C}_i \boldsymbol{X}_{j,O_i} - \hat{\boldsymbol{C}}_i \hat{\boldsymbol{X}}_{j,O_i} - \boldsymbol{C}_i \hat{\boldsymbol{X}}_{j,O_i} + \boldsymbol{C}_i \hat{\boldsymbol{X}}_{j,O_i} \\
&= \boldsymbol{C}_i \tilde{\boldsymbol{X}}_{j,O_i} + \left(\boldsymbol{C}_i - \hat{\boldsymbol{C}}_i\right) \hat{\boldsymbol{X}}_{j,O_i} \\
&= \tilde{\boldsymbol{Z}}_1 + \tilde{\boldsymbol{Z}}_2
\end{aligned} \tag{4.95}$$

式中，$\tilde{\boldsymbol{Z}}_{ij}$ 为量测误差。由式 (4.95) 可以看出，量测误差方程包括两部分的误差，分别是相对位置（测距测向）量测造成的误差 $\tilde{\boldsymbol{Z}}_1$ 和方向角量测造成的误差 $\tilde{\boldsymbol{Z}}_2$：

$$\begin{aligned}
\tilde{\boldsymbol{Z}}_2 &= \left(\boldsymbol{C}_i - \hat{\boldsymbol{C}}_i\right) \hat{\boldsymbol{X}}_{j,O_i} \\
&\approx -\begin{bmatrix} \sin\hat{\phi}_i & \cos\hat{\phi}_i \\ -\cos\hat{\phi}_i & \sin\hat{\phi}_i \end{bmatrix} \tilde{\phi}_i \hat{\boldsymbol{X}}_{j,O_i} = -\hat{\boldsymbol{C}}_i \boldsymbol{J} \tilde{\phi}_i \hat{\boldsymbol{X}}_{j,O_i}
\end{aligned} \tag{4.96}$$

式中，$\boldsymbol{J}=\begin{bmatrix} 0 & -1 \\ 1 & 0 \end{bmatrix}$。

进一步整理量测误差方程，可得到其线性化后的形式：

$$\tilde{\boldsymbol{Z}}_{ij}=\boldsymbol{H}_{ij}\tilde{\boldsymbol{X}}_{O_i}+\boldsymbol{\Gamma}_{ij}\mathfrak{S}_i \tag{4.97}$$

式中，$\tilde{\boldsymbol{X}}_{O_i}=\begin{bmatrix}\tilde{\boldsymbol{X}}_{1,O_i}^{\mathrm{T}} & \cdots & \tilde{\boldsymbol{X}}_{N,O_i}^{\mathrm{T}}\end{bmatrix}^{\mathrm{T}}$；$\boldsymbol{\Gamma}_{ij}=-\hat{\boldsymbol{C}}_i\boldsymbol{J}\hat{\boldsymbol{X}}_{j,O_i}$；$\mathfrak{S}_i=\tilde{\phi}_i\boldsymbol{I}_2$；$\boldsymbol{H}_{ij}=\boldsymbol{C}_i\boldsymbol{H}_{ij,O_i}$，$\boldsymbol{H}_{ij,O_i}=[\boldsymbol{0}_{2\times2}\quad\cdots\quad\boldsymbol{I}_2\quad\cdots\quad\boldsymbol{0}_{2\times2}]$，其代表相对坐标系下运动体 i 和运动体 j 之间的量测误差转移矩阵。$\boldsymbol{H}_{ij,O_i}$ 中正单位矩阵的部分对应运动体 i 的状态，即 $\boldsymbol{H}_{ij,O_i}$ 中第 i 个 2×2 矩阵为单位矩阵。

由此可得到运动体 i 和 M 个运动体之间的在公共坐标系下的相对距离和方位量测矩阵为

$$\boldsymbol{H}_i=\begin{bmatrix}\boldsymbol{C}_i\boldsymbol{H}_{i1,O_i}\\ \boldsymbol{C}_i\boldsymbol{H}_{i2,O_i}\\ \vdots \\ \boldsymbol{C}_i\boldsymbol{H}_{iM,O_i}\end{bmatrix}=\boldsymbol{\Phi}_i\boldsymbol{H}_{i,O_i} \tag{4.98}$$

式中，$\boldsymbol{H}_{i,O_i}=[\boldsymbol{H}_{i1,O_i}^{\mathrm{T}}\quad\cdots\quad\boldsymbol{H}_{iM,O_i}^{\mathrm{T}}]^{\mathrm{T}}$。

运动体 i 和运动体 j 之间量测误差的方差为

$$\begin{aligned}\boldsymbol{R}_{ij}&=\mathrm{E}[\tilde{\boldsymbol{Z}}_{ij}\tilde{\boldsymbol{Z}}_{ij}^{\mathrm{T}}]\\ &=\mathrm{E}[\boldsymbol{H}_{ij}\tilde{X}(\boldsymbol{H}_{ij}\tilde{\boldsymbol{X}})^{\mathrm{T}}]+\mathrm{E}[\boldsymbol{\Gamma}_{ij}\mathfrak{S}_i(\boldsymbol{\Gamma}_{ij}\mathfrak{S}_i)^{\mathrm{T}}]\\ &=\boldsymbol{C}_i\mathrm{E}[\tilde{\boldsymbol{X}}_{j,O_i}\tilde{\boldsymbol{X}}_{j,O_i}^{\mathrm{T}}]\boldsymbol{C}_i^{\mathrm{T}}+\hat{\boldsymbol{C}}_i\boldsymbol{J}\hat{r}_{ij}^2\boldsymbol{J}^{\mathrm{T}}\hat{\boldsymbol{C}}_i^{\mathrm{T}}\mathrm{E}[\tilde{\phi}_i^2]\\ &=\boldsymbol{R}_{\zeta_{ij}}+\boldsymbol{R}_{\phi_i}\end{aligned} \tag{4.99}$$

由式 (4.99) 可知，量测误差的方差由两部分构成，分别是相对位置量测误差导致的方差 $\boldsymbol{R}_{\zeta_{ij}}$ 和方向角估计误差引入的方差 $\boldsymbol{R}_{\phi_i}$。

$\boldsymbol{R}_{\zeta_{ij}}$ 可表示为

$$\begin{aligned}\boldsymbol{R}_{\zeta_{ij}}=&\boldsymbol{C}_i\mathrm{E}\left[\begin{matrix}\left(r\cos\theta-\hat{r}\cos\hat{\theta}\right)^2\\ \left(r\cos\theta-\hat{r}\cos\hat{\theta}\right)\left(r\sin\theta-\hat{r}\sin\hat{\theta}\right)\end{matrix}\right.\\ &\left.\begin{matrix}\left(r\cos\theta-\hat{r}\cos\hat{\theta}\right)\left(r\sin\theta-\hat{r}\sin\hat{\theta}\right)\\ \left(r\sin\theta-\hat{r}\sin\hat{\theta}\right)^2\end{matrix}\right]\boldsymbol{C}_i^{\mathrm{T}}\end{aligned}$$

$$
=\hat{\boldsymbol{C}}_i\mathrm{E}\begin{bmatrix}\left((\hat{r}+\tilde{r})\cos\left(\hat{\theta}+\tilde{\theta}\right)-\hat{r}\cos\hat{\theta}\right)^2 & \left((\hat{r}+\tilde{r})\cos\left(\hat{\theta}+\tilde{\theta}\right)-\hat{r}\cos\hat{\theta}\right)\left((\hat{r}+\tilde{r})\sin\left(\hat{\theta}+\tilde{\theta}\right)-\hat{r}\sin\hat{\theta}\right) \\ \left((\hat{r}+\tilde{r})\cos\left(\hat{\theta}+\tilde{\theta}\right)-\hat{r}\cos\hat{\theta}\right)\left((\hat{r}+\tilde{r})\sin\left(\hat{\theta}+\tilde{\theta}\right)-\hat{r}\sin\hat{\theta}\right) & \left((\hat{r}+\tilde{r})\sin\left(\hat{\theta}+\tilde{\theta}\right)-\hat{r}\sin\hat{\theta}\right)^2\end{bmatrix}\hat{\boldsymbol{C}}_i^{\mathrm{T}} \tag{4.100}
$$

当平台上传感器正常工作时，距离、相对方位角量测的误差较小。基于此假设，可得到 $\cos\tilde{\theta}\approx\tilde{\theta}^2/2$，$\sin\tilde{\theta}\approx\tilde{\theta}$。忽略高阶项后得到

$$
\begin{aligned}
&\left((\hat{r}+\tilde{r})\cos\left(\hat{\theta}+\tilde{\theta}\right)-\hat{r}\cos\hat{\theta}\right)^2\\
&=\left((\hat{r}+\tilde{r})\left(\cos\hat{\theta}\cos\tilde{\theta}-\sin\hat{\theta}\sin\tilde{\theta}\right)-\hat{r}\cos\hat{\theta}\right)^2\\
&=\left((\hat{r}+\tilde{r})\left(\cos\hat{\theta}-\tilde{\theta}\sin\hat{\theta}\right)-\hat{r}\cos\hat{\theta}\right)^2\\
&=\left(\tilde{r}\cos\hat{\theta}-\hat{r}\tilde{\theta}\sin\hat{\theta}\right)^2
\end{aligned} \tag{4.101}
$$

$$
\begin{aligned}
&\left((\hat{r}+\tilde{r})\cos\left(\hat{\theta}+\tilde{\theta}\right)-\hat{r}\cos\hat{\theta}\right)\left((\hat{r}+\tilde{r})\sin\left(\hat{\theta}+\tilde{\theta}\right)-\hat{r}\sin\hat{\theta}\right)\\
&=\left((\hat{r}+\tilde{r})\left(\cos\hat{\theta}\cos\tilde{\theta}-\sin\hat{\theta}\sin\tilde{\theta}\right)-\hat{r}\cos\hat{\theta}\right)\\
&\quad\cdot\left((\hat{r}+\tilde{r})\left(\sin\hat{\theta}\cos\tilde{\theta}+\cos\hat{\theta}\sin\tilde{\theta}\right)-\hat{r}\sin\hat{\theta}\right)\\
&=\left(\tilde{r}\cos\hat{\theta}-\hat{r}\tilde{\theta}\sin\hat{\theta}\right)\left(\tilde{r}\sin\hat{\theta}+\hat{r}\tilde{\theta}\cos\hat{\theta}\right)
\end{aligned} \tag{4.102}
$$

假设测距、测向传感器的量测误差 $\tilde{r}$、$\tilde{\theta}$ 为不相关的高斯白噪声，其方差分别为 σ_r^2、σ_θ^2，即 $\mathrm{COV}\left(\tilde{r},\tilde{\theta}\right)=0$，$\mathrm{E}\left[\tilde{r}^2\right]=\sigma_r^2$，$\mathrm{E}\left[\tilde{\theta}^2\right]=\sigma_\theta^2$，可得

$$
\begin{aligned}
&\mathrm{E}\left[\left(\tilde{r}\cos\hat{\theta}-\hat{r}\tilde{\theta}\sin\hat{\theta}\right)^2\right]\\
&=\cos^2\hat{\theta}\mathrm{E}\left[\tilde{r}^2\right]-2\hat{r}\cos\hat{\theta}\sin\hat{\theta}\mathrm{E}\left[\tilde{r}\tilde{\theta}\right]+\hat{r}^2\sin^2\hat{\theta}\mathrm{E}\left[\tilde{\theta}^2\right]\\
&=\sigma_r^2\cos^2\hat{\theta}+\sigma_\theta^2\hat{r}^2\sin^2\hat{\theta}
\end{aligned} \tag{4.103}
$$

$$
\begin{aligned}
&\mathrm{E}\left[\left(\tilde{r}\cos\hat{\theta}-\hat{r}\tilde{\theta}\sin\hat{\theta}\right)\left(\tilde{r}\sin\hat{\theta}+\hat{r}\tilde{\theta}\cos\hat{\theta}\right)\right]\\
&=\cos\hat{\theta}\sin\hat{\theta}\mathrm{E}\left[\tilde{r}^2\right]+\hat{r}\left(\cos^2\hat{\theta}-\sin^2\hat{\theta}\right)\mathrm{E}\left[\tilde{r}\tilde{\theta}\right]-\hat{r}^2\cos\hat{\theta}\sin\hat{\theta}\mathrm{E}\left[\tilde{\theta}^2\right]
\end{aligned}
$$

$$=\sigma_r^2\cos\hat{\theta}\sin\hat{\theta}-\hat{r}^2\sigma_\theta^2\cos\hat{\theta}\sin\hat{\theta} \tag{4.104}$$

将式 (4.103) 和式 (4.104) 代入 $\boldsymbol{R}_{\zeta_{ij}}$ 中，利用三角函数公式展开，并忽略高阶项后得到

$$\begin{aligned}
\boldsymbol{R}_{\zeta_{ij}}&=\hat{\boldsymbol{C}}_i\begin{bmatrix}\sigma_r^2\cos^2\hat{\theta}+\sigma_\theta^2\hat{r}^2\sin^2\hat{\theta} & \sigma_r^2\sin\hat{\theta}\cos\hat{\theta}-\sigma_\theta^2\hat{r}^2\sin\hat{\theta}\cos\hat{\theta}\\ \sigma_r^2\sin\hat{\theta}\cos\hat{\theta}-\sigma_\theta^2\hat{r}^2\sin\hat{\theta}\cos\hat{\theta} & \sigma_r^2\sin^2\hat{\theta}+\sigma_\theta^2\hat{r}^2\cos^2\hat{\theta}\end{bmatrix}\hat{\boldsymbol{C}}_i^{\mathrm{T}}\\
&=\sigma_r^2\hat{\boldsymbol{C}}_i\hat{\boldsymbol{C}}_i^{\mathrm{T}}\\
&\quad+\hat{\boldsymbol{C}}_i\begin{bmatrix}-\sigma_r^2\sin^2\hat{\theta}+\sigma_\theta^2\hat{r}^2\sin^2\hat{\theta} & \sigma_r^2\sin\hat{\theta}\cos\hat{\theta}-\sigma_\theta^2\hat{r}^2\sin\hat{\theta}\cos\hat{\theta}\\ \sigma_r^2\sin\hat{\theta}\cos\hat{\theta}-\sigma_\theta^2\hat{r}^2\sin\hat{\theta}\cos\hat{\theta} & -\sigma_r^2\cos^2\hat{\theta}+\sigma_\theta^2\hat{r}^2\cos^2\hat{\theta}\end{bmatrix}\hat{\boldsymbol{C}}_i^{\mathrm{T}}\\
&=\sigma_r^2\hat{\boldsymbol{C}}_i\hat{\boldsymbol{C}}_i^{\mathrm{T}}+\hat{\boldsymbol{C}}_i\left(-\begin{bmatrix}\sigma_r^2\sin^2\hat{\theta} & -\sigma_r^2\sin\hat{\theta}\cos\hat{\theta}\\ -\sigma_r^2\sin\hat{\theta}\cos\hat{\theta} & \sigma_r^2\cos^2\hat{\theta}\end{bmatrix}\right.\\
&\quad\left.+\begin{bmatrix}\sigma_\theta^2\hat{r}^2\sin^2\hat{\theta} & -\sigma_\theta^2\hat{r}^2\sin\hat{\theta}\cos\hat{\theta}\\ -\sigma_\theta^2\hat{r}^2\sin\hat{\theta}\cos\hat{\theta} & \sigma_\theta^2\hat{r}^2\cos^2\hat{\theta}\end{bmatrix}\right)\hat{\boldsymbol{C}}_i^{\mathrm{T}}\\
&=\sigma_r^2\hat{\boldsymbol{C}}_i\hat{\boldsymbol{C}}_i^{\mathrm{T}}+\hat{\boldsymbol{C}}_i\left(-\frac{\sigma_r^2}{\hat{r}^2}\begin{bmatrix}-\hat{r}\sin\hat{\theta}\\ \hat{r}\cos\hat{\theta}\end{bmatrix}\begin{bmatrix}-\hat{r}\sin\hat{\theta}\\ \hat{r}\cos\hat{\theta}\end{bmatrix}^{\mathrm{T}}\right.\\
&\quad\left.+\sigma_\theta^2\begin{bmatrix}-\hat{r}\sin\hat{\theta}\\ \hat{r}\cos\hat{\theta}\end{bmatrix}\begin{bmatrix}-\hat{r}\sin\hat{\theta}\\ \hat{r}\cos\hat{\theta}\end{bmatrix}^{\mathrm{T}}\right)\hat{\boldsymbol{C}}_i^{\mathrm{T}}\\
&=\hat{\boldsymbol{C}}_i\left(\sigma_r^2\boldsymbol{I}_2+\left(\sigma_\theta^2-\frac{\sigma_r^2}{\hat{r}^2}\right)\boldsymbol{J}\hat{\boldsymbol{X}}_{ij}\hat{\boldsymbol{X}}_{ij}^{\mathrm{T}}\boldsymbol{J}^{\mathrm{T}}\right)\hat{\boldsymbol{C}}_i^{\mathrm{T}}
\end{aligned} \tag{4.105}$$

对于和运动体 i 协同的 M 个运动体来说，由于存在公共的方向角误差 ϕ_i，使得这 M 个运动体的相对位置量测相关。在这里，令 $\boldsymbol{R}_{jk}^i$ 表示运动体 i、j 之间的量测误差和运动体 i、k 之间的量测误差的协方差矩阵：

$$\boldsymbol{R}_{jk}^i=\mathrm{E}\left[\boldsymbol{\Gamma}_{ij}\mathfrak{S}_i\mathfrak{S}_i^{\mathrm{T}}\boldsymbol{\Gamma}_{ik}^{\mathrm{T}}\right]=\sigma_\phi^2\hat{\boldsymbol{C}}_i\boldsymbol{J}\hat{\boldsymbol{X}}_{j,O_i}\hat{\boldsymbol{X}}_{k,O_i}^{\mathrm{T}}\boldsymbol{J}^{\mathrm{T}}\hat{\boldsymbol{C}}_i^{\mathrm{T}} \tag{4.106}$$

根据上述内容，可以得出运动体 i 和 M 个协同运动体的相对位置量测以及方向估计误差的协方差矩阵：

$$\boldsymbol{R}_i=\hat{\boldsymbol{\Phi}}_i\boldsymbol{R}_{i,O_i}\hat{\boldsymbol{\Phi}}_i^{\mathrm{T}} \tag{4.107}$$

式中，$\boldsymbol{\Phi}_i=\boldsymbol{I}_{2M}\otimes\boldsymbol{C}_i$ 为由 $\boldsymbol{C}_i$ 构成的分块矩阵；$\boldsymbol{R}_{i,O_i}$ 由两部分构成，第一部分是 $\tilde{\boldsymbol{Z}}_{ij,O_i}$（运动体 i 和与其协同的运动体 j 之间的量测误差）的自协方差，第二

部分是 $\tilde{\boldsymbol{Z}}_{ij,O_i}$（运动体 i 和与其协同的运动体 j 之间的量测误差）和 $\tilde{\boldsymbol{Z}}_{ik,O_i}$（运动体 i 和与其协同的运动体 k 之间的量测误差）之间的互协方差：

$$\boldsymbol{R}_{i,O_i}=\begin{bmatrix}\boldsymbol{R}^i_{11,O_i} & \boldsymbol{R}^i_{12,O_i} & \cdots & \boldsymbol{R}^i_{1M,O_i}\\ \boldsymbol{R}^i_{21,O_i} & \ddots & & \vdots\\ \vdots & & \ddots & \boldsymbol{R}^i_{(M-1)M,O_i}\\ \boldsymbol{R}^i_{M1,O_i} & \cdots & \boldsymbol{R}^i_{M(M-1),O_i} & \boldsymbol{R}_{MM,O_i}\end{bmatrix}$$
$$=\begin{bmatrix}\sigma_r^2\boldsymbol{I}_2+\left(\sigma_\phi^2+\sigma_\theta^2-\dfrac{\sigma_r^2}{\hat{r}^2}\right)\boldsymbol{J}\hat{\boldsymbol{X}}_{1,O_i}\hat{\boldsymbol{X}}^{\mathrm{T}}_{1,O_i}\boldsymbol{J}^{\mathrm{T}} & \sigma_\phi^2\boldsymbol{J}\hat{\boldsymbol{X}}_{1,O_i}\hat{\boldsymbol{X}}^{\mathrm{T}}_{2,O_i}\boldsymbol{J}^{\mathrm{T}} & \cdots & \sigma_\phi^2\boldsymbol{J}\hat{\boldsymbol{X}}_{1,O_i}\hat{\boldsymbol{X}}^{\mathrm{T}}_{M,O_i}\boldsymbol{J}^{\mathrm{T}}\\ \sigma_\phi^2\boldsymbol{J}\hat{\boldsymbol{X}}_{2,O_i}\hat{\boldsymbol{X}}^{\mathrm{T}}_{1,O_i}\boldsymbol{J}^{\mathrm{T}} & \ddots & \cdots & \vdots\\ \vdots & & \ddots & \sigma_\phi^2\boldsymbol{J}\hat{\boldsymbol{X}}_{1,O_i}\hat{\boldsymbol{X}}^{\mathrm{T}}_{M-1,O_i}\boldsymbol{J}^{\mathrm{T}}\\ \sigma_\phi^2 J\hat{\boldsymbol{X}}_{M,O_i}\hat{\boldsymbol{X}}^{\mathrm{T}}_{1,O_i}\boldsymbol{J}^{\mathrm{T}} & \cdots & \sigma_\phi^2\boldsymbol{J}\hat{\boldsymbol{X}}_{M-1,O_i}\hat{\boldsymbol{X}}^{\mathrm{T}}_{1,O_i}\boldsymbol{J}^{\mathrm{T}} & \sigma_r^2\boldsymbol{I}_2+\left(\sigma_\phi^2+\sigma_\theta^2-\dfrac{\sigma_r^2}{\hat{r}^2}\right)\boldsymbol{J}\hat{\boldsymbol{X}}_{M,O_i}\hat{\boldsymbol{X}}^{\mathrm{T}}_{M,O_i}\boldsymbol{J}^{\mathrm{T}}\end{bmatrix}\tag{4.108}$$

引入矩阵 $\boldsymbol{D}_i$ 来简化 $\boldsymbol{R}_{i,O_i}$，$\boldsymbol{D}_i$ 是依赖于运动体间相对位置关系的对角矩阵：

$$\begin{aligned}\boldsymbol{D}_i&=\begin{bmatrix}\boldsymbol{J}\hat{\boldsymbol{X}}_{1,O_i} & \cdots & \boldsymbol{0}_{2\times1}\\ \vdots & \ddots & \vdots\\ \boldsymbol{0}_{2\times1} & \cdots & \boldsymbol{J}\hat{\boldsymbol{X}}_{M,O_i}\end{bmatrix}\\ &=\boldsymbol{J}\cdot\mathrm{diag}\begin{bmatrix}\hat{\boldsymbol{X}}_{1,O_i} & \cdots & \hat{\boldsymbol{X}}_{M,O_i}\end{bmatrix}\end{aligned}\tag{4.109}$$

$$\begin{aligned}\boldsymbol{R}_{i,O_i}&=\sigma_r^2\boldsymbol{I}_{2M}+\boldsymbol{D}_i\left(\sigma_\phi^2\boldsymbol{I}_{2M}\boldsymbol{I}_{2M}+\sigma_\theta^2\boldsymbol{I}_M-\sigma_r^2\cdot\mathrm{diag}\begin{bmatrix}\dfrac{1}{\hat{r}_{i1}^2} & \cdots & \dfrac{1}{\hat{r}_{iM}^2}\end{bmatrix}\right)\boldsymbol{D}_i^{\mathrm{T}}\\ &=\sigma_r^2\left[\boldsymbol{I}_{2M}-\boldsymbol{D}_i\left(\mathrm{diag}\begin{bmatrix}\dfrac{1}{\hat{r}_{i1}^2} & \cdots & \dfrac{1}{\hat{r}_{iM}^2}\end{bmatrix}\right)\boldsymbol{D}_i^{\mathrm{T}}\right]\\ &\quad+\sigma_\theta^2\boldsymbol{D}_i\boldsymbol{D}_i^{\mathrm{T}}+\sigma_\phi^2\boldsymbol{D}_i\boldsymbol{I}_{2M}\boldsymbol{I}'_{2M}\boldsymbol{D}_i^{\mathrm{T}}\\ &=\boldsymbol{R}_{r,i,O_i}+\boldsymbol{R}_{\theta,i,O_i}+\boldsymbol{R}_{\phi,i,O_i}\end{aligned}\tag{4.110}$$

式中，$\boldsymbol{I}_{2M}$ 为 $2M$ 行全为 1 的列向量。

由上可将在相对坐标系下的量测误差分为三部分：$\boldsymbol{R}_{r,i,O_i}$ 为相对距离量测误差对量测误差协方差矩阵的影响；$\boldsymbol{R}_{\theta,i,O_i}$ 为相对方位角量测误差对量测误差协方差矩阵的影响；$\boldsymbol{R}_{\phi,i,O_i}$ 为方向角量测误差对量测误差协方差矩阵的影响。

目前已经推导出了任意一个运动体 i 在进行协同定位时的量测矩阵 $\boldsymbol{H}_i$ 和量测误差的协方差矩阵 $\boldsymbol{R}_i$，那么可以由此得到 N 个运动体在协同定位过程中整体的量测矩阵 $\boldsymbol{H}$ 和整体的量测误差的协方差矩阵 $\boldsymbol{R}$。

$$\boldsymbol{H} = \mathrm{diag}\begin{bmatrix} \hat{\boldsymbol{\Phi}}_1 & \cdots & \hat{\boldsymbol{\Phi}}_N \end{bmatrix}\begin{bmatrix} \boldsymbol{H}_{1,O_i} & \cdots & \boldsymbol{H}_{N,O_i} \end{bmatrix} = \hat{\boldsymbol{\Phi}}\boldsymbol{H}_{O_i} \tag{4.111}$$

$$\begin{aligned} \boldsymbol{R} &= \mathrm{diag}\begin{bmatrix} \boldsymbol{R}_1 & \cdots & \boldsymbol{R}_N \end{bmatrix} \\ &= \mathrm{diag}\begin{bmatrix} \hat{\boldsymbol{\Phi}}_1\boldsymbol{R}_{1,O_1}\hat{\boldsymbol{\Phi}}_1^{\mathrm{T}} & \cdots & \hat{\boldsymbol{\Phi}}_N\boldsymbol{R}_{N,O_N}\hat{\boldsymbol{\Phi}}_N^{\mathrm{T}} \end{bmatrix} \\ &= \hat{\boldsymbol{\Phi}}\boldsymbol{R}_{O_i}\hat{\boldsymbol{\Phi}}^{\mathrm{T}} \end{aligned} \tag{4.112}$$

式中，

$$\begin{aligned} \hat{\boldsymbol{\Phi}} &= \mathrm{diag}\begin{bmatrix} \hat{\boldsymbol{\Phi}}_1 & \cdots & \hat{\boldsymbol{\Phi}}_N \end{bmatrix} \\ \boldsymbol{H}_{O_i} &= \begin{bmatrix} \boldsymbol{H}_{1,O_i} & \cdots & \boldsymbol{H}_{N,O_i} \end{bmatrix} \\ \boldsymbol{R}_{O_i} &= \mathrm{diag}\begin{bmatrix} \hat{\boldsymbol{\Phi}}_1\boldsymbol{R}_{1,O_1}\hat{\boldsymbol{\Phi}}_1^{\mathrm{T}} & \cdots & \hat{\boldsymbol{\Phi}}_N\boldsymbol{R}_{N,O_N}\hat{\boldsymbol{\Phi}}_N^{\mathrm{T}} \end{bmatrix} \end{aligned} \tag{4.113}$$

综上所述，利用 EKF 可以得到协同定位过程中系统的量测误差的方差更新方程为

$$\begin{aligned} \boldsymbol{P}_{k+1|k+1} &= \boldsymbol{P}_{k+1|k}\boldsymbol{H}_{k+1}^{\mathrm{T}}\left(\boldsymbol{H}_{k+1}\boldsymbol{P}_{k+1|k}\boldsymbol{H}_{k+1}^{\mathrm{T}} + \boldsymbol{R}_{k+1}\right)^{-1}\boldsymbol{H}_{k+1}\boldsymbol{P}_{k+1|k} \\ &= \boldsymbol{P}_{k+1|k} - \boldsymbol{P}_{k+1|k}\boldsymbol{H}_{O_i}^{\mathrm{T}}\boldsymbol{\Phi}_{k+1}^{\mathrm{T}}(\boldsymbol{\Phi}_{k+1}\boldsymbol{H}_{O_i}\boldsymbol{P}_{k+1|k}\boldsymbol{H}_{O_i}^{\mathrm{T}}\boldsymbol{\Phi}_{k+1}^{\mathrm{T}} \\ &\quad + \boldsymbol{\Phi}_{k+1}\boldsymbol{R}_{O_i}\boldsymbol{\Phi}_{k+1}^{\mathrm{T}})^{-1}\boldsymbol{\Phi}_{k+1}\boldsymbol{H}_{O_i}\boldsymbol{P}_{k+1|k} \end{aligned} \tag{4.114}$$

由于 $\boldsymbol{\Phi}_{k+1}$ 是正交矩阵，即 $\boldsymbol{\Phi}_{k+1}\boldsymbol{\Phi}_{k+1}^{\mathrm{T}} = \boldsymbol{I}$，因此上式可以进一步化简为

$$\boldsymbol{P}_{k+1|k+1} = \boldsymbol{P}_{k+1|k} - \boldsymbol{P}_{k+1|k}\boldsymbol{H}_{O_i}^{\mathrm{T}}\left(\boldsymbol{H}_{O_i}\boldsymbol{P}_{k+1|k}\boldsymbol{H}_{O_i}^{\mathrm{T}} + \boldsymbol{R}_{O_i}\right)^{-1}\boldsymbol{H}_{O_i}\boldsymbol{P}_{k+1|k} \tag{4.115}$$

这样，就得到了多运动体协同定位在状态修正过程中的误差传播方程。

4.3.2 协同定位系统可观测性分析

协同定位系统运动体间的几何构型对协同定位系统的定位是否收敛有很大的影响，因此有必要从系统整体定位性能最佳的角度出发，对系统的可观测性进行

研究分析[196]。系统的可观测性反映了量测信息对于系统状态信息的解算能力，通过明确系统的可观测条件，知晓系统在何种状态下可观测性强、何种状态下可观测性弱，进而支撑编队队形设计及优化[197]。

本节分别采用基于线性化模型的可观测性分析以及基于非线性李导数的分析方法对协同定位系统的可观测性条件进行理论分析，在此基础上利用谱条件数对协同定位系统可观测性进行定量分析。

4.3.2.1 可观测性分析

协同定位系统是典型的非线性系统，假设有 N 维状态、M 维观测的非线性系统，通过将系统的状态转移方程和量测方程线性化，可得到状态转移矩阵 $\boldsymbol{F}$ 和量测矩阵 $\boldsymbol{H}$：

$$\begin{aligned}\boldsymbol{X}_{k+1} &= \boldsymbol{F}\boldsymbol{X}_k + \boldsymbol{v} \\ \boldsymbol{y}_k &= \boldsymbol{H}\boldsymbol{X}_k + \boldsymbol{w}\end{aligned} \tag{4.116}$$

进而构造可观测矩阵[198]：

$$\boldsymbol{W} = \begin{bmatrix} \boldsymbol{H} \\ \boldsymbol{H}\boldsymbol{F} \\ \vdots \\ \boldsymbol{H}\boldsymbol{F}^{N-1} \end{bmatrix} \tag{4.117}$$

当可观测矩阵 $\boldsymbol{W}$ 的秩和状态维数相等，则系统可观。

针对协同定位系统模型的非线性特性，模型线性化可能损失系统有价值的参考信息，下面采用非线性李导数弱可观测理论对其进行可观测性分析。

考虑 N 维状态、M 维观测非线性系统，首先，定义 M 维观测方程 h 的 $0 \sim N-1$ 阶李导数：

$$\begin{cases} \mathcal{L}_f^0(h) = h \\ \mathcal{L}_f^1(h) = \displaystyle\sum_{i=1}^{N} \frac{\partial h}{\partial x_i} f_i \\ \cdots\cdots \\ \mathcal{L}_f^{N-1}(h) = \displaystyle\sum_{i=1}^{N} \frac{\partial \left[\mathcal{L}_f^{N-2}(h)\right]}{\partial x_i} f_i \end{cases} \tag{4.118}$$

式中，$\mathcal{L}_f^{N-1}(h)$ 表示观测方程 h 的 $N-1$ 阶李导数，为 M 维列向量。对李导数求梯度得到梯度矩阵：

$$
\boldsymbol{L}_{\mathrm{Obs}}=\begin{bmatrix}
\dfrac{\partial\mathcal{L}_f^0(h)}{\partial x_1} & \dfrac{\partial\mathcal{L}_f^0(h)}{\partial x_2} & \cdots & \dfrac{\partial\mathcal{L}_f^0(h)}{\partial x_N}\\
\dfrac{\partial\mathcal{L}_f^1(h)}{\partial x_1} & \dfrac{\partial\mathcal{L}_f^1(h)}{\partial x_2} & \cdots & \dfrac{\partial\mathcal{L}_f^1(h)}{\partial x_N}\\
\vdots & \vdots & & \vdots\\
\dfrac{\partial\mathcal{L}_f^{N-1}(h)}{\partial x_1} & \dfrac{\partial\mathcal{L}_f^{N-1}(h)}{\partial x_2} & \cdots & \dfrac{\partial\mathcal{L}_f^{N-1}(h)}{\partial x_N}
\end{bmatrix} \tag{4.119}
$$

式中，

$$
\frac{\partial\mathcal{L}_f^k(h)}{\partial x_i}=\begin{bmatrix}\dfrac{\partial\mathcal{L}_f^k(h_1)}{\partial x_i} & \dfrac{\partial\mathcal{L}_f^k(h_2)}{\partial x_i} & \cdots & \dfrac{\partial\mathcal{L}_f^k(h_M)}{\partial x_i}\end{bmatrix}^{\mathrm{T}}
$$
$$
k=0,1,\cdots,M-1,\quad i=1,2,\cdots,N \tag{4.120}
$$

根据非线性系统李导数可观测性判别方法，当且仅当李导数梯度矩阵 $\boldsymbol{L}_{\mathrm{Obs}}$ 的秩为 N 时，非线性系统局部可观测 [199]。下面考虑二维 4 个运动体（运动体 $0\sim3$）协同定位场景，对基于李导数的非线性系统可观测性进行分析。

假设运动体 0 在某时刻可获得 3 个运动体的位置信息及相应的测距信息，运动体 0 真实位置信息为 $(x,\ y)$，3 个运动体坐标分别为 $(x_i,\ y_i), i=1,2,3$。运动体 0 系统状态记为 $\boldsymbol{x}_0$。平台运动方程的一般形式为

$$
\dot{\boldsymbol{x}}_0=\boldsymbol{f}(\boldsymbol{x}_0,\boldsymbol{u}_0)+\boldsymbol{w}_0 \tag{4.121}
$$

式中，f 由平台 i 的动力学特性决定；$\boldsymbol{u}_0$ 是运动体 0 的输入；$\boldsymbol{w}_0$ 是运动体 0 的系统噪声。状态量定义为 $\boldsymbol{x}_0=[x\ \ y]^{\mathrm{T}}$，则系统方程为

$$
\begin{bmatrix}\dot{x}\\ \dot{y}\end{bmatrix}=\begin{bmatrix}v_x\\ v_y\end{bmatrix}+\boldsymbol{w}_0 \tag{4.122}
$$

式中，v_x、v_y 分别表示 x、y 方向速度信息；$\boldsymbol{w}_0$ 为噪声。运动体 0 与运动体 i 之间的真实距离为

$$
r_i=\sqrt{(x_i-x)^2+(y_i-y)^2},\ \ i=1,2,3 \tag{4.123}
$$

假设节点间只有测距信息，平台 0 对平台 i 的观测方程可写为

$$
\boldsymbol{r}_0=\begin{bmatrix}r_{1,\mathrm{mea}}\\ r_{2,\mathrm{mea}}\\ r_{3,\mathrm{mea}}\end{bmatrix}=\begin{bmatrix}r_1\\ r_2\\ r_3\end{bmatrix}+\boldsymbol{e}_0 \tag{4.124}
$$

式中，$\boldsymbol{e}_0$ 为观测噪声。$\boldsymbol{r}_0$ 的零阶李导数为

$$\mathcal{L}_f^0\left(\boldsymbol{r}_0\right)=\begin{bmatrix}\sqrt{\left(x_1-x\right)^2+\left(y_1-y\right)^2}\\\sqrt{\left(x_2-x\right)^2+\left(y_2-y\right)^2}\\\sqrt{\left(x_3-x\right)^2+\left(y_3-y\right)^2}\end{bmatrix}\tag{4.125}$$

$\boldsymbol{r}_0$ 的一阶李导数为

$$\mathcal{L}_f^1\left(\boldsymbol{r}_0\right)=\begin{bmatrix}\dfrac{\left(x-x_1\right)v_x+\left(y-y_1\right)v_y}{r_1}\\\dfrac{\left(x-x_2\right)v_x+\left(y-y_2\right)v_y}{r_2}\\\dfrac{\left(x-x_3\right)v_x+\left(y-y_3\right)v_y}{r_3}\end{bmatrix}\tag{4.126}$$

综上，该场景下李导数为

$$\begin{bmatrix}\mathcal{L}_f^0\left(\boldsymbol{r}_0\right)\\\mathcal{L}_f^1\left(\boldsymbol{r}_0\right)\end{bmatrix}=\begin{bmatrix}r_1\\r_2\\r_3\\\dfrac{\left(x-x_1\right)v_x+\left(y-y_1\right)v_y}{r_1}\\\dfrac{\left(x-x_2\right)v_x+\left(y-y_2\right)v_y}{r_2}\\\dfrac{\left(x-x_3\right)v_x+\left(y-y_3\right)v_y}{r_3}\end{bmatrix}\tag{4.127}$$

进一步对李导数求梯度得到梯度矩阵，即可观测性判断矩阵 $\boldsymbol{L}_{\mathrm{Obs}}$。该场景下梯度矩阵为 6 行 2 列矩阵，记 $\boldsymbol{L}_{\mathrm{Obs}}\left(i,j\right)$ 为梯度矩阵第 i 行第 j 列元素，则有

$$\begin{aligned}\boldsymbol{L}_{\mathrm{Obs}}\left(4,1\right)&=\frac{\partial\left(\dfrac{\left(x-x_1\right)v_x+\left(y-y_1\right)v_y}{r_1}\right)}{\partial x}\\&=\frac{v_xr_1-\dfrac{x-x_1}{r_1}\left(\left(x-x_1\right)v_x+\left(y-y_1\right)v_y\right)}{r_1^2}\\&=\frac{v_x\left(\left(x-x_1\right)^2+\left(y-y_1\right)^2\right)-\left(\left(x-x_1\right)^2v_x+\left(x-x_1\right)\left(y-y_1\right)v_y\right)}{r_1^3}\end{aligned}$$

$$= \frac{(y-y_1)^2 v_x - (x-x_1)(y-y_1)v_y}{r_1^3} \tag{4.128}$$

同样的方法可求出

$$\begin{aligned}
\boldsymbol{L}_{\text{Obs}}(4,2) &= \frac{(x-x_1)^2 v_y - (x-x_1)(y-y_1)v_x}{r_1^3} \\
\boldsymbol{L}_{\text{Obs}}(5,1) &= \frac{(y-y_2)^2 v_x - (x-x_2)(y-y_2)v_y}{r_2^3} \\
\boldsymbol{L}_{\text{Obs}}(5,2) &= \frac{(x-x_2)^2 v_y - (x-x_2)(y-y_2)v_x}{r_2^3} \\
\boldsymbol{L}_{\text{Obs}}(6,1) &= \frac{(y-y_3)^2 v_x - (x-x_3)(y-y_3)v_y}{r_3^3} \\
\boldsymbol{L}_{\text{Obs}}(6,2) &= \frac{(x-x_3)^2 v_y - (x-x_3)(y-y_3)v_x}{r_3^3}
\end{aligned} \tag{4.129}$$

进而得到该场景下李导数梯度矩阵：

$$\boldsymbol{L}_{\text{Obs}} = \begin{bmatrix}
\dfrac{x-x_1}{r_1} & \dfrac{y-y_1}{r_1} \\
\dfrac{x-x_2}{r_2} & \dfrac{y-y_2}{r_2} \\
\dfrac{x-x_3}{r_3} & \dfrac{y-y_3}{r_3} \\
\dfrac{(y-y_1)^2 v_x - (x-x_1)(y-y_1)v_y}{r_1^3} & \dfrac{(x-x_1)^2 v_y - (x-x_1)(y-y_1)v_x}{r_1^3} \\
\dfrac{(y-y_2)^2 v_x - (x-x_2)(y-y_2)v_y}{r_2^3} & \dfrac{(x-x_2)^2 v_y - (x-x_2)(y-y_2)v_x}{r_2^3} \\
\dfrac{(y-y_3)^2 v_x - (x-x_3)(y-y_3)v_y}{r_3^3} & \dfrac{(x-x_3)^2 v_y - (x-x_3)(y-y_3)v_x}{r_3^3}
\end{bmatrix} \tag{4.130}$$

当所有运动体不在同一条直线时，系统可观。然而，所有运动体不在同一条直线上，有无数种构型可能，仅仅依靠是否可观无法获得最优构型。为了提升协同定位精度，需进一步对可观测性进行定量分析。

4.3.2.2　可观测度分析

为了量化系统的可观测性以支撑最优编队构型的设计，还需要引入系统可观测度的概念。本节基于谱条件数的可观测性分析理论，对系统的可观测性进行量化分析。

系统可观测度的大小可以通过计算观测矩阵条件数来确定。数学定义为矩阵 $\boldsymbol{A}$ 的条件数等于 $\boldsymbol{A}$ 的范数与 $\boldsymbol{A}$ 逆的范数的乘积，即

$$\text{cond}\,(\boldsymbol{A},\ 2) = \left\|\boldsymbol{A}^{-1}\right\|_2 \|\boldsymbol{A}\|_2, \quad \det \boldsymbol{A} \neq 0 \tag{4.131}$$

式中，$\|\boldsymbol{A}\|_2$ 表示矩阵 $\boldsymbol{A}$ 的 2 范数；$\text{cond}\,(\boldsymbol{A},\ 2)$ 为 2 范数的条件数，简称为谱条件数。

当系统的能观性矩阵不是方阵时，矩阵的条件数不能通过上述方法得到，因为能观性矩阵的逆不存在。非方阵的矩阵条件数定义为矩阵最大奇异值 $\sigma_{\max}$ 和最小奇异值 $\sigma_{\min}$ 的比值：

$$\text{cond}\,(\boldsymbol{A},\ 2) = \frac{\sigma_{\max}}{\sigma_{\min}} \tag{4.132}$$

根据矩阵条件数理论，称谱条件数小的矩阵为“良性”矩阵，反之是“病态”矩阵。系统的可观测程度随可观测矩阵的条件数增大而变差，若条件数为无穷大，则系统不可观测；反之，系统可观测矩阵的条件数越接近 1，系统的可观测性越好。定义系统的可观测度 $\boldsymbol{S}$ 为可观测矩阵谱条件数的倒数，表示如下：

$$\boldsymbol{S} = \frac{1}{\text{cond}\,(\boldsymbol{L}_{\text{Obs}},\ 2)} = \frac{\sigma_{\min}}{\sigma_{\max}} \tag{4.133}$$

4.3.2.3 仿真验证

仿真实验 1：考虑二维 3 个运动体（运动体 $0 \sim 2$）协同定位场景，以运动体 0 为原点，运动体 0 到运动体 1 的连线方向为 x 轴方向建立水平直角坐标系，运动体 0 可测量其与运动体 $1 \sim 2$ 的距离。考察运动体 0 位置参数的可观测性。仿真场景如图 4.14(a) 所示。

图 4.14(b) 为可观测度与运动体 0、2 连线与 x 轴夹角图。仿真结果显示，3 个运动体呈以运动体 0 为顶点的直角布局时，可观测度最大，当 3 个运动体在同一直线上，可观测度最小。夹角越接近直角，可观测度越大，夹角越接近 180°，可观测度越小，仿真结果与理论分析一致。

仿真实验 2：考虑二维 4 个运动体（运动体 $0 \sim 3$）协同定位场景，以运动体 0 为原点，运动体 0 到运动体 1 的连线方向为 x 轴方向建立水平直角坐标系，运动体 0 可测量其与运动体 $1 \sim 3$ 的距离。考察运动体 0 位置参数的可观测性。仿真场景如图 4.15 所示。

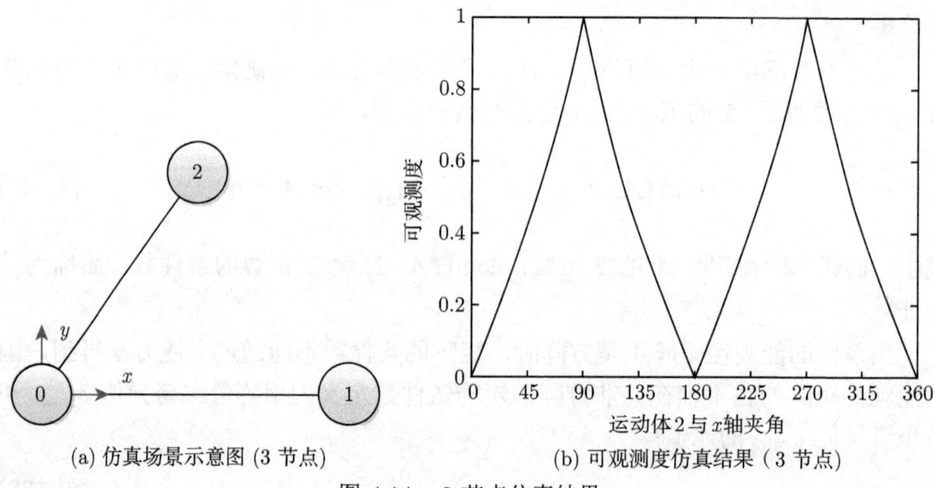

(a) 仿真场景示意图 (3 节点)　　(b) 可观测度仿真结果（3 节点）

图 4.14　3 节点仿真结果

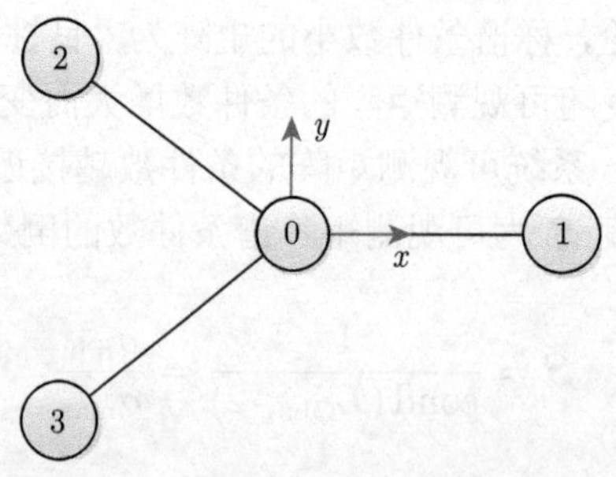

图 4.15　仿真场景示意图（4 节点）

仿真结果如图 4.16 所示。由图 4.16 可知，该场景下共有 8 个极大值点，相

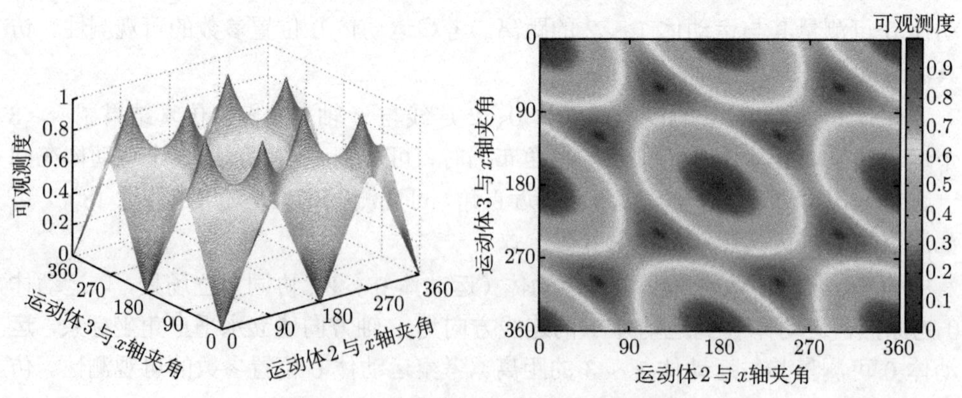

图 4.16　可观测度与运动体位置的关系

应的构型如图 4.17 所示。从可观测性角度上来看，运动体 2、3 与 x 轴夹角分别为 120° 和 −120° 或在其关于运动体 0 对称位置时，运动体 0 位置参数可观测性最强，最优布局如图 4.18 所示。

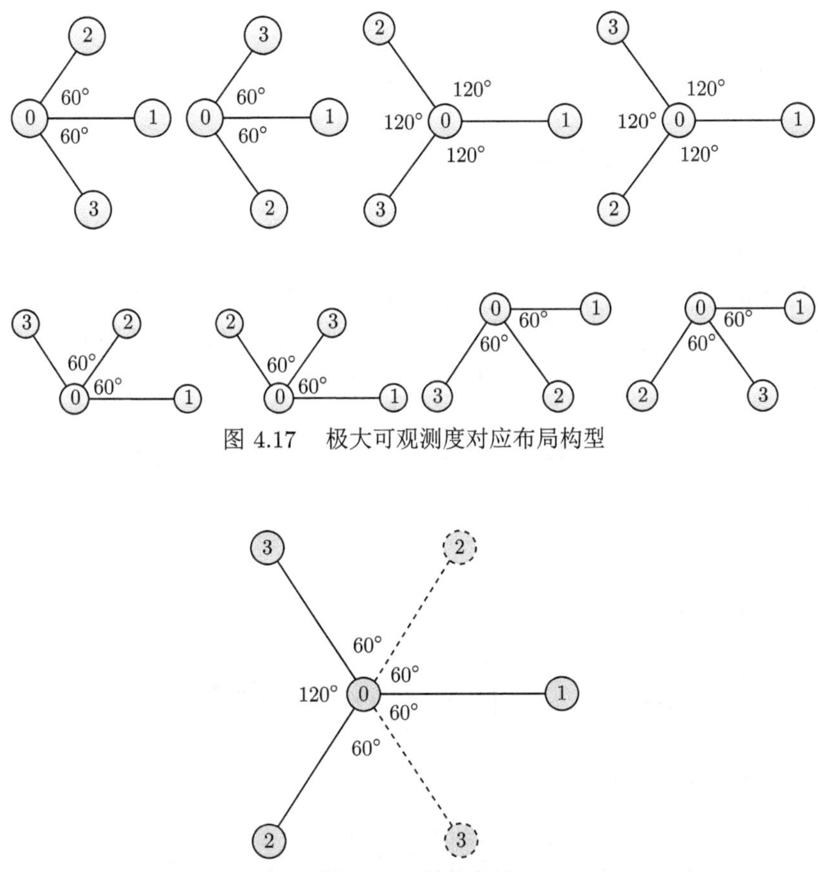

图 4.17 极大可观测度对应布局构型

图 4.18 最优布局

4.3.3 协同定位系统克拉默-拉奥下界分析

协同定位系统运动体间的几何构型对协同定位系统的定位精度有很大的影响，克拉默-拉奥下界（CRLB）给出了无偏估计量的均方误差的下界，是一种评价估计方法好坏的量化指标，任何估计方法只能接近 CRLB，而不会低于 CRLB。

对于协同定位系统来说，CRLB 描述了在给定场景下，定位参数估计精度的理论极限，是评价估计方法性能的指标。通过对 CRLB 的研究，可对协同定位算法、系统中节点布局及节点在协同定位系统中的重要度等进行评估，对协同定位算法设计、系统最优布局、优先测量/通信节点等具有一定的借鉴意义。

定义 4.1 (克拉默-拉奥下界) 考虑某个观测向量 $\boldsymbol{x}$，其对于待估计的 N 维参数 $\boldsymbol{\theta}=[\theta_1 \quad \theta_2 \quad \cdots \quad \theta_N]^{\mathrm{T}}$ 的概率密度函数记为 $p(\boldsymbol{x}\,|\boldsymbol{\theta})$，则参数 $\boldsymbol{\theta}$ 的任何无偏估计值 $\hat{\boldsymbol{\theta}}$ 都满足下列克拉默-拉奥不等式[200]：

$$\mathrm{Var}(\hat{\boldsymbol{\theta}}) \geqslant \boldsymbol{J}^{-1} \tag{4.134}$$

式中，$\boldsymbol{J}$ 为费希尔（Fisher）信息矩阵，其元素定义为

$$J_{i,j}=\mathrm{E}\left[\left(\frac{\partial^2 \ln p(\boldsymbol{x}\mid \hat{\boldsymbol{\theta}})}{\partial \boldsymbol{\theta}_i \partial \boldsymbol{\theta}_j}\right)\right], i,j=1,2,\cdots,N \tag{4.135}$$

4.3.3.1 协同定位的 CRLB

场景设定：假设运动体 0 在某时刻可获得 N 个运动体的位置信息及相应的测距信息，运动体 0 真实位置信息为 (x,y,z)，N 个运动体坐标分别为 (x_i,y_i,z_i)，$i=1,2,\cdots,N$，运动体 0 与运动体 i 之间的真实距离为

$$r_i=\sqrt{(x_i-x)^2+(y_i-y)^2+(z_i-z)^2},\ \ i=1,2,\cdots,N \tag{4.136}$$

相应的测距信息为

$$r_{i,\mathrm{mea}}=r_i+v_i \tag{4.137}$$

式中，v_i 为量测噪声，服从均值为零、标准差为 σ_i 的高斯分布。则有

$$f\left(r_{i,\mathrm{mea}};x,y,z\right)=\prod_{i=1}^{N}\frac{1}{\sqrt{2\pi}\sigma_i}\exp\left(-\frac{\left(r_{i,\mathrm{mea}}-r_i\right)^2}{2\sigma_i^2}\right) \tag{4.138}$$

对上式取自然对数，可得

$$\ln f\left(r_{i,\mathrm{mea}};x,y,z\right)=-\frac{N}{2}\ln\left(2\pi\right)-\sum_{i=1}^{N}\ln\sigma_i-\sum_{i=1}^{N}\frac{\left(r_{i,\mathrm{mea}}-r_i\right)^2}{2\sigma_i^2} \tag{4.139}$$

分别对 x、y、z 求一阶偏导得到

$$\begin{aligned}
\frac{\partial \ln f\left(r_{i,\mathrm{mea}};x,y,z\right)}{\partial x}&=-\sum_{i=1}^{N}\frac{\left(r_{i,\mathrm{mea}}-r_i\right)\left(x_i-x\right)}{r_i\sigma_i^2}\\
\frac{\partial \ln f\left(r_{i,\mathrm{mea}};x,y,z\right)}{\partial y}&=-\sum_{i=1}^{N}\frac{\left(r_{i,\mathrm{mea}}-r_i\right)\left(y_i-y\right)}{r_i\sigma_i^2}\\
\frac{\partial \ln f\left(r_{i,\mathrm{mea}};x,y,z\right)}{\partial z}&=-\sum_{i=1}^{N}\frac{\left(r_{i,\mathrm{mea}}-r_i\right)\left(z_i-z\right)}{r_i\sigma_i^2}
\end{aligned} \tag{4.140}$$

再分别求二阶偏导得到

$$\begin{aligned}&\frac{\partial^2 \ln f\left(r_{i,\text{mea}};x,y,z\right)}{\partial x^2}\\&=-\sum_{i=1}^{N}\frac{\left(\dfrac{\left(x_i-x\right)^2}{r_i}-\left(r_{i,\text{mea}}-r_i\right)\right)r_i\sigma_i^2+\dfrac{\left(x_i-x\right)^2}{r_i}\left(r_{i,\text{mea}}-r_i\right)\sigma_i^2}{r_i^2\sigma_i^4}\\&\frac{\partial^2 \ln f\left(r_{i,\text{mea}};x,y,z\right)}{\partial y^2}\\&=-\sum_{i=1}^{N}\frac{\left(\dfrac{\left(y_i-y\right)^2}{r_i}-\left(r_{i,\text{mea}}-r_i\right)\right)r_i\sigma_i^2+\dfrac{\left(y_i-y\right)^2}{r_i}\left(r_{i,\text{mea}}-r_i\right)\sigma_i^2}{r_i^2\sigma_i^4}\\&\frac{\partial^2 \ln f\left(r_{i,\text{mea}};x,y,z\right)}{\partial z^2}\\&=-\sum_{i=1}^{N}\frac{\left(\dfrac{\left(z_i-z\right)^2}{r_i}-\left(r_{i,\text{mea}}-r_i\right)\right)r_i\sigma_i^2+\dfrac{\left(z_i-z\right)^2}{r_i}\left(r_{i,\text{mea}}-r_i\right)\sigma_i^2}{r_i^2\sigma_i^4}\\&\frac{\partial^2 \ln f\left(r_{i,\text{mea}};x,y,z\right)}{\partial x\partial y}=-\frac{\dfrac{\left(x_i-x\right)\left(y_i-y\right)}{r_i}r_i\sigma_i^2-\sigma_i^2\dfrac{\left(x_i-x\right)\left(y_i-y\right)}{r_i}\left(r_{i,\text{mea}}-r_i\right)}{r_i^2\sigma_i^4}\\&\frac{\partial^2 \ln f\left(r_{i,\text{mea}};x,y,z\right)}{\partial x\partial z}=-\frac{\dfrac{\left(x_i-x\right)\left(z_i-z\right)}{r_i}r_i\sigma_i^2-\sigma_i^2\dfrac{\left(x_i-x\right)\left(z_i-z\right)}{r_i}\left(r_{i,\text{mea}}-r_i\right)}{r_i^2\sigma_i^4}\\&\frac{\partial^2 \ln f\left(r_{i,\text{mea}};x,y,z\right)}{\partial y\partial z}=-\frac{\dfrac{\left(y_i-y\right)\left(z_i-z\right)}{r_i}r_i\sigma_i^2-\sigma_i^2\dfrac{\left(y_i-y\right)\left(z_i-z\right)}{r_i}\left(r_{i,\text{mea}}-r_i\right)}{r_i^2\sigma_i^4}\end{aligned} \tag{4.141}$$

结合 $\mathrm{E}\left(r_{i,\text{mea}}\right)=r_i$，可得到

$$\mathrm{E}\left[\frac{\partial^2 \ln f\left(r_{i,\text{mea}};\ x,\ y,\ z\right)}{\partial x^2}\right]=-\sum_{i=1}^{N}\frac{\left(x_i-x\right)^2}{r_i^2\sigma_i^2}$$

$$\mathrm{E}\left[\frac{\partial^2 \ln f\left(r_{i,\text{mea}};\ x,\ y,\ z\right)}{\partial y^2}\right]=-\sum_{i=1}^{N}\frac{\left(y_i-y\right)^2}{r_i^2\sigma_i^2}$$

$$
\begin{aligned}
\mathrm{E}\left[\frac{\partial^2 \ln f\left(r_{i,\mathrm{mea}};\ x,\ y,\ z\right)}{\partial z^2}\right] &= -\sum_{i=1}^{N}\frac{\left(z_i-z\right)^2}{r_i^2\sigma_i^2} \\
\mathrm{E}\left[\frac{\partial^2 \ln f\left(r_{i,\mathrm{mea}};\ x,\ y,\ z\right)}{\partial x \partial y}\right] &= -\sum_{i=1}^{N}\frac{\left(x_i-x\right)\left(y_i-y\right)}{r_i^2\sigma_i^2} \\
\mathrm{E}\left[\frac{\partial^2 \ln f\left(r_{i,\mathrm{mea}};\ x,\ y,\ z\right)}{\partial x \partial z}\right] &= -\sum_{i=1}^{N}\frac{\left(x_i-x\right)\left(z_i-z\right)}{r_i^2\sigma_i^2} \\
\mathrm{E}\left[\frac{\partial^2 \ln f\left(r_{i,\mathrm{mea}};\ x,\ y,\ z\right)}{\partial y \partial z}\right] &= -\sum_{i=1}^{N}\frac{\left(y_i-y\right)\left(z_i-z\right)}{r_i^2\sigma_i^2}
\end{aligned}
\tag{4.142}
$$

因此，Fisher 信息矩阵可整理为

$$
\boldsymbol{J}=\begin{bmatrix}
\sum_{i=1}^{N}\frac{\left(x_i-x\right)^2}{r_i^2\sigma_i^2} & \sum_{i=1}^{N}\frac{\left(x_i-x\right)\left(y_i-y\right)}{r_i^2\sigma_i^2} & \sum_{i=1}^{N}\frac{\left(x_i-x\right)\left(z_i-z\right)}{r_i^2\sigma_i^2} \\
\sum_{i=1}^{N}\frac{\left(x_i-x\right)\left(y_i-y\right)}{r_i^2\sigma_i^2} & \sum_{i=1}^{N}\frac{\left(y_i-y\right)^2}{r_i^2\sigma_i^2} & \sum_{i=1}^{N}\frac{\left(y_i-y\right)\left(z_i-z\right)}{r_i^2\sigma_i^2} \\
\sum_{i=1}^{N}\frac{\left(x_i-x\right)\left(z_i-z\right)}{r_i^2\sigma_i^2} & \sum_{i=1}^{N}\frac{\left(y_i-y\right)\left(z_i-z\right)}{r_i^2\sigma_i^2} & \sum_{i=1}^{N}\frac{\left(z_i-z\right)^2}{r_i^2\sigma_i^2}
\end{bmatrix}
\tag{4.143}
$$

以运动体 0 为原点建立地理坐标系，记第 i 个节点方位角、俯仰角分别为 φ_i 和 θ_i，则有

$$
\begin{aligned}
x_i-x &= r_i\cos\theta_i\cos\varphi_i \\
y_i-y &= r_i\cos\theta_i\sin\varphi_i \\
z_i-z &= r_i\sin\theta_i \\
\frac{x_i-x}{r_i} &= \cos\theta_i\cos\varphi_i \\
\frac{y_i-y}{r_i} &= \cos\theta_i\sin\varphi_i \\
\frac{z_i-z}{r_i} &= \sin\theta_i
\end{aligned}
\tag{4.144}
$$

Fisher 信息矩阵可进一步表示为

$$
\boldsymbol{J}=\left[\begin{array}{ccc}
\sum_{i=1}^{N}\frac{\cos^2\theta_i\cos^2\varphi_i}{\sigma_i^2} & \sum_{i=1}^{N}\frac{\cos^2\theta_i\cos\varphi_i\sin\varphi_i}{\sigma_i^2} & \sum_{i=1}^{N}\frac{\cos\theta_i\sin\theta_i\cos\varphi_i}{\sigma_i^2}\\
\sum_{i=1}^{N}\frac{\cos^2\theta_i\cos\varphi_i\sin\varphi_i}{\sigma_i^2} & \sum_{i=1}^{N}\frac{\cos^2\theta_i\sin^2\varphi_i}{\sigma_i^2} & \sum_{i=1}^{N}\frac{\cos\theta_i\sin\theta_i\sin\varphi_i}{\sigma_i^2}\\
\sum_{i=1}^{N}\frac{\cos\theta_i\sin\theta_i\cos\varphi_i}{\sigma_i^2} & \sum_{i=1}^{N}\frac{\cos\theta_i\sin\theta_i\sin\varphi_i}{\sigma_i^2} & \sum_{i=1}^{N}\frac{\sin^2\theta_i}{\sigma_i^2}
\end{array}\right] \tag{4.145}
$$

以 Fisher 信息矩阵的行列式作为评价标准，行列式的值越大，则 CRLB 越小，理论估计精度越高。

4.3.3.2 仿真验证

仿真实验 1：考虑二维静态 3 个运动体（运动体 0 ~ 2）协同定位场景，以运动体 0 为原点，运动体 0 到运动体 1 的连线方向为 x 轴方向建立水平直角坐标系，运动体 0 可测量其周围 2 个运动体的距离。考察运动体 0 的位置参数的 CRLB。仿真场景与上节相同，如图 4.14(a) 所示。

对于二维运动场景，Fisher 信息矩阵为

$$
\boldsymbol{J}=\left[\begin{array}{cc}
\sum_{i=1}^{N}\frac{\sin^2\phi_i}{\sigma_i^2} & \sum_{i=1}^{N}\frac{\sin\phi_i\cos\phi_i}{\sigma_i^2}\\
\sum_{i=1}^{N}\frac{\sin\phi_i\cos\phi_i}{\sigma_i^2} & \sum_{i=1}^{N}\frac{\cos^2\phi_i}{\sigma_i^2}
\end{array}\right] \tag{4.146}
$$

图 4.19 为运动体 0、2 连线和 x 轴夹角与 Fisher 信息矩阵行列式的关系图，图 4.20 为运动体 0、2 连线和 x 轴夹角与归一化 Fisher 信息矩阵行列式的关系图，R_{01} 表示运动体 0、1 间距离量测，R_{02} 表示运动体 0、2 间距离量测。仿真结果显示，3 个运动体呈以运动体 0 为顶点的直角布局时，Fisher 信息矩阵行列式最大。虽然，最优布局与相对距离量测精度无关，但是 CRLB 大小（最优估计精度）与相对距离测量精度有关。

仿真实验 2：考虑二维静态 4 个运动体（运动体 0 ~ 3）协同定位场景，以运动体 0 为原点，运动体 0 到运动体 1 的连线方向为 x 轴方向建立水平直角坐标系，运动体 0 可测量其周围 3 个运动体的距离。考察运动体 0 位置参数估计的 CRLB，仿真场景如图 4.21 所示。

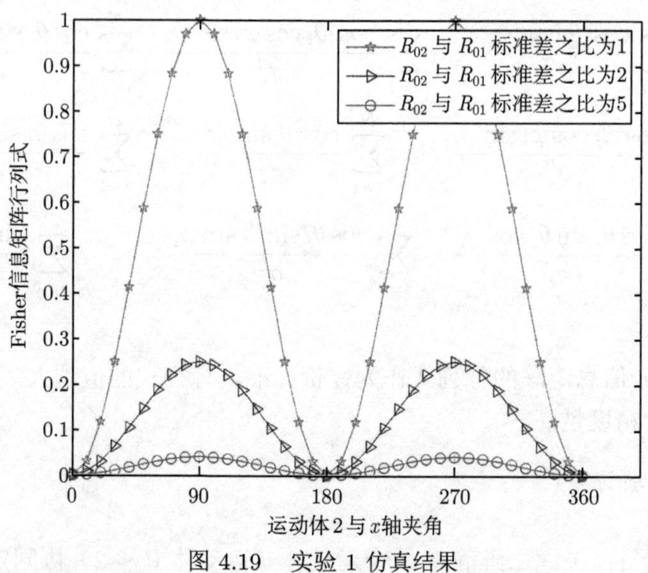

图 4.19　实验 1 仿真结果

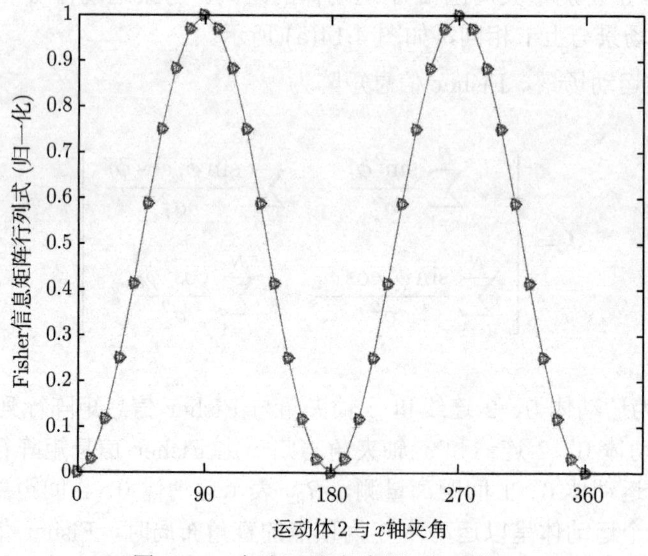

图 4.20　实验 1 仿真结果（归一化）

（1）当三个距离测量误差标准差相同时，运动体 2、运动体 3 和 x 轴夹角与 Fisher 信息矩阵行列式大小（归一化）关系如图 4.22 所示。该场景下共有 8 个极大值点，相应的构型如图 4.23 所示，CRLB 与可观测性分析结果一致。

（2）当三个距离测量 R_{01}、R_{02}、R_{03} 误差标准差分别为 1、2、2 时，运动体 2、

运动体 3 和 x 轴夹角与 Fisher 信息矩阵行列式大小（归一化）关系如图 4.24 所示。由于 R_{02}、R_{03} 测量精度较差，该场景下，最优布局为运动体 2、运动体 3 一个在 $+y$ 轴上分布，另一个在 $-y$ 轴上分布。

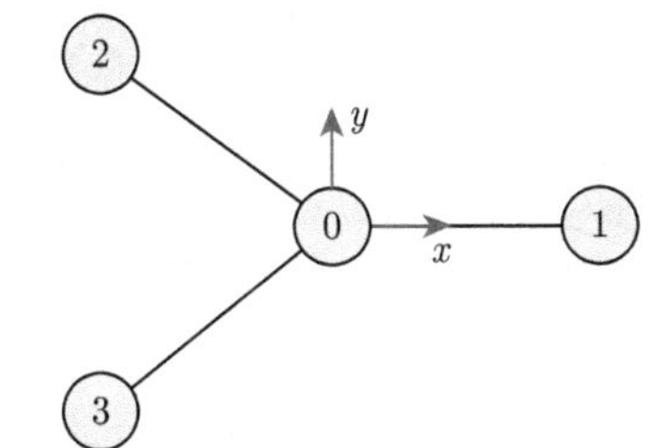

图 4.21 仿真场景示意图（4 节点）

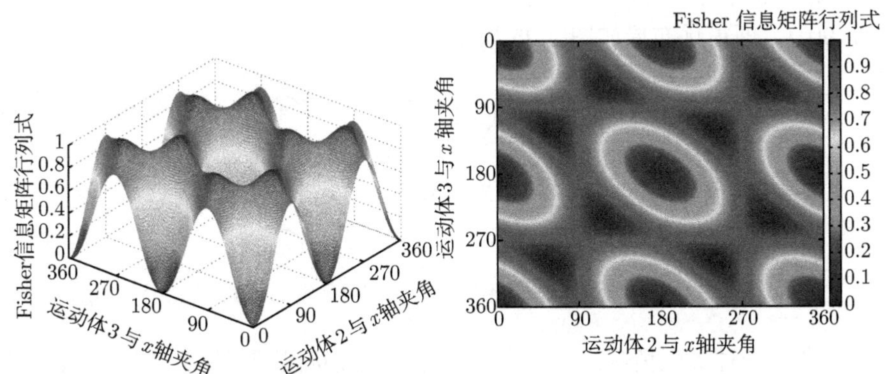

图 4.22 三个距离测量误差标准差相同时 Fisher 信息矩阵行列式大小与运动体位置的关系

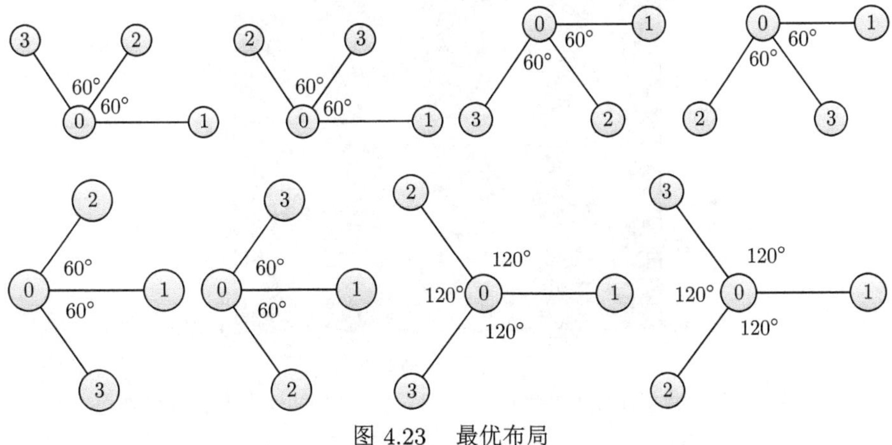

图 4.23 最优布局

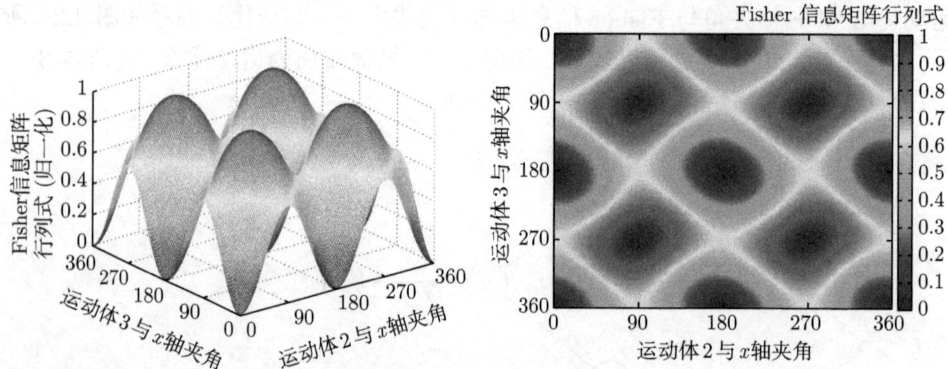

图 4.24　距离测量误差标准差分别为 1、2、2 时 Fisher 信息矩阵行列式大小与运动体位置的关系

图 4.24 中有四个极大值点，分别为 (90°，90°)、(90°，270°)、(270°，270°)、(270°，90°)，即最优布局如图 4.25 所示。

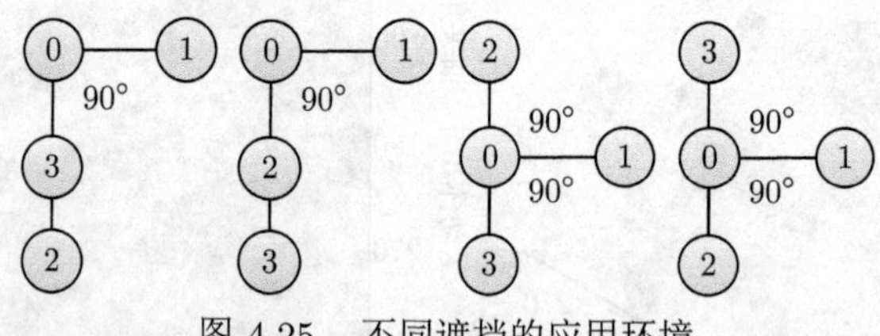

图 4.25　不同遮挡的应用环境

（3）考虑一种极限情况，当三个距离测量误差标准差分别为 1、1、10，仿真结果如图 4.26 所示。

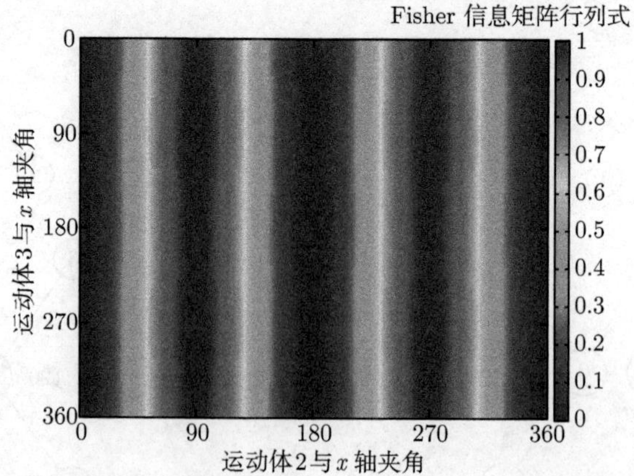

图 4.26　距离测量误差标准差分别为 1、1、10 时 Fisher 信息矩阵行列式大小与运动体位置的关系

由于与运动体 3 相对测距测量误差远高于其他两个测距值，此时运动体 3 的位置对运动体 0 定位结果精度没有影响，而定位结果精度仅由运动体 1 和 2 来保证。此时，只需保证与运动体 1 和运动体 2 以运动体 0 为顶点构成直角，Fisher 信息矩阵行列式最大，可获得统计意义上最高的定位精度。

4.3.4 协同定位节点选取算法

本节提出一种基于改进遗传算法的多节点协同定位过程中节点选取算法 [201]。首先以节点间距离为量测信息，CKF 作为多节点协同定位算法；然后借鉴文献 [202] 和文献 [203] 中遗传算法编码方式对标准遗传算法进行改进，通过克拉默-拉奥不等式求解节点构型评价的适应度函数，完成多节点选取、实时分组的协同定位；最后通过仿真验证了所提出方法的有效性和稳定性。

4.3.4.1 并行式多节点协同定位模型

多节点协同定位系统中，每个节点除利用自身惯性传感器信息进行惯导解算外，还可以通过 UWB 测量节点之间的距离，进而实现协同信息的融合和定位结果的优化。基于 CKF 的协同定位算法如图 4.27 所示，本节以节点间测距信息作为 CKF 的量测信息，为每个节点建立局部滤波器，实现系统中各节点的位置更新。

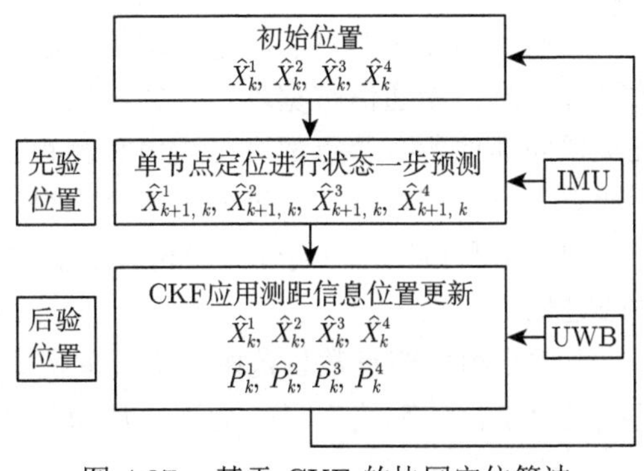

图 4.27 基于 CKF 的协同定位算法

4.3.4.2 基于克拉默-拉奥不等式的节点构型评价

多节点协同定位是一个状态预测过程，因此可以使用预测误差协方差矩阵来评价协同定位性能的优劣。克拉默-拉奥不等式从理论上给出了位置参数无偏估计的协方差矩阵的下界，它的倒数为 Fisher 信息量，其常被用来描述预测过程中量测值所包含的状态变量信息量的大小。Fisher 信息量越大，模型本身所能提供的信息量就越大，相应地，不确定性就越小，预测性能也就越良好 [204]。应用克拉默-拉奥不等式，对并行式多节点协同定位算法所达到的定位误差方差下界进行分析。对于含有 N 个节点的系统，每个子节点与其他 $2\sim N-1$ 个节点通信，则节点 n 的 Fisher 信息矩阵为

$$\boldsymbol{J}_n(x)=\begin{bmatrix}\displaystyle\sum_{k=1}^{N}\left(\frac{(x_n-x_k)^2}{\sigma_{nk}^2\rho_{nk}^2}\delta_{kn}\right) & \displaystyle\sum_{k=1}^{N}\left(\frac{(x_n-x_k)(y_n-y_k)}{\sigma_{nk}^2\rho_{nk}^2}\delta_{kn}\right)\\ \displaystyle\sum_{k=1}^{N}\left(\frac{(x_n-x_k)(y_n-y_k)}{\sigma_{nk}^2\rho_{nk}^2}\delta_{kn}\right) & \displaystyle\sum_{k=1}^{N}\frac{(y_n-y_k)^2}{\sigma_{nk}^2\rho_{nk}^2}\end{bmatrix} \tag{4.147}$$

式中，x_n、y_n 为节点 n 位置信息；ρ_{nk} 为节点 n 与节点 k 间测距距离；σ_{nk} 为节点 n 与节点 k 间测距误差；δ_{kn} 为狄利克雷函数，当节点 n 与节点 k 间进行协同，δ_{kn} 取值为 1，反之为 0。根据克拉默-拉奥不等式，节点 n 位置估计的方差下界为

$$\boldsymbol{e}_{\mathrm{error}_n}=(\boldsymbol{J}_n(x))^{-1} \tag{4.148}$$

4.3.4.3 基于改进遗传算法的节点选取优化算法

遗传算法是一种模仿自然法则的启发式随机搜索算法，可通过模拟选择、交叉、变异等关键操作，达到全局搜索的目的，进而求得问题最优解。当多节点协同定位系统中节点数目过多时，受通信带宽以及传感器测距范围等限制，在实际系统中每个节点很难实现同其他所有节点都进行通信和测距。本节提出一种改进遗传算法对节点进行选取，将多节点协同系统分为多个小组进行协同，实现了多节点系统中节点间局部的通信和协同，并通过对遗传算法的改进提高了计算效率。关于遗传算法的具体改进如下。

（1）染色体编码：考虑小组中节点数目范围、节点间测距限制等约束条件。

（2）染色体交叉：以“染色体列块”形式交叉，从而保证每个节点始终至少包含在一个小组中。

（3）染色体变异：在完成标准染色体变异过程后，对变异后染色体进行约束条件检验，如符合则进行变异。

1. 种群初始化

图 4.28 为一个初始化的染色体，它是一个以数字“01”编码的二维矩阵，每行含有 n_i 个“1”编码，每列至少含有 1 个“1”编码，且满足测距限制，其中 N 为该系统节点总数，M 为系统小组个数，n_i 为每个小组的节点数目。例如，图 4.28 第一行代表第一个小组由节点 2、节点 5、节点 9 和节点 10 构成的四节点小组。

0	1	0	0	1	0	0	0	1	1
0	0	0	1	1	0	1	1	0	1
1	1	0	0	0	0	0	0	1	0
1	0	0	0	1	0	1	1	0	1
0	0	1	1	0	0	1	0	1	0
0	1	1	0	1	1	0	0	0	1

图 4.28 染色体编码方式

种群中每个染色体代表多节点系统的一种构型，为了满足多节点协同定位的约束条件，对标准遗传算法的染色体初始化方式进行改进，约束条件为以下三条。

（1）每个小组中的节点数目 n_i 应该满足设定限制条件，即 $n_i \in [n_{\min}, n_{\max}]$。

（2）每个节点至少被包含在一个小组中参与协同定位。

（3）群染色体所代表的构型满足实际测距信息的限制条件，例如，若节点 2 与节点 5 间测距信息无法获得，则任意小组中不同时包含两个节点。

初始化方法为：按行初始化，首先随机生成 n_1，其中 $n_1 \in [3,5]$，然后产生 n_1 个“1”编码，随机分配到染色体编码第一行，且随机分配过程满足测距信息限制，其余位置为“0”编码，以此完成 $1 \sim M-1$ 行编码。第 n_1 行初始化时，首先检查不包含“1”编码的列，令最后一行该列首先为“1”编码，如图 4.28 中令 (6,6) 位置为“1”编码，若剩余“1”编码再进行随机分配，至此完成满足约束条件的种群初始化。

2. 适应度函数和优选

种群中染色体适应度值的计算由克拉默-拉奥不等式进行求解，遗传算法中整个种群的最佳适应度为

$$g = \min\{g_{h1}, g_{h2}, \cdots, g_{hs}\} \tag{4.149}$$

式中，s 为染色体编号；h 为遗传代数；g_{hs} 为第 h 代第 s 条染色体适应度，

$$g_{hs} = \sum_{n=1}^{N} \min_{m=1}^{M}(e_{nm}) \tag{4.150}$$

其中，e_{nm} 为式 (4.148) 中计算第 m 行小组中第 n 个节点位置估计误差方差下界。

染色体选择采用经典的轮盘赌法对种群中染色体进行优选，产生的下一代种群数目与初始种群数目相等。算法优化的目标函数为令各个子节点误差界取最小

值，所以当染色体的适应度函数值越小，则其在遗传过程中被选中的概率越大，其染色体基因对应构型遗传到下一代概率越大。

3. 染色体交叉

先将优选后的种群中染色体随机两两配对，作为父染色体和母染色体，按照交叉概率决定是否对其进行交叉运算。为了减少由于交叉运算后个体染色体不满足约束条件将其丢弃会造成的无效计算量，改进算法在父母染色体中随机选择相同的“染色体列”为交叉区域，进行交叉操作，可以避免交叉后染色体不满足 4.3.4.3 节中种群初始化小节的约束条件（2）。在交叉运算后需要对子染色体进行约束条件（1）和约束条件（3）检验，符合条件则用两个子染色体代替父母染色体，反之则取消该对父母染色体的交叉操作，保留原父母染色体作为种群个体，染色体交叉方式如图 4.29 所示。

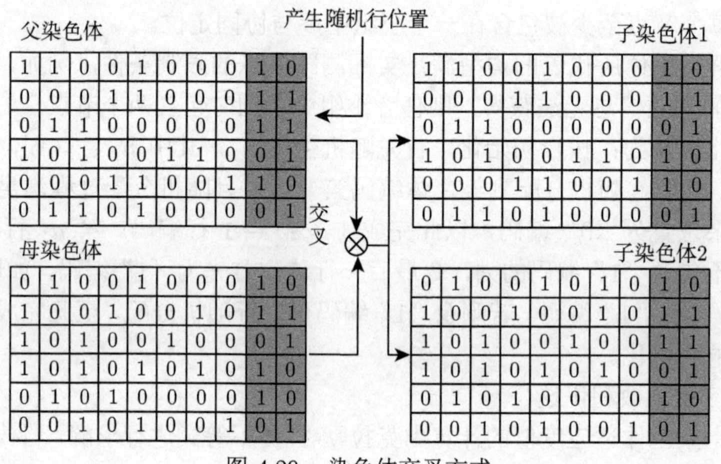

图 4.29　染色体交叉方式

4. 染色体变异

变异操作是为了防止算法陷入局部最优，由于每个染色体结构由 M 个小组组成，所以在进行变异操作时对于每个小组分别按照变异概率随机产生编码突变位置，然后在变异过程中进行约束条件检验。

如图 4.30 所示，染色体中小组 2 和小组 4 产生突变位置分别为 $(2,4)$ 和 $(4,6)$，其余小组未产生突变位置。假设节点间均可测距，$(2,4)$ 编码通过约束条件检验可以进行突变，$(4,6)$ 编码突变后导致 $n_4 = 6 > n_{\max}$，所以未进行突变。与染色体交叉操作相似，在染色体变异过程中加入对约束条件的检测，可以最大限度地避免种群在寻求最优解过程中的无效变异，从而减小计算量、提高计算效率。

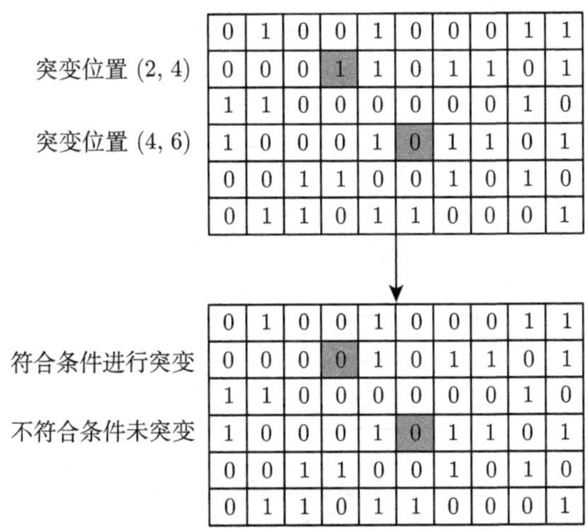

图 4.30 染色体变异方式

4.3.4.4 算法整体流程

基于改进遗传算法的多节点系统节点选取、动态分组的协同定位算法流程如图 4.31 所示。

算法伪代码如算法 4.1 所示。

算法 4.1 多节点系统节点选取协同定位算法流程

输入: 节点初始化位置信息、IMU 信息、UWB 测距信息、小组分组预设信息

输出: 各节点协同定位信息

```
系统节点位置初始化
while 节点协同定位 do
    构型初始化
    if 小组成员组成需要优化 then
        初始化种群：按照编码方式产生初始化种群
        适应度求解：计算适应度并更新种群
        while 未达到节点选取优化终止条件 do
            染色体交叉：进行交叉操作
            染色体变异：进行变异操作
            适应度求解：计算适应度并更新种群
        end while
        更新系统分组
    end if
    应用 CKF 进行协同定位
    更新节点位置
end while
```

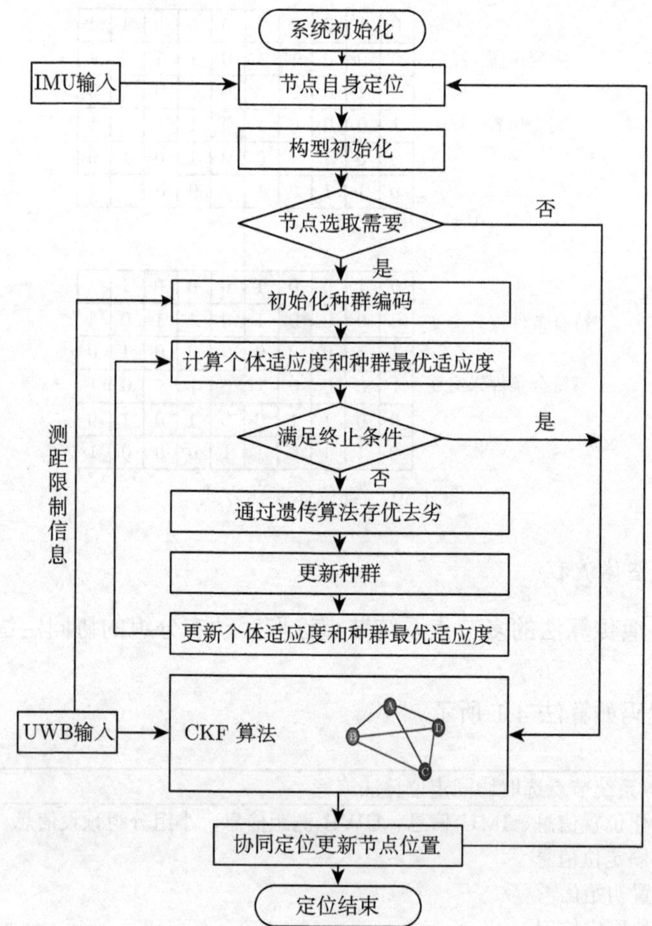

图 4.31　基于改进遗传算法的节点选取优化算法框架

4.3.4.5　仿真验证

协同定位系统由 10 个自由运动的节点组成，每个协同小组的节点数目为 3~5 个，仿真中各节点实际运行轨迹如图 4.32 所示。

仿真实验中，节点运动速度为 1m/s，加速度计零偏稳定性为 4μg，陀螺仪的零偏稳定性为 10°/h，节点间 UWB 测距精度为 20cm，CKF 协同频率为 1Hz，仿真总时长为 600s。

基于上述仿真条件，对 10 个节点进行协同定位，给出节点的惯导解算定位、在固定分组下协同定位、在动态分组下协同定位的距离均方根误差（DRMS）对比。表 4.1 为系统中 10 个节点的均方根误差对比。

图 4.33 给出节点 7 在运动过程中进行协同定位小组的成员变化。选取直线

运动的节点 5 和回旋运动的节点 7 给出其距离均方根误差对比曲线，如图 4.34 所示。

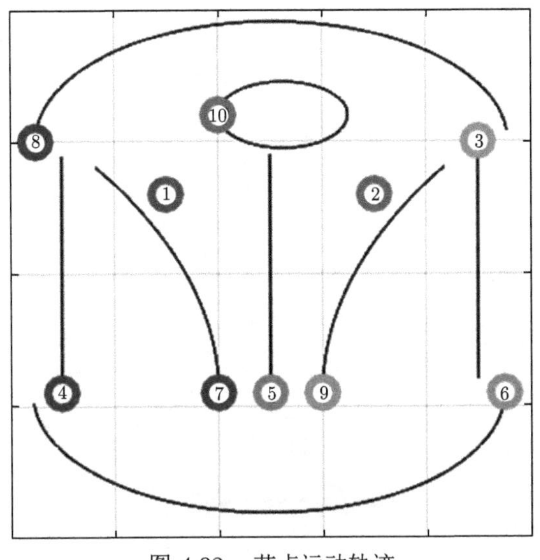

图 4.32 节点运动轨迹

表 4.1 各节点协同定位均方根误差

节点	单节点定位 DRMS/m	固定分组协同定位 DRMS/m	动态分组协同定位 DRMS/m
1	3.59	2.07	1.44
2	3.12	2.28	1.70
3	11.23	1.90	1.46
4	25.59	2.52	1.62
5	14.06	2.27	1.41
6	5.12	1.99	1.00
7	8.54	2.32	1.45
8	10.30	2.91	1.96
9	2.45	2.18	1.44
10	9.32	2.79	1.57

对实验结果分析如下。

（1）由图 4.34，基于 UWB 测距信息的 CKF 协同定位算法可以显著改进单节点定位随时间漂移问题，从而提高单节点定位的精度。

（2）由图 4.33，随节点间相对位置发生变化，当系统小组成员不能满足构型的评价指标要求，会触发改进遗传算法对节点进行选择，对小组成员进行实时更新。

（3）由表 4.1，动态分组协同定位各节点的定位均方根误差与固定分组相比平均减小了 35%，最少减小了 23%，最大减小了 49%，证明改进的遗传算法可以有效完成多节点选择分组的协同定位。

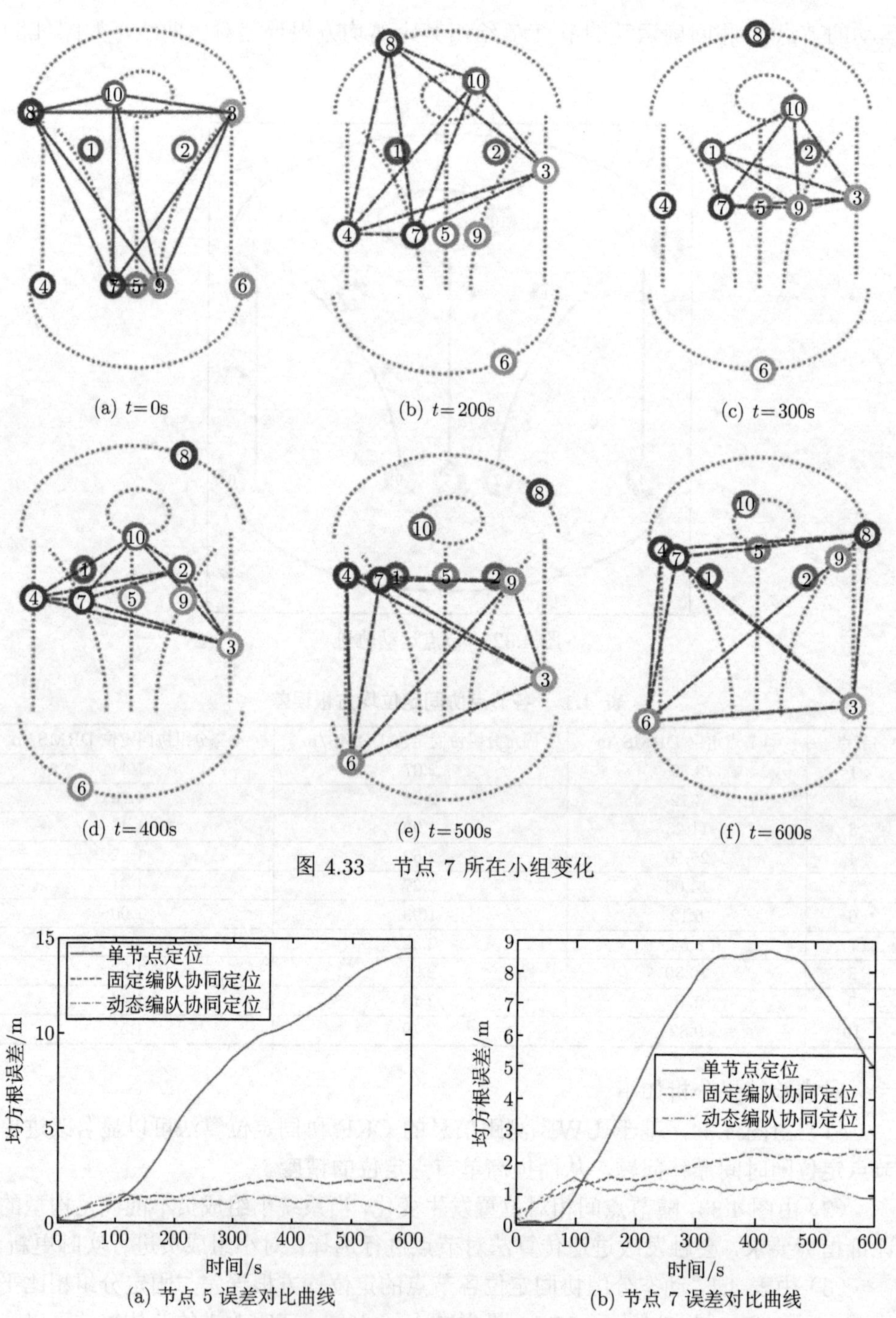

图 4.33　节点 7 所在小组变化

图 4.34　误差对比曲线

4.4 基于 Huber 估计的鲁棒协同定位算法

本节针对异常数据对协同定位的影响，研究了异常数据检测方法，并在此基础上研究了基于广义最大似然的鲁棒滤波算法，在协同定位过程中使用该算法对协同平台的状态进行估计，有效提升了系统对异常量测的鲁棒性。该鲁棒滤波算法和卡尔曼滤波最大的区别在于该算法要对量测数据进行处理，通过投影统计法鉴别出异常数据，之后在使用惯导设备及运动模型进行状态预测的基础上，利用广义最大似然算法得到协同平台的状态估计。

4.4.1 异常数据鉴别算法

异常数据鉴别是抑制异常数据对算法影响的前提，经典的马哈拉诺比斯距离鉴别法主要是通过对样本值的加权平均来判定，在该方法中权值主要依靠样本协方差矩阵实现。投影统计法相比于马哈拉诺比斯距离鉴别法的主要区别是通过样本中值和中值绝对偏差来代替样本均值和协方差 [205]。投影统计法因为对异常值簇不像马哈拉诺比斯距离鉴别法那样敏感，所以其对异常数据鉴别的鲁棒性要强于马哈拉诺比斯距离鉴别法。

权系数通过样本协方差矩阵来确定。假设 M 维变量 N 次观测，N 个观测数据记为 $\boldsymbol{x}_1,\boldsymbol{x}_2,\cdots,\boldsymbol{x}_N$，其中每个数据均为 M 维列向量，马哈拉诺比斯距离的定义为

$$M_{\mathrm{Dis}_n}=\sqrt{\left(\boldsymbol{x}_n-\bar{\boldsymbol{x}}\right)^{\mathrm{T}}\boldsymbol{C}^{-1}\left(\boldsymbol{x}_n-\bar{\boldsymbol{x}}\right)} \tag{4.151}$$

式中，$\bar{\boldsymbol{x}}$ 为 M 维均值向量，

$$\bar{\boldsymbol{x}}=\frac{1}{N}\sum_{n=1}^{N}\boldsymbol{x}_n \tag{4.152}$$

$\boldsymbol{C}$ 为 M 维协方差矩阵，

$$\boldsymbol{C}=\frac{1}{N-1}\sum_{n=1}^{N}\left(\boldsymbol{x}_n-\bar{\boldsymbol{x}}\right)\left(\boldsymbol{x}_n-\bar{\boldsymbol{x}}\right)^{\mathrm{T}} \tag{4.153}$$

假设输入的数据符合高斯分布，那么若数据 $\boldsymbol{x}_n$ 的马哈拉诺比斯距离 $M_{\mathrm{Dis}_n}>\sqrt{\boldsymbol{\chi}_\alpha^2}$，则认为该数据为异常值。其中，$\boldsymbol{\chi}_\alpha^2$ 为卡方分布；α 为置信概率，一般取 0.95。

通过马哈拉诺比斯距离来找出异常点的优势在于概念简单且易于计算，但是马哈拉诺比斯距离鉴别异常点的方法是基于样本均值和协方差矩阵来计算的，然而样本均值和协方差矩阵在整体判定上不具备鲁棒性，因此使用一种基于样本中值和中值绝对偏差的投影统计法来对异常点进行检测和处理。

投影统计法是一种能够鉴别出数据中存在多个异常数据的鲁棒性统计方法，基本算法如下。

（1）有 N 个 M 维量测向量，记作 $\boldsymbol{x}_m$，$m=1,2,\cdots,M$，$\boldsymbol{y}$ 代表 M 维中位向量，$\mathrm{med}(\boldsymbol{x}_i)$ 为 x_i 的中值，

$$\boldsymbol{y}=\begin{bmatrix}\mathrm{med}(\boldsymbol{x}_1)\\ \vdots \\ \mathrm{med}(\boldsymbol{x}_M)\end{bmatrix} \tag{4.154}$$

（2）计算每个量测向量关于中值绝对偏差的单位向量，偏差向量为 $\boldsymbol{u}_n=\boldsymbol{x}_n-\boldsymbol{y}$，$n=1,2,\cdots,N$，偏差向量的单位向量记为 $\boldsymbol{v}_n$。

（3）确定每个数据 $\boldsymbol{x}_n$ 在各单位向量 $\boldsymbol{v}_l$ 上的投影，得到投影向量：

$$\boldsymbol{z}_{n,l}=\boldsymbol{x}_n^{\mathrm{T}}\boldsymbol{v}_l,\quad l,\ n=1,2,\cdots,N \tag{4.155}$$

（4）对于每个投影向量，通过中值和中值绝对偏差来计算标准投影：

$$\begin{aligned}&\boldsymbol{z}_{\mathrm{med}_n}=\mathrm{med}\left(\boldsymbol{z}_{n,l}\right),\quad l,\ n=1,2,\cdots,N\\ &\boldsymbol{M}_{\mathrm{AD}_n}=c\cdot\mathrm{med}\left(\left|\boldsymbol{z}_{n,l}-\boldsymbol{z}_{\mathrm{med}_n}\right|\right),\quad l,\ n=1,2,\cdots,N\end{aligned} \tag{4.156}$$

式中，c 的经验取值为 1.4826。

（5）对所有数据重复上述过程，则第 i 个数据的投影统计值为

$$\mathrm{PS}_n=\max_{m=1,2,\cdots,M}\left\{\boldsymbol{p}_{n,m}\right\},n=1,2,\cdots,N \tag{4.157}$$

式中，$\boldsymbol{p}_{n,m}=\dfrac{\left|\boldsymbol{z}_{n,m}-\boldsymbol{z}_{\mathrm{med}_m}\right|}{\boldsymbol{M}_{\mathrm{AD}_n}}$，$n=1,2,\cdots,N$，$m=1,2,\cdots,M$。

根据投影统计值，可以计算鲁棒距离，进而从 N 个数据中鉴别异常数据。鲁棒距离的定义为

$$R_n=\sqrt{\left(\boldsymbol{x}_n-\bar{\boldsymbol{x}}_r\right)^{\mathrm{T}}\boldsymbol{C}_r^{-1}\left(\boldsymbol{x}_n-\bar{\boldsymbol{x}}_r\right)} \tag{4.158}$$

式中，$\bar{\boldsymbol{x}}_r$ 和 $\boldsymbol{C}_r$ 分别表示鲁棒均值和鲁棒协方差矩阵，

$$\bar{\boldsymbol{x}}_r=\left(\sum_{n=1}^{N}\omega_n\boldsymbol{x}_n\right)\left(\sum_{n=1}^{N}\omega_n\right)^{-1} \tag{4.159}$$

$$\boldsymbol{C}_r=\left[\sum_{n=1}^{N}\omega_n\left(\boldsymbol{x}_n-\bar{\boldsymbol{x}}_r\right)\left(\boldsymbol{x}_n-\bar{\boldsymbol{x}}_r\right)^{\mathrm{T}}\right]\left(\sum_{n=1}^{N}\omega_n\right)^{-1} \tag{4.160}$$

其中，$\omega_n = \min\left\{1, \dfrac{\chi_\alpha^2}{\mathrm{PS}_n^2}\right\}$。

因为鲁棒距离中的鲁棒均值 $\bar{\boldsymbol{x}}_r$ 不是简单通过平均算出来的，而是先对每个数据进行投影统计，得到对应的权值，之后通过加权平均得到鲁棒均值。相比于马哈拉诺比斯距离鉴别法，投影统计法减小了异常点导致的均值过大的不利因素。因此投影统计能够在不额外增加计算量的情况下提升异常数据鉴别的鲁棒性。

4.4.2 鲁棒协同定位算法

基于异常数据鉴别及广义最大似然原理，开展鲁棒滤波算法研究，得到协同平台的定位信息估计。

在广义最大似然估计中，首先定义残差为估计值和量测值的差值，即

$$\boldsymbol{\zeta} = \boldsymbol{Hx} - \boldsymbol{z} \tag{4.161}$$

残差最小化函数为

$$J(\zeta_i) = \sum_{i=1}^{N} \rho(\zeta_i) \tag{4.162}$$

式中，ρ 为自行定义的函数，当 $\rho(\zeta_i) = -\ln f(\zeta_i)$ 时，广义最大似然估计就变成了最大似然估计法。在广义最大似然估计中，将 ρ 定义为

$$\rho(\zeta_i) = \begin{cases} \dfrac{1}{2}\zeta_i^2, & |\zeta_i| < \gamma \\ \gamma|\zeta_i| - \dfrac{1}{2}\gamma^2, & |\zeta_i| \geqslant \gamma \end{cases} \tag{4.163}$$

从式 (4.163) 中可以看出，ρ 是 l_1、l_2 范数的混合形式，可调参数 γ 可决定 ρ 的性质。当 $\gamma \to 1$ 时，ρ 将转换为 l_1 范数形式；当 $\gamma \to 0$ 时，ρ 将转换为 l_2 范数形式。

这种 ρ 的函数形式在近似高斯分布下具有渐近最优鲁棒性。具体来说就是，当量测噪声的概率密度函数服从下列受污染的高斯概率分布的形式时，广义最大似然估计在受污染的高斯分布附近具有最小渐近方差。受污染的高斯概率分布的形式为

$$f(\boldsymbol{x}) = \frac{1-e}{\sqrt{2\pi}\sigma} \exp\left(-\frac{(\boldsymbol{x}-\boldsymbol{\mu})^2}{2\sigma^2}\right) + e \cdot g(\boldsymbol{x}) \tag{4.164}$$

式中，e 为受污染程度，$e = 0$ 时量测噪声服从高斯分布；$g(\boldsymbol{x})$ 为形式未知的污染噪声密度函数。

广义最大似然估计解的形式和最大似然估计相同，但是由于残差最小化函数不同，矩阵 $\boldsymbol{\psi}$ 有所差异。矩阵形式的解为

$$\boldsymbol{H}^{\mathrm{T}}\boldsymbol{\psi}\left(\boldsymbol{H}\boldsymbol{x}-\boldsymbol{z}\right)=0 \tag{4.165}$$

式中，$\boldsymbol{\psi}=\operatorname{diag}\left(\varphi\left(\zeta_i\right)\right)$，权重函数 $\varphi\left(\zeta_i\right)=\dfrac{\mathrm{d}\rho\left(\zeta_i\right)}{\mathrm{d}\zeta_i}\cdot\dfrac{1}{\zeta_i}$。根据之前的定义，可以得到权重函数的表达式为

$$\varphi\left(\zeta_i\right)=\begin{cases}1, & \left|\zeta_i\right|<\gamma\\ \dfrac{\gamma}{\left|\zeta_i\right|}, & \left|\zeta_i\right|\geqslant\gamma\end{cases} \tag{4.166}$$

当 γ 为常数时，$\boldsymbol{\psi}$ 的确定依赖于残差 $\boldsymbol{\zeta}_i$，而残差又和 $\boldsymbol{x}$ 有关，因此这种情况下广义最大似然问题一般不存在解析解，该问题的求解一般通过数值方法迭代解决。当 $\gamma\rightarrow\infty$ 时，$\boldsymbol{\psi}=\boldsymbol{I}$，这种情况下广义最大似然问题退化为最小二乘问题，这种情况下存在解析解。

如果量测噪声的受污染程度 e 已知，存在确定最优的 γ 取值的方法：

$$\frac{1}{1-e}=\frac{1}{\gamma}\sqrt{\frac{2}{\pi}}\exp\left(-\frac{\gamma^2}{2}\right)+\operatorname{erf}\left(\frac{\gamma}{\sqrt{2}}\right) \tag{4.167}$$

式中，$\operatorname{erf}\left(\dfrac{\gamma}{\sqrt{2}}\right)$ 为误差函数，$\operatorname{erf}(x)=\dfrac{2}{\sqrt{\pi}}\displaystyle\int_0^x \mathrm{e}^{-t^2}\mathrm{d}t$。

当参数 $e=0$ 时，γ 的最优取值趋于无穷，原因是这种情况下量测噪声完全服从高斯分布，此时在最小方差的前提下最小二乘估计是最优的。当参数 $e\rightarrow1$ 时，$\gamma\rightarrow1$ 为最优取值，在噪声的概率密度函数完全未知的情况下，量测取中值成为最合适的选择。

在参数 e 完全未知的情况下，γ 的经验取值为 1.345。当采用这种取值方式时，若量测噪声完全服从高斯分布，则广义最大似然估计的误差方差比最小二乘估计大 5%；若量测噪声的实际分布和高斯分布差距较大，广义最大似然估计的噪声抑制作用要明显好于最小二乘估计。

鲁棒滤波算法将广义最大似然估计应用于状态的修正阶段，每次对状态修正之前已经完成对量测数据中的异常点筛选，并且得到了量测的权值矩阵，其状态修正的过程如下。

定义状态预测为 $\bar{\boldsymbol{X}}_k$，$\boldsymbol{\delta}_k=\boldsymbol{X}_k-\bar{\boldsymbol{X}}_k$ 表示实际状态与预测状态的差。雅可比矩阵 $\boldsymbol{H}$ 定义为

$$\boldsymbol{H}_k=\frac{\partial h}{\partial\boldsymbol{X}}\Big|_{\boldsymbol{X}=\bar{\boldsymbol{X}}_k,\boldsymbol{w}=\bar{\boldsymbol{w}}} \tag{4.168}$$

非线性模型可另写为

$$\boldsymbol{z}_k = \boldsymbol{G}_k\boldsymbol{X}_k + \boldsymbol{\xi}_k \tag{4.169}$$

式中，

$$\boldsymbol{z}_k = \boldsymbol{T}_k^{-1/2}\begin{bmatrix} \boldsymbol{y}_k - h(\bar{\boldsymbol{X}}_k) + \boldsymbol{H}_k\bar{\boldsymbol{X}}_k \\ \bar{\boldsymbol{X}}_k \end{bmatrix}; \boldsymbol{G}_k = \boldsymbol{T}_k^{-1/2}\begin{bmatrix} \boldsymbol{H}_k \\ \boldsymbol{I} \end{bmatrix}$$

$$\boldsymbol{\xi}_k = \boldsymbol{T}_k^{-1/2}\begin{bmatrix} \boldsymbol{w}_k \\ -\boldsymbol{\delta}_k \end{bmatrix}; \boldsymbol{T}_k = \begin{bmatrix} \boldsymbol{R}_k & 0 \\ 0 & \boldsymbol{P}_{k/k-1} \end{bmatrix}$$

由广义最大似然估计法可得

$$\boldsymbol{X}_k^{(j+1)} = (\boldsymbol{G}_k^{\mathrm{T}}\boldsymbol{\psi}^{(j)}\boldsymbol{G}_k)^{-1}\boldsymbol{G}_k^{\mathrm{T}}\boldsymbol{\psi}^{(j)}\boldsymbol{z}_k \tag{4.170}$$

式中，$\boldsymbol{X}_k^{(0)} = (\boldsymbol{G}_k^{\mathrm{T}}\boldsymbol{G}_k)^{-1}\boldsymbol{G}_k^{\mathrm{T}}\boldsymbol{z}_k$。

误差协方差矩阵可以由下式得到：

$$\hat{\boldsymbol{P}}_k = (\boldsymbol{G}_k^{\mathrm{T}}\boldsymbol{\psi}\boldsymbol{G}_k)^{-1} \tag{4.171}$$

式中，$\boldsymbol{\psi}$ 由广义最大似然估计给出。

为了与状态预测和量测残差一致，将对角矩阵 $\boldsymbol{\psi}$ 分为两部分：

$$\boldsymbol{\psi}=\begin{bmatrix} \psi_y & 0 \\ 0 & \psi_x \end{bmatrix} \tag{4.172}$$

状态更新方程又可写为

$$\hat{\boldsymbol{X}}_k = (\boldsymbol{G}_k^{\mathrm{T}}\psi\boldsymbol{G}_k^{\mathrm{T}})^{-1}\boldsymbol{G}_k^{\mathrm{T}}\psi\boldsymbol{z}_k = (\tilde{\boldsymbol{G}}_k^{\mathrm{T}}\tilde{\boldsymbol{G}}_k)^{-1}\tilde{\boldsymbol{G}}_k^{\mathrm{T}}\tilde{\boldsymbol{z}}_k \tag{4.173}$$

式中，$\tilde{\boldsymbol{G}}_k = \boldsymbol{\psi}^{1/2}\boldsymbol{G}_k$；$\tilde{\boldsymbol{z}}_k = \boldsymbol{\psi}^{1/2}\boldsymbol{z}_k$，有

$$\begin{aligned}\tilde{\boldsymbol{G}}_k &= \boldsymbol{\psi}^{1/2}\boldsymbol{T}_k{}^{-1/2}\begin{bmatrix} \boldsymbol{H}_k \\ \boldsymbol{I} \end{bmatrix} \\ &= \begin{bmatrix} \boldsymbol{\psi}_y^{1/2} & 0 \\ 0 & \boldsymbol{\psi}_x^{1/2} \end{bmatrix}\begin{bmatrix} \boldsymbol{R}_k^{-1/2} & 0 \\ 0 & \bar{\boldsymbol{P}}^{-1/2} \end{bmatrix}\begin{bmatrix} \boldsymbol{H}_k \\ \boldsymbol{I} \end{bmatrix} \\ &= \begin{bmatrix} \boldsymbol{\psi}_y^{1/2}\boldsymbol{R}_k^{-1/2}\boldsymbol{H}_k \\ \boldsymbol{\psi}_x^{1/2}\bar{\boldsymbol{P}}_k^{-1/2} \end{bmatrix}\end{aligned} \tag{4.174}$$

则

$$\begin{aligned}\tilde{\boldsymbol{G}}_k^{\mathrm{T}}\tilde{\boldsymbol{G}}_k &= [\boldsymbol{H}_k^{\mathrm{T}}(\boldsymbol{R}_k^{-1/2})^{\mathrm{T}}\boldsymbol{\psi}_y^{1/2}(\bar{\boldsymbol{P}}_k^{-1/2})^{\mathrm{T}}\boldsymbol{\psi}_x^{1/2}]\begin{bmatrix}\boldsymbol{\psi}_y^{1/2}\boldsymbol{R}_k^{-1/2}\boldsymbol{H}_k\\ \boldsymbol{\psi}_x^{1/2}\bar{\boldsymbol{P}}_k^{-1/2}\end{bmatrix}\\ &= \boldsymbol{H}_k^{\mathrm{T}}\tilde{\boldsymbol{R}}_k^{-1}\boldsymbol{H}_k + \breve{\boldsymbol{P}}_k^{-1}\end{aligned} \tag{4.175}$$

其中，$\tilde{\boldsymbol{R}}_k = \boldsymbol{R}_k^{-1/2}\psi_y^{-1}(\boldsymbol{R}_k^{-1/2})^{\mathrm{T}}$；$\breve{\boldsymbol{P}}_k = \bar{\boldsymbol{P}}_k^{-1/2}\boldsymbol{\psi}_x^{-1}(\bar{\boldsymbol{P}}_k^{-1/2})^{\mathrm{T}}$

因为 $\hat{\boldsymbol{P}}_k^{-1} = \tilde{\boldsymbol{G}}_k^{\mathrm{T}}\tilde{\boldsymbol{G}}_k$，则协方差矩阵又可以写为

$$\hat{\boldsymbol{P}}_k = (\boldsymbol{H}_k^{\mathrm{T}}\tilde{\boldsymbol{R}}_k^{-1}\boldsymbol{H}_k + \breve{\boldsymbol{P}}_k^{-1})^{-1} \tag{4.176}$$

对上式整理可得

$$\begin{aligned}\hat{\boldsymbol{P}}_k &= \breve{\boldsymbol{P}}_k - \breve{\boldsymbol{P}}_k\boldsymbol{H}_k^{\mathrm{T}}(\boldsymbol{H}_k\breve{\boldsymbol{P}}_k\boldsymbol{H}_k^{\mathrm{T}} + \tilde{\boldsymbol{R}}_k)^{-1}\boldsymbol{H}_k\breve{\boldsymbol{P}}_k\\ &= (\boldsymbol{I} - \breve{\boldsymbol{P}}_k\boldsymbol{H}_k^{\mathrm{T}}(\boldsymbol{H}_k\breve{\boldsymbol{P}}_k\boldsymbol{H}_k^{\mathrm{T}} + \tilde{\boldsymbol{R}}_k)^{-1}\boldsymbol{H}_k)\breve{\boldsymbol{P}}_k\\ &= (\boldsymbol{I} - \boldsymbol{K}_k\boldsymbol{H}_k)\breve{\boldsymbol{P}}_k\end{aligned} \tag{4.177}$$

式中，$\boldsymbol{K}_k = \boldsymbol{P}_k\boldsymbol{H}_k^{\mathrm{T}}(\boldsymbol{H}_k\boldsymbol{P}_k\boldsymbol{H}_k^{\mathrm{T}} + \tilde{\boldsymbol{R}}_k)^{-1}$ 为卡尔曼增益矩阵。

状态更新方程有

$$\begin{aligned}\hat{\boldsymbol{X}} &= (\tilde{\boldsymbol{G}}_k^{\mathrm{T}}\tilde{\boldsymbol{G}}_k)^{-1}\tilde{\boldsymbol{G}}_k\tilde{\boldsymbol{z}}_k\\ &= (\boldsymbol{I} - \boldsymbol{K}_k\boldsymbol{H}_k)\,\breve{\boldsymbol{P}}_k\left(\boldsymbol{H}_k^{\mathrm{T}}\tilde{\boldsymbol{R}}_k^{-1}\left(\boldsymbol{y}_k - h(\bar{\boldsymbol{X}}_k) + \boldsymbol{H}_k\bar{\boldsymbol{X}}_k\right) + \breve{\boldsymbol{P}}_k^{-1}\bar{\boldsymbol{X}}_k\right)\\ &= (\boldsymbol{I} - \boldsymbol{K}_k\boldsymbol{H}_k)\,\breve{\boldsymbol{P}}_k\boldsymbol{H}_k^{\mathrm{T}}\tilde{\boldsymbol{R}}_k^{-1}\left(\boldsymbol{y}_k - h(\bar{\boldsymbol{X}}_k) + \boldsymbol{H}_k\bar{\boldsymbol{X}}_k\right) + (\boldsymbol{I} - \boldsymbol{K}_k\boldsymbol{H}_k)\,\bar{\boldsymbol{X}}_k\end{aligned} \tag{4.178}$$

上述方程中的 $(\boldsymbol{I} - \boldsymbol{K}_k\boldsymbol{H}_k)\,\breve{\boldsymbol{P}}_k\boldsymbol{H}_k^{\mathrm{T}}\tilde{\boldsymbol{R}}_k^{-1}$ 可以进一步简化：

$$\begin{aligned}(\boldsymbol{I} - \boldsymbol{K}_k\boldsymbol{H}_k)\,\breve{\boldsymbol{P}}_k\boldsymbol{H}_k^{\mathrm{T}}\tilde{\boldsymbol{R}}_k^{-1} &= \breve{\boldsymbol{P}}_k\boldsymbol{H}_k^{\mathrm{T}}\tilde{\boldsymbol{R}}_k^{-1} - \boldsymbol{K}_k\boldsymbol{H}_k\breve{\boldsymbol{P}}_k\boldsymbol{H}_k^{\mathrm{T}}\tilde{\boldsymbol{R}}_k^{-1}\\ &= \boldsymbol{K}_k(\boldsymbol{H}_k\breve{\boldsymbol{P}}_k\boldsymbol{H}_k^{\mathrm{T}} + \tilde{\boldsymbol{R}}_k)\tilde{\boldsymbol{R}}_k^{-1} - \boldsymbol{K}_k\boldsymbol{H}_k\breve{\boldsymbol{P}}_k\boldsymbol{H}_k^{\mathrm{T}}\tilde{\boldsymbol{R}}_k^{-1}\\ &= \boldsymbol{K}_k\left(\boldsymbol{H}_k\breve{\boldsymbol{P}}_k\boldsymbol{H}_k^{\mathrm{T}}\tilde{\boldsymbol{R}}_k^{-1} + \boldsymbol{I} - \boldsymbol{H}_k\breve{\boldsymbol{P}}_k\boldsymbol{H}_k^{\mathrm{T}}\tilde{\boldsymbol{R}}_k^{-1}\right) = \boldsymbol{K}_k\end{aligned} \tag{4.179}$$

代入状态更新方程，有

$$\hat{\boldsymbol{X}} = \boldsymbol{K}_k\left(\boldsymbol{y}_k - h(\bar{\boldsymbol{X}}_k) + \boldsymbol{H}_k\bar{\boldsymbol{X}}_k\right) + (\boldsymbol{I} - \boldsymbol{K}_k\boldsymbol{H}_k)\,\bar{\boldsymbol{X}}_k$$

$$
\begin{aligned}
&= \boldsymbol{K}_k\left(\boldsymbol{y}_k - h(\bar{\boldsymbol{X}}_k)\right) + \boldsymbol{K}_k\boldsymbol{H}_k\bar{\boldsymbol{X}}_k + \bar{\boldsymbol{X}}_k - \boldsymbol{K}_k\boldsymbol{H}_k\bar{\boldsymbol{X}}_k \\
&= \bar{\boldsymbol{X}}_k + \boldsymbol{K}_k\left(\boldsymbol{y}_k - h(\bar{\boldsymbol{X}}_k)\right)
\end{aligned} \tag{4.180}
$$

将 $\tilde{\boldsymbol{R}}_k = \boldsymbol{R}_k^{-1/2}\boldsymbol{\psi}_y^{-1}(\boldsymbol{R}_k^{-1/2})^{\mathrm{T}}$ 和 $\boldsymbol{P}_k = \bar{\boldsymbol{P}}_k^{-1/2}\boldsymbol{\psi}_x^{-1}(\bar{\boldsymbol{P}}_k^{-1/2})^{\mathrm{T}}$ 代入上述方程：

$$
\hat{\boldsymbol{P}}_k = (\boldsymbol{I} - \boldsymbol{K}_k\boldsymbol{H}_k)\bar{\boldsymbol{P}}_k^{1/2}\boldsymbol{\psi}_x^{-1}\bar{\boldsymbol{P}}_k^{1/2} \tag{4.181}
$$

增益矩阵 $\boldsymbol{K}_k$ 表示为

$$
\boldsymbol{K}_k = \bar{\boldsymbol{P}}_k^{1/2}\boldsymbol{\psi}_x^{-1}\bar{\boldsymbol{P}}_k^{1/2}\boldsymbol{H}_k^{\mathrm{T}}(\boldsymbol{H}_k^{\mathrm{T}}\bar{\boldsymbol{P}}_k^{1/2}\boldsymbol{\psi}_x^{-1}\bar{\boldsymbol{P}}_k^{1/2}\boldsymbol{H}_k^{\mathrm{T}} + \boldsymbol{R}_k^{1/2}\boldsymbol{\psi}_y^{-1}\boldsymbol{R}_k^{1/2})^{-1}
$$

4.4.3 仿真验证

仿真场景为单兵和无人车之间的协同定位，单兵运动速度大小约为 3m/s，无人车的运动速度大小约为 10m/s。单兵和无人车均可视为协同平台，可以进行相对位置量测和信息传递来对自身位置进行修正。单兵和无人车的运动轨迹如图 4.35 所示，其中○代表无人车的起点，与其相连的曲线代表对应位置的无人车的运动轨迹；× 代表单兵的起点，与其相连的曲线代表对应位置的单兵的运动轨迹。为了模拟真实环境，单兵和无人车的运动均设定为曲线运动。

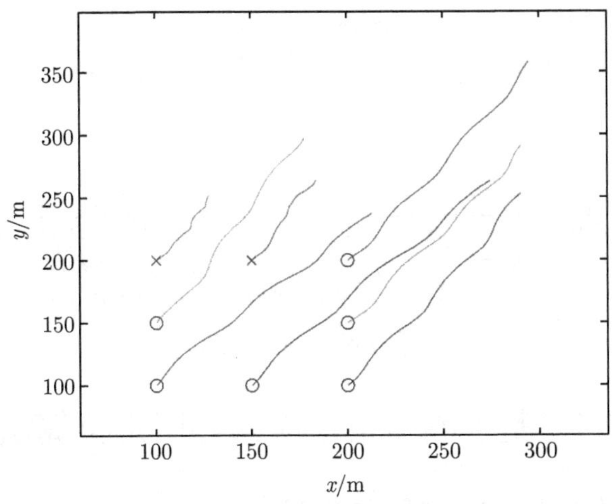

图 4.35 单兵和无人车的运动轨迹

在仿真实验中，随机向少部分量测中加入极端噪声干扰，以模拟在实际环境中因恶劣环境产生的异常量测。仿真结果如图 4.36 所示。从仿真实验结果中可以看出，在同样的扰动条件下，本节中使用的鲁棒滤波算法的性能要明显优于标准的卡尔曼滤波算法。其主要原因在于卡尔曼滤波对高斯白噪声有很好的抑制作用，然而当量测中包含不符合高斯分布的噪声时，卡尔曼滤波便不是最优的滤波算法，尤其是当量测数据因为传感器故障或强烈电磁干扰而出现极端数据时，卡尔曼滤波无法鉴别异常量测，会将其视作只混有高斯噪声的量测，并用其对系统的状态进行估计，导致估计精度大幅下降。这种情况下对量测进行鉴别并且筛选出异常的量测数据是有必要的，本节中提出的鲁棒滤波算法在状态预测的基础上，首先使用投影统计法找出异常的量测数据，之后使用广义最大似然算法进行状态修正，从而最大限度地避免了异常量测对滤波的影响。仿真结果表明，本节中提出的鲁棒滤波算法对于异常量测数据有很好的识别效果，该算法具有较好的鲁棒性。

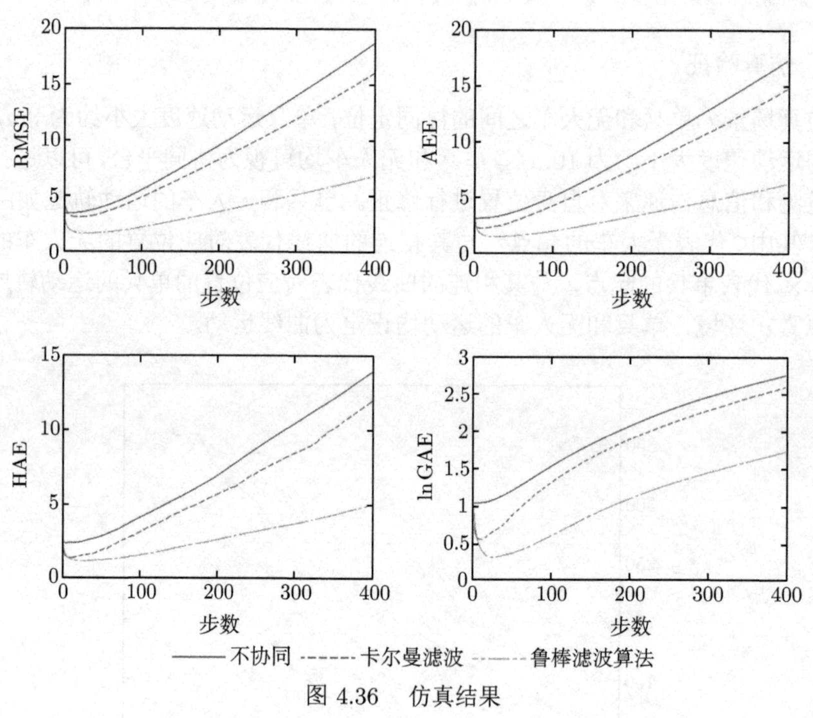

图 4.36 仿真结果

4.5 基于噪声自适应的协同定位算法

在协同定位系统中，由于各运动体自身结构复杂、传感器种类繁多以及运行环境复杂多变，使得协同定位系统的噪声统计特性随时间多变，对系统噪声统计特性描述不准确会影响协同定位算法的性能。为了减小噪声统计特性描述不准确或随时间变化对协同定位算法的影响，采用噪声自适应的方法对系统的噪声统计特性进行实时估计，从而自适应调节协同定位算法中的参数来满足系统实时的噪声统计特性。

自适应滤波方法能够实现未知噪声统计特性情况下对噪声统计特性进行在线自适应估计，是处理噪声参数未知或者不准确问题最常用的方法，可以分为贝叶斯法、极大似然法、相关性匹配法以及协方差匹配法 [206]。

4.5.1　Myers-Tapley 自适应算法

Myers-Tapley 自适应算法是协方差匹配法的改进方法。协方差匹配法通过将实际的残差协方差匹配理论上的预测协方差矩阵，从而实现过程噪声和量测噪声的统计特性即协方差矩阵的实时在线估计，是一种比较直观的噪声自适应方法。但是协方差匹配法存在估计出的系统过程噪声协方差矩阵不唯一问题。为了解决这个问题，Myers 和 Tapley 提出了 Myers-Tapley 自适应算法 [207]。

Myers-Tapley 自适应算法引入了一个存储容量有限的滑动窗口，滑动窗口中存储量测残差和预测状态残差序列，分别用来实现对量测噪声和过程噪声统计特性的实时在线估计 [208]。由于初始阶段滤波过程还没有稳定，为了保证残差项能够真实地反映系统的噪声特性，需要在滤波稳定后再引入滑动窗口存储残差项。滑动窗口的长度应该根据实际情况选取，滑动窗口内的噪声统计特性是恒定的。假设滑动窗口的长度为 N，在 k 时刻 N 个量测残差序列为 $\{\boldsymbol{\zeta}_{k-N+1},\cdots,\boldsymbol{\zeta}_{k-1},\boldsymbol{\zeta}_k\}$，根据协方差矩阵的定义可得该量测残差序列的协方差矩阵为

$$\boldsymbol{C}_{\zeta}=\frac{1}{N-1}\sum_{i=1}^{N}\left(\boldsymbol{\zeta}_i-\bar{\boldsymbol{\zeta}}\right)\left(\boldsymbol{\zeta}_i-\bar{\boldsymbol{\zeta}}\right)^{\mathrm{T}} \tag{4.182}$$

$$\bar{\boldsymbol{\zeta}}=\frac{1}{N}\sum_{i=1}^{N}\boldsymbol{\zeta}_i \tag{4.183}$$

式中，$\boldsymbol{\zeta}_i$ 为滑动窗口中第 i 个残差项；$\bar{\boldsymbol{\zeta}}$ 为滑动窗口中残差的平均值。

根据卡尔曼滤波过程可得量测残差协方差矩阵的期望值为

$$\mathrm{E}[\boldsymbol{C}_{\zeta}]=\boldsymbol{R}+\frac{1}{N}\sum_{i=1}^{N}\boldsymbol{H}_i\bar{\boldsymbol{P}}_i\boldsymbol{H}_i^{\mathrm{T}} \tag{4.184}$$

将式 (4.182) 代入式 (4.184) 可得量测噪声协方差矩阵为

$$\hat{\boldsymbol{R}}=\frac{1}{N-1}\left(\sum_{i=1}^{N}\left(\boldsymbol{\zeta}_i-\bar{\boldsymbol{\zeta}}\right)\left(\boldsymbol{\zeta}_i-\bar{\boldsymbol{\zeta}}\right)^{\mathrm{T}}-\frac{N-1}{N}\boldsymbol{H}_i\bar{\boldsymbol{P}}_i\boldsymbol{H}_i^{\mathrm{T}}\right) \tag{4.185}$$

接下来考虑过程噪声统计特性的自适应估计，假设 N 个过程残差序列为 $\{\boldsymbol{\lambda}_{k-N+1},\cdots,\boldsymbol{\lambda}_{k-1},\boldsymbol{\lambda}_k\}$，其中，$\boldsymbol{\lambda}_i=\hat{\boldsymbol{x}}-\boldsymbol{x}$，根据协方差矩阵的定义可得该过

程残差序列的协方差矩阵为

$$\boldsymbol{C}_{\lambda}=\frac{1}{N-1}\sum_{i=1}^{N}\left(\boldsymbol{\lambda}_i-\bar{\boldsymbol{\lambda}}\right)\left(\boldsymbol{\lambda}_i-\bar{\boldsymbol{\lambda}}\right)^{\mathrm{T}} \tag{4.186}$$

$$\bar{\boldsymbol{\lambda}}=\frac{1}{N}\sum_{i=1}^{N}\boldsymbol{\lambda}_i \tag{4.187}$$

式中，$\boldsymbol{\lambda}_i$ 为滑动窗口中第 i 个残差项；$\bar{\boldsymbol{\lambda}}$ 为滑动窗口中残差的平均值。

根据卡尔曼滤波过程可得过程残差协方差矩阵的期望值为

$$\mathrm{E}[\boldsymbol{C}_{\lambda}]=\boldsymbol{K}_k\boldsymbol{H}_k\bar{\boldsymbol{P}}_k=\bar{\boldsymbol{P}}_k^{*}+\tilde{\boldsymbol{Q}}_k-\hat{\boldsymbol{P}}_k \tag{4.188}$$

$$\bar{\boldsymbol{P}}_k^{*}=\boldsymbol{\Phi}_{k-1}\hat{\boldsymbol{P}}_{k-1}\boldsymbol{\Phi}_{k-1}^{\mathrm{T}} \tag{4.189}$$

式中，$\bar{\boldsymbol{P}}_k^{*}$ 为不考虑过程噪声的协方差传播项；$\boldsymbol{\Phi}_{k-1}$ 为状态转移矩阵。

将式 (4.186) 代入式 (4.188) 可得过程噪声协方差矩阵为

$$\hat{\boldsymbol{Q}}=\frac{1}{N-1}\left(\sum_{i=1}^{N}\left(\boldsymbol{\lambda}_i-\bar{\boldsymbol{\lambda}}\right)\left(\boldsymbol{\lambda}_i-\bar{\boldsymbol{\lambda}}\right)^{\mathrm{T}}-\frac{N-1}{N}\left(\bar{\boldsymbol{P}}_i^{*}-\hat{\boldsymbol{P}}_i\right)\right) \tag{4.190}$$

Myers-Tapley 自适应算法适用于高斯噪声统计特性自适应估计，因为在估计过程中用到了残差序列的样本均值和协方差矩阵信息。对于非高斯系统，样本均值和协方差矩阵信息不足以准确描述系统真实的噪声统计特性，此时 Myers-Tapley 自适应算法的估计效果变差。

4.5.2 渐消记忆统计自适应算法

Myers-Tapley 自适应算法估计得到的噪声统计特性是完全根据滑动窗口中的残差序列统计得出的，没有考虑活动窗口之外尤其是系统初始阶段的系统噪声特性 [209]。为了兼顾残差统计噪声与初始先验噪声的影响作用，通过引入衰减系数对基于历史残差统计出的噪声特性进行平滑处理，对于保证噪声统计的准确性、稳定性至关重要。引入衰减系数的系统量测噪声与过程噪声协方差矩阵分别表示为

$$\tilde{\boldsymbol{R}}_k=\omega_f\tilde{\boldsymbol{R}}_{k-1}+\left(1-\omega_f\right)\hat{\boldsymbol{R}}_k \tag{4.191}$$

$$\tilde{\boldsymbol{Q}}_k=\omega_f\tilde{\boldsymbol{Q}}_{k-1}+\left(1-\omega_f\right)\hat{\boldsymbol{Q}}_k \tag{4.192}$$

式中，ω_f 为衰减系数，需要根据实际应用情况而定，一般在 0.5~1 选取。

4.5.3 仿真验证

通过以上理论分析可知，利用自适应估计算法可以同时进行系统过程噪声和量测噪声的实时在线估计。一般情况下，对于多运动体协同定位系统来说，系统的结构固定后，过程噪声一般不会发生较大的变化，由于运动体运行环境多变复杂，量测噪声会随环境变化。因此，本节假设过程噪声是准确已知的，只对系统的量测噪声进行自适应估计。

以两主一从的协同定位系统为例进行研究，为了减小其他因素的干扰，简化噪声自适应分析的复杂性，假设作为主节点的定位误差准确已知，主节点、从节点的运动参数以及协同参数如下所示。

（1）主节点 1 做匀速直线运动，初始位置为 $(-50,100)$m，航向角为 $90°$，速度大小为 1m/s。

（2）主节点 2 做匀速直线运动，初始位置为 $(50,100)$m，航向角为 $90°$，速度大小为 1m/s。

（3）从节点做匀速曲线运动，初始位置为 $(0,0)$m，航向角为 $45°$，速度大小为 1m/s；在 $1\sim900$s 时，角速度为 $0.1°/\mathrm{s}$，在 $900\sim1800$s 时，角速度为 $-0.1°/\mathrm{s}$；陀螺漂移为 $10°/\mathrm{h}$，加速度计的量测噪声为 0.05mg，输出频率为 100Hz。

（4）协同定位系统的解算频率与惯导的输出频率一致为 100Hz；UWB 的测距最大误差为 0.8m，测距信息的输出频率也为 100Hz，仿真时长 1800s。

接下来对自适应扩展卡尔曼滤波（AEKF）和渐消记忆自适应扩展卡尔曼滤波（FMAEKF）进行仿真，参数设置如下：量测噪声 $\boldsymbol{R}_k=\mathrm{diag}[0.8^2 \quad 0.8^2]$，假设在 $500\sim600$s 和 $1000\sim1100$s 系统的量测噪声发生变化，分别为 $\boldsymbol{R}_k=\mathrm{diag}[5^2 \quad 5^2]$ 和 $\boldsymbol{R}_k=\mathrm{diag}[5^2 \quad 0.8^2]$，衰减系数 $\omega_f=0.5$，自适应滑动窗口 $N=10$。EKF、AEKF 以及 FMAEKF 算法的仿真结果如图 4.37 所示。具体结果对比如表 4.2 所示。

由图 4.37 可知，在噪声发生变化的区域，EKF 算法有较大的误差，AEKF 算法和 FMAEKF 算法的误差较小。在协同误差均值方面，AEKF 算法和 FMAEKF 算法相对于 EKF 算法，精度分别提升了 26% 和 33%；在协同误差最大值方面，AEKF 算法和 FMAEKF 算法相对于 EKF 算法，精度分别提升了 47% 和 63%。这是由于 EKF 算法采用固定的量测噪声 $\boldsymbol{R}_k$，当量测噪声的特性发生变化时，EKF 算法依旧使用之前的量测噪声 $\boldsymbol{R}_k$，使用不准确的量测噪声 $\boldsymbol{R}_k$ 使得滤波结果变差。AEKF 算法和 FMAEKF 算法采用自适应的方法，能够对量测噪声进行实时估计和更新。

量测噪声的估计情况如图 4.38 所示，局部放大图如图 4.39 所示。FMAEKF 算法引入了衰减系数，对计算出的量测噪声进行了平滑处理，相比于 AEKF 算法，协同定位结果进一步提升。

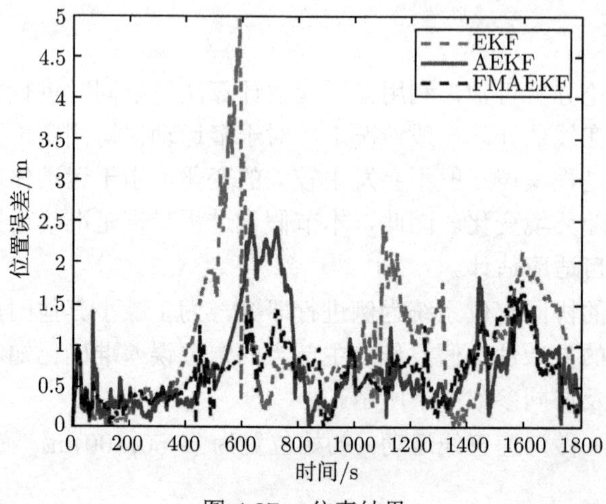

图 4.37 仿真结果

表 4.2 协同定位算法结果均值和最大值

协同算法	协同误差均值/m	协同误差最大值/m
EKF	1.0031	4.9649
AEKF	0.7379	2.5989
FMAEKF	0.6661	1.7919

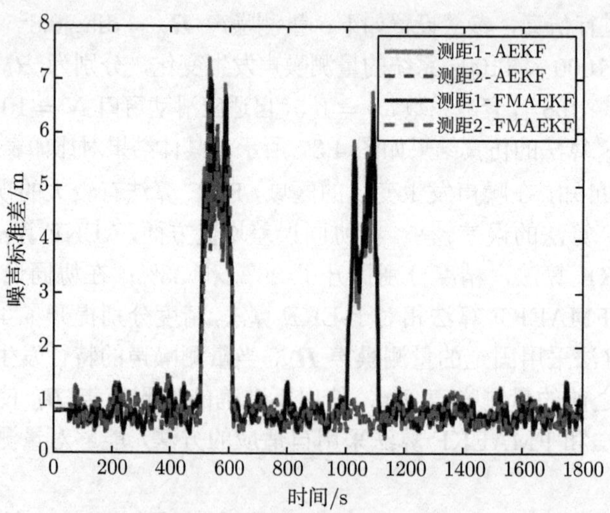

图 4.38 量测噪声自适应情况

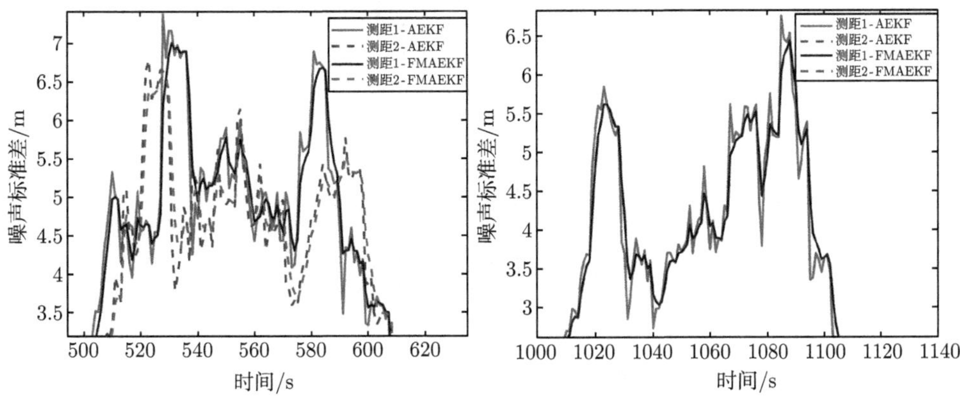

图 4.39 量测噪声自适应情况局部放大图

4.6 基于时延补偿的协同定位算法

在人车协同定位系统中，各节点配备 UWB 传感器，可进行测距和测角，同时各节点可通过协同网络进行协同信息交互。由于行人节点的载重有限，一般携带低精度的微机电系统（MEMS）设备进行导航定位，相比于行人节点，无人车节点的载重要大很多，可以携带高精度的惯性导航系统、视觉传感器以及激光雷达等设备，定位精度较高，一般作为主节点，辅助行人节点进行导航定位。由于各节点的量测量在通信和运算过程中不可避免地存在时间延迟，因此需要尽量减小时间延迟的影响。本节将对基于测距测角的人车协同定位系统进行分析，研究基于测距测角的协同定位算法，同时对时间延迟进行分析，研究基于时延补偿的协同定位算法。

4.6.1 基于测距测角的协同定位算法

在人车协同定位系统中，高度信息变化量较小，而且可以通过其他传感器如气压计进行测量，所以可以将三维空间中的导航定位问题简化为二维平面中的导航定位问题。通过 UWB 阵列可以同时获得两个节点之间的相对距离信息和相对角度信息。UWB 测距测角如图 4.40 所示，根据几何原理，可得到测距测角模型。其中，r_{ab} 和 r_{ac} 为相对距离，α 和 β 为相对角度（这里规定相对角度是与 x 轴之间的夹角）。

设节点 A 的坐标为 (x_a, y_a)，节点 B 的坐标为 (x_b, y_b)，节点 C 的坐标为 (x_c, y_c)，节点 A 和节点 B 的相对距离为 r_{ab}，相对角度为 α，节点 A 和节点 C 的相对距离为 r_{ac}，相对角度为 β，得到节点 A、B 和节点 C 之间的几何关系为

$$\begin{cases} r_{ab} = \sqrt{(x_b - x_a)^2 + (y_b - y_a)^2} \\ r_{ac} = \sqrt{(x_c - x_a)^2 + (y_c - y_a)^2} \\ \alpha = \arctan\left(\dfrac{y_b - y_a}{x_b - x_a}\right) \\ \beta = \arctan\left(\dfrac{y_c - y_a}{x_c - x_a}\right) \end{cases} \tag{4.193}$$

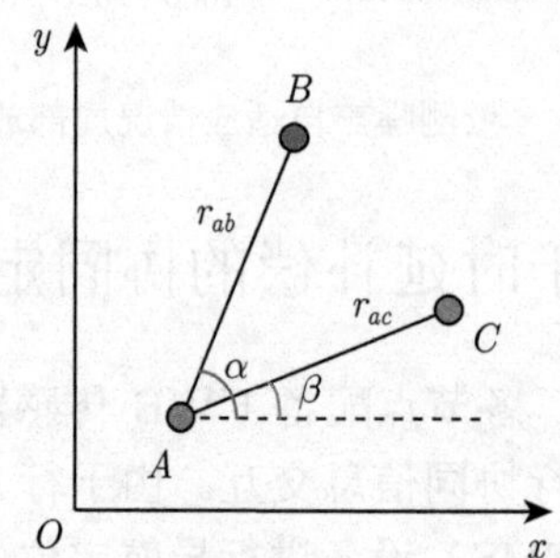

图 4.40 UWB 测距测角情况

定义节点 A 的状态向量为 $\boldsymbol{X}_a = [x_a \quad y_a \quad \varphi_a]^{\mathrm{T}}$，节点 B 的状态向量为 $\boldsymbol{X}_b = [x_b \quad y_b \quad \varphi_b]^{\mathrm{T}}$，节点 A 的量测值 $\boldsymbol{Z}_a = [r_{ab} \quad \theta_{ab}]^{\mathrm{T}}$，其中，$r_{ab}$ 是节点 A 和节点 B 的相对距离，θ_{ab} 是节点 A 和节点 B 的相对角度。根据测距测角关系，可建立基于测距测角信息的节点 A 的量测方程如下：

$$\boldsymbol{Z}_{a,k} = \begin{bmatrix} r_{ab} \\ \theta_{ab} \end{bmatrix} = H(\boldsymbol{X}_a) + \boldsymbol{v}_{a,k} = \begin{bmatrix} \sqrt{(x_b - x_a)^2 + (y_b - y_a)^2} \\ \arctan\left(\dfrac{y_b - y_a}{x_b - x_a}\right) \end{bmatrix} + \boldsymbol{v}_{a,k} \tag{4.194}$$

式中，$\boldsymbol{Z}_{a,k}$ 为 k 时刻节点 A 的量测值；$\boldsymbol{v}_{a,k}$ 为 k 时刻的量测噪声。

结合上述量测方程与状态方程，选取 EKF 作为协同定位算法，即可得到基于测距测角的协同定位算法。

4.6.2 时间延迟误差分析

在人车协同定位系统中，多个运载体的量测量在通信和运算过程中都存在一定的时延，使得多个测距测角信息无法同时获取且具有一定的时延，如果直接使用具有时延的量测量进行协同定位解算会引起较大的误差。接下来对时间延迟误差进行分析。

由上节内容可知，当量测量不存在时间延迟时，t_k 时刻系统的量测方程为

$$\begin{cases} r_k = \sqrt{(x_{m,k} - x_k)^2 + (y_{m,k} - y_k)^2} \\ \theta_k = \arctan\left(\dfrac{y_{m,k} - y_k}{x_{m,k} - x_k}\right) \end{cases} \tag{4.195}$$

式中，$x_{m,k}$ 为 t_k 时刻主节点的 x 位置；$y_{m,k}$ 为 t_k 时刻主节点的 y 位置；x_k 与 y_k 分别为 t_k 时刻从节点的 x 与 y 位置，单位均为 m。

当量测量中存在时间延迟，假设测距的时间延迟为 t_r，测角的时间延迟为 t_θ，t_k 时刻系统的量测方程为

$$\begin{cases} r_k = \sqrt{(x_{m,t_k-t_r} - x_k)^2 + (y_{m,t_k-t_r} - y_k)^2} \\ \theta_k = \arctan\left(\dfrac{y_{m,t_k-t_\theta} - y_k}{x_{m,t_k-t_\theta} - x_k}\right) \end{cases} \tag{4.196}$$

式中，x_{m,t_k-t_r}、y_{m,t_k-t_r} 为 $t_k - t_r$ 时刻主节点的 x、y 位置；x_{m,t_k-t_θ}、y_{m,t_k-t_θ} 为 $t_k - t_\theta$ 时刻主节点的 x、y 位置。

由于测距测角存在时间延迟，t_k 时刻系统的测距信息为 $t_k - t_r$ 时刻的值，测角信息为 $t_k - t_\theta$ 时刻的值，若直接使用这些值对 t_k 时刻的状态估值进行量测更新，必然会给状态估值带来误差。

在人车协同定位系统中，采用的是数据链组网方式，测距测角时延在 100 ~ 600ms 的范围内，接下来分析时间延迟误差对人车协同定位系统的影响。为了减小其他因素的干扰，简化时间延迟分析的复杂性，假设作为主节点的无人车的定位误差准确已知。主节点无人车、从节点人的运动参数以及协同参数如下。

（1）主节点 B 做匀速直线运动，初始位置为 $(-50, 100)$m，航向角为 90°，速度大小为 1m/s。

（2）从节点 A 做匀速曲线运动，初始位置为 $(0, 0)$m，航向角为 45°，速度大小为 1m/s；在 1 ~ 900s 时，角速度为 0.1°/s，在 900 ~ 1800s 时，角速度为 -0.1°/s；陀螺漂移为 10°/h，加速度计的量测噪声为 0.05mg，输出频率为 100Hz。

（3）协同定位系统的解算频率与 MEMS 的输出频率一致，为 100Hz；UWB 的测距最大误差为 0.8m，测角最大误差为 0.2°，测距测角信息的输出频率也为 100Hz，仿真时长 1800s。

分别对测距测角误差的时间延迟进行仿真，不同时间延迟下的协同误差如图 4.41 所示，由小到大分别为 0ms、100ms、200ms、300ms、400ms、500ms、600ms 的时间延迟。

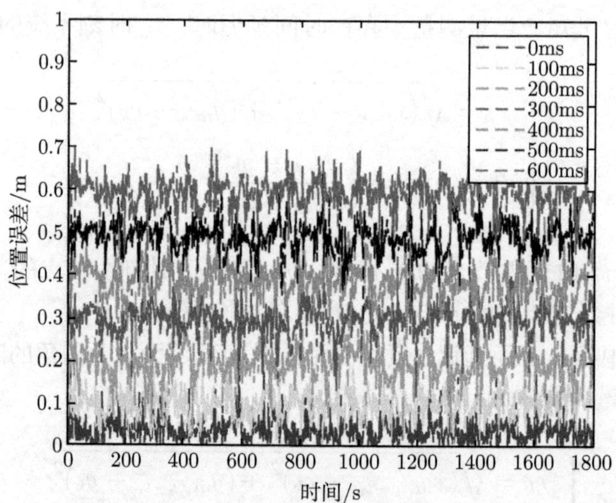

图 4.41 不同时间延迟下的协同误差

不同时间延迟下的协同误差均值和标准差如图 4.42 和表 4.3 所示。由图 4.41、图 4.42 和表 4.3 可知，随着测距测角时间延迟的增加，协同定位的位置误差也随之增加。在没有时间延迟时，位置误差只有 0.0379m；当有 100ms 的时间延迟时，位置误差为 0.0990m，为无延迟时的 2.6 倍；当有 600ms 的时间延迟时，位置误差为 0.5944m，为无延迟时的 15.7 倍。由此可知，十分有必要对协同系统的时间延迟进行补偿。

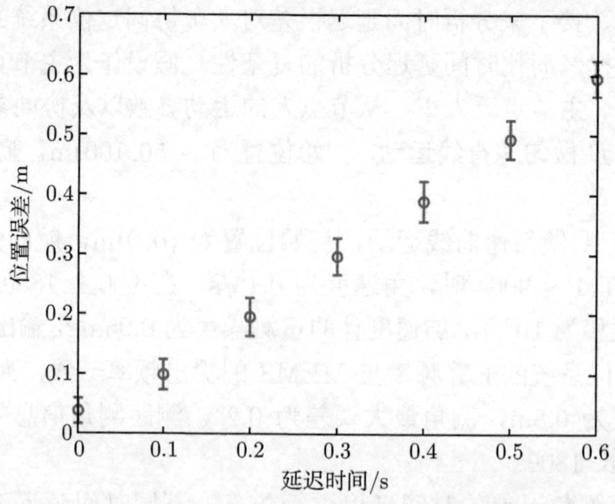

图 4.42 不同时间延迟下的协同误差均值和标准差

表 4.3 不同时间延迟下的协同误差均值和标准差

时间延迟/s	协同误差均值/m	协同误差标准差/m
0	0.0379	0.0215
0.1	0.0990	0.0253
0.2	0.1954	0.0316
0.3	0.2968	0.0307
0.4	0.3891	0.0339
0.5	0.4924	0.0321
0.6	0.5944	0.0296

4.6.3 基于惯性信息辅助的时延补偿算法

针对时延补偿问题，现有研究思路主要分为以下三类。

（1）根据存在时延的量测值估计出存在时延的状态量和时延值，借助于运载体自身的运动学或动力学方程推算当前时刻的状态量 [210]。

（2）根据存在时延的量测值或残差值构造当前时刻的伪量测值或伪残差值，再通过伪量测值或伪残差值进行量测更新。

（3）将存在时延的状态量作为扩展状态添加到状态方程中，扩展的维数与延迟的步数相关，适用于时延较小情况下的时间配准。

人车协同定位系统的时间延迟为 $100 \sim 600\text{ms}$，本节采用类似于第一种研究思路对时间延迟情况进行研究。假设 t_k 时刻，人的速度为 $\boldsymbol{V}_k = [v_{x_k} \quad v_{y_k}]$，在人车协同定位系统中，测距测角时延在 $0.1 \sim 0.6\text{s}$ 的范围内，在该量级的时延范围内时，可认为人的速度保持不变，式 (4.196) 可表示为

$$\begin{cases} r_{t_k-t_r} = \sqrt{\left(x_{m,t_k-t_r} - (x_k - v_{x_k} t_r)\right)^2 + \left(y_{m,t_k-t_r} - (y_k - v_{y_k} t_r)\right)^2} \\ \theta_{t_k-t_\theta} = \arctan\left(\dfrac{y_{m,t_k-t_\theta} - (y_k - v_{y_k} t_\theta)}{x_{m,t_k-t_\theta} - (x_k - v_{x_k} t_\theta)}\right) \end{cases} \tag{4.197}$$

上式可进一步表示为

$$\begin{cases} r_{t_k-t_r} = \sqrt{\left(x_{m,t_k-t_r} - x_k + v_{x_k} t_r\right)^2 + \left(y_{m,t_k-t_r} - y_k + v_{y_k} t_r\right)^2} \\ \theta_{t_k-t_\theta} = \arctan\left(\dfrac{y_{m,t_k-t_\theta} - y_k + v_{y_k} t_\theta}{x_{m,t_k-t_\theta} - x_k + v_{x_k} t_\theta}\right) \end{cases} \tag{4.198}$$

式中，$r_{t_k-t_r}$ 为 $t_k - t_r$ 时刻的测距信息；$\theta_{t_k-t_\theta}$ 为 $t_k - t_\theta$ 时刻的测角信息。

上述方法的主要思路为：在时延内，人的速度变化不大，假设为匀速运动，将 t_k 时刻的状态量 x_k、y_k 加上补偿量推算到 $t_k - t_r$ 时刻和 $t_k - t_\theta$ 时刻，这样可以直接使用接收到的具有时间延迟的量测量。

选取从节点的位置坐标 (x_k, y_k) 和航向角 φ_k 为状态变量，以卡尔曼滤波为协同定位算法，对量测方程进行线性化，线性化的结果为

$$\boldsymbol{Z}_k = \boldsymbol{H}_k \boldsymbol{X}_k = \begin{bmatrix} -\dfrac{x_{m,t_k-t_r} - x_k + v_{x_k} t_r}{r_{t_k-t_r}} & -\dfrac{y_{m,t_k-t_r} - y_k + v_{y_k} t_r}{r_{t_k-t_r}} & 0 \\ \dfrac{y_{m,t_k-t_\theta} - y_k + v_{y_k} t_\theta}{\left(r_{t_k-t_\theta}\right)^2} & -\dfrac{x_{m,t_k-t_\theta} - x_k + v_{x_k} t_\theta}{\left(r_{t_k-t_\theta}\right)^2} & 0 \end{bmatrix} \begin{bmatrix} x_k \\ y_k \\ \varphi_k \end{bmatrix} \tag{4.199}$$

$$r_{t_k-t_\theta} = \sqrt{\left(x_{m,t_k-t_\theta} - x_k + v_{x_k} t_\theta\right)^2 + \left(y_{m,t_k-t_\theta} - y_k + v_{y_k} t_\theta\right)^2} \tag{4.200}$$

上述方法虽然借助于从节点的运动学，将当前时刻的状态推算到与量测信息真正相对应时刻的状态，但是需要假设在时延期间，从节点的运动为匀速运动，这与实际情况下从节点的运动存在一定的差别。因此引入 MEMS 提供的速度信息来进行辅助，通过该速度信息进行递推，从而进一步提高协同的定位精度。

相比较于匀速递推方法，基于惯性信息的递推方法更能够体现从节点的实际运动情况，此时的量测方程可表示为

$$\boldsymbol{Z}_k = \boldsymbol{H}_k \boldsymbol{X}_k = \begin{bmatrix} -\dfrac{x_{m,t_k-t_r} - x_k + \Delta x_{r_k}}{r_{t_k-t_r}} & -\dfrac{y_{m,t_k-t_r} - y_k + \Delta y_{r_k}}{r_{t_k-t_r}} & 0 \\ \dfrac{y_{m,t_k-t_\theta} - y_k + \Delta y_{\theta_k}}{\left(r_{t_k-t_\theta}\right)^2} & -\dfrac{x_{m,t_k-t_\theta} - x_k + \Delta x_{\theta_k}}{\left(r_{t_k-t_\theta}\right)^2} & 0 \end{bmatrix} \begin{bmatrix} x_k \\ y_k \\ \varphi_k \end{bmatrix} \tag{4.201}$$

$$\Delta x_{r_k} = \int_{t_k-t_r}^{t_k} v_x \mathrm{d}t, \qquad \Delta y_{r_k} = \int_{t_k-t_r}^{t_k} v_y \mathrm{d}t \tag{4.202}$$

$$\Delta x_{\theta_k} = \int_{t_k-t_\theta}^{t_k} v_x \mathrm{d}t, \qquad \Delta y_{\theta_k} = \int_{t_k-t_\theta}^{t_k} v_y \mathrm{d}t \tag{4.203}$$

式中，Δx_{r_k}、Δy_{r_k} 分别为 $t_k - t_r$ 时刻的 x_k、y_k 的补偿量，m；Δx_{θ_k}、Δy_{θ_k} 分别为 $t_k - t_\theta$ 时刻的 x_k、y_k 的补偿量，m。

接下来对基于惯性信息辅助的时间配准算法进行仿真分析，仿真条件与上节中的条件一样，不再赘述。测距时延和测角时延均设置为 600ms，仿真结果如图 4.43 和表 4.4 所示。

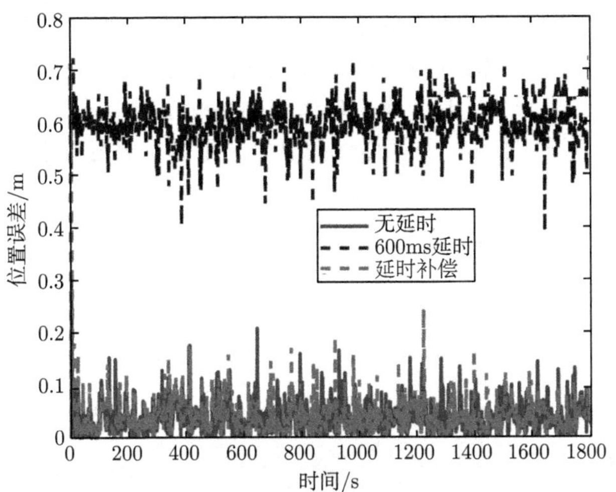

图 4.43 时延补偿位置误差对比

表 4.4 时延补偿结果均值和标准差

仿真条件	协同误差均值/m	协同误差标准差/m
延迟时间：0s	0.0369	0.0226
延迟时间：0.6s，无补偿	0.5930	0.0330
延迟时间：0.6s，有补偿	0.0389	0.0281

由图 4.43 和表 4.4 可知，在无时延的情况下，协同定位误差较小，位置误差均值为 0.0369m；在有时延无补偿的情况下，协同定位误差明显变大，位置误差均值为 0.5930m；在有时延有补偿的情况下，协同定位误差与无时延的情况下协同定位精度相当，位置误差均值为 0.0389m。结果验证了基于惯性辅助的时延补偿的协同定位算法的有效性。

4.7 本 章 小 结

本章首先分析了运动体的运动学模型和量测模型，介绍了协同定位原理，建立了多运动体协同定位的模型。在此基础上，基于 EKF、UKF、CKF 等对协同定位算法进行研究，分别对这些算法进行仿真并对比，仿真结果显示，几种协同定位算法均能有效地减小各节点的定位误差。为了更好地判别协同定位系统的优劣，对协同定位系统的性能进行了分析，通过对系统误差传播机理、系统的可观测性和系统误差界估计方面进行分析，提出了节点选取优化算法，为协同定位系统算法设计和协同定位系统构型等研究方向提供理论基础。为了进一步提升协同定位算法的实际使用性能，提升算法的鲁棒性和自适应性，采用投影统计法研究了基于 Huber 估计的鲁棒协同定位算法，采用 Myers-Tapley 自适应算法和渐消记忆统计自适应算法研究了基于噪声自适应的协同定位算法。最后为了减小时间延迟对协同定位算法的影响，引入惯性信息研究了基于时延补偿的协同定位算法。

第 5 章　同时定位与地图协同构建

室内、山谷、城市等复杂场景中的高精度定位以及环境地图构建是当今导航定位领域所面临的难题。传统的卫星导航定位系统在此类场景下无法提供有效的定位。视觉、激光雷达等传感器分别具有感知信息丰富、测距精度高的特点，是解决该难题的主要方案之一。视觉/惯性 SLAM 系统以及激光雷达/视觉/惯性 SLAM 系统具有定位精度高、建图丰富度好、抗干扰能力强等特点，已经成为国内外科研工作者的研究重点。同时，对于多运动体协同的情况，开展了协同 SLAM 中数据关联的相关研究，探索了多运动体定位与地图构建方法。本章将围绕上述内容对基于视觉、惯性、激光雷达的同时定位与地图协同构建技术进行介绍。

5.1　同时定位与地图构建算法

5.1.1　SLAM 简介与定位原理

近年来，随着计算机技术的快速发展，机器人领域实现了长足的进步。当前，机器人不仅应用于工业、军事、航空航天领域，也更加广泛应用于交通运输、农业、抢险、安保、家用、娱乐等民用领域。多样式机器人的出现将人类从单一、繁重、重复性的劳动中解放出来，大大提高了人们的生活水平和生产效率。移动机器人是机器人技术发展最活跃的领域之一，涵盖了自动驾驶汽车、无人机、物流机器人、服务机器人、扫地机器人等各种类型。

面对未知环境探索和定位任务，运动体需要通过自身携带的传感器探索构建周围环境地图，计算自身在地图中的位姿，并考虑如何走到目标位置。前两点对应运动体定位与地图构建问题，最后一点对应于导航问题。其中定位与地图构建是运动体能够自主完成导航任务的基本条件。同时定位与地图构建技术的出现很好地解决了运动体 [211] 在未知环境下的定位与建图问题。SLAM 是指运动体在没有先验信息的未知环境中运动时，根据自身搭载传感器提供的信息实现自身定位，同时构建周围环境地图的技术。由于传感器提供的数据不可避免地存在噪声，运动体需要利用带有噪声的测量信息，实现自身定位及环境地图构建。因此，SLAM 也可以描述为基于带有噪声的测量数据求解运动体自身位姿及环境地图最优解的问题。此外，SLAM 问题本身是一个“鸡生蛋，蛋生鸡”的问题 [212]，即定位需要依赖环境地图，环境地图的构建又需要依赖于定位。

在室外环境下，运动体可以利用 GNSS 进行定位，但是在室内、水下、隧道、树林等 GNSS 不可用的环境下，运动体必须利用其他传感器来进行定位。根据所采用外部传感器 [213] 类型的不同，SLAM 技术可以分为视觉 SLAM 与激光雷达 SLAM。激光雷达具有较高的测量精度，但是体积大、价格高、功耗大。相较之下，摄像头具有体积小、重量轻、价格低、功率低、信息丰富等诸多优点，视觉 SLAM[214] 受到了众多研究人员的关注。

根据所采用视觉传感器类型的不同 [215]，视觉 SLAM 可以分为三类：单目视觉 SLAM、双目视觉 SLAM 与彩色深度相机（RGB-D）SLAM。相较于计算量大且适用范围有限的双目视觉 SLAM 与 RGB-D SLAM，单目视觉 SLAM 计算量小且适用范围广。因此，单目视觉 SLAM 被广泛应用于小型低功耗运动体平台，有着重要的研究价值。

单目视觉 SLAM 在视觉信息丰富的环境下能够提供良好的运动估计及丰富的地图信息，而且还可以通过闭环 [216] 消除定位与建图过程中的累积误差。但是，单目视觉 SLAM 在图像模糊、相机遮挡、环境纹理不丰富、动态对象干扰等情况下易定位失败或定位错误，即单目视觉 SLAM 鲁棒性较差。此外，相机的投影模型使得单目视觉 SLAM 无法获取环境的真实尺度 [217]，具有尺度不确定性，造成尺度漂移 [218] 等问题。

可用于 SLAM 的传感器除外部传感器之外，还有本体感受传感器 [213]，如惯性测量单元，能够提供较精确的帧间运动信息。利用本体感受传感器数据进行运动体导航不仅能够提供运动的绝对尺度，还能够在图像模糊、相机遮挡、动态对象干扰等情况下提供鲁棒的帧间运动估计。因此，为了解决单目视觉 SLAM 的上述问题来实现精确鲁棒的定位，融合 IMU 信息来实现高精定位与地图构建的视觉/惯性 SLAM 算法是当前的研究热点。本节针对这一问题分别介绍视觉 SLAM 算法和在此基础上开展的视觉/惯性 SLAM 算法。

5.1.2 三维空间刚体运动与位姿表示

在 SLAM 问题中，常用四元数表示三维空间中的刚体运动，该方法计算量适中，而且没有奇异性。因此在本节采用非奇异的描述刚体运动方式——四元数 [219]。四元数是哈密顿（Hamilton）发明的扩展复数，它紧凑又非奇异，是一种非常简洁的三维向量描述方式。

1. 三维空间中刚体运动表示

三维空间中的旋转可以使用旋转矩阵 $\boldsymbol{R} \in \mathrm{SO}(3)$ 与单位 Hamilton 四元数 $\boldsymbol{q} \in S^3$ 进行表示。SO(3) 是特殊正交群 [220]，是行列式为 1 的 3×3 正交矩阵集合，也就是

$$\mathrm{SO}(3) = \{\boldsymbol{R} \in \mathbb{R}^{3\times 3} | \boldsymbol{R}^{\mathrm{T}}\boldsymbol{R} = \boldsymbol{I}_{3\times 3}, \det(\boldsymbol{R}) = 1\} \tag{5.1}$$

式中，$I_{3\times3}$ 表示 3×3 的单位矩阵。SO(3) 的群操作是矩阵相乘，即

$$\boldsymbol{R}_1 \in \mathrm{SO}(3), \quad \boldsymbol{R}_2 \in \mathrm{SO}(3), \quad \boldsymbol{R}_1\boldsymbol{R}_2 \in \mathrm{SO}(3) \tag{5.2}$$

S^3 是由单位 Hamilton 四元数构成的群。单位 Hamilton 四元数 $\boldsymbol{q} \in S^3$ 用一种复数形式表示三维空间中的旋转，也可以表示为 $\mathbb{R}^4$ 空间上的单位向量，即

$$\boldsymbol{q} = q_w + q_x\mathrm{i} + q_y\mathrm{j} + q_z\mathrm{k} = [q_w \quad q_x \quad q_y \quad q_z]^{\mathrm{T}} = \begin{bmatrix} q_w \\ \boldsymbol{q}_v \end{bmatrix}, \|\boldsymbol{q}\| = 1 \tag{5.3}$$

式中，i、j、k 是四元数的三个虚部，这些虚部之间的关系如下：

$$\mathrm{i}^2 = \mathrm{j}^2 = \mathrm{k}^2 = \mathrm{ijk} = -1, \quad \mathrm{ij} = -\mathrm{ji} = \mathrm{k}, \quad \mathrm{jk} = -\mathrm{kj} = \mathrm{i}, \quad \mathrm{ki} = -\mathrm{ik} = \mathrm{j} \tag{5.4}$$

S^3 的群操作是四元数相乘，即

$$\boldsymbol{q}_1 \in S^3, \quad \boldsymbol{q}_2 \in S^3, \quad \boldsymbol{q}_1 \otimes \boldsymbol{q}_2 = \begin{bmatrix} q_{1w}q_{2w} - {\boldsymbol{q}_{1v}}^{\mathrm{T}}\boldsymbol{q}_{2v} \\ q_{1w}\boldsymbol{q}_{2v} + q_{2w}\boldsymbol{q}_{1v} + \boldsymbol{q}_{1v} \times \boldsymbol{q}_{2v} \end{bmatrix} \in S^3 \tag{5.5}$$

式中，$\otimes$ 为向量积符号。

旋转矩阵与单位 Hamilton 四元数的逆描述一个相反的旋转。由于旋转矩阵为正交矩阵且单位 Hamilton 四元数的模为 1，它们的逆分别为

$$\boldsymbol{R}^{-1} = \boldsymbol{R}^{\mathrm{T}}, \quad \boldsymbol{q}^{-1} = \boldsymbol{q}^* = \begin{bmatrix} q_w \\ -\boldsymbol{q}_v \end{bmatrix} \tag{5.6}$$

三维空间中的旋转只有三个自由度。虽然旋转矩阵与单位 Hamilton 四元数都能够描述一个三维空间中的刚体旋转，但是它们分别由九个参数及四个参数构成，都是过参数化的表示方法。在非线性优化中使用过参数化的表示方法会导致计算代价的增加以及计算结果的不稳定，因此需要为旋转提供一种紧凑的描述方式。旋转轴为 $\boldsymbol{n}$ 且旋转角度为 θ 的旋转向量 $\boldsymbol{\xi} = \theta\boldsymbol{u} \in \mathbb{R}^3$ 就是旋转的一种最小参数化表示方法。

SO(3) 的李代数 so(3) 位于 SO(3) 原点附近的正切空间上，与 3×3 反对称矩阵空间一致：

$$\mathrm{so}(3) = \left\{\boldsymbol{\xi}^{\wedge} \in \mathbb{R}^{3\times3} | \boldsymbol{\xi} \in \mathbb{R}^3\right\} \tag{5.7}$$

式中，$(\cdot)^{\wedge}$ 操作将 $\mathbb{R}^3$ 空间中的向量映射为 3×3 反对称矩阵。

假设 $\boldsymbol{R} \in \mathrm{SO}(3)$ 表示同一个旋转，则旋转矩阵 $\boldsymbol{R} \in \mathrm{SO}(3)$ 对应的李代数为 $\boldsymbol{\xi}^{\wedge} \in \mathrm{so}(3)$。李代数 $\boldsymbol{\xi}^{\wedge} \in \mathrm{so}(3)$ 可以通过指数映射 $\exp(\cdot)$ 转换为对应的旋转矩阵

$\boldsymbol{R} \in \mathrm{SO}(3)$，该转换公式也称为罗德里格斯公式：

$$\boldsymbol{\xi} = \theta \boldsymbol{u} = \mathrm{Log}(\boldsymbol{R}) = \log(\boldsymbol{R})^{\vee}$$
$$\theta = \arccos\left(\frac{\mathrm{trace}(\boldsymbol{R}) - 1}{2}\right), \quad \boldsymbol{u} = \frac{(\boldsymbol{R} - \boldsymbol{R}^{\mathrm{T}})^{\vee}}{2\sin\theta} \tag{5.8}$$

式中，$(\cdot)^{\vee}$ 是 $(\cdot)^{\wedge}$ 的反操作；Log 是对数映射。S^3 的李代数 s^3 则位于 $\mathbb{R}^3$ 空间中：

$$s^3 = \left\{ \frac{\boldsymbol{\xi}}{2} \in \mathbb{R}^3 | \boldsymbol{\xi} \in \mathbb{R}^3 \right\} \tag{5.9}$$

假设 $\boldsymbol{q} \in S^3$ 与 $\boldsymbol{\xi} \in \mathbb{R}^3$ 表示同一个旋转，则单位 Hamilton 四元数 $\boldsymbol{q} \in S^3$ 对应的李代数为 $\dfrac{\boldsymbol{\xi}}{2} \in s^3$ 之间也可以通过指数映射和对数映射来进行相互转换：

$$\boldsymbol{q} = \mathrm{Exp}(\boldsymbol{\xi}) = \exp\left(\frac{\boldsymbol{\xi}}{2}\right) = \exp\left(\frac{\theta \boldsymbol{u}}{2}\right) = \begin{bmatrix} \cos\dfrac{\theta}{2} \\ \boldsymbol{u}\sin\dfrac{\theta}{2} \end{bmatrix}$$
$$\boldsymbol{\xi} = \theta \boldsymbol{u} = \mathrm{Log}(\boldsymbol{q}) = 2\log(\boldsymbol{q}) = 2\arctan\left(\frac{q_w}{\|\boldsymbol{q}_v\|}\right)\frac{\boldsymbol{q}_v}{\|\boldsymbol{q}_v\|} \tag{5.10}$$

式中，Exp 是指数映射。

不同于向量空间，SO(3) 和 S^3 对加法是不封闭的，因此向量空间中的加性不确定度不能作用于这些流形空间。流形空间上的不确定度通常被定义在对应李代数上以提供最紧凑的表示，然后再通过指数映射将它转换到流形空间上。也就是说，对于旋转矩阵 $\boldsymbol{R} \in \mathrm{SO}(3)$ 和单位 Hamilton 四元数 $\boldsymbol{q} \in S^3$，它的扰动模型为

$$\boldsymbol{R} = \hat{\boldsymbol{R}} \oplus \delta\boldsymbol{\xi} = \hat{\boldsymbol{R}}\mathrm{Exp}(\delta\boldsymbol{\xi}) \approx \hat{\boldsymbol{R}}(\boldsymbol{I}_{3\times3} + \delta\boldsymbol{\xi}^{\wedge})$$
$$\boldsymbol{q} = \hat{\boldsymbol{q}} \oplus \delta\boldsymbol{\xi} = \hat{\boldsymbol{q}} \otimes \mathrm{Exp}(\delta\boldsymbol{\xi}) \approx \hat{\boldsymbol{q}} \otimes \begin{bmatrix} 1 \\ \dfrac{\delta\boldsymbol{\xi}}{2} \end{bmatrix} \tag{5.11}$$

式中，$\hat{\boldsymbol{R}}$ 与 $\hat{\boldsymbol{q}}$ 分别是 $\boldsymbol{R}$ 和 $\boldsymbol{q}$ 的估计值；$\oplus$ 符号实现流形空间上的元素与对应李代数元素的相加。此外，旋转向量 $\boldsymbol{\xi}$ 与对应小增量 $\delta\boldsymbol{\xi}$ 相加引起的旋转矩阵或单位 Hamilton 四元数的变化则为

$$\mathrm{Exp}(\boldsymbol{\xi} + \delta\boldsymbol{\xi}) \approx \mathrm{Exp}(\boldsymbol{\xi})\mathrm{Exp}(\boldsymbol{J}_r(\boldsymbol{\xi})\delta\boldsymbol{\xi}) \approx \mathrm{Exp}(\boldsymbol{J}_l(\boldsymbol{\xi})\delta\boldsymbol{\xi})\mathrm{Exp}(\boldsymbol{\xi}) \tag{5.12}$$

式中，$\boldsymbol{J}_r(\xi)$ 和 $\boldsymbol{J}_l(\boldsymbol{\xi})$ 分别是 SO(3) 或 S^3 的右雅可比和左雅可比。

2. 位姿表示

三维空间中的位姿可以使用变换矩阵 $\boldsymbol{T}\in \mathrm{SE}(3)$ 进行表示。SE(3) 是特殊欧几里得群，是旋转矩阵 $\boldsymbol{R}\in \mathrm{SO}(3)$ 与平移 $\boldsymbol{q}\in S^3$ 构成的 4×4 变换矩阵集合，即

$$\mathrm{SE}(3)=\left\{\boldsymbol{T}=\begin{bmatrix}\boldsymbol{R} & \boldsymbol{p}\\ \boldsymbol{0}_{1\times 3} & 1\end{bmatrix}\in \mathbb{R}^{4\times 4}|\boldsymbol{R}\in \mathrm{SO}(3),\boldsymbol{p}\in \mathbb{R}^3\right\} \tag{5.13}$$

SE(3) 的群操作为矩阵乘法，即

$$\boldsymbol{T}_1\in \mathrm{SE}(3),\quad \boldsymbol{T}_2\in \mathrm{SE}(3),\quad \boldsymbol{T}_1\boldsymbol{T}_2=\begin{bmatrix}\boldsymbol{R}_1\boldsymbol{R}_2 & \boldsymbol{R}_1\boldsymbol{p}_2+\boldsymbol{p}_1\\ \boldsymbol{0}_{1\times 3} & 1\end{bmatrix}\in \mathrm{SE}(3) \tag{5.14}$$

变换矩阵的逆为

$$\boldsymbol{T}^{-1}=\begin{bmatrix}\boldsymbol{R}^{\mathrm{T}} & -\boldsymbol{R}^{\mathrm{T}}\boldsymbol{p}\\ \boldsymbol{0}_{1\times 3} & 1\end{bmatrix} \tag{5.15}$$

三维空间中的位姿只有旋转的三个自由度与平移的三个自由度，但是变换矩阵包含 12 个参数，是冗余的表示方法。因此，对 SE(3) 定义对应的李代数 se(3) 来进行最小参数化表示：

$$\begin{aligned}\mathrm{se}(3)=\Bigg\{\boldsymbol{\tau}^{\wedge}=\begin{bmatrix}\boldsymbol{\xi}\\ \boldsymbol{\rho}\end{bmatrix}^{\wedge}=\begin{bmatrix}\boldsymbol{\xi}^{\wedge} & \boldsymbol{\rho}\\ \boldsymbol{0}_{1\times 3} & 0\end{bmatrix}\in \mathbb{R}^{4\times 4}\mid \boldsymbol{\tau}=\begin{bmatrix}\boldsymbol{\xi}\\ \boldsymbol{\rho}\end{bmatrix}\in \mathbb{R}^6,\\ \boldsymbol{\xi}^{\wedge}\in \mathrm{so}(3),\boldsymbol{\rho}\in \mathbb{R}^3\Bigg\}\end{aligned} \tag{5.16}$$

变换矩阵 $\boldsymbol{T}\in \mathrm{SE}(3)$ 与对应李代数 $\boldsymbol{\tau}\in \mathrm{se}(3)$ 也可以通过指数映射和对数映射进行相互转换：

$$\begin{aligned}\boldsymbol{T}&=\mathrm{Exp}(\boldsymbol{\tau})=\exp(\boldsymbol{\tau}^{\wedge})=\begin{bmatrix}\exp(\boldsymbol{\xi}^{\wedge}) & \boldsymbol{J}\boldsymbol{\rho}\\ \boldsymbol{0}_{1\times 3} & 1\end{bmatrix}\\ \boldsymbol{\tau}&=\mathrm{Log}(\boldsymbol{T})=\log(\boldsymbol{T})^{\vee}=\begin{bmatrix}\mathrm{Log}(\boldsymbol{R})\\ \boldsymbol{J}^{-1}\boldsymbol{\rho}\end{bmatrix}\end{aligned} \tag{5.17}$$

式中，$\boldsymbol{J}=\dfrac{\sin\boldsymbol{\theta}}{\boldsymbol{\theta}}\boldsymbol{I}_{1\times 3}+\left(1-\dfrac{\sin\boldsymbol{\theta}}{\boldsymbol{\theta}}\right)\boldsymbol{u}\boldsymbol{u}^{\mathrm{T}}+\dfrac{1-\cos\boldsymbol{\theta}}{\boldsymbol{\theta}}\boldsymbol{u}^{\wedge}$。

5.1.3 相机成像模型

视觉 SLAM 算法利用相机的成像信息进行定位与建图。生活中常见的相机如图 5.1 所示。左图为单目相机，其优点在于结构简单、成本低，便于标定和识别。但是在单张图片中，无法确定一个物体的真实大小。它可能是一个很大但很远的物体，也可能是一个很近很小的物体。单目相机能够通过相机的运动形成视差，从而可以测量物体相对深度。但是单目 SLAM 估计的轨迹和地图与真实的轨迹和地图相差一个因子，也就是尺度因子，单凭图像无法确定这个真实尺度，所以单目 SLAM 具有尺度不确定性。

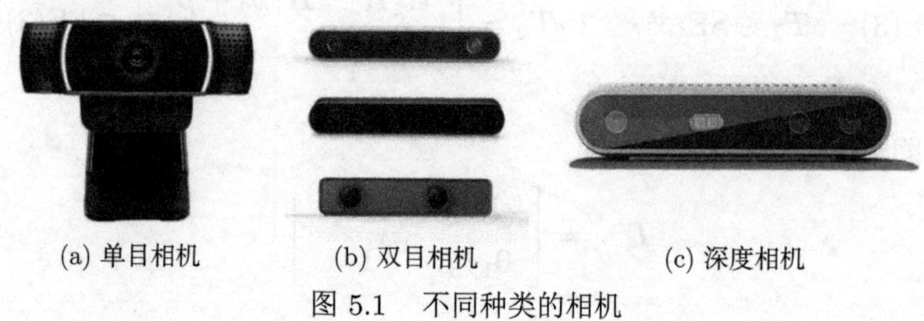

(a) 单目相机　　(b) 双目相机　　(c) 深度相机

图 5.1　不同种类的相机

相比于单目相机，双目相机带有两个摄像头。对于物体上一个特征点，分别用位于两边的摄像头得到物体的像，获得该点在两部相机像平面上的坐标。而两个摄像头精确的相对位置出厂时已知，因此可用几何的方法得到该特征点在固定相机的坐标系中的坐标，即确定了特征点的三维位置。其优点在于两个摄像头间的基线距离越大，能够测量的距离就越远，可以在室内和室外使用。但是双目相机的配置与标定较为复杂，深度量程和精度同时受到双目基线与分辨率的限制，且视差计算非常消耗计算资源，通常需要使用 GPU 或 FPGA 设备来加速处理。

与前面二者原理不同，深度相机通过结构光或飞行时间的物理方法测量物体深度信息。典型代表有 Kinect、Xtion PRO、RealSense。深度相机在室内应用具有可以直接得到每个像素点的深度信息和不受环境纹理影响的优点。但其缺点也较为明显，深度相机的测量范围窄、噪声大、视野小，易受日光干扰，无法测量透射材质等，因此主要用在室内，在室外很难应用。

本节以单目相机为出发点，简要介绍相机的基本数学模型。相机将三维空间中的坐标点投影到二维成像平面，该成像过程可以用图 5.2 所示的针孔相机模型描述。O 为相机的光心，也是针孔模型的针孔位置，f 为相机的焦距，表示成像平面与光心的距离。$x'O'y'$ 表示物理成像平面坐标系，$uO_{uv}v$ 表示像素平面坐标系，像素平面坐标系与成像平面坐标系之间相差一个坐标缩放和原点平移。在相机坐标系 C 下坐标表示为 $\boldsymbol{L}^C = [L_x^C \quad L_y^C \quad L_z^C]^{\mathrm{T}}$ 的路标点 $\boldsymbol{L}$ 投影到物理成像

平面上的坐标为

$$\boldsymbol{L}' = \begin{bmatrix} L'_x \\ L'_x \end{bmatrix} = \begin{bmatrix} f\dfrac{L_x^C}{L_z^C} \\ f\dfrac{L_y^C}{L_z^C} \end{bmatrix} \tag{5.18}$$

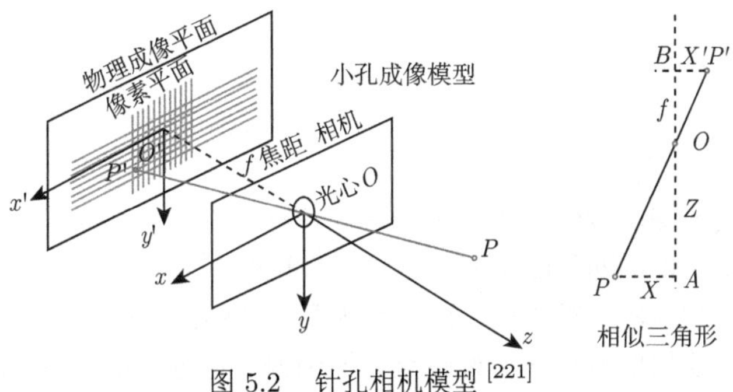

图 5.2 针孔相机模型 [221]

假设相对于物理成像平面坐标系，像素平面坐标系在 u 轴上缩放为原来的 $1/\alpha$，v 轴上缩放为原来的 $1/\beta$，而且像素平面坐标系原点相对于物理成像平面坐标系原点平移了 $[c_u \quad c_v]^{\mathrm{T}}$。则相机坐标系下坐标为 $\boldsymbol{L}^C$ 的路标点 $\boldsymbol{L}$ 投影到像素平面上的像素坐标为

$$\begin{aligned}\boldsymbol{L}^{uv} &= \begin{bmatrix} L_u \\ L_v \end{bmatrix} = \begin{bmatrix} \alpha L'_x + c_u \\ \beta L'_y + c_v \end{bmatrix} = \begin{bmatrix} \alpha f\dfrac{L_x^C}{L_z^C} + c_u \\ \beta f\dfrac{L_y^C}{L_z^C} + c_v \end{bmatrix} \\ &= \begin{bmatrix} f_u\dfrac{L_x^C}{L_z^C} + c_u \\ f_v\dfrac{L_y^C}{L_z^C} + c_v \end{bmatrix} = \frac{1}{L_z^C}\begin{bmatrix} f_u & 0 & c_u \\ 0 & f_v & c_v \end{bmatrix}\boldsymbol{L}^C \end{aligned} \tag{5.19}$$

式中，原点平移量 c_u 与 c_v 的单位为像素；焦距 f 的单位为 m；缩放因子 α 与 β 的单位为像素/m，f_u 与 f_v 的单位也为像素。旋转矩阵 $\boldsymbol{R} \in \mathrm{SO}(3)$ 与平移向量 $\boldsymbol{p}_W^C \in \mathbb{R}^3$ 表示从世界坐标系 W 到相机坐标系 C 的旋转和平移，则世界坐标系下坐标为 $\boldsymbol{L}^W$ 的路标点 $\boldsymbol{L}$ 投影到像素平面上的投影模型为

$$\boldsymbol{L}^{uv} = \pi(\boldsymbol{L}^C) = \frac{1}{L_z^C}\begin{bmatrix} 1 & 0 & 0 \\ 0 & 1 & 0 \end{bmatrix}\begin{bmatrix} f_u & 0 & c_u \\ 0 & f_v & c_v \\ 0 & 0 & 1 \end{bmatrix}\boldsymbol{L}^C$$

$$= \frac{1}{L_z^C}\boldsymbol{EKL}^C = \frac{1}{L_z^C}\boldsymbol{EK}(\boldsymbol{R}_W^C\boldsymbol{L}^W + \boldsymbol{p}_W^C) \tag{5.20}$$

式中，$\boldsymbol{\pi}(\cdot)$ 为相机投影函数；$\boldsymbol{K}$ 为相机内参矩阵。由上式可知，将像素坐标 $\boldsymbol{L}^{uv}$ 转换为对应齐次归一化坐标 $\breve{\boldsymbol{L}}^n$ 的反投影模型为

$$\breve{\boldsymbol{L}}^n = \boldsymbol{\pi}^{-1}(\boldsymbol{L}^{uv}) = \boldsymbol{K}^{-1}\breve{\boldsymbol{L}}^{uv} \tag{5.21}$$

5.1.4 SLAM 地图

本节主要介绍三维稀疏点云地图与二维栅格地图的表达方式及二者之间的转换方法，主要内容包括以下五个部分。

（1）对两类地图的构建方式及特点进行说明。

（2）对本章实现的两种噪声滤除方法进行说明。

（3）介绍三维地图二维化过程中作为主要媒介的八叉树模型。

（4）对本章使用的两种针对稀疏点云地图栅格化过程中的概率地图更新方式进行阐述。

（5）对三维点云栅格化功能进行实验测试及分析。

5.1.4.1 点云地图

三维点云地图作为目前描述与还原真实环境的重要手段之一，其数据的主体部分是由三维点构成的。每个点云地图的主体部分可以近似看成众多点的集合，其中每一个点的主要信息包括其在点云地图坐标系下的三维坐标 (x, y, z)，以及每个点的颜色信息。就目前的建图算法而言，三维地图类型可以分为两种，如图 5.3 所示，一类是以 ORB-SLAM[64] 为代表的稀疏点云地图，另一类是以 RGB-D SLAM 为代表的稠密点云地图，二者之间的区别是描述同一场景使用点云数量的多少。稀疏点云地图以视觉特征点作为组成地图的主要元素，其数量相较于采用密集点云的稠密点云地图有两个数量级以上的差距。

(a) 稠密点云地图

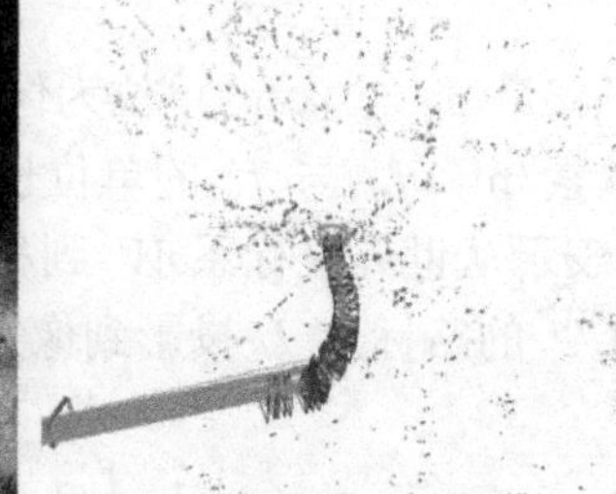

(b) 稀疏点云地图

图 5.3 两类点云地图

在还原环境信息的层面上，稠密点云地图以其丰富的地图信息明显优于稀疏点云地图。但是稠密点云地图的计算、维护和传输等方面对于无人系统都是很难承担的。随着无人机数量的上升，要求大量的点云实时地在多运动体之间传输，必然会导致信息通信的卡顿，这对整个系统是一个非常大的挑战。而稀疏点云虽然携带的点云数量相对较少，仅体现了环境中视觉特征点的分布，但是对于丢失信息可以通过融合其他信息对地图的更新方式加以改进。所以综合考虑系统的载荷与地图信息，采用忽略色彩信息的稀疏点云地图作为视觉地图的表达类型具有更好的效果。

5.1.4.2 二维栅格地图

受限于无人车传感器的限制，无人车在单线激光雷达的输入下所能构建的环境地图只能局限于二维平面。现有的应用较多的平面地图可以分为栅格地图、几何特征地图与拓扑地图三种，如图 5.4 所示。

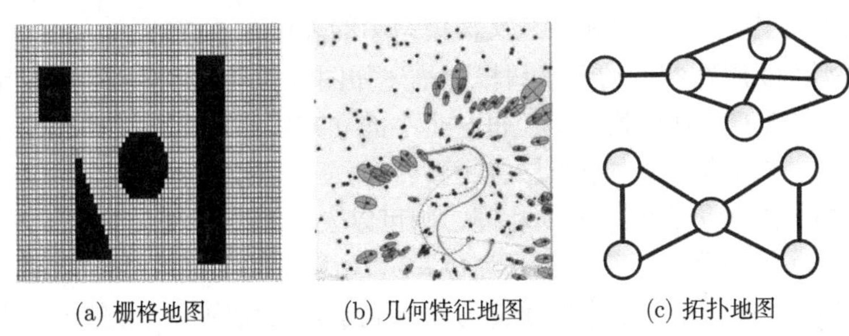

(a) 栅格地图 (b) 几何特征地图 (c) 拓扑地图

图 5.4 三种二维地图示意图

栅格地图是 1985 年 Moravec 等 [222] 提出的，其相关理论与应用在后续的几十年里得到长足的发展。不同于描述环境二维特征的几何特征地图与主要描述地图元素连接关系的拓扑地图 [223]，栅格地图的主要思想是将周围环境划分为指定分辨率的方格，用数字表示每块方格所占有区域内占有障碍物的概率，一般约定大于 0 表示障碍物占有，等于 0 表示未探索，小于 0 表示空白区域，数字越大表明此区域存在障碍物的概率越大。

受益于栅格地图表达的直观性，对于障碍物、可通行区域的判断相较于另两种地图更为简单，因此更适用于路径规划功能。同时由于事先指定的分辨率直接决定了栅格地图内的元素大小，因此不同于几何特征地图与拓扑地图，栅格地图的大小不受环境内物体多少影响，只取决于环境的总面积。

5.1.4.3 八叉树地图

八叉树是在 20 世纪 80 年代提出来的，是三维体素化的一种更简易的表达方式，因此在查找与存储方面比四叉树都有了极大的提升。其主要思路是对空间以一定分辨率不断进行八等分来描述空间内障碍物存在情况。八叉树模型如图 5.5 所示。

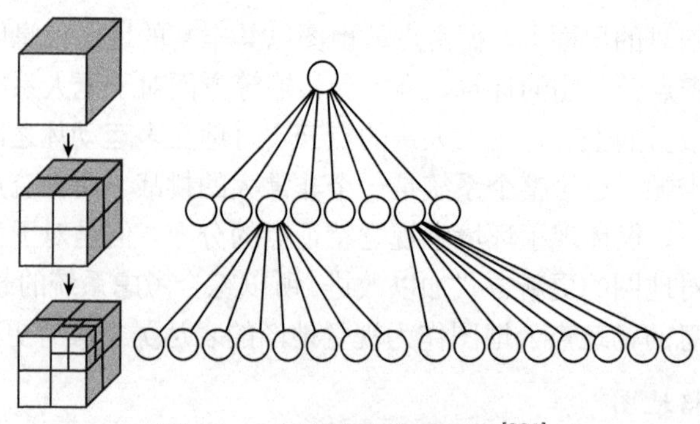

图 5.5 八叉树模型示意图 [221]

采用八叉树作为空间的描述媒介，可以很简单地获得空间中某一个节点内是否包含障碍物的信息，进一步判断某一块区域内是否会发生碰撞或下一步视野中是否存在物体。对于一个物体在八叉树模型中的表达方式描述如下。

假设物体 O 所在空间的八叉树模型描述如图 5.5 所示，整个空间表示为一个足够大的正方体 C，其边长为 n，每一个小的立方体都对应八叉树模型中的一个节点，小立方体的体积越大节点层级越高。

如果物体 O 与最大的立方体相同，则可以表示为 O = C，如果空间 C 内没有任何物体 O 的部分，则可以表示为 O =φ，如果空间 C 部分包含物体 O，则将 C 分为八等份，每一个分出来的子立方体都表示八叉树中下一级的一个节点，如果其中某一个节点完全被 O 占据或者完全没有被 O 占据，则不需要对其进行八等分，直接标记为占据或不占据状态，如果部分占据则需要进一步的八等分，这样不断判断分割直到所有节点都为完全占据或完全不占据为止，或者小立方体边长已达到指定分辨率。

八叉树的节点分为三类：灰色节点，表示节点中一部分被 O 所占据；白色节点，表示节点没有 O 的内容；黑色节点，表示节点完全被 O 所占据。这样便可以通过八叉树每个节点的描述来判断物体 O 在空间 C 内的存在状态。

八叉树占用的存储空间要远小于直接体素化的阵列表达，进行多个八叉树模型运算时，其树形结构为交、并、差等操作提供了极大的便利，而其他地图对于这类集合运算需要消耗大量运算资源，因此在实时运算领域，八叉树模型相较于其他算法有较大的优势。

5.1.5 视觉/惯性 SLAM

视觉传感器能够获取环境的真实信息，具有成本低、获取信息量大和灵活性高等优点，基于视觉的同时定位与环境地图构建算法能够通过相机实时感知外部环境信息，在完成环境地图构建的同时，通过当前帧的视觉信息与环境地图匹配，得到自身的位置和姿态信息。相比于惯性传感器，相机在静止状态不会发生漂移。然而，在机器人进行高机动运动时，系统运动速度变化过快，造成相机出现运动模糊，或者两帧图像之间重叠区域太小以至于无法进行特征匹配。因此，视觉与惯性传感器的结合可以有效地做到优势互补：惯性传感器在机器人快速运动时能够提供稳定的运动信息，而相机能在慢速运动下能弥补惯性传感器的漂移问题。下面将介绍视觉/惯性 SLAM 的各重要组成部分。

5.1.5.1 IMU 预积分模型

一般来说，IMU 频率远高于视觉频率，如图 5.6 所示，预积分的目的就是借鉴纯视觉 SLAM 中图优化思想将帧与帧之间 IMU 相对测量信息加入优化框架中，提高优化速度。

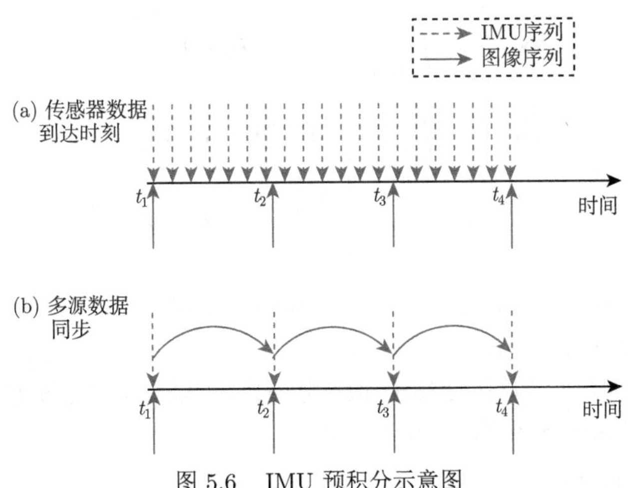

图 5.6 IMU 预积分示意图

将第 k 帧和第 $k+1$ 帧之间的 IMU 数据进行积分，可得第 $k+1$ 帧的位置、速度和旋转，作为视觉估计的初始值。这里的旋转采用四元数描述：

$$
\begin{aligned}
\boldsymbol{p}_{b_{k+1}}^{w} &= \boldsymbol{p}_{b_k}^{w} + \boldsymbol{v}_{b_k}^{w}\Delta t_k + \iint_{t\in[k,k+1]} \left(\boldsymbol{R}_t^{w}\left(\hat{\boldsymbol{a}}_t - \boldsymbol{b}_{a_t}\right) - \boldsymbol{g}^{w}\right)\mathrm{d}t^2 \\
\boldsymbol{v}_{b_{k+1}}^{w} &= \boldsymbol{v}_{b_k}^{w} + \int_{t\in[k,k+1]} (\boldsymbol{R}_t^{w}(\hat{\boldsymbol{a}}_t - \boldsymbol{b}_{a_t}) - \boldsymbol{g}^{w})\mathrm{d}t \\
\boldsymbol{q}_{b_{k+1}}^{w} &= \boldsymbol{q}_{b_k}^{w} \otimes \int_{t\in[k,k+1]} \frac{1}{2}\boldsymbol{\Omega}(\hat{\boldsymbol{w}}_t - \boldsymbol{b}_{w_t})\boldsymbol{q}_t^{b_k}\mathrm{d}t
\end{aligned}
\tag{5.22}
$$

式中，$\hat{\boldsymbol{a}}_t$ 和 $\hat{\boldsymbol{\omega}}_t$ 为 IMU 测量得到的加速度和角速度；$\boldsymbol{b}_{a_t}$ 为 t 时刻加速度计的零偏；$\boldsymbol{g}^w$ 为世界坐标系下的重力向量；$\boldsymbol{\Omega}$ 为与三维空间中角速度向量的叉乘（向量积）操作对应的反对称矩阵；$\boldsymbol{b}_{w_t}$ 为 t 时刻陀螺仪的零偏。

通过观察上式可知，IMU 的预积分需要依赖第 k 帧的 $\boldsymbol{v}$ 和 $\boldsymbol{R}$，当在后端进行非线性优化时，需要迭代更新第 k 帧的 $\boldsymbol{v}$ 和 $\boldsymbol{R}$，根据每次迭代后的值重新进行积分。因此，考虑将优化变量从第 k 帧到第 $k+1$ 帧的 IMU 预积分项中分离，对式 (5.22) 左右两侧各乘 $\boldsymbol{R}_w^{b_k}$，可化简为

$$\begin{aligned}
\boldsymbol{R}_w^{b_k}\boldsymbol{p}_{b_{k+1}}^w &= \boldsymbol{R}_w^{b_k}(\boldsymbol{p}_{b_k}^w + \boldsymbol{v}_{b_k}^w\Delta t_k - \frac{1}{2}\boldsymbol{g}^{\boldsymbol{w}}\Delta t_k^2) + \boldsymbol{\alpha}_{b_{k+1}}^{b_k} \\
\boldsymbol{R}_w^{b_k}\boldsymbol{v}_{b_{k+1}}^w &= \boldsymbol{R}_w^{b_k}(\boldsymbol{v}_{b_k}^w - \boldsymbol{g}^{\boldsymbol{w}}\Delta t_k) + \boldsymbol{\beta}_{b_{k+1}}^{b_k} \\
\boldsymbol{q}_{b_k}^w \otimes \boldsymbol{q}_{b_{k+1}}^w &= \boldsymbol{\gamma}_{b_{k+1}}^{b_k}
\end{aligned} \tag{5.23}$$

式中，

$$\begin{aligned}
\boldsymbol{\alpha}_{b_{k+1}}^{b_k} &= \iint_{t\in[k,k+1]} (\boldsymbol{R}_t^w(\hat{\boldsymbol{a}}_t - \boldsymbol{b}_{a_t}))\mathrm{d}t^2 \\
\boldsymbol{\beta}_{b_{k+1}}^{b_k} &= \int_{t\in[k,k+1]} (\boldsymbol{R}_t^w(\hat{\boldsymbol{a}}_t - \boldsymbol{b}_{a_t}))\mathrm{d}t \\
\boldsymbol{\gamma}_{b_{k+1}}^{b_k} &= \int_{t\in[k,k+1]} \frac{1}{2}\boldsymbol{\Omega}(\hat{\boldsymbol{w}}_t - \boldsymbol{b}_{w_t})\boldsymbol{q}_t^{b_k}\mathrm{d}t
\end{aligned} \tag{5.24}$$

$\boldsymbol{\alpha}_{b_{k+1}}^{b_k}$ 、$\boldsymbol{\beta}_{b_{k+1}}^{b_k}$、$\boldsymbol{\gamma}_{b_{k+1}}^{b_k}$ 为 IMU 第 k 时刻到第 $k+1$ 时刻时间间隔内的位置、速度和旋转上的预积分值。

这样就得到了连续时刻的 IMU 预积分公式，可以看出，式 (5.24) 得到的 IMU 预积分的值只与不同时刻的 $\hat{\boldsymbol{a}}_t$ 和 $\hat{\boldsymbol{\omega}}_t$ 相关。

5.1.5.2 视觉/惯性非线性位姿估计

1. 状态向量

状态向量为滑动窗口内 $n+1$ 个图像时的状态，包括位置、姿态、速度、加速度计偏差和陀螺仪偏差、相机到 IMU 的外部参数、$m+1$ 个三维特征点的逆深度 $\lambda_0 \sim \lambda_m$ 等:

$$\begin{cases}
\boldsymbol{X} = [\boldsymbol{x}_0 \quad \boldsymbol{x}_1 \quad \cdots \quad \boldsymbol{x}_n \quad \boldsymbol{x}_c^b \quad \lambda_0 \quad \lambda_1 \quad \cdots \quad \lambda_m] \\
\boldsymbol{x}_k = [\boldsymbol{p}_{b_k}^w \quad \boldsymbol{v}_{b_k}^w \quad \boldsymbol{q}_{b_k}^w \quad \boldsymbol{b}_a \quad \boldsymbol{b}_g] \\
\boldsymbol{x}_c^b = [\boldsymbol{p}_c^b \quad \boldsymbol{q}_c^b]
\end{cases} \tag{5.25}$$

式中，$\boldsymbol{x}_k$ 表示第 k 帧时相机的位置、姿态及 IMU 的加速度计偏差 $\boldsymbol{b}_a$ 与陀螺仪偏差 $\boldsymbol{b}_g$；$\boldsymbol{x}_c^b$ 表示相机到 IMU 的外部参数。

2. 目标函数

$$\min_{\boldsymbol{X}}\left\{\|\boldsymbol{r}_p-\boldsymbol{H}_p\boldsymbol{X}\|^2+\sum_{k\in B}\left\|\boldsymbol{r}_B(\hat{\boldsymbol{z}}_{b_{k+1}}^{b_k},\boldsymbol{X})\right\|_{\boldsymbol{P}_{b_{k+1}}^{b_k}}^2+\sum_{(l,j)\in C}\left\|\boldsymbol{r}_C(\hat{\boldsymbol{z}}_l^{C_j},\boldsymbol{X})\right\|_{\boldsymbol{P}_l^{C_j}}^2\right\} \tag{5.26}$$

式中，$\boldsymbol{r}_p$ 为边缘化因子的残差；$\boldsymbol{H}_p$ 为边缘化因子的黑塞矩阵；B 为 IMU 测量集合；$\boldsymbol{r}_B$ 为 IMU 预积分的残差；$\hat{\boldsymbol{z}}_{b_{k+1}}^{b_k}$ 为第 k 和第 $k+1$ 个 IMU 测量的预积分值；$\boldsymbol{P}_{b_{k+1}}^{b_k}$ 为第 k 和第 $k+1$ 个 IMU 预积分项噪声的协方差矩阵；C 为相机关键帧集合；$\boldsymbol{r}_C$ 为视觉的重投影残差；$\boldsymbol{P}_l^{C_j}$ 为第 j 个关键帧观测到第 l 个路标点的视觉观测噪声协方差矩阵。

根据高斯-牛顿法，若要计算目标函数的最小值，等效于优化变量有一个增量后目标函数值最小。以 IMU 残差为例，可写成

$$\min_{\delta\boldsymbol{X}}\left\|\boldsymbol{r}_B(\hat{\boldsymbol{z}}_{b_{k+1}}^{b_k},\boldsymbol{X}+\delta\boldsymbol{X})\right\|_{\boldsymbol{P}_{b_{k+1}}^{b_k}}^2=\min_{\delta\boldsymbol{X}}\left\|\boldsymbol{r}_B(\hat{\boldsymbol{z}}_{b_{k+1}}^{b_k},\boldsymbol{X})+\boldsymbol{H}_{b_{k+1}}^{b_k}\delta\boldsymbol{X}\right\|_{\boldsymbol{P}_{b_{k+1}}^{b_k}}^2 \tag{5.27}$$

式中，$\boldsymbol{H}_{b_{k+1}}^{b_k}$ 为 $\boldsymbol{r}_B$ 关于 $\delta\boldsymbol{X}$ 的雅可比矩阵。将式 (5.27) 展开可得增量 $\delta\boldsymbol{X}$ 的计算公式：

$$(\boldsymbol{H}_{b_{k+1}}^{b_k})^{\mathrm{T}}(\boldsymbol{P}_{b_{k+1}})^{b_k-1}\boldsymbol{H}_{b_{k+1}}^{b_k}\delta\boldsymbol{X}=-(\boldsymbol{H}_{b_{k+1}}^{b_k})^{\mathrm{T}}(\boldsymbol{P}_{b_{k+1}}^{b_k})^{-1}\boldsymbol{r}_B \tag{5.28}$$

相机对应优化参数的雅可比矩阵可以写为

$$\left(\boldsymbol{\Lambda}_p+\sum(\boldsymbol{H}_{b_{k+1}}^{b_k})^{\mathrm{T}}(\boldsymbol{P}_{b_{k+1}}^{b_k})^{-1}\boldsymbol{H}_{b_{k+1}}^{b_k}+\sum(\boldsymbol{H}_l^{C_j})^{\mathrm{T}}(\boldsymbol{P}_l^{C_j})^{-1}\boldsymbol{H}_l^{C_j}\right)\delta\boldsymbol{X}$$

$$=\boldsymbol{b}_p+\sum(\boldsymbol{H}_{b_{k+1}}^{b_k})^{\mathrm{T}}(\boldsymbol{P}_{b_{k+1}}^{b_k})^{-1}\boldsymbol{r}_B+\sum(\boldsymbol{H}_l^{C_j})^{\mathrm{T}}(\boldsymbol{P}_l^{C_j})^{-1}\boldsymbol{r}_C \tag{5.29}$$

式中，$\boldsymbol{P}_{b_{k+1}}^{b_k}$ 为 IMU 预积分项噪声的协方差矩阵；$\boldsymbol{P}_l^{C_j}$ 为视觉观测噪声的协方差矩阵。IMU 噪声协方差矩阵 $\boldsymbol{P}_{b_{k+1}}^{b_k}$ 越大，信息矩阵 $(\boldsymbol{P}_{b_{k+1}}^{b_k})^{-1}$ 越小，意味着 IMU 观测越不可信。

将式 (5.29) 继续简化为

$$(\boldsymbol{\Lambda}_p+\boldsymbol{\Lambda}_B+\boldsymbol{\Lambda}_C)\,\delta\boldsymbol{X}=\boldsymbol{b}_p+\boldsymbol{b}_B+\boldsymbol{b}_C \tag{5.30}$$

式中，$\boldsymbol{\Lambda}_p$、$\boldsymbol{\Lambda}_B$、$\boldsymbol{\Lambda}_C$ 为黑塞矩阵；$\boldsymbol{b}_p$、$\boldsymbol{b}_B$、$\boldsymbol{b}_C$ 为常数。

5.1.5.3 IMU 约束

1. IMU 残差

由 IMU 预积分数学模型构建的 IMU 残差为

$$
\boldsymbol{r}_B^{15\times 1}(\hat{\boldsymbol{z}}_{b_{k+1}}^{b_k},\boldsymbol{X})=\begin{bmatrix}\delta\boldsymbol{\alpha}_{b_{k+1}}^{b_k}\\ \delta\boldsymbol{\theta}_{b_{k+1}}^{b_k}\\ \delta\boldsymbol{\beta}_{b_{k+1}}^{b_k}\\ \delta\boldsymbol{b}_a\\ \delta\boldsymbol{b}_g\end{bmatrix}=\begin{bmatrix}\boldsymbol{R}_w^{b_k}\left(\boldsymbol{p}_{b_{k+1}}^w-\boldsymbol{p}_{b_k}^w-\boldsymbol{v}_{b_k}^w\Delta t_k^2\right)-\boldsymbol{\alpha}_{b_{k+1}}^{b_k}\\ 2\left[\left(\boldsymbol{\gamma}_{b_{k+1}}^{b_k}\right)^{-1}\otimes\boldsymbol{q}_{b_k}^{w\ -1}\otimes\boldsymbol{q}_{b_{k+1}}^w\right]_{xyz}\\ \boldsymbol{R}_w^{b_k}\left(\boldsymbol{v}_{b_{k+1}}^w-\boldsymbol{v}_{b_k}^w+\boldsymbol{g}^w\Delta t_k\right)-\boldsymbol{\beta}_{b_{k+1}}^{b_k}\\ \boldsymbol{b}_{a_{b_{k+1}}}-\boldsymbol{b}_{a_{b_k}}\\ \boldsymbol{b}_{g_{b_{k+1}}}-\boldsymbol{b}_{g_{b_k}}\end{bmatrix} \tag{5.31}
$$

2. 需要优化的变量

非线性优化中需要优化的 IMU 相关变量为

$$
[\delta\boldsymbol{p}_{b_k}^w\quad\delta\boldsymbol{\theta}_{b_k}^w],[\delta\boldsymbol{v}_{b_k}^w\quad\delta\boldsymbol{b}_{a_k}\quad\delta\boldsymbol{b}_{g_k}],[\delta\boldsymbol{p}_{b_{k+1}}^w\quad\delta\boldsymbol{\theta}_{b_{k+1}}^w],[\delta\boldsymbol{v}_{b_k+1}^w\quad\delta\boldsymbol{b}_{a_{k+1}}\quad\delta\boldsymbol{b}_{g_{k+1}}]
$$

5.1.5.4 视觉感知约束

1. 视觉残差

视觉残差是重投影误差，对于第 l 个路标点 $\boldsymbol{P}$，将 $\boldsymbol{P}$ 从第 i 个相机坐标系转换到当前的第 j 个相机坐标系下的坐标，视觉误差项为

$$
\boldsymbol{r}_C\left(\hat{\boldsymbol{z}}_l^{C_j},\boldsymbol{X}\right)=\begin{bmatrix}\boldsymbol{b}_1\\ \boldsymbol{b}_2\end{bmatrix}\left(\frac{\boldsymbol{p}_l^{C_j}}{\left\|\boldsymbol{p}_l^{C_j}\right\|}-\bar{\boldsymbol{p}}_l^{C_j}\right) \tag{5.32}
$$

式中，$\bar{\boldsymbol{p}}_l^{C_j}$ 为第 l 个路标点在第 j 个相机归一化相机坐标系中的坐标，

$$
\bar{\boldsymbol{p}}_l^{C_j}=\boldsymbol{\pi}_c^{-1}\left(\begin{bmatrix}\hat{\boldsymbol{u}}_l^{C_j}\\ \hat{\boldsymbol{v}}_l^{C_j}\end{bmatrix}\right) \tag{5.33}
$$

$\boldsymbol{p}_l^{C_j}$ 是估计第 l 个路标点在第 j 个相机归一化相机坐标系中的可能坐标，

$$
\boldsymbol{p}_l^{C_j}=\boldsymbol{R}_b^c\left(\boldsymbol{R}_w^{b_j}\left(\boldsymbol{R}_{b_i}^w\left(\boldsymbol{R}_c^b\frac{1}{\lambda_1}\bar{\boldsymbol{p}}_l^{C_i}+\boldsymbol{p}_c^b\right)+\boldsymbol{p}_{b_i}^w-\boldsymbol{p}_{b_j}^w\right)-\boldsymbol{p}_c^b\right) \tag{5.34}
$$

因为视觉残差的自由度为 2，因此将视觉残差投影到正切平面上，$\boldsymbol{b}_1$、$\boldsymbol{b}_2$ 为正切平面上的任意两个正交基，如图 5.7 所示。

2. 需要优化的变量

$$
\left[\delta\boldsymbol{p}_{b_i}^w\quad\delta\boldsymbol{\theta}_{b_i}^w\right],\left[\delta\boldsymbol{p}_{b_j}^w\quad\delta\boldsymbol{\theta}_{b_j}^w\right],\left[\delta\boldsymbol{p}_c^b\quad\delta\boldsymbol{\theta}_c^b\right],\lambda_l
$$

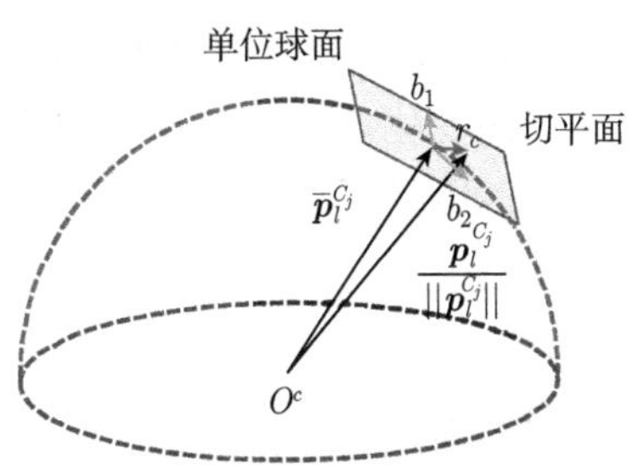

图 5.7　在单位球面上的视觉残差

3. 协方差矩阵

视觉约束的噪声协方差矩阵和标定相机内参时的重投影误差与偏离像素数有关，这里取 1.5 个像素，则信息矩阵为

$$\boldsymbol{\Omega}_{\text{vis}} = \boldsymbol{\Sigma}_{\text{vis}}^{-1} = \left(\frac{1.5}{f}\boldsymbol{I}_{2\times 2}\right)^{-1} = \frac{f}{1.5}\boldsymbol{I}_{2\times 2} \tag{5.35}$$

5.1.5.5 动态场景下视觉/惯性 SLAM

大多数视觉 SLAM 技术假设所在的环境是静态的，当面对环境中的移动物体时，系统位姿和地图点的估计精度都会受到影响。本节将利用深度学习方法研究动态场景下视觉/惯性 SLAM 的定位方法 [224]。

如图 5.8 所示，在编码器阶段，DeepLab v3+ 语义分隔网络采用 MobileNetV2 以任意分辨率从输入图像中提取特征。输出步幅表示输入图像空间分辨率与输出分辨率之比。编解码结构输出的最终特征图，包含 256 个通道和丰富的语义信息。同时，它也是特征提取的全局池化层输入，采用 1×1 卷积可以减少解码器模块通道。基于 MobileNetV2 的 DeepLab v3+ 网络结构和编码器模块的低层特征图可以防止预测结果向低层特征倾斜。编码器特征被双级上采样，与来自网络主干的相应低级特征相连接。拼接后，使用 3×3 卷积来获得更清晰的分割结果。最后，四次上采样生成每个像素的语义标签。

考虑到该系统将在移动设备上使用，本节采用轻量级模型 MobileNetV2 作为 DeepLab v3+ 的主干。该架构中的 DeepLab 模型是在 PASCAL VOC 数据集上训练的，数据集总共包含 20 个类（飞机、自行车、鸟、船、瓶子、公共汽车、汽车、猫、椅子、牛、餐桌、狗、马、摩托车、人、盆栽植物、羊、沙发、火车、电视），大多数动态环境中可能出现的对象都包含在这个列表中，如果需要增加其他类别，可以用新的训练数据进行微调。

应用 DeepLab v3+ 可以检测到动态对象（如人、动物、汽车）的特征点。然而，并不是所有预定义的动态对象，如睡觉的狗和停放的汽车，都总是处于移动状态，同时系统也无法检测到静态物体是否在移动，如桌椅被移动，而且无法检测到长时间 SLAM 中室内布局的变化。这些运动的物体容易导致 SLAM 系统前端的数据关联错误，影响后续特征点三角化和姿态估计的性能。

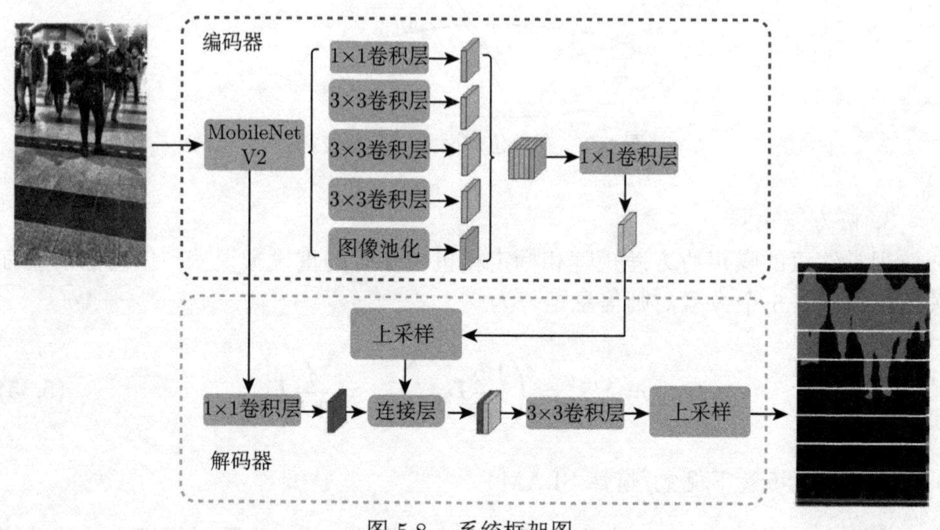

图 5.8 系统框架图

令 $\boldsymbol{\pi}_k^{k-1}$ 表示来自两个连续帧 C_{k-1} 和 C_k 的位姿变换。特征点匹配的重投影误差表示为

$$\boldsymbol{r}(\boldsymbol{\lambda}_i^{k-1},\boldsymbol{\lambda}_i^k;\boldsymbol{\pi}_k^{k-1}) = \left\|\boldsymbol{\lambda}_i^{k-1} - \boldsymbol{\pi}_k^{k-1}\boldsymbol{\lambda}_i^k\right\| \tag{5.36}$$

式中，$\boldsymbol{\lambda}_i^{k-1}$ 是像素 i 在帧 C_{k-1} 中的坐标；$\boldsymbol{\lambda}_i^k$ 是相邻帧 C_k 中相对应的像素位置；$\|\cdot\|$ 表示两个像素之间的欧几里得距离。$\boldsymbol{\pi}_k^{k-1}$ 由式 (5.37) 计算：

$$\boldsymbol{\pi}_k^{k-1} = \arg\min_{\pi}\sum_i \boldsymbol{r}(\boldsymbol{\lambda}_i^{k-1},\boldsymbol{\lambda}_i^k;\boldsymbol{\pi}_i^{k-1}) \tag{5.37}$$

式 (5.37) 是由对极几何建立的。离群特征点的匹配比例越小，精度越高。目前，先进的 SLAM 算法如 VINS-Mono、ORB-SLAM2 等采用随机抽样一致性（RANSAC）来排除不符合基本矩阵的特征点。该算法在静态情况下运行良好，但在环境中动态对象数量占优时，精度容易受到影响。本节结合深度学习和几何约束来处理动态场景。语义分割模块对对象进行像素分割，对象的类别详见表 5.1。根据日常生活中常见物体的类别，一般将其分为静态和潜在动态两类。静态对象包括餐桌、沙发、电视等，潜在动态对象进一步细分为刚性和非刚性对象。对于不能保持绝对静止的非刚性物体（如人、猫、狗），需要完全排除位于其上的特征点。对于那些可能是静态或动态的刚性物体（如自行车或汽车），需要进一步判断它们是否是动态的。如图 5.9 所示，首先将位于属于潜在动态对象上的特征点标记为动态点，其余标记为静态点的特征点由 RANSAC 处理，以排除不符合基本矩阵的特征点。这样，动态对象的影响可以最小化。

表 5.1 DeepLab v3+ 包含生活中常见物体的分类

静态	潜在动态对象	
	非刚体	刚体
背景	鸟	飞机
餐桌	猫	自行车
植物	奶牛	船
沙发	狗	杯子
电视	人	公交车
	绵羊	汽车
		椅子

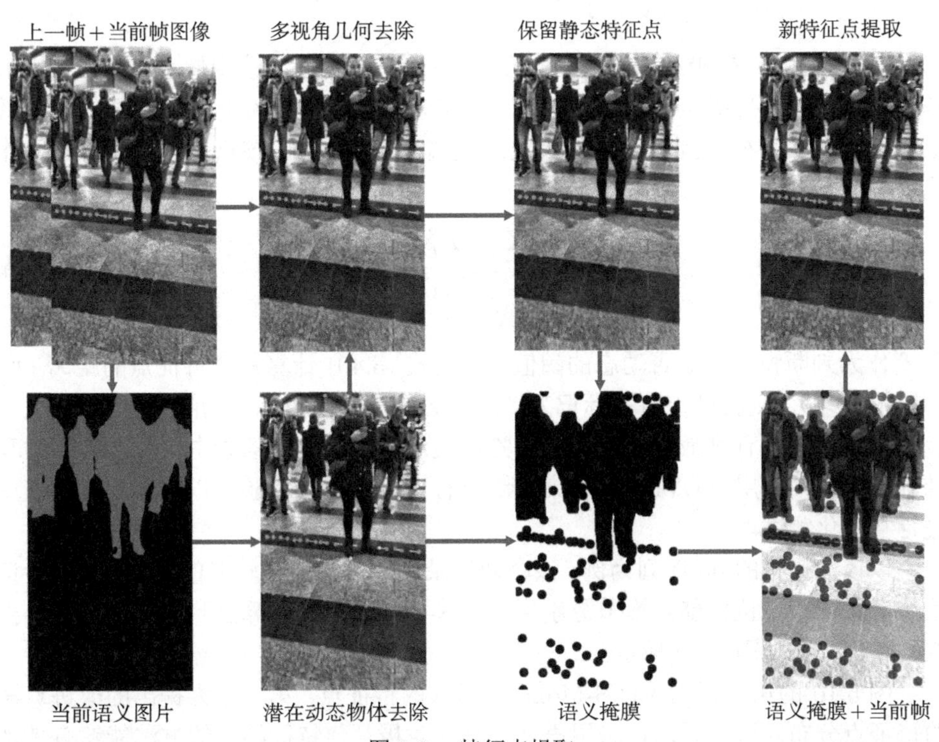

图 5.9 特征点提取

如上所述，假设位于潜在动态对象上的所有特征点都是动态的，通过排除它们来避免动态对象对基本矩阵计算的干扰。这意味着后续三角测量和姿态估计中涉及的特征点较少，这将影响三角测量的性能和鲁棒性，尤其是在动态对象较多的环境中。考虑到场景中仍有一些属于潜在动态对象实际上是静态的，但在计算基本矩阵时其特征点被错误地分类为动态的。而静态特征点符合对极几何约束，可通过该约束来识别位于刚性潜在动态对象上的特征点是否是静态的。如图 5.10 所示，对于运动物体上的三维点，在第一幅和第二幅图像上的投影分别是 $\boldsymbol{x}_i^{k-1}$ 和 $\boldsymbol{x}_i^k$，$\boldsymbol{X}_i^{k-1}$ 和 $\boldsymbol{X}_i^k$，它们相应的齐次坐标为

$$
\begin{aligned}
\boldsymbol{x}_i^{i-1} &= [u_1 \quad v_1], \quad \boldsymbol{x}_i^k = [u_2 \quad v_2] \\
\boldsymbol{X}_i^{i-1} &= [u_1 \quad v_1 \quad 1], \quad \boldsymbol{X}_i^k = [u_2 \quad v_2 \quad 1]
\end{aligned}
\tag{5.38}
$$

如果三维点是静态的，那么两帧间的极线方程可由式 (5.39) 计算：

$$
\boldsymbol{l}_k' = \begin{bmatrix} a \\ b \\ c \end{bmatrix} = \boldsymbol{F}_{k-1}^k \boldsymbol{X}_i^{k-1} = \boldsymbol{F}_{k-1}^k \begin{bmatrix} u_1 \\ v_1 \\ 1 \end{bmatrix} \tag{5.39}
$$

式中，a、b 和 c 是极线 $\boldsymbol{l}_k'$ 的向量元素；$\boldsymbol{F}_{k-1}^k$ 是两个连续图像 C_{k-1} 和 C_k 的基本矩阵。如果三维点 $\boldsymbol{X}$ 是静态的，它在第二幅图像上的投影点应该在极线 $\boldsymbol{l}_k'$ 上。因此，从特征点到其对应的极线的距离 D 可以验证该点是否是动态的，由式 (5.40) 确定：

$$
Q_i^k = \frac{\left| \left(\boldsymbol{X}_i^k\right)^{\mathrm{T}} \boldsymbol{F}_{k-1}^k \boldsymbol{X}_i^{k-1} \right|}{\sqrt{\|a\|^2 + \|b\|^2}} \tag{5.40}
$$

令 δ 作为判断特征点是否动态的阈值，利用式 (5.40) 计算每个特征点的距离 Q_i^k。如果 $Q_i^k > \delta$，则特征点将被标记为动态，否则，它将被标记为静态。

本节使用具有挑战性的数据集来验证提出方法在动态场景中定位的鲁棒性和准确性，包括应用 ADVIO 数据集 [225] 进行室内和室外实验，以及在动态场景中进行初始化测试。

以该数据集的 06 序列为例，该序列的录制环境为顾客较多的商场，用于验证系统动态环境定位性能。本节分别用 VINS-Mono 和改进算法测试该数据集。提取的特征分布如图 5.10 所示。

图 5.10 的第一行为 VINS-Mono 所提取的特征点，第二行为提出的改进算法的特征点分布。可以看出，采用语义分割和对极几何特征约束的方法能够有效地识别动态特征点，并将提取的图像特征点集中于静态区域。图 5.11 为动态环境中 VINS-Mono 和改进算法所得到的轨迹对比，可以看出，与 VINS-Mono 相比改进算法更加符合真值的轨迹。其定位误差曲线如图 5.11 所示，改进算法位姿估计精度比 VINS-Mono 更高。

图 5.10 VINS-Mono 和提出的改进算法的特征点分布对比

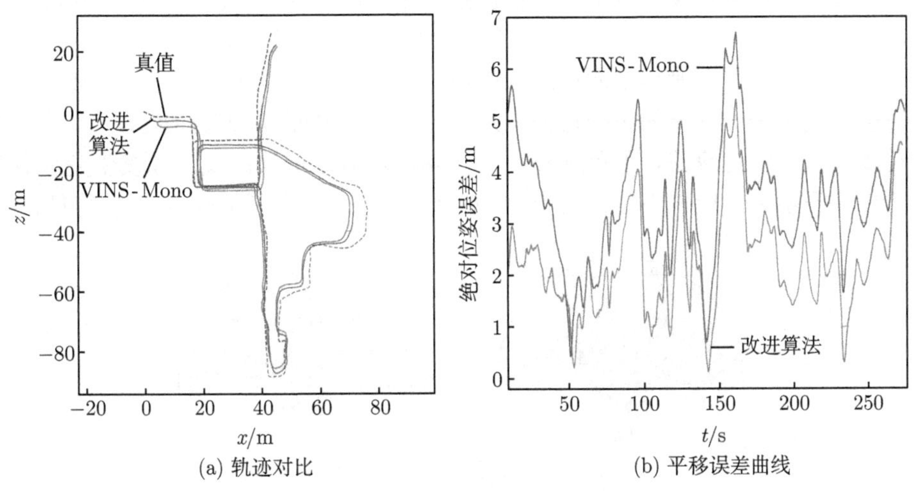

图 5.11 VINS-Mono 和改进算法对比

从实验结果看出，语义分割和多视图几何约束能有效地识别和剔除动态的特征点，最大限度地避免动态对象对系统定位产生影响，提高了系统的鲁棒性。

5.1.6 激光雷达/视觉/惯性 SLAM

在视觉/惯性 SLAM 的研究基础上，本节将介绍视觉、惯性和激光雷达的耦合方法——激光雷达/视觉/惯性 SLAM。该方法利用三个传感器的互补性：视觉的高频输出、激光的绝对深度测量，以及 IMU 高频高精度的位姿估计。同时，该方法在任何一个传感器失效的情况下，仍能独立完成工作。

激光雷达/惯性 SLAM 主要完成激光点云特征的提取、匹配和基于 IMU 的激光点云的位姿估计。本节采用的匹配方式是帧-局域图匹配，相对于 LOAM 优化中的帧-全局地图匹配，帧-局部地图匹配更加有利于回环检测，地图的使用效率也不随着时间而降低，同时激光惯性位姿估计采取两步利文贝格-马夸特优化算法，以减少计算资源的消耗。

5.1.6.1 激光点云特征提取

本节所介绍的激光雷达/惯性 SLAM 是以 IMU 辅助激光雷达的方式进行耦合。相对于 LOAM，该方法提高了体素地图的利用率，计算量大大减小，实时性和优化效率也得到了提升。针对预处理后的地面点、有效分割点和无效分割点提取特征，采用降采样得到 1/5 地面点，减少了计算量并提高了效率，同时再次剔除了不可靠点，提升了系统性能，算法如下所示。

（1）激光点云提取特征时应当避免选取和激光束几乎平行的局部平面上的点，这些平面点通常被认为是不可靠的，因为平行激光束平面上的点在获取信息时会有角度误差，而即使较小的角度误差也会带来点云深度的明显变化。如图 5.12(a) 所示，点 B 所在的平面就是与激光束几乎平行，为不可靠平面点。

（2）避免选取在遮挡平面边缘上的点，因为当视角发生变化时，被遮挡的区域也会显现出来，这样的边缘特征也是不可靠的，如图 5.12(b) 所示，点 A 为橙色遮挡区域上的边缘点，但是如果从不同角度观看，遮挡区域可能发生变化并变得可以被观察到，所以不可以将点 A 视为边缘点，也不可选取点 A 为特征点。

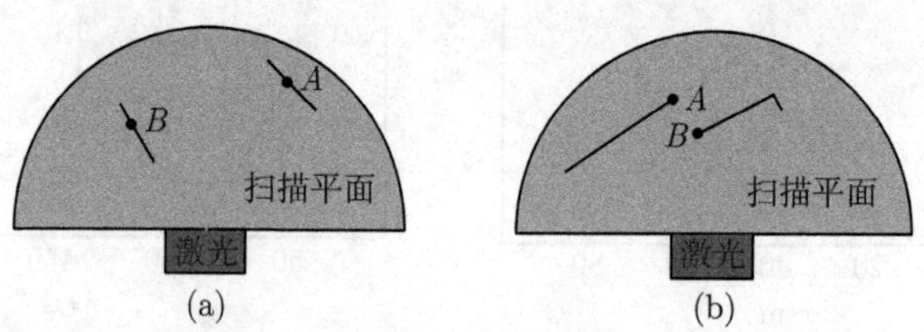

图 5.12 特征点错误提取的示意图

剔除不可靠点之后，根据曲率值提取特征点，曲率计算公式为

$$c=\frac{1}{|S|\left\|\boldsymbol{X}_{(k,i)}^{L}\right\|}\cdot\left\|\sum_{j\in S,j\neq i}\left(\boldsymbol{X}_{(k,i)}^{L}-\boldsymbol{X}_{(k,j)}^{L}\right)\right\| \tag{5.41}$$

式中，S 为当前激光点的近邻点集合；$\boldsymbol{X}_{(k,j)}^{L}$ 表示在激光雷达坐标系下 k 时刻 j 点的空间坐标；c 为 i 点的曲率值。式 (5.41) 中 c 是用来评估局部平面的平滑度。

在非地面点中提取极大边缘点和次极大边缘点，在地面点中提取极小平面点和次极小平面点，所谓极大、极小、次极大和次极小是针对激光点的曲率来说的，选取的边缘点需要选择之前未选、曲率大于阈值的特征点，并且是非地面的有效分割点；同理，选取的平面点应为曲率小于阈值 c_{th} 且没有被选择过的地面特征点。

在提取平面点和边缘点过程中，为了让选取的特征点均匀分布，将扫描点进行曲率升序排列，每一条扫描点分为 s 个扇区，形成分段式的扫描点。在每一个扇区中选取曲率最大的 n_{Me} 个点构成极大边缘点集 F_{Me}，选取包括 n_{Me} 个极大边缘点在内的 n_{SMe} 个点构成次极大边缘点集，根据选取方式有 $F_{\mathrm{Me}} \subset F_{\mathrm{SMe}}$；同理，在每一个扇区中选取曲率最小的 n_{Mp} 个点构成极小平面点集 F_{Mp}，1/5 地面点构成次极小平面点集 F_{SMp}，之后再对次极小平面点集进行降采样减少其数量，并使之分布均匀。同理有 $F_{\mathrm{Mp}} \subset F_{\mathrm{SMp}}$。在本节中，选取 $s=6$，$n_{\mathrm{Me}}=2$，$n_{\mathrm{SMe}}=20$，$n_{\mathrm{Mp}}=4$。

由上述提取方法得到如图 5.13 所示的激光点云特征。其中图 5.13(a) 为极小平面点和次极小平面点的提取结果，图 5.13(b) 为极大边缘点和次极大边缘点的提取结果。

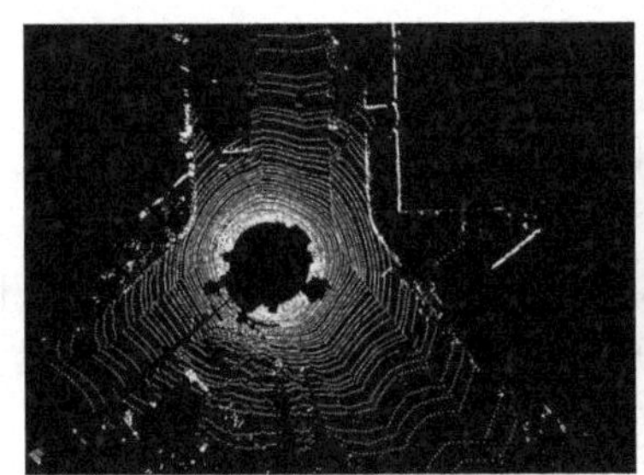

(a) 极小平面点和次极小平面点

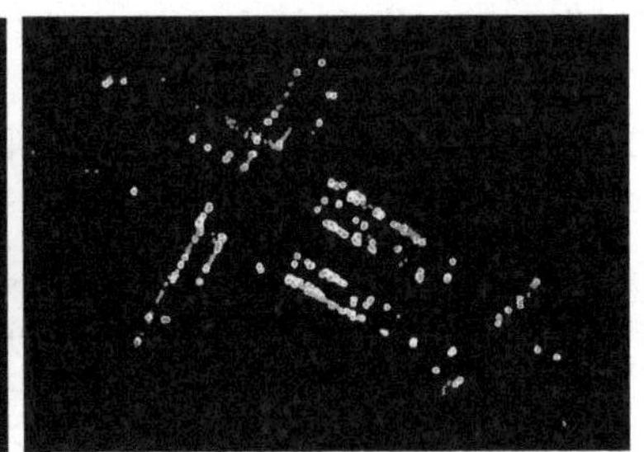

(b) 极大边缘点和次极大边缘点

图 5.13 激光点云特征

5.1.6.2 激光惯性运动估计

激光惯性 SLAM 利用将 IMU 的预积分测量与激光边缘点和平面点集得到的距离约束进行联合优化，从而获得激光和惯性融合的位姿估计。本节采取的优化方式为两步利文贝格-马夸特优化，与常见的利文贝格-马夸特优化方法相比，不仅计算量低，而且能够得到更加准确的位姿估计。

首先利用 IMU 预积分得到旋转和平移的增量进行初始位置的估计，并且在每一次 IMU 中的偏差得到优化后更新 IMU 状态值，随之更新激光惯性里程计初始值。

得到初始位姿估计后，根据新帧之间的变换矩阵，得到关键帧之间对应的变换矩阵，形成局部地图。激光关键帧与 IMU 预积分示意图如图 5.14 所示。

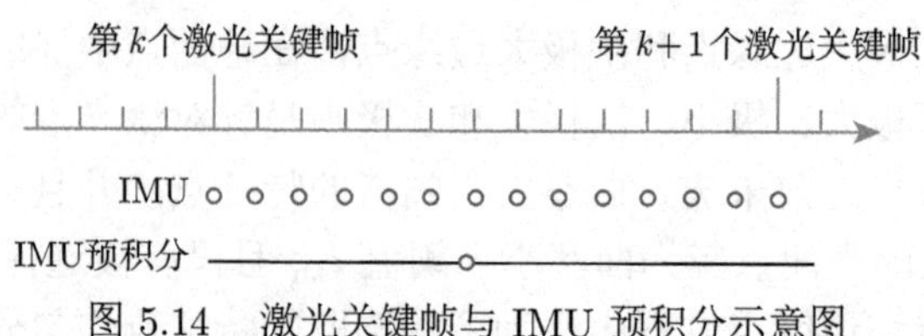

图 5.14　激光关键帧与 IMU 预积分示意图

根据距离公式，平面点到 M_i^p 的特征平面的距离可表示为

$$d_\varepsilon = f_\varepsilon(\boldsymbol{X}_i^{L_i}, \boldsymbol{T}_{L_{k+1}}^{L_k}) \tag{5.42}$$

f_ε 通过对 $\boldsymbol{T}_{L_{k+1}}^{L_k}$ 求导得到其雅可比矩阵：

$$\boldsymbol{J}_\varepsilon = \frac{\delta \boldsymbol{f}_\varepsilon}{\delta \boldsymbol{T}_{L_{k+1}}^{L_k}} \tag{5.43}$$

最小化式 (5.43) 得到 $\boldsymbol{T}_{L_{k+1}}^{L_k}$ 中的 z 轴位移、横滚角和俯仰角 $[t_z \quad \theta_{\text{roll}} \quad \theta_{\text{pitch}}]$。由于在匹配的过程中，地面平坦度基本保持不变，所以利用平面点到平面的对应关系就可以得到竖直维度变动：

$$\arg\min\left\{\boldsymbol{T}_{L_{k+1}}^{L_k} - (\boldsymbol{J}_\varepsilon^{\mathrm{T}}\boldsymbol{J}_\varepsilon + \lambda \mathrm{diag}(\boldsymbol{J}_\varepsilon^{\mathrm{T}}\boldsymbol{J}_\varepsilon))^{-1}\boldsymbol{J}_\varepsilon^{\mathrm{T}}\boldsymbol{d}_\varepsilon\right\} \tag{5.44}$$

式 (5.44) 为第一次利文贝格-马夸特优化，得到 $[t_z \quad \theta_{\text{roll}} \quad \theta_{\text{pitch}}]$。通过上一节得到的距离公式，边缘点到 M_i^e 的距离可以写成式 (5.45) 所示的几何关系：

$$d_H = f_H(\boldsymbol{X}_i^{L_i}, \boldsymbol{T}_{L_{k+1}}^{L_k}) \tag{5.45}$$

f_H 通过对 $\boldsymbol{T}_{L_{k+1}}^{L_k}$ 求导得到其雅可比矩阵：

$$\arg\min\left\{\boldsymbol{T}_{L_{k+1}}^{L_k} - (\boldsymbol{J}_H^{\mathrm{T}}\boldsymbol{J}_H + \lambda \mathrm{diag}(\boldsymbol{J}_H^{\mathrm{T}}\boldsymbol{J}_H))^{-1}\boldsymbol{J}_H^{\mathrm{T}}\boldsymbol{d}_H\right\} \tag{5.46}$$

综上所述，两次利文贝格-马夸特优化得到位姿估计 $\boldsymbol{T}_{L_{k+1}}^{L_k}$。

5.1.6.3　系统因子模型

本节的系统因子图如图 5.15 所示，其中包括 IMU 预积分因子、激光雷达里程计因子、视觉里程计因子和回环因子。连续两个关键帧 IMU 测量值积分得到 IMU 预积分因子，每个当前的关键帧与之前的 $n+1$ 个激光雷达关键帧匹配得到激光因子，每帧视觉特征点进行匹配得到视觉因子，回环关键帧与候选回环关键帧匹配得到回环因子，将其添加到因子图中进行优化得到全局位姿和点云地图。

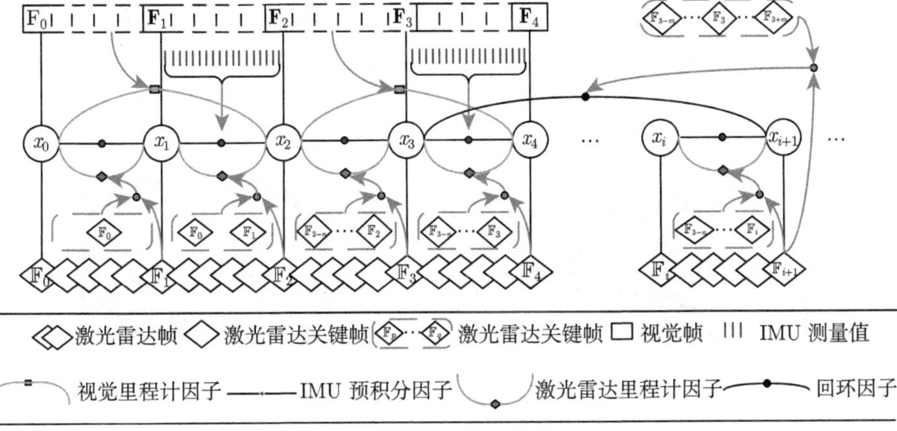

图 5.15 激光雷达/视觉/惯性 SLAM 系统因子图

全局优化目标函数为

$$\arg\min_{T}\left\{\sum_{(i,j)\in I_{\text{pre}}}\|\boldsymbol{e}_{ij}\|^2+\sum_{(i,j)\in\text{VO}}\|\boldsymbol{e}_{ij}\|^2+\sum_{(i,j)\in\text{LO}}\|\boldsymbol{e}_{ij}\|^2+\sum_{(i,j)\in L}\|\boldsymbol{e}_{ij}\|^2\right\} \tag{5.47}$$

式中，I_{pre} 表示 IMU 预积分测量集合；VO 和 LO 分别表示视觉关键帧集合和激光雷达关键帧集合；L 表示回环检测成功的帧集合。四种约束因子统一为 $\boldsymbol{e}_{ij}$：

$$\boldsymbol{e}_{ij}=\ln(\Delta\boldsymbol{T}_{ij}(\boldsymbol{T}_i^w)^{-1}\boldsymbol{T}_j^w) \tag{5.48}$$

式中，$\boldsymbol{T}_i^w$ 和 $\boldsymbol{T}_j^w$ 为第 i 个关键帧和第 j 个关键帧在世界坐标系下的位姿估计；$\Delta\boldsymbol{T}_{ij}$ 为视觉里程计因子、激光雷达里程计因子或者 IMU 预积分因子或者回环因子，即相对的位姿变换。

地图优化分为三个线程：回调函数、回环检测及地图输出。系统首先根据 IMU 预积分结果优化初始值，之后通过构建 k 维树找到邻近帧和时间最近的几帧构建局部地图，并对局部地图和当前帧进行降采样，减少数据量。得到局部地图之后，迭代优化当前帧到局部地图的位姿变化，根据视觉里程计因子、激光雷达里程计因子和回环因子在 iSAM2 中进行全局优化并通过检测回环线程的结果修正回环位姿。

5.1.6.4 激光雷达/视觉/惯性 SLAM 系统验证与结果分析

本节利用哈尔滨工业大学校园内三个典型场景进行算法测试。数据采集平台如图 5.16 所示，其中激光雷达为速腾的 32 线的 RS-LiDAR-32，测量距离为 200m，测量精度为 3cm，垂直视角为 $-25^\circ\sim+15^\circ$，垂直方向的角分辨率为 0.33°，水平视角为 360°，水平方向的角分辨率为 0.1°(5Hz) ~ 0.4°(20Hz)，频率为 10Hz，水平角分辨率设置为 0.2°。相机为焦距为 6mm 的华睿科技 a5201/CG50 单目相机，IMU 与 RTK 为北斗星通 PwrPak7 组合惯导系统。

图 5.16 数据采集平台

1. 定位结果分析

本节对定位结果进行对比及分析。图 5.17 所示的采集地点为哈尔滨工业大学正门，特征为人多、树少、空间范围较大、建筑物较多，但距离传感器较远。从图中可以看出，本节提出的算法（ILV-SLAM）和 LeGo-LOAM 算法都能得到较好的结果。

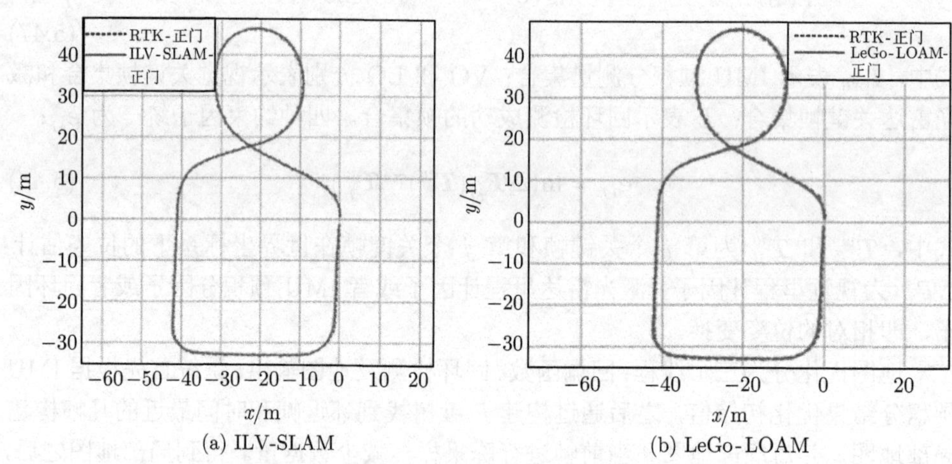

(a) ILV-SLAM (b) LeGo-LOAM

图 5.17 正门定位轨迹对比

图 5.18 是哈尔滨工业大学科学园 E2 栋的定位轨迹示意图，特征为路窄、人少，传感器距离建筑物较近，并且部分路上树木尤其多。相对建筑物，树木具有更多的不可靠特征，所以相对于学校正门场景，E2 场景更考验回环检测。

图 5.19 是哈尔滨工业大学科创大厦（以下简称 TIB）的定位轨迹。从图中可以看出，ILV-SLAM 算法的定位效果更加优越。图 5.20 为定位轨迹对比，其中 x 方向上的定位轨迹偏差较大。

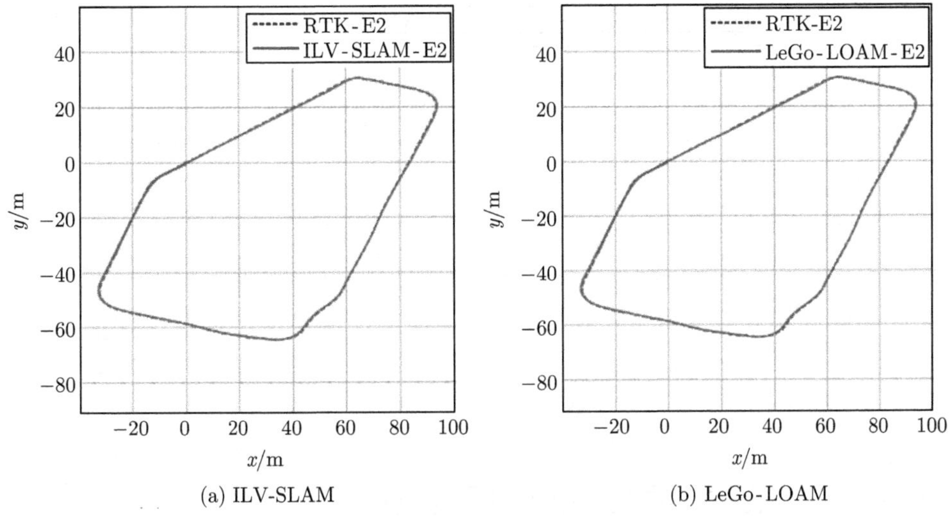

(a) ILV-SLAM　(b) LeGo-LOAM

图 5.18　科学园 E2 栋定位轨迹对比

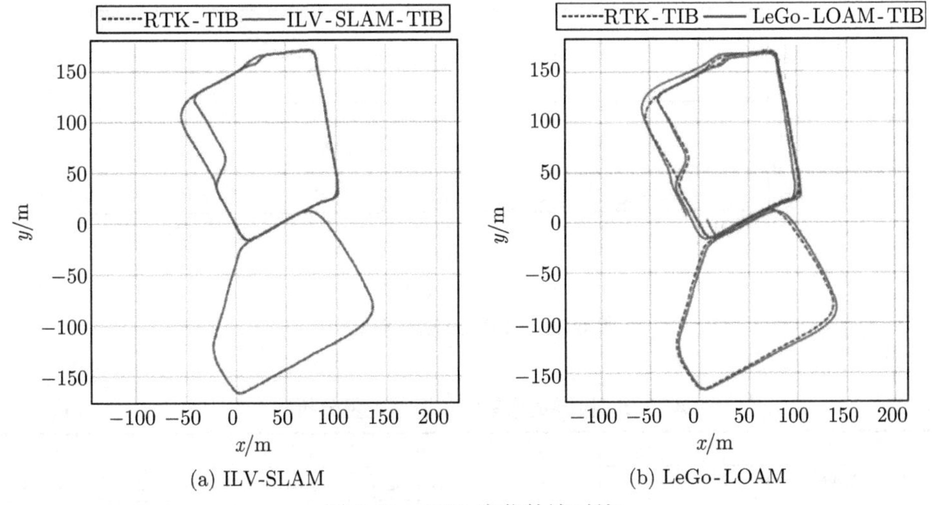

(a) ILV-SLAM　(b) LeGo-LOAM

图 5.19　TIB 定位轨迹对比

表 5.2 为测试结果的定量分析，给出了 6 种误差。图 5.21 为误差的统计图，(a) 是两种算法对三种场景的绝对位姿轨迹误差，(b) 为绝对误差箱形图，从图中可以看出三种场景下，ILV-SLAM 算法误差最小，更为稳定。三种场景下，ILV-SLAM 算法相对于 LeGo-LOAM 算法绝对位姿轨迹均方根误差（RMSE）分别减少 3%、6.8% 和 25%。三种场景中 ILV-SLAM 算法本身绝对位姿均方根误差皆达到 0.3% 以下。

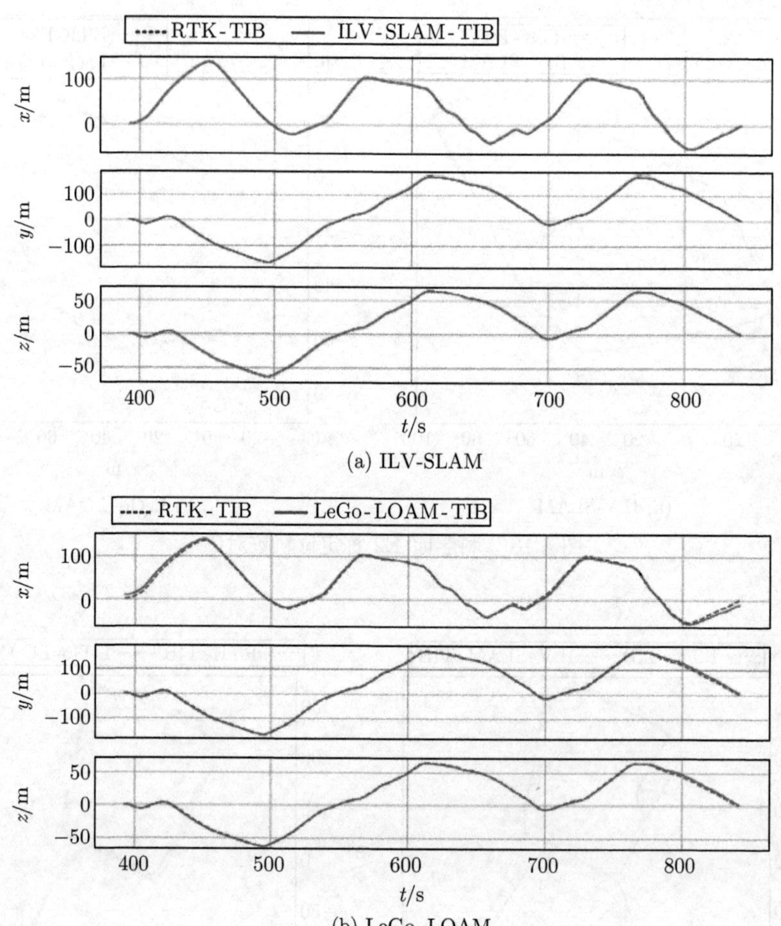

(a) ILV-SLAM

(b) LeGo-LOAM

图 5.20　TIB 三轴位置对比

表 5.2　校园数据集定位误差定量分析　（单位：m）

	最大值	均值	中值	最小值	RMSE	标准差
ILV-SLAM-正门	1.3697	0.5743	0.5532	0.0107	0.6152	0.2207
ILV-SLAM-E2	1.6678	0.4331	0.3891	0.0464	0.4985	0.2468
ILV-SLAM-TIB	1.5964	0.4770	0.4435	0.0500	0.5299	0.2307
LeGo-正门	1.4369	0.6216	0.6148	0.0249	0.6607	0.2239
LeGo-LOAM-E2	1.6287	0.4515	1.3415	0.0363	0.5151	0.2480
LeGo-LOAM-TIB	2.9636	1.3585	0.7875	0.1589	0.7066	0.2585

2. 建图效果分析

本节内容对上述三种场景的建图结果进行分析，图 5.22 是正门建图效果对比，图 5.23 为 E2 建图效果对比，图 5.24 为 TIB 建图效果对比，相对于 LeGo-

LOAM 算法，ILV-SLAM 算法建图轮廓更加清晰，全局位姿性能更好。从图中可以看出，三种环境下，ILV-SLAM 算法的定位精度更高且稳定，尤其是对于 TIB 场景，ILV-SLAM 算法将 LeGo-LOAM 算法的绝对均方根误差降低 4m 左右。从建图效果分析，三种场景的 ILV-SLAM 算法的建图效果都明显好于 LeGo-LOAM 算法的建图效果，建图更加清晰，点云位姿更加一致，物体轮廓更加清晰。在 E2 和 TIB 中 ILV-SLAM 算法的总时间分别减少了 2.06ms 和 5.95ms。

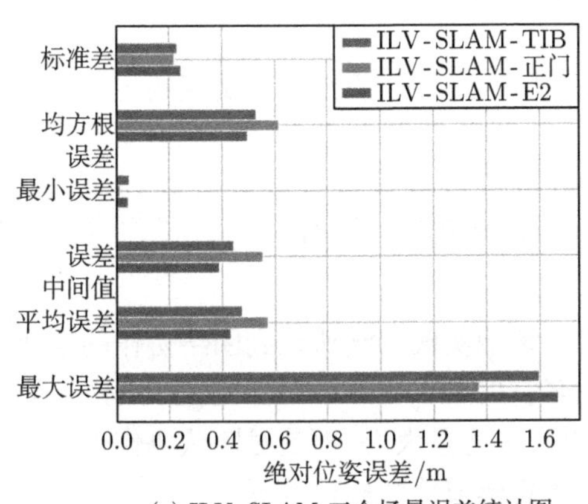

(a) ILV-SLAM 三个场景误差统计图

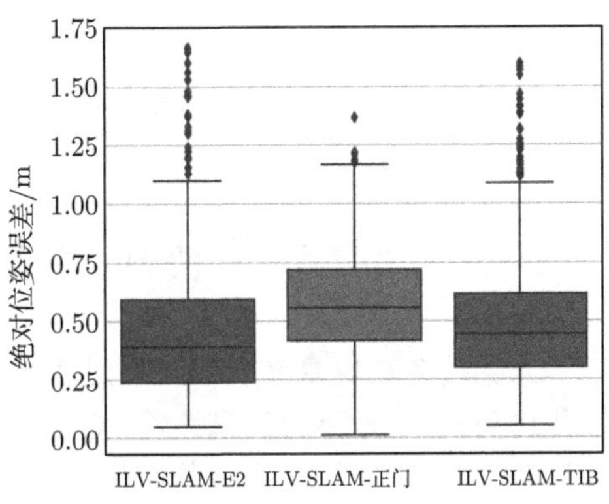

(b) ILV-SLAM 三个场景误差箱形图

图 5.21 校园数据集定量分析统计图

(a) ILV-SLAM 学校正门建图结果

(b) LeGo-LOAM 学校正门建图结果

图 5.22 学校正门场景建图效果对比

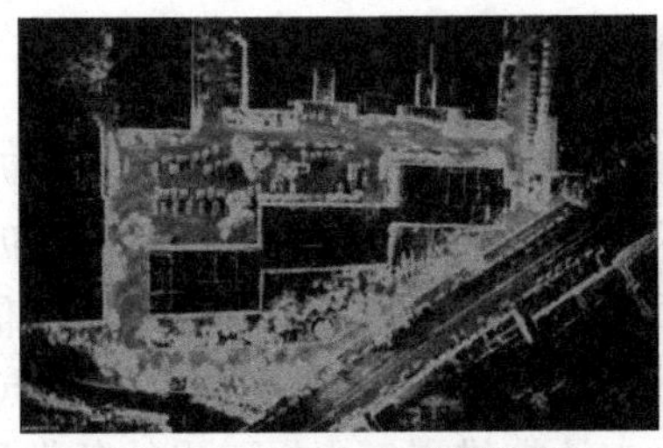

(a) ILV-SLAM E2 建图结果

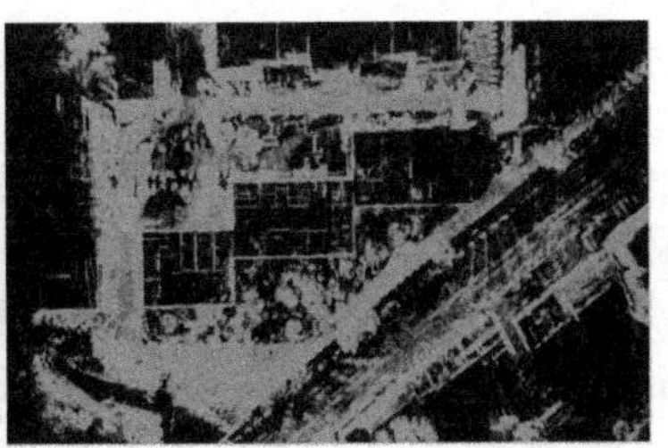

(b) LeGo-LOAM E2 建图结果

图 5.23 E2 场景建图效果对比

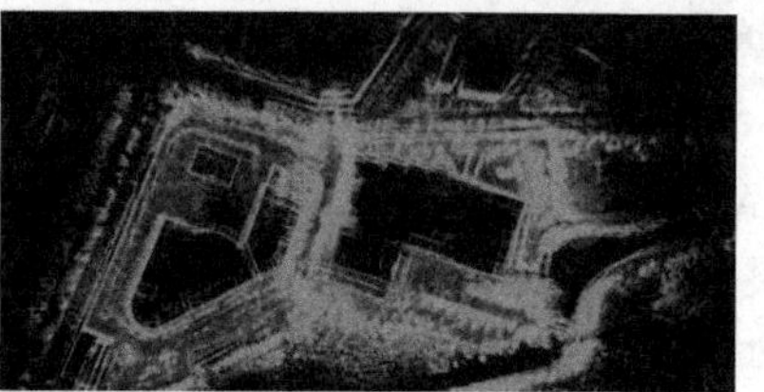

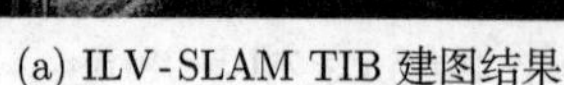

(a) ILV-SLAM TIB 建图结果 (b) LeGo-LOAM TIB 建图结果

图 5.24 TIB 场景建图效果

综上所述，与 LeGo-LOAM 算法对比，ILV-SLAM 算法具有更好的定位精度和建图效果。

5.2 协同 SLAM 中的数据关联

人类社会在自身文明的进化过程中通过长期实践逐渐认识到团结协作的重要性和优势。无论是英国作家约翰•海伍德的名言“Many hands make light work”(众人拾柴火焰高)，还是中国传统俗语中的“人多力量大”，都是对团队协作效能的充分肯定。因此，在大范围未知场景的环境建模或地图构建过程中，采用多运动体协同的工作模式是提高建图效率和建图成功率的有效手段。

单运动体 SLAM 技术的研究侧重于个体建图的准确性、快速性以及稳定性等方面，大规模环境中采用多运动体协同工作可以解决单个运动体无法处理的复杂任务。例如，在地震和火灾等需要紧急救援的情况下，救援运动体小组以合作的方式可以更有效探索受损的场景。在这种情况下，协同 SLAM 可以显著提高对未知危险复杂环境的建模能力，大幅提高地图构建的速度和精度。

多运动体协同 SLAM 领域需要解决包括运动体之间的协同体系架构设计、通信与子地图数据交换、子地图数据关联、子地图拼接与数据融合等问题。多运动体系统根据控制实现方式的不同可分为集中式、分布式和混合式 [226] 等，本节主要研究集中式和分布式架构下子地图的数据关联问题。

5.2.1 协同 SLAM 中的数据关联问题描述

单运动体 SLAM 中的数据关联指将观测信息与现有地图信息进行匹配的过程，而协同 SLAM 中的数据关联指将不同个体生成的子地图信息进行匹配以建立公共元素间对应关系的过程。虽然侧重点不同，但本质上都是对两组信息进行匹配处理，因此可根据待匹配信息的属性分成基于特征的匹配和基于点的匹配。基于特征的匹配是指对从视觉图像或激光雷达扫描点云中提取出的各类几何特征进行匹配，参与关联计算的数据量较少，容易保证计算的实时性，主要用于粗匹配。基于点的匹配则主要是指对扫描点云或视觉像素点云进行直接配准处理的过程，主要用于精配准。

基于特征的匹配首先要对传感器获取的环境感知数据进行特征提取，以获得对应于某种几何特征的描述子。对于视觉图像数据，目前主流的视觉特征提取算法包括尺度不变特征变换（SIFT）[227]、加速鲁棒特征（SURF）[228]、ORB 特征 [229] 等。对于激光雷达扫描生成的三维点云数据，可以采用基于点特征直方图 [230] 等几何图元描述子的点特征直方图（PFH）[231]、快速点特征直方图（FPFH）[232] 等算法。特征匹配计算存在多种匹配函数，其中最近邻和最大似然是广泛使用的两种方法，它们采用欧几里得距离或马哈拉诺比斯距离将每个观测数据与其最接近的特征进行关联 [233-235]。其他方法包括联合相容分支定界（JCBB）[236]，可同时计算多组关联关系间的兼容性。组合约束数据关联 [237] 则采用图论方法，其中图的节点表示扫描数据中提取的点和线等几何特征，而边表示特征间的某种几何度量关系，将相应的数据关联问题转化为寻找极大公共子图问题，即图中的最大团。

迭代最近点（ICP）[238,239] 及其各种改进版本是用来比较两组激光扫描数据的最常用的一类方法。Besl 等 [238] 在 1992 年提出了一种针对三维点集、曲线和曲面配准的高效算法——ICP，通过对均方欧几里得距离度量的迭代优化得到帧间点对之间的最优匹配。从 ICP 衍生出的各种改进算法多达数百种，包括广义迭代最近点（GICP）[240]、正态分布变换（NDT）[241]、体素化的广义迭代最近点（VGICP）[242] 等。

在多运动体协同建图的子地图数据关联问题中，运动体之间通过通信网络相互交换信息，通信拓扑采用无向图来定义 [240]。每个运动体的观测数据集 $\mathcal{F}_i$ 包含 m_i 个特征：

$$\mathcal{F}_i = \left\{f_1^i, f_2^i, \cdots, f_{m_i}^i\right\} \tag{5.49}$$

数据关联就是对运动体 i 的观测数据集 $\mathcal{F}_i$ 与其邻居的观测数据集 $\mathcal{F}_j(j \in \mathcal{N}_i)$ 之间的公共特征进行匹配，$\mathcal{N}_i$ 为运动体 i 的邻居集合。当运动体编队成员间存在闭环信息交换链路时，这种成对匹配的策略可能导致在同属某一本地数据集 $\mathcal{F}_i$ 的不同特征之间产生非一致性的数据关联问题，如图 5.25 中原本属于同一数据集的局部特征 f_1^{D} 与 f_2^{D} 之间出现了实际上并不存在的错误关联。显然如果不对这种非一致性数据关联进行有效处理，将会导致后续的基于特征匹配的地图拼接与融合过程陷入混乱。

令 F 表示某种用于确定两个观测数据集 $\mathcal{F}_i$ 和 $\mathcal{F}_j$ 间的局部特征匹配关系的数据关联函数，其返回值为特征关联矩阵 $F(\mathcal{F}_i, \mathcal{F}_j) = \boldsymbol{A}_{ij} \in \mathbb{N}^{m_i \times m_j}$。

$$[\boldsymbol{A}_{ij}]_{r,s}=\begin{cases}1, & 若\ f_r^i\ 与\ f_s^j\ 相关联\\ 0, & 其他\end{cases} \tag{5.50}$$

式中，下标 $r=1,2,\cdots,m_i$ 和 $s=1,2,\cdots,m_j$ 为相应的局部特征。

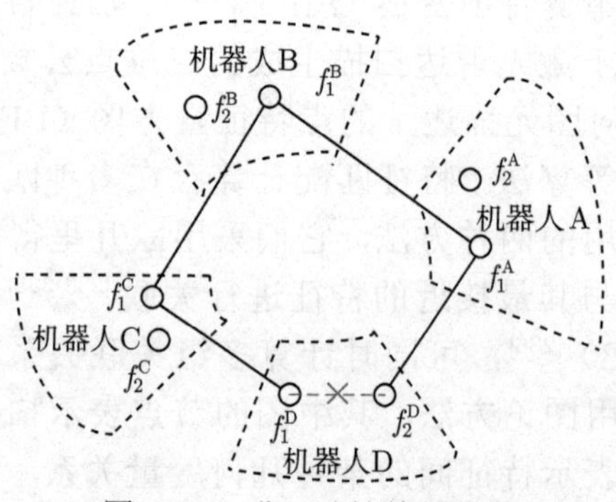

图 5.25 非一致性数据关联

对于给定的关联函数，约定如下假设条件。

假设 5.1 F 满足自关联性，即如果将 F 作用于同一数据集 $\mathcal{F}_i$，则返回一个单位矩阵：

$$F(\mathcal{F}_i,\mathcal{F}_i)=\boldsymbol{A}_{ii}=\boldsymbol{I}$$

假设 5.2 F 满足唯一关联性，即返回的关联矩阵 $\boldsymbol{A}_{ij}$ 中，特征关联以一对一的方式出现：

$$\sum_{r=1}^{m_i}[\boldsymbol{A}_{ij}]_{r,s}\leqslant 1,\quad \sum_{s=1}^{m_j}[\boldsymbol{A}_{ij}]_{r,s}\leqslant 1$$

假设 5.3 F 满足对称关联性，即运动体 i 和 j 以对等的方式实现特征关联。当给定特征集合 $\mathcal{F}_i$ 和 $\mathcal{F}_j$，则对称关联性 $F(\mathcal{F}_i,\mathcal{F}_j)=\boldsymbol{A}_{ij}=\boldsymbol{A}_{ji}^{\mathrm{T}}=F(\mathcal{F}_j,\mathcal{F}_i)^{\mathrm{T}}$ 始终成立。

如果将函数 F 应用于所有成对的特征集 $\mathcal{F}_i$ 和 $\mathcal{F}_j$，那么最终的数据关联结果可用无向图 $\mathcal{G}_{\mathrm{map}}=(\mathcal{V}_{\mathrm{map}},\mathcal{E}_{\mathrm{map}})$ 表示。其中特征 f_r^i 为顶点集合 $\mathcal{V}_{\mathrm{map}}$ 中的元素，如果关联关系 $[\boldsymbol{A}_{ij}]_{r,s}=1$，则表示与来自不同运动体的局部特征 f_r^i、f_s^j 对应的顶点间应该存在一条边连接。理想情况下，如果假定 F 的输出完全表示真实的特征关联关系，那么 $\mathcal{G}_{\mathrm{map}}^{\mathrm{gt}}$ 完全由大量彼此完全不相交的“团”结构组成，每个“团”表示某一由多个运动体共同观察到的全局特征。然而，由于 F 所提供的数据关联算法并不是百分百准确的，所以真实的 $\mathcal{G}_{\mathrm{map}}$ 可视作 $\mathcal{G}_{\mathrm{map}}^{\mathrm{gt}}$ 的扰动版本，其中既可能包含了额外的虚假边，也可能忽略了其他真实存在的边。

另外，由于通信条件的限制，在某一时刻对运动体编队而言可用的数据关联仅是 $\mathcal{G}_{\mathrm{map}}$ 的一个子集，用 $\mathcal{G}=(\mathcal{V},\mathcal{E})$ 表示该可用的关联图。此图的顶点集与 $\mathcal{G}_{\mathrm{map}}$ 相同，但是对于特征顶点 f_r^i 和 f_s^j 而言，只有当 $\mathcal{G}_{\mathrm{map}}$ 中存在对应的连接边，且运动体 i 和 j 在 $\mathcal{G}_{\mathrm{map}}$ 中有连接的可通信邻居顶点时，才会存在表示明确关联关系的连接边。关联集可定义为由 $\mathcal{G}=(\mathcal{V},\mathcal{E})$ 中与某条路径所连接的一组顶点相对应的特征所构成的集合。如果该路径中存在同一运动体的两个或多个特征相对应的顶点，则该子集为不一致关联集或冲突集。如果一个特征属于一个不一致关联集，那么它就是不一致的或冲突的。如何检测并解决在 $\mathcal{G}\subseteq\mathcal{G}_{\mathrm{map}}$ 中所出现的数据不一致性是数据关联算法必须解决的问题。

5.2.2 集中式数据关联与分布式数据关联

在集中式架构中存在一个或多个中心处理节点，通常具有更强大的计算和通信处理能力。每个运动体可通过广播或点对点方式将感知的环境测量信息发到中心节点进行集中统一处理，因此要求中心节点与网络其他节点间要保持稳定的通信连接，并要求通信信道具有足够的带宽以满足相应的峰值数据率。除了需要理想的通信条件外，集中式架构对于协同个体发生故障的鲁棒性也比较差。但是集中式架构的优点是数据关联的处理比较简单。因为所有的观测数据都集中到中心节点统一处理，可以使用基于特征的数据关联算法和迭代最近点、直方图匹配、正态分布变化、基于条件随机域的机器学习算法等扫描匹配类数据关联算法实现不同观测数据集之间的关联匹配。

在集中式架构中，关联函数 F 作用于 n 个运动体生成的 n 个局部特征数据集，所得到的全局数据关联关系以无向图 $\mathcal{G}_{\mathrm{cen}}=(\mathcal{F}_{\mathrm{cen}},\mathcal{E}_{\mathrm{cen}})$ 表示。f_r^i 中的每个顶点对应于某个局部特征，其中上标用于标识运动体个体 $i=1,2,\cdots,n$，下标 $r=1,2,\cdots,m_i$ 用于标识每个运动体相应的局部特征。当特征 f_r^i 和 f_s^j 之间关联关系成立，即 $[\boldsymbol{A}_{ij}]_{r,s}=1$ 时，相应顶点间生成一条属于 $\mathcal{E}_{\mathrm{cen}}$ 的边。

对于理想情况下的关联函数，生成的数据关联图 $\mathcal{G}_{\mathrm{cen}}$ 应只包含若干互不连通的团，每个团对应于一组正确关联的局部特征，即能在不同运动体的局部观测数据中完美匹配的一组特征。然而在实际情况下，匹配函数会错过一些正确的匹配或建立一些虚假匹配，从而导致属于同一观测数据集 $\mathcal{F}_i$ 的不同特征之间产生非一致性关联。在集中式架构中，可以通过中心处理节点，采用一种适用于宽基线立体视觉的随机化匹配算法 [243, 244]，解决这类局部特征的非一致性关联匹配问题。

定义 m_{sum} 为 $\mathcal{G}_{\mathrm{cen}}$ 所包含的总特征数，即 $m_{\mathrm{sum}}=\sum\limits_{i=1}^{n}m_i$，将 $\mathcal{G}_{\mathrm{cen}}$ 所构成局部地图的直径定义为 d，即 $\mathcal{G}_{\mathrm{cen}}$ 中任意两个顶点之间的最长路径长度，且满足 $d\leqslant m_{\mathrm{sum}}$。将分块矩阵 $\boldsymbol{W}\in\mathbb{N}^{m_{\mathrm{sum}}\times m_{\mathrm{sum}}}$ 定义为 $\mathcal{G}_{\mathrm{cen}}$ 的邻接矩阵：

$$
\boldsymbol{W}=\begin{bmatrix}\boldsymbol{W}_{11} & \boldsymbol{W}_{12} & \cdots & \boldsymbol{W}_{1n}\\ \boldsymbol{W}_{21} & \boldsymbol{W}_{22} & \cdots & \boldsymbol{W}_{2n}\\ \vdots & \vdots & & \vdots\\ \boldsymbol{W}_{n1} & \boldsymbol{W}_{n2} & \cdots & \boldsymbol{W}_{nn}\end{bmatrix} \tag{5.51}
$$

式中，$\boldsymbol{W}_{ij}$ 为分块邻接矩阵 $\boldsymbol{W}$ 内运动体 i 和 j 之间关联的块，其满足

$$
\boldsymbol{W}_{ij}=\begin{cases}\boldsymbol{A}_{ij}, & 若\ j\in\mathcal{N}_i\ 或者\ j=i\\ 0, & 其他\end{cases} \tag{5.52}
$$

根据图论中无向图邻接矩阵的性质，分块邻接矩阵 $\boldsymbol{W}$ 的 t 次幂，即 $\boldsymbol{W}^t$ 的元素 $[\boldsymbol{W}_{ij}^t]_{r,s}$ 的数值特征无向图 $\mathcal{G}_{\text{cen}}$ 中与特征 f_r^i 和 f_s^j 对应的顶点之间的长度为 t 的路径数量。因此对于运动体 i 而言，通过迭代计算分块邻接矩阵的对应分块，同时通过检查每个分块中对应于某一特征的行或列中是否出现多个非零元素即可判断出是否出现了非一致性的全局数据关联。迭代计算过程为

$$
\boldsymbol{X}_{ij}(t)=\left[\boldsymbol{W}^t\right]_{ij}=\sum_{k=1}^{n}\boldsymbol{W}_{ik}\left[\boldsymbol{W}^{t-1}\right]_{kj}=\sum_{k\in\{\mathcal{N}_i\cup i\}}\boldsymbol{W}_{ik}\left[\boldsymbol{W}^{t-1}\right]_{kj} \tag{5.53}
$$

初始条件设定为

$$
\boldsymbol{X}_{ij}(0)=\begin{cases}\boldsymbol{I}, & j=i\\ 0, & j\neq i\end{cases} \tag{5.54}
$$

对于多运动体协同的分布式架构而言，没有中心节点，因此数据关联在每个运动体的本地处理器内分布式进行。建图过程结束，每个运动体都将保存一份全局地图。这种模式下每个运动体都仅和与自身建立并保持通信连接的邻居个体进行数据交换，并处理邻居个体环境观测数据之间的数据关联。随着每个运动体在环境中的持续运动，运动体之间的通信连接关系将不断演变，因此环境观测数据之间的数据关联关系也随之不断传播，最终渐近完成所有观测数据之间的数据关联，形成表示全局特征对应关系的关联图。分布式架构下通信连接只建立在有限数目的个体间，对通信条件的要求远低于中心式架构，更加接近于实际应用。但是由于数据关联是在本地进行的分布式处理，因此将额外引入本地关联渐近传递模型、非一致性关联检测与处理、关联传递回路优化等问题，需要完成更多精细和复杂的计算。

在通信受限条件下，相应的数据关联在本地进行分布式处理，并随时间演变渐近得到全局的数据关联关系。因此本地建立和维护的数据关联图 $\mathcal{G}_{\text{dis}}$ 始终是

$\mathcal{G}_{\text{cen}}$ 的子图：

$$\mathcal{G}_{\text{dis}} = \{\mathcal{F}_{\text{dis}}, \mathcal{E}_{\text{dis}}\} \subseteq \mathcal{G}_{\text{cen}} \tag{5.55}$$

其中的顶点集合可以认为是相同的，即 $\mathcal{F}_{\text{dis}} = \mathcal{F}_{\text{cen}}$，但特征 f_r^i 和 f_s^j 对应的顶点间仅当运动体 i 和 j 在通信图 $\mathcal{G}_{\text{com}}$ 互为邻居关系时，才可能存在表示关联匹配关系的边，即

$$\mathcal{E}_{\text{dis}} = \left\{\left(f_r^i, f_s^j\right) \mid \left(f_r^i, f_s^j\right) \in \mathcal{E}_{\text{cen}} \wedge (i,j) \in \mathcal{E}_{\text{com}}\right\} \tag{5.56}$$

$\mathcal{G}_{\text{dis}}$ 对应的邻接矩阵与式 (5.51) 和式 (5.52) 具有类似的形式：

$$\boldsymbol{A} = \begin{bmatrix} \boldsymbol{A}_{11} & \boldsymbol{A}_{12} & \cdots & \boldsymbol{A}_{1n} \\ \boldsymbol{A}_{21} & \boldsymbol{A}_{22} & \cdots & \boldsymbol{A}_{2n} \\ \vdots & \vdots & & \vdots \\ \boldsymbol{A}_{n1} & \boldsymbol{A}_{n2} & \cdots & \boldsymbol{W}_{nn} \end{bmatrix} \tag{5.57}$$

式中，m_{sum} 为 $\mathcal{G}_{\text{dis}}$ 中的顶点数，$m_{\text{sum}} = |\mathcal{F}_{\text{dis}}| = \sum\limits_{i=1}^{n} m_i$。矩阵块 $\boldsymbol{A}_{ij}$ 的定义为

$$\boldsymbol{A}_{ij} = \begin{cases} F\left(\mathcal{S}_i, \mathcal{S}_j\right), & \text{若 } j \in \mathcal{N}_i \text{ 或者 } j = i \\ 0, & \text{其他} \end{cases} \tag{5.58}$$

此时，运动体 i 只拥有和局部关联匹配关系对应的部分矩阵块 $\boldsymbol{A}_{ij}$，其中 $j = 1, 2, \cdots, n$。相应的分布式数据关联问题可表述为：给定一个通信连接关系用图 $\mathcal{G}_{\text{com}}$ 定义的运动体编队，针对分散于编队网络节点上的邻接矩阵 $\boldsymbol{A}$，采用分布式匹配寻找确定全局特征关联，识别并替换潜在的非一致性关联，渐近实现无冲突的全局一致性特征关联匹配 [245]。采用式 (5.53) 在本地计算分块临界矩阵 $\boldsymbol{A}$ 的 t 次幂，通过检查每个分块中对应于某一特征的行或列中是否出现多个非零元素，即 $\boldsymbol{A}^{\text{T}}$ 的元素 $[\boldsymbol{A}_{ij}^{\text{T}}]_{r,s}$ 的数值，可判断出是否出现了非一致性的全局数据关联。

5.2.3 关联冲突的分布式检测与消除

分布式全局非一致性数据关联消除算法的基本思路为利用基于分散分解的方法将 $\mathcal{G}$ 中特征之间的数据关联通道中不一致的边删除，以确保生成的关联图没有冲突。

将数据不一致的特征集合用符号 $\mathcal{M}$ 来表示，集合 $\mathcal{M}$ 中包含的特征数用 $\tilde{m}_{i*}$ 来表示。

所有属于 $\mathcal{G}$ 的冲突特征集合的边在删除后都转化为无冲突图，由于冲突特征集合是不相交的，因此可以单独考虑。从其中一个冲突特征集合 $\mathcal{M}$ 的分解开始，其他冲突特征集合以相同的方式进行处理。在处理问题之前，将集合 $\mathcal{M}$ 划分成若干互不相交的无冲突特征子集合 $\mathcal{M}_q$：

$$\bigcup_q \mathcal{M}_q = \mathcal{M} \text{ 且} \mathcal{M}_q \cap \mathcal{M}_{q'} = \varnothing \tag{5.59}$$

基于生成树的分解算法采用一种类似构造广度优先搜索树的策略来生成数量为 $\tilde{m}_{i*}$ 的无冲突特征集合[246]。最初每个运动体都利用本地的局部信息来检测其自身为根的冲突特征集 $X_{i1}(t_i), \cdots, X_{in}(t_i)$，冲突特征集的根运动体是包含不一致特征数最多的运动体。如果两个运动体具有相同数量的不一致特征，则选择运动体标识较低的一个。然后每个运动体执行基于生成树的分解算法。

根运动体创建数量为 $\tilde{m}_{i*}$ 的子集合 $\mathcal{M}_q$，并使用冲突特征集中的某个特征 $f^{i*} \in \mathcal{M}$ 对所有的子集合 $\mathcal{M}_q$ 进行初始化。之后，根运动体尝试将与 $f^{i*} \in \mathcal{M}_q$ 直接关联的特征加入每个组件的 $\mathcal{M}_q$ 中。假设特征 f_s^j 已经被分配给 $\mathcal{M}_q$，运动体 j 向运动体 i 发送组件请求消息。当运动体 i 收到请求时，可能有如下四种情况。

（1）特征信息 f_r^i 已经被分配给了 $\mathcal{M}_q$。

（2）特征信息 f_r^i 已经被分配给了其他不同的组件。

（3）其他特征 $f_{r'}^i$ 已经被分配给了 $\mathcal{M}_q$。

（4）f_r^i 未被分配且特征集合中没有任何特征被分配给 $\mathcal{M}_q$。

如果符合情况（1），那么就说明 f_r^i 已经被分配给了 $\mathcal{M}_q$，则运动体 i 无须进行任何操作。如果符合情况（2）或者情况（3），那么 f_r^i 不能被分配给 $\mathcal{M}_q$，运动体 i 将关联边 $[\boldsymbol{A}_{ij}]_{r,s}$ 删除并给运动体 j 发送一条拒绝信息。当运动体 j 收到拒绝信息时，它也会删除 $[\boldsymbol{A}_{ij}]_{r,s}$。在情况（4）中，运动体 i 接收特征 f_r^i，并重复该过程，具体算法流程如算法 5.1 所示。

上述基于生成树的分解算法的优点是能够在分布式架构下简单地解决所有的全局非一致性数据关联问题，然而该算法并未使用关于匹配质量的信息。当此信息可用时，可以使用它来选择应该断开哪些数据关联边，从而消除不一致的关联。

目前大多数特征关联匹配函数都是基于匹配特征之间的误差构建的，这些误差可以用来实现冲突特征集合 $\mathcal{M}$ 更理想的划分。设 $\boldsymbol{E}$ 为加权对称关联矩阵：

$$[\boldsymbol{E}]_{r,s} = \begin{cases} e_{r,s}, & \text{若 } [\boldsymbol{A}]_{r,s} = 1 \\ -1, & \text{其他} \end{cases} \tag{5.60}$$

式中，$e_{r,s}$ 为特征 f_r 和 f_s 之间的匹配误差，且满足如下假设条件：

算法 5.1 基于生成树的分解算法（运动体 i）

初始化
for 每一个 i 为根的冲突特征集 $\mathcal{M}(i=i_*)$ **do**
  创建数量为 $\tilde{m}_{i*}$ 的子集合
  将每个不一致的特征 $f_r^{i*}\in\mathcal{M}$ 分配给不同的子集合 $\mathcal{M}_q$
  向其所有相邻特征发送请求
end for
for 每一个从 f_s^j 到 f_r^i 的请求 **do**
  if (2) or (3) **then**
    $[\boldsymbol{A}_{ij}^{\mathrm{T}}]_{r,s}=0$
    向运动体 j 发送一条拒绝信息
  else if (d) **then**
    运动体 i 接收特征 f_r^i
    向其所有相邻特征发送请求
  end if
end for
for 每一个拒绝从 f_s^j 到 f_r^i 的子集合 **do**
  $[\boldsymbol{A}_{ij}^{\mathrm{T}}]_{r,s}=0$
end for

（1）$e_{r,r}=0,\forall r$。

（2）误差是非负的，$e_{r,s}\geqslant 0,\forall r,s$。

（3）误差是对称的，$e_{r,s}=e_{s,r}$。

（4）不同匹配之间的误差是有差异的，即

$$e_{r,s}=e_{r',s'}\Leftrightarrow[r=r'\wedge s=s']\vee[r=s'\wedge s=r'] \tag{5.61}$$

由于不一致性是已知的，因此只需要使用与不一致性相关的子矩阵 $\boldsymbol{E}_{\mathcal{M}}$ 而不需要使用整个矩阵。

给定两个存在关联冲突的特征，定义桥为一个选定的单独连接，删除该连接会使这两个特征之间的不一致性消失。必须注意的是，并非所有的连接被删除后都可以消除冲突特征间的不一致性，因为它们不属于要处理的冲突特征之间的路径。它们虽然属于冲突特征间的路径，但也属于关联图中的某一个循环。

最大误差切割（MEC）算法的目标是：对于每一对存在冲突的关联特征，找到并删除连接它们的误差最大的桥，基本策略是使用本地交互去寻找并消除导致最大误差的路径，算法流程如算法 5.2 所示。该算法能够以一种本地化的方式检测出消除每个不一致性的最优解，为消除非一致性关联提供了一个更可靠的准则。

每个运动体都能够在本地检测出切断关联路径中的哪一组连接对于解决与本地特征相关的关联冲突是最好的选择。

算法 5.2 最大误差切割算法（运动体 i）

输入: 不同冲突特征集合 $\mathcal{M}$

输出: 无冲突的 $\mathcal{G}_{\text{dis}}$

for all $\mathcal{M}$ **do**
  误差传输
  $\boldsymbol{z}_r(0)=\left\{[\boldsymbol{E}_{\mathcal{M}}]_{r,1},\cdots,[\boldsymbol{E}_{\mathcal{M}}]_{r,c}\right\},r=1,2,\cdots,\tilde{m}_i$
  repeat
    $\boldsymbol{z}_r(t+1)=\max\limits_{s\in\ell,[\boldsymbol{E}_\ell]_{r,s}\geqslant 0}(\boldsymbol{z}_r(t),\boldsymbol{z}_s(t)P_{r,s})$
  until $\boldsymbol{z}_r(t+1)=\boldsymbol{z}_r(t),\forall r\in\tilde{m}_i$
  链接删除
  while 运动体 i 具有冲突特征 r 和 r' **do**
    找到桥 (s,s')：
    (a) $[\boldsymbol{z}_r]_s=[\boldsymbol{z}_{r'}]_{s'},\boldsymbol{s}\neq\boldsymbol{s}'$
    (b) $\forall\boldsymbol{s}''\neq\boldsymbol{s},[\boldsymbol{z}_r]_s\neq[\boldsymbol{z}_r]_{s''}$
    (c) $\forall\boldsymbol{s}''\neq\boldsymbol{s}',[\boldsymbol{z}_{r'}]_{s'}\neq[\boldsymbol{z}_{r'}]_{s''}$
    选择误差最大的桥
    发送消息来断开它
  end while
end for

5.2.4 仿真验证

本节使用 Python 语言设计仿真软件，对分布式架构下的非一致性数据关联误差传播与消除的相关算法进行仿真测试。设参与仿真的协同运动体数目为 n，全局和局部特征数都为 m，即将仿真背景设定为 n 个运动体观测 m 个共同特征，此时对应于理想情况下全局一致性关联邻接矩阵的每个块都是单位矩阵。采用满足全局一致性条件的特征关联函数 $\mathcal{F}=[p_m \quad p_s]=[0.1 \quad 0.1]$，即每个运动体对与同一全局特征相对应的局部特征建立数据关联时都存在 10% 的错误率，而对与不同的全局特征相对应的局部特征建立虚假数据关联的概率也是 10%。设定网络密度为 0.5，即同一时刻协同编队中可建立通信连接的运动体比例为 50%。分别设定 $n=5$ 及 $m=20,40,60,80,100$，循环运行仿真测试程序。

从表 5.3 和图 5.26 可以看出，对比输出的平均全匹配率数据，不同特征数量的匹配率没有趋势性地增加或减少，证明对于给定的运动体协同个体数目，分布式数据关联算法可以实现与特征数量无明确依赖关系的全局非一致性关联检测和消除。

表 5.3 全局非一致性数据关联消除算法仿真

序号	全局/局部特征数量	全匹配率/%	网络密度	协同个体数目
1	20	56.48	0.5	5
2	40	54.40		
3	60	60.45		
4	80	57.64		
5	100	58.65		

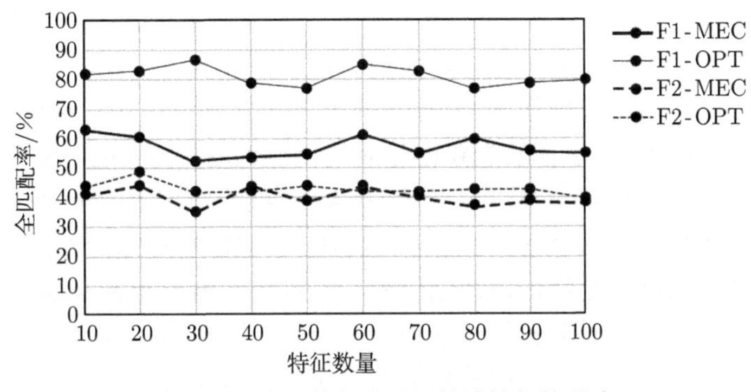

图 5.26 全局特征数量对算法性能的影响

5.3 多运动体协同视觉 SLAM

5.3.1 个体 SLAM 信息交换接口的规范化

地理信息属性被纳入地图构建，用以表达运动体环境感知信息。这样的地图通常可以划分为尺度地图、拓扑地图和语义地图。其中，尺度地图进一步分为栅格地图、几何地图、特征地图和点云地图等。这种分类体系有助于对地图的结构和内容进行更系统和全面的描述，为运动体在环境中的感知和导航提供更精准和全面的地理信息支持。

目前工程上常用的 RGB-D SLAM、ORB-SLAM、RTAB-Map 等视觉 SLAM 方法，以及 LIO-SAM、StaticMapping 等激光雷达 SLAM 方法，由于环境感知传感器配置和所使用的前端、后端算法的差异，生成的地图成果形式各异，包括同属尺度地图大类的稀疏特征地图、二维栅格地图、三维空间体素地图等。同时，对于空间上分散的异构运动体协同编队，个体成员获取的子地图可以采用不同的格式和类型，包括点云地图和栅格地图。这些地图对人类而言不易直观理解和掌握。

栅格地图将环境划分为若干个一定大小的单元格，每个单元格用一个正方形来表示，正方形的边长表示该栅格地图的分辨率。每个单元格的状态是根据运动体传感器的观测值计算后验概率而来，用 0 和 1 之间的数来表示，该数值越接近

0 表示该单元格在环境中未被障碍物占据的可能性越大，该数值越接近 1 表示该单元格在环境中被障碍物占据的可能性越大。栅格地图一般被作为路径规划、导航、避障等工作的先验地图。栅格地图一般分为三种状态：占据（表示该栅格对应的真实环境位置存在障碍物）、空闲（表示该栅格对应的真实环境位置不存在障碍物，即该位置是运动体可以行走的区域）、未知（表示该栅格并未被运动体所携带的传感器观测到，其占据情况未知）。

特征地图使用几何特征和其所在全局坐标中的位置来表示环境中的障碍物信息。在室内环境中，线段表示墙面，点表示墙角或者桌腿等尺寸较小的障碍物。在室外环境中，点表示路灯或者树木，曲线表示车辆或者路段等。特征地图可以对环境中的明显特征进行精确描述，便于对特征的位置进行估计和对目标进行识别。早期的基于滤波的 SLAM 算法主要创建的是特征地图。随着运动体在空间中的不断移动，观测到的特征点不断增多，导致 SLAM 算法的状态向量不断变大，协方差矩阵的维度也会成倍增长，这样就会影响运动体的计算效率，很难做到实时性。

此外，数据关联也是特征地图创建的一个难点。由于传感器存在噪声，随着运动体的运动，累积误差会变得越来越大。因此，判断当前运动体观测到的环境特征是否与已经创建好的地图中的特征相对应，是保证所创建地图一致性的必要步骤。

在协同地图构建的运动体编队中，如果成员使用不同类型的环境感知设备和传感器，或采用不同的地图构建算法，将得到不同类型的局部子地图，而异构子地图的共享和交换依赖于统一或规范化的数据交换接口。解决此问题的基本技术途径是使用可扩展置标语言（XML）对编队成员间交换的地理空间环境感知信息进行解释、标记和说明，架起不同地图类型之间的信息转换接口和桥梁。针对不同的空间环境要素采用统一建模语言（UML）定义对应的抽象数据模型，采用 XML 定义和数据模型对应的具体的数据格式。采用 XML 作为区块场景环境感知信息的数据交换格式具有如下诸多优点。

（1）XML 是一种独立于平台的语言，所有主流的编程语言和操作系统都兼容 XML 解析器。

（2）XML 的通用性和存储格式使地图文件便于理解和调试。

（3）XML 支持交换数据的自动验证和检查。

2015 年 9 月，IEEE 1873-2015 的标准正式发布，该标准由 IEEE 机器人与自动化协会发起并获得 IEEE 标准协会常务委员会批准，用于表示机器人导航地图数据。该标准定义了二维地图的通用表示形式，旨在促进导航运动体之间的交互性。此外，该标准关注交互性，并为二维度量和拓扑地图提供规范，以简化在运动体、计算机和其他设备之间交换地图数据的过程。IEEE 1873-2015 一方面定义了用于导航的二维运动体地图相关的元素及其数据模型，另一方面也定义了用于地图交换的 XML 数据格式。

5.3.2 子地图拼接与融合

子地图拼接与融合是考虑通信范围或传输带宽约束的分布式协同视觉 SLAM 的核心研究内容之一。子地图拼接主要由三个环节组成：地图配准、数据关联和地图融合。其中，地图配准问题是进行地图融合最主要的前提，数据关联则先后作用于地图配准和地图融合等环节，贯穿地图拼接的全过程。

比较常见的解决多运动体子地图拼接问题的方法是通过寻找个体视觉 SLAM 中的重复区域来进行地图融合，但“重复区域”的检测也存在两种情况 [247]：一种是运动体之间依靠相遇产生的信息重叠，这种情况可以通过坐标变换的方式直接进行地图拼接，但考虑到实际应用中运动体之间的相遇概率问题，这种方法的实际应用性有限；另一种是空间上的信息重叠，即多个运动体在某一相同场景下进行协同视觉 SLAM，在探测过程中一定会存在空间上的信息重叠，这种情况发生的概率极大，一般通过视觉词袋的方式找出运动体之间特征地图的重复区域部分，并以此进行重复区域的数据关联，从而实现地图融合。如图 5.27 所示，不同运动体在 SLAM 过程中对同一区域从不同视角捕获的图像帧。

图 5.27 不同运动体从不同视角所捕获的公共区域图像帧

若已知运动体在某绝对参考坐标系下的位姿，则运动体之间的相对位姿变换关系可以很方便地通过空间旋转平移等变换确定。当运动体的绝对位姿未知时，运动体之间的相对位姿变换关系可通过地图配准过程确定。地图配准的主要目的是获取各个局部地图坐标系之间的转换关系，使所有局部地图信息能够最终在一个统一的全局坐标系中进行表示。地图表征方式不同，局部地图坐标系之间的转换关系可能也会不同，但是本质上均是对位移和角度向量的平移和旋转。地图配准方法可以划分为直接和间接两类方法：直接地图配准方法指利用运动体之间的相对观测数据，求解局部地图坐标系之间的转换关系；间接地图配准方法指利用某种合适的数据关联算法识别出局部地图之间重叠区域中的公共特征点、扫描数据或地图频谱特征，进而求解它们之间的对应关系。

5.3.2.1 直接地图配准方法

直接地图配准方法主要基于不同局部坐标系之间的几何约束关系，在运动体进入各自的量测范围和通信范围之后，运动体利用各自携带的传感器进行相互识别和相对观测，进而根据不同类型的传感器数据，采用最适合的数据处理手段，实现地图配准。

以任意两个运动体 i 和 j 为例，其相对观测如图 5.28 所示，其中，$\{G_i\}$、$\{G_j\}$ 和 $\{R_i\}$、$\{R_j\}$ 分别为运动体 i 和 j 的全局坐标系和局部坐标系，${}^i\rho_j({}^j\rho_i)$ 为运动体 $i(j)$ 指向运动体 $j(i)$ 的相对距离观测量，${}^i\theta_j({}^j\theta_i)$ 为运动体 $i(j)$ 指向运动体 $j(i)$ 的角度。

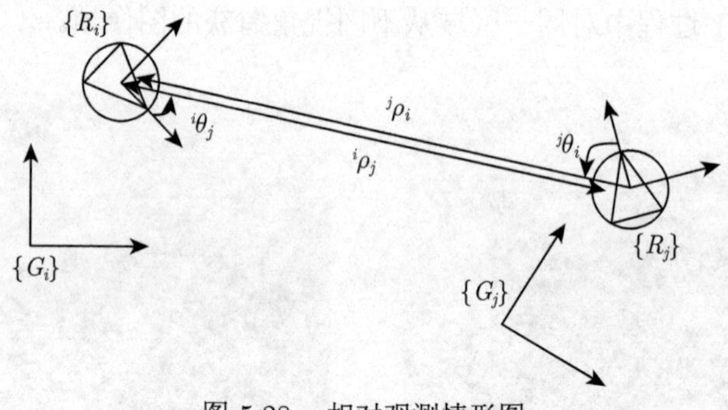

图 5.28 相对观测情形图

定义运动体 i 和 j 的联合状态向量分别为

$$ {}^{G_i}\boldsymbol{X}_i = \begin{bmatrix} {}^{G_i}\boldsymbol{X}_{R_i}^{\mathrm{T}} & {}^{G_i}\boldsymbol{X}_{L_1}^{\mathrm{T}} & \cdots & {}^{G_i}\boldsymbol{X}_{L_{n_1}}^{\mathrm{T}} \end{bmatrix} \tag{5.62} $$

$$ {}^{G_j}\boldsymbol{X}_j = \begin{bmatrix} {}^{G_j}\boldsymbol{X}_{R_j}^{\mathrm{T}} & {}^{G_j}\boldsymbol{X}_{L_1}^{\mathrm{T}} & \cdots & {}^{G_j}\boldsymbol{X}_{L_{n_2}}^{\mathrm{T}} \end{bmatrix} \tag{5.63} $$

式中，${}^{G_i}\boldsymbol{X}_{R_i}^{\mathrm{T}}$ 和 ${}^{G_j}\boldsymbol{X}_{R_j}^{\mathrm{T}}$ 分别为运动体 i 和 j 的位姿向量，即

$$ {}^{G_i}\boldsymbol{X}_{R_i}^{\mathrm{T}} = \begin{bmatrix} {}^{G_i}x_i & {}^{G_i}y_i & {}^{G_i}\varphi_i \end{bmatrix} \tag{5.64} $$

$$ {}^{G_j}\boldsymbol{X}_{R_j}^{\mathrm{T}} = \begin{bmatrix} {}^{G_j}x_j & {}^{G_j}y_j & {}^{G_j}\varphi_j \end{bmatrix} \tag{5.65} $$

${}^{G_i}\boldsymbol{X}_{L_p}^{\mathrm{T}}\ (p=1,\ 2,\ \cdots,\ n_1)$ 和 ${}^{G_j}\boldsymbol{X}_{L_q}^{\mathrm{T}}\ (q=1,\ 2,\ \cdots,\ n_2)$ 分别为运动体 i 和 j 创建的局部地图中的环境特征位置向量；n_1 和 n_2 分别为相应的局部地图中的环境特征数量。

进一步定义运动体 i 和 j 之间的相对观测量为

$$\boldsymbol{z}=\begin{bmatrix}\rho & {}^{i}\theta_j & {}^{j}\theta_i\end{bmatrix}^{\mathrm{T}}+\begin{bmatrix}\eta_\rho & \eta_{{}^{i}\theta_j} & \eta_{{}^{j}\theta_i}\end{bmatrix}^{\mathrm{T}} \tag{5.66}$$

式中，η_ρ 、$\eta_{{}^{i}\theta_j}$ 和 $\eta_{{}^{j}\theta_i}$ 分别为对应于 ρ 、${}^{i}\theta_j$ 和 ${}^{j}\theta_i$ 的均值为 0 的高斯白噪声；ρ 为通过对 ${}^{i}\rho_j$ 和 ${}^{j}\rho_i$ 的加权求得的更为精确的相对距离测量值。

基于已知量 ${}^{G_i}x_i$、${}^{G_j}x_j$ 和 $\boldsymbol{z}$，以及各个量之间的几何约束关系，可以转换得出运动体 $j(i)$ 的联合状态向量在 $\{G_i\}(\{G_j\})$ 中的转换量：

$${}^{G_i}\boldsymbol{X}_j=h\left({}^{G_i}\boldsymbol{X}_i,{}^{G_j}\boldsymbol{X}_j,\boldsymbol{z}\right) \tag{5.67}$$

以及转换误差 ${}^{G_j}\tilde{\boldsymbol{X}}_j$，从而完成地图配准。其中 $h(\cdot)$ 为转换函数。

以上所述是一类利用运动体之间相对观测数据直接进行地图配准的方法。在此基础上，一些学者还相继对其进行了改进，以提高局部地图转换精度。直接地图配准方法的优点主要在于简单易行，计算复杂度相对较低，但要求运动体之间至少发生一次相遇和局部信息交互，并且配准精度在很大程度上依赖于传感器的测量精度。

5.3.2.2 间接地图配准方法

间接地图配准方法主要依赖可靠的数据关联方法，一般精度较高，但是由于需要搜索局部地图之间的重叠区域，计算复杂度会随着搜索空间的增大而迅速上升。

在多运动体视觉协同 SLAM 问题研究中，间接地图配准方法应用较多。针对多运动体视觉 SLAM 的间接地图配准问题，常采用基于视觉传感器的数据关联算法，包括 RANSAC 算法、奇异值分解（SVD）算法、ICP 算法以及改进的 ICP 算法，也可依靠图像间的单应性，在局部地图之间发生重叠时，估计出运动体之间的相对位姿，从而得到对应的地图变换矩阵（MTM），实现地图配准。通过运用虚拟支持线（VSLs）技术，视觉传感器能够提取局部地图特征的谱信息，进而运用谱信息之间的回环互相关性得到精确的 MTM。根据基于天花板视觉的数据关联方法，各运动体通过检测局部地图之间的重叠区域，精确估计出相对坐标关系，并利用各自传感器数据创建局部地图，利用视讯串确定特征匹配的概率，实现地图配准。

在基于其他特征表达方式的协同 SLAM 算法中，间接地图配准方法也得到了较为广泛的应用[248]。基于栅格地图的特征匹配主要实现方法分为两种。一种是将运动体之间用于相互观测的视觉传感器信息和激光传感器获取信息进行匹配，并结合检测模型对运动体位置状态进行估计，实现栅格地图配准 [249]。该方法虽然要求在地图配准时获取运动体之间的传感器观测数据，但与直接地图配准方法不同的是，这些数据主要用来特征匹配，本质上是一种扫描匹配技术。此外也可采用基于自适应随机漫步规划算法的随机搜索算法，设计启发式相似性度量函数，驱动随机搜索算法查找出局部地图之间的最大重合部分，实现较为精确的栅格地图配准 [250]。还有研究者提出了一种新的计算栅格地图 MTM 的方法，主要包括图像分割，互相关处理，MTM 的近似、调整和确认等步骤，并在此基础上加入基于神经网络和自组织地图的学习步骤，对地图的被占有区域进行聚类分析，对聚类项进行匹配，从而得到 MTM[251]。基于拓扑地图表达方式的特征匹配，将 SIFT 特征点作为局部拓扑地图节点，获取局部拓扑地图之间的 SIFT 特征点匹配信息，进而采用 ICP 算法实现拓扑地图配准 [252]。基于粒子滤波的拓扑地图配准方法采用基于高斯过程的概率特征匹配（PFM）算法，有效提高地图配准和融合精度 [253]。

地图融合是指利用子地图之间的相对坐标转换，将原先分布在不同局部地图中的环境特征信息转换至统一的全局地图坐标系中。该过程旨在对全局地图中由数据关联过程确定的、存在于不同局部地图中的重复环境特征信息进行整合，消除坐标转换过程中产生的误差，提升全局地图环境特征信息的一致性和精度。此方法通过有效整合局部地图信息，实现了对全局环境的更准确和一致的表达，为地图构建与感知领域的研究提供了关键的技术支持。地图融合包含两个步骤：① 完成坐标关系转换，创建全局地图；② 挖掘并融合重复特征环境所携带的丰富信息，提高全局地图精度。具体实现过程如下。

设多运动体编队由数量为 $n \in \mathbb{N}$ 的成员组成（即全局地图中包含的静态特征数量），向量 $\boldsymbol{x} \in \mathbb{R}^{\mathcal{M}}$ 包含所有特征的位置坐标真值，其中 $\mathcal{M} = m \times \text{szf}$，szf 为特征的位置坐标维度。在 k 时刻，运动体 i 生成的最新局部地图中包含数量为 $m_i^k \leqslant m$ 的静态特征，对应的位置坐标向量估计值为 $\hat{\boldsymbol{x}}_i^k \in \mathbb{R}^{\mathcal{M}_i^k}$，协方差矩阵为 $\boldsymbol{\Sigma}_i^k \in \mathbb{R}^{\mathcal{M}_i^k \times \mathcal{M}_i^k}$，其中 $\mathcal{M}_i^k = m_i^k \times \text{szf}$。令 $\boldsymbol{H}_i^k \in \{0, 1\}^{\mathcal{M}_i^k \times \mathcal{M}}$ 为由 $\boldsymbol{x}$ 到 $\hat{\boldsymbol{x}}_i^k$ 的观测矩阵，即 k 时刻运动体 i 生成的局部地图中包含全局地图中所有特征的位置坐标真值组成的向量 $\boldsymbol{x}$ 的部分观测信息，

$$\hat{\boldsymbol{x}}_i^k = \boldsymbol{H}_i^k \boldsymbol{x} + \boldsymbol{v}_i^k, \quad \mathrm{E}\left[\boldsymbol{v}_i^k\right] = 0, \quad \mathrm{E}\left[\boldsymbol{v}_i^k (\boldsymbol{v}_i^k)^{\mathrm{T}}\right] = \boldsymbol{\Sigma}_i^k, \tag{5.68}$$

式中，$\boldsymbol{v}_i^k$ 为均值为 0、协方差矩阵为 $\boldsymbol{\Sigma}_i^k$ 的高斯噪声。k 时刻，运动体 i 生成的最新局部地图中包含 $\boldsymbol{r}_i^k$ 的运动体 i 的位姿点，对应的位姿向量估计值为 $\hat{\boldsymbol{r}}_i^k \in \mathbb{R}^{\mathcal{R}_i^k}$，协方差矩阵为 $\boldsymbol{R}_i^k \in \mathbb{R}^{\mathcal{R}_i^k \times \mathcal{R}_i^k}$，其中 $\mathcal{R}_i^k = \boldsymbol{r}_i^k \times \text{szr}$，szr 为单点位姿的维度。令 $\boldsymbol{r}_i^k \in \mathbb{R}^{\mathcal{R}_i^k}$ 为对应于 $\boldsymbol{r}_i^k$ 个位姿的位姿向量的真值，则有

$$
\begin{aligned}
&\hat{\boldsymbol{r}}_i^k = \boldsymbol{r}_i^k + \boldsymbol{w}_i^k, \quad \mathrm{E}\left[\boldsymbol{w}_i^k\left(\boldsymbol{w}_i^k\right)^{\mathrm{T}}\right] = \boldsymbol{R}_i^k \\
&\mathrm{E}\left[\boldsymbol{w}_i^k\right] = 0, \quad \mathrm{E}\left[\boldsymbol{w}_i^k\left(\boldsymbol{v}_i^k\right)\right] = \boldsymbol{S}_i^k
\end{aligned} \tag{5.69}
$$

式中，$\boldsymbol{w}_i^k$ 为均值为 0、协方差矩阵为 $\boldsymbol{R}_i^k$ 的高斯噪声；$\boldsymbol{S}_i^k \in \mathbb{R}^{\mathcal{R}_i^k \times \mathcal{M}_i^k}$ 为特征位置坐标估计向量 $\hat{\boldsymbol{x}}_i^k$ 和运动体 i 轨迹位姿估计向量 $\hat{\boldsymbol{r}}_i^k$ 之间的互协方差矩阵。

任一运动体均可获得最新地图，则此时待拼接的全局地图包含每个运动体直到 k 时刻的轨迹位姿 $\boldsymbol{r}_1^k, \cdots, \boldsymbol{r}_n^k$ 的估计值 $\hat{\boldsymbol{r}}_{G,1}^k, \cdots, \hat{\boldsymbol{r}}_{G,n}^k$，以及静态特征 $\boldsymbol{x}$ 的估计值 $\hat{\boldsymbol{x}}_G^k$，而 k 时刻运动体 i 所创建的局部地图中仅包含对这些元素的部分观测。

$$
\begin{bmatrix} \hat{\boldsymbol{r}}_i^k \\ \hat{\boldsymbol{x}}_i^k \end{bmatrix} = \begin{bmatrix} \boldsymbol{L}_i^k & 0 \\ 0 & \boldsymbol{H}_i^k \end{bmatrix} \begin{bmatrix} \boldsymbol{r}_1^k \\ \vdots \\ \boldsymbol{r}_n^k \\ \boldsymbol{x} \end{bmatrix} + \begin{bmatrix} \boldsymbol{w}_i^k \\ \boldsymbol{v}_i^k \end{bmatrix} \tag{5.70}
$$

$$
\boldsymbol{L}_i^k = \begin{bmatrix} \boldsymbol{0} & \boldsymbol{I}_{\mathcal{R}_i^k} & \boldsymbol{0} \end{bmatrix}
$$

不同运动体在不同时刻的观测噪声假设是独立的，即对于 $i \neq j$ 以及 $k, k' \in \mathbb{N}$，$\mathrm{E}[\boldsymbol{w}_i^k(\boldsymbol{w}_j^{k'})^{\mathrm{T}}] = 0$，$\mathrm{E}[\boldsymbol{v}_i^k(\boldsymbol{v}_j^{k'})^{\mathrm{T}}] = 0$，以及 $\mathrm{E}[\boldsymbol{w}_i^k(\boldsymbol{v}_j^{k'})^{\mathrm{T}}] = 0$。然而同一运动体 k 时刻获得的局部地图建立在前序 $k' < k$ 时刻局部地图的基础上，因此 $\boldsymbol{w}_i^k$ 和 $\boldsymbol{w}_i^{k'}$，以及 $\boldsymbol{v}_i^k$ 和 $\boldsymbol{v}_i^{k'}$ 是不独立的。

令 $\boldsymbol{Y}_i^k \in \mathbb{R}^{\mathcal{M}_G^k \times \mathcal{M}_G^k}$，$\boldsymbol{y}_i^k \in \mathbb{R}^{\mathcal{M}_G^k}$ 为 k 时刻运动体 i 所创建的局部地图的信息矩阵和向量，其中 $\mathcal{M}_G^k = \mathcal{R}_1^k + \cdots + \mathcal{R}_n^k + \mathcal{M}$。

$$
\begin{aligned}
\boldsymbol{Y}_i^k &= \begin{bmatrix} \boldsymbol{L}_i^k & 0 \\ 0 & \boldsymbol{H}_i^k \end{bmatrix}^{\mathrm{T}} \begin{bmatrix} \boldsymbol{R}_i^k & \boldsymbol{S}_i^k \\ \left(\boldsymbol{S}_i^k\right)^{\mathrm{T}} & \boldsymbol{\Sigma}_i^k \end{bmatrix}^{-1} \begin{bmatrix} \boldsymbol{L}_i^k & 0 \\ 0 & \boldsymbol{H}_i^k \end{bmatrix} \\
\boldsymbol{y}_i^k &= \begin{bmatrix} \boldsymbol{L}_i^k & 0 \\ 0 & \boldsymbol{H}_i^k \end{bmatrix}^{\mathrm{T}} \begin{bmatrix} \boldsymbol{R}_i^k & \boldsymbol{S}_i^k \\ \left(\boldsymbol{S}_i^k\right)^{\mathrm{T}} & \boldsymbol{\Sigma}_i^k \end{bmatrix}^{-1} \begin{bmatrix} \hat{\boldsymbol{r}}_i^k \\ \hat{\boldsymbol{x}}_i^k \end{bmatrix}
\end{aligned} \tag{5.71}
$$

则全局地图中各运动体轨迹位姿估计和全局静态特征位置坐标估计的均值向量可表示为

$$
\left(\left(\hat{\boldsymbol{r}}_{G,1}^k\right)^{\mathrm{T}}, \cdots, \left(\hat{\boldsymbol{r}}_{G,n}^k\right)^{\mathrm{T}}, \left(\hat{\boldsymbol{x}}_G^k\right)^{\mathrm{T}}\right)^{\mathrm{T}} = \left(\sum_{i=1}^n \boldsymbol{Y}_i^k\right)^{-1} \sum_{i=1}^n \boldsymbol{y}_i^k \tag{5.72}
$$

在通信范围或者带宽受限的情况下，常见的地图融合方法包括基于扩展卡尔曼滤波框架和粒子滤波框架的融合方法、最大期望（EM）算法、聚类方法和最优化方法等。这些方法有各自的优缺点，例如，基于扩展卡尔曼滤波框架的方法简单易行，但计算复杂度高，并对数据关联错误特别敏感；基于粒子滤波框架的方法计算复杂度较低，但受粒子退化和贫化问题的困扰；EM 算法对数据关联错误具有较强的鲁棒性，适用于大范围和存在回环地形的未知环境，但由于迭代求解地图后验分布的极大似然估计，一般不能进行增量式地图创建。

5.3.3 基于词袋模型的重叠区域检测

在计算机视觉相关处理中，局部特征（特征点及其描述符向量）的提取通常需耗费大量的计算时间和资源。而 FAST 特征点 [254] 和 BRIEF 特征描述子 [216] 较好地克服了这个问题。

FAST 特征点是通过比较一个 16 像素的圆 [半径为 3 的布雷森汉姆（Bresenham）圆] 中部分像素的灰度来检测出类角点。由于只检查少量像素，可以非常快速地获得候选特征点，因此适用于实时场景的处理。

经典的图像特征描述子 SIFT 和 SURF 采用 128 维和 64 维特征向量，每维数据一般占用 4 个字节，一个特征点的特征描述向量需要占用 512 或者 256 个字节。如果一幅图像中包含有大量的特征点，那么特征描述子将占用大量的存储资源，而且生成描述子的过程也会相当耗时。在实际应用中，为减少特征描述子的维度以降低所需存储资源，可以采用 PCA、LDA 等特征降维的方法，如 PCA-SIFT。此外还可以采用一些局部敏感哈希（LSH）的方法将特征描述子编码为二进制串，然后利用汉明（Hamming）距离进行特征点的匹配，通过异或操作快速实现，提升特征匹配的效率。

BRIEF 正是这样一种基于二进制编码生成特征描述子 [216]，利用 Hamming 距离进行特征匹配的算法。首先采用 FAST 算法检测或提取图像中的特征点，利用 BRIEF 算法建立特征描述子。在特征点邻域内随机选取若干点对 (p, q)，并比较这些点对的灰度值，若 $I(p) > I(q)$，则编码为 1，否则编码为 0。这样便可得到一个特定长度的二进制编码串，即 BRIEF 特征描述子。

BRIEF 算法通过检测随机响应，采用二进制编码方式建立特征描述子，降低了特征的存储空间需求，提升了特征生成的速度。Hamming 距离的度量方式进行特征点的快速匹配，并且大量实验数据表明，不匹配特征点的 Hamming 距离为 128 左右（特征维数为 256），而匹配点的 Hamming 距离则远小于 128。

ORB 算法 [255] 是 FAST 特征点检测和 BRIEF 特征描述子的一种结合，在原有的基础上做了改进与优化，使 ORB 特征具备多种局部不变性，并为实时计算提供了可能。ORB 采用 BRIEF 算法作为特征描述方法，虽然速度优势明显，但也存在一些缺陷，例如不具备尺度不变性和旋转不变性、对噪声敏感等。为了解决这三个问题，采取以下方法：对于尺度不变的问题，可在 FAST 特征点检测时，通过构建高斯金字塔得以解决；对于噪声敏感问题，ORB 利用积分图像，在 31×31 的特征点邻域中选取随机点对，并以选取的随机点为中心，在 5×5 的窗口内计算灰度平均值（灰度和），比较随机点对的邻域灰度均值，进行二进制编码，降低了噪声的敏感度；对于旋转不变性问题，利用 FAST 特征点检测时求取的主方向，旋转特征点邻域，但旋转整个图像块再提取 BRIEF 特征描述子的计算代价较大，因此，ORB 采用了一种更高效的方式，即在每个特征点邻域图像块内，先选取 256 对随机点，将其进行旋转。

词袋模型 [256] 以图像为应用对象，描述一幅图像包含的所有视觉特征，利用视觉词表将图像转化为一个稀疏的数值向量。视觉词表可以离线生成，将训练集图像的描述空间离散成 W 个视觉词汇。以所生成的视觉词表为基础进一步构建分布式 DBow2 图像数据库，该数据库由一个多级的词袋、正向索引和逆向索引构成。建立词袋数据库的过程如下。

（1）特征提取：利用 SIFT、SURF、ORB 等特征提取算法离线提取特征描述子。

（2）词袋树生成：通过 k 均值 [216] 算法可以将提取的大量二进制特征描述子聚类成一个含有 k 个词汇的词典。为了提高查找效率，采用基于 k 均值算法的 k 维树来构建词典模型，如图 5.29 所示。假设特征点的个数为 n，构建一棵深度为 d、每层分枝为 k 的树，过程如下。

步骤一：用 k 均值算法生成种子，通过 k-medians 聚类把所有特征聚合成 k 类，得到树的第一层。

步骤二：接下来的每一层都进行与第一步相同的操作，直到第 d 层聚类结束，最终得到 W 个叶节点。

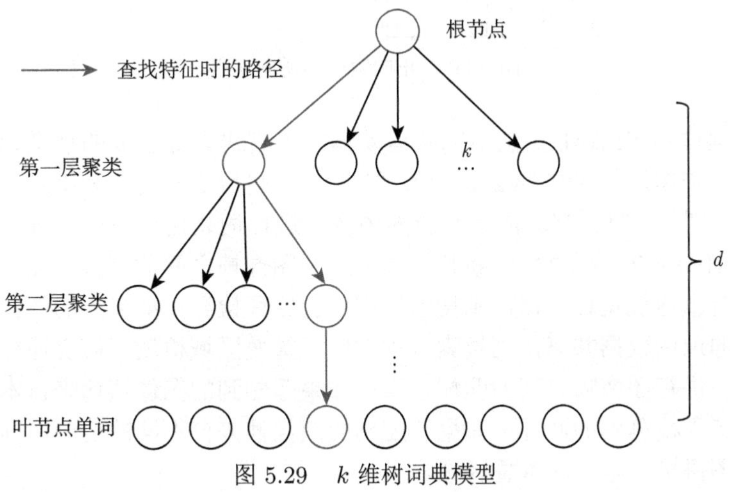

图 5.29 k 维树词典模型

通过 k 维树的方式在查找某个特征对应的单词时，只需要将特征与 d 层中间节点每层进行比较，就可找到对应的单词，时间复杂度降低至 $\log(k)$，提升了时间效率。

（3）词典构建：多级词袋树构建完成后，对所有的图像进行词袋化处理以生成词袋向量，其特征点的描述子从根节点到叶节点以最小化 Hamming 距离的方式传递下去。两个词袋向量的相似性通过式 (5.73) 计算的评分衡量：

$$s(\boldsymbol{v}_1, \boldsymbol{v}_2) = 1 - \frac{1}{2}\left|\frac{\boldsymbol{v}_1}{|\boldsymbol{v}_1|} - \frac{\boldsymbol{v}_2}{|\boldsymbol{v}_2|}\right| \tag{5.73}$$

如图 5.30 所示，词典数据库还会维护一个逆向索引和一个正向索引。逆向索引为每一个词存储一个图像列表，表明它存在于哪些图像帧中，方便了对词典数据库的访问。正向索引为每一帧图像的特征存储了与该特征关联的位于 k 维树第 l 层（l 的值预先给出）的命中的节点集合，以及节点中的特征点，主要用于加速两帧特征点匹配。

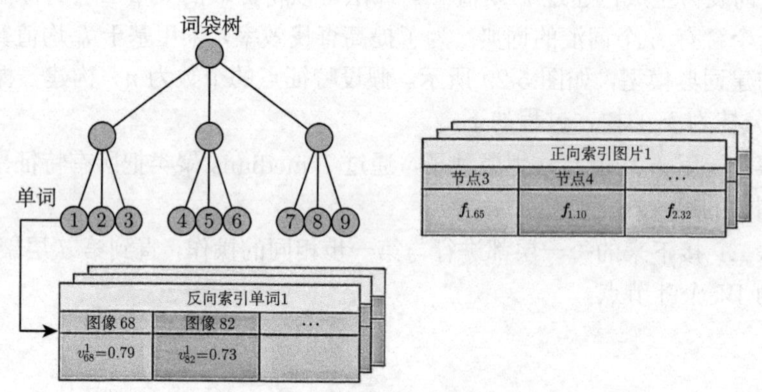

图 5.30 正向索引和逆向索引

在视觉协同 SLAM 算法中编队运动体共用离线训练生成的视觉词表，既可分别独立维护本地的 DBoW2 识别数据库 [257]，也可实时更新和维护全局统一的 DBoW2 识别数据库 [256]。前者对新的图像帧进行词袋化处理，通过计算词袋向量之间的 Hamming 距离来判断其与本地地图图像帧之间的相似程度。如果新的图像帧来自本地视觉传感器，则搜索过程对应回环检测；如果新的图像帧来自邻居运动体的地图数据共享，则搜索过程对应于重叠区域检测。后者通过单独的位置识别模块进行图像帧之间的匹配搜索。如果匹配到的图像帧均来自本地活动地图，则对应于检测到的回环；如果匹配到的图像帧来自不同的地图，则对应于需要进行地图拼接与融合的重叠区域。

5.3.4 中心化协同 SLAM

典型的中心化协同 SLAM 系统如图 5.31 所示 [258]，系统分为从机与主机两部分：从机采用视觉 SLAM 构建局部地图，并传输给主机；主机利用各从机的局部地图信息，构造全局地图、实现后端优化、进行回环检测，并将优化后的地图信息向从机反馈以指导从机接下来的局部建图。

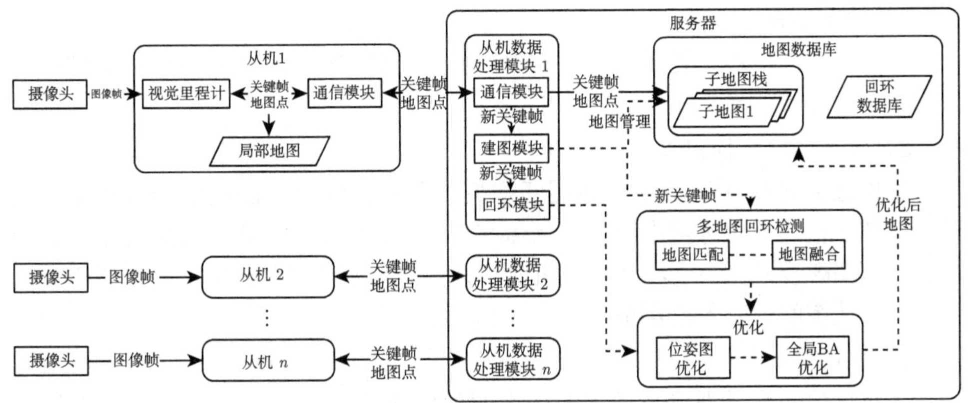

图 5.31 中心化协同 SLAM 系统示意

在从机端，运动体采用摄像头获取图像帧，并运行基于特征法的实时单目 SLAM，维护小规模的局部地图。算法输出的里程与地图信息通过通信模块传给主机。

主机一般为地面上的工作站或为搭载强计算能力芯片的运动体，用于处理非实时数据。主机端的算法分为四个部分：从机数据处理模块，用于处理各从机的局部地图等相关数据并与从机进行交互；地图数据库模块，用于组织子地图栈、维护回环数据库；多地图回环检测模块，用于检测地图重叠并将子地图合并；优化模块，用于完成建图相关的优化任务。

1. 从机端算法

1）基于关键帧的视觉 SLAM

摄像头获得的图像帧经过处理，提取出图像特征，实现帧间运动推算，计算从机的运动轨迹。连续时刻的运动轨迹中选择离散的若干时刻图像帧作为关键帧；关键帧观测到的部分特征点经过三角化恢复后，以三维地图点的形式存储并作为从机的局部地图。

2）局部地图

为了保证从机的运行效率，从机以先入先出的方式维护固定规模的地图点与关键帧，其余的地图点与关键帧通过通信模块传输给主机并在主机端进行进一步处理、利用与维护。

2. 主机端算法

1）从机数据处理模块

从机数据处理模块负责管理接收到的从机数据，将从机地图合并到全局地图后，结合该从机相对于全局地图的射影变换矩阵 $\boldsymbol{S}_i$，将主机的建图信息反馈给从机。对于多个从机，主机以并行的方式运行多个该模块。

2）地图数据库模块

地图数据库模块负责维护所有接收到的从机局部地图。所有从机的局部地图组成了子地图栈。

3）多地图回环检测模块

多地图回环检测模块中的地图匹配模块负责检验子地图栈中是否发生了回环，即各从机是否对环境中的相同物体产生了共同观测和建图。如果发生了共同观测，地图融合模块负责将属于从机的子地图融合到全局地图中，并计算出子地图与全局地图间的射影变换矩阵 $\boldsymbol{S}_i$。

4）优化模块

优化模块负责针对全局地图的两方面优化任务：从机子地图/全局地图局部关键帧和地图点的共视图优化，和基于从机间回环关系的全地图全局 BA 优化。

3. 通信模块

通信模块需要保障主机与从机之间关键帧、地图点等数据的双向传输，并针对远距离通信带宽低、延迟高、丢包率高、稳定性差的特点进行一定的算法补偿。

5.3.5 实验验证

5.3.5.1 实验一

利用多架无人机对指定区域进行巡航，通过中心化协同 SLAM 算法对各无人机的运动轨迹进行恢复，并对全局地图进行绘制，对算法进行验证。

实验采用三架四旋翼无人机作为从机，一台地面服务器作为主机。无人机上搭载带有云台稳定系统的单目摄像头，对地面进行平扫。图像传输到机载嵌入式处理器上进行特征提取、局部定位与建图。关键帧轨迹与地图点通过机载无线通信模块传回地面端。

地面端接收到从机传回的数据后，利用地面端进行处理，优化从机局部地图和轨迹、搜索从机共视关系及局部地图回环关系、进行局部地图拼接及主地图维护，从而实现协同定位与建图。同时，将部分关键帧、地图点的相关计算结果通过无线通信模块对无人机进行反馈，指导无人机的局部地图和轨迹优化。实验系统结构简图如图 5.32 所示。

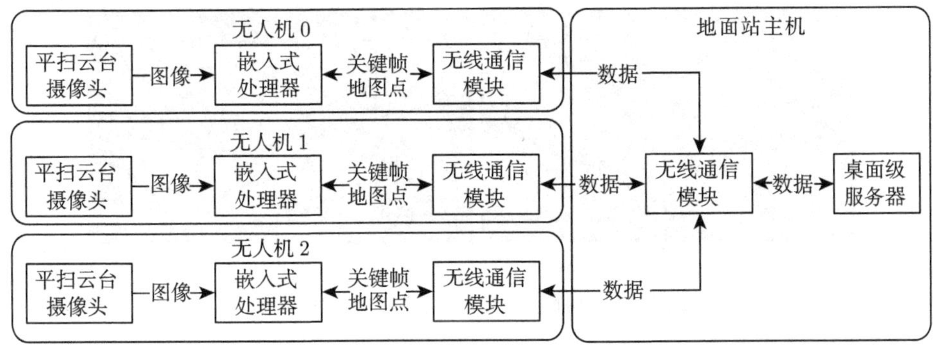

图 5.32 多机协同 SLAM 实验系统结构

在户外实验中，对三架不同的无人机分别设定巡航轨迹，使各无人机实现指定区域的覆盖。实验照片如图 5.33(a) 所示，各相机获取的图像，以及图像特征提取情况如图 5.33(b) 所示。

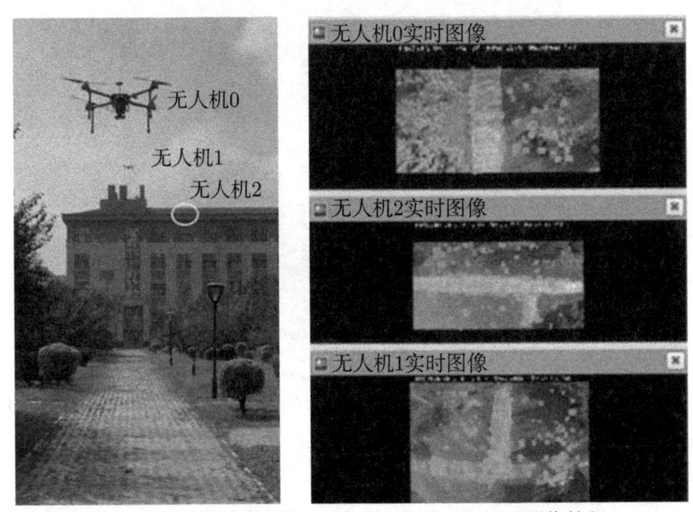

(a) 三架无人机对不同的区域巡航 (b) 各无人机提取图像特征

图 5.33 实验照片及各无人机提取图像特征

各无人机刚开始巡航，运动轨迹没有重叠、对环境没有形成共同观测，地面服务器对各无人机的轨迹进行分别绘制，如图 5.34(a) 所示。在两机发生重叠，对环境中的相同场景具有共同观测时，进行地图拼接。如图 5.34(b)、(c) 所示，服务器对两机的局部地图进行拼接，并由此推测出两机的相对位姿。如图 5.34(d) 所示，各无人机完成巡航任务后，服务器完成了全局地图和各无人机运动轨迹的绘制，协同创建的地图与真实地图对比如图 5.35 所示。

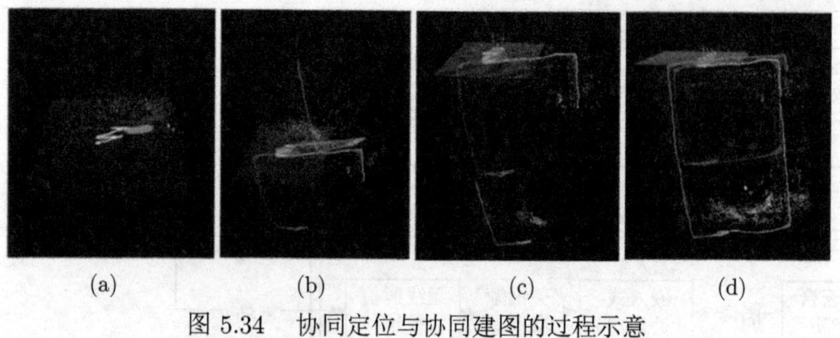

(a) (b) (c) (d)

图 5.34 协同定位与协同建图的过程示意

图 5.35 协同定位得到的轨迹及协同创建的地图与真实地图的对比

5.3.5.2 实验二

实验场景选择在北京理工大学中关村国防科技园内，如图 5.36(a) 所示，其中运动体 A 的活动路线是一个闭合的矩形，如图 5.36(b) 所示，右侧圆点为起点，左侧圆点为终点；运动体 B 的运动路线如图 5.36(c) 所示；运动体 A、B 轨迹的重复区域如图 5.36(d) 所示。

运动体 A 先生成局部地图信息，之后的局部地图融合依赖于运动体 A、B 的新图像帧通过反向索引的方式在运动体 B、A 的词典中进行搜索匹配找到关联帧，通过相对位姿估计和全局优化实现全局地图融合。图 5.37显示了实验系统在各个时间点的运行状态。

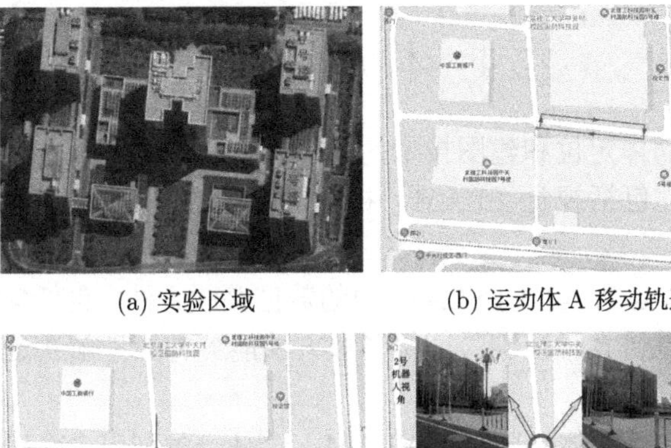

(a) 实验区域　　(b) 运动体 A 移动轨迹

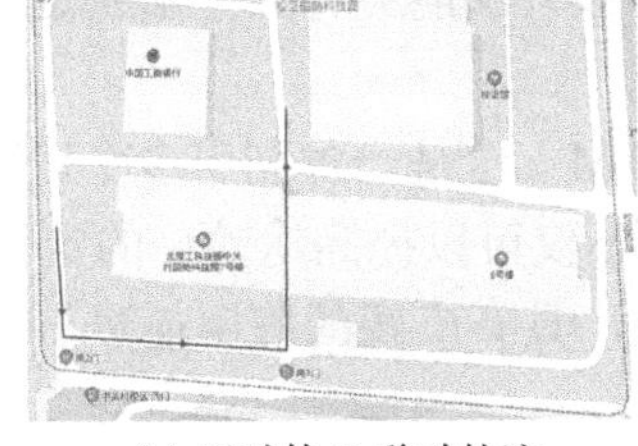

(c) 运动体 B 移动轨迹　　(d) 重叠区域“十字路口”

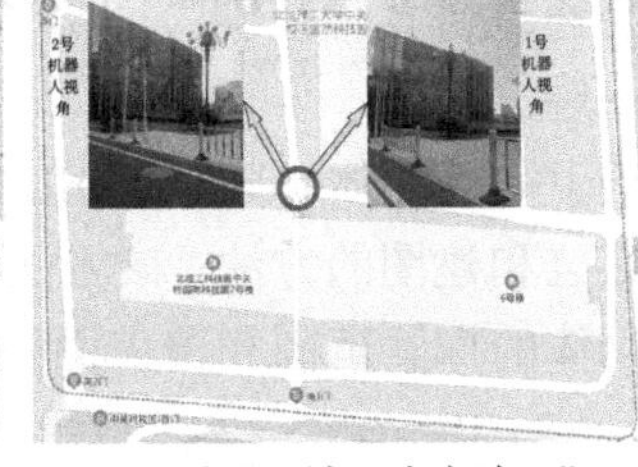

图 5.36　视觉协同 SLAM 实验

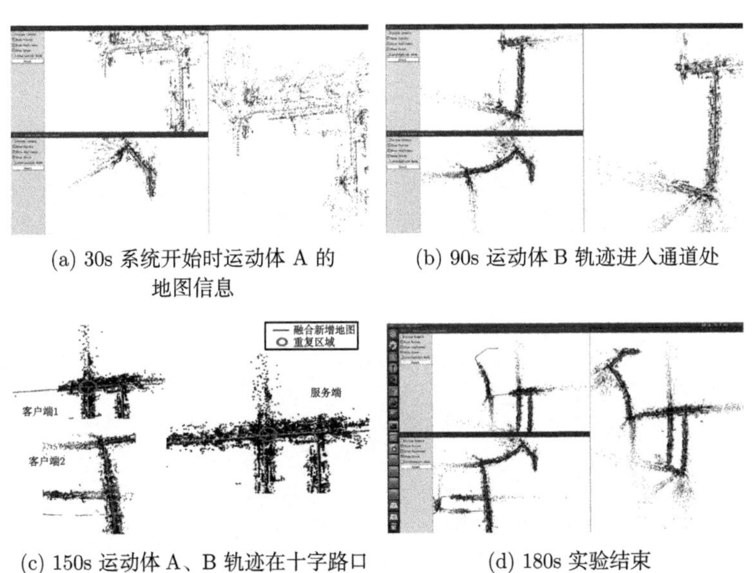

(a) 30s 系统开始时运动体 A 的地图信息　　(b) 90s 运动体 B 轨迹进入通道处

(c) 150s 运动体 A、B 轨迹在十字路口出现重复区域　　(d) 180s 实验结束

图 5.37　协同视觉 SLAM 实验记录数据回放

每幅图的左上部分对应运动体 A，左下部分对应运动体 B，右半部分是子地图融合结果。实验结果表明，基于重叠区域的局部地图拼接和融合方法能够实现多运动体对未知区域的协同探索，能够提高建图效率、降低建图误差。

5.4 本 章 小 结

本章介绍了运动体定位和建图技术的发展历程及应用背景，并重点介绍了主流的 SLAM 算法，包括视觉 SLAM、视觉/惯性 SLAM 以及多传感器融合的 SLAM 系统。

接着，介绍了多运动体协同 SLAM 中的数据关联方法，包括集中式和分布式数据关联，并且通过仿真验证实验证明了该方法能够有效地解决运动体之间传输和共享数据的问题。

最后，介绍了多运动体协同视觉 SLAM，这是一种利用多个运动体的视觉传感器信息进行定位和建图的方法，该方法不仅可以提高运动体的定位和建图精度，还可以扩展运动体的探索范围和覆盖面积，具有广阔的应用前景。

第 6 章　智能协同编队与路径规划

前几章主要研究了无人系统定位、导航等基础问题，本章在此基础上研究智能无人系统在复杂环境中的安全运动问题。本章主要关注基于领航-跟随模式的编队控制算法，为了解决自适应选择领航者的问题，提出基于共情理论的编队队形选择方法；然后采用概率推理方法，解决领导者在复杂空间中的编队避障与规划问题；为实现大规模的编队，在 6.1节和 6.2节的基础上，提出基于仿射变换的抗扰动领航-跟随编队控制方法，从而保证系统能够精确保持设计队形；同时针对复杂环境，提出基于强化学习的单运动体路径规划以及协同路径规划方法。

6.1　基于共情理论的编队队形选择方法

6.1.1　人工共情理论

“共情”是一种自发性或目的性地将自身置于他人处境的能力。在共情的作用下，个体对事物的认知和偏好会不可避免地受到所处社会环境的影响。以选举或推荐问题为例，在进行决策时，人们不仅要考虑自己对候选者的偏好，还要将亲人、朋友等他人的感受考虑进来。从社会学角度，“共情”作为一项体验、理解他人的基本认知能力，实现群体内偏好和利益的适度捆绑，对维系社会的稳定、保证社会的有序发展具有重要的意义。因此，从宏观上对共情的基本结构进行合理抽象，挖掘其背后的数理基础，将有助于对覆盖多运动体交互的应用进行分析与设计。

6.1.1.1　共情效用模型及性质

根据“共情”的定义，广义的共情可表征为一类个体从他处获取信息并融合信息的过程。在考虑多运动体系统时，将这类信息流动定义在一个三元组 $<S,\mathcal{P},u>$ 上，其中，$S=\{s_1,s_2,\cdots,s_n\}$ 表示与系统中 n 个运动体一一对应的离散状态集，$\mathcal{P}:S\times S\to[0,1]$ 表示状态间的转移概率，$u:S\to\mathbb{R}$ 表示定义在状态空间上的效用函数。若 $X=\{X_m:m>0\}$ 是以 S 为状态空间、$\mathcal{P}$ 为转移概率的离散马尔可夫链，则系统中的共情过程可表述为运动体从 S 中对应的状态出发，以马尔可夫链 X 的形式进行状态转移，获取并融合相应状态下的效用信息。然而，在广义的共情概念下，若进一步考虑状态转移、信息获取和融合所受到的结构约束，需要额外关注共情过程所具备的以下特征。

(1) 共情过程具有全局交互的动态特征，即个体不仅受到邻域的直接影响，还会受到邻域以外的间接影响。

(2) 共情过程具有各向异性的稳态特征，即共情不会完全同化个体的效用信息，而是提供结构上耦合的同时，保持了个体的特异性。

由特征（1）可知，为实现系统内信息的全局流动，共情过程需要个体获取邻域以外的信息。回顾神经心理学对共情的生理学解释，如图 6.1所示，大脑中参与实现特征的共情加工路径有两条，一条是自下而上的“情绪共情”通路，另一条是自上而下的“认知共情”通路。其中，“情绪共情”作为一种自发的情绪体验机制普遍存在于高等生物中，而“认知共情”作为一种主动认知和理解外界的过程被认为是人类所特有的。基于这一经验，将定义在马尔可夫链上的共情模型分为两种：第一种“情绪共情”模式下，个体仅对 1 步邻域内的状态进行访问，由于系统内个体持续更新融合信息的表达，该模式仍可以实现全局效用信息的间接传播；第二种“认知共情”模式下，个体可以通过认知推断获取 1 步邻域以外的状态转移概率，进而实现多步状态转移和对全局效用信息的访问。

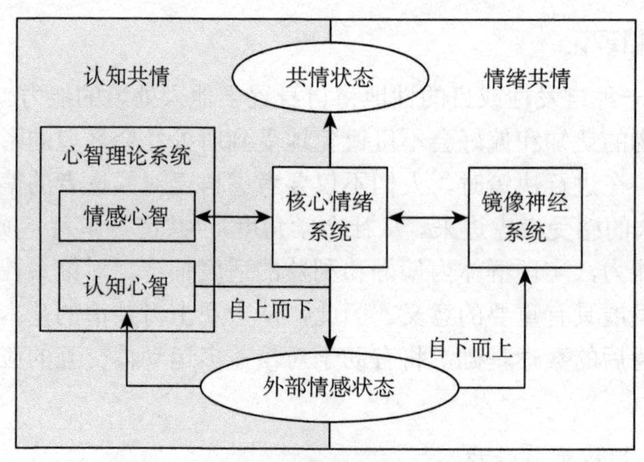

图 6.1 共情过程中大脑各区域的关系

由特征（2）可知，为实现稳态时效用信息的各向异性，避免过度共情所导致的信息的完全覆盖，个体进行共情时会受到一定限制。共情过程中的约束主要包括两方面：第一类约束表现在共情结构上，高等动物由于具有关于自我的元知识，可以对信息的来源进行区分，并将自我情绪与融合情绪隔离，以避免内部情绪或认知被共情过程所同化。一些神经学实验可以为这一论点提供佐证，以述情障碍患者为例，这类患者通常在识别和表达自己的情绪状态方面有困难。然而，通过向患者提供一些关于自身与他人差异的线索，可以唤醒患者对自我和他人的认知分离，在提高患者高级共情（认知共情）的同时，一定程度上减轻了患者低水平共情（情绪共情）的溢出，如图 6.2所示。第二类约束表现在传输过程上，即能量的损耗会使网络中的共情过程发生衰减。也就是说，在一次被激活的共情活动中，个体向外界进行共情的强度会随时间的推移而降低。从数学模型上看，第一类约束要求在马尔可夫链中引入自我-他人分离机制，即将个体所对应的状态节点拆分为对应于自我情绪和融合情绪的子状态，并保证自我情绪具有一定的独立性；第二类约束要求定义共情转移的马尔可夫链是非平稳的，即向外部状态进行转移的概率随时间发生衰减。

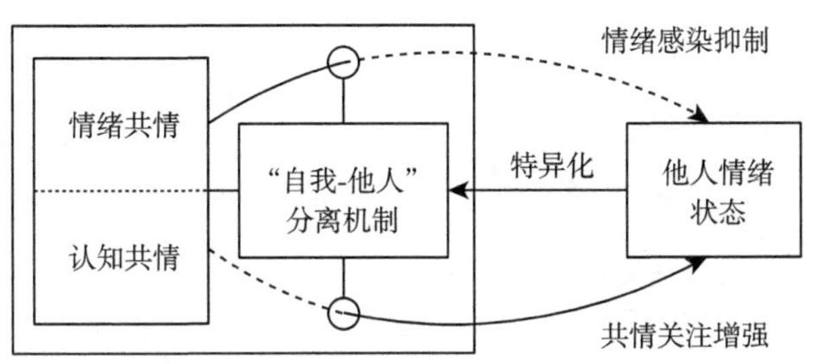

图 6.2 自我-他人分离对共情过程的影响

综合两个特征，可引入一类非平稳马尔可夫链，来完善对情绪共情过程和认知共情过程的刻画。为此，如图 6.3和图 6.4所示，将三元组 $< S,\mathcal{P},u >$ 扩展为七元组 $< S,S^*,\mathcal{P},\Phi,\Gamma,u,u^* >$，其中，$S^*=\{s_1^*,s_2^*,\cdots,s_n^*\}$ 表示从 S 中衍生出的内部状态，$\Phi:S^*\to[0,1]$ 表示个体进入内部状态的回归系数，$\Gamma:S\to[0,1]$ 表示个体对外共情的衰减系数，$u^*:S^*\to\mathbb{R}$ 表示定义在 S^* 上的内部效用函数。定义在 $\hat{S}=S\to S^*$ 上，并以 $\hat{\mathcal{P}}^{(m)}:\hat{S}\times\hat{S}\to[0,1]$ 为转移概率的马尔可夫链 $X=\{X_m:m>0\}$ 为共情马尔可夫链。假设 $s_i=i,s_i^*=n+i$ 时，由 $\mathcal{P}$ 生成的状态转移概率矩阵为 $\boldsymbol{W}=[w_{ij}]^{n\times n}$，由 $\hat{\mathcal{P}}^{(m)}$ 生成的状态转移概率矩阵为 $\boldsymbol{P}^{m,m+1}=[p_{ij}^{m,m+1}]^{2n\times 2n}$，则存在以下对应关系：

$$\boldsymbol{P}^{m,m+1}=\begin{bmatrix}\boldsymbol{W}^{m,m+1}-\boldsymbol{\Phi}\boldsymbol{D}^{m,m+1} & \boldsymbol{\Phi}\boldsymbol{D}^{m,m+1}\\ \boldsymbol{O}^{n\times n} & \boldsymbol{I}^{n\times n}\end{bmatrix} \tag{6.1}$$

式中，$\boldsymbol{W}^{m,m+1}=\boldsymbol{W}^{m-1,m}+\boldsymbol{\Gamma}^{(m)}(\boldsymbol{I}-\boldsymbol{W}^{m-1,m})$ 且 $\boldsymbol{W}^{0,1}=\boldsymbol{W}$，$\boldsymbol{\Gamma}^{(m)}$ 为满足 $\gamma_{ii}^m=\boldsymbol{\Gamma}^{(m)}(s_i)$ 的对角矩阵；$\boldsymbol{D}^{m,m+1}$ 为满足 $d_{ii}^{m,m+1}=w_{ii}^{m,m+1}$ 的对角矩阵；$\boldsymbol{\Phi}$ 为满足 $\phi_{ii}=\Phi(s_i)$ 的对角矩阵。

进而，可给出情绪共情效用和认知共情效用的定义，其分解过程如图 6.5所示。

定义 6.1 (情绪共情效用) *指个体从 S 中自身状态出发，以 $< S,S^*,\mathcal{P},\Phi,\Gamma,u,u^* >$ 定义的共情马尔可夫链形式游走 1 步后所体验到效用信息的期望。若系*

统中个体对效用的更新都是同步的，则 k 步情绪共情效用 $\overleftarrow{\boldsymbol{u}}^{(k)}$ 满足

$$\begin{bmatrix} \overleftarrow{\boldsymbol{u}}^{(k)} \\ \breve{\boldsymbol{u}} \end{bmatrix} = \boldsymbol{P}^{k-1,k} \begin{bmatrix} \overleftarrow{\boldsymbol{u}}^{(k-1)} \\ \breve{\boldsymbol{u}} \end{bmatrix} = \cdots = \boldsymbol{P}^{k-1,k}\boldsymbol{P}^{k-2,k-1}\cdots\boldsymbol{P}^{0,1} \begin{bmatrix} \widehat{\boldsymbol{u}} \\ \breve{\boldsymbol{u}} \end{bmatrix} \tag{6.2}$$

式中，$\overleftarrow{\boldsymbol{u}}^{(0)} = \widehat{\boldsymbol{u}} = [u(s_1) \;\; u(s_2) \;\; \cdots \;\; u(s_n)]^{\mathrm{T}}$；$\breve{\boldsymbol{u}} = [u^*(s_1^*) \;\; u^*(s_2^*) \;\; \cdots \;\; u^*(s_n^*)]^{\mathrm{T}}$。

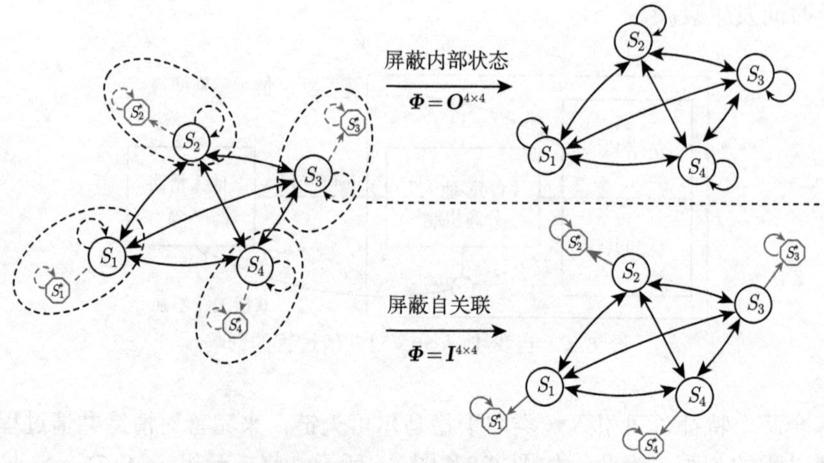

图 6.3 内部状态和外部状态的分离过程

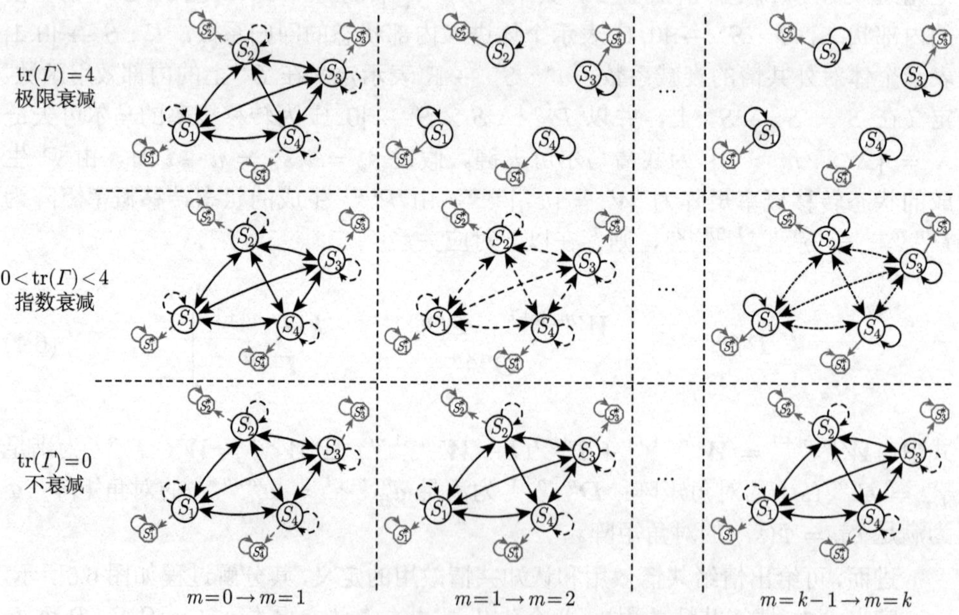

图 6.4 共情过程中状态转移的衰减示意图

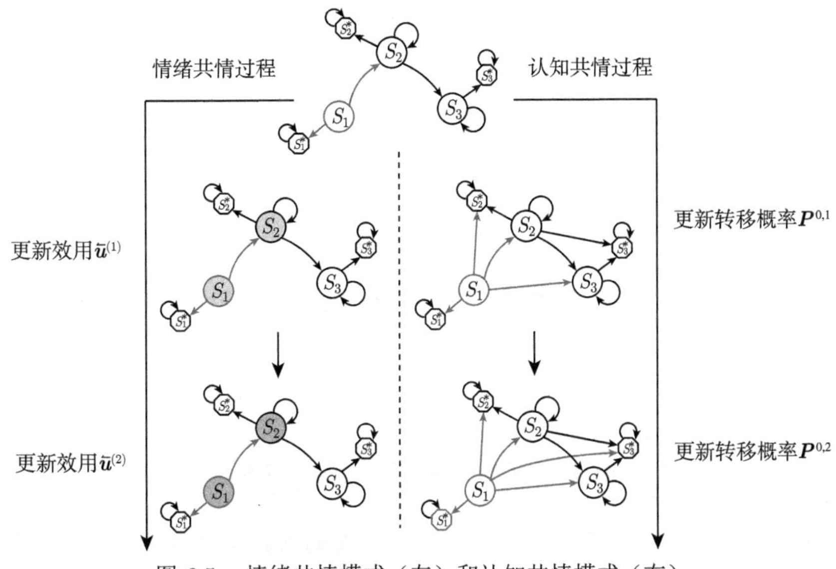

图 6.5 情绪共情模式（左）和认知共情模式（右）

定义 6.2 (认知共情效用) 指个体从 S 中自身状态出发，以 $< S, S^*, \mathcal{P}, \Phi, \Gamma, u, u^* >$ 定义的共情马尔可夫链形式游走多步后所体验到效用信息的期望。相应地，k 步认知共情效用 $\overleftarrow{\boldsymbol{u}}^{(k)}$ 满足

$$\begin{bmatrix} \overleftarrow{\boldsymbol{u}}^{(k)} \\ \breve{\boldsymbol{u}} \end{bmatrix} = \boldsymbol{P}^{0,k} \begin{bmatrix} \widehat{\boldsymbol{u}} \\ \breve{\boldsymbol{u}} \end{bmatrix} = \cdots = \boldsymbol{P}^{0,1}\boldsymbol{P}^{1,2}\cdots\boldsymbol{P}^{k-1,k} \begin{bmatrix} \widehat{\boldsymbol{u}} \\ \breve{\boldsymbol{u}} \end{bmatrix} \tag{6.3}$$

式中，$\overleftarrow{\boldsymbol{u}}^{(0)} = \widehat{\boldsymbol{u}} = [u(s_1) \ \ u(s_2) \ \ \cdots \ \ u(s_n)]^{\mathrm{T}}$；$\breve{\boldsymbol{u}} = [u^*(s_1^*) \ \ u^*(s_2^*) \ \ \cdots \ \ u^*(s_n^*)]^{\mathrm{T}}$。

引理 6.1 给定 l 组数列 $\alpha_1^{(m)}, \cdots, \alpha_l^{(m)}$ 及 l 个常数 $\beta_1, \cdots, \beta_l$，满足 $\forall i \leqslant l, m \geqslant 1$，有 $\beta_i \in [0,1)$，$\alpha_i^{(m)} \in [0,1]$ 且 $\sum\limits_{i=1}^{l} \alpha_i^{(m)} \leqslant 1$，则

$$\prod_{m=1}^{\infty} \left(1 - \sum_{i=1}^{l} \alpha_i^{(m)} \beta_i^m \right) > 0$$

证明 令 $\sigma_k = \prod\limits_{m=1}^{k} \left(1 - \sum\limits_{i=1}^{l} \alpha_i^{(m)} \beta_i^m \right)$，$\hat{\beta} = \max\limits_{j \leqslant l} \beta_j$，即有

$$\lim_{k\to\infty} \ln \sigma_k = \sum_{m=1}^{\infty} \ln \left(1 - \sum_{i=1}^{l} \alpha_i^{(m)} \beta_i^m \right)$$

$$
\begin{aligned}
&\geqslant \sum_{m=1}^{\infty} \ln\left(1-\hat{\beta}^m\right) \\
&> \ln(1-\hat{\beta}) + \int_1^{\infty} \ln\left(1-\hat{\beta}^x\right) \mathrm{d}x \\
&= \ln(1-\hat{\beta}) - \frac{1}{\ln \hat{\beta}} \int_0^{\hat{\beta}} \frac{\ln(1-y)}{y}\, \mathrm{d}y \\
&> \ln(1-\hat{\beta}) \left(1 - \frac{1}{\ln \hat{\beta}}\right)
\end{aligned} \tag{6.4}
$$

由于 $\hat{\beta} \in [0,1)$，$\exists h\left(\hat{\beta}\right) = \ln\left(1-\hat{\beta}\right)\left(1-\frac{1}{\ln \hat{\beta}}\right) \in \mathbb{R}^-$，且

$$
\lim_{k\to\infty} \sigma_k = \exp(\lim_{k\to\infty} \ln \sigma_k) > \exp(h\left(\hat{\beta}\right)) > 0 \qquad \square
$$

假设 6.1 从 $< S, S^*, \mathcal{P}, \Phi, \Gamma, u, u^* >$ 定义的共情马尔可夫链中的任何状态出发都能够沿非衰减路径达到至少一个内部状态，且 $\boldsymbol{\Gamma}^{(m)}(s_i) > 0$ 的任意个体 i 满足 $\prod_{m=0}^{\infty} w_{ii}^{m,m+1}$。

假设 6.1对 $\boldsymbol{\Gamma}^{(m)}(s_i) > 0$ 的个体增加了额外限制。大多数物理场景中发生的指数衰减（发生率与函数值和饱和值之间的差成正比）符合该假设，例如：

（1）衰减系数 Γ 是定值，且对于 $\gamma_{ii} = \boldsymbol{\Gamma}^{(m)}(s_i) > 0$ 的任意个体 i 满足 $w_{ii}^{0,1} \in (0,1]$，根据引理 6.1，$\prod_{m=0}^{\infty} w_{ii}^{m,m+1} = w_{ii}^{0,1} \prod_{m=1}^{\infty} \left(1-(1-\gamma_{ii})^m\left(1-w_{ii}^{0,1}\right)\right) > 0$。

（2）衰减过程符合温度衰减的玻尔兹曼（Boltzmann）分布，即满足

$$
w_{ij}^{m,m+1} = \frac{\exp(-(m+1)Td_{ij})}{\sum\limits_{j\in\mathcal{N}_i} \exp(-(m+1)Td_{ij})}
$$

式中，d_{ij} 为个体 i 到其邻域内个体 j 的距离；$\mathcal{N}_i$ 为 i 邻域内个体的集合。此时，根据引理 6.1有

$$
\begin{aligned}
\prod_{m=0}^{\infty} w_{ii}^{m,m+1} &= \prod_{m=0}^{\infty} \frac{1}{1+\sum\limits_{j\in\mathcal{N}_i, j\neq i} \exp(-(m+1)Td_{ij})} \\
&= \prod_{m=0}^{\infty} \left(1 - \frac{\sum\limits_{j\in\mathcal{N}_i, j\neq i} \exp(-(m+1)Td_{ij})}{1+\sum\limits_{j\in\mathcal{N}_i, j\neq i} \exp(-(m+1)Td_{ij})}\right) > 0
\end{aligned}
$$

定义 6.3 (全局吸收距离) 在假设 6.1下，保证从所有状态 $i \in S$ 出发都存在到达某内部状态的非衰减路径的最小步数，表示为 l_g。

性质 6.1 (吸收性) 在假设 6.1下，$k \to \infty$ 时的情绪共情效用和认知共情效用仅与定义在 S^* 上的内部效用函数 u^* 有关，与定义在 S 上的外部效用函数 u 无关。

证明 本章以对情绪共情效用的证明为例。

充分性：根据情绪共情的定义有

$$\overleftarrow{\boldsymbol{u}}^{(k)} = \left(\overleftarrow{\prod_{m=0}^{k-1}}\left(\boldsymbol{W}^{m,m+1} - \boldsymbol{\Phi}\boldsymbol{D}^{m,m+1}\right)\right)\widehat{\boldsymbol{u}}$$
$$+ \left(\sum_{r=0}^{k-2}\left(\overleftarrow{\prod_{m=r}^{k-1}}\left(\boldsymbol{W}^{m,m+1} - \boldsymbol{\Phi}\boldsymbol{D}^{m,m+1}\right)\right)\boldsymbol{\Phi}\boldsymbol{D}^{r,r+1} + \boldsymbol{\Phi}\boldsymbol{D}^{k-1,k}\right)\breve{\boldsymbol{u}}$$

同时，根据假设 6.1，对于任意外部状态 $s_i = i$，存在 l_g 步非衰减路径 $i \to v_i^{(1)} \to \cdots \to v_i^{(l_g-1)} \to v_i^{(l_g)}$ 使其到达内部状态 $v_i^{(l_g)}$，且

$$\overleftarrow{p}_{i,v_i^{(l_g)}}^{m,m+v_i^{(l_g)}} = p_{i,v_i^{(1)}}^{m+v_i^{(l_g)}-1,m+v_i^{(l_g)}} \cdots p_{v_i^{(l_g-1)},v_i^{(l_g)}}^{m,m+1} > 0$$

那么

$$\lim_{k\to\infty}\left\|\overleftarrow{\prod_{m=0}^{k-1}}\left(\boldsymbol{W}^{m,m+1} - \boldsymbol{\Phi}\boldsymbol{D}^{m,m+1}\right)\right\|_\infty$$
$$= \lim_{k'\to\infty}\left\|\overleftarrow{\prod_{m=0}^{k'-1}}\left(\boldsymbol{W}^{ml_g,(m+1)l_g} - \boldsymbol{\Phi}\boldsymbol{D}^{ml_g,(m+1)l_g}\right)\right\|_\infty$$
$$\leqslant \lim_{k'\to\infty}\overleftarrow{\prod_{m=0}^{k'-1}}\left\|\boldsymbol{W}^{ml_g,(m+1)l_g} - \boldsymbol{\Phi}\boldsymbol{D}^{ml_g,(m+1)l_g}\right\|_\infty$$
$$= \lim_{k'\to\infty}\overleftarrow{\prod_{m=0}^{k'-1}}\left(1 - \min_{i\in S}\sum_{j\in S^*} p_{i,j}^{ml_g,(m+1)l_g}\right)$$
$$\leqslant \lim_{k'\to\infty}\overleftarrow{\prod_{m=0}^{k'-1}}\left(1 - \min_{i\in S} p_{i,v_i^{(l_g)}}^{ml_g,(m+1)l_g}\right)$$

$$= \lim_{k' \to \infty} \left(1 - \min_{i \in S} p^{0,l_g}_{i,v_i^{(l_g)}}\right)^{k'} = 0 \tag{6.5}$$

进而有

$$\lim_{k \to \infty} \left(\overleftarrow{\prod_{m=0}^{k-1}} \left(\boldsymbol{W}^{m,m+1} - \boldsymbol{\Phi D}^{m,m+1}\right)\right) = 0$$

$$\lim_{k \to \infty} \overleftarrow{\boldsymbol{u}}^{(k)} = \lim_{k \to \infty} \left(\sum_{r=0}^{k-2} \left(\overleftarrow{\prod_{m=r}^{k-1}} \left(\boldsymbol{W}^{m,m+1} - \boldsymbol{\Phi D}^{m,m+1}\right)\right) \boldsymbol{\Phi D}^{r,r+1} + \boldsymbol{\Phi D}^{k-1,k}\right) \breve{\boldsymbol{u}} \tag{6.6}$$

必要性：利用反证法，假设存在一个非空集合 $\mathcal{X} \subset S$，使得从 $\mathcal{X}$ 中状态出发且到达任意内部状态的路径都存在衰减。该假设包括以下两种情况。

（1）$\exists i \in \mathcal{X}$，使得 $\varGamma(s_i) > 0$ 且 $\varPhi(s_i^*) = 0$。

（2）$\forall i \in \mathcal{X}$，有 $\varGamma(s_i) = 0$ 且 $\varPhi(s_i^*) = 0$。

令

$$\overleftarrow{\boldsymbol{P}}^{m,m+k} = \begin{bmatrix} \overleftarrow{\boldsymbol{A}}^{m,m+k} & \overleftarrow{\boldsymbol{B}}^{m,m+k} \\ \boldsymbol{O}^{n \times n} & \boldsymbol{I}^{n \times n} \end{bmatrix} = \boldsymbol{P}^{m+k-1,m+k} \boldsymbol{P}^{m+k-2,m+k-1} \cdots \boldsymbol{P}^{m,m+1}$$

对于情况 (1)，若 $\varGamma(s_i) > 0$ 且 $\varPhi(s_i^*) = 0$，则有

$$\lim_{k \to \infty} \overleftarrow{a}_{ii}^{0,k} \geqslant \lim_{k \to \infty} \prod_{m=0}^{k} \overleftarrow{a}_{ii}^{m,m+1} = \prod_{m=0}^{\infty} w_{ii}^{m,m+1} > 0$$

这意味着 $\lim\limits_{k \to \infty} \overleftarrow{\boldsymbol{A}}^{0,k} \neq \boldsymbol{O}$，即 $\lim\limits_{k \to \infty} \overleftarrow{\boldsymbol{u}}^{(k)} = \lim\limits_{k \to \infty} \overleftarrow{\boldsymbol{A}}^{0,k} \widehat{\boldsymbol{u}} + \lim\limits_{k \to \infty} \overleftarrow{\boldsymbol{B}}^{0,k} \breve{\boldsymbol{u}}$ 与 u 相关。

对于情况（2），若令 $\mathcal{X} = \{1, 2, \cdots, n_x\}$，$\mathcal{Y} = S - \mathcal{X}$，可以定义

$$\overleftarrow{\boldsymbol{A}}^{m,m+1} = \begin{bmatrix} \overleftarrow{\boldsymbol{A}}_{\mathcal{X}\mathcal{X}}^{m,m+1} & \boldsymbol{O}^{n_x \times (n-n_x)} \\ \overleftarrow{\boldsymbol{A}}_{\mathcal{Y}\mathcal{X}}^{m,m+1} & \overleftarrow{\boldsymbol{A}}_{\mathcal{Y}\mathcal{Y}}^{m,m+1} \end{bmatrix}$$

$$\overleftarrow{\boldsymbol{B}}^{m,m+k} = \begin{bmatrix} \boldsymbol{O}^{n_x \times n_x} & \boldsymbol{O}^{n_x \times (n-n_x)} \\ \boldsymbol{O}^{(n-n_x) \times n_x} & \overleftarrow{\boldsymbol{B}}_{\mathcal{Y}\mathcal{Y}}^{m,m+1} \end{bmatrix}$$

相应地，由 $\forall i \in \mathcal{X}$，有 $\Gamma(s_i)=0$ 且 $\Phi(s_i^*)=0$，可得 $\forall i \in \mathcal{X}$，$\sum\limits_{j\in\mathcal{X}} \overleftharpoon{a}_{ij}^{0,1}=1$。

那么

$$\lim_{k\to\infty}\left\|\overleftharpoon{\boldsymbol{A}}_{\mathcal{X}\mathcal{X}}^{0,k}\right\|_\infty=\lim_{k\to\infty}\left\|\overleftarrow{\prod_{m=0}^{k'-1}}\overleftharpoon{\boldsymbol{A}}_{\mathcal{X}\mathcal{X}}^{m,m+1}\right\|_\infty=\lim_{k\to\infty}\left\|\left(\overleftharpoon{\boldsymbol{A}}_{\mathcal{X}\mathcal{X}}^{0,1}\right)^k\right\|_\infty=1$$

这意味着 $\lim\limits_{k\to\infty}\overleftharpoon{\boldsymbol{A}}^{0,k}\neq\mathbf{0}$，即 $\lim\limits_{k\to\infty}\overleftharpoon{\boldsymbol{u}}^{(k)}=\lim\limits_{k\to\infty}\overleftharpoon{\boldsymbol{A}}^{0,k}\widehat{\boldsymbol{u}}+\lim\limits_{k\to\infty}\overleftharpoon{\boldsymbol{B}}^{0,k}\breve{\boldsymbol{u}}$ 与 u 相关。□

假设 6.2 由 $<S,S^*,\mathcal{P},\Phi,\Gamma,u,u^*>$ 定义的共情马尔可夫链中所有内部状态不可达，但生成的 $\boldsymbol{\Gamma}^{(m)}$ 和 $\boldsymbol{W}$ 满秩。

引理 6.2[259] 若 $\boldsymbol{M}$ 为 $n\times n$ 矩阵，则 $\lim\limits_{k\to\infty}\boldsymbol{M}^k=0$ 的充分必要条件是谱半径 $\rho(\boldsymbol{M})<1$。

引理6.3[259] 对于 $n\times n$ 矩阵 $\boldsymbol{N}=s\boldsymbol{I}-\boldsymbol{M}$，若 $s>\rho(\boldsymbol{M})$，则 $\operatorname{rank}(\boldsymbol{N})=n$。

引理 6.4[260] 矩阵 $\boldsymbol{M}\in\mathbb{C}^{n\times n}$ 的特征值包含于 $\bigcup\limits_{i=1}^{n}\mathcal{G}_i$，其中 $\mathcal{G}_i$ 被称为盖氏圆，可表示为 $\mathcal{G}_i=\{c\in\mathbb{C}\,||c-m_{ii}|\leqslant R_i\},R_i=\sum\limits_{1\leqslant j\leqslant n,j\neq i}|m_{ij}|$。

性质 6.2 (各向异性) （1）满足假设 6.1且 $k\to\infty$ 时，以系统中内部状态为基的情绪共情效用分布中有且仅有 l 个线性无关的向量，其中 l 为可达的内部状态的个数。

（2）满足假设 6.2且 $k\to\infty$ 时，系统中内部状态为基的情绪共情效用分布向量两两无关。

证明 （1）根据情绪共情效用的定义，可以得到

$$\overleftharpoon{\boldsymbol{u}}^{(k)}=\left(\boldsymbol{W}^{k-1,k}-\boldsymbol{\Phi}\boldsymbol{D}^{k-1,k}\right)\overleftharpoon{\boldsymbol{u}}^{(k-1)}+\boldsymbol{\Phi}\boldsymbol{D}^{k-1,k}\breve{\boldsymbol{u}} \tag{6.7}$$

即 $\lim\limits_{k\to\infty}\left(\boldsymbol{I}-\boldsymbol{W}^{k-1,k}+\boldsymbol{\Phi}\boldsymbol{D}^{k-1,k}\right)\overleftharpoon{\boldsymbol{u}}^{(k)}=\lim\limits_{k\to\infty}\boldsymbol{\Phi}\boldsymbol{D}^{k-1,k}\breve{\boldsymbol{u}}$，由性质 6.1得

$$\lim_{m\to\infty}\left(\lim_{k\to\infty}\left(\boldsymbol{W}^{k-1,k}-\boldsymbol{\Phi}\boldsymbol{D}^{k-1,k}\right)\right)^m=\boldsymbol{O}$$

进而根据引理 6.2和引理 6.3，得到

$$\rho\left(\lim_{k\to\infty}\left(\boldsymbol{W}^{k-1,k}-\boldsymbol{\Phi}\boldsymbol{D}^{k-1,k}\right)\right)<1$$

$$\Rightarrow\operatorname{rank}\left(\boldsymbol{I}-\lim_{k\to\infty}\left(\boldsymbol{W}^{k-1,k}-\boldsymbol{\Phi}\boldsymbol{D}^{k-1,k}\right)\right)=n$$

即存在 $\lim\limits_{k\to\infty}\left(\boldsymbol{I}-\boldsymbol{W}^{k-1,k}+\boldsymbol{\Phi}\boldsymbol{D}^{k-1,k}\right)^{-1}$ 使得

$$\lim_{k\to\infty}\overleftharpoon{\boldsymbol{u}}^{(k)}=\lim_{k\to\infty}\left(\boldsymbol{I}-\boldsymbol{W}^{k-1,k}+\boldsymbol{\Phi}\boldsymbol{D}^{k-1,k}\right)^{-1}\boldsymbol{\Phi}\boldsymbol{D}^{k-1,k}\breve{\boldsymbol{u}}$$

若令非空集合 $\mathcal{H}\subset S^*$ 表示所有可达的内部状态，$\mathcal{M}=S^*-\mathcal{H}$ 表示不可达的内部状态集合，则有

$$\boldsymbol{W}^{m,m+1}=\begin{bmatrix}\boldsymbol{W}_{\mathcal{H}\mathcal{H}}^{m,m+1} & \boldsymbol{W}_{\mathcal{H}\mathcal{M}}^{m,m+1}\\ \boldsymbol{W}_{\mathcal{M}\mathcal{H}}^{m,m+1} & \boldsymbol{W}_{\mathcal{M}\mathcal{M}}^{m,m+1}\end{bmatrix},\boldsymbol{\Phi}\boldsymbol{D}^{m,m+1}=\begin{bmatrix}\boldsymbol{\Phi}_{\mathcal{H}\mathcal{H}}\boldsymbol{D}_{\mathcal{H}\mathcal{H}}^{m,m+1} & \boldsymbol{O}^{l\times(n-l)}\\ \boldsymbol{O}^{(n-l)\times l} & \boldsymbol{O}^{l\times l}\end{bmatrix}$$

令 $\overleftarrow{\boldsymbol{u}}^{(k)}=\left[\overleftarrow{\boldsymbol{u}}_{\mathcal{H}}^{(k)},\ \overleftarrow{\boldsymbol{u}}_{\mathcal{M}}^{(k)}\right]^{\mathrm{T}}$，$\breve{\boldsymbol{u}}=\left[\breve{\boldsymbol{u}}_{\mathcal{H}},\ \breve{\boldsymbol{u}}_{\mathcal{M}}\right]^{\mathrm{T}}$，则有

$$\begin{aligned}\overleftarrow{\boldsymbol{u}}^{(k)}&=\left(\boldsymbol{I}-\boldsymbol{W}^{k-1,k}+\boldsymbol{\Phi}\boldsymbol{D}^{k-1,k}\right)^{-1}\boldsymbol{\Phi}\boldsymbol{D}^{k-1,k}\breve{\boldsymbol{u}}\\&=\begin{bmatrix}\left(\boldsymbol{E}^{k-1,k}\right)^{-1}\left(\boldsymbol{I}^{l\times l}+\boldsymbol{W}_{\mathcal{H}\mathcal{M}}^{m,m+1}\boldsymbol{F}^{k-1,k}\right)\boldsymbol{\Phi}_{\mathcal{H}\mathcal{H}}\boldsymbol{D}_{\mathcal{H}\mathcal{H}}^{k-1,k} & \boldsymbol{O}^{l\times(n-l)}\\ \boldsymbol{F}^{k-1,k}\boldsymbol{\Phi}_{\mathcal{H}\mathcal{H}}\boldsymbol{D}_{\mathcal{H}\mathcal{H}}^{k-1,k} & \boldsymbol{O}^{l\times l}\end{bmatrix}\begin{bmatrix}\breve{\boldsymbol{u}}_{\mathcal{H}}\\ \breve{\boldsymbol{u}}_{\mathcal{M}}\end{bmatrix}\end{aligned}$$

其中

$$\boldsymbol{E}^{k-1,k}=\boldsymbol{I}^{l\times l}-\boldsymbol{W}_{\mathcal{H}\mathcal{H}}^{k-1,k}+\boldsymbol{\Phi}_{\mathcal{H}\mathcal{H}}\boldsymbol{D}_{\mathcal{H}\mathcal{H}}^{k-1,k}$$

$$\boldsymbol{F}^{k-1,k}=\left(\boldsymbol{I}^{(n-1)\times(n-l)}-\boldsymbol{W}_{\mathcal{M}\mathcal{M}}^{k-1,k}-\boldsymbol{W}_{\mathcal{M}\mathcal{H}}^{k-1,k}\left(\boldsymbol{E}^{k-1,k}\right)^{-1}\boldsymbol{W}_{\mathcal{H}\mathcal{M}}^{k-1,k}\right)^{-1}\boldsymbol{W}_{\mathcal{M}\mathcal{H}}^{k-1,k}\left(\boldsymbol{E}^{k-1,k}\right)^{-1}$$

根据引理 6.3及 $\rho\left(\lim\limits_{k\to\infty}\boldsymbol{F}^{k-1,k}\right)<1$，有 $\operatorname{rank}\left(\boldsymbol{I}^{l\times l}+\lim\limits_{k\to\infty}\boldsymbol{F}^{k-1,k}\right)=l$。根据 $\operatorname{rank}\left(\lim\limits_{k\to\infty}\boldsymbol{\Phi}_{\mathcal{H}\mathcal{H}}\boldsymbol{D}_{\mathcal{H}\mathcal{H}}^{k-1,k}\right)=l$，可得

$$\begin{aligned}&\operatorname{rank}\left(\lim_{k\to\infty}\left(\boldsymbol{I}-\boldsymbol{W}^{k-1,k}+\boldsymbol{\Phi}\boldsymbol{D}^{k-1,k}\right)^{-1}\boldsymbol{\Phi}\boldsymbol{D}^{k-1,k}\right)\\&=\operatorname{rank}\left(\lim_{k\to\infty}\boldsymbol{E}^{k-1,k}\left(\boldsymbol{I}^{l\times l}+\boldsymbol{W}_{\mathcal{H}\mathcal{M}}^{m,m+1}\boldsymbol{F}^{k-1,k}\right)\boldsymbol{\Phi}_{\mathcal{H}\mathcal{H}}\boldsymbol{D}_{\mathcal{H}\mathcal{H}}^{k-1,k}\right)=l\end{aligned}$$

（2）在假设 6.2下，根据情绪共情效用的定义，可以得到

$$\begin{aligned}\overleftarrow{\boldsymbol{u}}^{(k)}=&\left(\overleftarrow{\prod_{m=0}^{k-1}}\left(\boldsymbol{W}^{m,m+1}-\boldsymbol{\Phi}\boldsymbol{D}^{m,m+1}\right)\right)\widehat{\boldsymbol{u}}\\&+\left(\sum_{r=0}^{k-2}\left(\overleftarrow{\prod_{m=r}^{k-1}}\left(\boldsymbol{W}^{m,m+1}-\boldsymbol{\Phi}\boldsymbol{D}^{m,m+1}\right)\right)\boldsymbol{\Phi}\boldsymbol{D}^{r,r+1}+\boldsymbol{\Phi}\boldsymbol{D}^{k-1,k}\right)\breve{\boldsymbol{u}}\end{aligned}$$

$$= \left(\overleftarrow{\prod_{m=0}^{k-1}} \boldsymbol{W}^{m,m+1} \right) \widehat{\boldsymbol{u}} \tag{6.8}$$

其中

$$\boldsymbol{W}^{m,m+1} = \begin{cases} \boldsymbol{W}^{0,1}, & m=0 \\ \left(\boldsymbol{I} - \left(\boldsymbol{I} - \boldsymbol{\Gamma}^{(m)}\right)^m \left(\boldsymbol{I} - \left(\boldsymbol{I} - \boldsymbol{\Gamma}^{(m)}\right) \boldsymbol{W}^{0,1}\right)\right), & m \geqslant 1 \end{cases} \tag{6.9}$$

令 $\boldsymbol{L}^{m,m+1} = \left(\boldsymbol{I} - \boldsymbol{\Gamma}^{(m)}\right)^m \left(\boldsymbol{I} - \left(\boldsymbol{I} - \boldsymbol{\Gamma}^{(m)}\right) \boldsymbol{W}^{0,1}\right)$,则根据引理 6.4,$\boldsymbol{L}^{m,m+1}$ 的特征值的集合满足 $\sigma\left(\boldsymbol{L}^{m,m+1}\right) \subset \bigcup_{i=1}^{n} \mathcal{G}_i$，其中

$$\mathcal{G}_i = \left\{c \in \mathbb{C} \,\middle|\, \left|c - l_{ii}^{m,m+1}\right| \leqslant R_i\right\}, R_i = \sum_{1 \leqslant j \leqslant n, j \neq i} \left|l_{ij}^{m,m+1}\right|$$

由于 $\boldsymbol{\Gamma}$ 是非奇异矩阵且 $\forall 1 \leqslant i, j \leqslant n, l_{ij}^{m,m+1} \geqslant 0$，则有

$$\sigma\left(\boldsymbol{L}^{m,m+1}\right) \subset \bigcup_{i=1}^{n} \mathcal{G}_i \subset \bigcup_{i=1}^{n} \mathcal{G}_i^*$$

其中

$$\begin{aligned} \mathcal{G}_i^* &= \left\{c \in \mathbb{C} \,\middle|\, |c| \leqslant R_i + l_{ii}^{m,m+1}\right\} \\ &= \left\{c \in \mathbb{C} \,\middle|\, |c| \leqslant \sum_{1 \leqslant j \leqslant n} l_{ij}^{m,m+1}\right\} \\ &= \left\{c \in \mathbb{C} \,\middle|\, |c| \leqslant 1\right\} \end{aligned}$$

说明 $\forall m \geqslant 1, \rho\left(\boldsymbol{L}^{m,m+1}\right) < 1$。进而根据引理 6.3，$\forall m \geqslant 1$，$\boldsymbol{W}^{m,m+1} = \boldsymbol{I} - \boldsymbol{L}^{m,m+1}$ 是非奇异的。又因 $\boldsymbol{W}^{0,1} = \boldsymbol{W}$ 非奇异，$\overleftarrow{\prod_{m=0}^{k-1}} \boldsymbol{W}^{m,m+1}$ 也是非奇异的。 □

性质 6.3 (情绪共情效用的迭代误差上界) 在假设 6.1下，定义 $\overleftarrow{\boldsymbol{u}} = \lim_{k\to\infty} \overleftarrow{\boldsymbol{u}}^{(k)}$ 及 $\overleftarrow{p}_{i,v_i^{(L)}}^{m,m+L} = p_{i,v_i^{(1)}}^{m+L-1,m+L} \cdots p_{v_i^{(L-1)},v_i^{(L)}}^{m,m+1}$，$i \to v_i^{(1)} \to \cdots \to v_i^{(L-1)} \to v_i^{(L)}$ 为从 $s_i = i$ 到 $s_{v_i^{(L)}}^* = v_i^{(L)}$ 的 L 步非衰减路径。若 $\forall i \in S, u(i), u^*(i) \in [c,d]$，则存在 $L \geqslant l_g$ 且极限为 0 的数列 $\overleftarrow{\sigma}_L^{(k)}$，满足

$$\overleftarrow{\sigma}_L^{(k)} = \begin{cases} \left(1 - \min\limits_{i\in\mathcal{V}} \overleftarrow{p}_{i,v_i^{(L)}}^{1,L}\right) \cdot \overleftarrow{\sigma}^{(k-1)} + 2l_g \max\{\Xi\}, & k \geqslant 1 \\ d - c, & k = 0 \end{cases}$$

$$\max\{\Xi\} = \max\{|c|, |d|\} \cdot \max_{\Gamma(s_i)>0} \phi_i \left(1 - w_{ii}^{(k-1)L,(k-1)L+1}\right)$$

使得 $\left\|\overleftarrow{\boldsymbol{u}} - \overleftarrow{\boldsymbol{u}}^{(kL)}\right\|_\infty \leqslant \overleftarrow{\sigma}_L^{(k)}$。

证明 根据情绪共情效用的定义，可以得到

$$\overleftarrow{\boldsymbol{u}}^{(k)} = \left(\boldsymbol{W}^{k-1,k} - \boldsymbol{\Phi}\boldsymbol{D}^{k-1,k}\right) \overleftarrow{\boldsymbol{u}}^{(k-1)} + \boldsymbol{\Phi}\boldsymbol{D}^{k-1,k} \breve{\boldsymbol{u}}$$

令 $k \to \infty$，$\boldsymbol{A}^{k-1,k} = \boldsymbol{W}^{k-1,k} - \boldsymbol{\Phi}\boldsymbol{D}^{k-1,k}$，$\boldsymbol{B}^{k-1,k} = \boldsymbol{\Phi}\boldsymbol{D}^{k-1,k}$，$\boldsymbol{A} = \lim\limits_{k\to\infty} \boldsymbol{A}^{k-1,k}$，$\boldsymbol{B} = \lim\limits_{k\to\infty} \boldsymbol{B}^{k-1,k}$，有

$$\overleftarrow{\boldsymbol{u}} - \overleftarrow{\boldsymbol{u}}^{(k)} = \boldsymbol{A}^{k-1,k}\left(\overleftarrow{\boldsymbol{u}} - \overleftarrow{\boldsymbol{u}}^{(k-1)}\right) + \left(\boldsymbol{A} - \boldsymbol{A}^{k-1,k}\right)\widehat{\boldsymbol{u}} + \left(\boldsymbol{B} - \boldsymbol{B}^{k-1,k}\right)\breve{\boldsymbol{u}}$$

迭代 L 次有

$$\begin{aligned} \overleftarrow{\boldsymbol{u}} - \overleftarrow{\boldsymbol{u}}^{(kL)} = & \prod_{m=(k-1)L+1}^{\overleftarrow{kL}} \boldsymbol{A}^{m-1,m}\left(\overleftarrow{\boldsymbol{u}} - \overleftarrow{\boldsymbol{u}}^{(k-1)L}\right) \\ & + \left(\sum_{m=(k-1)L+1}^{kL-1} \prod_{r=1}^{\overleftarrow{m}} \boldsymbol{A}^{r,r+1}\left(\boldsymbol{A} - \boldsymbol{A}^{m-1,m}\right) + \left(\boldsymbol{A} - \boldsymbol{A}^{kL-1,kL}\right)\right)\widehat{\boldsymbol{u}} \\ & + \left(\sum_{m=(k-1)L+1}^{kL-1} \prod_{r=1}^{\overleftarrow{m}} \boldsymbol{A}^{r,r+1}\left(\boldsymbol{B} - \boldsymbol{B}^{m-1,m}\right) + \left(\boldsymbol{B} - \boldsymbol{B}^{kL-1,kL}\right)\right)\breve{\boldsymbol{u}} \end{aligned} \tag{6.10}$$

对于任意 $L \geqslant l_g$，存在非衰减路径 $i \to v_i^{(1)} \to \cdots \to v_i^{(L-1)} \to v_i^{(L)}$，其中 $v_i^{(l_g)} = v_i^{(l_g+1)} = \cdots = v_i^{(L)}$ 为同一内部状态，使得 $\overleftarrow{p}_{i,v_i^{(L)}}^{m,m+L} = \overleftarrow{p}_{i,v_i^{(l_g)}}^{m,m+L} > 0$。因此，

$$\begin{aligned} & \left\|\overleftarrow{\boldsymbol{u}} - \overleftarrow{\boldsymbol{u}}^{(kL)}\right\|_\infty \\ \leqslant & \left\|\prod_{m=(k-1)L+1}^{\overleftarrow{kL}} \boldsymbol{A}^{m-1,m}\right\|_\infty \left\|\overleftarrow{\boldsymbol{u}} - \overleftarrow{\boldsymbol{u}}^{(k-1)L}\right\|_\infty \end{aligned}$$

$$
\begin{aligned}
&+\left\|\sum_{m=(k-1)L+1}^{kL-1}\prod_{r=1}^{\overleftarrow{m}}\boldsymbol{A}^{r,r+1}\left(\boldsymbol{A}-\boldsymbol{A}^{m-1,m}\right)+\left(\boldsymbol{A}-\boldsymbol{A}^{kL-1,kL}\right)\right\|_{\infty}\left\|\widehat{\boldsymbol{u}}\right\|_{\infty}\\
&+\left\|\sum_{m=(k-1)L+1}^{kL-1}\prod_{r=1}^{\overleftarrow{m}}\boldsymbol{A}^{r,r+1}\left(\boldsymbol{B}-\boldsymbol{B}^{m-1,m}\right)+\left(\boldsymbol{B}-\boldsymbol{B}^{kL-1,kL}\right)\right\|_{\infty}\left\|\breve{\boldsymbol{u}}\right\|_{\infty}\\
\leqslant&\left\|\prod_{m=(k-1)L+1}^{\overleftarrow{kL}}\boldsymbol{A}^{m-1,m}\right\|_{\infty}\left\|\overleftarrow{\boldsymbol{u}}-\overleftarrow{\boldsymbol{u}}^{(k-1)L}\right\|_{\infty}\\
&+\sum_{m=(k-1)L+1}^{kL}\left\|\boldsymbol{A}-\boldsymbol{A}^{m-1,m}\right\|_{\infty}\left\|\widehat{\boldsymbol{u}}\right\|_{\infty}+\sum_{m=(k-1)L+1}^{kL}\left\|\boldsymbol{B}-\boldsymbol{B}^{m-1,m}\right\|_{\infty}\left\|\breve{\boldsymbol{u}}\right\|_{\infty}\\
\leqslant&\left\|\overleftarrow{\boldsymbol{u}}-\overleftarrow{\boldsymbol{u}}^{(k-1)L}\right\|_{\infty}\left(1-\min_{i\in S}\overleftarrow{p}_{i,v_i^{(L)}}^{(k-1)L,kL}\right)\\
&+2L\max\left\{|c|,|d|\right\}\left\|\boldsymbol{B}-\boldsymbol{B}^{(k-1)L,(k-1)L+1}\right\|_{\infty}\\
\leqslant&\left\|\overleftarrow{\boldsymbol{u}}-\overleftarrow{\boldsymbol{u}}^{(k-1)L}\right\|_{\infty}\left(1-\min_{i\in S}\overleftarrow{p}_{i,v_i^{(L)}}^{(k-1)L,kL}\right)+2L\max\{\varXi\}
\end{aligned}
$$

又由于 $\overleftarrow{p}_{i,v_i^{(L)}}^{(k-1)L,kL}\geqslant\overleftarrow{p}_{i,v_i^{(L)}}^{0,L}>0$，且 $\left\|\overleftarrow{\boldsymbol{u}}-\overleftarrow{\boldsymbol{u}}^{(0)}\right\|_{\infty}=\left\|\overleftarrow{\boldsymbol{u}}-\widehat{\boldsymbol{u}}\right\|_{\infty}\leqslant d-c$，可知 $\left\|\overleftarrow{\boldsymbol{u}}-\overleftarrow{\boldsymbol{u}}^{(kL)}\right\|_{\infty}\leqslant\overleftarrow{\sigma}_L^{(k)}$ 且

$$
\begin{aligned}
\lim_{k\to\infty}\overleftarrow{\sigma}_L^{(k)}=&\lim_{k\to\infty}\overleftarrow{\sigma}_L^{(k-1)}\left(1-\min_{i\in S}\overleftarrow{p}_{i,v_i^{(L)}}^{(k-1)L,kL}\right)\\
&+\lim_{k\to\infty}2L\max\left\{|c|,|d|\right\}\max_{\Gamma(s_i)>0}\phi_i\left(1-w_{ii}^{(k-1)L,(k-1)L+1}\right)\\
=&\lim_{k\to\infty}\overleftarrow{\sigma}_L^{(k)}\left(1-\min_{i\in S}\overleftarrow{p}_{i,v_i^{(L)}}^{(k-1)L,kL}\right)
\end{aligned}
$$

即 $\lim\limits_{k\to\infty}\overleftarrow{\sigma}_L^{(k)}=0$。 □

性质 6.4 (认知共情效用的迭代误差上界)　在假设 6.1下，定义 $\vec{\boldsymbol{u}}=\lim\limits_{k\to\infty}\vec{\boldsymbol{u}}^{(k)}$ 及 $\vec{p}_{i,v_i^{(L)}}^{m,m+L}=p_{i,v_i^{(1)}}^{m,m+1}\cdots p_{v_i^{(L-1)},v_i^{(L)}}^{m+L-1,m+L}$，$i\to v_i^{(1)}\to\cdots\to v_i^{(L-1)}\to v_i^{(L)}$ 为从

$s_i = i$ 到 $s^*_{v_i^{(L)}} = v_i^{(L)}$ 的 L 步非衰减路径。若 $\forall i \in S$，$u(i), u^*(i) \in [c,d]$，则存在 $L \geqslant l_g$ 且极限为 0 的数列 $\vec{\sigma}_L^{(k)} = (d-c)\prod_{m=1}^{k}\left(1 - \min_{i\in S} \vec{p}^{\,m,m+L}_{i,v_i^{(L)}}\right)$，使得 $\left\|\vec{\boldsymbol{u}} - \vec{\boldsymbol{u}}^{(kL)}\right\|_\infty \leqslant \vec{\sigma}_L^{(k)}$。

证明 令

$$\vec{\boldsymbol{A}}^{l,l+k} = \overrightarrow{\prod_{m=l}^{l+k-1}} \left(\boldsymbol{W}^{m,m+1} - \boldsymbol{\Phi}\boldsymbol{D}^{m,m+1}\right)$$

$$\vec{\boldsymbol{B}}^{l,l+k} = \sum_{r=l+1}^{l+k}\left(\overrightarrow{\prod_{m=l+1}^{r-1}} \left(\boldsymbol{W}^{m,m+1} - \boldsymbol{\Phi}\boldsymbol{D}^{m,m+1}\right)\right)\boldsymbol{\Phi}\boldsymbol{D}^{r,r+1} + \boldsymbol{\Phi}\boldsymbol{D}^{l,l+1}$$

则根据认知共情效用定义有 $\vec{\boldsymbol{u}}^{(k)} = \vec{\boldsymbol{A}}^{0,k}\widehat{\boldsymbol{u}} + \vec{\boldsymbol{B}}^{0,k}\breve{\boldsymbol{u}}$。由性质 6.1可知，$\vec{\boldsymbol{A}}^{k,\infty} = \boldsymbol{0}$，进而有

$$\begin{aligned}
\left\|\vec{\boldsymbol{u}} - \vec{\boldsymbol{u}}^{(kL)}\right\|_\infty &\leqslant \left\|\overrightarrow{\prod_{m=0}^{kL-1}} \vec{\boldsymbol{A}}^{m,m+1}\left(\vec{\boldsymbol{A}}^{kL,\infty}\widehat{\boldsymbol{u}} + \vec{\boldsymbol{B}}^{kL,\infty}\breve{\boldsymbol{u}} - \widehat{\boldsymbol{u}}\right)\right\|_\infty \\
&\leqslant \left\|\vec{\boldsymbol{A}}^{0,kL}\right\|_\infty \left(\left\|\vec{\boldsymbol{A}}^{kL,\infty}\widehat{\boldsymbol{u}}\right\|_\infty + \left\|\vec{\boldsymbol{B}}^{kL,\infty}\breve{\boldsymbol{u}} - \widehat{\boldsymbol{u}}\right\|_\infty\right) \\
&= \left\|\vec{\boldsymbol{A}}^{0,kL}\right\|_\infty \left\|\vec{\boldsymbol{B}}^{kL,\infty}\breve{\boldsymbol{u}} - \widehat{\boldsymbol{u}}\right\|_\infty
\end{aligned} \tag{6.11}$$

同样地，对于任意 $L \geqslant l_g$，存在非衰减路径 $i \to v_i^{(1)} \to \cdots \to v_i^{(L-1)} \to v_i^{(L)}$，其中 $v_i^{(l_g)} = v_i^{(l_g+1)} = \cdots = v_i^{(L)}$ 为同一内部状态，使得 $\overleftarrow{p}^{\,m,m+L}_{i,v_i^{(L)}} = \overleftarrow{p}^{\,m,m+L}_{i,v_i^{(l_g)}} > 0$。因此

$$\left\|\vec{\boldsymbol{A}}^{0,kL}\right\|_\infty = \left\|\overrightarrow{\prod_{m=1}^{k}} \vec{\boldsymbol{A}}^{mL-1,mL}\right\| \leqslant \prod_{m=1}^{k}\left(1 - \min_{i\in S}\vec{p}^{\,m,m+L}_{i,v_i^{(L)}}\right)$$

又由于 $\vec{\boldsymbol{B}}^{kL,\infty}\breve{\boldsymbol{u}}$ 不改变 $\breve{\boldsymbol{u}}$ 的上下界，可得

$$\begin{aligned}
\left\|\vec{\boldsymbol{u}} - \vec{\boldsymbol{u}}^{(kL)}\right\|_\infty &\leqslant \left\|\vec{\boldsymbol{A}}^{0,kL}\right\|_\infty \left\|\vec{\boldsymbol{B}}^{kL,\infty}\breve{\boldsymbol{u}} - \widehat{\boldsymbol{u}}\right\|_\infty \\
&\leqslant (d-c)\prod_{m=1}^{k}\left(1 - \min_{i\in S}\vec{p}^{\,m,m+L}_{i,v_i^{(L)}}\right)
\end{aligned}$$

又 $\forall i\in S,\vec{p}_{i,v_i^{(L)}}^{\,m,m+L}\geqslant\vec{p}_{i,v_i^{(L)}}^{\,0,L}>0$，有

$$\lim_{k\to\infty}\vec{\sigma}_L^{(k)}=(d-c)\lim_{k\to\infty}\prod_{m=1}^{k}\left(1-\min_{i\in S}\vec{p}_{i,v_i^{(L)}}^{\,m,m+L}\right)=0 \qquad \square$$

注 6.1 若对于任意 $i\in S$，衰减系数 $\gamma_{ii}=0$，则情绪共情效用和认知共情效用具有相同的表达式：

$$\boldsymbol{u}^{(k)}=(\boldsymbol{W}-\boldsymbol{\Phi D})^{k}\widehat{\boldsymbol{u}}+\sum_{r=1}^{k}(\boldsymbol{W}-\boldsymbol{\Phi D})^{r-1}\boldsymbol{\Phi D}\breve{\boldsymbol{u}}$$

在满足假设 6.1的前提下，具有极限形式：

$$\lim_{k\to\infty}\boldsymbol{u}^{(k)}=(\boldsymbol{I}-\boldsymbol{W}+\boldsymbol{\Phi D})^{-1}\boldsymbol{\Phi D}\breve{\boldsymbol{u}}$$

相应的迭代误差上界可取如下数列：

$$\sigma_L^{(k)}=(d-c)\prod_{m=1}^{k}\left(1-\min_{i\in S}p_{i,v_i^{(L)}}^{0,L}\right)$$

注 6.2 若对于任意 $i\in S$，衰减系数 $\gamma_{ii}=0$ 为常数，且 $L=1$，则认知共情效用的迭代误差上界可取如下数列：

$$\vec{\sigma}_L^{(k)}=(d-c)\prod_{m=1}^{k}\left(1-\min_{i\in S}\phi_i\left(1-(1-\gamma_i)^{m-1}(1-w_{ii})\right)\right)$$

本节主要介绍了情绪共情效用模型和认知共情效用模型的构建方法，以及相应模型所具有的吸引性、各向异性和迭代误差上界。在假设 6.1下，共情效用模型本质上是定义在一类非平稳吸收马尔可夫链上的效用融合模型。由于在马尔可夫链中引入了内外状态分离的机制，所建立的模型能够刻画具备特异性的稳态效用，这与社会环境中的真实共情过程形成较好的匹配。此外，对模型吸引性和迭代误差上界的分析和计算可以为延伸领域中共情模型的应用提供理论依据。

6.1.1.2 共情决策问题及求解方法

常见的决策行为，如选举投票、商品推荐、产品定型等都会受到环境的影响。具体而言，选民在对候选人进行投票时，一般会将自己的家庭、社交关系都考虑在内。销售在对商品进行推荐时，需要换位到客户角度进行思考，并分析对方所处的环境需求。工厂在对待生产的产品进行定型时，不会只考虑自身的短期利益，

而是出于保证长期收益的目的，对产品在整个产业链中的影响进行评估。不失一般性，本章将持续受到特定环境中其他成员影响的决策统称为共情决策。

共情决策的目标由具体应用场景所决定。从决策目标的作用范围上考虑，一个共情决策的目标可以是全体共情效用的最大化，也可以是特定子集的共情效用最大化。从决策目标的形式上考虑，除了以最大化共情效用为目标外，在强调系统平衡性的应用中，也会将最小化网络上共情效用分布的方差作为决策目标。因此，为了明确共情决策中待解决的问题，基于上一节构建的共情效用模型，下面给出共情决策问题的一般数学描述。

共情决策问题是指，对于由有序元组组成的候选策略集 $\Theta=\{\boldsymbol{Q}_1,\cdots,\boldsymbol{Q}_{n_d}\}$，其中 $\boldsymbol{Q}_i=<\boldsymbol{q}_{i,1},\cdots,\boldsymbol{q}_{i,n_s}>$ 且满足 $\boldsymbol{q}_{i,j}\in\{\boldsymbol{q}_1,\cdots,\boldsymbol{q}_s\},\boldsymbol{q}_i=<\boldsymbol{W}_i,\boldsymbol{\Phi}_i,\boldsymbol{\Gamma}_i,\breve{\boldsymbol{u}}_i>$，若给定多元多项式目标函数 $f(\cdot)$ 和效用上下界 $[c,d]$，且 $<\boldsymbol{W}_i,\boldsymbol{\Phi}_i,\boldsymbol{\Gamma}_i,\widehat{\boldsymbol{u}}_i,\breve{\boldsymbol{u}}_i>$ 由满足假设 6.1的七元组 $<S,S^*,\mathcal{P},\Phi,\Gamma,u,u^*>$ 生成，求最优策略集

$$\overleftarrow{\boldsymbol{Q}}^*=\arg\max_{\boldsymbol{Q}\in\Theta}/\min f\left(\overleftarrow{U}(\boldsymbol{q}_1),\cdots,\overleftarrow{U}(\boldsymbol{q}_{n_s})\right)$$

或

$$\overrightarrow{\boldsymbol{Q}}^*=\arg\max_{\boldsymbol{Q}\in\Theta}/\min f\left(\overrightarrow{U}(\boldsymbol{q}_1),\cdots,\overrightarrow{U}(\boldsymbol{q}_{n_s})\right)$$

其中

$$\begin{aligned}&\left[\overleftarrow{U}(\boldsymbol{q}_i)\right]^{\mathrm{T}}\\&=\lim_{k\to\infty}\left(\overleftarrow{U}^{(k)}(\boldsymbol{q}_i)\right)^{\mathrm{T}}\\&=\lim_{k\to\infty}\left(\left(\overleftarrow{\prod_{m=0}^{k-1}}\boldsymbol{A}_i^{m,m+1}\right)\widehat{\boldsymbol{u}}_i+\left(\sum_{r=0}^{k-2}\left(\overleftarrow{\prod_{m=r}^{k-1}}\boldsymbol{A}_i^{m,m+1}\right)\boldsymbol{B}_i^{r,r+1}+\boldsymbol{B}_i^{k-1,k}\right)\breve{\boldsymbol{u}}_i\right)\end{aligned}$$

$$\begin{aligned}&\left[\overrightarrow{U}(\boldsymbol{q}_i)\right]^{\mathrm{T}}\\&=\lim_{k\to\infty}\left(\overrightarrow{U}^{(k)}(\boldsymbol{q}_i)\right)^{\mathrm{T}}\\&=\lim_{k\to\infty}\left(\left(\overrightarrow{\prod_{m=0}^{k-1}}\boldsymbol{A}_i^{m,m+1}\right)\widehat{\boldsymbol{u}}_i+\left(\sum_{r=1}^{k-1}\left(\overrightarrow{\prod_{m=0}^{r-1}}\boldsymbol{A}_i^{m,m+1}\right)\boldsymbol{B}_i^{r,r+1}+\boldsymbol{B}_i^{0,1}\right)\breve{\boldsymbol{u}}_i\right)\end{aligned}$$

且

$$\boldsymbol{A}_i^{m,m+1}=\boldsymbol{W}_i^{m,m+1}-\boldsymbol{\Phi}_i\boldsymbol{D}_i^{m,m+1},\boldsymbol{B}_i^{r,r+1}=\boldsymbol{\Phi}_i\boldsymbol{D}_i^{r,r+1}$$

$$\boldsymbol{W}_i^{m+1,m+2} = \boldsymbol{W}_i^{m,m+1} + \boldsymbol{\Gamma}_i\left(\boldsymbol{I} - \boldsymbol{W}_i^{m,m+1}\right)$$

$$\boldsymbol{D}_i^{m+1,m+2} = \boldsymbol{D}_i^{m,m+1} + \boldsymbol{\Gamma}_i\left(\boldsymbol{I} - \boldsymbol{D}_i^{m,m+1}\right)$$

后续，情绪共情效用和认知共情效用统一记为 $U(\boldsymbol{q}_i) = [u_1(\boldsymbol{q}_i) \quad \cdots \quad u_n(\boldsymbol{q}_i)]$，迭代误差上界统一记为 $\sigma(\boldsymbol{q}_i)$，即对于情绪共情效用，$U(\boldsymbol{q}_i) = \overleftarrow{U}(\boldsymbol{q}_i)$，$\sigma(\boldsymbol{q}_i) = \overleftarrow{\sigma}(\boldsymbol{q}_i)$；对于认知共情效用，$U(\boldsymbol{q}_i) = \vec{U}(\boldsymbol{q}_i)$，$\sigma(\boldsymbol{q}_i) = \vec{\sigma}(\boldsymbol{q}_i)$。

令 $\boldsymbol{U}(\boldsymbol{Q}) = \left[U(\boldsymbol{q}_1) \quad \cdots \quad U(\boldsymbol{q}_{n_s})\right]$，简化目标函数 $f\left(U(\boldsymbol{q}_1), \cdots, U(\boldsymbol{q}_{n_s})\right) = f(\boldsymbol{U}(\boldsymbol{Q}))$。另外需要强调的是，基本的策略集候选元素可分为两类，即 $< \breve{\boldsymbol{u}}_i >$ 和 $< \boldsymbol{W}_i, \boldsymbol{\Phi}_i, \boldsymbol{\Gamma}_i >$。其中，$< \breve{\boldsymbol{u}}_i >$ 代表了初始共情效用在多运动体系统中的分布；$< \boldsymbol{W}_i, \boldsymbol{\Phi}_i, \boldsymbol{\Gamma}_i >$ 代表共情转移中的拓扑关系和概率关系。依据这两类对象，可以将共情决策问题主要划分为最优配置子问题和最优共情子问题。

最优配置子问题关注在共情转移概率固定的条件下对效用信息进行合理的配置，该问题重点包括以下两个内容。

（1）如何配置 $< \breve{\boldsymbol{u}}_i >$ 以使集体稳态的共情效用最大化。

（2）如何配置 $< \breve{\boldsymbol{u}}_i >$ 以使群体中稳态的共情效用分布较为平衡。

前者可用于面向个体或集群的任务，如联合行动、选举预测、商品推荐等。后者一般用于社会学研究，如评价和制定福利政策。

最优共情子问题关注在初始共情效用分配固定的条件下最优的共情转移概率的选取。该问题主要包括以下两个内容。

（1）筛选共情转移概率 $\mathcal{P}$ 以引发最大的稳态共情效用，其典型应用如分析候选无人机队形对共享视野信息的影响。

（2）给定共情效用信息的分配，选择转移概率 $\mathcal{P}$ 以达到最平衡的效用信息分配，其典型应用如均衡信息网络的辅助设计。

最优策略的筛选可以借助动态规划的思想。根据上一节对共情效用模型性质的分析，由于内部状态的存在，期望共情效用的误差上界随迭代次数的增加而降低。基于这一特征，可以进一步将目标函数的误差上界与共情效用的误差上界进行关联来设计最优策略的筛选算法。此外，由于引入了衰减系数来刻画共情过程的非平稳特征，基于局部转移的情绪共情效用和基于全局转移的认知共情效用不相等，需要设计算法分别对共情效用的误差上界进行估计。

首先，给出关于多项式函数的以下引理。

引理 6.5 *若 $f(\cdot)$ 是 n 元 m 次多项式函数，则有*

$$|f(\boldsymbol{y}) - f(\boldsymbol{x})| \leqslant \sum_{\alpha=1}^{m} \frac{\|(D^{\alpha} f)(\boldsymbol{y})\|_s}{\alpha!} \|\boldsymbol{y} - \boldsymbol{x}\|_{\infty}^{\alpha} \tag{6.12}$$

式中，$(D^{\alpha}f)(\boldsymbol{y})$ 表示由 $\boldsymbol{y}$ 的 α 阶 Gateaux 导数组成的张量；范数 $\|\cdot\|_s$ 定义为张量所有元素的绝对值之和。

证明 根据多变量泰勒公式，有

$$f(\boldsymbol{y}) = f(\boldsymbol{x}) + \sum_{i_1}^{n} \frac{\partial f(\boldsymbol{x})}{\partial y_{i_1}}(y_{i_1} - x_{i_1}) + \cdots + \frac{1}{m!}\sum_{i_1}^{n}\cdots\sum_{i_m}^{n} \frac{\partial^k f(\boldsymbol{x})}{\partial y_{i_1}\cdots\partial y_{i_m}}(y_{i_1} - x_{i_1})\cdots(y_{i_m} - x_{i_m})$$

即有

$$\begin{aligned}|f(\boldsymbol{y}) - f(\boldsymbol{x})| &\leqslant \sum_{i_1=1}^{n}\left|\frac{\partial f(\boldsymbol{y})}{\partial y_{i_1}}\right|\|\boldsymbol{y}-\boldsymbol{x}\|_{\infty} + \frac{1}{m!}\sum_{i_1}^{n}\cdots\sum_{i_m}^{n}\left|\frac{\partial^k f(\boldsymbol{y})}{\partial y_{i_1}\cdots\partial y_{i_m}}\right|\|\boldsymbol{y}-\boldsymbol{x}\|_{\infty}^{m} \\ &= \sum_{\alpha=1}^{m}\frac{\|(D^{\alpha}f)(\boldsymbol{y})\|_s}{\alpha!}\|\boldsymbol{y}-\boldsymbol{x}\|_{\infty}^{\alpha}\end{aligned}$$

□

进而，基于引理 6.5和上一节中对共情效用迭代上界的讨论，给出了共情迭代过程中判断任意两个策略相对优势的相关定理。

定理 6.1 给定候选策略 $\boldsymbol{Q}_1 = <\boldsymbol{q}_{1,1},\cdots,\boldsymbol{q}_{1,n_s}>$，$\boldsymbol{Q}_2 = <\boldsymbol{q}_{2,1},\cdots,\boldsymbol{q}_{2,n_s}>$ 及 $n\times n_s$ 元 m 次多项式目标函数 $f(\cdot)$，若满足

$$\begin{aligned}&f\left(\boldsymbol{U}^{(kL)}(\boldsymbol{Q}_1)\right) - f\left(\boldsymbol{U}^{(kL)}(\boldsymbol{Q}_2)\right) \\ &\geqslant \sum_{\alpha=1}^{m}\frac{\|(D^{\alpha}f)(\boldsymbol{U}(\boldsymbol{Q}_1))\|_s\left(\max\limits_{i\leqslant n_s}\sigma_L^{(k)}(\boldsymbol{q}_{1,i})\right)^{\alpha} + \|(D^{\alpha}f)(\boldsymbol{U}(\boldsymbol{Q}_2))\|_s\left(\max\limits_{i\leqslant n_s}\sigma_L^{(k)}(\boldsymbol{q}_{2,i})\right)^{\alpha}}{\alpha!}\end{aligned}$$

式中，$L = \max\limits_{i\leqslant 2, j\leqslant n_s} l_g(\boldsymbol{q}_{i,j})$，$\boldsymbol{U}^{(kL)}(\boldsymbol{Q}) = \left[U^{(kL)}(\boldsymbol{q}_1),\cdots,U^{(kL)}(\boldsymbol{q}_{n_s})\right]$。可得

$$f(\boldsymbol{U}(\boldsymbol{Q}_1)) \geqslant f(\boldsymbol{U}(\boldsymbol{Q}_2))$$

证明 根据性质 6.3、性质 6.4以及引理 6.5，有

$$\begin{aligned}&f(\boldsymbol{U}(\boldsymbol{Q}_1)) - f(\boldsymbol{U}(\boldsymbol{Q}_2))\frac{n!}{r!(n-r)!} \\ &\geqslant \sum_{\alpha=1}^{m}\frac{\|(D^{\alpha}f)(\boldsymbol{U}(\boldsymbol{Q}_1))\|_s\left(\max\limits_{i\leqslant n_s}\sigma_L^{(k)}(\boldsymbol{q}_{1,i})\right)^{\alpha} + \|(D^{\alpha}f)(\boldsymbol{U}(\boldsymbol{Q}_2))\|_s\left(\max\limits_{i\leqslant n_s}\sigma_L^{(k)}(\boldsymbol{q}_{2,i})\right)^{\alpha}}{\alpha!} \\ &\quad - \left(f\left(\boldsymbol{U}^{(kL)}(\boldsymbol{Q}_1)\right) - f(\boldsymbol{U}(\boldsymbol{Q}_1))\right) - \left(f(\boldsymbol{U}(\boldsymbol{Q}_2)) - f\left(\boldsymbol{U}^{(kL)}(\boldsymbol{Q}_2)\right)\right)\end{aligned}$$

$$\geqslant \sum_{\alpha=1}^{m} \frac{\|(D^\alpha f)(\boldsymbol{U}(\boldsymbol{Q}_1))\|_s \left(\max\limits_{i \leqslant n_s} \left\|U(\boldsymbol{q}_{1,i}) - U^{(kL)}(\boldsymbol{q}_{1,i})\right\|_\infty\right)^\alpha}{\alpha!}$$

$$+ \sum_{\alpha=1}^{m} \frac{\|(D^\alpha f)(\boldsymbol{U}(\boldsymbol{Q}_2))\|_s \left(\max\limits_{i \leqslant n_s} \left\|U(\boldsymbol{q}_{2,i}) - U^{(kL)}(\boldsymbol{q}_{2,i})\right\|_\infty\right)^\alpha}{\alpha!}$$

$$- \left(f\left(\boldsymbol{U}^{(kL)}(\boldsymbol{Q}_1)\right) - f(\boldsymbol{U}(\boldsymbol{Q}_1))\right) - \left(f(\boldsymbol{U}(\boldsymbol{Q}_2)) - f\left(\boldsymbol{U}^{(kL)}(\boldsymbol{Q}_2)\right)\right)$$

$$- \left(f\left(\boldsymbol{U}^{(kL)}(\boldsymbol{Q}_1)\right) - f(\boldsymbol{U}(\boldsymbol{Q}_1))\right) - \left(f(\boldsymbol{U}(\boldsymbol{Q}_2)) - f\left(\boldsymbol{U}^{(kL)}(\boldsymbol{Q}_2)\right)\right)$$

$$\geqslant \left|f(\boldsymbol{U}(\boldsymbol{Q}_1)) - f\left(\boldsymbol{U}^{(kL)}(\boldsymbol{Q}_1)\right)\right| - \left(f\left(\boldsymbol{U}^{(kL)}(\boldsymbol{Q}_1)\right) - f(\boldsymbol{U}(\boldsymbol{Q}_1))\right)$$

$$+ \left|f(\boldsymbol{U}(\boldsymbol{Q}_2)) - f\left(\boldsymbol{U}^{(kL)}(\boldsymbol{Q}_2)\right)\right| - \left(f(\boldsymbol{U}(\boldsymbol{Q}_2)) - f\left(\boldsymbol{U}^{(kL)}(\boldsymbol{Q}_2)\right)\right)$$

$$\geqslant 0$$

□

定理 6.2 给定候选策略 $\boldsymbol{Q}_1 =< \boldsymbol{q}_{1,1}, \cdots, \boldsymbol{q}_{1,n_s} >$, $\boldsymbol{Q}_2 =< \boldsymbol{q}_{2,1}, \cdots, \boldsymbol{q}_{2,n_s} >$, $n \times n_s$ 元 m 次多项式目标函数 $f(\boldsymbol{U}(\boldsymbol{Q})) = \sum\limits_{i=1}^{n_s} c_i g_i(U(\boldsymbol{q}_i))$，若满足

$$f\left(\boldsymbol{U}^{(kL)}(\boldsymbol{Q}_1)\right) - f\left(\boldsymbol{U}^{(kL)}(\boldsymbol{Q}_2)\right)$$

$$\geqslant \sum_{i=1}^{n_s} \sum_{\alpha=1}^{m} c_i \frac{\left\|(D^\alpha g_i)(U(\boldsymbol{q}_{1,i}))\right\|_s \left(\sigma_L^{(k)}(\boldsymbol{q}_{1,i})\right)^\alpha + \left\|(D^\alpha g_i)(U(\boldsymbol{q}_{2,i}))\right\|_s \left(\sigma_L^{(k)}(\boldsymbol{q}_{2,i})\right)^\alpha}{\alpha!}$$

式中，$L = \max\limits_{i \leqslant 2, j \leqslant n_s} l_g(\boldsymbol{q}_{i,j})$，则有 $f(\boldsymbol{U}(\boldsymbol{Q}_1)) \geqslant f(\boldsymbol{U}(\boldsymbol{Q}_2))$。

证明 根据性质 6.3、性质 6.4以及引理 6.5，有

$$f(\boldsymbol{U}(\boldsymbol{Q}_1)) - f(\boldsymbol{U}(\boldsymbol{Q}_2)) = \sum_{i=1}^{n_s} c_i g_i(U(\boldsymbol{q}_{1,i})) - \sum_{i=1}^{n_s} c_i g_i(U(\boldsymbol{q}_{2,i}))$$

$$\geqslant \sum_{i=1}^{n_s} \sum_{\alpha=1}^{m} c_i \frac{\|(D^\alpha g_i)(U(\boldsymbol{q}_1))\|_s \left(\sigma_L^{(k)}(\boldsymbol{q}_{1,i})\right)^\alpha + \|(D^\alpha g_i)(U(\boldsymbol{q}_2))\|_s \left(\sigma_L^{(k)}(\boldsymbol{q}_{2,i})\right)^\alpha}{\alpha!}$$

$$- \sum_{i=1}^{n_s} c_i \left(g_i\left(U^{(kL)}(\boldsymbol{q}_{1,i})\right) - g_i(U(\boldsymbol{q}_{1,i}))\right) - \sum_{i=1}^{n_s} c_i \left(g_i(U(\boldsymbol{q}_{2,i})) - g_i\left(U^{(kL)}(\boldsymbol{q}_{2,i})\right)\right)$$

$$- \sum_{i=1}^{n_s} c_i \left(g_i\left(U^{(kL)}(\boldsymbol{q}_{1,i})\right) - g_i(U(\boldsymbol{q}_{1,i}))\right) - \sum_{i=1}^{n_s} c_i \left(g_i(U(\boldsymbol{q}_{2,i})) - g_i\left(U^{(kL)}(\boldsymbol{q}_{2,i})\right)\right)$$

$$\geqslant \sum_{i=1}^{n_s} c_i \left|g_i(U(\boldsymbol{q}_{1,i})) - g_i\left(U^{(kL)}(\boldsymbol{q}_{1,i})\right)\right| - \sum_{i=1}^{n_s} c_i \left(g_i\left(U^{(kL)}(\boldsymbol{q}_{1,i})\right) - g_i(U(\boldsymbol{q}_{1,i}))\right)$$

$$+\sum_{i=1}^{n_s} c_i \left| g_i\left(U\left(\boldsymbol{q}_{2,i}\right)\right) - g_i\left(U^{(kL)}\left(\boldsymbol{q}_{2,i}\right)\right)\right| - \sum_{i=1}^{n_s} c_i \left(g_i\left(U\left(\boldsymbol{q}_{2,i}\right)\right) - g_i\left(U^{(kL)}\left(\boldsymbol{q}_{2,i}\right)\right)\right)$$

$$\geqslant 0$$

□

推论 6.1 给定候选策略 $\boldsymbol{Q}_1 =< \boldsymbol{q}_1 >$，$\boldsymbol{Q}_2 =< \boldsymbol{q}_2 >$，$n$ 元 m 次多项式目标函数 $f(\boldsymbol{U}(\boldsymbol{Q})) = \sum_{i=1}^{n} u_i(\boldsymbol{q})$，若满足

$$f\left(\boldsymbol{U}^{(kL)}\left(\boldsymbol{Q}_1\right)\right) - f\left(\boldsymbol{U}^{(kL)}\left(\boldsymbol{Q}_2\right)\right) \geqslant n\left(\sigma_L^{(k)}\left(\boldsymbol{q}_1\right) + \sigma_L^{(k)}\left(\boldsymbol{q}_2\right)\right) \tag{6.13}$$

式中，$L = \max_{i\leqslant 2} l_g\left(\boldsymbol{q}_i\right)$，则有 $f(\boldsymbol{U}(\boldsymbol{Q}_1)) \geqslant f(\boldsymbol{U}(\boldsymbol{Q}_2))$。

证明 由 $f(\boldsymbol{U}(\boldsymbol{Q})) = \frac{1}{n}\sum_{i=1}^{n} u_i(\boldsymbol{q})$ 可知 $n_s = 1$，$m = 1$，$c_1 = 1$，又

$$\left\|\left(D^1 g\right)\left(U(\boldsymbol{q})\right)\right\|_s = \left\|\frac{\partial g\left(U(\boldsymbol{q})\right)}{\partial u_1(\boldsymbol{q})}, \cdots, \frac{\partial g\left(U(\boldsymbol{q})\right)}{\partial u_n(\boldsymbol{q})}\right\|_s = n$$

可得

$$f\left(\boldsymbol{U}^{(kL)}\left(\boldsymbol{Q}_1\right)\right) - f\left(\boldsymbol{U}^{(kL)}\left(\boldsymbol{Q}_2\right)\right) \geqslant n\left(\sigma_L^{(k)}\left(\boldsymbol{q}_1\right) + \sigma_L^{(k)}\left(\boldsymbol{q}_2\right)\right)$$

$$=\left\|\left(D^1 g\right)\left(U\left(\boldsymbol{q}_1\right)\right)\right\|_s \sigma_L^{(k)}\left(\boldsymbol{q}_1\right) + \left\|\left(D^1 g\right)\left(U\left(\boldsymbol{q}_2\right)\right)\right\|_s \sigma_L^{(k)}\left(\boldsymbol{q}_2\right)$$

$$=\sum_{i=1}^{n_s}\sum_{\alpha=1}^{m} c_i \frac{\left\|\left(D^\alpha g\right)\left(U\left(\boldsymbol{q}_{1,i}\right)\right)\right\|_s \left(\sigma_L^{(k)}\left(\boldsymbol{q}_{1,i}\right)\right)^\alpha + \left\|\left(D^\alpha g\right)\left(U\left(\boldsymbol{q}_{2,i}\right)\right)\right\|_s \left(\sigma_L^{(k)}\left(\boldsymbol{q}_{2,i}\right)\right)^\alpha}{\alpha!}$$

根据定理 6.2，$f(\boldsymbol{U}(\boldsymbol{Q}_1)) \geqslant f(\boldsymbol{U}(\boldsymbol{Q}_2))$。 □

推论 6.2 给定候选策略 $\boldsymbol{Q}_1 =< \boldsymbol{q}_1 >$，$\boldsymbol{Q}_2 =< \boldsymbol{q}_2 >$，$n$ 元 m 次多项式目标函数 $f(\boldsymbol{U}(\boldsymbol{Q})) = \frac{1}{n}\sum_{i=1}^{n}\left(u_i(\boldsymbol{q}) - \frac{1}{n}\sum_{j=1}^{n} u_j(\boldsymbol{q})\right)^2$ 和效用上下界 $[c,d]$，若满足

$$f\left(\boldsymbol{U}^{(kL)}\left(\boldsymbol{Q}_1\right)\right) - f\left(\boldsymbol{U}^{(kL)}\left(\boldsymbol{Q}_2\right)\right) \geqslant 2(n-1)(d-c)\left(\sigma_L^{(k)}\left(\boldsymbol{q}_1\right) + \sigma_L^{(k)}\left(\boldsymbol{q}_2\right)\right)$$

式中，$L = \max_{i\leqslant 2} l_g\left(\boldsymbol{q}_i\right)$，则有 $f(\boldsymbol{U}(\boldsymbol{Q}_1)) \geqslant f(\boldsymbol{U}(\boldsymbol{Q}_2))$。

证明 由 $f(\boldsymbol{U}(\boldsymbol{Q})) = \frac{1}{n}\sum_{i=1}^{n}\left(u_i(\boldsymbol{q}) - \frac{1}{n}\sum_{j=1}^{n} u_j(\boldsymbol{q})\right)^2$ 可知，$n_s = 1$，$m = 2$，$c_1 = 1$，又

$$\left\|\left(D^1 g\right)\left(U(\boldsymbol{q})\right)\right\|_s = \left\|\frac{\partial g\left(U(\boldsymbol{q})\right)}{\partial u_1(\boldsymbol{q})}, \cdots, \frac{\partial g\left(U(\boldsymbol{q})\right)}{\partial u_n(\boldsymbol{q})}\right\|_s$$

$$
\begin{aligned}
&= \frac{2(n-1)}{n^2}\sum_{i=1}^{n}\left(u_i(\boldsymbol{q}) - \frac{1}{n}\sum_{j=1}^{n}u_j(\boldsymbol{q})\right)\\
&\leqslant 2(n-1)(d-c)
\end{aligned}
$$

且

$$
\begin{aligned}
\left\|\left(D^2 g\right)(U(\boldsymbol{q}))\right\|_s &= \left\|\begin{bmatrix} \dfrac{\partial g(U(\boldsymbol{q}))}{\partial u_1(\boldsymbol{q})\,\partial u_1(\boldsymbol{q})} & \cdots & \dfrac{\partial g(U(\boldsymbol{q}))}{\partial u_1(\boldsymbol{q})\,\partial u_n(\boldsymbol{q})} \\ \vdots & & \vdots \\ \dfrac{\partial g(U(\boldsymbol{q}))}{\partial u_n(\boldsymbol{q})\,\partial u_1(\boldsymbol{q})} & \cdots & \dfrac{\partial g(U(\boldsymbol{q}))}{\partial u_n(\boldsymbol{q})\,\partial u_n(\boldsymbol{q})} \end{bmatrix}\right\|_s \\
&= 0
\end{aligned}
$$

可得

$$
\begin{aligned}
&f\left(\boldsymbol{U}^{(kL)}(\boldsymbol{Q}_1)\right) - f\left(\boldsymbol{U}^{(kL)}(\boldsymbol{Q}_2)\right) = 2(n-1)(d-c)\left(\sigma_L^{(k)}(\boldsymbol{q}_1) + \sigma_L^{(k)}(\boldsymbol{q}_2)\right)\\
&\geqslant \sum_{\alpha=1}^{m}\frac{\left\|\left(D^\alpha g\right)(U(\boldsymbol{q}_1))\right\|_s\left(\sigma_L^{(k)}(\boldsymbol{q}_1)\right)^\alpha + \left\|\left(D^\alpha g\right)(U(\boldsymbol{q}_2))\right\|_s\left(\sigma_L^{(k)}(\boldsymbol{q}_2)\right)^\alpha}{\alpha!}\\
&= \sum_{i=1}^{n_s}\sum_{\alpha=1}^{m}c_i\frac{\left\|\left(D^\alpha g\right)\left(U\left(\boldsymbol{q}_{1,i}\right)\right)\right\|_s\left(\sigma_L^{(k)}\left(\boldsymbol{q}_{1,i}\right)\right)^\alpha + \left\|\left(D^\alpha g\right)\left(U\left(\boldsymbol{q}_{2,i}\right)\right)\right\|_s\left(\sigma_L^{(k)}\left(\boldsymbol{q}_{2,i}\right)\right)^\alpha}{\alpha!}
\end{aligned}
\tag{6.14}
$$

根据定理 6.2，$f(\boldsymbol{U}(\boldsymbol{Q}_1)) \geqslant f(\boldsymbol{U}(\boldsymbol{Q}_2))$。 □

至此，本章分别针对情绪共情和认知共情给出求解共情决策问题的基本流程。下面介绍的算法 6.1和算法 6.2都以最大化目标函数为例，当以最小化目标函数为目标时，只需要在每次循环中修改相应的阶段最优策略，并以此为基准，排除差异较大的劣势策略。

算法 6.1 基于情绪共情效用的候选人排除算法

输入： 候选策略集 $\Theta = \{\boldsymbol{Q}_1, \cdots, \boldsymbol{Q}_{n_d}\}$

输出： 最优策略 $\vec{\boldsymbol{Q}}^* = \underset{\boldsymbol{Q}\in\Theta}{\arg\max}\, f\left(\vec{U}(\boldsymbol{q}_1), \cdots, \vec{U}(\boldsymbol{q}_{n_s})\right)$

1: 初始化策略集元素对应的决策元组

2: 初始化循环 $k=1$，选取 $L = \max\limits_{i\leqslant n, j\leqslant n_s} l_g\left(\boldsymbol{q}_{i,j}\right)$

3: 对于任意 $q \in \boldsymbol{Q} \in \Theta$，从 $l=1$ 到 $l=L$ 迭代 L 次，
$\overleftarrow{\boldsymbol{u}}^{(kL+l)}(q) \leftarrow \boldsymbol{A}^{kL,kL+l}(q)\,\overleftarrow{\boldsymbol{u}}^{(kL+l)}(q) + \boldsymbol{B}^{kL,kL+l}(q)\,\breve{\boldsymbol{u}}(q)$

4: 对于任意 $\boldsymbol{Q} \in \Theta$，计算 $f\left(\overrightarrow{U}^{(kL+L)}(\boldsymbol{q}_1), \cdots, \overrightarrow{U}^{(kL+L)}(\boldsymbol{q}_{n_s})\right)$

5: 求取 $\hat{\boldsymbol{Q}}^* = \underset{\boldsymbol{Q}\in\Theta}{\arg\max} f\left(\overrightarrow{U}^{(kL+L)}(\boldsymbol{q}_1), \cdots, \overrightarrow{U}^{(kL+L)}(\boldsymbol{q}_{n_s})\right)$

6: 对于任意 $\boldsymbol{Q} \in \Theta$，若

$$f\left(\overrightarrow{U}^{(kL+L)}\left(\hat{\boldsymbol{Q}}^*\right)\right) - f\left(\overrightarrow{U}^{(kL+L)}(\boldsymbol{Q})\right)$$

$$\geqslant \sum_{\alpha=1}^{m} \frac{\left\|(D^\alpha f)\left(\overleftarrow{\boldsymbol{U}}\left(\hat{\boldsymbol{Q}}^*\right)\right)\right\|_s \left(\max\limits_{i\leqslant n_s} \sigma_L^{(k+1)}(\hat{\boldsymbol{q}}_i^*)\right)^\alpha + \left\|(D^\alpha f)\left(\overleftarrow{\boldsymbol{U}}(\boldsymbol{Q})\right)\right\|_s \left(\max\limits_{i\leqslant n_s} \sigma_L^{(k+1)}(\boldsymbol{q}_i)\right)^\alpha}{\alpha!}$$

则 $\Theta = \Theta - \boldsymbol{Q}$

7: 循环步骤 3~ 步骤 6，直到 $\mathrm{size}(\Theta) = 1$

算法 6.2 基于认知共情效用的候选人排除算法

输入: 候选策略集 $\Theta = \{\boldsymbol{Q}_1, \cdots, \boldsymbol{Q}_{n_d}\}$

输出: 最优策略 $\overrightarrow{\boldsymbol{Q}}^* = \underset{\boldsymbol{Q}\in\Theta}{\arg\max} f\left(\overrightarrow{U}(\boldsymbol{q}_1), \cdots, \overrightarrow{U}(\boldsymbol{q}_{n_s})\right)$

1: 初始化策略集元素对应的决策元组

2: 选取 $L = \max\limits_{i\leqslant n, j\leqslant n_s} l_g(\boldsymbol{q}_{i,j})$

3: 对于任意 $q \in \boldsymbol{Q} \in \Theta$，从 $l = 1$ 到 $l = L$ 迭代 L 次，

$\overrightarrow{\boldsymbol{A}}^{0,kL+l}(q) = \overrightarrow{\boldsymbol{A}}^{0,kL+l-1}(q)\, \boldsymbol{A}^{kL+l-1,kL+l}(q)$

$\overrightarrow{\boldsymbol{B}}^{0,kL+l}(q) = \overrightarrow{\boldsymbol{A}}^{0,kL+l-1}(q)\, \boldsymbol{B}^{kL+l-1,kL+l}(q) + \overrightarrow{\boldsymbol{B}}^{0,kL+l-1}(q)$

4: 计算 $\overrightarrow{\boldsymbol{u}}^{(kL+L)}(q) = \overrightarrow{\boldsymbol{A}}^{0,kL+L}(q)\, \widehat{\boldsymbol{u}}(q) + \overrightarrow{\boldsymbol{B}}^{0,kL+L}(q)\, \breve{\boldsymbol{u}}(q)$

5: 对于任意 $\boldsymbol{Q} \in \Theta$，计算 $f\left(\overrightarrow{U}^{(kL+L)}(\boldsymbol{q}_1), \cdots, \overrightarrow{U}^{(kL+L)}(\boldsymbol{q}_{n_s})\right)$

6: 求取 $\hat{\boldsymbol{Q}}^* = \underset{\boldsymbol{Q}\in\Theta}{\arg\max} f\left(\overrightarrow{U}^{(kL+L)}(\boldsymbol{q}_1), \cdots, \overrightarrow{U}^{(kL+L)}(\boldsymbol{q}_{n_s})\right)$

7: 对于任意 $\boldsymbol{Q} \in \Theta$，若

$$f\left(\overrightarrow{U}^{(kL+L)}\left(\hat{\boldsymbol{Q}}^*\right)\right) - f\left(\overrightarrow{U}^{(kL+L)}(\boldsymbol{Q})\right)$$

$$\geqslant \sum_{\alpha=1}^{m} \frac{\left\|(D^\alpha f)\left(\overleftarrow{\boldsymbol{U}}\left(\hat{\boldsymbol{Q}}^*\right)\right)\right\|_s \left(\max\limits_{i\leqslant n_s} \sigma_L^{(k+1)}(\hat{\boldsymbol{q}}_i^*)\right)^\alpha + \left\|(D^\alpha f)\left(\overleftarrow{\boldsymbol{U}}(\boldsymbol{Q})\right)\right\|_s \left(\max\limits_{i\leqslant n_s} \sigma_L^{(k+1)}(\boldsymbol{q}_i)\right)^\alpha}{\alpha!}$$

则 $\Theta = \Theta - \boldsymbol{Q}$

8: 循环步骤 3~ 步骤 7，直到 $\mathrm{size}(\Theta) = 1$

6.1.1.3 共情决策算法的效率分析与对比测试

上一节提出的候选人排除算法是依据共情效用的迭代误差所满足的上界条件来进行设计的。因此，直接根据共情效用的定义计算：

$$\begin{bmatrix} \overleftarrow{\boldsymbol{u}}^{(k)} \\ \breve{\boldsymbol{u}} \end{bmatrix} = \boldsymbol{P}^{k-1,k}\boldsymbol{P}^{k-2,k-1}\cdots\boldsymbol{P}^{0,1}\begin{bmatrix} \widehat{\boldsymbol{u}} \\ \breve{\boldsymbol{u}} \end{bmatrix}$$

$$\begin{bmatrix} \overrightarrow{\boldsymbol{u}}^{(k)} \\ \breve{\boldsymbol{u}} \end{bmatrix} = \boldsymbol{P}^{0,1}\boldsymbol{P}^{1,2}\cdots\boldsymbol{P}^{k-1,k}\begin{bmatrix} \widehat{\boldsymbol{u}} \\ \breve{\boldsymbol{u}} \end{bmatrix}$$

根据性质 6.1和性质 6.2的证明，在假设 6.1成立的前提下，针对情绪共情效用和认知共情效用的最优策略直接求解方法可以简化为计算

$$\lim_{k\to\infty}\overleftarrow{\boldsymbol{u}}^{(k)} = \lim_{k\to\infty}\left(\boldsymbol{I}-\boldsymbol{W}^{k-1,k}+\boldsymbol{\varPhi}\boldsymbol{D}^{k-1,k}\right)^{-1}\boldsymbol{\varPhi}\boldsymbol{D}^{k-1,k}\breve{\boldsymbol{u}} \tag{6.15}$$

$$\lim_{k\to\infty}\overrightarrow{\boldsymbol{u}}^{(k)} = \lim_{k\to\infty}\left(\sum_{r=1}^{k}\left(\overrightarrow{\prod_{m=1}^{r-1}}\left(\boldsymbol{W}^{m,m+1}-\boldsymbol{\varPhi}\boldsymbol{D}^{m,m+1}\right)\right)\boldsymbol{\varPhi}\boldsymbol{D}^{r,r+1}+\boldsymbol{\varPhi}\boldsymbol{D}^{0,1}\right)\breve{\boldsymbol{u}} \tag{6.16}$$

假设矩阵逆运算与矩阵乘法有相同的计算复杂度 $O\left(n^{x}\right)$，矩阵与向量乘法的计算复杂度为 $O\left(n^{y}\right)$，且满足 $2\leqslant x\leqslant 3$，$1\leqslant y\leqslant 2$。可以得到迭代法和直接法理论上的算法复杂度，如表 6.1所示。

表 6.1 迭代法与直接法的算法复杂度对比

	算法	复杂度
情绪共情	迭代法	$O\left(d_1 d_2 k L n^{y}\right)$
	直接法	$O\left(d_1\left(\tilde{k}n^{x}+d_2 n^{y}\right)\right)$
认知共情	迭代法	$O\left(d_1\left(kLn^{x}+d_2 k n^{y}\right)\right)$
	直接法	$O\left(d_1\left(\tilde{k}n^{x}+d_2 n^{y}\right)\right)$

在表 6.1中，d_1 代表候选 $<\boldsymbol{W}_i,\boldsymbol{\varPhi}_i,\boldsymbol{\varGamma}_i>$ 的数量，d_2 代表候选 $<\breve{\boldsymbol{u}}_i>$ 的数量，k 是成功选择最优策略的迭代次数，$\tilde{k}$ 是满足直接法误差要求的迭代次数。一般来说，当 d_2L 较小、n 较大时，迭代法在情绪共情效用上的效率必然高于直接法。同样地，当 d_2 远小于 n 时，形成较小的 k 会使得迭代法在认知共情效用上的效率高于直接法。

进一步，分别对迭代法和直接法进行数值仿真。第一种仿真固定网络规模为 500 个节点，设定多组个体对自身的共情转移概率和衰减系数作为测试变量；第

二种仿真固定个体的衰减系数为 0，设定多组个体对自身的共情转移概率和网络规模作为测试变量。基于巴拉巴斯-阿尔伯特（Barabási-Albert）模型为不同规模设定分别生成 10 组无标度网络，并假设对每个外部连接个体的共情概率相等且所有个体的回归系数为 1。由此，可计算每个拓扑下的共情转移概率。同时，基于正态分布在 $[0,10]$ 内抽取 10 组候选 $< \tilde{\boldsymbol{u}}_i >$。通过两两组合，可以得到每个变量下网络的 100 种不同候选决策方案。图 6.6记录了相同配置下迭代法与直接法的耗时比。

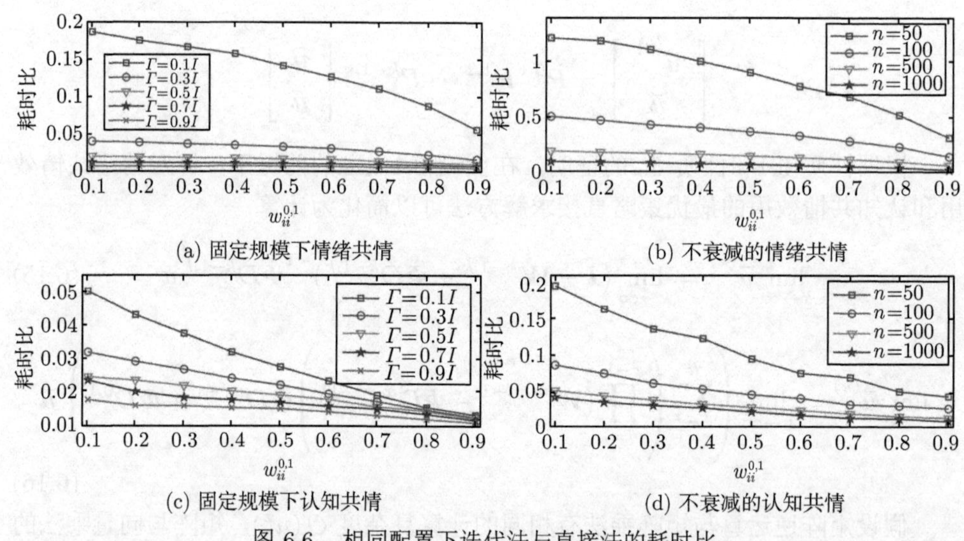

(a) 固定规模下情绪共情 (b) 不衰减的情绪共情

(c) 固定规模下认知共情 (d) 不衰减的认知共情

图 6.6 相同配置下迭代法与直接法的耗时比

由图 6.6(a) 和图 6.6(c) 可知，对于一定规模的网络，个体向自身进行共情转移的初始概率越大（$w_{ii}^{0,1}$ 越大），算法在相应配置下的求解效率越高。对自己产生共情转移的可能性较大的设置将导致共情转移矩阵 $\boldsymbol{P}^{0,1}$ 接近单位矩阵，从而减少算法的迭代次数 k。反之，不同效用之间的稳态差异减小，算法需要更多的迭代来降低误差上界的估计以实现劣势策略的筛除。另外，衰减系数的强弱对计算效率的影响与 $w_{ii}^{0,1}$ 类似，这符合注 6.2中的描述。网络大小对计算效率的影响可参考图 6.6(b) 和图 6.6(d)。显然，在处理大型网络时，迭代法可以表现出更好的相对性能，因为网络规模的增加对矩阵乘法和矩阵逆运算的复杂度的影响远大于矩阵和向量之间的乘法。此外，根据性质 6.1和性质 6.2，情绪共情效用的迭代误差上界存在衰减余项，这使得情绪共情效用的迭代法对较大的 $w_{ii}^{0,1}$ 更加敏感，图 6.6中曲线的凸凹方向符合这一判断。

6.1.2 基于共情效用模型的大规模编队队形选择方法

多运动体编队队形设计贯穿于整个编队飞行过程，其多样性可以为战术任务的设计和执行提供灵活的操作空间。采用合理的编队队形不仅有助于减少通信延迟和动力损耗，还能提高多运动体编队的避碰、避障以及战术配合能力，从而最大限度地保证任务的成功率。以往针对队形的评估大多集中在队形的几何形态上，并以其所具备的空气动力学性能为评价标准。不同于常规编队，大规模集群在执行任务时，领航机的数量限制使得系统对网络的连通性有更高的要求。本节将借助共情效用模型对连通性的刻画能力以及共情决策算法在大规模网络中的高效解算能力，给出大规模编队队形选择问题的一般解法。

6.1.2.1 共情效用模型的连通性表征

为说明共情效用模型对连通性的刻画能力，首先介绍共情效用模型与半监督聚类问题之间的关联。半监督聚类是一种基于标记信息和相似度信息对未标记点进行高效分类的方法。其中，用来衡量未标记点到标记点间连通性的典型参数是首达距离。基于首达距离的半监督聚类算法将图像看作由顶点和边组成的连通加权无向图，并以此建立吸收马尔可夫链（标记顶点设为吸收状态）。随机游走者在未标记的顶点上开始随机遍历，其首次到达特定标记点且未经过其他标记点的概率代表其属于该标记类的概率。将最大首达概率对应的类标签分配给未标记的顶点即可完成聚类。

事实上，如图 6.7所示，由于共情效用模型具有吸收性，可以使用模型的极限转移概率衡量个体归属于某内部状态的可能性。这意味着共情效用模型可以扩展到半监督聚类的应用中。若将状态集划分为标记顶点集合和无标记顶点集合，一个标准的共情聚类方法可以表示为如下步骤。

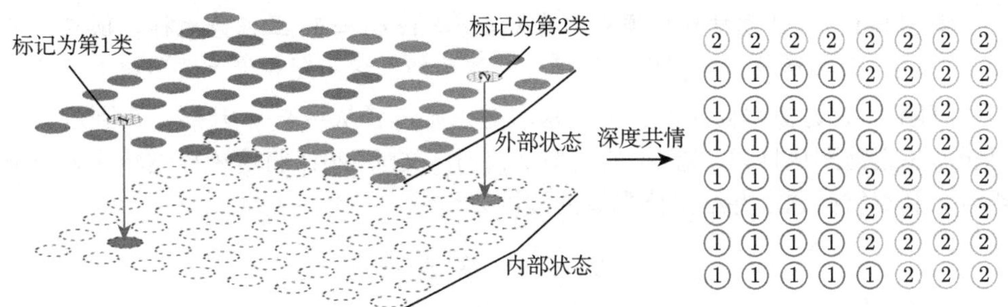

图 6.7 共情效用模型在半监督聚类中的应用

步骤 1 在给定的邻域结构（或邻域半径）内构造全局相似度矩阵 $\boldsymbol{S}$ 和相应的标准化邻接矩阵 $\boldsymbol{W}$。相似度是由顶点颜色和位置在度量空间中定义的距离的倒数。标准化邻接矩阵的计算方式为

$$\boldsymbol{W} = \bar{\boldsymbol{D}}^{-1}\boldsymbol{S}$$

式中，$\bar{\boldsymbol{D}}$ 为满足 $\bar{d}_i = \sum\limits_{j\in\mathcal{M}\cup\mathcal{U}} s_{ij}$ 的对角矩阵（度矩阵）。

步骤 2 构建标记顶点间的相似度矩阵 $\boldsymbol{S}_{\mathcal{M}}$（构建参数可不同于步骤 1），并计算 $\boldsymbol{\Phi}$ 中的回归系数：

$$\phi_i = \begin{cases} \dfrac{\displaystyle\sum_{L(j)=L(i)} s_{\mathcal{M},ij}}{\displaystyle\sum_{k\in\mathcal{M}} s_{\mathcal{M},ik}}, & i\in\mathcal{M} \\ c, & i\in\mathcal{U} \end{cases} \tag{6.17}$$

式中，$L(i)$ 为 i 被标记的类；c 为指定常数。

步骤 3 根据 $\boldsymbol{W}$ 和 $\boldsymbol{\Phi}$ 构建转移概率矩阵 $\boldsymbol{P}$，$\boldsymbol{P}^{0,\infty} = \lim\limits_{k\to\infty} \boldsymbol{P}^{0,1}\cdots\boldsymbol{P}^{k-1,k}$。若假设 6.1成立且 $\Gamma = 0$，这一过程可以简化为

$$\boldsymbol{P}^{0,\infty} = \lim_{k\to\infty} \boldsymbol{P}^k = \begin{bmatrix} \boldsymbol{O} & (\boldsymbol{I}-\boldsymbol{W}+\boldsymbol{\Phi}\boldsymbol{D})^{-1}\boldsymbol{\Phi}\boldsymbol{D} \\ \boldsymbol{O} & \boldsymbol{I} \end{bmatrix}$$

步骤 4 计算个体转移到具有相同标记的顶点的概率之和：

$$[\boldsymbol{u}_1 \quad \cdots \quad \boldsymbol{u}_q] = \boldsymbol{P}^{0,\infty}\left[\breve{\boldsymbol{u}}_1 \quad \cdots \quad \breve{\boldsymbol{u}}_q\right]$$

式中，$\boldsymbol{u}_i$ 为各顶点归属于分类 i 的概率向量；$\breve{\boldsymbol{u}}_i = [\mathbb{I}(1\in\mathcal{M}_i) \quad \cdots \quad \mathbb{I}(n\in\mathcal{M}_i)]$ 为分类 i 的指示向量，$\mathcal{M}_i$ 为标记为分类 i 的顶点集合。

步骤 5 计算最大概率和对应分类标记 $\boldsymbol{I}_d = [\arg\max \boldsymbol{u}_1 \quad \cdots \quad \arg\max \boldsymbol{u}_q]^{\mathrm{T}}$，即可得出无标记顶点所属的类。

命题 6.1 *若任意被标记顶点 i 满足 $w_{ii} = 1$，$\phi_i = 1$，且任意无标记顶点 j 满足 $\phi_j = 0$，则共情效用模型中的极限转移概率的求解问题等价于首达概率问题。*

证明 首达概率问题的目的是求取随机游走者从状态 x 开始，在到达其他标记状态之前到达标记状态 A 的概率 $p_A(x)$。文献 [261] 将这种描述转化为一类组合狄利克雷问题，并给出待求解的线性方程：

$$\boldsymbol{L}_{\mathcal{U}}\boldsymbol{X} = -\boldsymbol{B}^{\mathrm{T}}\boldsymbol{M}$$

式中，$\boldsymbol{X}$ 是待解的概率向量；$\boldsymbol{M}$ 是针对标记状态的指示矩阵；$\boldsymbol{L}_{\mathcal{U}}$ 和 $\boldsymbol{B}$ 取自基于标记状态集 $\mathcal{M}$ 和无标记状态集 $\mathcal{U}$ 的分块拉普拉斯矩阵：

$$\boldsymbol{L} = \begin{bmatrix} \boldsymbol{L}_{\mathcal{M}} & \boldsymbol{B} \\ \boldsymbol{B}^{\mathrm{T}} & \boldsymbol{L}_{\mathcal{U}} \end{bmatrix}$$

若给定相似度矩阵

$$\boldsymbol{S} = \begin{bmatrix} \boldsymbol{S}_{\mathcal{M}} & \boldsymbol{C} \\ \boldsymbol{C}^{\mathrm{T}} & \boldsymbol{S}_{\mathcal{U}} \end{bmatrix}$$

且 $\boldsymbol{S}_{\mathcal{M}}$ 的对角矩阵为 $\boldsymbol{S}_{\mathcal{M}}^d$，则有

$$\boldsymbol{S}_{\mathcal{M}} - \boldsymbol{S}_{\mathcal{M}}^d \neq \boldsymbol{O}, \quad \boldsymbol{L}_{\mathcal{M}} \neq \boldsymbol{O}$$

那么，由于 $\boldsymbol{W}_{\mathcal{M}} = (\boldsymbol{L}_{\mathcal{M}} + \boldsymbol{S}_{\mathcal{M}})^{-1} \to \boldsymbol{I}_{\mathcal{M}}$，必然有

$$(\boldsymbol{L}_{\mathcal{M}} + \boldsymbol{S}_{\mathcal{M}})^{-1} = \boldsymbol{S}_{\mathcal{M}}^{-1} \to \boldsymbol{O}, \boldsymbol{S}_{\mathcal{M}}^d \to \boldsymbol{O}$$

因此，共情效用模型中的转移概率满足

$$\begin{aligned}
(\boldsymbol{I} - \boldsymbol{W} + \boldsymbol{\Phi}\boldsymbol{D})^{-1}\boldsymbol{\Phi}\boldsymbol{D} &= \left(\bar{\boldsymbol{D}} - \boldsymbol{S} + \boldsymbol{\Phi}\boldsymbol{S}^d\right)^{-1}\bar{\boldsymbol{D}}\boldsymbol{\Phi}\bar{\boldsymbol{D}}^{-1}\boldsymbol{S}^d \\
&= \left(\boldsymbol{L} + \boldsymbol{\Phi}\boldsymbol{S}^d\right)^{-1}\boldsymbol{\Phi}\boldsymbol{S}^d \\
&= \begin{bmatrix} \boldsymbol{L}_{\mathcal{M}} + \boldsymbol{S}_{\mathcal{M}}^d & \boldsymbol{B} \\ \boldsymbol{B}^{\mathrm{T}} & \boldsymbol{L}_{\mathcal{U}} \end{bmatrix}^{-1} \begin{bmatrix} \boldsymbol{S}_{\mathcal{M}}^d & \boldsymbol{O} \\ \boldsymbol{O} & \boldsymbol{O} \end{bmatrix} \\
&= \begin{bmatrix} \left(\boldsymbol{S}_{\mathcal{M}}^d\right)^{-1} + \Delta\left(\boldsymbol{S}_{\mathcal{M}}^d\right)^{-1} & \boldsymbol{B} \\ -\boldsymbol{L}_{\mathcal{U}}^{-1}\boldsymbol{B}^{\mathrm{T}}\left(\boldsymbol{S}_{\mathcal{M}}^d\right)^{-1} + \Delta\left(\boldsymbol{S}_{\mathcal{M}}^d\right)^{-1} & \boldsymbol{L}_{\mathcal{U}} \end{bmatrix} \begin{bmatrix} \boldsymbol{S}_{\mathcal{M}}^d & \boldsymbol{O} \\ \boldsymbol{O} & \boldsymbol{O} \end{bmatrix} \\
&\to \begin{bmatrix} \boldsymbol{I}_{\mathcal{M}} & \boldsymbol{O} \\ -\boldsymbol{L}_{\mathcal{U}}^{-1}\boldsymbol{B}^{\mathrm{T}} & \boldsymbol{O} \end{bmatrix}
\end{aligned} \tag{6.18}$$

这意味着在指示矩阵 $\boldsymbol{M}$ 作用下，共情效用模型的极限转移概率即相应狄利克雷问题的解。 □

注 6.3 从算法结构上考虑，共情聚类算法是对文献 [261] 中提出的基于首达概率的半监督聚类算法的扩展。共情聚类算法可以从网络信息交互的角度对半监督聚类过程进行刻画，具有更加明确的物理意义。引入的共情效用模型中，标记点的回归系数可以表示标签的可靠性，无标记点的回归系数还可以刻画多步跳转对信息连通的阻碍和干扰强度。此外，模型所定义的极限转移概率可以作为一种节点间连通性的度量。

6.1.2.2 队形选择问题描述

大规模编队对网络连通性的需求主要体现在机群对领航机的跟踪和领航机对各向视野的获取上。从连通性角度，可以将大规模队形选择问题定义为：给定一组候选领航-跟随队形，其中每个队形信息包括集群的几何构型、领航者编号、通信拓扑结构，如何在候选池中选取队形，使得系统具有最优的跟踪连通性和视野连通性。

由上节分析可知，跟踪连通性与网络中跟随者到达领航者内部状态的极限转移概率相关，而视野连通性与网络中领航者到达具有特定视野的运动体内部状态

的极限共情转移概率相关。因此，将队形问题涉及的连通性匹配到共情效用模型中，队形选择问题可表述为一类共情决策问题：由有序元组组成的候选队形集 $\Theta = \{\boldsymbol{Q}_1, \cdots, \boldsymbol{Q}_{n_d}\}$，其中 $\boldsymbol{Q}_i =< \boldsymbol{q}_{i,1}, \cdots, \boldsymbol{q}_{i,n_s} >$ 且满足 $\boldsymbol{q}_{i,j} \in \{\boldsymbol{q}_1, \cdots, \boldsymbol{q}_s\}, \boldsymbol{q}_i =< \boldsymbol{W}_i, \boldsymbol{\Phi}_i, \boldsymbol{\Gamma}_i, \breve{\boldsymbol{u}}_i >$，若给定关于跟踪连通性和视野连通性的目标函数 $f(\cdot)$ 和效用上下界 $[c, d]$，且 $\widehat{\boldsymbol{u}}_i = \breve{\boldsymbol{u}}_i$，求最优队形：

$$\overleftarrow{\boldsymbol{Q}}^* = \arg\max_{\boldsymbol{Q}\in\Theta} / \min f\left(\overleftarrow{U}\left(\boldsymbol{q}_1\right), \cdots, \overleftarrow{U}\left(\boldsymbol{q}_{n_s}\right)\right)$$

$$\overrightarrow{\boldsymbol{Q}}^* = \arg\max_{\boldsymbol{Q}\in\Theta} / \min f\left(\overrightarrow{U}\left(\boldsymbol{q}_1\right), \cdots, \overrightarrow{U}\left(\boldsymbol{q}_{n_s}\right)\right)$$

式中，

$$\begin{aligned}&\left[\overleftarrow{U}\left(\boldsymbol{q}_i\right)\right]^{\mathrm{T}}\\&=\lim_{k\to\infty}\left(\left(\overleftarrow{\prod_{m=0}^{k-1}}\boldsymbol{A}_i^{m,m+1}\right)\widehat{\boldsymbol{u}}_i+\left(\sum_{r=0}^{k-2}\left(\overleftarrow{\prod_{m=r}^{k-1}}\boldsymbol{A}_i^{m,m+1}\right)\boldsymbol{B}_i^{r,r+1}+\boldsymbol{B}_i^{k-1,k}\right)\breve{\boldsymbol{u}}_i\right)\\&\left[\overrightarrow{U}\left(\boldsymbol{q}_i\right)\right]^{\mathrm{T}}\\&=\lim_{k\to\infty}\left(\left(\overrightarrow{\prod_{m=0}^{k-1}}\boldsymbol{A}_i^{m,m+1}\right)\widehat{\boldsymbol{u}}_i+\left(\sum_{r=1}^{k-1}\left(\overrightarrow{\prod_{m=0}^{r-1}}\boldsymbol{A}_i^{m,m+1}\right)\boldsymbol{B}_i^{r,r+1}+\boldsymbol{B}_i^{0,1}\right)\breve{\boldsymbol{u}}_i\right)\end{aligned}$$

且 $\boldsymbol{A}_i^{m,m+1} = \boldsymbol{W}_i^{m,m+1} - \boldsymbol{\Phi}_i \boldsymbol{D}_i^{m,m+1}, \boldsymbol{B}_i^{r,r+1} = \boldsymbol{\Phi}_i \boldsymbol{D}_i^{r,r+1}, \boldsymbol{W}_i^{m+1,m+2} = \boldsymbol{W}_i^{m,m+1} + \boldsymbol{\Gamma}_i\left(\boldsymbol{I} - \boldsymbol{W}_i^{m,m+1}\right)$，$\boldsymbol{D}_i^{m+1,m+2} = \boldsymbol{D}_i^{m,m+1} + \boldsymbol{\Gamma}_i\left(\boldsymbol{I} - \boldsymbol{D}_i^{m,m+1}\right)$。

注 6.4 连通性与通信链路的距离和跳数直接相关，且影响信息传输的稳定性。对网络中跟踪连通性和视野连通性的需求，本质上是出于降低无人系统的整体误差的目的。

6.1.2.3 基于共情效用模型的队形选择算法

队形选择问题属于一类共情决策问题，使用基于共情效用模型的候选人排除算法可以对其进行解算。需要注意的是，算法的使用需满足两个前提：

（1）根据队形信息完成候选集 $\Theta = \{\boldsymbol{Q}_1, \cdots, \boldsymbol{Q}_{n_d}\}$ 的构建；

（2）根据任务信息完成目标函数 $f(\cdot)$ 的构建。

对于前提（1），由于共情效用模型可以表征一类半监督聚类过程，在构建候选策略集时，可以从聚类的角度考虑以下定义：

（1）在以跟踪连通性为决策目标时，领航机对应于聚类中心，跟踪连通性可表示为跟踪运动体子集到领航运动体子集的极限共情转移概率之和。

（2）在以视野连通性为决策目标时，具备特定视野信息的运动体对应于聚类中心，视野连通性可表示为领航运动体子集到视野子集的极限共情转移概率之和。

对于前提（2），由于不同的任务信息对跟踪连通性以及视野方向有不同的侧重，在设计目标函数时，决策目标的跟踪连通性权重和视野连通性权重需依据任务信息赋值。

在前提（1）和（2）的基础上，结合共情聚类算法和基于共情的候选人排除算法，可以给出多运动体编队队形选择问题的一般求解步骤。

步骤 1 根据给定队形的通信拓扑，构造无人机网络 1 步邻域内的邻接矩阵 $\boldsymbol{A}$ 和相应的标准化邻接矩阵 $\boldsymbol{W}=\bar{\boldsymbol{D}}^{-1}\boldsymbol{A}$。其中，$a_{ij}$ 可定义为运动体 i 与 j 间距离和运动体 i 性能的函数（该函数与距离负相关，与性能正相关），$\bar{\boldsymbol{D}}$ 为满足 $\bar{d}_i=\sum\limits_{j\in\mathcal{M}\cup\mathcal{U}}a_{ij}$ 的对角矩阵。

步骤 2 根据给定的领航者集合 $\mathcal{L}$ 和跟随者集合 $\mathcal{F}$，计算跟踪连通配置 q_1 中的回归系数和初始共情效用：

$$\phi_{1,i}=\begin{cases}1, & i\in\mathcal{L}\\ c, & i\in\mathcal{F}\end{cases},\quad u_{1,i}=\begin{cases}1, & i\in\mathcal{L}\\ 0, & i\in\mathcal{F}\end{cases}$$

步骤 3 根据队形信息计算具备视野信息 $j=1,2,\cdots,k$ 的运动体集合 $\mathcal{M}_j$，并计算 $\mathcal{M}_j$ 对应的视野连通配置 q_{j+1} 中的回归系数和初始共情效用：

$$\phi_{j+1,i}=\begin{cases}1, & i\in\mathcal{M}_j\\ c, & i\in\mathcal{L}\end{cases},\quad u_{1,i}=\begin{cases}1, & i\in\mathcal{M}_j\\ 0, & i\in\mathcal{L}\end{cases}$$

步骤 4 重复步骤 1～ 步骤 3，构建完整的候选策略集 $\Theta=\{\boldsymbol{Q}_1,\cdots,\boldsymbol{Q}_{n_d}\}$，其中有序元组 $\boldsymbol{Q}_i=<\boldsymbol{q}_{i,1},\cdots,\boldsymbol{q}_{i,k+1}>$ 为每个候选队形对应的策略。

步骤 5 根据跟踪连通性和视野连通性在队形评估中所占的比重，构建目标函数 $f(\boldsymbol{U}(\boldsymbol{Q}))=\sum\limits_{i=1}^{k+1}c_ig_i(U(\boldsymbol{q}_i))$，其中，$c_i$ 为权重系数，满足 $\sum\limits_{i=1}^{k+1}c_i=1$，函数 $g_i(\cdot)$ 满足：

$$g_i(U(\boldsymbol{q}_i))=\begin{cases}\dfrac{1}{n_f}\sum\limits_{j\in\mathcal{F}}u_j(\boldsymbol{q}_i), & i=1\\ \dfrac{1}{n_l}\sum\limits_{j\in\mathcal{L}}u_j(\boldsymbol{q}_i), & i>1\end{cases}$$

式中，n_f 为跟随者数量；n_l 为领航者数量。

步骤 6 候选策略集 $\Theta=\{\boldsymbol{Q}_1,\cdots,\boldsymbol{Q}_{n_d}\}$，目标函数 $f(\boldsymbol{U}(\boldsymbol{Q}))=\sum\limits_{i=1}^{k+1}c_iU(\boldsymbol{q}_i)$ 输入到基于情绪共情效用的候选人排除算法中，并设定衰减系数为 0，效用上下界为 $[0,1]$。

步骤 7 运行候选人排除算法，直到输出最优解。

注 6.5 步骤 1 中，不同于半监督聚类，运动体网络中的通信是有向的，因此构建的邻接矩阵 $\boldsymbol{A}$ 不再要求满足对称性。步骤 3 中，大规模无人机初始的内部视野信息往往是由运动体的几何位置决定的，这一映射关系需要根据应用场景来进行具体分析。根据步骤 2 和步骤 4，在构建共情模型的过程中，初始 one-hot 效用向量表示聚类中心的范围，目标函数的形式决定评价个体范围。

6.1.2.4 数值仿真与验证分析

本节将对任务变更情境下大规模编队的队形选择算法进行仿真测试。任务变更往往意味着决策目标的变更，以对抗类任务和巡视类任务为例，任务变更往往表现在对跟踪连通性和视野连通性的权重调整。在对抗类任务中，由于队形的整体稳定性是战术实施和任务执行的首要保障，相应的目标函数更侧重于跟踪连通性。而在巡视类任务中，由于集群需要具备良好的探测能力以实现区域视野的有效覆盖，相应的目标函数更侧重视野连通性。

如图 6.8 所示，由跟踪连通性和视野连通性定义的目标函数满足以下设定：

（1）跟踪连通信息占 1 位，由 one-hot 领航机信息和构建的共情转移矩阵决定（见步骤 2）。

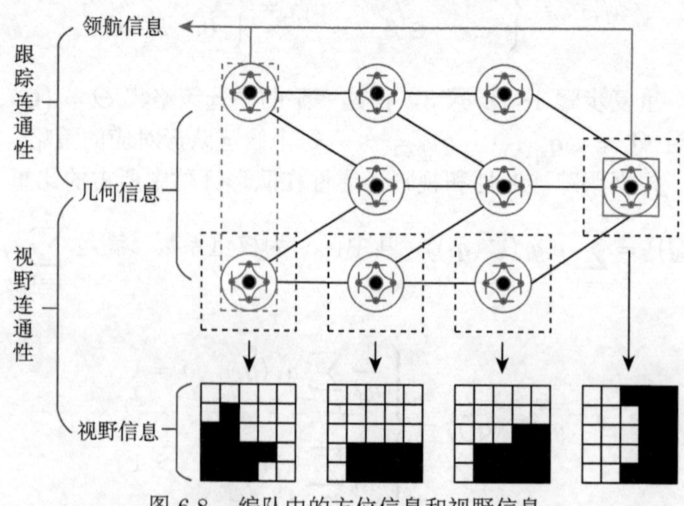

图 6.8 编队中的方位信息和视野信息

（2）视野连通信息占 $m\times m$ 位，由相应位上的 one-hot 视野信息和衍生的共情矩阵刻画（见步骤 3）。对于统一的目标函数形式：

$$f\left(\boldsymbol{U}\left(\boldsymbol{Q}\right)\right)=c_1\sum_{j\in\mathcal{F}}u_j\left(\boldsymbol{q}_1\right)+\sum_{i=2}^{m^2+1}c_i\sum_{j\in\mathcal{L}}u_j\left(\boldsymbol{q}_i\right)$$

对抗类任务的目标函数满足

$$c_1>\sum_{i=2}^{m^2+1}c_i$$

巡视类任务的目标函数满足

$$c_1<\sum_{i=2}^{m^2+1}c_i$$

此外，在构建视野信息时，大规模编队中个体的视野会受到周围个体的遮挡，因此，若将视野信息划分成 $m\times m$ 位，则每一位对应的 one-hot 视野信息向量由该位信息的视野方位、无人机方位以及几何队形共同决定。本节对视野信息的刻画将采用以下函数形式：

$$f\left(i,j\right)=\mathbb{I}\left(\min_{k\in\mathcal{N}_i}\arccos\left(v_j,p_k-p_i\right)>\theta\right)$$

式中，i、j 分别表示运动体序号和视野信息序号；$\mathcal{N}_i$ 为无人机 i 的邻域；p_i 为运动体 i 的位置信息；v_j 为视野信息 j 对应的方向向量；θ 为给定的最小视野角。

在确定任务目标和视野信息后，进一步需要考虑如何调整包含几何构型、领航坐标和通信拓扑的队形配置。如图 6.9所示，常见的几何构型有箭形、菱形、三角形、梯形（指形）等；领航坐标可选的设定包括队形顶点、队形边缘或队形内部；常见通信拓扑的可选连通模式包括网状拓扑结构（随机网络）和树状拓扑结构（无标度网络）。需要注意的是，由于假定编队控制方法采用一般一致性跟踪控制，候选队形的通信拓扑还需满足图的拉普拉斯矩阵次小特征值大于 0（或存在一条生成树），以保证控制算法的稳定性。

具体而言，①在测试网状拓扑编队时，由于网络中运动体的位置是随机分布的，可以假设其中所有节点的无线发射半径均相同，即节点的通信范围表示为以自身为中心的圆盘。同时，为降低通信负担，在保证该圆盘图为强连通的前提下，尽量减小通信圆盘半径。②在测试树状拓扑编队时，考虑候选领航机一般具有较高的性能储备，可以将相互连通的候选领航者作为根节点，并使用 Barabási-Albert 模型生成相应的无标度网络结构。其中，新增的节点链接从领航者向外扩展，并使其更大概率与通信覆盖范围内的原有网络中连接度更大的节点相连。

根据以上设定，对包含 1000 个运动体和 10 个候选领航者的编队任务进行了仿真测试。首先采用直接法分别计算对抗任务和巡视任务下每个队形的评价指标，如图 6.10和图 6.11所示。然后采用基于共情模型的迭代法对勾选队形进行解算，并与直接法的计算时效进行比较，如表 6.2所示。结果表明，迭代法与直接法的最优队形输出一致，且迭代法可以大幅提升解算效率。在对抗任务下，具有菱形构型、内部领航、树状拓扑的队形为最优解，在巡视任务中，具有箭形构型、顶点领航、树状拓扑的队形为最优解。

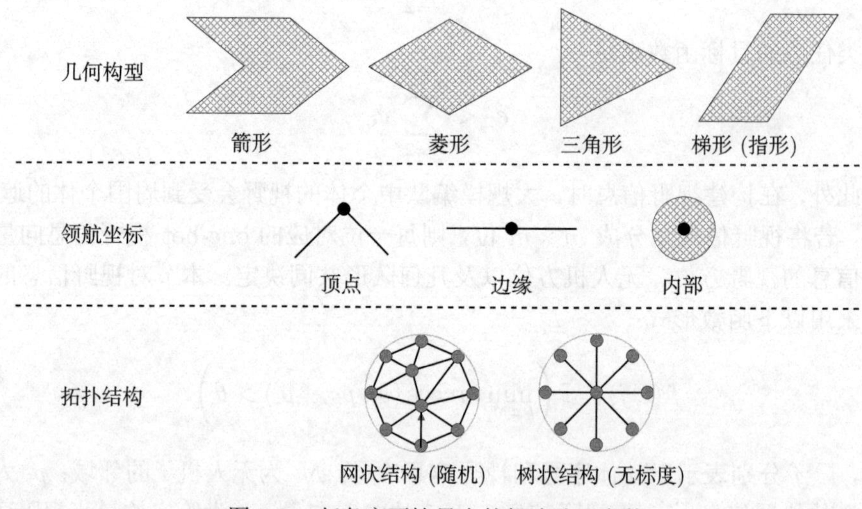

图 6.9　任务变更情景中的候选队形参数

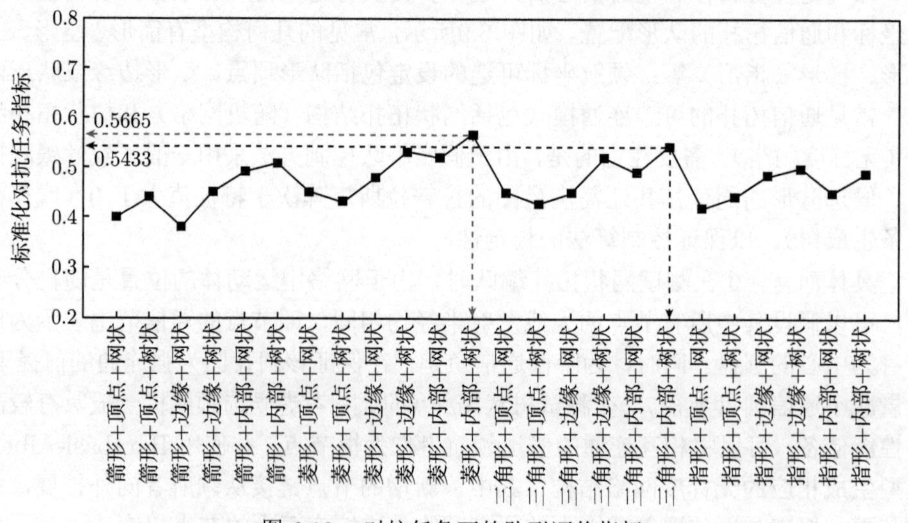

图 6.10　对抗任务下的队形评价指标

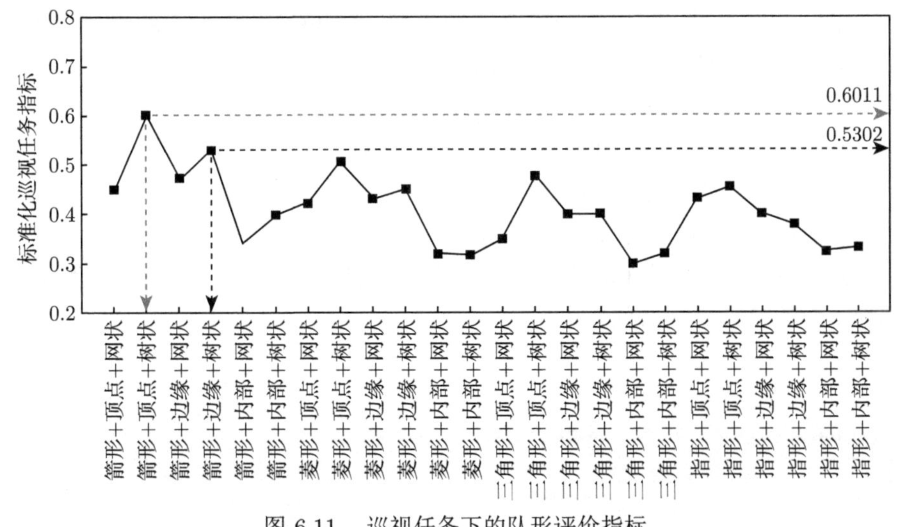

图 6.11 巡视任务下的队形评价指标

表 6.2 不同任务下的算法效率对比

环境	算法	时效/s
对抗任务	迭代法	0.0973
	直接法	1.2614
巡视任务	迭代法	0.0663
	直接法	1.2035

6.2 基于概率推理的编队运动规划方法

在实际任务中，例如搜索救援、地质勘探等任务，在保持相应队形的运动的同时，需要进行自主避障、自主队形变换等。本节将基于概率推理的编队运动规划方法分为全局编队规划和基于概率推理的轨迹优化两部分。其中，全局编队规划是利用给定的环境地图，为运动体编队在各个阶段规划合理的队形，并为每种队形合理分配时间，为后续的轨迹优化阶段提供合理的约束形式。在基于概率推理的轨迹优化阶段，除了高斯过程、边界条件等单个运动体的约束之外，还将队形约束、机间避碰约束等多运动体编队约束定义为新的因子，结合全局规划方法，构建该因子图的最小二乘优化问题，生成每个运动体的运动轨迹。此外，还将增量式快速重规划方法应用到了多运动体编队的场景，在目标点突然发生变化时，对已有轨迹进行增量式快速更新，找到新的可行轨迹。

6.2.1 全局编队规划方法

全局编队规划部分主要包括两个阶段 [262]：队形规划和任务分配。

在队形规划阶段，使用矩形安全飞行走廊（RSFC）生成各部分的期望队形。然后根据每段路径的长度，为每个期望队形分配执行时间区间。如图 6.12所示，队形规划主要包含四个步骤。

（1）初始化 RSFC（外框虚线表示），找到两条无碰撞的边界。

（2）构造矩形飞行走廊 C_i。

（3）根据 C_i 的形状计算合理队形。

（4）更新各段飞行走廊，确认队形中的运动体均无碰撞，最后进行时间分配，将规划队形约束在合适时间内。

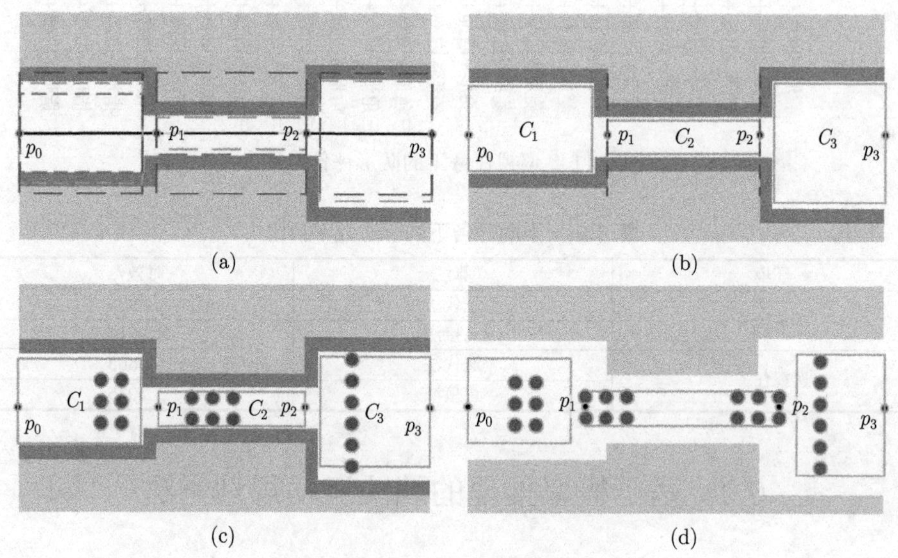

图 6.12 队形规划算法流程示意图

在规划好预期的队形后，需要对队形中的各个位置进行分配，即指定哪一个运动体应该去队形中的哪一个位置上，这样可以显著减少队形变换过程中运动体之间的路径冲突，从而使优化更容易且更快地收敛到最优可行轨迹上。

在队形变换过程设计中，尽量保证更多运动体的相对位移均大致指向同一个方向，这样会减少路径冲突。这里首先定义“行占优矩阵”为每行中元素数量多于每列中元素数量的矩阵，与之对应，“列占优矩阵”为每行中元素数量少于每列的矩阵。从图 6.13给出的示例中可以看出，在队形变换过程中，所有运动体的相对位移方向大致相同（夹角小于 90°），这样可以保证在队形变换过程中运动体之间不会发生碰撞。在具体实现中，如图 6.13所示，使用构建的分配列表库，以图中从“列占优”队形向“行占优”队形变换为例进行说明。从上往下，用虚线标出的斜对角线对矩阵中的元素进行分割，并按列索引升序排列存储在一个队列结构当中，然后按行填充到表示变换后队形的新矩阵当中。如果队列中元素的数量比新队形中当前行的空缺元素数量多，首先用队列末尾的元素填充当前行的剩余空缺，之后将队首的元素填充到新的一行当中。从“行占优”队形变换到“列占优”队形的过程与上述过程恰好相反。

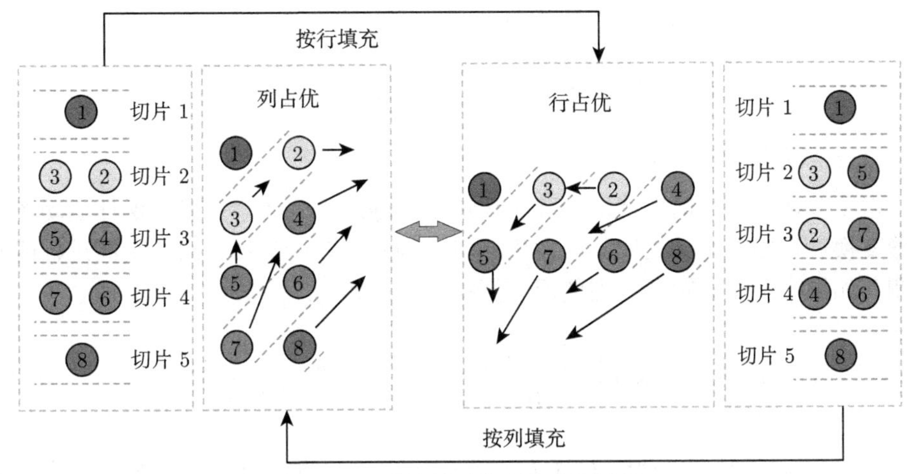

图 6.13 八个运动体任务分配示例

6.2.2 基于概率推理的轨迹生成方法

在获得全局规划的编队队形后，本节将对每个运动体进行轨迹优化。在此过程中，多运动体编队轨迹规划中个体的轨迹描述方式和单运动体轨迹规划中的轨迹描述方式大体相同：

$$\boldsymbol{\theta}(t) \sim \mathcal{GP}\left(\mu(t), \mathcal{K}\left(t, t'\right)\right), \quad t_0 < t, t' \tag{6.19}$$

式中，t_0 为初始时刻；$\boldsymbol{\theta}(t)$ 为运动体状态的连续时间轨迹，由运动学模型决定；$\mu(t)$ 为高斯均值函数；$\mathcal{K}\left(t, t'\right)$ 为协方差函数。单运动体轨迹优化问题具体构建流程参照文献 [263]。在本节中采用的运动学模型为

$$\dot{\boldsymbol{\theta}}(t) = \boldsymbol{A}\boldsymbol{\theta}(t) + \boldsymbol{F}_w(t) + \boldsymbol{u}(t) \tag{6.20}$$

式中，$\boldsymbol{A}$ 和 $\boldsymbol{F}_w$ 为带有噪声的系统模型；$\boldsymbol{u}$ 为系统输入。

在本节中，除运动学约束、障碍约束等单运动体约束外，引入了队形约束、运动体间碰撞约束等多运动体编队问题特有的约束，接下来将依次介绍上述约束。

6.2.2.1 障碍约束

与单运动体稍有不同，多运动体编队问题需要保证每个运动体均不与环境中的障碍物碰撞，因此需要对每个运动体进行碰撞检测，这里采用合页损失函数，其

具体形式为

$$c_{\text{obs}}\left(\boldsymbol{z},\boldsymbol{s}_i\right)=\begin{cases}-d_{\text{o}}\left(\boldsymbol{z},\boldsymbol{s}_i\right)+\epsilon_{\text{obs}}, & d_{\text{o}}<\epsilon_{\text{obs}}\\ 0, & d_{\text{o}}\geqslant\epsilon_{\text{obs}}\end{cases}\tag{6.21}$$

式中，$d_{\text{o}}(\boldsymbol{z},\boldsymbol{s}_i)$ 为每一个运动体与最近障碍物的最短距离；ϵ_{obs} 为与障碍物的安全距离。则可以得到障碍损失函数为

$$h_{\text{obs}}\left(\boldsymbol{\theta}_k\right)=\left[c_{\text{obs}}\left(\boldsymbol{\theta}_k,\boldsymbol{s}_i\right)\right]\big|_{1\leqslant i\leqslant N}\tag{6.22}$$

6.2.2.2　运动体间碰撞约束

对于多运动体编队的情况，除了环境中的静态障碍物，还需要保证运动体在队形变换过程中，个体之间不会发生碰撞，为此，对运动体之间的距离进行两两检测，如果小于安全距离，则使用合页损失进行惩罚：

$$c_{\text{col}}\left(\boldsymbol{z},\boldsymbol{s}_i,\boldsymbol{s}_j\right)=\begin{cases}-d_{\text{c}}\left(\boldsymbol{z},\boldsymbol{s}_i,\boldsymbol{s}_j\right)+\epsilon_{\text{col}}, & d_{\text{c}}<\epsilon_{\text{col}}\\ 0, & d_{\text{c}}\geqslant\epsilon_{\text{col}}\end{cases}\tag{6.23}$$

式中，$d_{\text{c}}(\boldsymbol{z},\boldsymbol{s}_i,\boldsymbol{s}_j)$ 为运动体 i 与 j 之间的距离；ϵ_{col} 为运动体间的安全距离。运动体间避碰损失函数为

$$h_{\text{col}}\left(\boldsymbol{\theta}_k\right)=\left[c_{\text{col}}\left(\boldsymbol{\theta}_k,\boldsymbol{s}_i,\boldsymbol{s}_j\right)\right]\big|_{1\leqslant i,j\leqslant N}\tag{6.24}$$

6.2.2.3　队形约束

本节对运动体队形定义如图 6.14所示，选取队形左上角运动体的中心位置为坐标系原点。图中圆点表示运动体在队形中的期望位置，由队形规划给出。圆形表示实际运动对运动体位置偏离期望位置的容许范围。因此，通过控制运动体之间的相对位置来实现队形保持，采用相对位置的方法描述队形更容易将算法扩展到大规模“集群系统”中。

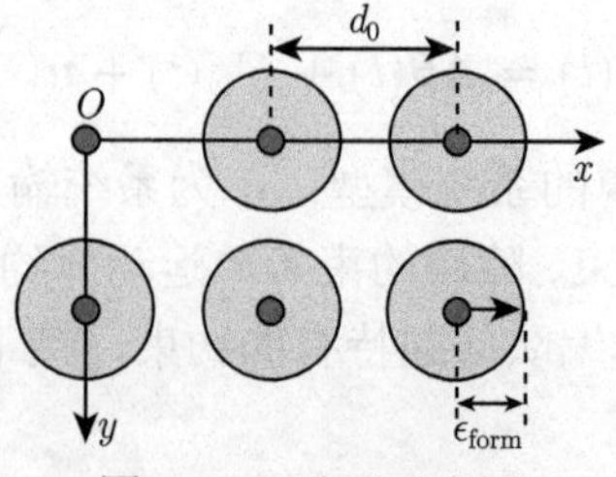

图 6.14　队形示意图

同样采用合页损失对运动体偏离队形的行为进行惩罚：

$$c_{\text{form}}(\boldsymbol{z}, \boldsymbol{s}_i) = \begin{cases} 0, & d_f \leqslant \epsilon_{\text{form}} \\ d_f(\boldsymbol{z}, \boldsymbol{s}_i) - \epsilon_{\text{form}}, & d_f > \epsilon_{\text{form}} \end{cases} \tag{6.25}$$

式中，$d_f(\boldsymbol{z}, \boldsymbol{s}_i)$ 为运动体 i 与期望的偏差；ϵ_{form} 为偏离容许范围的半径。损失函数为

$$h_{\text{form}}(\boldsymbol{\theta}_k) = [c_{\text{form}}(\boldsymbol{\theta}_k, \boldsymbol{s}_i)]|_{1 \leqslant i \leqslant N} \tag{6.26}$$

在实际中，还需要对以上支撑状态进行插值，以碰撞损失为例，将插值行为描述为

$$\begin{aligned} f_{\tau_j}^{\text{intp}}(\boldsymbol{\theta}_i, \boldsymbol{\theta}_{i+1}) &= \exp\left(-\frac{1}{2}\|h(\boldsymbol{\theta}(\tau_j))\|_{\sigma_{\text{obs}}}^2\right) \\ &= \exp\left(-\frac{1}{2}\left\|h_{\tau_j}^{\text{intp}}(\boldsymbol{\theta}_i, \boldsymbol{\theta}_{i+1})\right\|_{\sigma_{\text{obs}}}^2\right) \end{aligned} \tag{6.27}$$

至此，已经描述了多运动体编队轨迹规划问题的全部约束，构建了多运动体编队轨迹优化问题的因子图模型，如图 6.15所示。

最优轨迹可以描述为

$$\begin{aligned} \boldsymbol{\theta}^* &= \arg\max_{\boldsymbol{\theta}} p(\boldsymbol{\theta} \mid e) \\ &= \arg\max_{\boldsymbol{\theta}} p(\boldsymbol{\theta}) l(\boldsymbol{\theta}; e) \end{aligned} \tag{6.28}$$

式中，$l(\boldsymbol{\theta}; e)$ 为给定条件 e 下的预期轨迹 $\boldsymbol{\theta}$ 的似然分布；e 为约束条件相关。

将其转化为一个非最小二乘问题，可以表示为

$$\begin{aligned} \boldsymbol{\theta}^* &= \arg\max_{\boldsymbol{\theta}} \ p(\boldsymbol{\theta}) l(\boldsymbol{\theta}; e) \\ &= \arg\max_{\boldsymbol{\theta}} \{-\log(p(\boldsymbol{\theta}) l(\boldsymbol{\theta}; e))\} \\ &= \arg\min_{\boldsymbol{\theta}} \left\{\frac{1}{2}\|\boldsymbol{\theta} - \mu\|_{\mathcal{K}}^2 + \frac{1}{2}\|h(\boldsymbol{\theta})\|_{\boldsymbol{\Sigma}_{\text{obs}}}^2 + \frac{1}{2}\|h(\boldsymbol{\theta})\|_{\Sigma_{\text{col}}}^2 + \frac{1}{2}\|h(\boldsymbol{\theta})\|_{\boldsymbol{\Sigma}_{\text{form}}}^2\right\} \end{aligned} \tag{6.29}$$

式中，$\boldsymbol{\Sigma}_* = \sigma_*^2 \boldsymbol{I}$ 为对角矩阵，σ_* 为不同损失赋予的权重。

6.2.3 仿真与实验验证

本节以无人机为实例，通过多无人机编队任务场景的仿真和实物实验对基于概率推理的编队轨迹规划算法进行验证。实验使用 Crazyflie 小型无人机 [264]，采用 NOKOV 运动捕捉系统对无人机进行定位，如图 6.16 所示。

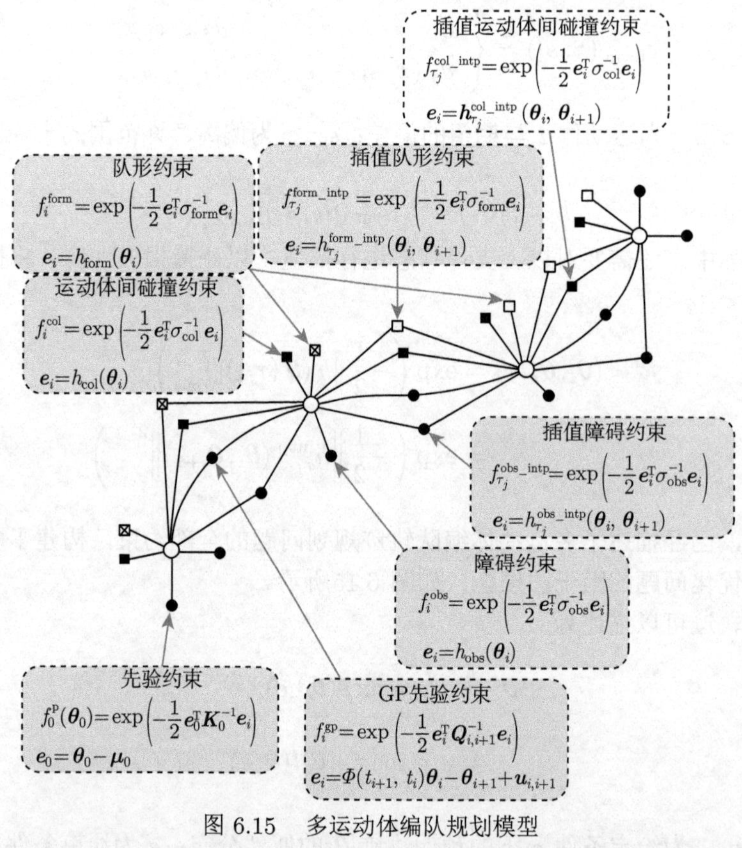

图 6.15　多运动体编队规划模型

(a) Crazyflie 小型无人机　　(b) NOKOV 运动捕捉系统

图 6.16　Crazyflie 小型无人机和 NOKOV 运动捕捉系统

6.2.3.1　多运动体编队重规划

为了验证基于概率推理的编队运动规划算法的队形保持和重规划效果，采用 4 架无人机保持队形，从起点出发到达终点，并突然改变无人机的目标点，在最大限度保持队形的情况下，快速完成重新规划，其中也包含了无人机避障、无人机个体之间相互避碰、保持队形等约束。本节的重规划算法避免了重新求解整个轨迹，只计算从当前状态到目标点的轨迹，极大提高了算法对各种意外情况的鲁棒性，使其更具实用价值，同时提升了在线运行的潜力，仿真与实物实验结果如图 6.17和图 6.18所示。

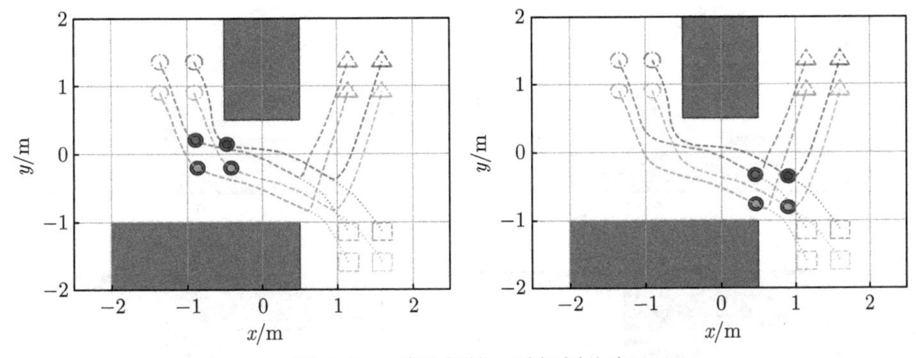

图 6.17 编队保持、重规划仿真

图 6.18 编队保持、重规划实物实验

6.2.3.2 多运动体自适应队形变换

为了验证规划算法在自适应变队形方面的性能，实验采用 6 架无人机穿越一段宽窄变化的区域，三段走廊的宽度分别为 2.5m、1.5m 和 3.5m，全局规划模块给出的各阶段的期望队形约束分别为：①1 ~ 2s(3×2)；②4 ~ 7s(2×3)；③9 ~ 10s(6×1)。仿真与实物实验结果如图 6.19和图 6.20所示。除此之外，还设计了一个 10 架无人机依次穿过宽度为 4m、2m 和 7m 走廊的实验场景，全局规划给出的队形约束及其执行时间区间为：①1 ~ 2s(5×2)；②4 ~ 7s(2×5)；

③$9 \sim 10\mathrm{s}(10 \times 1)$。仿真结果如图 6.21所示。

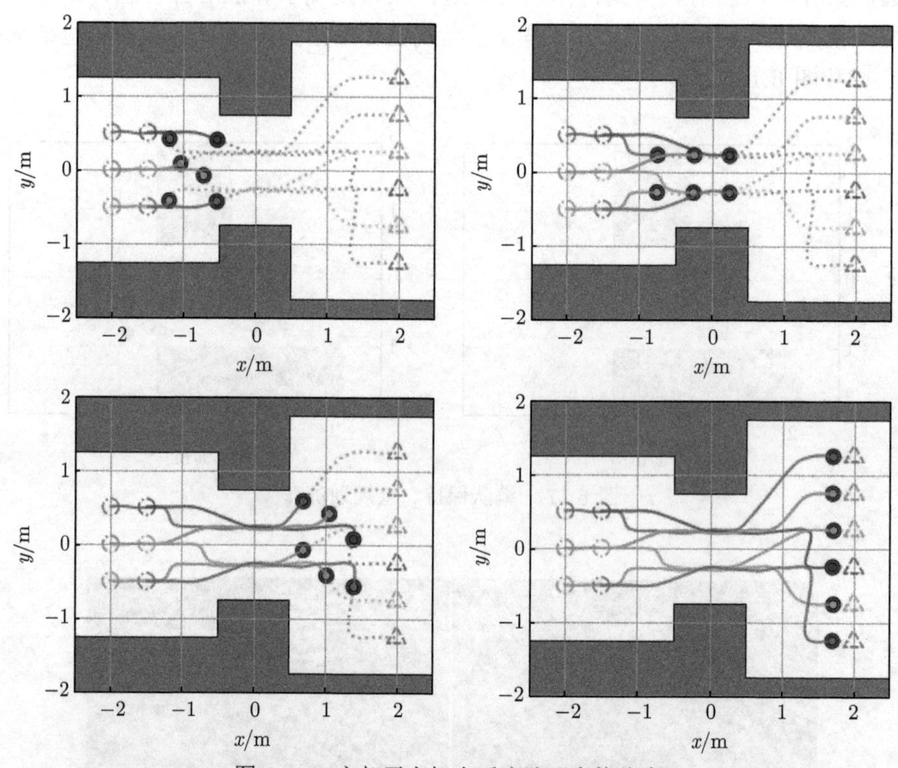

图 6.19 六架无人机自适应队形变换仿真

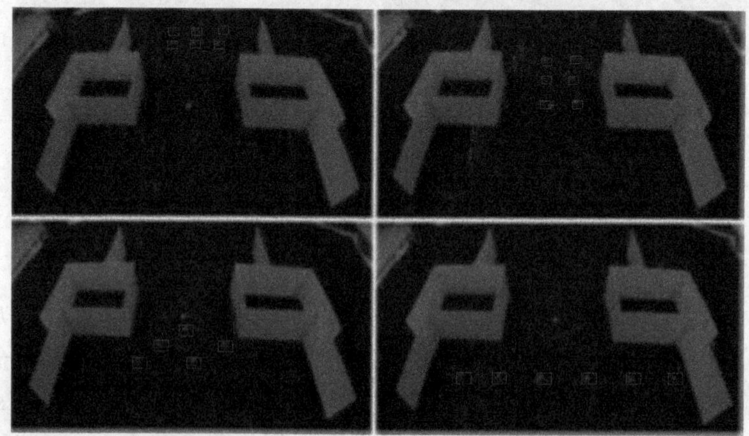

图 6.20 六架无人机自适应队形变换实验

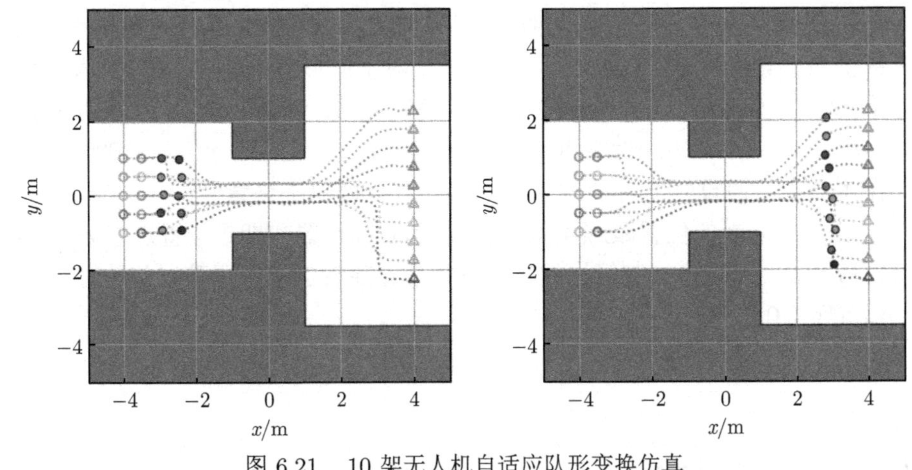

图 6.21　10 架无人机自适应队形变换仿真

6.3　基于仿射变换的协同编队控制方法

为了加快运动体搜索速度、建立可靠通信网络、进行高效探测、执行协同作战等目标，运动体需要自主形成特定队形来完成任务，使得研究分布式编队控制问题具有重要的现实意义。广义的编队控制问题还包括集群问题（所有运动体保持一致速度运动的同时，彼此保持一定距离）、包容控制问题（所有跟随者进入领航者组成的凸包一起运动）等。本节主要关注协同编队控制中的领航-跟随编队控制问题。

6.3.1　仿射变换理论

在传统领航-跟随方法的基础上，Zhao[140] 和徐扬 [265] 提出了基于仿射变换的领航-跟随编队理论。该方法结合了图论和领航-跟随法的理论内容，在多运动体系统图论模型的基础上，利用仿射变换实现编队控制算法设计。本节着重研究基于仿射模型的领航-跟随编队控制方法。

6.3.1.1　仿射变换基础知识

考虑状态空间为 $\mathbb{R}^d$ 的 n 个运动体，$\boldsymbol{p}_i \in \mathbb{R}^d$ 为运动体 i 的位置。所有运动体的位置状态为 $\boldsymbol{p} = \begin{bmatrix}\boldsymbol{p}_1^{\mathrm{T}} & \boldsymbol{p}_2^{\mathrm{T}} & \cdots & \boldsymbol{p}_n^{\mathrm{T}}\end{bmatrix}^{\mathrm{T}} \in \mathbb{R}^{dn}$，称 $\boldsymbol{p}$ 为该多运动体系统的构造。运动体间的信息交互可以用图 $\mathcal{G} = (\mathcal{V}, \mathcal{E})$ 来描述，其中每个运动体对应图中的一个顶点，运动体之间的通信关系对应图中的边。$\mathcal{V} = \{1, 2, \cdots, n\}$ 是运动体节点集合，$\mathcal{E} \subseteq \mathcal{V} \times \mathcal{V}$ 是通信关系边集合。图 $\mathcal{G}$ 的邻接矩阵为 $\boldsymbol{A} = [a_{ij}] \in \mathbb{R}^{n\times n}$，拉普拉斯矩阵为 $\boldsymbol{L} = [l_{ij}] \in \mathbb{R}^{n\times n}$，关联矩阵为 $\boldsymbol{H} = [h_{ij}] \in \mathbb{R}^{m\times n}$。构造 $\boldsymbol{p}$ 描述了所有运动体的位置，图 $\mathcal{G}$ 描述了运动体间的通信拓扑，将二者结合得到多运动体的队形 $(\mathcal{G}, \boldsymbol{p})$，$\mathcal{G}$ 中节点 i 对应运动体的位置为构造 $\boldsymbol{p}$ 中的 $\boldsymbol{p}_i$。

在领航-跟随法中，将一定数量的运动体设定为领航者，其余为跟随者。设领航者数量为 n_l，则跟随者数量表示为 $n-n_l$。对于队形 $(\mathcal{G},\boldsymbol{p})$，定义领航者集合为 $\mathcal{V}_l=\{1,2,\cdots,n_l\}$，跟随者集合为 $\mathcal{V}_f=\mathcal{V}\backslash\mathcal{V}_l$，领航者和跟随者构造分别为 $\boldsymbol{p}_l=\begin{bmatrix}\boldsymbol{p}_1^{\mathrm{T}} & \boldsymbol{p}_2^{\mathrm{T}} & \cdots & \boldsymbol{p}_{n_l}^{\mathrm{T}}\end{bmatrix}^{\mathrm{T}}\in\mathbb{R}^{dn_l}$ 和 $\boldsymbol{p}_f=\begin{bmatrix}\boldsymbol{p}_{n_l+1}^{\mathrm{T}} & \boldsymbol{p}_{n_l+2}^{\mathrm{T}} & \cdots & \boldsymbol{p}_n^{\mathrm{T}}\end{bmatrix}^{\mathrm{T}}\in\mathbb{R}^{d(n-n_l)}$。

在本节中，假设领航者的位置为期望位置，即对于任意时间 t，有 $\boldsymbol{p}_l(t)=\boldsymbol{p}_l^*(t)$。定义跟随者的位置跟踪误差 $\boldsymbol{\sigma}_{p_f}(t)$ 为实际位置和期望位置之差 $\boldsymbol{\sigma}_{p_f}(t)=\boldsymbol{p}_f(t)-\boldsymbol{p}_f^*(t)$。可见，控制算法的目标就是使跟随者的位置跟踪误差随时间收敛，$\lim\limits_{t\to\infty}\boldsymbol{\sigma}_{p_f}(t)=0$。

对于 $\mathbb{R}^d$ 中的 n 个节点，定义 S 为这 n 个节点的仿射空间，S 满足如下表达式：

$$S=\left\{\sum_{i=1}^{n}a_i\boldsymbol{p}_i:a_i\in\mathbb{R},\sum_{i=1}^{n}a_i=1,i=1,2,\cdots,n\right\}\tag{6.30}$$

仿射空间 S 内的元素是不同节点的线性组合，但其加法和数乘不封闭，因而不是线性空间。线性空间具有维度等概念，为了能够在仿射空间中讨论这些概念，可以进行平移使其包含原点，平移后生成的空间记为 S^*，S^* 是一个线性空间，且 n 个节点的仿射空间维度最多为 $n-1$。对于 n 个节点 $\{\boldsymbol{p}_i\}_{i=1}^n$，仿射相关和仿射无关定义如下。

定义 6.4 (仿射相关) 若存在不全为 0 的系数 $\{a_i\}_{i=1}^n$，使得 $\sum\limits_{i=1}^{n}a_i\boldsymbol{p}_i=\mathbf{0}$ 且 $\sum\limits_{i=1}^{n}a_i=0$，则称 $\{\boldsymbol{p}_i\}_{i=1}^n$ 仿射相关，否则称仿射无关。

定义构造 $\boldsymbol{p}$ 的构造矩阵 $\boldsymbol{P}\in\mathbb{R}^{n\times d}$ 和增广构造矩阵 $\bar{\boldsymbol{P}}\in\mathbb{R}^{n\times(d+1)}$ 如下：

$$\boldsymbol{P}(\boldsymbol{p})=\begin{bmatrix}\boldsymbol{p}_1^{\mathrm{T}}\\ \vdots\\ \boldsymbol{p}_n^{\mathrm{T}}\end{bmatrix}\in\mathbb{R}^{n\times d},\bar{\boldsymbol{P}}(\boldsymbol{p})=\begin{bmatrix}\boldsymbol{p}_1^{\mathrm{T}} & 1\\ \vdots & \vdots\\ \boldsymbol{p}_n^{\mathrm{T}} & 1\end{bmatrix}=[\boldsymbol{P}(\boldsymbol{p})\quad \mathbf{1}_n]\in\mathbb{R}^{n\times(d+1)}\tag{6.31}$$

由定义 6.4可得，若 $\{\boldsymbol{p}_i\}_{i=1}^n$ 仿射无关，则构造 $\boldsymbol{p}$ 的增广构造矩阵 $\bar{\boldsymbol{P}}$ 行满秩。由 $\bar{\boldsymbol{P}}$ 的列数为 $d+1$，可得仿射无关的点的个数至多为 $d+1$。

引理 6.6 [140] 点集 $\{\boldsymbol{p}_i\}_{i=1}^n$ 仿射扩张生成 $\mathbb{R}^d$ 空间的充要条件为 $n\geqslant d+1$ 且 $\operatorname{rank}\left(\bar{\boldsymbol{P}}(\boldsymbol{p})\right)=d+1$。

证明 若 $\{\boldsymbol{p}_i\}_{i=1}^n$ 仿射扩张生成 $\mathbb{R}^d$ 空间，则说明至少存在 $d+1$ 个点且 $\{\boldsymbol{p}_i-\boldsymbol{p}_n\}_{i=1}^{n-1}$ 中至少有 d 个线性无关的向量。不妨设 $i=1,2,\cdots,d$ 对应的向量

线性无关，又有

$$\sum_{i=1}^{d} a_i (\boldsymbol{p}_i - \boldsymbol{p}_n) = \boldsymbol{0} \Leftrightarrow a_1\boldsymbol{p}_1 + \cdots + a_d\boldsymbol{p}_d + a_n\boldsymbol{p}_n = \boldsymbol{0}$$

式中，$a_n = -(a_1 + \cdots + a_d)$，可以看出 $a_1+a_2+\cdots+a_d+a_n = 0$。可见，$\{a_i\}_{i=1}^d$ 线性相关等价于 $\{a_i\}_{i=1}^d$ 和 a_n 仿射相关。由 $\{a_i\}_{i=1}^d$ 线性无关可以得出 $\{a_i\}_{i=1}^d$ 和 a_n 仿射无关。因此构造 $\boldsymbol{p}$ 的增广构造矩阵 $\bar{\boldsymbol{P}}$ 列满秩，即 $\operatorname{rank}\left(\bar{\boldsymbol{P}}(\boldsymbol{p})\right) = d+1$。 □

使用仿射映射可以方便地描述运动体的队形，标称队形和仿射映射定义如下。

定义 6.5 (标称队形) 定义标称队形 $\boldsymbol{r}$ 的仿射映射为

$$\mathcal{A}(\boldsymbol{r}) = \left\{\boldsymbol{p} \in \mathbb{R}^{dn} : \boldsymbol{p} = (\boldsymbol{I}_n \otimes \boldsymbol{A})\,\boldsymbol{r} + \boldsymbol{1}_n \otimes \boldsymbol{b}(t), \boldsymbol{A} \in \mathbb{R}^{d\times d}, \boldsymbol{b} \in \mathbb{R}^d\right\} \tag{6.32}$$

式中，$\boldsymbol{r} = \begin{bmatrix}\boldsymbol{r}_1^{\mathrm{T}} & \cdots & \boldsymbol{r}_n^{\mathrm{T}}\end{bmatrix}^{\mathrm{T}} = \begin{bmatrix}\boldsymbol{r}_l^{\mathrm{T}} & \boldsymbol{r}_f^{\mathrm{T}}\end{bmatrix}^{\mathrm{T}} \in \mathbb{R}^{dn}$ 是一个常量队形，称为标称队形。$\mathcal{A}(\boldsymbol{r})$ 的元素 $\boldsymbol{p} = \begin{bmatrix}\boldsymbol{p}_1^{\mathrm{T}} & \cdots & \boldsymbol{p}_n^{\mathrm{T}}\end{bmatrix}^{\mathrm{T}} \in \mathbb{R}^{dn}$ 且 $\boldsymbol{p}_i = \boldsymbol{A}\boldsymbol{r}_i + \boldsymbol{b}$。

通过仿射映射的方式，用矩阵 $\boldsymbol{A}$ 和向量 $\boldsymbol{b}$ 来描述多运动体系统的队形。在编队控制问题中，目标队形往往随时间变化，因此需要用时变的 $\boldsymbol{A}$ 和 $\boldsymbol{b}$ 来描述，时变的目标队形定义如下。

定义 6.6 目标队形构造的时变形式可以表示为

$$\boldsymbol{p}^*(t) = [\boldsymbol{I}_n \otimes \boldsymbol{A}(t)]\,\boldsymbol{r} + \boldsymbol{1}_n \otimes \boldsymbol{b}(t) \tag{6.33}$$

式中，$\boldsymbol{r}$ 为标称队形；$\boldsymbol{A}(t) \in \mathbb{R}^{d\times d}$ 和 $\boldsymbol{b}(t) \in \mathbb{R}^d$ 是时间 t 的连续函数。对于每个运动体，其目标位置可以表示为 $\boldsymbol{p}_i^* = \boldsymbol{A}(t)\boldsymbol{r}_i + \boldsymbol{b}(t)$。

由定义 6.6可知，在任意的时刻 t 下，目标队形都包含于仿射映射 $\mathcal{A}(\boldsymbol{r})$ 中。

引理 6.7[140] 仿射映射 $\mathcal{A}(\boldsymbol{r})$ 的维度为 d^2+d 的充要条件为 $\{\boldsymbol{r}_i\}_{i=1}^n$ 仿射扩张生成 $\mathbb{R}^d$,且仿射映射 $\mathcal{A}(\boldsymbol{r})$ 的一组基为 $\{(\boldsymbol{I}_n \otimes \boldsymbol{E}_{ij})\,\boldsymbol{r}\}_{i,j=1,2,\cdots,d}$, $\{\boldsymbol{1}_n \otimes \boldsymbol{e}_i\}_{i=1,2,\cdots,d}$, 其中，$\boldsymbol{E}_{ij} \in \mathbb{R}^{d\times d}$ 且除第 i 行 j 列元素为 1 外其他元素均为 0，$\boldsymbol{e}_i \in \mathbb{R}^d$ 且除第 i 个元素为 1 外其他元素均为 0。

根据引理 6.7提出如下假设。

假设 6.3 标称队形 $\boldsymbol{r}$ 满足 $\{\boldsymbol{r}_i\}_{i=1}^n$ 仿射扩张生成 $\mathbb{R}^d$。

由假设 6.3和引理 6.7可得，若 $\{\boldsymbol{r}_i\}_{i=1}^n$ 仿射扩张生成 $\mathbb{R}^d$，则仿射映射中的每个构造 $\boldsymbol{p}$ 都与一组 $(\boldsymbol{A},\boldsymbol{b})$ 唯一对应。进而，每一个时刻 t 下的目标队形都可以用唯一的一组 $\boldsymbol{A}(t)$、$\boldsymbol{b}(t)$ 描述。

6.3.1.2 应力矩阵、符号拉普拉斯矩阵与仿射定位分析

在基于图论的多运动体理论中，运动体间图结构关系常用拉普拉斯矩阵进行描述，在常规的拉普拉斯矩阵中，其非对角元素为 0 或 −1。在针对无向图、有

向图的仿射变换的编队模型中，分别定义了两种新的拉普拉斯矩阵——应力矩阵与符号拉普拉斯矩阵，在本节中，针对应力矩阵进行分析。

定义 6.7 (仿射定位) 若标称队形 $(\mathcal{G},\boldsymbol{r})$ 中任意构造 $\boldsymbol{p}=\begin{bmatrix}\boldsymbol{p}_l^{\mathrm{T}} & \boldsymbol{p}_f^{\mathrm{T}}\end{bmatrix}^{\mathrm{T}}\in\mathcal{A}(\boldsymbol{r})$，$\boldsymbol{p}_f$ 可以被 $\boldsymbol{p}_l$ 唯一确定，则称该标称队形能被领航者仿射定位。

由定义 6.7可以看出，若标称队形 $(\mathcal{G},\boldsymbol{r})$ 能被领航者仿射定位，则可以根据领航者的位置唯一确定跟随者的位置。如前所述，领航者的位置即其目标位置，可以唯一确定跟随者的目标位置 $\boldsymbol{p}_f^*(t)$，从而设计相应的编队控制算法。

定义 6.8 对于通信结构为无向图的情况，定义应力为一系列系数，记作 $\{\omega_{ij}\}_{(i,j)\in\mathcal{E}}$，其中 $\omega_{ij}=\omega_{ji}$。一个应力称为平衡应力，当且仅当其满足

$$\sum_{j\in\mathcal{N}_i}\omega_{ij}\left(\boldsymbol{p}_j-\boldsymbol{p}_i\right)=\boldsymbol{0} \tag{6.34}$$

令 $\boldsymbol{\omega}=[\omega_1 \quad \cdots \quad \omega_m]^{\mathrm{T}}\in\mathbb{R}^m$，称为应力向量。注意到平衡应力向量具有线性性质，即若 $\boldsymbol{\omega}$ 为平衡应力向量，则 $k\boldsymbol{\omega}$ 也为平衡应力向量，k 为任意常数。

定义 6.9 $\sum\limits_{j\in\mathcal{N}_i}\omega_{ij}\left(\boldsymbol{p}_j-\boldsymbol{p}_i\right)=0$ 可以写为如下形式：

$$(\boldsymbol{\Omega}\otimes\boldsymbol{I}_d)\boldsymbol{p}=0 \tag{6.35}$$

式中，$\boldsymbol{\Omega}\in\mathbb{R}^{n\times n}$ 称为应力矩阵，且满足

$$[\boldsymbol{\Omega}]_{ij}=\begin{cases}0, & i\neq j,(i,j)\notin\mathcal{E}\\ -\omega_{ij}, & i\neq j,(i,j)\in\mathcal{E}\\ \sum\limits_{k\in\mathcal{N}_i}\omega_{ik}, & i=j\end{cases} \tag{6.36}$$

由 6.3.1.1节可得，在任意时刻 t 下，有 $\boldsymbol{p}^*(t)\in\mathcal{A}(\boldsymbol{r})$，即目标队形构造一定被包含于仿射映射中。令 $(\mathcal{G},\boldsymbol{r})$ 为标称队形，下面给出标称队形能被领航者仿射定位的充要条件。

引理 6.8[140] 在假设 6.3下，标称队形 $(\mathcal{G},\boldsymbol{r})$ 能被领航者仿射定位的充要条件为 $\{\boldsymbol{r}_i\}_{i\in\mathcal{V}_l}$ 仿射扩张生成 $\mathbb{R}^d$。

根据引理 6.6可得，在 d 维空间下，领航者的个数至少为 $d+1$。事实上，若领航者个数小于 $d+1$，则 $\boldsymbol{p}_l$ 求解 $\boldsymbol{p}_f$ 的方程可能无解，因此本节选取领航者个数恰好等于 $d+1$，此时每个队形 $\boldsymbol{p}=\begin{bmatrix}\boldsymbol{p}_l^{\mathrm{T}} & \boldsymbol{p}_f^{\mathrm{T}}\end{bmatrix}^{\mathrm{T}}\in\mathcal{A}(\boldsymbol{r})$ 与一个 $(\boldsymbol{A},\boldsymbol{b})$ 参数对一一对应。定义符号：

$$\bar{\boldsymbol{\Omega}}=\boldsymbol{\Omega}\otimes\boldsymbol{I}_d=\begin{bmatrix}\bar{\boldsymbol{\Omega}}_{ll} & \bar{\boldsymbol{\Omega}}_{lf}\\ \bar{\boldsymbol{\Omega}}_{fl} & \bar{\boldsymbol{\Omega}}_{ff}\end{bmatrix} \tag{6.37}$$

式中，$\bar{\boldsymbol{\Omega}}_{ff} \in \mathbb{R}^{(dn_f)\times(dn_f)}$ $\bar{\boldsymbol{\Omega}}_{fl} \in \mathbb{R}^{(dn_f)\times(dn_l)}$。

假设 6.4 标称队形 $(\mathcal{G}, \boldsymbol{r})$ 具有半正定的应力矩阵满足 $\mathrm{rank}(\boldsymbol{\Omega}) = n-d-1$。

仿射定位与应力矩阵性质的关系由引理 6.9给出。

引理 6.9[140] 在假设 6.3和假设 6.4条件下，标称队形 $(\mathcal{G}, \boldsymbol{r})$ 能被领航者仿射定位的充要条件是 $\bar{\boldsymbol{\Omega}}_{ff}$ 非奇异。若 $\bar{\boldsymbol{\Omega}}_{ff}$ 非奇异，则任何构造 $\boldsymbol{p} = \begin{bmatrix}\boldsymbol{p}_l^{\mathrm{T}} & \boldsymbol{p}_f^{\mathrm{T}}\end{bmatrix}^{\mathrm{T}} \in \mathcal{A}(\boldsymbol{r})$，可以通过 $\boldsymbol{p}_f = -\bar{\boldsymbol{\Omega}}_{ff}^{-1}\bar{\boldsymbol{\Omega}}_{fl}\boldsymbol{p}_l$ 唯一确定。

由引理 6.9可得，若 $\bar{\boldsymbol{\Omega}}_{ff}$ 非奇异，则可以由 $\boldsymbol{p}_l$ 直接求得 $\boldsymbol{p}_f$，从而得到每个跟随者的目标位置。在后续内容中，假设 $\boldsymbol{\Omega}$ 是非奇异的。

领航-跟随多运动体系统的仿射定位描述如图 6.22 所示，其中 1~3 号为此系统的领航者，4、5 号为跟随者。二维空间内此系统交互图中存在三个领航者，而且编队队形满足上述假设的要求，则系统的跟随者 4、5 号的位置可以由领航者的位置通过仿射定位引理 6.9所唯一确定。在后续控制算法设计过程中，默认系统满足假设 6.5。

假设 6.5 标称队形 $(\mathcal{G}, \boldsymbol{r})$ 能被领航者仿射定位。

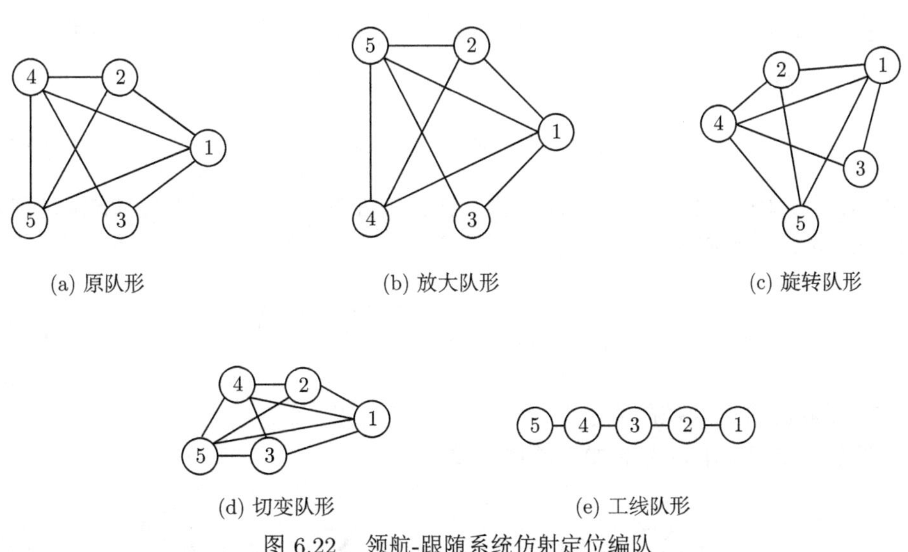

图 6.22 领航-跟随系统仿射定位编队

6.3.2 基于仿射变换的有限时间抗扰动协同编队控制方法

6.3.2.1 一阶抗扰动协同编队控制方法

假定跟随者中每个运动体均可采用连续的一阶积分模型表述其状态方程：

$$\dot{\boldsymbol{p}}_i(t) = \boldsymbol{u}_i(t) \tag{6.38}$$

式中，$\boldsymbol{u}_i$ 表示第 i 个运动体的输入量。根据引理 6.4可知 $\boldsymbol{p}_f^*(t)=-\bar{\boldsymbol{\Omega}}_{ff}^{-1}\bar{\boldsymbol{\Omega}}_{fl}\boldsymbol{p}_l(t)$，则在无向图中，控制目标为当 $t\geqslant t_s$ 时，$\boldsymbol{\delta}_{p_f}(t)=\boldsymbol{p}_f(t)-\boldsymbol{p}_f^*(t)=\boldsymbol{p}_f(t)+\bar{\boldsymbol{\Omega}}_{ff}^{-1}\bar{\boldsymbol{\Omega}}_{fl}\boldsymbol{p}_l(t)$ 为 0，从而使运动体形成目标队形。在有向图情况下，与其类似可实现当 $t\geqslant t_s$ 时，$\boldsymbol{\delta}_{p_f}(t)=\boldsymbol{p}_f(t)-\boldsymbol{p}_f^*(t)=\boldsymbol{p}_f(t)+(\bar{\boldsymbol{L}}_{ff}^s)^{-1}\bar{\boldsymbol{L}}_{fl}^s\boldsymbol{p}_l(t)$ 为 0。

为了方便后续的编队控制方法设计与验证分析，在介绍控制算法前，先给出两个有限时间控制算法中常用的引理。

引理 6.10[266]　对于一个非线性系统 $\dot{x}=f(x(t))$，有 $f(0)=0$，如果存在李雅普诺夫函数 $V(x)$ 满足

$$\dot{V}(x)\leqslant-\beta V^{\alpha}(x) \tag{6.39}$$

式中，$\beta>0$；$\alpha\in(0,1)$。那么对于任意初始值 $V(x_0)<\infty$，$V(x)$ 有限时间收敛到 0。收敛时间可约束为

$$t\leqslant\frac{1}{\beta(1-\alpha)}V^{1-\alpha}(x_0) \tag{6.40}$$

引理 6.11[267]　对于一个非线性系统 $\dot{x}=f(x(t))$，有 $f(0)=0$，如果存在李雅普诺夫函数 $V(x)$ 满足

$$\dot{V}(x)+\alpha V(x)+\beta V^{\gamma}(x)\leqslant 0 \tag{6.41}$$

式中，$\alpha,\beta>0$；$\gamma\in(0,1)$。那么对于任意初始值 $V(x_0)<\infty$，$V(x)$ 有限时间收敛到 0。收敛时间可约束为

$$t\leqslant\frac{1}{\alpha(1-\gamma)}\ln\left(\frac{\alpha V^{1-\gamma}(x_0)+\beta}{\beta}\right) \tag{6.42}$$

1. 无向图抗扰动控制算法

在无向图情况下，考虑如下的控制算法：

$$\dot{\boldsymbol{p}}_i=-\alpha\sum_{j\in\mathcal{N}_i}\omega_{ij}\left(\boldsymbol{p}_i-\boldsymbol{p}_j\right)-\beta\operatorname{sgn}\left(\sum_{j\in\mathcal{N}_i}\omega_{ij}\left(\boldsymbol{p}_i-\boldsymbol{p}_j\right)\right) \tag{6.43}$$

其矩阵形式为

$$\dot{\boldsymbol{p}}_f=-\alpha(\bar{\boldsymbol{\Omega}}_{ff}\boldsymbol{p}_f+\bar{\boldsymbol{\Omega}}_{f\ell}\boldsymbol{p}_\ell^*)=-\alpha\bar{\boldsymbol{\Omega}}_{ff}\boldsymbol{\delta}_{p_f}-\beta\operatorname{sgn}(\bar{\boldsymbol{\Omega}}_{ff}\boldsymbol{\delta}_{p_f}) \tag{6.44}$$

首先考虑最简单的情况，即领航者的速度为 0 的情况。在这种情况下，采用下面的定理证明此算法的有效性。

定理 6.3 在假设 6.3～ 假设 6.5的条件下，如果领航者速度 $\dot{\boldsymbol{p}}_\ell^*$ 恒为 0，则在控制算法 (6.43) 的作用下，跟踪误差 $\boldsymbol{\delta}_{p_f}(t)$ 将在全局有限时间内收敛至 0，收敛时间 t_1 为

$$t_1 \leqslant \frac{2}{\alpha_1} \ln \left(\frac{\alpha_1 V^{\frac{1}{2}}(0) + \beta_1}{\beta_1} \right) \tag{6.45}$$

式中，$\alpha_1 = \dfrac{2\alpha\lambda_{\min}^2(\bar{\boldsymbol{\Omega}}_{ff})}{\lambda_{\max}(\bar{\boldsymbol{\Omega}}_{ff})}$；$\beta_1 = \dfrac{\sqrt{2}\beta\lambda_{\min}(\bar{\boldsymbol{\Omega}}_{ff})}{\sqrt{\lambda_{\max}(\bar{\boldsymbol{\Omega}}_{ff})}}$。

证明 将式 (6.44) 代入 $\dot{\boldsymbol{\delta}}_{p_f}$，可得

$$\dot{\boldsymbol{\delta}}_{p_f} = \dot{\boldsymbol{p}}_f(t) + \bar{\boldsymbol{\Omega}}_{f\ell}\dot{\boldsymbol{p}}_\ell^* = -\alpha\bar{\boldsymbol{\Omega}}_{ff}\boldsymbol{\delta}_{p_f} - \beta\text{sgn}(\bar{\boldsymbol{\Omega}}_{ff}\boldsymbol{\delta}_{p_f}) + \bar{\boldsymbol{\Omega}}_{ff}^{-1}\bar{\boldsymbol{\Omega}}_{fl}\dot{\boldsymbol{p}}_\ell^* \tag{6.46}$$

考虑到领航者速度 $\dot{\boldsymbol{p}}_\ell^*$ 恒为 0，有

$$\dot{\boldsymbol{\delta}}_{p_f} = -\alpha\bar{\boldsymbol{\Omega}}_{ff}\boldsymbol{\delta}_{p_f} - \beta\text{sgn}(\bar{\boldsymbol{\Omega}}_{ff}\boldsymbol{\delta}_{p_f}) \tag{6.47}$$

选李雅普诺夫函数为 $V_1 = \dfrac{1}{2}\boldsymbol{\delta}_{p_f}^{\mathrm{T}}\bar{\boldsymbol{\Omega}}_{ff}\boldsymbol{\delta}_{p_f}$,根据式 (6.47) 及 $V_1 \leqslant \dfrac{1}{2}\lambda_{\max}(\bar{\boldsymbol{\Omega}}_{ff})||\boldsymbol{\delta}_{p_f}||_2^2$ 可得 V_1 的一阶导数为

$$\begin{aligned}
\dot{V}_1 &= \boldsymbol{\delta}_{p_f}^{\mathrm{T}}\bar{\boldsymbol{\Omega}}_{ff}\dot{\boldsymbol{\delta}}_{p_f} \\
&= -\boldsymbol{\delta}_{p_f}^{\mathrm{T}}\bar{\boldsymbol{\Omega}}_{ff}(\alpha\bar{\boldsymbol{\Omega}}_{ff}\boldsymbol{\delta}_{p_f} + \beta\text{sgn}(\bar{\boldsymbol{\Omega}}_{ff}\boldsymbol{\delta}_{p_f})) \\
&\leqslant -\frac{2\alpha\lambda_{\min}^2(\bar{\boldsymbol{\Omega}}_{ff})}{\lambda_{\max}(\bar{\boldsymbol{\Omega}}_{ff})}V_1 - \beta||\bar{\boldsymbol{\Omega}}_{ff}\boldsymbol{\delta}_{p_f}||_1 \\
&\leqslant -\alpha_1 V_1 - \beta_1 V_1^{\frac{1}{2}}
\end{aligned} \tag{6.48}$$

式中

$$\alpha_1 = \frac{2\alpha\lambda_{\min}^2(\bar{\boldsymbol{\Omega}}_{ff})}{\lambda_{\max}(\bar{\boldsymbol{\Omega}}_{ff})};\ \beta_1 = \frac{\sqrt{2}\beta\lambda_{\min}(\bar{\boldsymbol{\Omega}}_{ff})}{\sqrt{\lambda_{\max}(\bar{\boldsymbol{\Omega}}_{ff})}}$$

根据假设 6.3～ 假设 6.5可知 $\bar{\boldsymbol{\Omega}}_{ff}$ 为正定矩阵，因此 $\lambda_{\min}(\bar{\boldsymbol{\Omega}}_{ff}) > 0$。根据引理 6.11可得 $\boldsymbol{\delta}_{p_f}$ 收敛到 0 的时间为

$$t_1 \leqslant \frac{2}{\alpha_1} \ln \left(\frac{\alpha_1 V_1^{\frac{1}{2}}(0) + \beta_1}{\beta_1} \right)$$

因此，$\boldsymbol{\delta}_{p_f}(t)$ 全局范围内有限时间 t_1 内收敛至 0，证毕。 □

考虑领航者具有速度的情况时，设 t 时刻时领航者速度为 $\dot{\boldsymbol{p}}_\ell^*$。在这种情况下，依然采用式 (6.43) 控制算法，其误差方程为式 (6.46)。

定理 6.4 在假设 6.3~假设 6.5的情况下，若领航者速度 $\dot{\boldsymbol{p}}_\ell^*$ 不为 0，则在控制算法式 (6.43) 作用下，当跟踪误差 $\boldsymbol{\delta}_{p_f}(t)$ 将在全局有限时间内收敛至 0，收敛时间 t_2 为

$$t_2 \leqslant \frac{2}{\alpha_2} \ln\left(\frac{\alpha_2 V_2^{\frac{1}{2}}(0) + \beta_2}{\beta_2}\right) \tag{6.49}$$

证明 定义 $V_2 = V_1$，可得

$$\begin{aligned} \dot{V}_2 &= \boldsymbol{\delta}_{p_f}^{\mathrm{T}} \bar{\boldsymbol{\Omega}}_{ff} \dot{\boldsymbol{\delta}}_{p_f} \\ &= -\boldsymbol{\delta}_{p_f}^{\mathrm{T}} \bar{\boldsymbol{\Omega}}_{ff}(\alpha \bar{\boldsymbol{\Omega}}_{ff} \boldsymbol{\delta}_{p_f} + \beta \mathrm{sgn}(\bar{\boldsymbol{\Omega}}_{ff} \boldsymbol{\delta}_{p_f}) + \bar{\boldsymbol{\Omega}}_{ff}^{-1} \bar{\boldsymbol{\Omega}}_{fl} \dot{\boldsymbol{p}}_\ell^*) \\ &\leqslant -\alpha_2 V_2 - (\beta - (\boldsymbol{v}_f)_{\max}) || \bar{\boldsymbol{\Omega}}_{ff} \boldsymbol{\delta}_{p_f} ||_1 \\ &\leqslant -\alpha_2 V_2 - \beta_2 V_2^{\frac{1}{2}} \end{aligned} \tag{6.50}$$

式中

$$\alpha_2 = \frac{2\alpha \lambda_{\min}^2(\bar{\boldsymbol{\Omega}}_{ff})}{\lambda_{\max}(\bar{\boldsymbol{\Omega}}_{ff})}; \beta_2 = \frac{\sqrt{2}(\beta - (\boldsymbol{v}_f)_{\max}) \lambda_{\min}(\bar{\boldsymbol{\Omega}}_{ff})}{\sqrt{\lambda_{\max}(\bar{\boldsymbol{\Omega}}_{ff})}}$$

因此当 $\beta > (\boldsymbol{v}_f)_{\max}$ 时，$\boldsymbol{\delta}_{p_f}$ 收敛到 0 的时间 t_2 为

$$t_2 \leqslant \frac{2}{\alpha_2} \ln\left(\frac{\alpha_2 V_2^{\frac{1}{2}}(0) + \beta_2}{\beta_2}\right)$$

因此，$\boldsymbol{\delta}_{p_f}(t)$ 全局范围内有限时间 t_2 内收敛至 0，证毕。 □

2. 仿真实验及分析

为了证明定理 6.3和定理 6.4中所提出编队控制算法的有效性，本节考虑二维平面协同编队场景，设定一个由 3 个领航者和 4 个跟随者组成的多运动体系统，此系统满足仿射可定位的条件，其标称队形和队形矩阵如图 6.23所示，其中前 3 个节点记作领航者，后 4 个节点记作跟随者。在仿真中添加扰动项 $d = \sin t$，用来验证算法的抗扰动性能。

扰动作用下 7 个一阶运动体协同编队轨迹如图 6.24所示，可见所提出的编队控制算法能够克服扰动的影响并迅速生成期望队形，进而实现平移、缩放、斜切以及旋转等预设的连续机动编队任务。图 6.25展示了扰动作用下跟随者位置误差曲线（即跟随者位置误差向量的 2 范数曲线）以及每个运动体对应的速度曲线。可以看到，在采用设计的控制算法后，整个编队系统的跟踪误差在仿真开始 5s 内就可

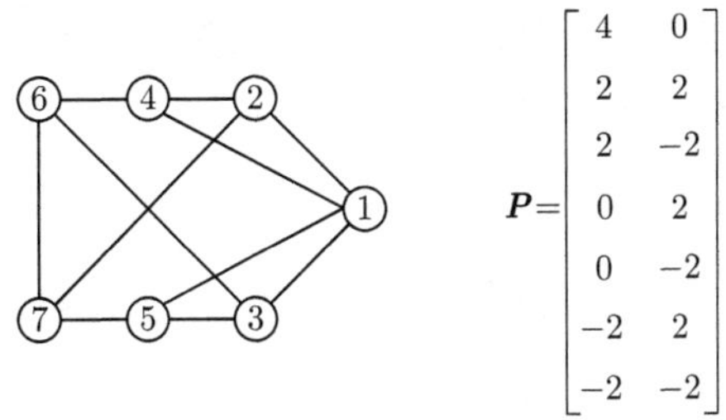

图 6.23 7 个运动体的标称队形和队形矩阵

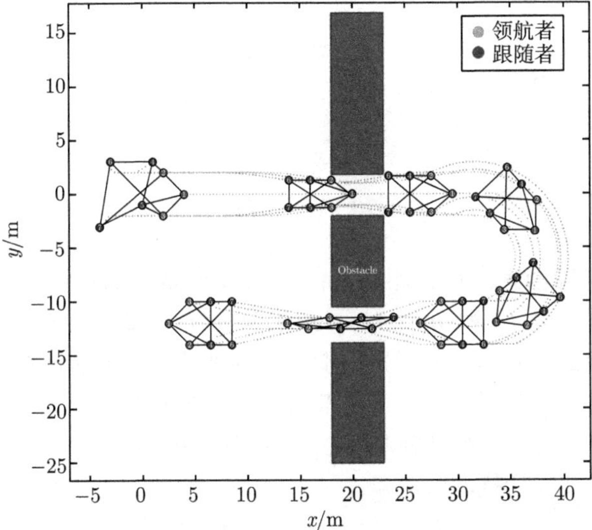

图 6.24 扰动作用下一阶运动体协同编队轨迹

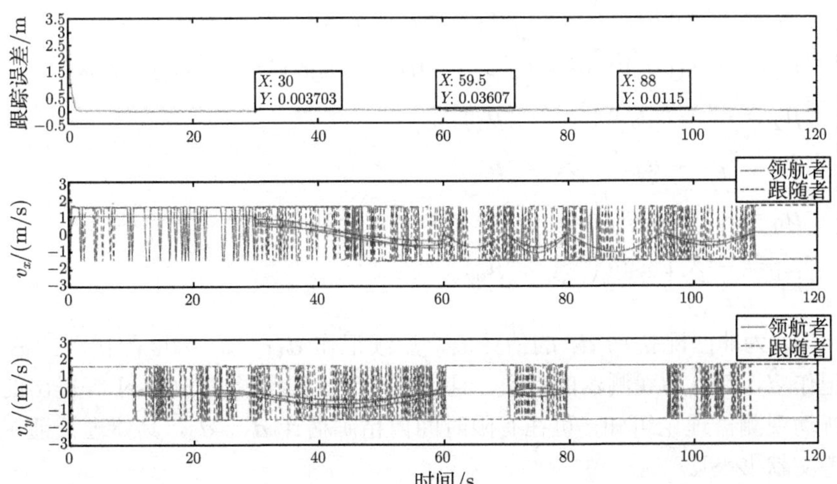

图 6.25 扰动作用下跟随者位置误差曲线以及每个运动体对应的速度曲线

以快速收敛到 0.04m 以下，而且最终的稳态误差小于 0.03m。验证了定理 6.3和定理 6.4中所提出编队控制算法的有效性。

6.3.2.2 二阶抗扰动协同编队控制方法

假定跟随者中每个运动体均可采用连续的二阶积分模型表述其状态方程：

$$\begin{cases} \dot{\boldsymbol{p}}_f = \boldsymbol{v}_f + \boldsymbol{d}_1 \\ \dot{\boldsymbol{v}}_f = \boldsymbol{u}_f + \boldsymbol{d}_2 \end{cases} \tag{6.51}$$

式中，$\boldsymbol{u}_f = [\boldsymbol{u}_{n_l+1} \quad \cdots \quad \boldsymbol{u}_i \quad \cdots \quad \boldsymbol{u}_n]^{\mathrm{T}}$ 表示跟随者运动体的输入量；$\boldsymbol{d}_1$、$\boldsymbol{d}_2$ 分别为非匹配与匹配扰动，误差系统方程可以描述为

$$\begin{cases} \dot{\boldsymbol{\delta}}_{p_f} = \boldsymbol{\delta}_{v_f} + \boldsymbol{d}_1 \\ \dot{\boldsymbol{\delta}}_{v_f} = \boldsymbol{u}_f + \boldsymbol{d}_2 - \dot{\boldsymbol{v}}_f^* \end{cases} \tag{6.52}$$

本节的控制目标为：设计跟随者的分布式鲁棒控制算法，使得 $t \geqslant t_s$ 时，$\boldsymbol{\delta}_{p_f}(t) = \boldsymbol{p}_f(t) - \boldsymbol{p}_f^*(t)$ 和 $\boldsymbol{\delta}_{v_f}(t) = \boldsymbol{v}_f(t) - \boldsymbol{v}_f^*(t)$ 都等于 0，从而使运动体在扰动情况下保持目标队形。鉴于采用滑模控制算法仅可抑制匹配扰动，而对于非匹配扰动，难以抑制其影响。因此本节将采用有限时间扰动观测器，对扰动进行观测，从而实现抗扰动的编队控制算法。本节以 Shtessel 等 [268] 提出的有限时间扰动观测器为基础设计扰动观测器：

$$\begin{cases} {}^1\dot{\boldsymbol{z}}_0 = {}^1\boldsymbol{\mu}_0 + \boldsymbol{v}_f, \quad {}^1\dot{\boldsymbol{z}}_1 = {}^1\boldsymbol{\mu}_1, \quad {}^1\dot{\boldsymbol{z}}_2 = {}^1\boldsymbol{\mu}_2 \\ {}^1\boldsymbol{\mu}_0 = -{}^1\lambda_0(L_1)^{1/3}\mathrm{diag}\left(\left|{}^1\boldsymbol{z}_0 - \boldsymbol{p}_f\right|^{2/3}\right)\mathrm{sgn}\left({}^1\boldsymbol{z}_0 - \boldsymbol{p}_f\right) + {}^1\boldsymbol{z}_1 \\ {}^1\boldsymbol{\mu}_1 = -{}^1\lambda_1(L_1)^{1/2}\mathrm{diag}\left(\left|{}^1\boldsymbol{z}_1 - {}^1\boldsymbol{\mu}_0\right|^{1/2}\right)\mathrm{sgn}\left({}^1\boldsymbol{z}_1 - {}^1\boldsymbol{\mu}_0\right) + {}^1\boldsymbol{z}_2 \\ {}^1\boldsymbol{\mu}_2 = -{}^1\lambda_2 L_1\mathrm{sgn}\left({}^1\boldsymbol{z}_2 - {}^1\boldsymbol{\mu}_1\right) \\ {}^2\dot{\boldsymbol{z}}_0 = {}^2\boldsymbol{\mu}_0 + \boldsymbol{u}_f, \quad {}^2\dot{\boldsymbol{z}}_1 = {}^2\boldsymbol{\mu}_1 \\ {}^2\boldsymbol{\mu}_0 = -{}^2\lambda_0(L_2)^{1/2}\mathrm{diag}\left(\left|{}^2\boldsymbol{z}_0 - \boldsymbol{v}_f\right|^{1/2}\right)\mathrm{sgn}\left({}^2\boldsymbol{z}_0 - \boldsymbol{v}_f\right) + {}^2\boldsymbol{z}_1 \\ {}^2\boldsymbol{\mu}_1 = -{}^2\lambda_1 L_2\mathrm{sgn}\left({}^2\boldsymbol{z}_1 - {}^2\boldsymbol{\mu}_0\right) \end{cases} \tag{6.53}$$

式中，${}^1\boldsymbol{z}_1$ 为非匹配扰动 $\boldsymbol{d}_1$ 的估计值，后续记作 $\hat{\boldsymbol{d}}_1$；${}^2\boldsymbol{z}_1$ 为匹配扰动的估计值，后续记作 $\hat{\boldsymbol{d}}_2$；${}^i\lambda_j$ 为观测器的参数，且满足 ${}^i\lambda_j > 0$。根据 Shtessel 等提出的有限时间扰动观测器理论可知，可在有限时间内精确估计 $\boldsymbol{d}_1$、$\boldsymbol{d}_2$，具体理论证明过程可参考文献 [268]。

假设 6.6 假设该观测器在有限时间 t_o 内可实现对扰动的精确估计。

1. 无向图抗扰动控制算法

根据终端滑模控制算法和上述有限时间观测器理论，设计终端滑模面：

$$\boldsymbol{S}=\boldsymbol{\delta}_{p_f}+\boldsymbol{B}^{-1}(\boldsymbol{\delta}_{v_f}+\hat{\boldsymbol{d}}_1)^{\frac{p}{q}} \tag{6.54}$$

式中，$\boldsymbol{S}$ 为滑模面；$\boldsymbol{\delta}_{p_f}$ 为跟随者的位置误差；$\boldsymbol{\delta}_{v_f}$ 为跟随者的速度误差；$\boldsymbol{B}$ 为对角正定矩阵，定义 $\boldsymbol{B}=\mathrm{diag}(\beta_i)\in\mathbb{R}^{dn\times dn}$；$p$、$q$ 为正奇数且 $q<p<2q$。为方便后续推导，记 $\tilde{\boldsymbol{\delta}}_{v_f}=\boldsymbol{\delta}_{v_f}+\hat{\boldsymbol{d}}_1$。在无向图中，根据引理 6.4可知 $\boldsymbol{p}_f^*(t)=-\bar{\boldsymbol{\Omega}}_{ff}^{-1}\bar{\boldsymbol{\Omega}}_{fl}\boldsymbol{p}_l(t)$ 及 $\boldsymbol{v}_f^*(t)=-\bar{\boldsymbol{\Omega}}_{ff}^{-1}\bar{\boldsymbol{\Omega}}_{fl}\boldsymbol{v}_l(t)$。

设计抗扰动控制算法为

$$\begin{aligned}
&\boldsymbol{u}=\boldsymbol{u}_{eq}+\boldsymbol{u}_1\\
&\boldsymbol{u}_{eq}=\dot{\boldsymbol{v}}_f^*-B\frac{q}{p}\tilde{\boldsymbol{\delta}}_{v_f}^{2-\frac{p}{q}}-\hat{\boldsymbol{d}}_2-\dot{\hat{\boldsymbol{d}}}_1\\
&\boldsymbol{u}_1=-\boldsymbol{K}_1\boldsymbol{S}-\boldsymbol{K}_2\mathrm{sig}^{\alpha}(\boldsymbol{S})\\
&\mathrm{sig}^{\alpha}(\boldsymbol{S})=\mathrm{sgn}(\boldsymbol{S})|\boldsymbol{S}|^{\alpha},|\boldsymbol{S}|^{\alpha}=[s_{n_l+1}^{\alpha}\quad\cdots\quad s_i^{\alpha}\quad\cdots\quad s_n^{\alpha}]^{\mathrm{T}}
\end{aligned} \tag{6.55}$$

定理 6.5 对于系统 (6.51)，在假设 6.3～ 假设 6.5的条件下，在滑模面 (6.54) 和控制算法 (6.55) 的作用下，跟踪位置误差 $\boldsymbol{\delta}_{p_f}(t)$ 和跟踪速度误差 $\boldsymbol{\delta}_{v_f}(t)$ 将在有限时间内全局收敛至 0。

证明 滑模面 $\boldsymbol{S}$ 的一阶导数可以表示为

$$\begin{aligned}
\dot{\boldsymbol{S}}&=\dot{\boldsymbol{\delta}}_{p_f}+\boldsymbol{B}^{-1}\frac{p}{q}\mathrm{diag}\left(\tilde{\boldsymbol{\delta}}_{v_f}^{\frac{p}{q}-1}\right)\left(\dot{\boldsymbol{\delta}}_{v_f}+\dot{\hat{\boldsymbol{d}}}_1\right)\\
&=\boldsymbol{\delta}_{v_f}+\boldsymbol{d}_1+\boldsymbol{B}^{-1}\frac{p}{q}\mathrm{diag}\left(\tilde{\boldsymbol{\delta}}_{v_f}^{\frac{p}{q}-1}\right)\left(\boldsymbol{u}_f+\boldsymbol{d}_2-\dot{\boldsymbol{v}}_f^*+\dot{\hat{\boldsymbol{d}}}_1\right)
\end{aligned}$$

将控制算法 (6.55) 代入上式，同时考虑观测器的假设 6.5，可以得到

$$\begin{aligned}
\dot{\boldsymbol{S}}&=\boldsymbol{\delta}_{v_f}+\boldsymbol{d}_1-\boldsymbol{B}^{-1}\frac{p}{q}\mathrm{diag}(\tilde{\boldsymbol{\delta}}_{v_f}^{\frac{p}{q}-1})\left(\boldsymbol{B}\frac{q}{p}\tilde{\boldsymbol{\delta}}_{\boldsymbol{v}_f-\frac{p}{q}}+\boldsymbol{K}_1\boldsymbol{S}+K_2\mathrm{sig}^{\alpha}(\boldsymbol{S})\right)\\
&=-\boldsymbol{B}^{-1}\frac{p}{q}\mathrm{diag}(\tilde{\boldsymbol{\delta}}_{v_f}^{\frac{p}{q}-1})(\boldsymbol{K}_1\boldsymbol{S}+\boldsymbol{K}_2\mathrm{sig}^{\alpha}(\boldsymbol{S}))
\end{aligned} \tag{6.56}$$

定义李雅普诺夫函数为 $V_3=\frac{1}{2}\boldsymbol{S}^{\mathrm{T}}\boldsymbol{S}$，根据式 (6.56) 可得 V_3 的一阶导数为

$$\dot{V}_3=\boldsymbol{S}^{\mathrm{T}}\dot{\boldsymbol{S}}$$

$$= -\boldsymbol{S}^{\mathrm{T}}[\boldsymbol{B}^{-1}\frac{p}{q}\mathrm{diag}(\tilde{\boldsymbol{\delta}}_{v_f}^{\frac{p}{q}-1})(\boldsymbol{K}_1\boldsymbol{S}+\boldsymbol{K}_2\mathrm{sig}^{\alpha}(\boldsymbol{S}))]$$

$$= -\boldsymbol{B}^{-1}\frac{p}{q}\mathrm{diag}(\tilde{\boldsymbol{\delta}}_{v_f}^{\frac{p}{q}-1})(\boldsymbol{S}^{\mathrm{T}}\boldsymbol{K}_1\boldsymbol{S}+\boldsymbol{S}^{\mathrm{T}}\boldsymbol{K}_2\mathrm{sig}^{\alpha}(\boldsymbol{S})) \tag{6.57}$$

由于 p、q 均为正奇数，因此 $\tilde{\boldsymbol{\delta}}_{v_f}^{\frac{p}{q}-1}$ 中所有元素均非负。因此，式 (6.57) 可写为

$$\dot{V}_3 \leqslant -\boldsymbol{B}^{-1}\frac{p}{q}(2\min(\mathrm{diag}(\tilde{\boldsymbol{\delta}}_{v_f}^{\frac{p}{q}-1})\boldsymbol{K}_1)V_3 + 2^{\frac{1+\alpha}{2}}\min(\mathrm{diag}(\tilde{\boldsymbol{\delta}}_{v_f}^{\frac{p}{q}-1})\boldsymbol{K}_2)\boldsymbol{S}^{\mathrm{T}}V_3^{\frac{1+\alpha}{2}}) \tag{6.58}$$

在式 (6.58) 中，$\min(\cdot)$ 表示其最小非 0 元素。根据引理 6.10和引理 6.11可得 V_3 在有限时间内收敛到 0，因此 $\boldsymbol{S}$ 在有限时间内可以收敛到 0，根据 $\boldsymbol{S}$ 的定义，可得 $\boldsymbol{\delta}_{p_f}$ 在有限时间可以收敛到 0，证毕。 □

2. 仿真实验及分析

为验证定理 6.5，本节将进行仿真实验加以验证。仿真选取图 6.23中的标称队形和队形矩阵。在系统中加入匹配和非匹配扰动：

$$\begin{cases}\boldsymbol{d}_1 = \sin t[1 \quad -1 \quad 1 \quad -1 \quad 1 \quad -1 \quad 1 \quad -1]^{\mathrm{T}} \\ \qquad + 0.05t[-1 \quad -2 \quad 1.1 \quad -1 \quad 1 \quad -2 \quad 0 \quad 1.2]^{\mathrm{T}} \\ \boldsymbol{d}_2 = \cos t[1 \quad 1 \quad -1 \quad 1 \quad -1 \quad 1 \quad -1 \quad 1]^{\mathrm{T}} \\ \qquad + 0.05t[1 \quad -1 \quad 1 \quad -2 \quad 2 \quad -2 \quad 0 \quad 1.2]^{\mathrm{T}}\end{cases} \tag{6.59}$$

选取滑模面 (6.54) 和控制算法 (6.55)，根据其形式设计主要参数为 $p=15$，$q=11$，$M=7$，$\boldsymbol{B}=0.5\boldsymbol{I}_8$，$\boldsymbol{K}_1=25\boldsymbol{I}_8$，$\boldsymbol{K}_2=20\boldsymbol{I}_8$，$\alpha=0.5$。

仿真场景中 7 个运动体的时变编队变化过程如图 6.26所示，可见所提出的编

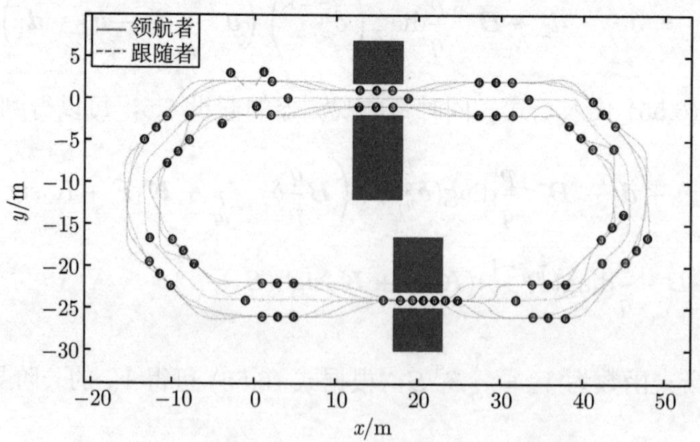

图 6.26 扰动作用下二阶运动体协同编队轨迹

队控制算法能够克服扰动的影响并迅速生成期望队形，进而实现平移、缩放、斜切以及旋转等预设的连续机动编队任务。图 6.27展示了扰动作用下跟随者位置误差曲线（即跟随者位置误差向量的 2 范数曲线）以及每个运动体对应的速度、加速度曲线。可以看到，在加入扰动观测器后，整个编队系统的跟踪误差在仿真开始 5s 内就可以快速收敛到 0.01m 以下，而且最终的稳态误差小于 0.01m。图 6.28和图 6.29分别展示了扰动项 $\boldsymbol{d}_1$ 和 $\boldsymbol{d}_2$ 的实际值以及由扰动观测器得到的估计值。可以看到，有限时间扰动观测器可以在 3s 内精确获取扰动信息，验证了定理 6.5算法的效果。

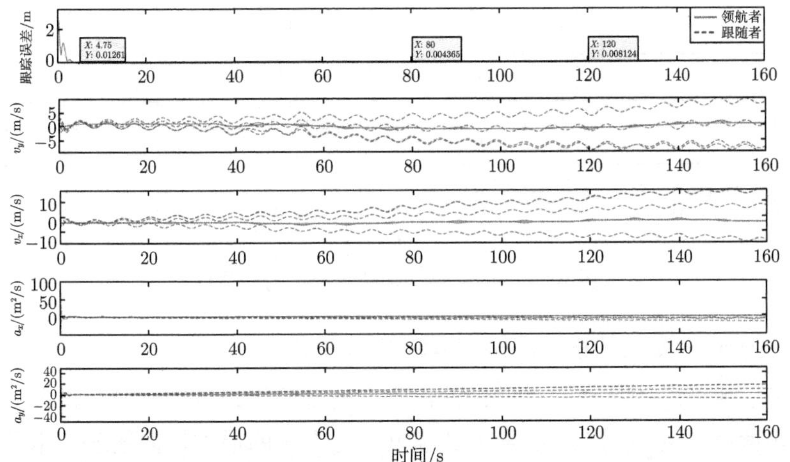

图 6.27 扰动作用下跟随者位置误差曲线以及每个运动体对应的速度、加速度曲线

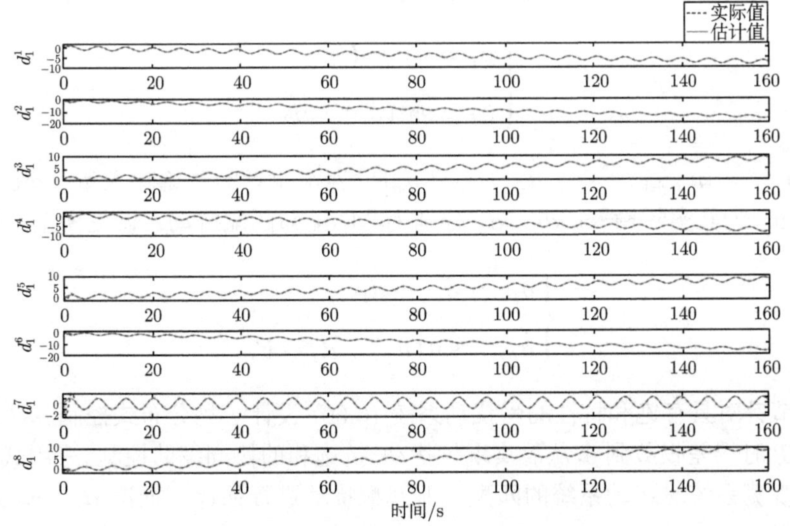

图 6.28 非匹配扰动项的实际值与估计值

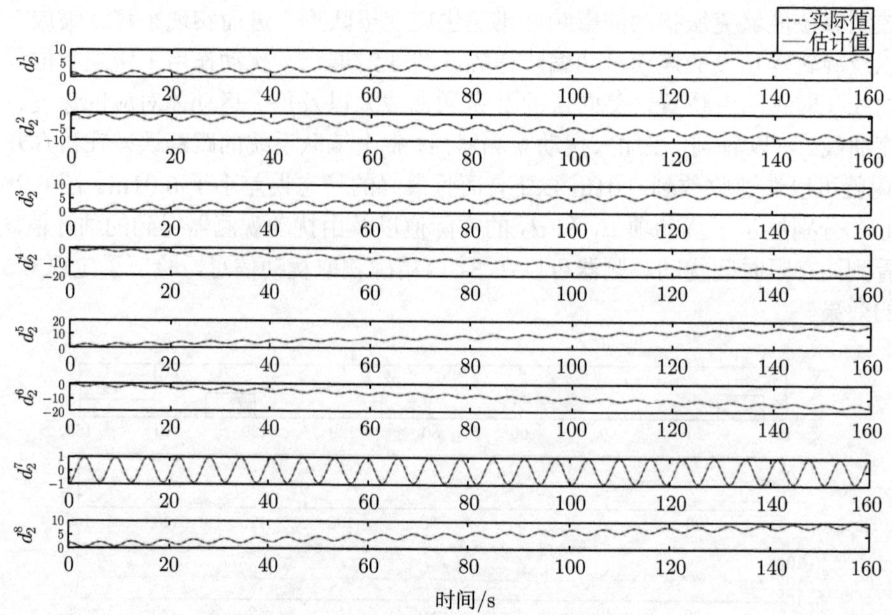

图 6.29 匹配扰动项的实际值与估计值

6.3.3 基于仿射变换的抗饱和协同编队控制方法

除了上述考虑的扰动，实际运动体具有自身的物理特性，最为常见的是系统输入饱和特性，例如无人机的最大加速度、无人车的最大转向速度。本节进一步研究基于仿射变换的抗饱和多运动体协同编队控制方法。假定跟随者中每个运动体均可采用连续的二阶积分模型表述其状态方程：

$$\begin{cases}\dot{\boldsymbol{p}}_f=\boldsymbol{v}_f+\boldsymbol{d}_1\\ \dot{\boldsymbol{v}}_f=\operatorname{sat}(\boldsymbol{u}_f)+\boldsymbol{d}_2\end{cases}\tag{6.60}$$

式中，$\boldsymbol{u}_f=[\boldsymbol{u}_{n_l+1}\quad\cdots\quad\boldsymbol{u}_i\quad\cdots\quad\boldsymbol{u}_n]^{\mathrm{T}}$ 为跟随者的理论输入量；$\operatorname{sat}(\boldsymbol{u}_f)=\boldsymbol{u}_f-\Delta\boldsymbol{u}_f$ 为其实际输入；$\boldsymbol{d}_1$、$\boldsymbol{d}_2$ 分别为非匹配与匹配扰动。误差模型可以写为

$$\begin{cases}\dot{\boldsymbol{\delta}}_{p_f}=\boldsymbol{\delta}_{v_f}+\boldsymbol{d}_1\\ \dot{\boldsymbol{\delta}}_{v_f}=\operatorname{sat}(\boldsymbol{u}_f)+\boldsymbol{d}_2-\dot{\boldsymbol{v}}_f^*\end{cases}\tag{6.61}$$

本节针对具有饱和特性的受扰动系统 (6.60) 设计一种分布式控制算法，使得当 $t\to T$ 时误差收敛到 0,从而实现抗扰动、抗饱和的协同编队控制。采用式 (6.53) 的扰动观测系统对运动系统的匹配、非匹配扰动进行估计，抵消 $\boldsymbol{d}_1$、$\boldsymbol{d}_2$ 对系统性能的影响。

6.3.3.1 无向图抗扰动控制算法

为了后续控制算法的设计，针对饱和系统，构建下述假设和辅助系统。

假设 6.7 假设饱和系统的 $\Delta\boldsymbol{u}_f=\boldsymbol{u}_f-\mathrm{sat}(\boldsymbol{u}_f)$ 为有界值，即

$$|\Delta\boldsymbol{u}_f|=|\boldsymbol{u}_f-\mathrm{sat}\left(\boldsymbol{u}_f\right)|\leqslant\boldsymbol{\sigma}\tag{6.62}$$

常数向量 $\boldsymbol{\sigma}$ 内的元素 $\sigma_{ij}>0$ 是充分大的常数。

引理 6.12 构造辅助系统：

$$\dot{\boldsymbol{\psi}}=-a\boldsymbol{\psi}-b\boldsymbol{\psi}^{\frac{p_1}{q_1}}-\mathrm{diag}(\boldsymbol{\sigma})\mathrm{sgn}(\boldsymbol{\psi})+\Delta\boldsymbol{u}_f\tag{6.63}$$

式中，$a>0$；$b>0$；p_1 和 q_1 为正奇数且 $p_1<q_1$。此辅助系统的状态 $\boldsymbol{\psi}$ 在有限时间内收敛到 0。

证明 选取李雅谱诺夫函数：

$$V_f=\frac{1}{2}\boldsymbol{\psi}^{\mathrm{T}}\boldsymbol{\psi}\tag{6.64}$$

将式 (6.63) 代入式 (6.64)，可得 V_f 的一阶导数为

$$\begin{aligned}\dot{V}_f&=-a\boldsymbol{\psi}^{\mathrm{T}}\boldsymbol{\psi}-b\boldsymbol{\psi}^{\mathrm{T}}\boldsymbol{\psi}^{\frac{p_1}{q_1}}-\boldsymbol{\psi}^{\mathrm{T}}\mathrm{diag}(\boldsymbol{\sigma})\mathrm{sgn}(\boldsymbol{\psi})+\boldsymbol{\psi}^{\mathrm{T}}\Delta\boldsymbol{u}_f\\&\leqslant-a\boldsymbol{\psi}^{\mathrm{T}}\boldsymbol{\psi}-b\boldsymbol{\psi}^{\mathrm{T}}\boldsymbol{\psi}^{\frac{p_1}{q_1}}-\sum_{i=1}^{N}\sum_{j=1}^{d}\left(\sigma_{ij}-|\Delta\boldsymbol{u}_{ij}|\right)|\boldsymbol{\psi}_{ij}|\end{aligned}\tag{6.65}$$

根据假设 6.7，可得

$$\dot{V}_f\leqslant-a\boldsymbol{\psi}^{\mathrm{T}}\boldsymbol{\psi}-b\boldsymbol{\psi}^{\mathrm{T}}\boldsymbol{\psi}^{\frac{p_1}{q_1}}\tag{6.66}$$

由于 p_1、q_1 同为奇数，因此可以将式 (6.66) 简化为

$$\begin{aligned}\dot{V}_f&\leqslant-2aV_1-2^{\frac{p_1+q_1}{2q_1}}bV_1^{\frac{p_1+q_1}{2q_1}}\\&=-\rho V_1-\vartheta V_f^{\eta}\end{aligned}\tag{6.67}$$

式中，$\rho=2a$；$\vartheta=2^{\eta}b$；$\eta=\dfrac{p_1+q_1}{2q_1}\in(0,1)$。根据引理 6.10和引理 6.11可知，辅助系统的状态 $\boldsymbol{\psi}$ 可在有限时间内收敛到 0。收敛时间 t_f 为

$$t_f\leqslant\frac{1}{\rho(1-\eta)}\ln\left(\frac{\rho V_f^{1-\eta}\left(t_0\right)+\vartheta}{\vartheta}\right)\tag{6.68}$$

证毕。 □

根据有限时间扰动观测器和辅助系统，定义新的误差变量：

$$\begin{cases}\bar{\boldsymbol{\delta}}_{p_f}=\boldsymbol{\delta}_{p_f}\\ \bar{\boldsymbol{\delta}}_{v_f}=\boldsymbol{\delta}_{v_f}-\boldsymbol{\psi}+\hat{\boldsymbol{d}}_1\end{cases} \tag{6.69}$$

设计如下滑模面：

$$\begin{aligned}\boldsymbol{S}=\bar{\boldsymbol{\delta}}_{p_f}&+\int_0^{\mathrm{T}} c_1\operatorname{sgn}\left(\operatorname{diag}\left(\bar{\boldsymbol{\delta}}_{p_f}(\tau)\right)\right)\left|\bar{\boldsymbol{\delta}}_{p_f}(\tau)\right|^{\alpha_1}\mathrm{d}\tau\\ &+\int_0^{\mathrm{T}} c_2\operatorname{sgn}\left(\operatorname{diag}\left(\bar{\boldsymbol{\delta}}_{v_f}(\tau)\right)\right)\left|\bar{\boldsymbol{\delta}}_{v_f}(\tau)\right|^{\alpha_2}\mathrm{d}\tau\end{aligned} \tag{6.70}$$

滑模面的一阶导数为

$$\dot{\boldsymbol{S}}=\dot{\bar{\boldsymbol{\delta}}}_{p_f}+c_1\operatorname{sgn}\left(\operatorname{diag}\left(\bar{\boldsymbol{\delta}}_{p_f}\right)\right)\left|\bar{\boldsymbol{\delta}}_{p_f}\right|^{\alpha_1}+c_2\operatorname{sgn}\left(\operatorname{diag}\left(\bar{\boldsymbol{\delta}}_{v_f}\right)\right)\left|\bar{\boldsymbol{\delta}}_{v_f}\right|^{\alpha_2} \tag{6.71}$$

进而可将式 (6.69) 的误差模型表示为

$$\begin{cases}\dot{\bar{\boldsymbol{\delta}}}_{p_f}=\bar{\boldsymbol{\delta}}_{v_f}+\boldsymbol{\psi}-\boldsymbol{\varepsilon}_1^1\\ \dot{\bar{\boldsymbol{\delta}}}_{v_f}=-c_1\operatorname{sgn}\left(\operatorname{diag}\left(\bar{\boldsymbol{\delta}}_{p_f}\right)\right)\left|\bar{\boldsymbol{\delta}}_{p_f}\right|^{\alpha_1}-c_2\operatorname{sgn}\left(\operatorname{diag}\left(\bar{\boldsymbol{\delta}}_{v_f}\right)\right)\left|\bar{\boldsymbol{\delta}}_{v_f}\right|^{\alpha_2}+\dot{\boldsymbol{S}}\end{cases} \tag{6.72}$$

定理 6.6 对于新的误差系统 (6.72)，选取滑模面 (6.71)，设计如下控制算法：

$$\begin{aligned}\boldsymbol{u}_f=-\Big(&M\boldsymbol{S}+N\operatorname{sgn}(\operatorname{diag}(\boldsymbol{S}))|\boldsymbol{S}|^{\alpha}+\boldsymbol{v}_f^*+\hat{\boldsymbol{d}}_2+\dot{\hat{\boldsymbol{d}}}_1\\ &+c_1\operatorname{sgn}\left(\operatorname{diag}\left(\bar{\boldsymbol{\delta}}_{p_f}\right)\right)\left|\bar{\boldsymbol{\delta}}_{p_f}\right|^{\alpha_1}+c_2\operatorname{sgn}\left(\operatorname{diag}\left(\bar{\boldsymbol{\delta}}_{v_f}\right)\right)\left|\bar{\boldsymbol{\delta}}_{v_f}\right|^{\alpha_2}\\ &+a\boldsymbol{\psi}+b\boldsymbol{\psi}^{\frac{q}{p}}+\operatorname{diag}(\boldsymbol{\sigma})\operatorname{sgn}(\boldsymbol{\psi})\Big)\end{aligned} \tag{6.73}$$

式中，$M>0$；$N>0$；$\alpha\in(0,1)$。那么该系统的误差状态可以在有限时间内到滑模面 $S=0$，并会在有限时间收敛到原点。

证明 根据式 (6.69)，滑模面的一阶导数为

$$\begin{aligned}\dot{S}&=\dot{\bar{\boldsymbol{\delta}}}_{p_f}-\dot{\boldsymbol{\psi}}+\dot{\hat{\boldsymbol{d}}}_1+c_1\operatorname{sgn}\left(\operatorname{diag}\left(\bar{\boldsymbol{\delta}}_{p_f}\right)\right)\left|\bar{\boldsymbol{\delta}}_{p_f}\right|^{\alpha_1}+c_2\operatorname{sgn}\left(\operatorname{diag}\left(\bar{\boldsymbol{\delta}}_{v_f}\right)\right)\left|\bar{\boldsymbol{\delta}}_{v_f}\right|^{\alpha_2}\\ &=\boldsymbol{u}_f+\boldsymbol{v}_f^*+\boldsymbol{d}_2+a\boldsymbol{\psi}+b\boldsymbol{\psi}^{\frac{q}{p}}+\operatorname{diag}(\boldsymbol{\sigma})\operatorname{sgn}(\boldsymbol{\psi})+\dot{\hat{\boldsymbol{d}}}_1\\ &\quad+c_1\operatorname{sgn}\left(\operatorname{diag}\left(\bar{\boldsymbol{\delta}}_{p_f}\right)\right)\left|\bar{\boldsymbol{\delta}}_{p_f}\right|^{\alpha_1}+c_2\operatorname{sgn}\left(\operatorname{diag}\left(\bar{\boldsymbol{\delta}}_{v_f}\right)\right)\left|\bar{\boldsymbol{\delta}}_{v_f}\right|^{\alpha_2}\end{aligned} \tag{6.74}$$

采用控制算法 (6.73)，可将式 (6.74) 整理为

$$\dot{\boldsymbol{S}} = -M\boldsymbol{S} - N\text{sgn}(\text{diag}(\boldsymbol{S}))|\boldsymbol{S}|^{\alpha} \tag{6.75}$$

定义李雅谱诺夫函数为 $V_4 = \frac{1}{2}\boldsymbol{S}^{\mathrm{T}}\boldsymbol{S}$，根据上式可得，$V_4$ 的一阶导数表示为

$$\begin{aligned}\dot{V}_4 &= \boldsymbol{S}^{\mathrm{T}}\dot{\boldsymbol{S}} \\ &= -M\boldsymbol{S}^{\mathrm{T}}\boldsymbol{S} - N\boldsymbol{S}^{\mathrm{T}}\text{sgn}(\text{diag}(\boldsymbol{S}))|\boldsymbol{S}|^{\alpha} \\ &= -M\boldsymbol{S}^{\mathrm{T}}\boldsymbol{S} - N\sum_{i=1}^{N}\sum_{j=1}^{d}|s_{ij}|^{\alpha+1} \\ &\leqslant -M\boldsymbol{S}^{\mathrm{T}}\boldsymbol{S} - N\left(\sum_{i=1}^{N}\sum_{j=1}^{d}s_{ij}^2\right)^{\frac{\alpha+1}{2}} \\ &= -2MV_4 - 2^{\frac{\alpha+1}{2}}NV_4^{\frac{\alpha+1}{2}}\end{aligned} \tag{6.76}$$

由于 $M>0$，$N>0$，$\alpha\in(0,1)$，因此在控制算法 (6.73) 的作用下，系统误差状态在有限时间收敛到滑模面。根据滑模面 (6.70)，由于辅助系统变量也在有限时间收敛到 0，则定义新的误差系统 (6.72) 为

$$\begin{cases}\dot{\bar{\boldsymbol{\delta}}}_{p_f} = \bar{\boldsymbol{\delta}}_{v_f} \\ \dot{\bar{\boldsymbol{\delta}}}_{v_f} = -c_1\text{sgn}\left(\bar{\boldsymbol{\delta}}_{p_f}\right)\left|\bar{\boldsymbol{\delta}}_{p_f}\right|^{\alpha_1} - c_2\text{sgn}\left(\bar{\boldsymbol{\delta}}_{v_f}\right)\left|\bar{\boldsymbol{\delta}}_{v_f}\right|^{\alpha_2}\end{cases} \tag{6.77}$$

可知式 (6.77) 可在有限时间内稳定，误差可在有限时间内收敛到原点，证毕。□

6.3.3.2 仿真实验及分析

本节的仿真依然选取图 6.23中的标称队形和队形矩阵。对系统中控制输入做出限制 $|\text{sat}(\boldsymbol{u}_f)| \leqslant \mathbf{1}_8(\text{m/s}^2)$，其中 $\mathbf{1}_n$ 为所有值均为 1 的列向量。根据控制算法，设计主要参数为 $p_1=5$，$q_1=7$，$M=7$，$N=5$，$a=5$，$b=5$，$c_1=8$，$c_2=42$，$\alpha_1=\frac{1}{3}$，$\alpha_2=\frac{1}{2}$。

该仿真场景中 7 个运动体的时变编队变化过程如图 6.30所示，提出的编队控制算法能够迅速生成期望队形，进而实现平移、缩放、斜切以及旋转等预设的连续机动编队任务。图 6.31展示了控制算法中辅助系统各个分量的状态曲线，辅助系统会在有限时间内补偿队形变化过程中产生的输入饱和现象。图 6.32展示了考虑输入饱和的跟随者位置误差曲线（即跟随者位置误差向量的 2 范数曲线）以及

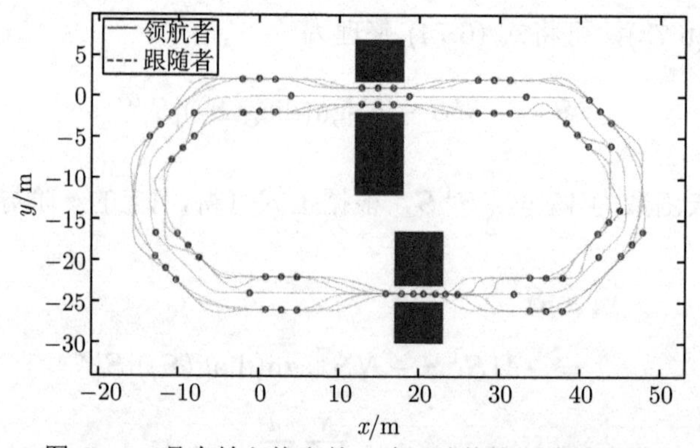

图 6.30　具有输入饱和的二阶运动体协同编队轨迹

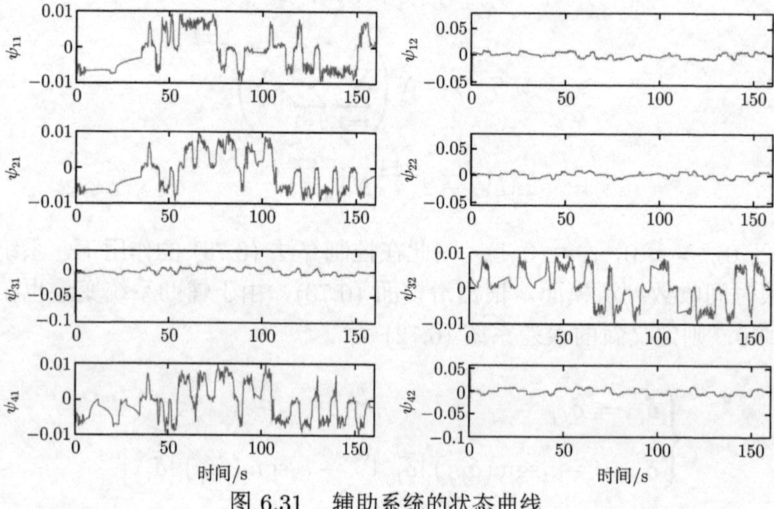

图 6.31　辅助系统的状态曲线

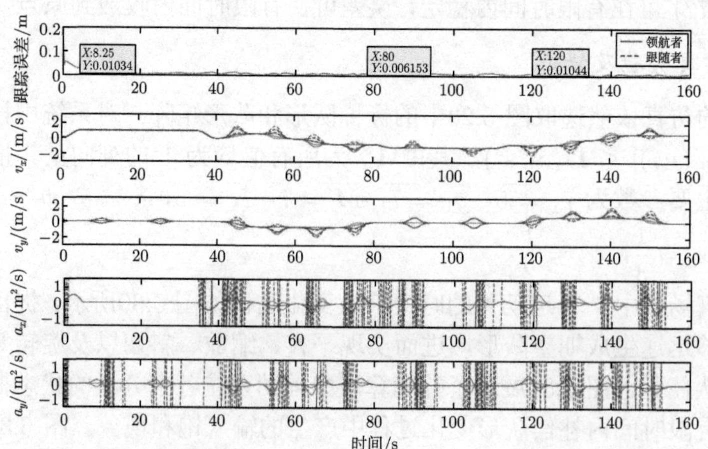

图 6.32　考虑输入饱和的跟随者位置误差曲线以及每个运动体对应的速度、加速度曲线

每个运动体对应的速度、加速度曲线。可以看到，整个编队系统的跟踪误差在仿真开始 9s 以内就可以快速收敛到 0.01m 以下，而且最终的稳态误差小于 0.015m。

6.4 基于强化学习的动态环境路径规划方法

在未知环境下，传统的路径规划方法存在着运算效率低、无法寻得最优路径等诸多问题，难以满足多动态障碍物的避障要求。因此，本节采用强化学习算法来解决运动体在未知、动态环境下 [269] 的路径规划问题。

6.4.1 动态环境路径规划问题描述

运动体路径规划任务一般是指在已知或未知环境信息下，通过给定的起点和终点，自主进行全局路径规划，探寻一条最优（次优）的无碰撞路径，使运动体能够快速、安全地完成任务。

本节采取栅格法对环境地图进行建模 [270]。栅格法是运动体路径规划中对环境建模常用的方法之一，其基本思想是将环境地图信息划分为一定大小的二维或三维网状栅格，通过对栅格的定义完成对空间环境的建模。在对地图进行栅格化以后，考虑到障碍物并不是完全规则的方格状，故为保证运动体能够安全地在栅格地图中行驶，对包含有障碍物的栅格进行膨化处理。

（1）只要栅格范围内存在障碍物，便将该栅格视为完全障碍物的栅格。

（2）地图的边界也同样视为障碍物。

6.4.2 路径规划 MDP 模型

运动体路径规划问题可以通过建立马尔可夫决策过程（MDP）模型来解决。MDP 模型由四元组 $\mathcal{M}=\{S,A,\mathcal{P},r\}$ 描述。其中，$S=\{\boldsymbol{s}_1,\cdots,\boldsymbol{s}_n\}$ 是 n 维有限的状态集；$A=\{\boldsymbol{a}_1,\cdots,\boldsymbol{a}_k\}$ 是 k 维有限的动作集；$\mathcal{P}:S\times A\times S\mapsto[0,1]$ 是状态转移概率，表示从状态 $\boldsymbol{s}\in S$ 通过动作 $\boldsymbol{a}\in A$ 转移到下一个状态 $\boldsymbol{s}'\in S$ 的状态转移概率，即 $\mathcal{P}(\boldsymbol{s},\boldsymbol{a},\boldsymbol{s}')=p(\boldsymbol{s}'|\boldsymbol{s},\boldsymbol{a})$；$r:S\times A\mapsto\mathbb{R}$ 是奖励函数，用 $r(\boldsymbol{s},\boldsymbol{a})$ 表征在状态 $\boldsymbol{s}\in S$ 采取动作 $\boldsymbol{a}\in A$ 所获得的立即奖励，也可用 R_t 或 R_s^a 表示。在运动体路径规划过程中，运动体通过感知环境信息获得反馈，从而执行一系列相应的指令避开障碍物，直至到达终点。

（1）状态：对于障碍物区域，考虑到在实际情况下，运动体自主导航过程中进入不可达区域（障碍物）要付出很大的代价。因此在算法设计中采用了反应式导航思想，进行实时局部避障处理，即不将障碍物所在栅格作为可达区域。因此，在此设定下，每一个可达的栅格作为一个状态。

（2）动作：运动体可以进行全向运动。为了简化问题，运动体限制在八个方向上运动，每一次只能移动到相邻可达的八邻域内，如图 6.33所示。

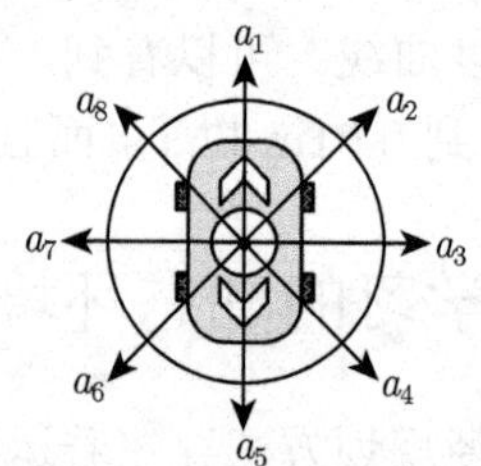

图 6.33 运动体动作空间

（3）奖励：奖励函数的设计对强化学习算法的性能至关重要，目前基于强化学习的路径规划方法，奖励函数设计过于稀疏，会导致算法效率低下。在本算法中，采用启发式搜索的方法，给出具有启发性的奖励函数，记为 $r_{\mathcal{H}}(\boldsymbol{s},\boldsymbol{a})$，其表达式为

$$r_{\mathcal{H}}(\boldsymbol{s},\boldsymbol{a})=\begin{cases} r_0, & d_{R-G}=0 \\ \chi\exp(-\mu d_{R-G}), & d_{R-G}\neq 0 \end{cases} \tag{6.78}$$

式中，$r_0>0$ 是运动体到达终点时的立即奖励；χ 和 μ 是尺度因子；d_{R-G} 是当前状态 $\boldsymbol{s}$ 到目标状态 $\boldsymbol{g}_{\text{goal}}$ 的欧几里得距离，即

$$d_{R-G}=\left\|\boldsymbol{s}-\boldsymbol{g}_{\text{goal}}\right\|_2 \tag{6.79}$$

6.4.3 Dyna-Q 算法及其改进

6.4.3.1 Dyna-Q 算法

Dyna 框架 [271] 将基于模型的规划类算法与无须模型的学习类算法相结合，通过集成规划、行动以及学习使运动体既在模型中学习，也在与环境交互中学习。Dyna 框架最本质的思想便是在模型中尝试，并与实际环境中获取的经验进行互相补充，主要应用在没有完整信息或准确信息的场景，旨在通过与环境的交互以及交互过程中拟合出的模型来获取最优策略。在 Dyna 框架下，规划、行动以及学习三者之间的关系转换如图 6.34所示。

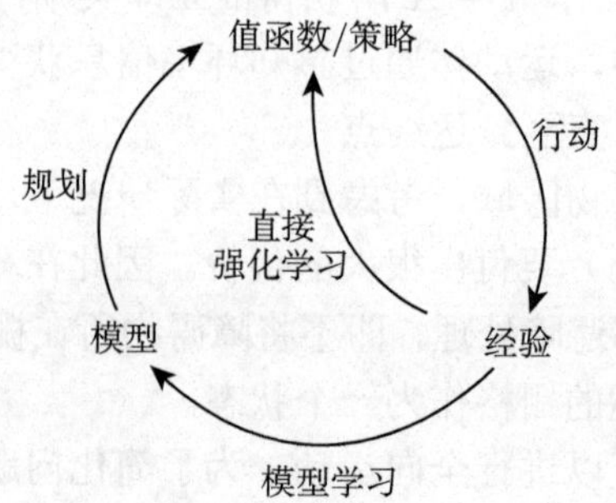

图 6.34 规划、行动、学习三者关系图

在 Dyna 框架中，考虑将直接强化学习部分采用 Q-learning[272] 进行替代，便得到了 Dyna-Q 算法。由 Dyna 的基本框架以及 Q-learning 算法的原理可知，Dyna-Q 算法包括了模型学习、规划、行动以及 Q-learning 等所有过程，其主要流程如下：在每个实验周期内，运动体首先要与环境进行交互获得实际经验，并利用 Q-learning 算法更新策略以及值函数，而后通过模型同样采用 Q-learning 算法进行多次模拟训练，对已获得的策略以及值函数进行更新。这样，Dyna-Q 算法便同时利用了与环境交互的实际经验和通过模拟训练得到的模型预测信息，从而达到更好的学习效果。

在 Dyna-Q 算法的实现中，需要有两个相互独立的模型，分别是从状态 $\boldsymbol{s}$ 和动作 $\boldsymbol{a}$ 得到下一个状态 $\boldsymbol{s}'$ 的策略函数模型，以及根据当前状态 $\boldsymbol{s}$ 和动作 $\boldsymbol{a}$ 预测环境的立即回报 r 的价值函数模型。其中，从状态 $\boldsymbol{s}$ 和动作 $\boldsymbol{a}$ 学习到下一个状态 $\boldsymbol{s}'$ 的选择过程是一个密度估计问题；从状态 $\boldsymbol{s}$ 和动作 $\boldsymbol{a}$ 学习到立即回报 r 的预测过程是一个回归问题。

6.4.3.2 启发式 Dyna-Q 算法

启发式搜索是利用已有的启发信息来引导搜索的一种状态空间规划方法。启发式搜索不会改变值函数，而是在当前给定的值函数下对动作的选择进行改善。在启发式搜索算法中，应用最为广泛的是 A* 算法。A* 算法采取了最佳优先搜索的思想，对每一个节点（状态）的评估 $f(n)$ 结合了到达此节点已经消耗的代价 $g(n)$ 和从该节点到目标终点所需花费代价 $h(n)$。可以证明，若启发式函数 $h(n)$ 满足可采纳性和一致性，则 A* 启发式搜索算法既是完备的，也是最优的。本节借鉴启发式 A* 算法中代价函数的设计思想，结合 Dyna-Q 算法提出了一种具有启发式 Dyna-Q（heuristic Dyna-Q）改进算法。

在路径规划的实际问题中，运动体可实时获取周围一定范围内环境与目标终点的距离信息，因此将该距离信息作为启发信息进行启发式搜索。运动体训练过程中的每一个状态均通过启发式搜索的方法，根据该状态的最佳路径估计，对下一个状态与目标终点的距离进行排序，从而选取最优的路径，提高搜索效率。

在上述 Dyna-Q 算法的间接强化学习过程中，进行模拟训练的状态和动作是随机选取的，具有一定的盲目性。而启发式 Dyna-Q 算法将启发式搜索的方法应用到了基于模型的在线规划学习中，利用距离信息选择下一状态和采取的动作，从而更加高效地探索到最佳的值函数和策略。

本节提出的启发式 Dyna-Q 算法没有完全按照 A* 算法中代价函数的形式进行设定，而是选择了与目标终点距离直接相关的启发式函数项作为算法总的代价函数。同时，采用规划学习中模型 $\text{Model}(\boldsymbol{s},\boldsymbol{a})$ 给出的下一状态 $\boldsymbol{s}'$ 与目标终点 $\boldsymbol{g}_{\text{goal}}$ 的欧几里得距离作为启发信息的度量 $\mathcal{H}(\boldsymbol{s},\boldsymbol{a})$，有

$$\mathcal{H}(\boldsymbol{s},\boldsymbol{a}) = \left\|\boldsymbol{s}' - \boldsymbol{g}_{\text{goal}}\right\|_2 \tag{6.80}$$

根据获得的启发信息，启发式 Dyna-Q 算法试图选择能够最小化 $\mathcal{H}(\boldsymbol{s},\boldsymbol{a})$ 的状态及动作，故而启发式函数（代价函数）$h_a(\boldsymbol{s},\mathcal{H})$ 的函数形式如下：

$$h_a(\boldsymbol{s},\mathcal{H}) = \arg\min_{\boldsymbol{a}} \mathcal{H}(\boldsymbol{s},\boldsymbol{a}) \tag{6.81}$$

6.4.3.3 基于模拟退火的改进 Q-learning 算法

模拟退火算法[273] 是一种随机类智能优化算法，其关键在于退火过程中要使固体始终保持热平衡状态，因此温度衰减函数的选取决定了模拟退火的最终结果。

强化学习算法与模拟退火算法一样，也要进行探索与利用的博弈。在时序差分算法中，任一状态都要采取 ε-greedy 策略选择下一动作，即以一定的概率选当前状态下非最优的策略进行探索。在 Q-learning 算法中，概率 ε 是固定不变的，不随迭代次数的变化而变化。借鉴模拟退火算法的米特罗波利斯（Metropolis）准则在探索与利用中的处理方法，对 Q-learning 算法进行改进，使得 ε-greedy 策略中的概率 ε 也类似于温度衰减函数，随着实验周期（episode）的变化而变化，称之为 SA-ε-greedy 策略。

考虑到线性的 ε-衰减在初期无法进行充分的随机探索，后期也无法充分利用最优策略加速算法，故采取非线性的 ε-衰减曲线，满足在曲线前半部分保持相对较大的值从而广泛搜索，在曲线后半部分函数值逼近于 0 以期加速收敛，中间过渡过程对于探索或利用均没有太大的益处，故增加中间过渡段的曲线斜率绝对值，使曲线中间段迅速下降。鉴于此，设计 ε-衰减函数表达式：

$$\varepsilon_k = \varepsilon_f + \frac{\varepsilon_0 - \varepsilon_f}{1 + \exp(\beta(k - N/2))} \tag{6.82}$$

式中，ε_0 表示 ε-greedy 策略衰减给定的初值；ε_f 表示曲线衰减的终值；ε_k 表示第 k 次试验的贪婪值；β 表示尺度因子；N 表示实验的总次数。

6.4.3.4 改进 Dyna-Q 算法

改进 Dyna-Q 算法基于 Dyna 框架，在启发式搜索思想的基础上融合模拟退火控制算法，称为启发式 SA-Dyna-Q 算法，其伪代码如算法 6.3所示。

算法 6.3 启发式 SA-Dyna-Q 算法

输入： 待评估的策略 $\boldsymbol{\pi}$

```
随机初始化值函数 Q(s,a) = 0，模型 Model(s,a) = 0，∀s ∈ S, a ∈ A
repeat
    初始化状态集 S，动作集 A
```

repeat
  在状态 $\boldsymbol{s}$ 处，根据 SA-ε-greedy 策略选择动作 $\boldsymbol{a}$
  采取动作 $\boldsymbol{a}$，得到立即回报 $r_{\mathcal{H}}(\boldsymbol{s},\boldsymbol{a})$，并转移到下一状态 $\boldsymbol{s}'$
  $Q(\boldsymbol{s},\boldsymbol{a}) \leftarrow Q(\boldsymbol{s},\boldsymbol{a}) + \alpha\left(r_{\mathcal{H}}(\boldsymbol{s},\boldsymbol{a}) + \gamma \max\limits_{\boldsymbol{a}'} Q(\boldsymbol{s}',\boldsymbol{a}') - Q(\boldsymbol{s},\boldsymbol{a})\right)$
  $\mathrm{Model}(\boldsymbol{s},\boldsymbol{a}) \leftarrow \boldsymbol{s}', r_{\mathcal{H}}(\boldsymbol{s},\boldsymbol{a})$
  $\tilde{\boldsymbol{s}}' \leftarrow \boldsymbol{s}'$
  for $i = 1$ to n **do**
    $\boldsymbol{a} \leftarrow h_a(\boldsymbol{s},\mathcal{H})$
    if $\boldsymbol{s},\boldsymbol{a} \notin$ Model **then**
      随机选取过去观测到的状态作为 $\boldsymbol{s}$
      随机选取过去在状态 $\boldsymbol{s}$ 处采取的动作 $\boldsymbol{a}$
    end if
    $\boldsymbol{s}', r_{\mathcal{H}}(\boldsymbol{s},\boldsymbol{a}) \leftarrow \mathrm{Model}(\boldsymbol{s},\boldsymbol{a})$
    $Q(\boldsymbol{s},\boldsymbol{a}) \leftarrow Q(\boldsymbol{s},\boldsymbol{a}) + \alpha\left(r + \gamma \max\limits_{\boldsymbol{a}'} Q(\boldsymbol{s}',\boldsymbol{a}') - Q(\boldsymbol{s},\boldsymbol{a})\right)$
    $\boldsymbol{s} \leftarrow \boldsymbol{s}'$
  end for
  $\boldsymbol{s} \leftarrow \tilde{\boldsymbol{s}}'$
until 终止状态 $\boldsymbol{s}$
until N 次循环结束

6.4.4 仿真与实验验证

6.4.4.1 仿真及算法验证

本节仿真实验所采取的环境为 50×50 的二维网状栅格地图，如图 6.35所示，其中，S 代表起点，G 代表终点。地图环境信息对于运动体是未知的，需要其通过最大化累积回报来探寻一条从起点 S 到终点 G 的无碰撞最优路径。这里所设定的障碍物是由计算机随机生成的，其中 $\varphi(x) \sim N(\mu = 0, \sigma^2 = 0.35^2)$ 符合正态分布。图中黑色栅格表示存在障碍物，有无障碍物的指示函数如下：

$$\mathrm{gridtype} = \mathrm{sgn}\left(\left|\lfloor \varphi(x) + 0.5 \rfloor\right|\right) \tag{6.83}$$

当 gridtype = 1 时意味着该栅格存在障碍物，gridtype = 0 说明该栅格为可达状态，其中，$\lfloor\cdot\rfloor$ 表示向下取整算符。仿真实验的参数配置如表 6.3所示。

1. 未知静态障碍物环境

首先在静态障碍物环境下对改进的 Dyna-Q 算法（即启发式 SA-Dyna-Q 算法）进行仿真验证。同时，将该算法与相同参数设置下经典的 Q-learning 算法和 Dyna-Q 算法进行对比，三种算法经过 2000 次训练后规划出的路径如图 6.35所示。可以看到，三种算法均可以使运动体成功地从起点自主移动至终点，改进的 Dyna-Q 算法相对于另两种经典强化学习算法具有优越的性能。进一步地，给出三种算法训练过程中的对比曲线，如图 6.36所示。

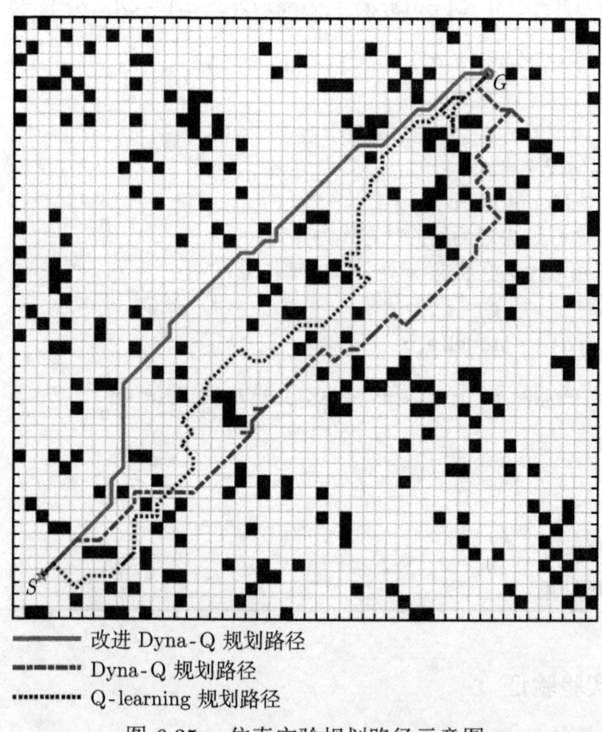

图 6.35 仿真实验规划路径示意图

表 6.3 仿真参数配置

参数名称	参数大小
折扣因子 γ	0.95
学习效率 α	0.1
终点立即奖励 r_0	1
尺度因子 χ	0.1
尺度因子 μ	5
尺度因子 β	0.5
贪婪值 ε	0.2
SA-贪婪值初值 ε_0	0.4
SA-贪婪值终值 ε_f	0.0001
规划迭代次数 n	50
实验总次数 N	2000

图 6.36表明改进的 Dyna-Q 算法在训练前期广泛地探索状态，在启发式搜索的作用下，搜索目标明确，学习效率显著提升，收敛后有良好的稳定性，并可收

敛到最优的策略（61.84 步长），Q-learning 算法和 Dyna-Q 算法分别为 95.04 和 85.49。该结果进一步表明改进 Dyna-Q 算法完成了在未知静态障碍物环境下规划最优路径的任务。

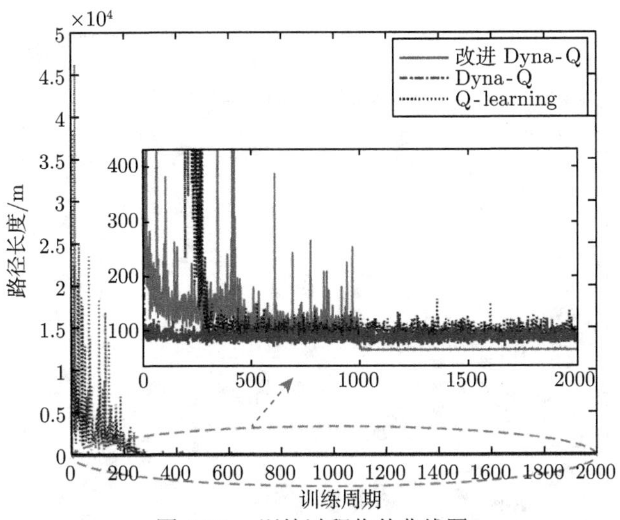

图 6.36 训练过程收敛曲线图

2. 未知动态障碍物环境

在实际应用中，运动体常需要在未知的具有动态障碍物的环境下进行路径规划。因此，本节将改进 Dyna-Q 算法训练的运动体直接迁移至动态环境中，验证算法在未知动态障碍物环境下路径规划的有效性。图 6.37为动态障碍物运动示意图，动态障碍物移动速度固定且低于运动体速度，带箭头虚线为动态障碍物往复运动路径。同时为了验证算法的迁移学习能力，在原规划路径经过的位置新增添了静态障碍物。

利用改进 Dyna-Q 算法新规划出的路径如图 6.37中实线所示，点线为原规划路径，可以看到运动体成功避开了新添加的静态障碍物，并很好地躲避了三个动态障碍物，重新规划出了避障路径，到达终点。运动体路径规划中绕过新增添的静态障碍物以及动态障碍物避障关键过程如图 6.38所示，其中，step 表示运动体的步数。

通过此仿真分析可知，改进 Dyna-Q 算法在多动态障碍物环境下可以很好地完成运动体路径规划任务，说明强化学习算法具有很好的迁移特性，并可适用于多种复杂的动态未知环境。

6.4.4.2 实物实验及算法验证

本节将上述算法应用于实物实验中，整个物理实验系统的架构如图 6.39(a) 所示。运动体采用麦克纳姆轮小车，配有一个单线 360° 激光测距雷达（RPLIDAR-A3），运动体的尺寸为 30cm×30cm×15cm，主控为装有机器人操作系统（ROS）的工控机，通过局域网与上位机进行通信，从而实现顶层决策指令和底层传感信息的交互。

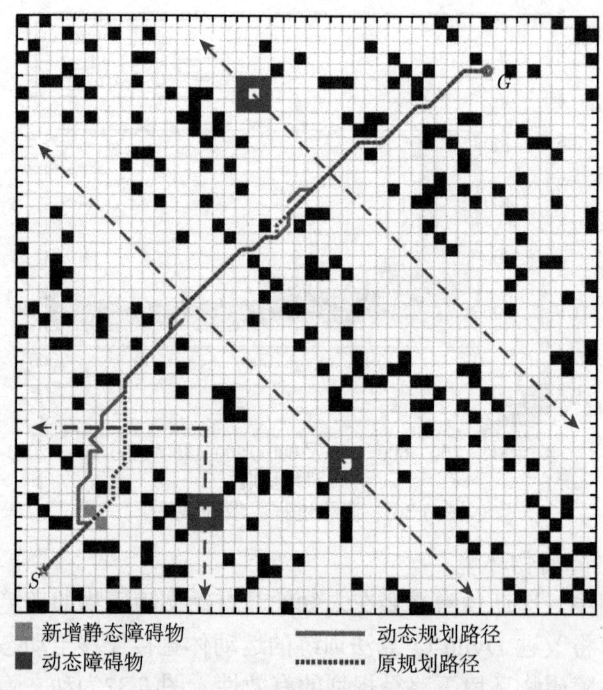

图 6.37　动态障碍物仿真实验图

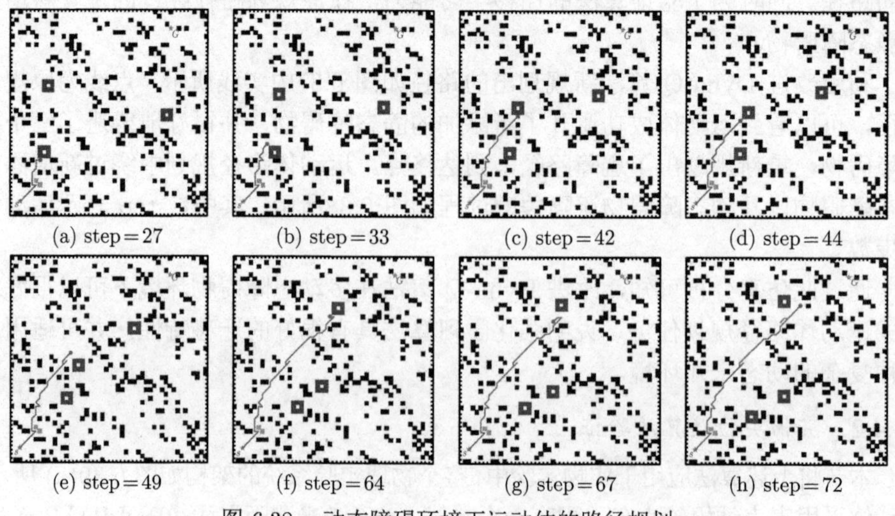

图 6.38　动态障碍环境下运动体的路径规划

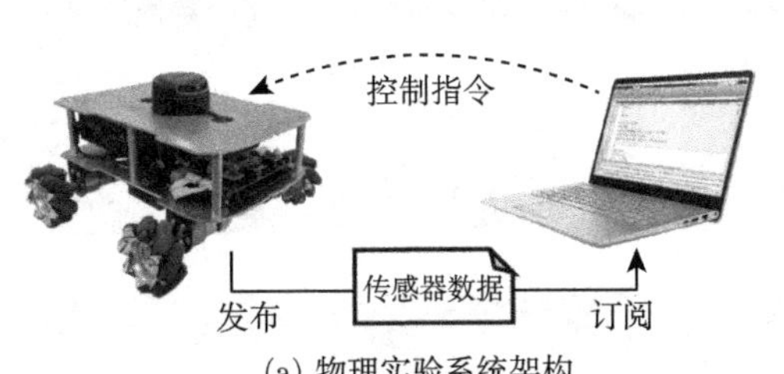

(a) 物理实验系统架构

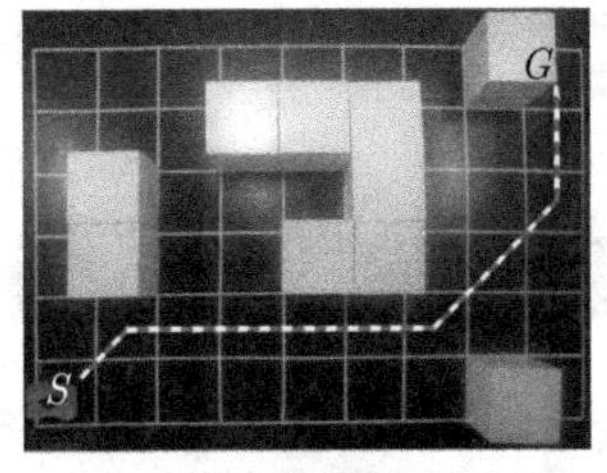

(b) 未知静态障碍物训练结果

图 6.39 物理实验架构及训练结果

本节实验的环境为二维网状栅格地图，如图 6.39(b) 所示，其中，S 代表起点，G 代表终点，白色障碍物尺寸为 40cm×40cm×30cm。实物实验的参数设置与仿真实验相同，由于环境地图尺寸减小，所以训练次数也相应地从 2000 减少到 1000，同样地，运动体的运动规则也与仿真环境设置相同，每一次动作只能移动到周围的八邻域内。

1. 未知静态障碍物环境

运动体首先在未知静态障碍物环境下进行训练，训练后轨迹如图 6.39(b) 所示，可以看到运动体学习到了最优的策略，路径总长约 4.497m。进一步地，在原规划路径上增添一个静态的障碍物，通过图 6.40可以看到，运动体可以绕过新增添的静态障碍物到达终点，路径总长约为 5.228m。

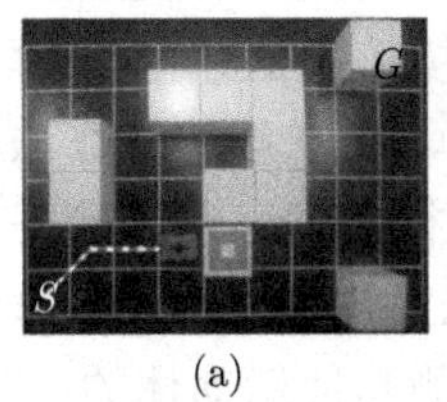
(a)

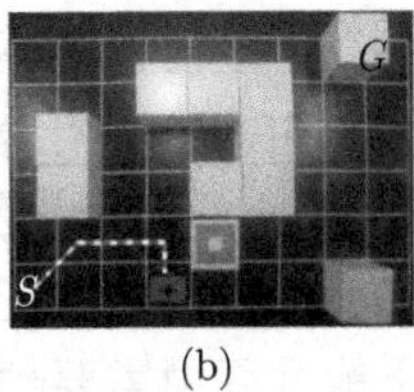
(b)

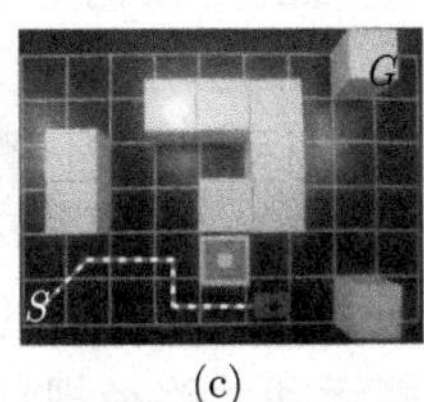
(c)

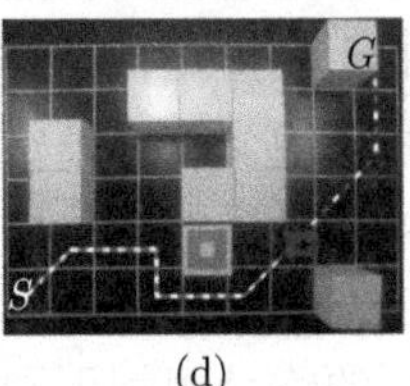
(d)

图 6.40 附加静态障碍物环境路径规划

2. 未知动态障碍物环境

在原地图上增添一个移动的动态障碍物，如图 6.41所示，动态障碍物以运动体一半的速度进行往复运动，可以看到，当运动体遇到动态障碍物后能成功避开，最终成功抵达目的地，整个路径长度为 5.931m。

本节研究了基于强化学习的运动体在未知动态障碍物环境下的路径规划技术，给出了改进的 Dyna-Q 算法原理，并在仿真实验和实物实验中进行了算法验证，实验结果表明强化学习算法在运动体路径规划中具有优越的性能。

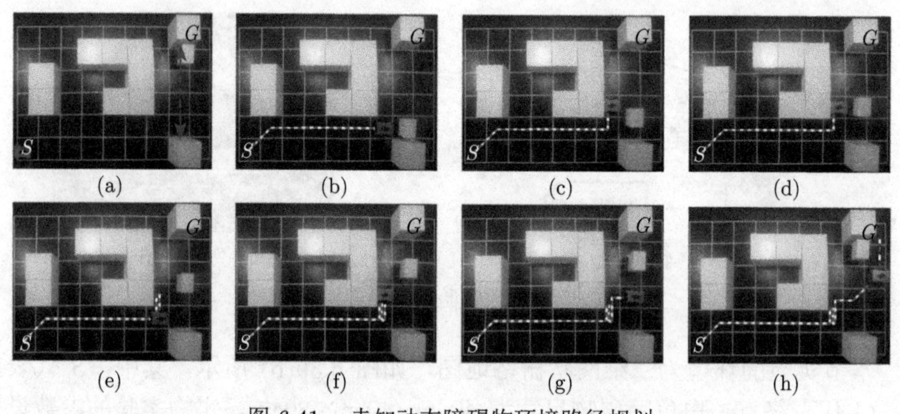

图 6.41　未知动态障碍物环境路径规划

6.5　基于强化学习的协同路径规划方法

6.5.1　协同路径规划问题描述

多运动体路径规划在当今社会中有广泛的应用，如货物运输、机场拖航、灾害搜救、军事侦察、电子游戏、机器人足球等，多运动体路径规划问题与人工智能方法和实际应用需求都密切相关，现已经成为学术界和产业界研究的热点问题之一。多运动体路径规划的目的是在构型空间内为每个运动体找到一条从起点到终点的无碰撞路径，其基础是单运动体路径规划，主要包括环境信息的建模、避障、与环境的交互、搜索到达目标点的最优路径等任务。强化学习算法与传统算法相比具有显著的优势——无须建立精确的环境模型，同时将路径规划、避障等任务融合在一起等，简化了编程和任务实现的难度，在 6.4节中已有详细介绍。与单运动体的路径规划不同，多运动体路径规划决策过程中需要预测其他运动体的行为，这极大提升了问题的复杂度。另外，多运动体在状态空间上的维数爆炸等也是多运动体路径规划的研究重点。目前，常见的多运动体避障方法有主从法、基于协商的动态优先法、速率调整法、障碍物膨胀法、强化学习方法和基于人工势场的方法等。

对于一个典型的有 k 个运动体的多运动体路径规划问题，可以定义元组 $<\mathcal{G}, s, \mathrm{Tr}>$。其中，$\mathcal{G} = (\mathcal{V}, \mathcal{E})$ 是一个无向图，本质是对实际环境的抽象表达。无向图的顶点是运动体可能所处的状态，而无向图的边 $(i, j) \in \mathcal{E}'$ 则表示运动体可以从顶点 i 不经过任何其他中间节点到达顶点 j。s 是一个确定运动体起始状态的映射函数，Tr 则是确定运动体目标状态的映射函数。

在路径规划问题中，连续时间被离散化，每个时间步运动体执行单独的一个动作，动作来源于动作空间 A，运动体动作空间的建模请参照 6.4.2节。运动体在每个时间步执行动作后都会发生状态转移，从无向图的一个顶点移动到另一个顶点。而多运动体路径规划的实际任务就是在每个时间步都输出一个联合动作 $\mathcal{A} = \{\boldsymbol{a}^1, \boldsymbol{a}^2, \cdots, \boldsymbol{a}^i, \cdots, \boldsymbol{a}^k\}$，其中，$\boldsymbol{a}^i \in A$。这些动作在保证运动体向各自终点规划的同时还要避免运动体间的碰撞。接下来，进一步定义有效解以及运动体碰撞。

单个运动体的最终规划路径实际是一系列动作的序列，通过动作序列帮助运动体从初始点转移到目标位置。而多运动体的联合规划则是单个运动体规划解的集合，对于一个联合规划解 Π，Π_i 表示运动体 i 单独的规划解。

定义 6.10 (联合规划冲突) 一个联合规划解是存在点冲突的，当且仅当同一个时间步内 Π 中存在 Π_i 和 Π_j 分别将运动体 i 和运动体 j 规划到同一个顶点 $v \in \mathcal{V}$。一个联合规划解是存在边冲突的，当且仅当同一个时间步内 Π 中存在 Π_i 和 Π_j 分别规划运动体 i 和运动体 j 经过同一个边。图 6.42展示了这两种冲突。

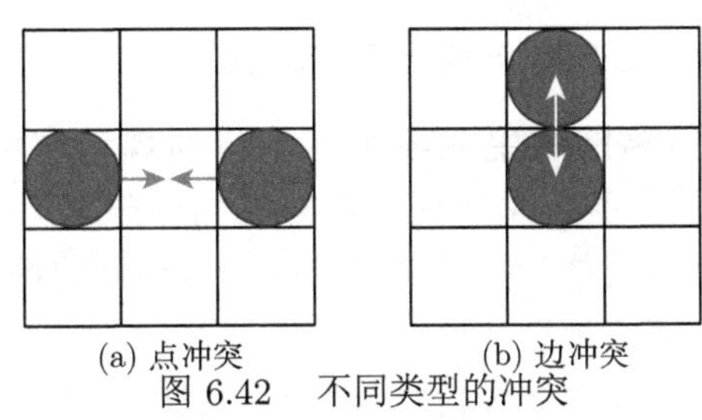

(a) 点冲突　(b) 边冲突

图 6.42　不同类型的冲突

多运动体规划的一个解是有效的当且仅当联合规划解 Π 中既不存在点冲突也不存在边冲突。

依据算法的不同可以将地图分为连续地图、拓扑地图以及栅格地图 [274]。在实际问题中，运动体所处的环境是一个未经抽象的连续的环境，而小车实际的轨迹也必须是复合动力学约束的连续平滑的轨迹。但路径规划算法往往会避免复杂的连续约束，对实际环境进行离散化处理，同时也不会过多地考虑运动体的实际动力学模型。在一般情况下，会在离散地图中完成初步的路径规划，随后会进行下一步轨迹优化，得到符合实际动力学约束的最终轨迹。

在不同的地图中，运动体的动作空间也是不同的。在连续地图中，运动体常采用方向-速度模型，如图 6.43 所示。在栅格地图或拓扑地图中，运动体的动作空间是离散的，地图表征可参照 5.1.4 节和 6.4节。为了保证多运动体路径规划时的避障问题，在进行多运动体路径规划时加入了静止动作，即当前时间步运动体保持不动，维持当前状态。

6.5.2 分布式强化学习协同路径规划方法及仿真验证

分布式强化学习协同路径规划将模型分布式地部署在每个运动体上，每个运动体独立地进行决策规划。与集中式强化学习不同，分布式强化学习极大降低了观测空间的维度，对模型容量的要求更低。本节将介绍一种通过观测空间隐式耦合的分布式强化学习协同路径规划方法。

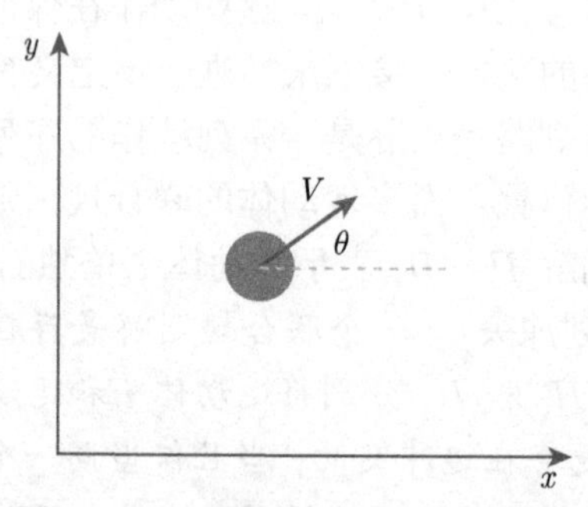

图 6.43　连续地图中的运动体表示

6.5.2.1　分布式强化学习协同路径规划方法思想

本方法直接利用策略网络生成各个运动体的规划结果，方法整体框架如图 6.44所示。运动体从自身传感器获取对外部的局部观测值并将其送入深度神经网络中，网络输出是运动体最终的决策结果。运动体的每一步策略由神经网络给出，最后得到一条完整的规划结果。

在观测阶段，每个运动体通过自身传感器获取周围环境信息并进行多通道处理。在运动体的观测中会对其他运动体的位置进行表征，从而在网络前馈环节实现多运动体之间隐式的耦合，避免了路径冲突问题。决策网络使用的是经典的 Actor-Critic（演员-评论家）结构，Actor 网络指导运动体进行决策，Critic 指导 Actor 网络进行更新。为了增加算法在复杂场景中的适应能力，采用复杂的随机迷宫作为训练的仿真环境，如图 6.45所示。除了使用常规的策略梯度来实现网络参数更新之外，算法还引入了模仿学习以及异步学习网络架构 A3C 来加快学习速度。

运动体对周围的观测在形式表达上是多样的，对于一个基于深度神经网络的决策网络来说，作为输入的观测可以是一张图片，也可以是点云。本节将观测值分解为多个通道，将其输入到策略网络进行学习。同时，假设运动体的观测空间为二维空间，因此仅需要考虑水平面上的地图信息。基于此，运动体的观测值将通过一个 8 通道的二维矩阵进行结构化表示。此外，为了使运动体能够在全局范围内了解目标点的方位，目标点信息将通过一个长度为 3 的向量进行描述。因此，运动体的观测最终将被处理为一个大小为 $8\times$ 长 $\times$ 宽的张量，如图 6.46 所示。

为了更清楚地对观测值建模，下面将具体阐述观测张量中每一个通道的内涵。

（1）障碍物地图：描述运动体周围障碍物的分布情况，出现障碍物时该地图矩阵对应位置处的值为 1，否则为 0。

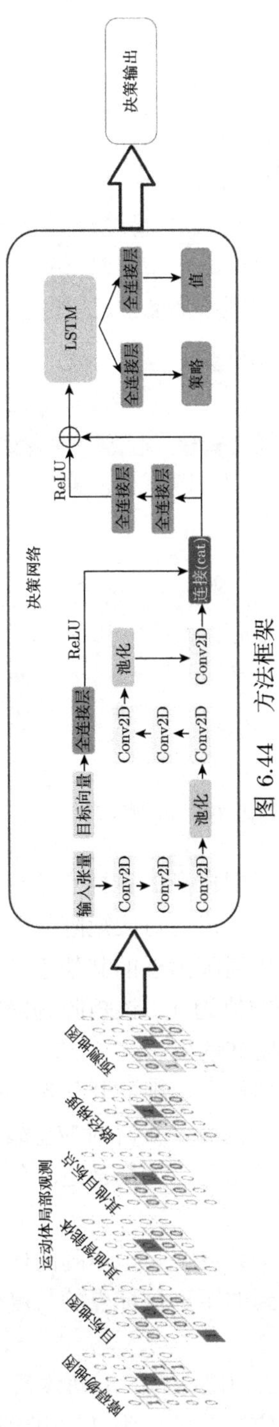
运动体局部观测
输入张量
Conv2D
池化
目标向量
全连接层
ReLU
连接(cat)
决策网络
LSTM
策略
值
决策输出

图 6.44 方法框架

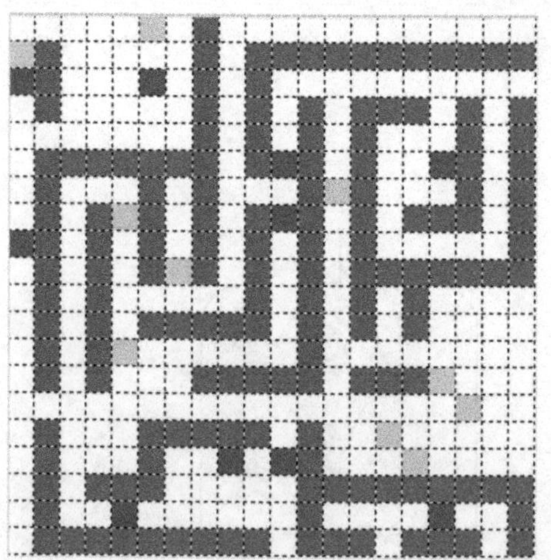

图 6.45 随机生成的仿真环境

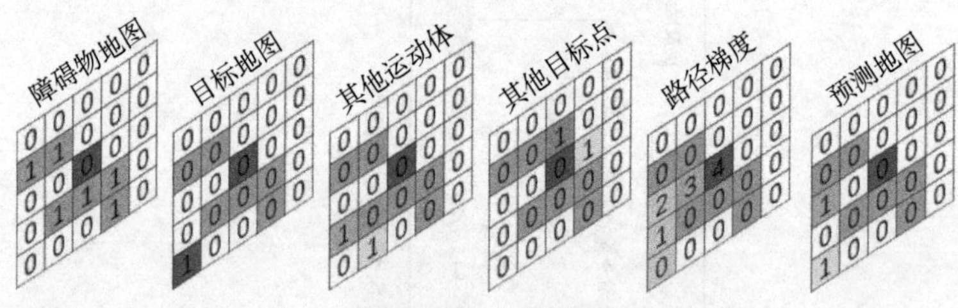

图 6.46 观测张量

（2）目标地图：描述运动体周围自身的目标点信息。当某目标点出现在该运动体的视场范围内时，目标点所在栅格所对应矩阵的值为 1，否则为 0。

（3）其他运动体：描述运动体周围出现的其他运动体。当其他运动体出现在视场范围内时，矩阵对应位置处的值为 1。该矩阵为网络提供了其他运动体的信息，可使网络学习到运动体之间隐式的配合。

（4）其他目标点：描述运动体周围出现的其他运动体的目标点的情况。当其他运动体的目标点出现在视场范围内时，矩阵对应位置处的值为 1。该矩阵进一步为网络提供了其他运动体的相关信息，为局部运动体之间隐式的配合规划提供了基础。

（5）路径梯度：该矩阵是一个数值矩阵，矩阵的内容是在不考虑视场内其他运动体的前提下利用 A* 算法得到的距离目标点的长度信息，该矩阵给网络提供了一个路径梯度信息。

（6）预测地图：利用 A* 算法为视场内的运动体预测其未来一定步长的轨迹，在未来其他运动体可能出现的地方矩阵的值为 1。由于该矩阵是对其他运动体未来的预测，因此该矩阵能够在一定程度上避免运动体之间的路径冲突。在实际仿真中，算法采用的预测长度为 3，该矩阵共有三个通道。

一方面，这样的多通道观测值更加全面地对运动体的实际观测值进行了形式化的描述，实现了人工对于观测值的有效特征提取；另一方面，运动体通过对其他运动体的观测，获取到了其他运动体的相对位置信息，从而给决策网络赋予了执行避障策略的能力。由于每个运动体的决策网络是独立的，可以分布式部署决策网络，通过观测值隐式耦合实现分布式的避障，从而避免了中心计算器的高计算量处理步骤。

方法的网络主体基于 A2C 算法进行搭建，Actor 网络和 Critic 网络共享特征并提取部分网络的参数，二者仅在最后的全连接层上存在参数差别。网络主体由两个 VGG 块、一个残差模块以及一个 LSTM 网络组成，如图 6.47 所示。

观测结果的结构化张量首先经过由三个卷积层以及一个最大池化层构成的 VGG 块提取特征信息，随后再经过一个 VGG 块进一步提取特征信息。最终获得一个长度为 500 的向量，将该向量与经由目标点位置信息处理得到的长度为 12 的向量连接，从而得到一个长度为 512 的特征向量。该向量将再经过一个残差模块输入到 LSTM 网络中获得最终的特征表示。残差模块避免了深度带来的梯度消失问题，LSTM 则给网络赋予了一定的“记忆”能力。

经过 LSTM 网络提取到观测状态的最终特征表示后，分别送到两个全连接层。其中一个输出的是每个动作被选择的概率，即 Actor 网络的输出结果；而另一个输出的则是对当前状态价值的估计，即 Critic 网络的输出值。通过合适的损失函数以及优化目标，反向传播更新网络参数从而实现策略的学习。整个策略网络运行的流程如图 6.48所示。

在上述决策网络流程基础上，将针对算法中损失函数选择和参数迭代优化方法进行详细阐述。

1. 损失函数的选择

将 Actor 表示为 $\boldsymbol{\pi}(\boldsymbol{a} \mid \boldsymbol{s};\boldsymbol{\omega})$，Critic 表示为 $\boldsymbol{v}(\boldsymbol{s};\boldsymbol{\theta})$，整个网络的参数由 $\boldsymbol{\omega}$ 和 $\boldsymbol{\theta}$ 完全决定。在进行网络训练时，算法对这两组参数进行学习更新。作为对累积折扣回报的一个条件期望，价值函数表示为 $\boldsymbol{v}_\pi(\boldsymbol{s}_0) = \mathrm{E}\left(\boldsymbol{U}_{t_0} \mid S_{t_0} = \boldsymbol{s}_0\right)$。因此，策略网络的优化目标变为最大化价值函数 $\boldsymbol{v}_\pi(\boldsymbol{s})$。策略网络的优化目标函数就是价值函数，由贝尔曼（Bellman）方程可知 $\boldsymbol{v}_\pi(\boldsymbol{s}) = \sum\limits_a \boldsymbol{\pi}(\boldsymbol{a} \mid \boldsymbol{s}) Q_\pi(\boldsymbol{s},\boldsymbol{a})$，进一步可以得到目标函数 $\boldsymbol{v}_\pi(\boldsymbol{s})$ 对于策略网络 $\boldsymbol{\pi}(\boldsymbol{a} \mid \boldsymbol{s};\boldsymbol{\omega})$ 的梯度为

$$\frac{\partial \boldsymbol{v}_\pi(\boldsymbol{s})}{\partial \boldsymbol{\pi}(\boldsymbol{a} \mid \boldsymbol{s})} = \mathrm{E}_{\boldsymbol{a}}\left[\frac{\partial \log \boldsymbol{\pi}(\boldsymbol{a} \mid \boldsymbol{s};\boldsymbol{\theta})}{\partial \boldsymbol{\theta}} Q_\pi(\boldsymbol{s},\boldsymbol{a})\right] \tag{6.84}$$

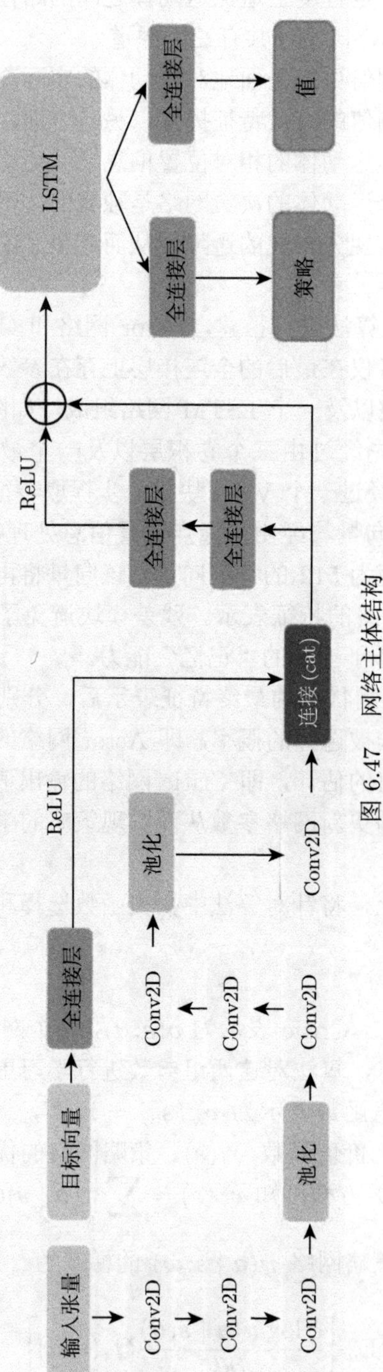
输入张量
Conv2D
Conv2D
Conv2D
池化
Conv2D
Conv2D
Conv2D
池化
Conv2D
目标向量
全连接层
ReLU
连接 (cat)
全连接层
全连接层
ReLU
LSTM
全连接层
全连接层
策略
值

图 6.47　网络主体结构

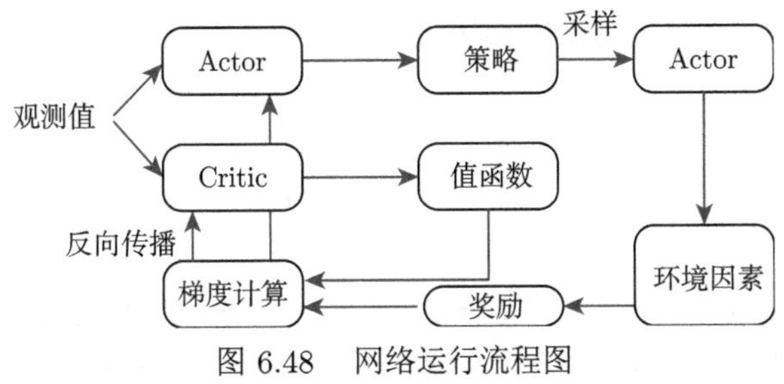

图 6.48 网络运行流程图

为了减小梯度的方差值，算法引入了基线来减小网络在学习过程中的振荡，加快收敛速度。由于策略梯度是对动作 $\boldsymbol{a}$ 的一个期望结果，因此只要基线与动作 $\boldsymbol{a}$ 不相关即不影响梯度的期望结果。本算法将 $\boldsymbol{v}_\pi(s)$ 作为基线，得到最终的带有基线的策略梯度：

$$\frac{\partial \boldsymbol{v}_\pi(\boldsymbol{s})}{\partial \boldsymbol{\pi}(\boldsymbol{a} \mid \boldsymbol{s})} = \mathrm{E}_{\boldsymbol{a}}\left[\frac{\partial \log \boldsymbol{\pi}(\boldsymbol{a} \mid \boldsymbol{s}; \boldsymbol{\theta})}{\partial \boldsymbol{\theta}} A(\boldsymbol{s}, \boldsymbol{a})\right] \tag{6.85}$$

式中，$A(\boldsymbol{s}, \boldsymbol{a}) = Q_\pi(\boldsymbol{s}, \boldsymbol{a}) - \boldsymbol{v}_\pi(\boldsymbol{s})$ 被称为优势函数。

通过蒙特卡罗近似将 $\dfrac{\partial \log \boldsymbol{\pi}(\boldsymbol{a} \mid \boldsymbol{s}; \boldsymbol{\theta})}{\partial \boldsymbol{\theta}} A(\boldsymbol{s}, \boldsymbol{a})$ 作为实际梯度的一个无偏估计。因此策略网络的损失函数为

$$L_{\text{actor}} = -\log\left(\boldsymbol{\pi}\left(\boldsymbol{a}_t \mid \boldsymbol{s}_t; \boldsymbol{\omega}\right)\right) A\left(\boldsymbol{a}_t, \boldsymbol{s}_t; \boldsymbol{\theta}\right) \tag{6.86}$$

为了提高决策网络在前期对各个动作探索的充分性，在损失函数中引入了一个鼓励决策网络做出等概率决策的熵项 [275]。可以得到在网络训练过程中 Actor 网络实际使用的损失函数为

$$L_{\text{actor}} = \frac{1}{T} \sum_{T} \sigma_h \sum_{\boldsymbol{a} \in A} \log\left(\boldsymbol{\pi}(\boldsymbol{a} \mid \boldsymbol{s}; \boldsymbol{\omega}) - \log\left(\boldsymbol{\pi}\left(\boldsymbol{a}_t \mid \boldsymbol{s}_t; \boldsymbol{\omega}\right)\right) A\left(\boldsymbol{a}_t, \boldsymbol{s}_t; \boldsymbol{\theta}\right)\right. \tag{6.87}$$

式中，σ_h 是常值系数，一般取 0.01。

对于 Critic 网络，其优化目标是让自身的输出接近环境实际的奖励值，因此可采用时间差分法来实现 Critic 网络的更新。由于路径规划的仿真轨迹是有限长度的，为了让 Critic 网络的更新更加稳定，采用 T 步时间差分对网络进行更新，这个时候时间差分退化为强化算法。在训练时，保存完整的仿真轨迹：$[(\boldsymbol{s}_0, \boldsymbol{a}_0, r_0, \boldsymbol{s}_1), (\boldsymbol{s}_1, \boldsymbol{a}_1, r_1, \boldsymbol{s}_2), \cdots, (\boldsymbol{s}_{T-1}, \boldsymbol{a}_{T-1}, r_{T-1}, \boldsymbol{s}_T)]$。直接将累积折扣回报 $U_0 = \sum_{t=0}^{T} \gamma^t r_t$ 与 Critic 网络在 $\boldsymbol{s}_0$ 的输出 $\boldsymbol{v}(\boldsymbol{s}_0; \boldsymbol{\theta})$ 的 2 范数作为 Critic 网络的损

失函数，得到 Critic 网络的损失函数表达为

$$L_{\text{value}} = \left(\boldsymbol{v}\left(\boldsymbol{s}_0;\boldsymbol{\theta}\right) - \sum_{t=0}^{T} \boldsymbol{\gamma}^t r_t\right)^2 \tag{6.88}$$

在训练过程中，采用这两个损失函数对网络进行参数更新。由于 Actor 和 Critic 存在参数共享，这两个损失函数同时作用到两个网络。

2. 基于 M* 算法的模仿学习

传统的强化学习算法是依据环境的实际奖励进行参数更新的，运动体需要得到环境的反馈才能实现网络的更新。在路径规划问题中，尤其是稀疏环境中，奖励的获取是稀疏的，导致网络梯度更新频率低，网络参数更新缓慢，使得整个策略网络的学习效率低下且容易发散。

为了解决上述问题，在网络更新阶段引入模仿学习的思想。模仿学习是在强化学习中引入类似标签的监督数据来帮助网络进行更新的方法。由于决策环节往往是在时间维度上展开的，单纯的模仿学习很容易导致累积误差过大，效果也不好。本算法将模仿学习和策略学习结合起来，通过模仿学习提供高频的反馈来帮助网络快速收敛，策略学习则为网络进行全局调优。

在执行决策的过程中，将 M* 算法 [276] 作为专家算法，M* 算法是 A* 算法在多运动体路径规划领域的一个扩展算法，其本质上是一个剪枝的子维度扩张的搜索算法。在进行多运动体路径规划时，M* 算法像 A* 算法一样扩展节点。首次扩展节点时，M* 算法单独考虑每个运动体节点扩展，相当于在 1 维空间上处理 n 维空间的节点扩展问题。只有当运动体之间的路径发生冲突时，M* 才会在 n 维空间中重新展开所有的子状态节点。由于 M* 算法是耦合的算法，所以其在线运行缓慢，不适合直接用于在线探索的路径规划任务中。但在训练过程中，M* 算法规划的路径为网络的学习提供了参考，将从 M* 算法得到优化的路径作为模仿学习的真值，从而得到模仿学习的损失函数为

$$L_{\text{valid}} = \frac{1}{T}\sum_{t=1}^{T}\sum_{i=1}^{5} \log\left(\boldsymbol{v}_i(t)\right)\cdot \boldsymbol{\pi}_t\left(\boldsymbol{a}_i\right) + \log\left(1-\boldsymbol{v}_i(t)\right)\cdot\left(1-\boldsymbol{\pi}_t\left(\boldsymbol{a}_i\right)\right) \tag{6.89}$$

式中，i 是对动作的编号，分别计算前、后、左、右、静止 5 个动作交叉熵；$\boldsymbol{v}_i(t)$ 是在 t 时刻由 M* 算法得到的选择该动作的概率，由于 M* 算法得到的规划结果是确定的，所以只能是 1 或者 0。L_{valid} 将策略网络的输出接近 M* 算法规划结果。

在训练时，跑完一轮训练后统一更新网络参数，过程中算法不会对网络参数

进行更新，策略网络的梯度为

$$\nabla \boldsymbol{\pi}(\boldsymbol{s};\boldsymbol{\omega}) = \alpha \frac{\partial L_{\text{value}}}{\partial \boldsymbol{\pi}(\boldsymbol{s};\boldsymbol{\omega})} + (1-\alpha)\frac{\partial L_{\text{valid}}}{\partial \boldsymbol{\pi}(\boldsymbol{s};\boldsymbol{\omega})} \tag{6.90}$$

式中，α 是策略梯度和模仿学习梯度的权重值。

6.5.2.2 算法仿真及验证分析

首先，本节测试了算法在进行单运动体与多运动体路径规划时的效果，图 6.49(a) 是本节所使用的测试地图及算法最终得到的路径效果，图 6.49(b) 展示了多运动体路径规划的结果。图 6.50则展示了在不同复杂度的地图上测试的规划成功率以及平均步数随运动体数量的变化情况。

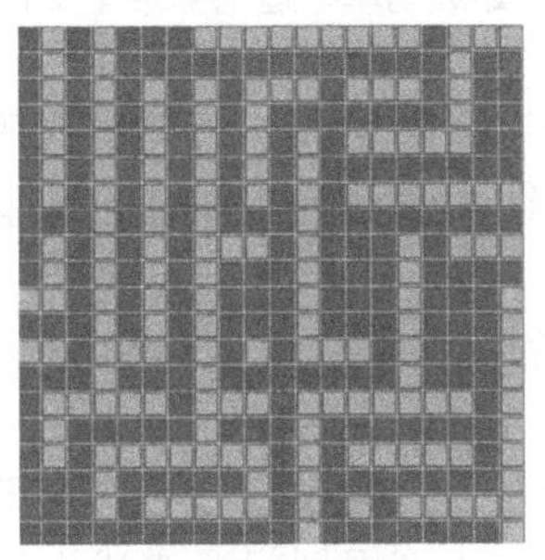

(a) 单运动体路径优化 (b) 多运动体路径优化

图 6.49 单运动体与多运动体路径规划仿真结果

结果表明，随着运动体数量的增加，冲突越来越多，平均步数逐渐增加，路径优化性变差，且规划成功率也逐渐下降。但是当运动体数量与地图尺寸保持在一定的合理范围内时，仍然具有较高的规划成功率。在仿真过程中，模型是独立

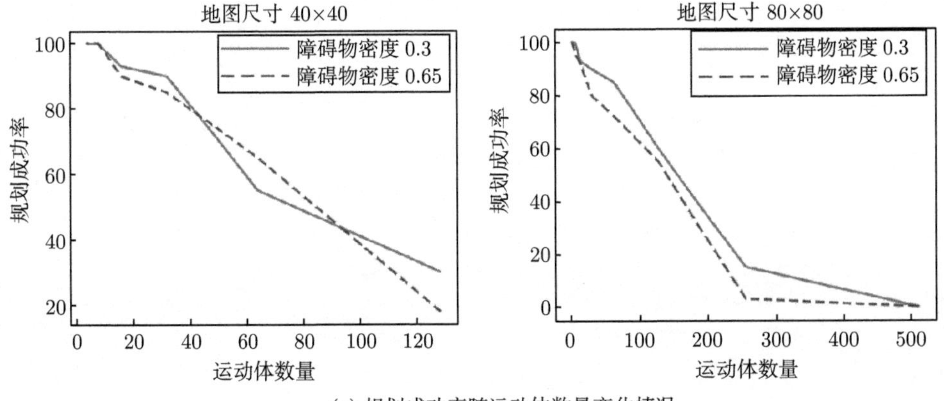

(a) 规划成功率随运动体数量变化情况

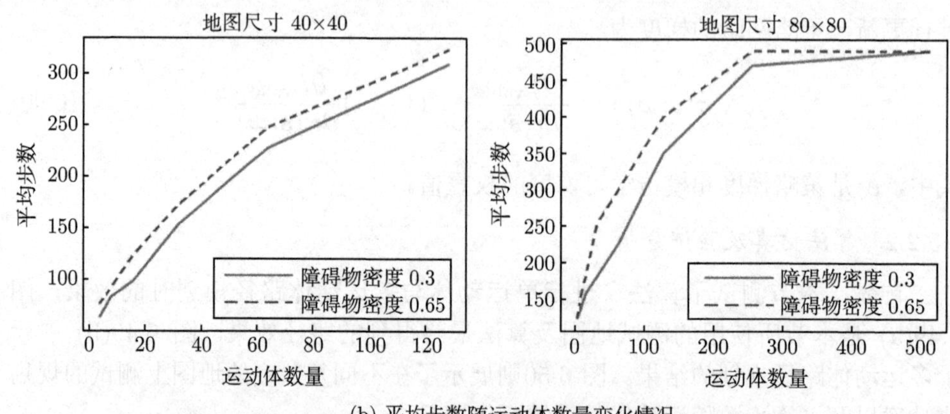

(b) 平均步数随运动体数量变化情况

图 6.50 多运动体路径平均步数及规划成功率与运动体数量变化关系

部署到每个运动体上的，所以规划时间基本不随运动体的数量增加而增加，而传统的多运动体路径规划算法的时间复杂度往往随运动体数量的幂律增长。

6.6 本章小结

本章从基于共情理论的编队队形选择入手，解决了分布式决策编队队形决策问题，然后通过概率推理方式，将领航者的轨迹规划问题描述为最优化问题，由于构建问题矩阵的稀疏特征，提升了问题求解的效率；确定领导者轨迹后，提出了基于仿射变换的协同编队控制方法，实现领航-跟随架构的多运动体编队。除传统方法外，本章还提出了基于强化学习的单运动体动态环境路径规划方法及多运动体协同路径规划方法。

参 考 文 献

[1] JIE C, JIAN S, GANG W. From unmanned systems to autonomous intelligent systems[J]. Engineering, 2022, 12(5): 16-19.

[2] Unmanned systems integrated roadmap 2017-2042[EB/OL]. (2017-01)[2022-10-01]. https://www.defensedaily.com/wp-content/uploads/post_attachment/206477.pdf.

[3] LEI L, TONG W, QI J. Key technology develop trends of unmanned systems viewed from unmanned systems integrated roadmap 2017-2042[J]. Unmanned Systems Technology, 2018, 1(4): 79-84.

[4] NILSSON N J. Artificial intelligence: a new synthesis[M]. San Francisco: Morgan Kaufmann, 1998.

[5] BROOKS R. A robust layered control system for a mobile robot[J]. IEEE Journal on Robotics and Automation, 1986, 2(1): 14-23.

[6] ARKIN R C. Motor schema: based mobile robot navigation[J]. The International Journal of Robotics Research, 1989, 8(4): 92-112.

[7] SARIDIS G N. Toward the realization of intelligent controls[J]. Proceedings of the IEEE, 1979, 67(8): 1115-1133.

[8] 张辰, 周乐来, 李贻斌. 多机器人协同导航技术综述 [J]. 无人系统技术, 2020, 3(2): 1-8.

[9] CAI G, CHEN B M, LEE T H. Unmanned rotorcraft systems[M]. London: Springer, 2011.

[10] ZHOU X, ZHU J C, ZHOU H Y, et al. EGO-Swarm: a fully autonomous and decentralized quadrotor swarm system in cluttered environments[C]//2021 IEEE International Conference on Robotics and Automation. Zurich: IEEE, 2021: 4101-4107.

[11] KUN A L. Human-machine interaction for vehicles: review and outlook[J]. Foundations and Trends® in Human-Computer Interaction, 2018, 11(4): 201-293.

[12] 中国电子技术标准化研究院. 智能无人集群系统发展白皮书 [EB/OL]. (2021-11-23) [2021-12-01]. http://www.cesi.cn/202111/8036.html.

[13] CAO Y U, KAHNG A B, FUKUNAGA A S. Cooperative mobile robotics: antecedents and directions[C]//1995 IEEE/RSJ International Conference on Intelligent Robots and Systems. Pennsylvania: IEEE, 1995: 226-234.

[14] KIM Y G, KWAK J H, HONG D H, et al. Localization strategy based on multi-robot collaboration for indoor service robot applications[C]//2013 10th International Conference on Ubiquitous Robots and Ambient Intelligence. Seoul: IEEE, 2013: 225-226.

[15] 岳胜, 于佳, 苏蕾, 等. 5G 无线网络规划与设计 [M]. 北京: 人民邮电出版社, 2019.

[16] 李洋, 张传福, 何庆瑜. 5G 无线网络规划与设计探讨 [J]. 电信技术, 2019, 8: 115-18.

[17] 吕娜. 数据链理论与系统 [M]. 北京: 电子工业出版社, 2011.

[18] 洪婷. 可延展 UWB 无线自组网网络定位校正问题研究 [D]. 重庆: 重庆邮电大学, 2019.

[19] 任智, 姚玉坤, 曹建玲. 无线自组织网络路由协议及应用 [M]. 北京: 电子工业出版社, 2015.

[20] 李景峰. 移动自组织网络关键安全问题的研究 [D]. 郑州: 解放军信息工程大学, 2007.

[21] BICKFORD J A, DUWEL A E, WEINBERG M S, et al. Performance of electrically small conventional and mechanical antennas[J]. IEEE Transactions on Antennas and Propagation, 2019, 67(4): 2209-2223.

[22] GARCIA J, SOTO S, SULTANA A, et al. Localization using a particle filter and magnetic induction transmissions: theory and experiments in air[C]//2020 IEEE Texas Symposium on Wireless and Microwave Circuits and Systems. Waco: IEEE, 2020: 1-6.

[23] WEI B, TRIGONI N, MARKHAM A. iMag: accurate and rapidly deployable inertial magneto-inductive localisation[C]//2018 IEEE International Conference on Robotics and Automation. Brisbane: IEEE, 2018: 99-106.

[24] ARUMUGAM D, GRIFFIN J, STANCIL D, et al. Higher order loop corrections for short range magnetoquasistatic position tracking[C]//IEEE International Symposium on Antennas and Propagation. Minneapolis: IEEE, 2011: 1755-1757.

[25] ZHENG Y X, LI Q H, WANG C H, et al. Multi-source adaptive selection and fusion for pedestrian dead reckoning[J]. IEEE/CAA Journal of Automatica Sinica, 2022, 9 (12): 2174-2185.

[26] ZHENG Y X, LI Q H, WANG X, et al. Advanced positioning system for harsh environments using time-varying magnetic field[J]. IEEE Transactions on Magnetics, 2020, 57(6): 1-12.

[27] 郑元勋. 基于磁信标与机会信号的导航定位理论与应用研究 [D]. 哈尔滨: 哈尔滨工业大学, 2021.

[28] 王煜. 基于特征矢量的磁信标定位技术 [D]. 哈尔滨: 哈尔滨工业大学, 2019.

[29] LI Q H, LI X N, WANG C H, et al. An inertial magneto-inductive positioning system based on GWO-PF algorithm[J]. IEEE Transactions on Instrumentation and Measurement, 2022, 71: 1-10.

[30] DU R L, LIU J Q, JIANG Z Y, et al. Fast data fusion algorithm for building navigation base in formation flying[C]//2013 19th International Conference on Automation and Computing. London: IEEE, 2013: 1-6.

[31] LEE S, NEDIC A. Distributed random projection algorithm for convex optimization [J]. IEEE Journal of Selected Topics in Signal Processing, 2013, 7(2): 221-229.

[32] JIANG W, LI Y, RIZOS C. A multisensor navigation system based on an adaptive fault-tolerant GOF algorithm[J]. IEEE Transactions on Intelligent Transportation Systems, 2016, 18(1): 103-113.

[33] HAJIHOSEINI A, GHORASHI S A. Distributed target localization in wireless sensor networks using diffusion adaptation[J]. Indonesian Journal of Electrical Engineering and Computer Science, 2016, 3(3): 512-518.

[34] LUO C, YANG S X, LI X, et al. Neural-dynamics-driven complete area coverage navigation through cooperation of multiple mobile robots[J]. IEEE Transactions on Industrial Electronics, 2016, 64(1): 750-760.

[35] KAHN H. Random sampling (Monte Carlo) techniques in neutron attenuation problems-I[J]. Nucleonics, 1950, 6(5): 1-24.

[36] ZHOU Z B, SHEN Y Z, LI B F. A windowing-recursive approach for GPS real-time kinematic positioning[J]. GPS Solutions, 2010, 14(4): 365-373.

[37] JULIER S J, UHLMANN J K. Unscented filtering and nonlinear estimation[J]. Proceedings of the IEEE, 2004, 92(3): 401-422.

[38] 卢虎, 蒋小强, 闵欢. 具有通信约束的分布式 SOR 多智能体轨迹估计算法 [J]. 航空学报, 2019, 40(10): 171-183.

[39] BISWAS J, VELOSO M. WiFi localization and navigation for autonomous indoor mobile robots[C]//2010 IEEE International Conference on Robotics and Automation. Anchorage: IEEE, 2010: 4379-4384.

[40] 赵营峰, 刘三阳, 葛立. 求解不定二次约束二次规划问题的全局优化算法 [J]. 工程数学学报, 2018, 35(4): 367-374.

[41] 习国泰. 改进 Levenberg-Marquardt 算法的复杂度分析 [D]. 上海: 上海交通大学, 2012.

[42] 杨建, 罗涛, 魏世乐, 等. 基于 MHE 的多 UUV 协同定位方法 [J]. 舰船科学技术, 2017, 39(23): 81-85.

[43] LARSEN T D, ANDERSEN N A, RAVN O, et al. Incorporation of time delayed measurements in a discrete-time Kalman filter[C]//IEEE Conference on Decision and Control. Tampa: IEEE, 1998: 3972-3977.

[44] BAROOAH P, HESPANHA J P. Distributed optimal estimation from relative measurements[C]//The 3rd International Conference on Intelligent Sensing and Information Processing. Nanjing: IEEE, 2005: 1-8.

[45] 陈明星, 熊智, 刘建业, 等. 基于因子图的无人机集群分布式协同导航方法 [J]. 中国惯性技术学报, 2020, 28(4): 456-461.

[46] SHAMES I, FIDAN B, ANDERSON B D O, et al. Cooperative self-localization of mobile agents[J]. IEEE Transactions on Aerospace and Electronic Systems, 2011, 47 (3): 1926-1947.

[47] INDELMAN V, GURFIL P, RIVLIN E, et al. Distributed vision-aided cooperative localization and navigation based on three-view geometry[C]//2011 Aerospace Conference. Big Sky: IEEE, 2011: 1-20.

[48] SMITH R C, CHEESEMAN P. On the representation and estimation of spatial uncertainty[J]. The International Journal of Robotics Research, 1986, 5(4): 56-68.

[49] DURRANT-WHYTE H, BAILEY T. Simultaneous localization and mapping part I[J]. IEEE Robotics and Automation Magazine, 2006, 13(2): 99-110.

[50] 李延真, 石立国, 徐志根, 等. 移动机器人视觉 SLAM 研究综述 [J]. 智能计算机与应用, 2022, 12(7): 40-45.

[51] 毛军, 付浩, 褚超群, 等. 惯性/视觉/激光雷达 SLAM 技术综述 [J]. 导航定位与授时, 2022, 9(4): 17-30.

[52] 王常虹, 窦赫暄, 陈晓东, 等. 无人平台 SLAM 技术研究进展 [J]. 导航定位与授时, 2019, 6(4): 12-19.

[53] BALASURIYA B, CHATHURANGA H, JAYASUNDARA B, et al. Outdoor robot navigation using Gmapping based SLAM algorithm[C]//Moratuwa Engineering Research Conference. Moratuwa: IEEE, 2016: 403-408.

[54] ELIWA M, ADHAM A, SAMI I, et al. A critical comparison between fast and hector SLAM algorithms[J]. REST Journal on Emerging trends in Modelling and Manufacturing, 2017, 3(2): 44-49.

[55] DWIJOTOMO A, ABDUL RAHMAN M A, MOHAMMED ARIFF M H, et al. Cartographer SLAM method for optimization with an adaptive multi-distance scan scheduler[J]. Applied Sciences, 2020, 10(1): 347-362.

[56] ZHANG J, SINGH S. LOAM: lidar odometry and mapping in real-time[J]. Robotics: Science and Systems, 2014, 2(9): 1-9.

[57] SHAO W Z, VIJAYARANGAN S, LI C, et al. Stereo visual inertial lidar simultaneous localization and mapping[C]//2019 IEEE/RSJ International Conference on Intelligent Robots and Systems (IROS). Macau: IEEE, 2019: 370-377.

[58] YE H Y, CHEN Y Y, LIU M. Tightly coupled 3D lidar inertial odometry and mapping[C]//2019 International Conference on Robotics and Automation. Montreal: IEEE, 2019: 3144-3150.

[59] QIN C, YE H Y, PRANATA C E, et al. LINS: a lidar-inertial state estimator for robust and efficient navigation[C]//2020 IEEE International Conference on Robotics and Automation. Paris: IEEE, 2020: 8899-8906.

[60] SHAN T X, ENGLOT B, MEYERS D, et al. LIO-SAM: tightly-coupled lidar inertial odometry via smoothing and mapping[C]//2020 IEEE/RSJ International Conference on Intelligent Robots and Systems. Las Vegas: IEEE, 2020: 5135-5142.

[61] LI K L, LI M, HANEBECK U D. Towards high-performance solid-state-lidar-inertial odometry and mapping[J]. IEEE Robotics and Automation Letters, 2021, 6(3): 5167-5174.

[62] XU W, CAI Y X, HE D J, et al. FAST-LIO2: fast direct lidar-inertial odometry[J]. IEEE Transactions on Robotics, 2022, 38(4): 2053-2073.

[63] PIRE T, FISCHER T, CASTRO G, et al. S-PTAM: stereo parallel tracking and mapping[J]. Robotics and Autonomous Systems, 2017, 93: 27-42.

[64] MUR-ARTAL R, MONTIEL J M M, TARDOS J D. ORB-SLAM: a versatile and accurate monocular SLAM system[J]. IEEE Transactions on Robotics, 2015, 31(5): 1147-1163.

[65] ENGEL J, SCHÖPS T, CREMERS D. LSD-SLAM: large-scale direct monocular SLAM[C]//European Conference on Computer Vision. Zurich: Springer, 2014: 834-849.

[66] HU G, HUANG S D, ZHAO L, et al. A robust RGB-D SLAM algorithm[C]//2012 IEEE/RSJ International Conference on Intelligent Robots and Systems. Algarve: IEEE, 2012: 1714-1719.

[67] FORSTER C, PIZZOLI M, SCARAMUZZA D. SVO: fast semi-direct monocular visual odometry[C]//2014 IEEE International Conference on Robotics and Automation. Hong Kong: IEEE, 2014: 15-22.

[68] KOTTAS D G, HESCH J A, BOWMAN S L, et al. On the consistency of vision-aided inertial navigation[C]//Experimental Robotics: The 13th International Symposium on Experimental Robotics. Québec city: Springer, 2013: 303-317.

[69] DELMERICO J, SCARAMUZZA D. A benchmark comparison of monocular visual-inertial odometry algorithms for flying robots[C]//IEEE International Conference on Robotics and Automation. Brisbane: IEEE, 2018: 2502-2509.

[70] QIN T, CAO S Z, PAN J, et al. A general optimization-based framework for global pose estimation with multiple sensors[C]//2019 IEEE/RSJ International Conference on Intelligent Robots and Systems. Madrid: IEEE, 2019: 1-8.

[71] GAUVAIN J L, LEE C H. Maximum a posteriori estimation for multivariate gaussian mixture observations of markov chains[J]. IEEE Transactions on Speech and Audio Processing, 1994, 2(2): 291-298.

[72] TRIGGS B, MCLAUCHLAN P F, HARTLEY R I. Bundle adjustment a modern synthesis[C]//1999 Proceedings Vision Algorithms: Theory and Practice: International Workshop on Vision Algorithms. Corfu: Springer, 2000: 298-372.

[73] STRASDAT H, MONTIEL J M M, DAVISON A J. Visual SLAM: why filter?[J]. Image and Vision Computing, 2012, 30(2): 65-77.

[74] GRISETTI G, KüMMERLE R, STACHNISS C, et al. A tutorial on graph-based SLAM[J]. IEEE Intelligent Transportation Systems Magazine, 2010, 2(4): 31-43.

[75] JENNINGS C, MURRAY D, LITTLE J. Cooperative robot localization with vision-based mapping[C]//IEEE International Conference on Robotics and Automation. Detroit: IEEE, 1999: 2659-2665.

[76] LI F, YANG S W, YI X D, et al. CORB-SLAM: a collaborative visual SLAM system for multiple robots[C]//International Conference on Collaborative

Computing: Networking, Applications and Worksharing. Dublin: Springer, 2017: 480-490.

[77] PEI Z Y, PIAO S H, SOUIDI M E H, et al. SLAM for humanoid multi-robot active cooperation based on relative observation[J]. Sustainability, 2018, 10(8): 2946-2964.

[78] ROUČEK T, PECKA M, ČÍŽEK P, et al. DARPA subterranean challenge: multi-robotic exploration of underground environments[C]//International Conference on Modelling and Simulation for Autonomous Systems. Oslo: Springer, 2019: 274-290.

[79] PADEN B, ČÁP M, YONG S Z, et al. A survey of motion planning and control techniques for self-driving urban vehicles[J]. IEEE Transactions on Intelligent Vehicles, 2016, 1(1): 33-55.

[80] KATRAKAZAS C, QUDDUS M, CHEN W H, et al. Real-time motion planning methods for autonomous on-road driving: state-of-the-art and future research directions[J]. Transportation Research Part C: Emerging Technologies, 2015, 60: 416-442.

[81] QUAN L, HAN L X, ZHOU B Y, et al. Survey of UAV motion planning[J]. IET Cyber-systems and Robotics, 2020, 2(1): 14-21.

[82] WANG J K, ZHANG T Y, MA N C, et al. A survey of learning-based robot motion planning[J]. IET Cyber-Systems and Robotics, 2021, 3(4): 302-314.

[83] SCHWARTING W, ALONSO-MORA J, RUS D. Planning and decision-making for autonomous vehicles[J]. Annual Review of Control, Robotics, and Autonomous Systems, 2018, 1: 187-210.

[84] PIVTORAIKO M, KNEPPER R A, KELLY A. Differentially constrained mobile robot motion planning in state lattices[J]. Journal of Field Robotics, 2009, 26(3): 308-333.

[85] WERLING M, KAMMEL S, ZIEGLER J, et al. Optimal trajectories for time-critical street scenarios using discretized terminal manifolds[J]. The International Journal of Robotics Research, 2012, 31(3): 346-359.

[86] HARABOR D, GRASTIEN A. Online graph pruning for pathfinding on grid maps[C]//Proceedings of the AAAI Conference on Artificial Intelligence. San Francisco: AAAI, 2011: 1114-1119.

[87] LAM D, MANZIE C, GOOD M. Model predictive contouring control[C]//49th IEEE Conference on Decision and Control. Atlanta: IEEE, 2010: 6137-6142.

[88] ZUCKER M, RATLIFF N, DRAGAN A D, et al. CHOMP: covariant hamiltonian optimization for motion planning[J]. The International Journal of Robotics Research, 2013, 32(9-10): 1164-1193.

[89] SCHWARTING W, ALONSO-MORA J, PAULL L, et al. Safe nonlinear trajectory generation for parallel autonomy with a dynamic vehicle model[J]. IEEE Transactions on Intelligent Transportation Systems, 2017, 19(9): 2994-3008.

[90] JI J L, ZHOU X, XU C, et al. CMPCC: Corridor-based model predictive contouring control for aggressive drone flight[C]//International Symposium on Experimental Robotics. Singapore: Springer, 2021: 37-46.

[91] PFEIFFER M, SCHAEUBLE M, NIETO J, et al. From perception to decision: a data-driven approach to end-to-end motion planning for autonomous ground robots[C]//2017 IEEE International Conference on Robotics and Automation. Singapore: IEEE, 2017: 1527-1533.

[92] KURUTACH T, TAMAR A, YANG G, et al. Learning plannable representations with causal infoGAN[J]. Advances in Neural Information Processing Systems, 2018, 31(1): 1-12.

[93] ICHTER B, PAVONE M. Robot motion planning in learned latent spaces[J]. IEEE Robotics and Automation Letters, 2019, 4(3): 2407-2414.

[94] QURESHI A H, MIAO Y L, SIMEONOV A, et al. Motion planning networks: bridging the gap between learning-based and classical motion planners[J]. IEEE Transactions on Robotics, 2020, 37(1): 48-66.

[95] TAMAR A, WU Y, THOMAS G, et al. Value iteration networks[J]. Advances in Neural Information Processing Systems, 2016, 29(1): 1-9.

[96] KHAN A, ZHANG C, ATANASOV N, et al. Memory augmented control networks[J]. arXiv preprint arXiv:1709.05706, 2017: 1-9.

[97] JURGENSON T, AVNER O, GROSHEV E, et al. Sub-goal trees a framework for goal-based reinforcement learning[C]//International Conference on Machine Learning. Vienna, Austria: PMLR, 2020: 5020-5030.

[98] TSOUNIS V, ALGE M, LEE J, et al. DeepGait: planning and control of quadrupedal gaits using deep reinforcement learning[J]. IEEE Robotics and Automation Letters, 2020, 5(2): 3699-3706.

[99] WU Y H, YU Z C, LI C Y, et al. Reinforcement learning in dual-arm trajectory planning for a free-floating space robot[J]. Aerospace Science and Technology, 2020, 98: 105657-105666.

[100] CROUSE D F. On implementing 2D rectangular assignment algorithms[J]. IEEE Transactions on Aerospace and Electronic Systems, 2016, 52(4): 1679-1696.

[101] HOLLAND J H. Adaptation in natural and artificial systems: an introductory analysis with applications to biology, control, and artificial intelligence[M]. Cambridge: MIT Press, 1992.

[102] TANHA M, HOSSEINI SHIRVANI M, RAHMANI A M. A hybrid meta-heuristic task scheduling algorithm based on genetic and thermodynamic simulated annealing algorithms in cloud computing environments[J]. Neural Computing and Applications, 2021, 33(24): 16951-16984.

[103] ÇIL Z A, METE S, SERIN F. Robotic disassembly line balancing problem: a mathematical model and ant colony optimization approach[J]. Applied Mathematical Modelling, 2020, 86: 335-348.

[104] WEI C Y, JI Z, CAI B L. Particle swarm optimization for cooperative multi-robot task allocation: a multi-objective approach[J]. IEEE Robotics and Automation Letters, 2020, 5(2): 2530-2537.

[105] 李炜, 张伟. 基于粒子群算法的多无人机任务分配方法 [J]. 控制与决策, 2010, 25(9): 1359-1363.

[106] BERTSEKAS D P. The auction algorithm: a distributed relaxation method for the assignment problem[J]. Annals of Operations Research, 1988, 14(1): 105-123.

[107] 邸斌, 周锐, 丁全心. 多无人机分布式协同异构任务分配 [J]. 控制与决策, 2013, 28(2): 274-278.

[108] SUGIURA H, GIENGER M, JANSSEN H, et al. Real-time collision avoidance with whole body motion control for humanoid robots[C]//IEEE/RSJ International Conference on Intelligent Robots and Systems. San Francisco: IEEE, 2007: 2053-2058.

[109] YANG Z F, ZHANG R Z. Path planning of multi-robot cooperation for avoiding obstacle based on improved artificial potential field method[J]. Sensors & Transducers, 2014, 165(2): 221-226.

[110] 吴靓, 何清华, 黄志雄, 等. 基于蚁群算法的多机器人集中协调式路径规划 [J]. 机器人技术与应用, 2006, 3(6): 32-37.

[111] KALA R. Multi-robot path planning using co-evolutionary genetic programming[J]. Expert Systems with Applications, 2012, 39(3): 3817-3831.

[112] DAS P K, BEHERA H S, DAS S, et al. A hybrid improved PSO-DV algorithm for multi-robot path planning in a clutter environment[J]. Neurocomputing, 2016, 207: 735-753.

[113] 顾军华, 孟慧婕, 夏红梅, 等. 基于改进蚁群算法的多机器人路径规划研究 [J]. 河北工业大学学报, 2016, 45(5): 28-34.

[114] LI W, AMES A D, EGERSTEDT M. Safety barrier certificates for collisions-free multirobot systems[J]. IEEE Transactions on Robotics, 2017, 33(3): 661-674.

[115] ZHOU X, WEN X Y, WANG Z P, et al. Swarm of micro flying robots in the wild[J]. Science Robotics, 2022, 7(66): 1-17.

[116] QUAN L, YIN L J, XU C, et al. Distributed swarm trajectory optimization for formation flight in dense environments[C]//2022 International Conference on Robotics and Automation. Philadelphia: IEEE, 2022: 4979-4985.

[117] JOHNSON L B. Decentralized task allocation for dynamic environments[D]. Cambridge: Massachusetts Institute of Technology, 2012.

[118] PONDA S S. Robust distributed planning strategies for autonomous multi-agent teams[D]. Cambridge: Massachusetts Institute of Technology, 2012.

[119] TURPIN M, MICHAEL N, KUMAR V. Trajectory planning and assignment in multirobot systems[M]//Algorithmic Foundations of Robotics X. Berlin: Springer, 2013.

[120] TURPIN M, MICHAEL N, KUMAR V. CAPT: concurrent assignment and planning of trajectories for multiple robots[J]. The International Journal of Robotics Research, 2014, 33(1): 98-112.

[121] SCHILLINGER P, BÜRGER M, DIMAROGONAS D V. Simultaneous task allocation and planning for temporal logic goals in heterogeneous multi-robot systems[J]. The International Journal of Robotics Research, 2018, 37(7): 818-838.

[122] 施伟, 冯旸赫, 程光权, 等. 基于深度强化学习的多机协同空战方法研究 [J]. 自动化学报, 2021, 47(7): 1610-1623.

[123] 黄亭飞, 程光权, 黄魁华, 等. 基于 DQN 的多类型拦截装备复合式反无人机任务分配方法 [J]. 控制与决策, 2021, 37(1): 142-150.

[124] ZHANG K Q, YANG Z R, LIU H, et al. Fully decentralized multi-agent reinforcement learning with networked agents[C]//International Conference on Machine Learning. Stockholm: PMLR, 2018: 5872-5881.

[125] ZHANG K Q, YANG Z R, LIU H, et al. Finite-sample analysis for decentralized cooperative multi-agent reinforcement learning from batch data [J]. IFAC-Papers On Line, 2020, 53(2): 1049-1056.

[126] REYNOLDS C W. Flocks, herds and schools: a distributed behavioral model[C]// Proceedings of the 14th Annual Conference on Computer Graphics and Interactive Techniques. New York: IEEE, 1987: 25-34.

[127] VICSEK T, CZIRÓK A, BEN-JACOB E, et al. Novel type of phase transition in a system of self-driven particles[J]. Physical Review Letters, 1995, 75(6): 1226-1227.

[128] WANG P K C. Navigation strategies for multiple autonomous mobile robots moving in formation[J]. Journal of Robotic Systems, 1991, 8(2): 177-195.

[129] WANG P K C, HADAEGH F Y. Coordination and control of multiple microspacecraft moving in formation[J]. Journal of the Astronautical Sciences, 1996, 44(3): 1-53.

[130] LORIA A, DASDEMIR J, JARQUIN N A. Leader-follower formation and tracking control of mobile robots along straight paths[J]. IEEE Transactions on Control Systems Technology, 2015, 24(2): 727-732.

[131] DESAI J P, OSTROWSKI J P, KUMAR V. Modeling and control of formations of nonholonomic mobile robots[J]. IEEE Transactions on Robotics and Automation, 2001, 17(6): 905-908.

[132] JIN X. Fault tolerant finite-time leader-follower formation control for autonomous surface vessels with LOS range and angle constraints[J]. Automatica, 2016, 68(2016): 228-236.

[133] BALCH T, ARKIN R C. Behavior-based formation control for multirobot teams[J]. IEEE Transactions on Robotics and Automation, 1998, 14(6): 926-939.

[134] MONTEIRO S, BICHO E. A dynamical systems approach to behavior-based formation control[C]//Proceedings 2002 IEEE International Conference on Robotics and Automation. Washington, D. C.: IEEE, 2002: 2606-2611.

[135] XU D D, ZHANG X N, ZHU Z Q, et al. Behavior-based formation control of swarm robots[J]. Mathematical Problems in Engineering, 2014, 2014: 1-13.

[136] LEE G, CHWA D. Decentralized behavior-based formation control of multiple robots considering obstacle avoidance[J]. Intelligent Service Robotics, 2018, 11(1): 127-138.

[137] JADBABAIE A, LIN J, MORSE A S. Coordination of groups of mobile autonomous agents using nearest neighbor rules[J]. IEEE Transactions on Automatic Control, 2003, 48(6): 988-1001.

[138] LIN Z Y, FRANCIS B, MAGGIORE M. Necessary and sufficient graphical conditions for formation control of unicycles[J]. IEEE Transactions on Automatic Control, 2005, 50(1): 121-127.

[139] LIN Z Y, WANG L L, CHEN Z Y, et al. Necessary and sufficient graphical conditions for affine formation control[J]. IEEE Transactions on Automatic Control, 2015, 61 (10): 2877-2891.

[140] ZHAO S. Affine formation maneuver control of multiagent systems[J]. IEEE Transactions on Automatic Control, 2018, 63(12): 4140-4155.

[141] SANG C L, ADAMS M, HöRMANN T, et al. An analytical study of time of flight error estimation in two-way ranging methods[D]. Bielefeld: Bielefeld University, 2018.

[142] 陆毅, 符杰林, 仇洪冰, 等. 适用于飞行自组网的闲置时隙预约 TDMA 协议 [J]. 计算机工程, 2021, 47(3): 202-208.

[143] 王京, 姚彦, 赵明, 等. 分布式无线通信系统的概念平台 [J]. 电子学报, 2002, 30(7): 937-940.

[144] 崔丽珍, 曹坚, 李丹阳, 等. 融合机器学习算法的煤矿井下信道建模研究 [J]. 中国矿业, 2021, 30(11): 68-74.

[145] 石晶晶, 刘力嘉, 韩福晔, 等. 人体通信频段体内至体表信道特性分析与建模 [J]. 电子与信息学报, 2022, 44(5): 1819-1827.

[146] GANGULY D, SARKAR D, ANTAR Y, et al. Experimental UWB on-body channel modelling: effect on antenna transmission characteristics[C]//2020 IEEE International Symposium on Antennas and Propagation and North American Radio Science Meeting. Montreal: IEEE, 2020: 1839-1840.

[147] ELAZIZ N M A. Performance of the 6th derivative gaussian UWB pulse shape in IEEE802.15.3a multipath fading channel[J]. IOSR Journal of Engineering, 2014, 4 (12): 1-12.

[148] KOH J, LEE H, LEE J E, et al. Analog baseband chain in a 0.18 μm standard digital CMOS technology for IEEE802.15.3a (UWB) receiver[C]//TENCON 2005—2005 IEEE Region 10 Conference. Melbourne: IEEE, 2005: 1-4.

[149] 杨力, 季茂荣, 张卫平, 等. 基于 IEEE802.15.4a 信道的超宽带脉冲信号仿真研究 [J]. 系统仿真学报, 2012, 24(10): 2172-2176.

[150] HEYI B S. Implementation of indoor positioning using IEEE802.15.4a (UWB)[D]. Stockholm: The Royal Institute of Technology, 2013.

[151] GONG H L, NIE H, CHEN Z Z. Performance comparisons of UWB selective rake and transmitted reference receivers under IEEE802.15.4a industrial environments[C]// IEEE Wireless & Microwave Technology Conference. Clearwater Beach: IEEE, 2007: 1-5.

[152] IEEE 802.15. WPAN low rate alternative PHY task group 4a (TG4a) [EB/OL]. (2004-12-01)[2023-01-01]. http://www.ieee802.org/15/pub/TG4a.html.

[153] LI X, HU Q S. A machine learning based channel modeling for high-speed serial link[C]//2020 IEEE 6th International Conference on Computer and Communications. Chengdu: IEEE, 2020: 1511-1515.

[154] ANDERSON C R, VOLOS H I, HEADLEY W C, et al. Low antenna ultra wide-band propagation measurements and modeling in a forest environment[C]//Wireless Communications & Networking Conference. Las Vegas: IEEE, 2008: 1229-1234.

[155] AZHARI M E, TAIBI L, NEDIL M. UWB off-body channel characterization in a mine environment[C]//2018 IEEE International Symposium on Antennas and Propagation & USNC/URSI National Radio Science Meeting. Boston: IEEE, 2018: 559-560.

[156] 何杰, 吴雅南, 段世红, 等. 人体对 UWB 测距误差影响模型 [J]. 通信学报, 2017, 38 (A01): 58-66.

[157] 任昊誉, 郭晨霞, 杨瑞峰. 卡尔曼滤波提高 UWB 测距精度研究 [J]. 电子测量技术, 2021, 44(18): 111-115.

[158] 赵天鹤, 徐鹏杰, 史秀秀. 移动自组网 MAC 协议组网和业务调度算法研究 [J]. 遥测遥控, 2019, 40(2): 15-21.

[159] 金瑞, 刘作学. 一种采用时隙对准方式的 TDMA 自组网同步协议 [J]. 计算机科学, 2018, 45(6): 84-88.

[160] 张喆韬. 大规模无线移动自组织网络中的 DSR 协议研究 [D]. 西安: 西安电子科技大学, 2008.

[161] 刘洛琨, 张远, 许家栋. AODV 与 DSDV 路由协议性能仿真与比较 [J]. 计算机仿真, 2006, 23(2): 118-120.

[162] 潘丽君, 李厚民. 战术分队网络中 DSDV 与 AODV 协议应用仿真 [J]. 系统仿真学报, 2014, 26(10): 2476-2480.

[163] 温厚明, 胡东, 林孝康. 一种基于 ZigBee 协议的 DSDV 改进型路由算法 [J]. 电声技术, 2013, 37(10): 67-70.

[164] 杜永强, 黄鹤. 双波束比幅测向系统性能分析 [J]. 雷达与对抗, 1998, 3(3): 7-11.

[165] 曲卫, 裴世兵, 贾鑫. 一种宽频带比幅测向交叉波束形成方法 [J]. 装备指挥技术学院学报, 2007, 18(6): 65-68.

[166] 高阳. 用于 AOA 室内定位的 UWB 设备的设计与实现 [D]. 成都: 电子科技大学, 2021.

[167] 田德民. 影响干涉仪测向接收机测向精度的因素分析 [J]. 舰船电子对抗, 2010, 33(2): 45-48.

[168] 裴曙阳. 基于 AOA 和 PDOA 的无源 UHF RFID 室内定位算法研究 [D]. 天津: 天津大学, 2017.

[169] 李楠. 基于 UWB 的 AOA 估计优化方案的研究 [D]. 海口: 海南大学, 2020.

[170] 朱进勇, 王立冬. 被动测向技术综述 [J]. 飞航导弹, 2016(3): 75-79.

[171] 闫锋刚, 沈毅, 刘帅, 等. 高效超分辨波达方向估计算法综述 [J]. 系统工程与电子技术, 2015, 37(7): 1465-1475.

[172] 石和平. 阵列信号处理中的 DOA 估计关键技术研究 [D]. 天津: 天津大学, 2015.

[173] 邵英秋, 程德福, 王言章, 等. 高灵敏度感应式磁传感器的研究 [J]. 仪器仪表学报, 2012, 33(2): 349-355.

[174] LUHR H, KLOCKER N, OELSCHLAGEL W, et al. The IRM fluxgate magnetometer[J]. IEEE Transactions on Geoscience and Remote Sensing, 1985, 3 (3): 259-261.

[175] BABU A, GEORGE B. Design and development of a new non-contact inductive displacement sensor[J]. IEEE Sensors Journal, 2017, 18(3): 976-984.

[176] 赵靖. 0.003Hz~ 10kHz 感应式磁传感器的设计与实现 [D]. 长春: 吉林大学, 2013.

[177] TAUE S, SUGIHARA Y, KOBAYASHI T, et al. Development of a highly sensitive optically pumped atomic magnetometer for biomagnetic field measurements: A phantom study[J]. IEEE Transactions on Magnetics, 2010, 46(9): 3635-3638.

[178] 张彤. 铯光泵磁力仪数字化信号检测系统的研究 [D]. 天津: 天津大学, 2020.

[179] ZHAO W L, MENG W X, CHI Y G, et al. Factor graph based multi-source data fusion for wireless localization[C]//2016 IEEE Wireless Communications and Networking Conference. Doha: IEEE, 2016: 1-6.

[180] 窦新宇, 梁华庆, 沈维. 双水平井电磁测距径向距离计算方法 [J]. 科学技术与工程, 2016, 16(33): 24-28.

[181] 贾文抖, 林春生, 陈浩, 等. 基于磁偶极子磁场分布特征的磁矩方向估算方法 [J]. 探测与控制学报, 2018, 40(2): 36-40.

[182] LEE K M, LI M. Magnetic field localization method for guiding visually impaired applications[C]//2013 IEEE/ASME International Conference on Advanced Intelligent Mechatronics. Wollongong: IEEE, 2013: 542-547.

[183] 王蕾. 电磁场理论基础 [M]. 北京: 清华大学出版社, 2001.

[184] 曹蓓. 粒子滤波改进算法及其应用研究 [D]. 西安: 中国科学院研究生院 (西安光学精密机械研究所), 2012.

[185] ZHENG Y X, LI Q H, WANG C H, et al. Magnetic-based positioning system for moving target with feature vector[J]. IEEE Access, 2020, 8: 105472-105483.

[186] 郑元勋, 王晓光, 胡利峰, 等. 一种基于置信评估的多磁信标选择方法及应用 [J]. 中国惯性技术学报, 2020, 28(6): 778-782.

[187] 蔡剑华, 李晋. 基于频率域小波去噪的大地电磁信号工频干扰处理 [J]. 地质与勘探, 2015, 51(2): 353-359.

[188] 张雯雯, 司锡才, 柴娟芳, 等. 一种新的变步长 LMS 自适应谱线增强算法 [J]. 系统工程与电子技术, 2010, 31(1): 33-35.

[189] 郑元勋, 李清华, 王常虹, 等. 高精度磁信标中心位置与姿态角标定方法 [J]. 中国惯性技术学报, 2020, 28(3): 353-359.

[190] 徐博, 白金磊, 郝燕玲, 等. 多 AUV 协同导航问题的研究现状与进展 [J]. 自动化学报, 2015, 41(3): 445-461.

[191] JULIER S J, UHLMANN J K. A new extension of the Kalman filter to nonlinear systems[J]. Proceedings of SPIE - The International Society for Optical Engineering, 1997, 3068: 182-193.

[192] WAN E A, MERWE R. The unscented Kalman filter for nonlinear estimation[C]// Adaptive Systems for Signal Processing, Communications, and Control Symposium 2000. Lake Louise: IEEE, 2000: 153-158.

[193] 崔乃刚, 张龙, 王小刚, 等. 自适应高阶容积卡尔曼滤波在目标跟踪中的应用 [J]. 航空学报, 2015, 36(12): 1610-1623.

[194] ARASARATNAM I, HAYKIN S. Cubature Kalman filters[J]. IEEE Transactions on Automatic Control, 2009, 54(6): 1254-1269.

[195] 李闻白, 刘明雍, 李虎雄, 等. 基于单领航者相对位置测量的多 AUV 协同导航系统定位性能分析 [J]. 自动化学报, 2011, 37(6): 724-736.

[196] SORLIE T, TIBSHIRANI R, PARKER J, et al. Repeated observation of breast tumor subtypes in independent gene expression data sets[J]. Proceedings of the National Academy of Sciences of the United States of America, 2003, 100(14): 8418-8423.

[197] 高伟, 刘亚龙, 徐博. 基于双领航者的多 AUV 协同导航系统可观测性分析 [J]. 系统工程与电子技术, 2013, 35(11): 2370-2375.

[198] 钟秋海. 现代控制理论与应用 [M]. 北京: 机械工业出版社, 1997.

[199] REIF K, SONNEMANN F, UNBEHAUEN R. An EKF-based nonlinear observer with a prescribed degree of stability[J]. Automatica, 1998, 34(9): 1119-1123.

[200] 茆诗松, 王静龙, 濮晓龙. 高等数理统计 [M]. 2 版. 北京: 电子工业出版社, 2006.

[201] 李清华, 高影, 王振桓, 等. 一种动态分组的多节点协同定位编队构型优化方法 [J]. 中国惯性技术学报, 2022, 30(6): 746-759.

[202] XU B, LI S X, RAZZAQI A A, et al. A novel measurement information anomaly detection method for cooperative localization[J]. IEEE Transactions on Instrumentation and Measurement, 2021, 70: 1-18.

[203] 李文广, 胡永江, 庞强伟, 等. 基于改进遗传算法的多无人机协同侦察航迹规划 [J]. 中国惯性技术学报, 2020, 28(2): 248-255.

[204] 房新鹏, 严卫生. 双领航多自主水下航行器移动长基线定位最优队形研究 [J]. 兵工学报, 2012, 33(8): 1020-1024.

[205] 卢少然. 多 AUV 协同导航鲁棒自适应性滤波算法研究 [D]. 哈尔滨: 哈尔滨工程大学, 2016.

[206] MEHRA R. Approaches to adaptive filtering[J]. IEEE Transactions on Automatic Control, 1972, 17(5): 693-698.

[207] MYERS K, TAPLEY B. Adaptive sequential estimation with unknown noise statistics[J]. IEEE Transactions on Automatic Control, 2003, 21(4): 520-523.

[208] 张旭. 基于鲁棒自适应滤波的无人机编队相对导航方法研究 [D]. 哈尔滨: 哈尔滨工业大学, 2018.

[209] ZHANG X C. A novel cubature Kalman filter for nonlinear state estimation[C]//52nd IEEE Conference on Decision and Control. Firenze: IEEE, 2013: 116-121.

[210] 严飞, 傅金琳, 张崇猛, 等. 惯性信息辅助的源信息不同步的数据链相对定位方法 [J]. 中国惯性技术学报, 2020, 28(3): 360-364.

[211] CADENA C, CARLONE L, CARRILLO H, et al. Past, present, and future of simultaneous localization and mapping: toward the robust-perception age[J]. IEEE Transactions on Robotics, 2016, 32(6): 1309-1332.

[212] THRUN S. Probabilistic robotics[J]. Communications of the ACM, 2002, 45(3): 52-57.

[213] SIEGWART R, NOURBAKHSH I R, SCARAMUZZA D. Introduction to autonomous mobile robots[M]. Amsterdam: MIT Press, 2011.

[214] LIU Z J, WANG L, LI K, et al. A calibration method for the errors of ring laser gyro in rate-biased mode[J]. Sensors, 2019, 19(21): 4754-4768.

[215] 王霞, 左一凡. 视觉 SLAM 研究进展 [J]. 智能系统学报, 2020, 15(5): 825-834.

[216] GALVEZ-LÓPEZ D, TARDOS J D. Bags of binary words for fast place recognition in image sequences[J]. IEEE Transactions on Robotics, 2012, 28(5): 1188-1197.

[217] HARTLEY R, ZISSERMAN A. Multiple view geometry in computer vision[M]. Cambridge: Cambridge University Press, 2003.

[218] STRASDAT H, MONTIEL J M M, DAVISON A J. Scale drift-aware large scale monocular SLAM[J]. Robotics: Science and Systems, 2010, 2(3): 73-79.

[219] 刘俊峰. 三维转动的四元数表述 [J]. 大学物理, 2004, 23(4): 39-43.

[220] BARFOOT T D. State estimation for robotics[M]. Cambridge: Cambridge University Press, 2017.

[221] 高翔, 张涛, 刘毅, 等. 视觉 SLAM 十四讲: 从理论到实践 [M]. 2 版. 北京: 电子工业出版社, 2019.

[222] MORAVEC H, ELFES A. High resolution maps from wide angle sonar[C]//1985 IEEE International Conference on Robotics and Automation. St Louis: IEEE, 1985: 116-121.

[223] SU M C, CHANG H T. Fast self-organizing feature map algorithm[J]. IEEE Transactions on Neural Networks, 2000, 11(3): 721-733.

[224] ZHAO X Y, WANG C H, ANG M H. Real-time visual-inertial localization using semantic segmentation towards dynamic environments[J]. IEEE Access, 2020, 8: 155047-155059.

[225] CORTÉS S, SOLIN A, RAHTU E, et al. ADVIO: an authentic dataset for visual-inertial odometry[C]//Proceedings of the European Conference on Computer Vision. Munich: Springer, 2018: 419-434.

[226] KIM B, KAESS M, FLETCHER L, et al. Multiple relative pose graphs for robust cooperative mapping[C]//2010 IEEE International Conference on Robotics and Automation. Anchorage: IEEE, 2010: 3185-3192.

[227] LOWE D G. Distinctive image features from scale-invariant keypoints[J]. International Journal of Computer Vision, 2004, 60(2): 91-110.

[228] BAY H, ESS A, TUYTELAARS T, et al. Speeded-up robust features (SURF)[J]. Computer Vision and Image Understanding, 2008, 110(3): 346-359.

[229] RUBLEE E, RABAUD V, KONOLIGE K, et al. ORB: an efficient alternative to sift or surf[C]//2011 International Conference on Computer Vision. Barcelona: IEEE, 2011: 2564-2571.

[230] WAHL E, HILLENBRAND U, HIRZINGER G. Surflet-pair-relation histograms: a statistical 3D-shape representation for rapid classification[C]//Fourth International Conference on 3-D Digital Imaging and Modeling. Buff: IEEE, 2003: 474-481.

[231] RUSU R B, MARTON Z C, BLODOW N, et al. Persistent point feature histograms for 3D point clouds[C]//Proceeding of the 10th International Conference on Intelligent Autonomous Systems. Baden-Baden: IEEE, 2008: 119-128.

[232] RUSU R B, BLODOW N, BEETZ M. Fast point feature histograms (FPFH) for 3D registration[C]//2009 IEEE International Conference on Robotics and Automation. Kobe: IEEE, 2009: 3212-3217.

[233] GIL A, REINOSO Ó, BALLESTA M, et al. Multi-robot visual SLAM using a Rao Blackwellized particle filter[J]. Robotics and Autonomous Systems, 2010, 58(1): 68-80.

[234] KAESS M, DELLAERT F. Covariance recovery from a square root information matrix for data association[J]. Robotics and Autonomous Systems, 2009, 57(12): 1198-1210.

[235] ZHOU X S, ROUMELIOTIS S I. Multi-robot SLAM with unknown initial correspondence: the robot rendezvous case[C]//2006 IEEE/RSJ International Conference on Intelligent Robots and Systems. Beijing: IEEE, 2006: 1785-1792.

[236] NEIRA J, TARDÓS J D. Data association in stochastic mapping using the joint compatibility test[J]. IEEE Transactions on Robotics and Automation, 2001, 17(6): 890-897.

[237] BAILEY T, NEBOT E M, ROSENBLATT J, et al. Data association for mobile robot navigation: a graph theoretic approach[C]//2000 IEEE International Conference on Robotics and Automation. San Francisco: IEEE, 2000: 2512-2517.

[238] BESL P J, MCKAY N D. Method for registration of 3-D shapes[C]//Sensor Fusion IV: Control Paradigms and Data Structures. Burbank: SPIE, 1992: 586-606.

[239] CENSI A. An accurate closed-form estimate of ICP's covariance[C]//Proceedings 2007 IEEE International Conference on Robotics and Automation. Roma: IEEE, 2007: 3167-3172.

[240] SEGAL A, HAEHNEL D, THRUN S. Generalized-ICP[C]//Robotics: Science and Systems. Seattle: IEEE, 2009: 435-442.

[241] BIBER P, STRASSER W. The normal distributions transform: a new approach to laser scan matching[C]//Proceedings 2003 IEEE/RSJ International Conference on Intelligent Robots and Systems. Las Vegas: IEEE, 2003: 2743-2748.

[242] KOIDE K, YOKOZUKA M, OISHI S, et al. Voxelized GICP for fast and accurate 3D point cloud registration[C]//2021 IEEE International Conference on Robotics and Automation. Xi'an: IEEE, 2021: 11054-11059.

[243] FERRARI V, TUYTELAARS T, GOOL L V. Wide-baseline multiple-view correspondences[C]//2003 IEEE Computer Society Conference on Computer Vision and Pattern Recognition. Madison: IEEE, 2003: 1-8.

[244] AVIDAN S, MOSES Y, MOSES Y. Centralized and distributed multi-view correspondence[J]. International Journal of Computer Vision, 2007, 71(1): 49-69.

[245] ARAGUES R, SAGÜÉS C, MEZOUAR Y. Parallel and distributed map merging and localization: algorithms, tools and strategies for robotic networks[M]. Berlin: Springer, 2015.

[246] ARAGUES R, MONTIJANO E, SAGUES C. Consistent data association in multi-robot systems with limited communications[C]//Robotics: Science and Systems. Daegu: IEEE, 2011: 97-104.

[247] HOWARD A. Multi-robot simultaneous localization and mapping using particle filters[J]. The International Journal of Robotics Research, 2006, 25(12): 1243-1256.

[248] 张国良, 汤文俊, 曾静, 等. 考虑通信状况的多机器人 CSLAM 问题综述 [J]. 自动化学报, 2014, 40(10): 2073-2088.

[249] LEÓN GARCÍA Á, BAREA NAVARRO R, BERGASA PASCUAL L M, et al. SLAM and map merging[J]. Journal of Physical Agents, 2009, 3(1): 13-23.

[250] BIRK A, CARPIN S. Merging occupancy grid maps from multiple robots[J]. Proceedings of the IEEE, 2006, 94(7): 1384-1397.

[251] SAEEDI S, PAULL L, TRENTINI M, et al. Neural network-based multiple robot simultaneous localization and mapping[J]. IEEE Transactions on Neural Networks, 2011, 22(12): 2376-2387.

[252] WANG K, JIA S M, LI Y C, et al. Research on map merging for multi-robotic system based on RTM[C]//2012 IEEE International Conference on Information and Automation. [S.l.]: IEEE, 2012: 156-161.

[253] LEE H C, LEE S H, CHOI M H, et al. Probabilistic map merging for multi-robot RBPF-SLAM with unknown initial poses[J]. Robotica, 2012, 30(2): 205-220.

[254] HARTIGAN J A, WONG M A. Algorithm AS 136: a k-means clustering algorithm[J]. Applied Statistics, 1979, 28(1): 100-108.

[255] MUR-ARTAL R, TARDÓS J D. ORB-SLAM2: an open-source SLAM system for monocular, stereo, and RGB-D cameras[J]. IEEE Transactions on Robotics, 2017, 33 (5): 1255-1262.

[256] ELVIRA R, TARDÓS J D, MONTIEL J M M. ORBSLAM-Atlas: a robust and accurate multi-map system[C]//2019 IEEE/RSJ International Conference on Intelligent Robots and Systems. Macao: IEEE, 2019: 6253-6259.

[257] XU Y S, TONG X H, STILLA U. Voxel-based representation of 3D point clouds: methods, applications, and its potential use in the construction industry[J]. Automation in Construction, 2021, 126: 103675-103701.

[258] SCHMUCK P, CHLI M. CCM-SLAM: robust and efficient centralized collaborative monocular simultaneous localization and mapping for robotic teams[J]. Journal of Field Robotics, 2019, 36(4): 763-781.

[259] HORN R A, JOHNSON C R. Matrix analysis[M]. Cambridge: Cambridge University Press, 2012.

[260] MEYER C D. Matrix analysis and applied linear algebra[M]. Bangkok: SIAM, 2000.

[261] GRADY L. Random walks for image segmentation[J]. IEEE Transactions on Pattern Analysis and Machine Intelligence, 2006, 28(11): 1768-1783.

[262] GUO S, LIU B, ZHANG S, et al. Continuous-time gaussian process trajectory generation for multi-robot formation via probabilistic inference[C]//2021 IEEE/RSJ International Conference on Intelligent Robots and Systems. Prague: IEEE, 2021: 9247-9253.

[263] 郭爽. 基于概率推理的无人机同时轨迹估计与规划方法研究 [D]. 哈尔滨: 哈尔滨工业大学, 2021.

[264] GIERNACKI W, SKWIERCZYŃSKI M, WITWICKI W, et al. Crazyflie 2.0 quadrotor as a platform for research and education in robotics and control engineering[C]//2017 22nd International Conference on Methods and Models in Automation and Robotics (MMAR). Miedzyzdroje: IEEE, 2017: 37-42.

[265] 徐扬. 基于仿射变换的多智能体系统分布式编队控制技术研究 [D]. 厦门: 厦门大学, 2019.

[266] BHAT S, BERNSTEIN D. Lyapunov analysis of finite-time differential equations[C]//Proceedings of 1995 American Control Conference. Seattle: IEEE, 1995: 1831-1832.

[267] YU X H, MAN Z H. Fast terminal sliding-mode control design for nonlinear dynamical systems[J]. IEEE Transactions on Circuits and Systems I: Fundamental Theory and Applications, 2002, 49(2): 261-264.

[268] SHTESSEL Y B, SHKOLNIKOV I A, LEVANT A. Smooth second-order sliding modes: missile guidance application[J]. Automatica, 2007, 43(8): 1470-1476.

[269] PEI M L L, AN H, LIU B, et al. An improved Dyna-Q algorithm for mobile robot path planning in unknown dynamic environment[J]. IEEE Transactions on Systems, Man, and Cybernetics: Systems, 2021, 52(7): 4415-4425.

[270] THRUN S, BÜCKEN A. Integrating grid-based and topological maps for mobile robot navigation[C]//Proceedings of the National Conference on Artificial Intelligence. Portland: AAAI, 1996: 944-951.

[271] SUTTON R S. Dyna, an integrated architecture for learning, planning, and reacting[J]. ACM Sigart Bulletin, 1991, 2(4): 160-163.

[272] WATKINS C J, DAYAN P. Q-learning[J]. Machine Learning, 1992, 8(3): 279-292.

[273] BERTSIMAS D, TSITSIKLIS J. Simulated annealing[J]. Statistical Science, 1993, 8 (1): 10-15.

[274] 邓悟. 基于深度强化学习的智能体避障与路径规划研究与应用 [D]. 成都: 电子科技大学, 2019.

[275] BABAEIZADEH M, FROSIO I, TYREE S, et al. Reinforcement learning through asynchronous advantage actor-critic on a GPU[C]. International Conference on Learning Representations. Toulon: Elsevier, 2017: 1-12.

[276] WAGNER G, CHOSET H. Subdimensional expansion for multirobot path planning[J]. Artificial Intelligence, 2015, 219: 1-24.